Thomas Rapps

Aufklärung der Struktur von Metallclusterionen in der Gasphase mittels Elektronenbeugung

Aufklärung der Struktur von Metallclusterionen in der Gasphase mittels Elektronenbeugung

von
Thomas Rapps

Dissertation, Karlsruher Institut für Technologie (KIT)
Fakultät für Chemie und Biowissenschaften, 2012
Tag der mündlichen Prüfung: 20. April 2012

Impressum

Karlsruher Institut für Technologie (KIT)
KIT Scientific Publishing
Straße am Forum 2
D-76131 Karlsruhe
www.ksp.kit.edu

KIT – Universität des Landes Baden-Württemberg und
nationales Forschungszentrum in der Helmholtz-Gemeinschaft

KIT Scientific Publishing 2012
Print on Demand

ISBN 978-3-86644-878-0

Aufklärung der Struktur von Metallclusterionen in der Gasphase mittels Elektronenbeugung

Zur Erlangung des akademischen Grades eines

DOKTORS DER NATURWISSENSCHAFTEN
(Dr. rer. nat.)

Fakultät für Chemie und Biowissenschaften

Karlsruher Institut für Technologie (KIT) – Universitätsbereich
genehmigte

DISSERTATION

von

Dipl.-Chem. Thomas Peter Fabian Rapps
aus Karlsruhe

Dekan: Prof. Dr. M. Bastmeyer
Referent: Prof. Dr. M. M. Kappes
Korreferent: Prof. Dr. W. M. Klopper
Tag der mündlichen Prüfung: 20.04.2012

Abstract

Structure determination of metal cluster ions by gas phase electron diffraction. In the present thesis structural properties and thermal stabilities of monodispersed nano-metal particles are investigated in the size range of 0.5–1.8nm. Due to their non-scalable behaviour this information is necessary to comprehend and predict possible nanotechnological applications. Gas-phase electron diffraction is applied to trapped isolated clusters and analyzed in combination with candidate structures from density functional or semiempirical calculations to achieve structure determination and measure particle sizes. A systematic evaluation of structural changes due to size, charge state, temperature and small adsorbates is given. As a main topic transition metal clusters of 55 atoms exhibit a remarkable structural correlation to their bulk crystals. In two cases a hydrogen-induced structural transition of palladium clusters was observed. It has to be shown in further experiments whether these properties persist in functional devices on surface or in solution.

Keywords: electron diffraction, nano-metal clusters, ion trap, size-selective, gas-phase, structure determination, density functional theory, genetic algorithm

Kurzfassung

Aufklärung der Struktur von Metallclusterionen in der Gasphase mittels Elektronenbeugung. Die vorliegende Arbeit widmet sich den strukturellen Eigenschaften und der thermischen Stabilität monodisperser metallischer Nanopartikel im Größenbereich von 0,5–1,8nm. Sie zeigen ein nicht-skalierendes Verhalten und deswegen sind solche Informationen notwendig, um nanotechnologische Anwendungen zu verstehen und vorherzusagen. Die angewandte Technik der Elektronenbeugung an gespeicherten isolierten Clustern in der Gasphase erlaubt in Kombination mit Kandidatstrukturen aus Dichtefunktional- oder semiempirischer Theorie eine direkte Interpretation von Struktur oder Bindungsmotiv und ein Vermessen der Partikelgröße. Die vorgestellten Ergebnisse dokumentieren systematisch wie stark Atomzahl, Ladungszustand, Temperatur und kleine Adsorbatmoleküle Einfluss nehmen. Im Schwerpunkt der Übergangsmetalle wird eine bemerkenswerte Korrelation der Clusterstruktur aus 55 Atomen zum unter Normalbedingungen gebildeten Festkörperkristallgitter gefunden. In zwei Fällen tritt ein wasserstoffinduzierter Strukturwandel von Palladiumclustern ein. Es bleibt zu zeigen inwiefern die gefundenen Eigenschaften in funktionalen Anwendungssystemen auf Oberflächen oder in Lösungen erhalten bleiben.

Schlagwörter: Elektronenbeugung, Nano-Metallcluster, Ionenfalle, massenselektiv, Gasphase, Strukturbestimmung, Dichtefunktionaltheorie, genetischer Algorithmus

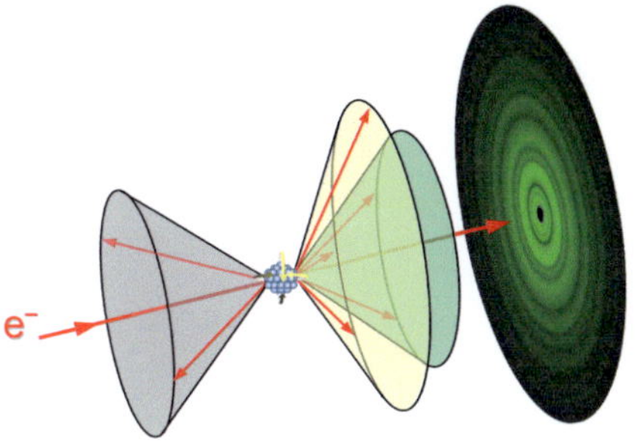

„Forschen können beglückt!"

Inhaltsverzeichnis

Abkürzungsverzeichnis

2D   zweidimensional

3D   dreidimensional

ANND   (absolute) mittlere Bindungslänge (*averaged nearest neighbor distance*)

bcc   kubisch-innenzentriert (*body centered cubic*)

bct   kubisch-tetragonalzentriert (*body centered tetragonal*)

BSSE   Basissatzsuperpositionsfehler (*basis set superposition error*)

CCD   Cambridge Cluster Database[193], oder

     ladungsgekoppeltes Bauteil (*charge-coupled device*)

CNA   Analyse der gemeinsamen Nachbarn (*common neighbour analysis*)

DC   dynamische Koexistenz (*dynamic coexistence*)

DFT   Dichtefunktionaltheorie

DWF   Debye-Waller-Faktor[32,33]

(R)ECP   (relativistisches) effektives Kernpotenzial (*effective core potential*)

EELS   Elektronenenergieverlustspektroskopie
(*electron energy loss spectroscopy*)

eV   Elektronenvolt

fcc   kubisch-flächenzentriert (*face centered cubic*)

FON   gebrochenrationale Orbitalbesetzungen (*fractional occupation number*)

FS   Finnis-Sinclair[262]

FWHM   Halbwertsbreite (*full width half maximum*)

GA   genetischer Algorithmus

GED   Elektronenbeugung in der Gasphase (*gas phase electron diffraction*)

GGA   Gradientennäherung (*generalized gradient approximation*)

GTO   Gauß-Typ-Orbital (*Gaussian type orbital*)

hcp   hexagonal dichtest gepackt (*hexagonal closed packed*)

HREM   hochauflösende Raster-Elektronen-Mikroskopie
(*high resolution electron microscopy*)

IAM   Modell unabhängiger Atome (*independent atomic model*)

IMS	Ionenmobilitätsspektrometrie (*ion mobility spectrometry*)
IR	Infrarot
KZ	Koordinationszahl
LCAO	Linearkombination von Atomorbitalen (*linear combination of atomic orbitals*)
LDA	lokale Dichtenäherung (*local density approximation*)
LEED	Beugung niederenergetischer Elektronen an Oberflächen (*low energy electron diffraction*)
LJ	Lennard-Jones
L-TOF	linearer Aufbau eines Flugzeitmassenspektrometers
MAE	magnetokristalline Anisotropieenergie (*magnetocrystalline anisotropy energy*)
MBA	Vielteilchenhamiltonian (*Many-Body-Alloy Hamiltonian*)
MBTOF	Aufbau eines mehrfach kolinear reflektierenden Flugzeitmassenspektrometers (*multi-bounce*)
MC	Monte Carlo
MCP	Mikrokanalplatte (*mirco channel plate*)
MD	Moleküldynamik
MR	Multi-Referenz (*multi-reference*)
MS	Massenspektrometrie
MTP	vielfach verzwillingte Struktur (*multiple-twinned particles*)
NP	nichtdeterministisch polynomiell
OCT	Oktaeder
PBPY	pentagonale Bipyramide
PDF	Paarverteilungsfunktion (*pair distribution function*)
PE	Photoelektronen
PES	Potenzialenergiehyperfläche (*potential energy surface*)
QIT	Quadrupolionenfalle (*quadrupole ion trap*)
QMS	Quadrupolmassenspektrometer (*quadrupole mass spectrometer*)
RF	Radiofrequenz (*radio frequency*)
RI	Zerlegung der Einheit (*resolution of the identity approximation*)

SA	simuliertes Ausglühen (*simulated annealing*)
sccm	Standardkubikzentimeter pro Minute
SCF	Hartree-Fock-Methode (*self consistent field*)
sM^{exp}	experimentelle modifizierte molekulare Beugungsintensität
sM^{theo}	theoretische modifizierte molekulare Beugungsintensität
STO	Slater-Typ-Orbital (*Slater type orbital*)
SWIFT	gespeicherte funktionsumgekehrte Fouriertransformation (*stored waveform inverse fourier transform*)
TAP	tetragonales Antiprisma
TDDFT	zeitabhängige Dichtefunktionaltheorie (*time-dependent*)
TDP	TIEDiffractionPattern[26]
TDS	thermische Desorptionsspektroskopie
TIED	Elektronenbeugung an gefangenen Ionen (*trapped ion electron diffraction*)
TOF / *tof*	Flugzeit (*time-of-flight*)
TP	trigonales Prisma
UHF	uneingeschränktes Hartree-Fock (*unrestricted Hartree-Fock*)
UJM	*Ultimate* Jellium-Modell[404]
UV	Ultraviolett
X-MCD	zirkularer magnetischer Röntgendichroismus
ZPE	Nullpunkt-Energie (*zero point energy*)

1 Einleitung

Konzepte zum Verständnis von Clusterverbindungen spielen bei zahlreichen nanotechnologischen Anwendungen eine Rolle. Für etliche dokumentierte Fälle bei denen weniger als 100 Atome die Clusterstruktur etablieren, weiß man bereits um die maßgebliche Abhängigkeit von der Größe der Partikel. Man beobachtete zudem, dass sich Bindungsmotive zum Teil von denen in einem Festkörper deutlich unterscheiden: Jedes Atom und jedes Elektron zählt. Ihre physikalischen und chemischen Eigenschaften wechseln auf vielfältige Weise. Nachgewiesen ist dies etwa für die Schmelztemperaturen von Natrium-[1] oder Aluminiumclustern[2], Wasserstoffspeichereigenschaften von nanoporösen Materialien[3,4] oder die katalytische Aktivität von deponierten Gold- und Silberclustern bezüglich Oxidation organischer Verbindungen[5,6]. Zum besseren Verständnis solcher nicht mit der Atomanzahl skalierenden Eigenschaften ist die genaue Kenntnis der Clusterstrukturen und ihres Bindungsverhaltens bei experimenteller Untersuchung richtungsweisend. Mit derartigem Wissen wird es möglich sein Nanostrukturen vorherzusagen. Und im nächsten Schritt könnte es möglich werden maßgeschneiderte Clusterstrukturen zu kreieren.

Grundsätzlich lassen sich Cluster deponiert auf Oberflächen, in gelöster Form und wechselwirkungsfrei in der Gasphase experimentell erkunden. Für Untersuchungen in der Gasphase wie sie in dieser Arbeit angestrengt wurden, sind vor allem vier Verfahren gebräuchlich. Wegen der notwendigen Massenselektion werden in der Regel elektrisch geladene Zustände des Clusters charakterisiert.

Ionenmobilitätspektrometrie[7] untersucht die Clustergestalt und korreliert experimentelle Stoßquerschnitte mit Modellstrukturen. Da hier die Clusteroberfläche auf direkte Weise abgetastet wird, nimmt die Sensitivität mit zunehmender Partikelgröße stark ab. In der **Photoelektronen-** und **Photodissoziationsspektroskopie** nutzt man die unterschiedlichen Anregungsmöglichkeiten von elektronischen und Schwingungszuständen der Cluster. Beide Anwendungen zählen zu indirekt begutachtenden Methoden und liefern zunächst nur Informationen über die elektronische Struktur und nicht die genauen Positionen der Atomkerne in einer Verbindung. Für sie gilt dieselbe Problematik in Bezug auf größere Nanoteilchen, da theoretische Vorhersagen der Übergangsmomente schwieriger und ihre Spektren entsprechend komplexer werden.

Im **TIED-Experiment** (*trapped ion electron diffraction*)[8–10] werden Strukturen von massenselektierten, monodispersen Metallclusterionen mit wohldefinierten Schwingungstemperaturen um $T = 95\pm5K$ in der Gasphase unter Ultrahochvakuumbedingungen mit Hilfe von Elektronenbeugung auf direktem Weg und mit einer sehr hohen Empfindlichkeit untersucht. Die Vorteile dieser Herangehensweise gegenüber den anderen Experimenten liegen in der guten Kontrollierbarkeit der Atomzahl und des Ladungszustands der Cluster sowie der isolierten Untersuchungsumgebung exklusive eventueller Wechselwirkungen mit einer Oberfläche oder Solventmolekülen. Die ermittelten Beugungsintensitäten werden mit aus Modellstrukturen simulierten verglichen und zugeordnet. Die Kandidatgeometrien werden typischerweise mit der Dichtefunktionaltheorie als State of the Art *ab initio* Methode erzeugt. Im Gegensatz zu anderen Strukturbestimmungstechniken besticht das Beugungsexperiment weil man energieoptimierte Clustergeometrien zum Vergleich heranziehen kann und sich diese weit zuverlässiger berechnen lassen als Eigenschaften höherer Ordnung wie z.B. die elektronische Struktur. Anhand der Beugungsdaten können zudem absolute Bindungslängen extrahiert werden. Und so ist man in der Lage eine Referenz zur Erzeugung präziserer strukturvorhersagender Algorithmen bereitzustellen.

Zum apparativen Vorgehen beim TIED-Experiment publizierte die Forschergruppe um Joel. H. Parks am Rowland Institute at Harvard (Cambridge, USA) bereits 1999.[8] Die Forschungsarbeiten zu statischen und dynamischen Eigenschaften von Metallclustern an einer derartigen Apparatur mit Ionenfalle können seit 2004 auch in Karlsruhe durchgeführt werden. Diese wurde in der Abteilung Physikalische Chemie des Instituts für Nanotechnologie zunächst von D. Schooß und M. Blom aufgebaut[9] und im Rahmen dieser Arbeit fortwährend weiterentwickelt. Ihre aktuelle Konstruktion zeichnet sich vor allem durch bessere Sensitivität und höhere experimentelle Stabilität im Vergleich zu früheren Versionen aus. Neue und bedeutsame eingebrachte funktionelle Erweiterungen ermöglichen Gasphasenclusterchemie mit einfachen reaktiven Gasen wie H_2, O_2, CO, etc. sowie die Untersuchung von Clustern leichter Elemente. Mit der TIED-Methode wurden in der Arbeitsgruppe bereits zahlreiche Strukturen von Clusterionen vorwiegend der schwereren Elemente Silber[9,11], Gold[12,13], Kupfer[13,14], Bismut[13], Zinn[13,15], u.a.[16] bestimmt.

Die vorliegende Arbeit behandelt **fünf Kernfragen** zu den Eigenschaften von Nanopartikeln. 1. Welcher Entwicklung unterliegt die Gleichgewichtsstruktur des Clusters als Funktion der Atomzahl n? 2. Welchen Einfluss hat der Ladungszustand bzw. die elektronische Konfiguration auf die Geometrie? 3. Wie bilden sich Heterostrukturen aus verschiedenen Elementen? 4. Wie ändert sich die Gleichgewichtsstruktur mit der Schwingungstemperatur (Phasenübergänge in finiten Systemen)? 5. Welchen Einfluss nehmen Adsorbatmoleküle auf die Clustergestalt?

Schwerpunktmäßig sind technologisch interessante Übergangsmetalle ausgewählt. Die geometrische Struktur von monodispersen Metallclusterionen wird im Größenbereich von $n = 8$ bis 271 Atome (~0,5–1,8nm) analysiert. Auch Elemente des p-Blocks sind berücksichtigt, sodass die bei der experimentellen Analyse erlangte Information breit und weitreichend angelegt ist. Zum ersten Mal kann auch die Frage „Null" nach dem strukturellen Einfluss des Elements selbst systematisch erörtert werden. Dies erschließt sich insbesondere in der Reihe der d-Elemente, weil hier die elektronische Konfiguration isoton variiert.

Die elektronischen Modellstrukturen mit denen die Beugungsdaten interpretiert und diskutiert werden entstammen i.d.R. Dichtefunktionalrechnungen und sind im Rahmen dieser Arbeit soweit es nicht anders ausgewiesen ist mithilfe des Programmpaketes TURBOMOLE[17,18] berechnet. Die Limitierung in den Fällen großer Vielteilchensysteme bedingt[19], dass ausschließlich hochsymmetrische Isomere eines Strukturmotivs oder semiempirische Potenziale bei der Modellierung solcher Strukturen berücksichtigt werden.

Erstmalig wird die Qualität der Beugungsdaten über einen Wert für die Wiederfindbarkeitswahrscheinlichkeit in einem bekannten finiten Isomerenensemble herangezogen, um die Aussagekraft der Strukturzuordnungen anhand von TIED abzuwägen und zu beurteilen.

Diese Dissertation gliedert sich wie folgt:

Im Anschluss an die Einleitung wird in Kapitel 2 in die Theorie der Gasphasenelektronenbeugung eingeführt und es sind Prinzipien und Schwächen der einzelnen Vorgehensweisen näher skizziert. Kapitel 3 behandelt die experimentelle Umsetzung sowie die Datenanalyse in einem TIED-Experiment. In Anbetracht des hohen Stellenwertes, der den Modellstrukturen beim Interpretieren der Beugungsdaten zukommt, beleuchtet Kapitel 4 in einem knappen Abriss der gängigen quantenmechanischen und globalen Suchmethoden für Metallcluster die beiden für die Analyse besonders zentralen Konzepte.

Dann folgen zwei Kapitel mit Ergebnissen aus den Untersuchungen: Kapitel 5 widmet sich Clusterstrukturen bei niedrigen Schwingungstemperaturen und richtet den Blick auf Dotierungen mit Fremdatomen (kleine Goldkäfige), ladungsabhängige Strukturunterschiede (kleine Bismutcluster), Adsorbateinfluss (Palladium und seine Hydride) und auf strukturelle Entwicklungen von Übergangsmetallclustern bis hin zur Festkörperstruktur. Kapitel 6 fokussiert auf Clusterstrukturen bei erhöhten Schwingungstemperaturen bis $T = 530K$ und berichtet Analyseergebnisse hinsichtlich ihrer Oberflächenrekonstruktionen und feststellbarer Phasenübergänge. Im Kapitel 7 wird die Güte der Datenanalyse mithilfe statistischer Bewertungen betrachtet. Es wird deutlich wie leistungsfähig die Strukturzuordnung im TIED-Experiment gehandhabt ist, indem zum Vergleich dem zugrundeliegenden Datensatz ein künstliches weißes Rauschen überlagert.

Die Arbeit schließt mit einer zusammenfassenden Einordnung der Befunde und dem Ausblick auf naheliegende weiterführende Experimente für die Zukunft.

2 Elektronenbeugung in der Gasphase (GED)

Die 1673 von Christiaan Huygens postulierte Wellentheorie des Lichts[20] als Gegenstück zur Newton'schen Korpuskeltheorie kann als Wegbereiter für zwei wichtige Entdeckungen gelten, die für das Durchführen und Verstehen heutiger Elektronenbeugungsexperimente unentbehrlich sind.

Diese knüpfen zum einen an den 1802 von Thomas Young durchgeführten Doppelspaltversuch[21] an, bei dem kohärentes Licht gebeugt wird. Der Prozess der konstruktiven und destruktiven, Licht *auslöschenden* Interferenz der Wellenfront führt hier abhängig vom Spaltmaß und der Wellenlänge des Lichts zu einem charakteristischen Beugungsmuster. Bei monochromatischem Licht besteht es aus hellen und dunklen Bereichen. Zum anderen stützen sie sich auf den Beitrag von Louis-Victor de Broglie, dem 1924 ein weiterer Durchbruch gelang, indem er das Konzept des Welle-Teilchen-Dualismus auf alle bewegten Objekte mit Ruhemasse – wie auch Elektronen – erweiterte und ihnen eine impulsabhängige Wellenlänge zuschreibt.[22] Experimentell untermauert wurde die Theorie der „Materiewellen" 1927 durch das Davisson-Germer-Experiment[23], das die Bragg'schen Vorhersagen für Beugung von Röntgenstrahlen an einem Nickelkristall erstmals auch für Elektronen zeigte. Sie verhalten sich unter bestimmten Bedingungen demzufolge entsprechend wie elektromagnetische Strahlung.

Der Potenzialgradient des elektrischen Feldes jedes Atoms im Nickelkristall verursacht die Ablenkung der Elektronenflugbahnen. In Analogie zum Young'schen Doppelspaltversuch wirkt das Atom hier wie ein Spalt und die Elektronen wie ein Lichtstrahl. Die Beugung an Atom-Paaren führt in gleicher Weise zu Interferenzmustern.

Die ersten Beugungsexperimente in der Gasphase zur Strukturaufklärung erfolgten mit Röntgenstrahlen an kleinen Molekülen (z.B. CCl_4, $GeCl_4$, C_6H_6) durch Peter Debye 1929[24]. Ein Jahr später wiederholten Herman F. Marks und R. Wierl das Experiment[25] unter Verwendung von Elektronenstrahlen in beeindruckender Kürze. Im Ergebnis zeigte sich: Wofür Debye eine Datenakkumulationszeit von circa zehn Stunden benötigte, reichten Marks & Wierl wenige Sekunden. Der Wirkungsquerschnitt der Elektronenbeugung bei einer kinetischen Energie von 40 keV liegt um vier bis sechs Größenordnungen über dem der Röntgenstrahlung, was ursächlich dem Umstand geschuldet ist, dass die Elektronenbeugung am gesamten elektrostatischen Potenzial des Atoms stattfindet, wohingegen die Röntgenbeugung lediglich an der Elektronendichte erfolgt.

Aufgezeichnet werden die Beugemuster typischerweise auf Fotoplatten – oder wie im TIED-Experiment eingesetzt – auf einem CCD-Sensor (CCD, *charge-coupled device*). Sie stellen sich dabei als konzentrische Muster heller und dunkler Ringe (eindimensionale Abstandsinformation) dar, die sich aus der willkürlichen räumlichen Orientierung der Moleküle ergeben wie beispielsweise Abbildung 1 zeigt.

Abbildung 1: Simuliertes Elektronenbeugungssignal des Clusters Pd_{55}^{-} (simuliert mit TDP[26], logarithmische Intensitätsdarstellung).

Clusterstrukturen von Metallen werden seit Ende der 1980er Jahre mit dieser Technik erfolgreich untersucht. Wegbereitend in diese Richtung können Beugungsexperimente an Molekularstrahlen von R. Monot betrachtet werden.[27] Die grundlegende Schwierigkeit in dieser Herangehensweise besteht in der großen Vielfalt verschiedener in einer Überschallexpansion generierter Größen und Geometrien. Eine elegantere Methode stellt aus diesem Grund die Wahl von Ionen als Untersuchungsobjekte dar. Diese können wie Parks *et al.* zuerst zeigten mit Hilfe von Ionenfallen massenspezifisch isoliert und über einen längeren Zeitraum im Überlappbereich zu einem Elektronenstrahl gehalten werden.[8,28] Für moderne Elektronenbeugungsexperimente in der Gasphase (GED, *gas phase electron diffraction*) hat sich diese Vorgehensweise etabliert.

In folgenden Kapiteln werden die wesentlichen generellen Aspekte der Gasphasenelektronenbeugung beschrieben und speziell in Hinblick auf das TIED-Experiment diskutiert. Bei der GED handelt es sich um eine nun seit über 80 Jahren erfolgreich genutzte und vielfach in der Fachliteratur charakterisierte Methode. Ausführlich und mathematisch exakt behandelt ist sie bei Hargittai & Hargittai[29].

Die Schlüsselbegriffe für GED im Rahmen des TIED-Experiments sind Beugung und Streuung. Mit Streuung, wird allgemein die Ablenkung eines Objekts durch eine nicht näher spezifizierte Wechselwirkung mit einem lokalen Objekt (Streuzentrum) bezeichnet. Die Stärke der Streuung (Querschnitt) entspricht im klassischen Bild der Streuung von Massepunkten an einer harten Kugel mit eben jenem räumlichen Querschnitt. Die Streuung von Wellen ist hier ebenso konnotiert. Dabei gilt es kohärente und inkohärente Wellen zu unterscheiden, d.h. ob eine oder ob keine feste Phasenbeziehung zwischen einfallender und auslaufender Welle besteht. Nur im ersten Fall führt eine Überlagerung mehrerer auslaufender Wellen zu einem Interferenzmuster. Die Beugung hingegen beschreibt ausschließlich die Ablenkung einer Welle durch Bildung neuer Wellen entlang einer Wellenfront (Huygens-Fresnel-Prinzip). Befinden sich die Abstände dieser Bildungszentren in der Größenordnung der Wellenlänge der einfallenden Welle, so können Überlagerungen der auslaufenden Wellen zu Interferenzmustern führen.

Im Falle der Elektronenbeugung wird eine kohärente Materiewelle entsprechend einem Elektron elastisch und kohärent an mehreren Streuzentren (Atome im Molekül) gestreut. Die Abstände der Streuzentren befinden sich in ähnlicher Größenordnung der de-Broglie-Wellenlänge der Elektronen, und führen zu dem mit dem Beugungsbegriff verknüpften Interferenzphänomen. Die allgemeinere, exakte theoretische Beschreibung stellt jedoch die Streutheorie dar.

2.1 Einführung in die Streutheorie

Als geladene Teilchen streuen Elektronen an den elektrostatischen Potenzialen gebildet aus Atomkernen wie auch ihrer Elektronenhülle. Vereinfachend modelliert kann ein einzelnes Atom als ein sphärisches Potenzial im Raum angenommen werden. Ein Molekül, das aus mehreren dieser Atome besteht, kann in erster Näherung als Ansammlung unabhängiger Potenziale gesehen werden, die – entsprechend der Bindungsabstände im Molekül – im Raum positioniert vorliegen. Dieses Modell der sog. unabhängigen Atome (IAM, *independent atomic model*) liefert aufgrund des dominierenden Kernpotenzials eine gute Beschreibung, wohingegen die Streuung an den für die chemische Bindung relevanten und zwischen den Atomen stärker lokalisierten Valenzelektronen einen geringen Beitrag liefert.[29]

Mit Hilfe des Modells der unabhängigen Atome lässt sich die Elektronenstreuintensität $I(s)$ als Funktion des Impulsübertrags s in einen atomaren, von der Geometrie des Clusters unabhängigen Anteil und einen molekularen, struktursensitiven Anteil separieren:

$$I(s) = I_A(s) + I_M(s). \tag{1}$$

Der atomare Anteil $I_A(s)$ setzt sich aus den elastischen und inelastischen Beiträgen jedes Atoms zusammen:

$$I_A(s) = \sum_i \left(|f_i(s)|^2 + 4\frac{S_i}{a_0^2 s^4} \right). \tag{2}$$

Dabei bezeichnen f_i und S_i die elastische und inelastische Streuamplitude des i-ten Kerns und a_0 den Bohr'schen Radius. Der elastische Ausdruck, f_i, kann mit Hilfe der ersten Born'schen Näherung für die Streuung einer ebenen Welle an einem sphärischen

Potenzial bestimmt werden: Für die freie Ausbreitung der Elektronen in z-Richtung gilt die Beschreibung der Welle ψ_0 durch den Wellenvektor $\vec{k}_0$:

$$\psi_0 = A e^{i\vec{k}_0 \vec{z}} . \tag{3}$$

Die Wechselwirkung im Wirkungsfeld des Atompotenzials V im nichtrelativistischen Fall führt zur Schrödingergleichung:

$$\Delta \psi + \vec{k}_0^{\,2} \psi = -\frac{2m_e}{\hbar^2} V \psi , \tag{4}$$

wobei ψ zu diesem Zeitpunkt die Überlagerung der einfallenden Welle ψ_0 und gestreuten Welle ψ' repräsentiert. Für das sphärisch angenommene Potenzial V ergibt sich nach der Partialwellenmethode im asymptotischen Grenzfall für den Abstand R zum Streuzentrum (d.h. der Beobachtungspunkt der Welle ist weit außerhalb des Einflussbereichs von V) eine Kugelwelle als exakte Lösung:

$$\psi'(R) = \frac{A}{R} f(\theta) e^{i\vec{k}_0 R} . \tag{5}$$

Sie enthält die elastische Streuamplitude f als Funktion des Streuwinkels θ in Bezug auf die z-Richtung. Der Streuwinkel ist mit dem Impulsübertrag s, dem Betrag des Streuvektors $\vec{s}$ wie folgt verknüpft:

$$s = |\vec{s}| = 2|\vec{k}_0| \sin\left(\frac{\theta}{2}\right) . \tag{6}$$

Damit lässt sich die (komplexe) Streuamplitude f eines Atoms immer in einen Betrag $|f(s)|$ und eine Phase $\eta(s)$ unterteilen:

$$f(s) = |f(s)| \cdot e^{i\eta(s)} . \tag{7}$$

Sie skaliert mit s^{-2} und zeigt eine annähernd lineare Abhängigkeit zur Kernladung Z. Die inelastische atomare Streuamplitude S berücksichtigt elektronische Anregungen im Atom hervorgerufen durch den Streuprozess und steht im Wesentlichen für eine Summe aus Nebendiagonalelementen der Form $\langle \varphi_m | e^{i\vec{k}_0 \vec{z}} | \varphi_n \rangle$.[30] Wie aus Gleichung (2) zu entnehmen, sind diese Prozesse insbesondere bei kleinen Streuwinkeln von Bedeutung.

Sowohl die elastischen wie auch die inelastischen Streuampliduten sind von der kinetischen Energie der Elektronen und der Ordnungszahl bzw. der Kernladung Z des Elements abhängig. Ihre exakten Werte sind für verschiedene Fälle numerisch berechnet und tabellarisch über einen weiten s-Bereich in der Literatur verfügbar.[31]

2.2 Streuung am Molekül

Die Platzierung eines weiteren Streuzentrums in räumlicher Nähe (Größenordnung der de-Broglie-Wellenlänge) führt zu einer Modulation der winkelabhängigen Streuintensität. Der Modellansatz sieht eine Separation in einen atomaren und einen dazu einfließenden molekularen Streuanteil $I_M(s)$ zur Gesamtelektronenstreuintensität vor. Letzterer ist von größerer Bedeutung und enthält die strukturellen Informationen des untersuchten Objekts in Gestalt der Fouriertransformierten der Abstände von Atom-Paaren (PDF, *pair distribution function*). Ihre Form hat einen im Wesentlichen oszillierenden sinusförmigen Verlauf und führt zu dem charakteristischen radialsymmetrischen Beugungsmuster (siehe Abbildung 1).

Unter Verwendung des Modells der unabhängigen Atome (IAM) lässt sich die molekulare Streuintensität wie folgt formulieren:

$$I_M(s) = \sum_{\substack{i=1}}^{N} \sum_{\substack{j=1 \\ i \neq j}}^{N} |f_i(s)| |f_j(s)| \cdot \cos(\eta_i - \eta_j) \left\langle \frac{\sin(sr_{ij})}{sr_{ij}} \right\rangle_{vib}. \tag{8}$$

Dabei läuft die Summe paarweise über alle N Atome des Moleküls. Enthalten sind des Weiteren der Abstand r_{ij} zwischen dem i-ten und j-ten Atom sowie die Phasenbeziehungen $\eta(s)$. Für Atome desselben Elements liegt hier keine Verschiebung der Phase vor, zwei Atome mit unterschiedlichem Z führen jedoch zu einem verringerten Gewicht des Summanden. Je unterschiedlicher die Ordnungszahlen der Atome sind, desto eher ist der Beitrag des Atom-Paares zu vernachlässigen.

Der letzte Term in Gleichung (8) enthält alle über das gesamte untersuchte Molekülensemble zeitlich gemittelten Paarabstände. Im Fall eines einzelnen Moleküls variieren diese durch eine Schwingungsbewegung. Selbst bei einer Temperatur von null Kelvin ist die Auslenkung der Nullpunktsschwingung zu berücksichtigen. Eine exakte Formulierung von Gl. (8) wird durch folgenden temperaturabhängigen Ausdruck gegeben:

$$I_M(s) = \sum_{\substack{i=1}}^{N} \sum_{\substack{j=1 \\ i \neq j}}^{N} |f_i(s)| |f_j(s)| \cdot \cos(\eta_i - \eta_j) \cdot \int_0^{\infty} P_{ij}(r_{ij}, T) \frac{\sin(sr_{ij})}{sr_{ij}} dr_{ij}. \tag{9}$$

Das Integral kann unter Verwendung der harmonischen Näherung der Schwingungen mit dem Ausdruck

$$P_{ij}(r_{ij}, T) = \frac{1}{\sqrt{2\pi \cdot l_{ij}}} \cdot \exp\left(-\frac{r_{ij}^2}{2l_{ij}}\right) \tag{10}$$

wie folgt ausgewertet werden:

$$I_M(s) = \sum_{\substack{i=1}}^{N} \sum_{\substack{j=1 \\ i \neq j}}^{N} |f_i(s)||f_j(s)| \cdot \cos(\eta_i - \eta_j) \cdot \exp\left(-\frac{l_{ij}^2}{2}s^2\right) \frac{\sin\left[s\left(r_{ij} - \frac{l_{ij}^2}{r_{ij}}\right)\right]}{sr_{ij}}. \tag{11}$$

Wobei r_{ij} nun dem effektiven mittleren Gleichgewichtsabstand zwischen Atom i und j entspricht und l_{ij}^2 der quadratischen Schwingungsamplitude. Letztere ist sowohl im Dämpfungsterm enthalten, der zur Signalreduktion bei starken Schwingungsauslenkungen führt (Debye-Waller-Faktor[32,33]), sowie in Form einer Phasenverschiebung der Sinusterme um l_{ij}^2/r_{ij}.

2.3 Anwendung der Streutheorie

Die Betrachtung des strukturrelevanten Anteils des Beugungssignals über einen weiten Streuwinkelbereich lässt sich einfacher durch die modifizierte molekulare Beugungsintensität sM darstellen. Die Modifikation besteht in der Formulierung des molekularen Beitrags in Bezug auf den atomaren Beitrag, und wird zudem mit s skaliert:

$$sM(s) = s \cdot \frac{I_M(s)}{I_A(s)} = s \cdot \left(\frac{I(s)}{I_A(s)} - 1\right). \tag{12}$$

Nimmt man den vereinfachten Fall eines starren homoatomaren Metallclusters in einem ausschließlich elastischen Beugungsexperiments an, so vereinfachen sich die Beträge (Gleichung (11) und (2)) wie folgt:

$$I_M(s) = |f(s)|^2 \sum_{\substack{i=1}}^{N} \sum_{\substack{j=1 \\ i \neq j}}^{N} \frac{\sin(sr_{ij})}{sr_{ij}}, \tag{13}$$

$$I_A(s) = N \cdot |f(s)|^2. \tag{14}$$

Damit ergibt sich für die modifizierte molekulare Beugungsintensität der Ausdruck:

$$sM(s) = \frac{1}{N} \sum_{\substack{i=1}}^{N} \sum_{\substack{j=1 \\ i \neq j}}^{N} \frac{\sin(sr_{ij})}{r_{ij}}. \tag{15}$$

Der Vergleich mit Gleichung (8) zeigt, dass die Skalierung mit s nun zu einer einfachen Superposition von Sinusfunktionen führt, wohingegen die Darstellung von $I_M(s)$ noch reziprok mit s verläuft.

Die an einem kanonischen Ensemble von Metallclustern bei einer wohldefinierten endlichen Temperatur durchgeführten Experimente machen eine Berücksichtigung der Schwingungsamplituden der Atome erforderlich. Unter den Annahmen, dass die Schwingungsauslenkungen l_{ij} klein sind (d.h. die Phasenverschiebung l_{ij}^2/r_{ij} ist vernachlässigbar) und für alle harmonischen Oszillatoren eine einzige mittlere Schwingungsamplitude L verwendet werden kann, ergeben sich die aus Gleichung (11) abgeleiteten Ergänzungen für Gleichung (15):

$$sM(s) = \frac{1}{N}\exp\left(-\frac{L^2}{2}s^2\right)\cdot\sum_{i=1}^{N}\sum_{\substack{j=1\\i\neq j}}^{N}\frac{\sin\left(sr_{ij}\right)}{r_{ij}}. \tag{16}$$

Die formal exakte Darstellung der modifizierten molekularen Beugungsintensität ist

$$sM(s) = \frac{\displaystyle\sum_{i=1}^{N}\sum_{\substack{j=1\\i\neq j}}^{N}\left|f_i(s)\right|\left|f_j(s)\right|\cdot\cos\left(\eta_i-\eta_j\right)\cdot\exp\left(-\frac{l_{ij}^2}{2}s^2\right)\cdot\sin\left[s\left(r_{ij}-\frac{l_{ij}^2}{r_{ij}}\right)\right]/r_{ij}}{\displaystyle\sum_{i=1}^{N}\left|f_i(s)\right|^2\cdot 4\frac{S_i}{a_0^2 s^4}}. \tag{17}$$

2.4   Näherungen

Die bisherige Beschreibung der Methode der Elektronenbeugung zeigt bereits an vielen Stellen eingeführte vereinfachende Bilder des Prozesses. Aus diesem Grund sollen in diesem abschließenden Kapitel noch einmal die wesentlichen Punkte zusammenfassend dargestellt werden. Dabei lassen sich sämtliche Näherungen in zwei verschiedene Kategorien einteilen: Die erste enthält Vereinfachungen, die in der theoretischen Beschreibung der Elektronenbeugung begründet liegen. Die zweite beschäftigt sich mit experimentell bedingten Einflüssen, die den idealen Streuprozess in der praktischen Durchführung erschweren.

Beginnend mit den theoretischen Überlegungen, gilt für die im Experiment verwendeten Elektronen eine de-Broglie-Wellenlänge von 6,02pm (für eine kinetische Energie von 40 keV). Diese Elektronen besitzen eine Geschwindigkeit von $0,37c$ mit der Lichtgeschwindigkeit im Vakuum c (siehe Abbildung 2). Zur Berechnungen der elastischen Streuamplituden mit Hilfe der Partialwellenmethode wird die Schrödingergleichung zugrunde gelegt. Diese Näherung gilt im nichtrelativistischen Fall für langsame Elektronen. Eine präzisere Beschreibung des Streuprozesses – in Anbetracht der leicht erhöhten Geschwindigkeit des Elektronenstrahls – ist mit Hilfe der speziellen Relativitätstheorie möglich. Unter Verwendung der Dirac-Gleichung[34] sind ferner der Elektronenspin der gestreuten Elektronen sowie dessen Wechselwirkung mit dem Streuzentrum intrinsisch berücksichtigt.

Die Elektron-Elektronwechselwirkung führt mit verminderter Wahrscheinlichkeit zu Streuprozessen in der äußeren Elektronenhülle des Moleküls. Im Atom kann diese als nahezu kugelsymmetrisch angenommen werden. Diese Näherung wird von den in dieser Arbeit untersuchten Metallclustern mit vorwiegend kompakten Strukturen sehr gut erfüllt. Im Falle von Molekülen mit stark gerichteten Valenzbindungen, d.h. die für die chemische Bindung verantwortlichen Elektronen sind stark zwischen den einzelnen Atomkernen lokalisiert, führt dies zu leichten Abweichungen der sphärischen Potenzialsymmetrie im Rahmen des Modells der unabhängigen Atome.

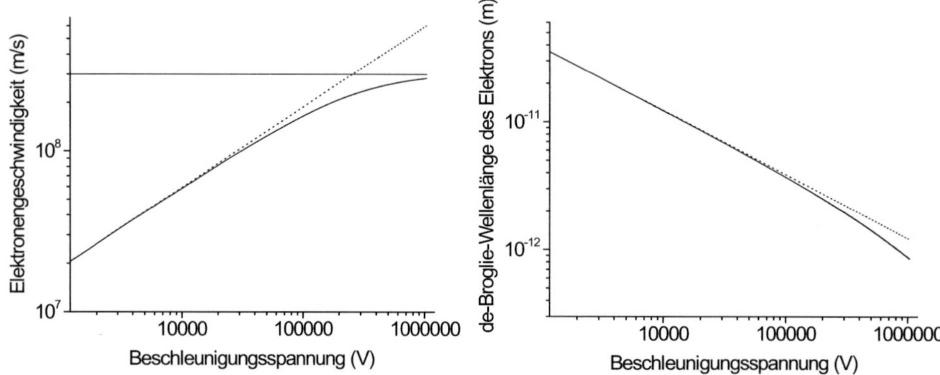

Abbildung 2: Die Elektronengeschwindigkeit (links) sowie die entsprechende de-Broglie-Wellenlänge (rechts) in Abhängigkeit der Beschleunigungsspannung. Die durchgezogenen Linien entsprechen den relativistisch korrigierten Größen, die gestrichelten Linien den klassischen Werten. Die horizontale Linie links entspricht der Vakuumlichtgeschwindigkeit c.

Die bisher genannten Aspekte spielen für die Qualität der Interpretation der Beugungsexperimente jedoch eher eine untergeordnete Rolle und stellen eine zufriedenstellende Näherung dar. Die größte Abschätzung liegt in der dynamischen Beschreibung der Kernbewegung bei Temperaturen über dem absoluten Nullpunkt. Insbesondere bei Metallclustern ist im Wesentlichen eine Abhängigkeit der Schwingungsamplituden l_{ij} von der Koordinationszahl (Eck-, Kanten-, Flächen- bzw. Volumenatom) zu erwarten, die nur unzureichend durch eine einzige mittlere Schwingungsamplitude L zu beschreiben ist (siehe Gleichung (16)). Ebenso nimmt die Anharmonizität der Schwingungen mit steigender Temperatur zu, was insbesondere bei den in Kapitel 6 durchgeführten Untersuchungen von Relevanz ist.

Mit Hilfe von *ab initio*-Methoden lassen sich prinzipiell durch Lösen des elektronischen Problems und einer genauen Schwingungsanalyse die verschiedenen l_{ij} in einem Molekül berechnen. In typischen GED-Experimenten im Molekularstrahl ermöglicht das Signal-Rausch-Verhältnis die Streuwinkelanalyse bis $s = 30\text{–}40\text{Å}^{-1}$. Ein Datenbereich dieser Größe erlaubt zusammen mit den berechneten Schwingungsinformationen eine genaue Verfeinerung der Modellstruktur des Moleküls. Auf diese Weise können Bindungslängen und –winkel auf 0,01Å bzw. 0,01° genau bestimmt werden.

Neben den theoretischen Schwächen der Modellierung der Elektronenbeugung führen ebenso experimentelle Einflüsse zu leichten Abweichungen von den erwarteten Werten. Abhängig von der Anzahl an Metallclusterionen in der Paulfalle ergibt sich aufgrund der Coulombabstoßung untereinander und des Potenzialgradienten des elektrodynamischen Fallenfeldes eine Clusterionenwolke mit endlicher Ausdehnung. Ihre Größe ist durch das Raumladungslimit begrenzt. Die mittlere Ionenverteilung hat zunächst einen gaußförmigen Verlauf um das Fallenzentrum und wird, wie von M. Kordel durch ortsaufgelöste Fluoreszenzmessungen gezeigt, für größere Ensembles zu einer Plateaufunktion.[35] Das aufgezeichnete Beugungsmuster entspricht dann der Mittelung aus den gefalteten Wahrscheinlichkeiten der verschiedenen Elektronen- und Clusterionenverteilungen (siehe Abbildung 3, links). Des Weiteren werden die Speichereigenschaften der Falle durch jede Abweichung von theoretisch optimaler Elektrodengeometrie beeinflusst. Zum ein- und auskoppeln des Elektronenstrahls befindet sich in den Endkappenelektroden eine minimale Öffnung von 1,5mm. Wie in Abbildung 3 (rechts) zu erkennen, führt diese zur Abschattung für große Streuwinkel für Elektrodenöffnungen kleiner 3mm (siehe Anhang C). Die Folge sind ein im Vergleich zum Modell systematisch verminderten experimentellen Streuanteil, der, wie später in den Strukturanpassungen in Kapitel 5 zu erkennen ist, einer zusätzlichen Dämpfung des Gesamtsignals zu großen Streuwinkeln entspricht.

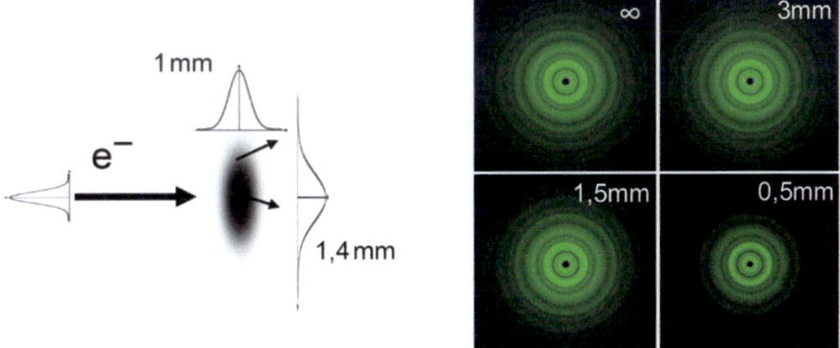

Abbildung 3: *links* – Räumliche Ausdehnung der Clusterionenwolke in der Paulfalle sowie des Elektronenstrahls. Angegeben Zahlen entsprechen der Standardabweichung σ einer gaußförmigen Verteilung. *rechts* – Simulierte Beugungsbilder mit zusätzlicher Berücksichtigung einer Endkappenelektrode mit Loch verschiedener Größen (logarithmische Skala).

Beim Erhöhen der Anzahl an Streuzentren in der Falle gilt des Weiteren zu beachten, dass die Wahrscheinlichkeit der Streuung eines Clusters mit einem Elektron, das bereits zuvor einen Streuprozess durchlaufen hat, zunimmt. Diese Mehrfachstreuung oder auch Dreiatomstreuung genannt kann sowohl an zwei verschiedenen Clustern stattfinden, was aufgrund der geringen Teilchendichte im TIED-Experiment ausgeschlossen werden kann, aber auch ab einer gewissen Größe innerhalb eines einzigen Clusters auftreten. In erster Näherung ist die Atomdichte in der Falle als relevante Größe für die Wahrscheinlichkeit dieses Prozesses heranzuziehen. Der Effekt nimmt mit kleinerer de-Broglie-Wellenlänge der Elektronen zu (d.h. niedrigere kinetische Energie) und verhält sich in etwa proportional zum Streuquerschnitt.

Aufgrund des limitierten Signal-Rausch-Verhältnisses wurden die TIED-Experimente i.d.R. mit größtmöglicher Clusterionenzahl durchgeführt.

3   Das TIED-Experiment

Die folgende Abbildung 4 zeigt das Elektronenbeugungsexperiments TIED im Überblick und schematisch angeordnet:

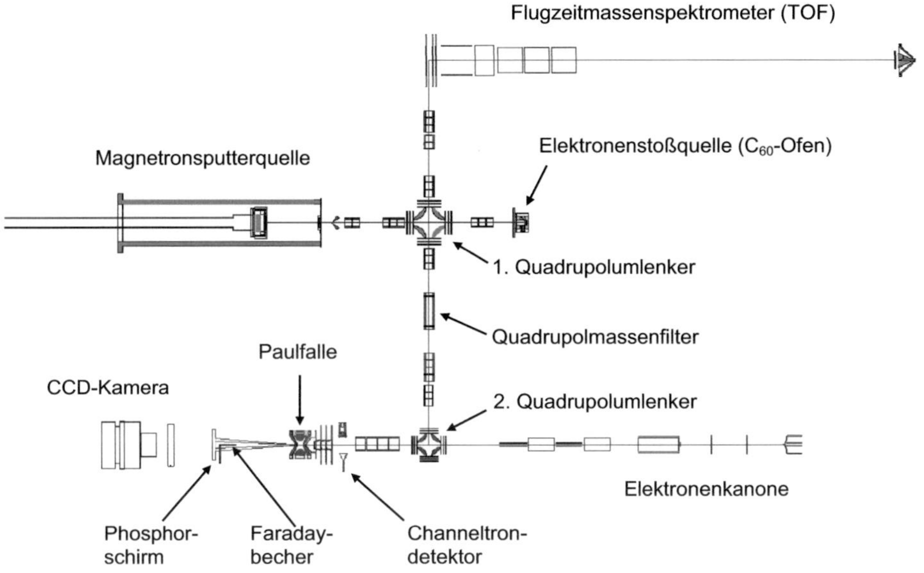

Abbildung 4: Experimenteller Aufbau der TIED-Apparatur nach M. Blom.[11] (modifiziert)

Die typischerweise einfach geladenen ($+/-$) und neutralen Metallclusterionen werden zunächst in einer Magnetronsputterquelle auf einem um ca. ± 25 V (je nach später untersuchten Polarität der Ionen) zum Erdpotenzial hochgelegten Potenzial erzeugt und dann im ersten Quadrupolumlenker von den ungeladenen getrennt. Die Größenverteilung für einen ausgewählten Ladungszustand der Clusterionen kann in einem linearen Flugzeitmassenspektrometer (TOF, *time-of-flight*) live überwacht und zur Anpassung der Quellenparameter für eine optimale Clustergrößengenerierung genutzt werden. Für das eigentliche Elektronenbeugungsexperiment wird die Polarität des ersten Quadrupolumlenkers getauscht, sodass die Clusterionen nun den Quadrupolmassenfilter (QMS, *quadrupole mass spectrometer*) durchlaufen und als ein nach ihrem Masse-zu-Ladungs-Verhältnis m/z größenselektierter Ionenstrahl wieder verlassen. Er wird im Folgenden durch einen zweiten Quadrupolumlenker auf eine zum Elektronenstrahl kollineare Trajektorie gebracht und zuletzt durch Stöße mit Helium in dem elektrodynamischen Potenzial der Paulfalle gefangen und thermalisiert. Eine Clusterselektion nach dem m/z-

Verhältnis aus einer größenverteilten Ionenwolke kann mit Hilfe der SWIFT-Methode[36–38] (*stored waveform inverse fourier transform*) auch in der Paulfalle selbst durchgeführt werden. Dabei werden zu einem m/z-Verhältnis resonante Frequenzen an die Endkappenelektroden gelegt. Die SWIFT-Methode erzeugt ein für entsprechend unerwünschte Clustergrößen trajektoriendestabilisierendes Spannungssignal in der Zeitdomäne. Da bei diesem Verfahren die maximal erreichbare massenselektierte Ionenzahl geringer ist und zudem die Auflösung der Selektion mit der Ladungsdichte sinkt, wurde die Methode nur zum Entfernen von Fragmenten der Mutterclusterionen oder mehrfach geladenen Spezies benutzt. Solche Fragmente entstehen durch inelastische Streuprozesse während des Beugungsexperiments (z.B. Auger-Effekt).

Die dann aus einem geheizten Wolframfilament austretenden Elektronen werden auf eine kinetische Energie von 40 keV beschleunigt und durch zwei Öffnungen in den Endkappenelektroden der Paulfalle hindurch in einen Faradaybecher fokussiert. Die in der Falle an der Clusterionenwolke gebeugten Elektronen gelangen am Becher vorbei und erzeugen auf einem phosphoreszierenden Schirm Photonen. Sie werden jetzt von einer externen CCD-Kamera über einen Zeitraum von ca. 15–45 Sekunden integriert aufgenommen. Nach dem an dieser Stelle abgeschlossenen Beugungsexperiment wird zur Kontrolle ein Massenspektrum der in der Falle verbliebenen Ionen mit Hilfe eines Channeltrondetektors aufgezeichnet. Hierdurch kann man ausschließen, dass die vorherige Massenselektion im QMS unpräzise durchgeführt wurde, oder – verursacht durch inelastische Prozesse – Fragmentationen bzw. mehrfach geladene Ionen zum Beugungsbild beigetragen haben.

Als zweite Ionenquelle befindet sich eine Elektronenstoßquelle zur Erzeugung von $C_{60}^{+/-}$-Ionen beim ersten Quadrupolumlenker. Durch sie können die Massenspektren des Flugzeitmassenspektrometers und der Paulfalle kalibriert werden.

Eine ausführliche Beschreibung des TIED-Aufbaus ist in der Dissertation von M. Blom referiert.[11] Eine in der Folge entscheidende Modifikation stellt der zwischen die Quadrupolumlenker integrierte Massenfilter für die vorliegenden Studien dar (siehe Abbildung 4). Damit kann die Massenselektion von der Ionenspeicherung in der Paulfalle entkoppelt und die Anzahl an Streuzentren für das Beugungsexperiment deutlich erhöht werden (siehe Anhang B). In einer zweiten Generation wurde der Arbeitsbereich des Filters von 8 000 auf 16 000 amu erweitert und zusätzlich die Transmissionseigenschaften verbessert. Ebenfalls wurden weitere Gaseinlässe sowohl in der Magnetronclusterquelle als auch in der Paulfalle installiert. Hierdurch wird Clusterchemie mit kleinen reaktiven Gasen (z.B. H_2, O_2, O_3, CO, NO_2 u.a.) und damit einhergehende strukturelle Veränderungen (z.B. Oberflächenrekonstruktionen) untersuchbar.

Die nächsten Abschnitte haben einzelne Komponenten des Experiments zum Inhalt und führen die wesentlichen Erscheinungen näher aus.

3.1 Das Vakuumsystem

Beginnend bei der Clustererzeugung bis hin zum Elektronenbeugungsexperiment sind sehr unterschiedliche Druckumgebungen erforderlich. Dies wird durch mehrere differentielle Pumpstufen beim TIED-Experiment erreicht: Die Kammer der Magnetronsputterquelle wird mit Hilfe von zwei Turbomolekularpumpen (Oerlikon-Leybold, 1000 l/s) evakuiert. Ohne den zur Herstellung der Metallcluster notwendigen Gasfluss wird an dieser Stelle ein Enddruck von ca. $5 \cdot 10^{-8}$ mbar erreicht. Im laufenden Betrieb befindet sich im Aggregationsrohr (siehe Abschnitt 3.2) ein Druck von 0,1 bis 1 mbar, woraufhin sich im Rest der Quellenkammer ein Druck von ca. 10^{-3} mbar einstellt.

In den dahinter sich anschließenden Kammern des ersten Quadrupolumlenkers, Quadrupolmassenfilters, sowie des Flugzeitmassenspektrometers werden Turbomolekularpumpen mit 600 l/s, 360 l/s und 1000 l/s verwendet (ebenso Oerlikon-Leybold). Die erzielten Enddrücke betragen hier jeweils ca. $1 \cdot 10^{-8}$ mbar, $2 \cdot 10^{-9}$ mbar sowie $1 \cdot 10^{-8}$ mbar. Im laufenden Betrieb (volle Gaslast) steigen die Drücke entsprechend bis auf ca. $1 \cdot 10^{-6}$ mbar, $4 \cdot 10^{-7}$ mbar und $8 \cdot 10^{-8}$ mbar an. Aufgrund der RF-Spannungen in der Kammer des Quadrupolmassenfilters darf der Betriebsdruck hier nicht mehr als $1 \cdot 10^{-5}$ mbar betragen. Eine Sicherheitsabschaltung (Vakuuminterlock) gewährleistet dies.

In der Streukammer und der daran anschließenden Einheit der Elektronenkanone kommen insgesamt drei Turbomolekularpumpen zum Einsatz. In ersterer wird ein minimaler Enddruck von $2 \cdot 10^{-10}$ mbar erreicht (Varian, 1000 l/s). Die zum Einpulsen von Helium installierte Gasleitung wird mit einer separaten Turbopumpe (Oerlikon-Leybold, 50 l/s) gepumpt, um nach dem Clustereinfangen möglichst schnell einen niedrigen Enddruck zu erhalten. Aufgrund der starken Wechselwirkung des Elektronenstrahls mit sämtlichen Molekülen in der Kammer, führt ein hoher Druck an dieser Stelle zu einer erhöhten Hintergrundstreuung und einem schlechteren Signal-Rausch-Verhältnis. Hierbei ist ebenso der Kammerbereich der Elektronenkanone von Bedeutung: Eine Pumpleistung von 360 l/s ist gegeben. Im laufenden Betrieb der Elektronenkanone gewährleistet zudem auch hier eine Sicherheitsabschaltung, eine Notabschaltung des Filamentstroms bei einem Druck über $3 \cdot 10^{-6}$ mbar. Damit wird eine Beschädigung des Wolframdrahts durch z.B. Sauerstoffoxidation vermieden.

3.2 Die Clusterquelle

Zur Erzeugung der Metallcluster wird eine Magnetronsputterquelle nach dem in der Arbeitsgruppe von H. Haberland[39] entwickelten Prinzip eingesetzt (siehe Abbildung 5).

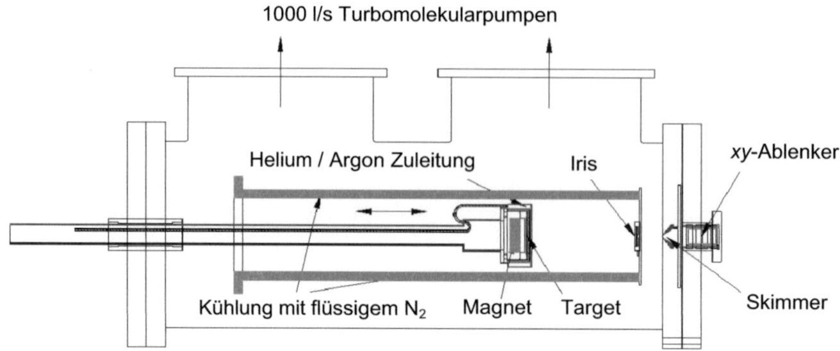

Abbildung 5: Aufbau der Kammer der Clusterquelle nach M. Blom.[11]

Damit können Metallcluster über einen weiten Größenbereich hergestellt werden (siehe Abbildung 6), von denen typischerweise ca. 50% ungeladen, 25% einfach negativ und 25% einfach positiv geladen sind. Der Sputterkopf besteht dabei aus einem Magneten, worauf ein Metalltarget (im Durchmesser wahlweise 1 oder 2 Zoll) des gewünschten Elements aufgebracht ist. Der Magnet ist dabei so ausgerichtet, dass die Magnetfeldlinien über dem Target den Sputterprozess unterstützen: Zwischen Magnetkopf und der darüber in einem Abstand von ca. 0,5mm angebrachten Kappe wird eine Spannungsdifferenz von 200 V angebracht, wobei das Target auf negatives Potenzial gelegt wird. Das seitlich einströmende Argon führt zu einer Plasmaentladung zwischen Kopf und Kappe, wobei freie Ladungsträger erzeugt werden (Ar^+ und Elektronen). Die schweren Argonionen werden dabei auf das Target beschleunigt und führen beim Auftreffen zum Abdampfen (Kathodenzerstäubung, sputtern) einzelner Atome. Durch das Magnetfeld in dieser Region werden ebenso vorhandene Elektronen aufgrund ihrer geringen Masse auf kreisförmigen Bahnen einige Zeit eingefangen. In dieser Zeitspanne können sie mit weiteren Argonatomen kollidieren und den Effekt der Ar^+-Erzeugung somit verstärken.

Durch Stöße der abgedampften Metallatome mit weiteren ihrer Art und dem Trägergas (Helium-/Argon-Mischung) kommt es mit geringer Wahrscheinlichkeit zu Dreierstößen, wobei sich zunächst Dimere, Trimere usw. des Targetmaterials bilden können (Die frei werdende Bindungsenergie wird dabei durch den Heliumstoßpartner abgeführt.). Ab einer – vom Element abhängigen – kritischen Keimgröße (ca. fünf bis neun Atome)[40] kann die beim Aufnehmen eines weiteren Atoms frei werdende Bindungsenergie auf die nun zahlreicheren inneren Freiheitsgrade verteilt werden, sodass bei diesen Zweierstößen die Stoßpartner sich nicht sofort wieder trennen und die Cluster deutlich leichter wachsen können. (Dreierstoß wird durch die Abfolge zweier zeitlich getrennter Zweierstöße ersetzt.) Die häufigen Stöße mit dem Trägergas, das über das doppelwandige Aggregationsrohr mit flüssigem Stickstoff auf ca. 90K gekühlt ist, können die aufgeheizten Cluster wieder abkühlen.

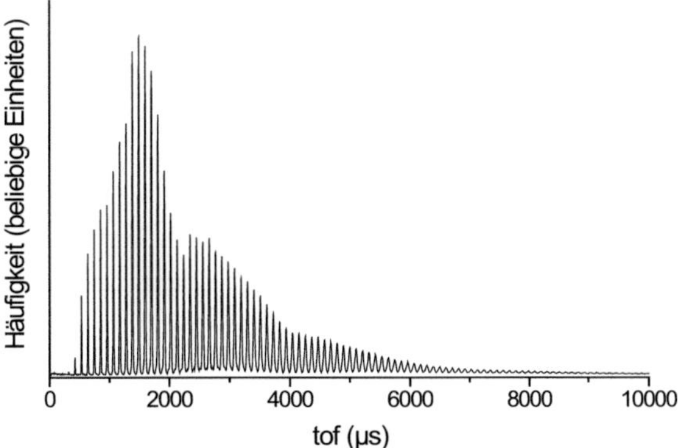

Abbildung 6: TOF-Ankunftszeitverteilung in der Clusterquelle generierter Palladium-clusteranionen.

Prinzipiell ist auch ein Clusterwachstum durch Aufeinandertreffen zweier bereits mehratomiger Cluster möglich. Dieses Ereignis ist jedoch unter den experimentellen Betriebsbedingungen deutlich unwahrscheinlicher und spielt erst bei sehr hohen Evaporationsraten (sehr dichter Metalldampf) eine Rolle.

Das Clusterwachstum stoppt langsam, sobald mit zunehmender Aggregationsstrecke keine weiteren einzelnen Atome im unmittelbaren Nachbarvolumen der Cluster mehr vorhanden sind. Zu einem abrupten Ende kommt es, sobald die Cluster die Irisblende passieren und der Druckbereich um ca. drei Größenordnungen abnimmt.

Die massenselektierbaren geladenen Cluster, die von Interesse für das Beugungsexperiment sind, entstehen durch Stöße mit Ar^+-Ionen oder mit in der Plasmaregion vorhandenen elektronisch angeregten Argonatomen Ar^* (Penning-Ionisation[41]). Man erhält vornehmlich positiv geladene Cluster. Anionische Cluster entstehen durch Stöße von neutralen Clustern mit freien Elektronen.[39] Dabei dürfte der Ladungszustand eines Clusters bereits in der Startphase des Wachstumsprozesses festgelegt werden. Aufgrund größerer attraktiver Wechselwirkungen geladener Keime mit neutralen einzelnen Atomen findet das Wachstum gegenüber neutralen Clustern beschleunigt statt.

Zuletzt sei erwähnt, dass neben homoatomaren Clustern auch aus zwei unterschiedlichen Elementen gemischte Cluster auf diese Weise erzeugt werden können (Goldcluster mit einem Fremdatom, siehe Kapitel 5.1). Dies gelingt entweder mit Targets, die aus entsprechenden Mischungen beider Elemente bestehen oder mit Hilfe der in der Dissertation von A. Lechtken[13] entwickelten Methode. Dabei werden zwei hintereinander angebrachte Metalltargets verwendet, wobei das aufliegende Target an mehreren Stellen perforiert ist, und abhängig von der Perforationsfläche so eine zum Teil variable Menge des zweiten Elements in den Metalldampf zugemischt wird (siehe Abbildung 7).

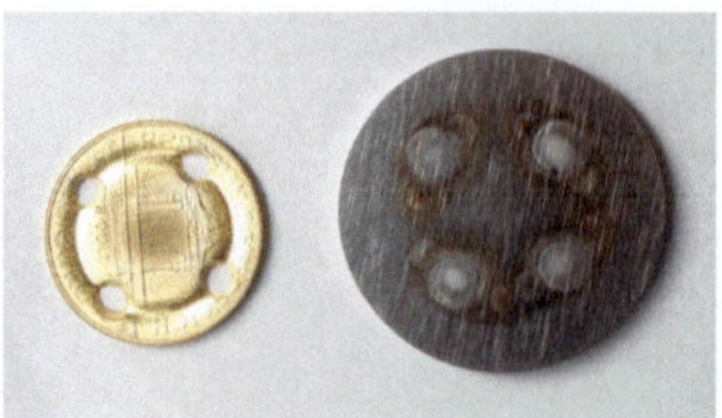

Abbildung 7: Perforiertes Goldtarget (vier Bohrungen) und Nickeltarget zur Erzeugung heteroatomarer Clusterionen.

3.3   Das Flugzeitmassenspektrometer

Neben der recht einfachen Konstruktionsweise bietet ein Flugzeitmassenspektrometer die günstigen Eigenschaften einen durch einfaches Verlängern der Detektionszeit theoretisch unbegrenzten Massenbereich untersuchen zu können. Ebenso werden sämtliche Massen in einer einzigen Aufzeichnung erfasst und müssen nicht einzeln in einem mühsamen zu wiederholenden Scanmodus untersucht werden (Felgett-Vorteil[42]). Ein Ion mit einer Ladung z erhält in einem elektrischen homogenen Feld mit dem Betrag E unabhängig seiner Masse m die kinetische Energie E_{kin}. Die Geschwindigkeit v die daraus für einen feldfreien Flug der Länge s resultiert ist verknüpft durch:

$$E_{kin} = z \cdot E \cdot l = \frac{1}{2} m v^2 \quad \text{mit } v = \frac{s}{t}. \tag{18}$$

Dabei ist l die Länge der Beschleunigungsstrecke, in der das Feld E wirkt. Hält man sämtliche experimentellen Größen (E, l, s) konstant, ergibt sich die für unterschiedliche Ionen ein wurzelförmiger Zusammenhang des m/z-Verhältnisses mit der Flugzeit (siehe Abbildung 6):

$$t = \frac{s}{\sqrt{2zEl}} \sqrt{\frac{m}{z}} \propto \sqrt{\frac{m}{z}}. \tag{19}$$

Die Schwächen der Methode liegen in den Limitierungen der Auflösung aufgrund unterschiedlicher Startbedingungen der Ionen (mit gleichem m/z), die z.T. schwer zu kontrollieren sind. Dies betrifft die Startzeit, den Startort im Beschleunigungsfeld, die kinetische Energie zu Beginn und deren Richtung (z.B. aufgrund einer Temperaturverteilung).

Die verschiedenen Startpositionen z.B. aufgrund eines endlich ausgedehnten Ionenstrahls lassen sich mit einer zweistufigen Beschleunigungsregion, dem sog. Wiley-McLaren-Aufbau[43], korrigieren. Durch die geeignete Wahl des Verhältnisses zweier

Beschleunigungsfelder und der Flugstrecke erreichen die Ionen zum selben Zeitpunkt den Ort des Detektors (Flugzeitfokus). Dies geschieht auch in einer einstufigen Beschleunigungsregion, jedoch ist der Flugzeitfokus hier auf einen bestimmten Punkt im Raum festgelegt. Durch die zweite Beschleunigungsregion lässt sich dieser Punkt weiter in die Ferne rücken, sodass die Flugstrecke s verlängert wird und damit einhergehend die Auflösung erhöht wird.

Die TIED-*tof*-Spektren wurden mit einem oben beschriebenen Aufbau bestehend aus drei Elektrodenplatten erzeugt und nach einer Flugstrecke von ca. 90 cm aufgezeichnet (Detektor: MCP, *mirco channel plate*). Typischerweise wurden Spannungen von ±5000 V, ±4500 V und ±0 V zur Generierung des Beschleunigungsfelds verwendet. Die erreichte Auflösung der m/z-Verhältnisse betrug maximal 180, im normalen operativen Betrieb ca. 130. Sie ist definiert durch:

$$R = \frac{m}{\Delta m} = \frac{m/z}{\Delta(m/z)} \approx \frac{t}{2\Delta t}. \tag{20}$$

Die Auflösung in linearen Flugzeitmassenspektrometern in dieser Konfiguration ist typischerweise auf 200 limitiert und wird nur durch apparative Erweiterungen, wobei neben dem oben erläuterten Ortsfokus- ein zusätzlicher kinetischer Fokuspunkt auf dem Detektor erzeugt wird (Reflektron), erhöht.[44]

3.4   Der Massenfilter

Zur Massenselektion der Metallclusterionen wurde ein kommerzieller linearer Quadrupol-Massenanalysator (Extrel QMS) als statischer Massenfilter verwendet (*non-scanning mode*). Dieser besteht aus vier quadratisch angeordneten zylindrisch (ideal: hyperbolisch) geformten Stäben, angeordnet entlang der Ionentrajektorie (z). Gegenüberliegende Stäbe werden paarweise auf das gleiche Potenzial, das sich aus einem Gleichspannungs- (U) und einem Wechselspannungsanteil (V) zusammensetzt, gelegt. Das zeitabhängige Potenzial mit der Frequenz ω ist

$$\Phi_0 = U + V\cos(\omega t). \tag{21}$$

Für die Erfüllung der Bedingung, dass die Ionen den Quadrupolfilter in z-Richtung passieren sollen, können die Mathieu-Gleichungen[45,46] herangezogen werden. Diese wurden ursprünglich im 19. Jh. zur Beschreibung der Vibration elliptischer Trommeln abgeleitet, finden aber auch für dieses Problem ausgezeichnet Anwendung. Die Bewegungsgleichungen der Ionen (mit Masse m_i, Ladung e und Abstand der Elektroden zur

Mitteltrajektorie r_0) in x- und y- Richtung lassen sich auf diese Weise in eine dimensionslose Form umwandeln:

$$\frac{d^2\xi}{dt^2} + \frac{e}{m_i r_0^2}\left(U + V\cos(wt)\right)\xi = 0 \;\rightarrow\; \frac{d^2\xi}{d\tau^2} + \left(a_\xi + 2q_\xi\cos(2\tau)\right)\xi = 0, \;\text{ mit } \xi = x, y. \tag{22}$$

Die sog. Stabilitätsparameter a_x, a_y und q_x, q_y ergeben sich durch Lösen der Mathieu'schen Differentialgleichung und Vergleichen der Parameter beider Formen zu:

$$a_x = -a_y = \frac{4eU}{m_i r_0^2 \omega^2}, \;\; q_x = -q_y = \frac{2eV}{m_i r_0^2 \omega^2}, \;\text{ mit } \tau = \frac{\omega t}{2}. \tag{23}$$

Die xy-Stabilität der Ionentrajektorie lässt sich auf einen einzigen (Massen-)Punkt einstellen, wählt man das a/q-Verhältnis zu $2U/V = 0{,}237/0{,}706 = 0{,}336$ (siehe Abbildung 8, links). Für ein festes Set an Parametern bewegen sich somit nur noch Ionen mit einem ganz bestimmten Masse-zu-Ladungs-Verhältnis auf einer stabilen Trajektorie durch das Quadrupolfeld. Durch Minimieren des a/q-Verhältnisses, z.B. durch Verringern des Gleichspannungsanteils U bei gleichbleibendem Wechselspannungsanteil V, lässt sich eine Durchlässigkeit für einen größeren m/z-Bereich erreichen (siehe gepunktete Linie in Abbildung 8, rechts). Dies ist von Vorteil, wenn viele Isotopologe zu einer breiten Massenverteilung einer bestimmten Clustergröße führen.

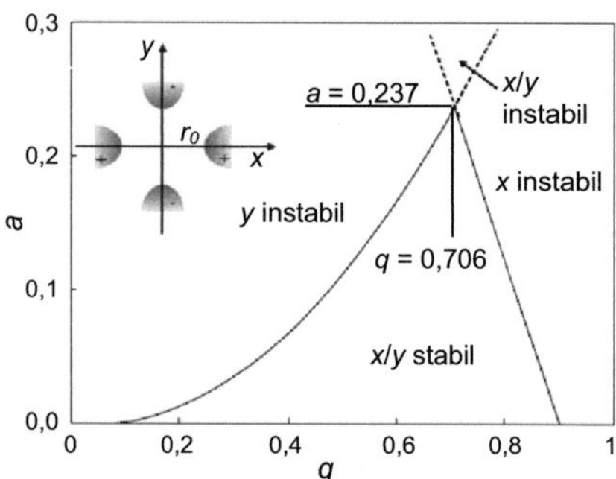

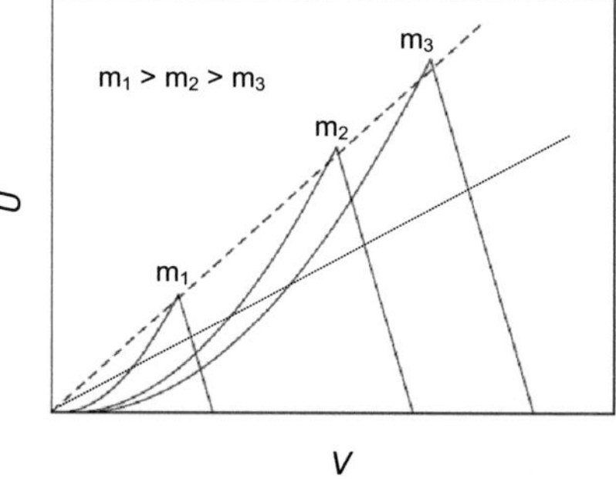

Abbildung 8: Stabilitätsdiagramm der Ionenbewegung in einem zweidimensionalen Quadrupolfeld als Funktion der Stabilitätsparameter a, q (links) und der Spannungen U, V (rechts). Der unter der Fläche liegende Bereich entspricht stabilen Trajektorien.

Im TIED-Experiment wurden in der ersten Massenfiltergeneration oszillierende Felder mit 880 kHz (Massenbereich 25–9000 amu) und später zur Untersuchung größerer Clusterionen mit 440 kHz (Massenbereich 20–16000 amu) verwendet.

3.5 Die Paulfalle

Wie der verwendete Massenfilter erzeugt auch die Paulfalle ein zeitlich veränderliches Quadrupolfeld. Gegenüber den linearen, zweidimensionalen Feldern wird für die dauerhafte Speicherung von Ionen ein dreidimensionales RF-Quadrupolfeld (RF, *radio frequency*) genutzt, weshalb auch der Name 3D-Quadrupolionenfalle (3D-QIT) Verwendung findet. Wolfgang Paul selbst verwendete lieber den Begriff des „Ionenkäfigs" (*ion cage*) anstatt „Falle" (*trap*).[44]

Die Falle besteht aus einer hyperbolischen Ringelektrode, die zwei Stäbe in der Konstruktion der linearen QIT ersetzt, und zwei Endkappenelektroden (siehe Abbildung 9).

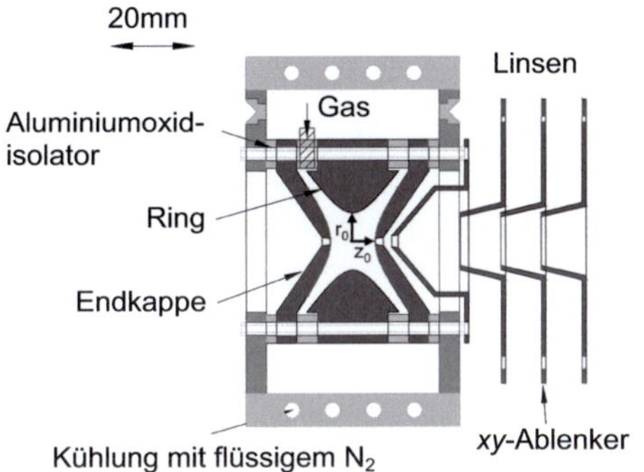

Abbildung 9: Aufbau der Paulfalle nach M. Blom[11]: Technische Zeichnung (links) und Paulfalle mit vergoldeter Ringelektrode (rechts).

Zwischen den Elektroden kann durch eine Glaskapillare Helium in den Innenraum gepulst werden, um den Druck lokal stark zu erhöhen. Dies ist notwendig, um das Einfangen der Ionen zu ermöglichen, deren eingangs vorhandene kinetische Energie auf diese Weise abgeführt wird. Ein- und Austritt der Ionen sowie des Elektronenstrahls erfolgt durch zwei Löcher in den Endkappenelektroden. Um die Einheit sitzt ein Kupferblock, der mit flüssigem Stickstoff und elektrischen Heizelementen auf eine Temperatur von 90–570K gebracht werden kann.

Während des Experiments wird ausschließlich eine mit der Frequenz $\Omega/2\pi = 300$ kHz betriebene und bis zu 4 000 V große Wechselspannung an die Ringelektrode gelegt; die Endkappenelektroden liegen auf Erdpotenzial ($a_\xi = 0$, s.u.).

Für diesen Fall ergibt sich im Innern der Falle ein zylindrisches Feld (r- und z-Richtungsabhängigkeit, mit $r^2 = x^2 + y^2$) der Form

$$\Phi(r,z) = \frac{\Phi_0}{r_0^2}\left(r^2 - 2z^2\right) \quad \text{mit} \quad \Phi_0 = U + \cos(\Omega t) . \tag{24}$$

Φ_0 bezeichnet hierbei das durch die Ringelektrode erzeugte Potenzial. Wird auch auf die Endkappenelektroden ein von Null verschiedenes Potenzial gelegt, gilt der allgemeine Fall:

$$\Phi(r,z) = \frac{\Phi_0^{Ring} - \Phi_0^{Kappe}}{r_0^2 + 2z_0^2}\left(r^2 - 2z^2\right) + \frac{2z_0^2\Phi_0^{Ring} + r_0^2\Phi_0^{Kappe}}{r_0^2 + 2z_0^2}. \tag{25}$$

Auch hier lassen sich die Bewegungsgleichungen der Ionen in diesem Potenzial mit Hilfe der Mathieu-Gleichungen lösen (siehe Abschnitt 3.4):

$$\frac{d^2z}{dt^2} + \frac{4e}{m_i\left(r_0^2 + 2z_0^2\right)}\left(U - V\cos(\Omega t)\right)z = 0$$
$$\frac{d^2r}{dt^2} + \frac{2e}{m_i\left(r_0^2 + 2z_0^2\right)}\left(U - V\cos(\Omega t)\right)r = 0 \quad\rightarrow\quad \frac{d^2\xi}{d\tau^2} + \left(a_\xi - 2q_\xi\cos(2\tau)\right)\xi = 0 \text{, mit } \xi = r,z .$$

$$\tag{26}$$

Man beachte hier den unterschiedlichen Vorfaktor im zweiten Summanden, der aus der Koordinatentransformation $(x, y, z) \rightarrow (r, z)$ resultiert. Mit $\tau = \Omega t/2$ lauten die Stabilitätsparameter a_ξ und q_ξ (siehe Abbildung 10):

$$a_z = -2a_r = -\frac{16eU}{m_i\left(r_0^2 + 2z_0^2\right)\Omega^2} , \quad q_z = -2q_r = \frac{8eV}{m_i\left(r_0^2 + 2z_0^2\right)\Omega^2} . \tag{27}$$

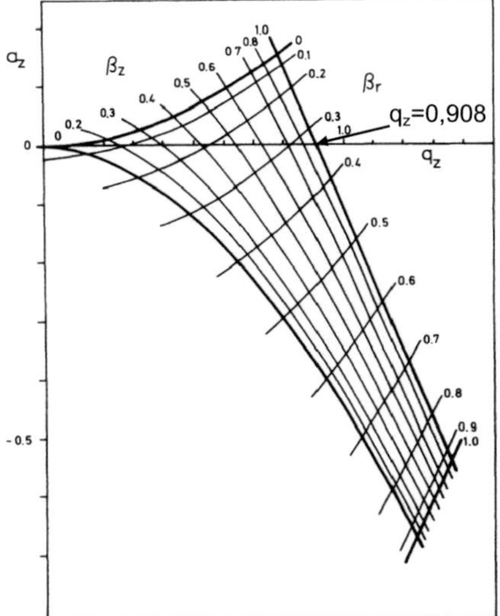

Abbildung 10: Stabilitätsdiagramm der Paulfalle. Entnommen von W. Neuhauser.[47]

Abbildung 11: Visualisierung der Ionenbewegung in einer Paulfalle.[48]

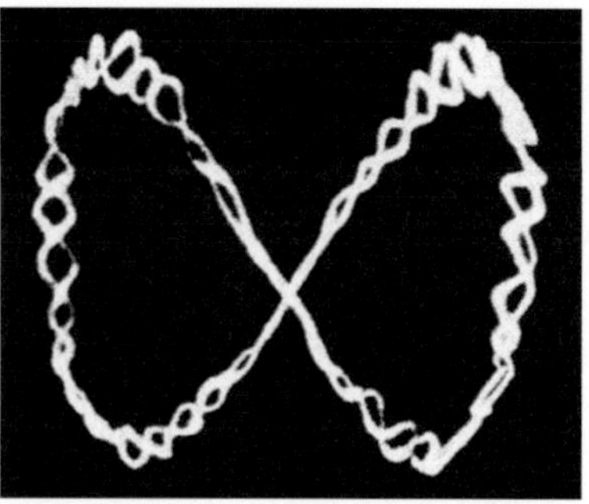

Die Ränder der Stabilitätsregion können durch die Stabilitätsparameter β_r und β_z beschrieben werden (Iso-β-Linien). Man erhält diese Größen iterativ nach Lösen der Mathieu'schen Differentialgleichung. Deren allgemeine Form, die stabile Ionentrajektorien beschreiben, ist

$$\xi(t) = A_\xi \sum_{n=-\infty}^{\infty} C_{2n,\xi} \cos\left((2n+\beta_\xi)\frac{\Omega t}{2}\right) + B_\xi \sum_{n=-\infty}^{\infty} C_{2n,\xi} \cos\left((2n+\beta_\xi)\frac{\Omega t}{2}\right). \qquad (28)$$

Neben den (beliebigen) Konstanten A_ξ und B_ξ sind die Amplituden der (n erlaubten) Moden $C_{2n,\xi}$ enthalten. Diese fallen bei Frequenzen höherer Ordnung n schnell ab und werden in der sog. adiabatischen Näherung nicht berücksichtigt ($n > 0$).[46] Damit vereinfacht sich der Ausdruck der Ionenkreisfrequenz ω_ξ in Richtung ξ zu

$$\omega_{\xi,n} = \left(n + \frac{\beta_\xi}{2}\right)\Omega \approx \omega_{\xi,n=0} = \frac{\beta_\xi \Omega}{2}.$$

Im Gesamten erhält man für $n = 0$ eine Überlagerung der Bewegungskomponenten ω_r und ω_z (Säkularbewegungen) mit jeweils $\frac{1}{2}\beta_\xi\Omega$ sowie einer Mikrobewegung mit der Kreisfrequenz des RF-Feldes ($\Omega/2\pi$). Erstere Beiträge führen zu Lissajoustrajektorien (siehe Abbildung 11).

Der Zusammenhang zwischen den Stabilitätsparametern a_ξ und q_ξ mit β_ξ ist durch einen fortlaufenden Bruch gegeben. Er lässt sich näherungsweise (Dehmelt-Näherung[49]) bestimmen zu:

$$\beta_\xi = \sqrt{a_\xi + \frac{q_\xi^2}{2}}. \qquad (29)$$

Dabei gelten die Randbedingungen $q_{x,y} < 0{,}2$ und $q_z < 0{,}4$.

Aufnahme von Massenspektren in der Paulfalle

Mit Hilfe der Paulfalle können Massenspektren der in ihr gespeicherten Ionen aufgezeichnet werden. Hierzu müssen jene jedoch aus der Falle entfernt werden und stehen danach nicht weiter zur Verfügung. Dies geschieht durch lineares Erhöhen der RF-Spannung, wobei die Ionen nach ihrem m/z-Verhältnis durch die Löcher in den Endkappen die Falle als Funktion der Zeit verlassen (*mass-selective instability ejection mode*). Ein vor einer der beiden Fallenöffnungen installierter Dynoden-Channeltrondetektor zeichnet das Ionensignal auf.

Man stelle sich den Prozess als horizontale Linie im Stabilitätsdiagramm (siehe Abbildung 10) vom ursprünglichen a_z-q_z-Punkt bis hin zur axialen, z-Instabilität bei $q_z = 0{,}908$ im Falle von geerdeten Endkappenelektroden ($a_z = 0$) vor.

Sind die m/z-Verhältnisse der Ionen zu groß, als dass die im TIED-Experiment möglichen 4 000 V ausreichen den q_z-Wert zu destabilisieren (ca. bei $m/z > 8\,000$ amu), muss entweder durch eine Gleichspannung oder eine zusätzliche anregende Frequenz auf den Endkappen die z-Richtung der Ionenbewegung weiter destabilisiert werden.

Letzteres kann als „Loch im Stabilitätsdiagramm" verstanden werden: Erreichen die Ionen eines bestimmten m/z-Verhältnisses beim Erhöhen der RF-Spannung die zusätzlich angelegte Frequenz, treten sie in Resonanz und nehmen instantan Energie in der Säkularbewegung auf, sodass sie die Falle in z-Richtung verlassen können (*resonant ejection*).[44]

Für die Interpretation von Massenspektren unter Resonanzanregung ist zu beachten, dass man auf diese Weise einen zweiten Instabilitätspunkt erzeugt, sodass der lineare Rampenmodus unter der Annahme einer quasikontinuierlichen m/z-Verteilung zur Überlagerung zweier Spektrenteile, eines „schwereren" und eines „leichteren", führt. In der Praxis stellt dies jedoch kein Problem dar, da der gespeicherte m/z-Bereich bereits vor dem Nachweis auf eine Clustergröße reduziert wurde.

Die beste Auflösung solcher Massenspektren wird mit einer geringen Ionenzahl von ca. 10^3 in der Falle (darüber wirken störende Ion-Ion-Wechselwirkungen) und einer langsamen Spannungsrampe (im TIED-Experiment typischerweise 2–5s) erhalten. Eine lange Speicherzeit führt wegen der Wechselwirkung untereinander sowie Abweichungen von den perfekten Quadrupolfeldern zu leicht unterschiedlichen Trajektorien eines bestimmten m/z. Durch Stöße (Heliumpuls) vor dem Nachweis kann die Energieverteilung der Ionen wieder angeglichen werden und man erhält ein besser aufgelöstes Spektrum.

Massenisolation in der Paulfalle

Die im letzten Abschnitt verwendete Ionenresonanz über eine an den Endkappenelektroden angelegte bipolare Wechselspannung ermöglicht auch das Selektieren ausgewählter m/z-Werte oder ganzer –Bereiche. Hierfür werden alle gewünschten Resonanzfrequenzen instantan angelegt. Dies geschieht mit der SWIFT-Methode[36–38], wobei durch inverse Fouriertransformation aus den einzelnen Frequenzen ein Signal in der Zeitdomäne erzeugt wird.

Die Genauigkeit wird hier von der Ionenanzahl beeinflusst (siehe Diskussion der Auflösung von Massenspektren im letzten Abschnitt). Die SWIFT-Methode wurde in dieser Arbeit deshalb nur bei der Untersuchung kationischer Metallcluster angewendet, um die durch inelastische Prozesse erzeugten mehrfachgeladenen Cluster oder ggf. Clusterfragmente während des Beugungsexperiments zu entfernen. Die eigentliche Massenselektion wurde mit einem vorgeschalteten QMS durchgeführt.

Nichtlineare Resonanzen

Die Konstruktion einer Paulfalle für das Beugungsexperiment bedingt unausweichlich eine Abweichung zum perfekten unendlich ausgedehnten Quadrupolfeld. Ein solches lässt sich als Analogie einer mechanischen Abwärtsbewegung einer Kugel in einem Parabelpotenzial verstehen, in dessen Zentrum jedoch ein Sattelpunkt liegt. Ein Rotieren dieses „Sattels", bevor die Kugel von diesem in eine andere Richtung abgleiten kann, führt zu einem zeitlich stabilen Zustand. Die Potenzialtiefe ist in beiden Dimensionen ξ (r und z) für kleine q_ξ näherungsweise gegeben durch:

$$D_0 = \frac{m_i q_\xi^2 \Omega^2 \xi}{16e}. \tag{30}$$

Gestört wird dieses Potenzial durch den Elektrodenabstand und die Löcher in den Endkappenelektroden, was zu Multipolfeldern, die das Quadrupolfeld überlagern, führt. Somit können sog. nichtlineare Resonanzen auftreten, d.h. Obertöne der Säkularfrequenzen der Ionenbewegungen in r- und z-Richtung werden erlaubt. Über eine Kopplung der Obertöne mit der RF-Spannung Ω wird in resonanten Fällen Energie aus dem RF-Feld in die Amplitude der Ionenbewegung überführt, was bis hin zum Verlust der Ionen führen kann.

Die größten Beiträge des Multipolfeldes bilden Hexapole und Oktupole. Unter Verwendung der Resonanzfrequenzen $\omega_\xi = \frac{1}{2}\beta_\xi\Omega$ lassen sie sich im Stabilitätsdiagramm an folgenden Stellen finden (siehe Abbildung 10):

Hexapol: $\qquad 3\beta_z = 2 \qquad 2\beta_r + \beta_z = 2$

Oktupol: $\qquad 4\beta_r = 2 \qquad 4\beta_z = 2 \qquad 2\beta_r + 2\beta_z = 2$.

Nichtlineare Resonanzen in z-Richtung können bei der Aufzeichnung von Massenspektren in der Paulfalle ebenso ausgenutzt werden, um eine verbesserte Nachweiswahrscheinlichkeit zu erreichen.

3.6 Durchführung des Beugungsexperiments

Die aufgrund des Raumladungslimits relativ geringe Anzahl an Streuzentren, die zur Durchführung des Beugungsexperiments zur Verfügung stehen (ca. 10^5–10^6 Metallclusterionen), führt zu einem niedrigen Signal-Rausch-Verhältnis. Der an Restgasmolekülen und Elektrodenkanten gestreute oder vom Emissionsprofil des Filaments nicht in den Faradaybecher fokussierte Anteil an Elektronen verursacht ein um ca. eine Größenordnung erhöhtes experimentelles Hintergrundsignal verglichen mit dem eigentlichen Beugungssignal (siehe Abbildung 12 und Abbildung 13). Für eine Strukturanalyse wurde das Experiment zunächst mit und in einer Referenzmessung ohne Metallclusterionen durchgeführt. Eine ausreichende Datenqualität war nach typischerweise 300 bis 1 600 Wiederholungen (Einzelbeugungsbilder) erreicht, was einer Akkumulationszeit von 24 bis 72 Stunden pro Cluster entspricht.

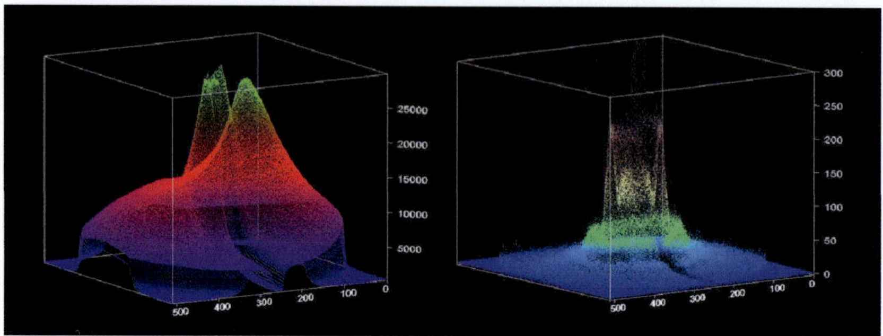

Abbildung 12: *links* – Ausgelesene Pixelintensitäten des CCD-Chips nach 45 s geöffnetem Verschluss. Der Signalabfall vorne mittig resultiert aufgrund der Faradaybecherhalterung. *rechts* – Anteil des Beugungssignals von Cu_{55}^- nach Abzug eines Referenzbildes.

Jeder dieser Zyklen läuft wie folgt ab: Die im QMS massenselektierten Metallclusterionen mit einer kinetischen Energie von ca. 20–25 eV werden durch Stöße mit Helium (gepulst aus einem 77 mbar Reservoir) abgebremst und in der Paulfalle gespeichert (Dauer: ca. 7 s). Dabei wird vermutlich ein Teil der kinetischen Energie der Clusterionen in Schwingungsfreiheitsgrade transferiert, wodurch sie sich aufheizen (Translations-Schwingungs-Energietransfer), bevor sie durch weitere Stöße mit Helium auf die Temperatur der Fallenelektroden thermalisieren.[50] Anschließend wird das Heliumgas bis zu einem Druck von ca. $1 \cdot 10^{-9}$ mbar entfernt, um Hintergrundstreuung zu reduzieren (Dauer: ca. 18 s). Daraufhin wird der im Ruhezustand abgeblendete Elektronenstrahl aufgeblendet und je nach Experiment ein Beugungsbild über 10–45 s aufgenommen. Der über den Faradaybecher und der Phosphorschirm gemessene Elektronenstrom beträgt typischerweise 3,5–4,8 µA (erste Experimente: ca. 2,3 µA).

Im Falle von kationischen Metallclustern werden entstandene Fragmente und mehrfachgeladene Cluster im Zeitfenster des aufgeblendeten Elektronenstrahls mit der SWIFT-Methode entfernt (siehe Abschnitt 3.5). Für anionische Cluster ist das Abdampfen eines Elektrons der Hauptfragmentationskanal. Die dabei entstehenden neutralen Cluster können durch die Fallenfelder nicht manipuliert werden und verlassen sofort den Beugungsbereich. Auf die SWIFT-Methode kann hier also verzichtet werden.

Abschließend werden die in der Falle verbliebenen Metallclusterionen kontrolliert: Die typischerweise bei $q_z = 0{,}2$ gespeicherten Ionen (entspricht einer Ringelektrodenspannung von ca. 200–800V) werden durch lineares Anheben der RF-Spannung (Rampe) auf 4 000 V aus der Falle entfernt und als Massenspektrum aufgezeichnet (Dauer: ca.

5 s). Eventuell auftretende Fragmente oder Nachbarclustergrößen führen ab einem Schwellenwert von 4–5% bezogen auf den gewünschten Cluster zum Aussortieren des Beugungsbildes.

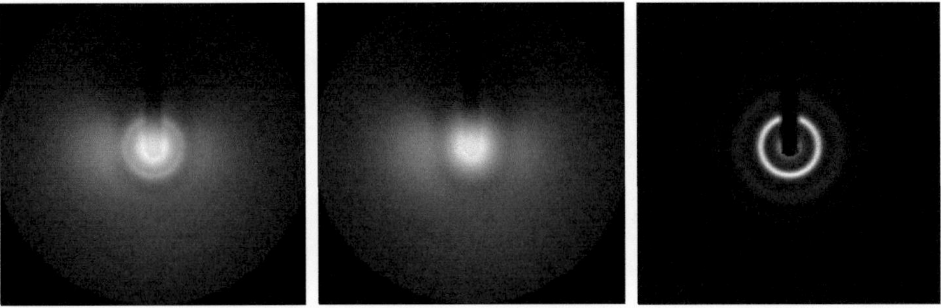

Abbildung 13: *links* – Einzelbild mit der höchsten im TIED-Experiment gemessenen Streuintensität, Ag_{147}^-. *mitte* – Referenzbild der Hintergrundstreuung. *rechts* – Differenzbild.

3.7 Datenanalyse

Die eindimensionale Abstandsinformation $I(r)$ wird aus einem Differenzbild (Größe des CCD-Chips: 512 x 512 Pixel) erhalten, indem das Streusignal als Funktion des Radius r (in Pixeln) über konzentrische Kreise um das Abbildungszentrum des primären Elektronenstrahls gemittelt wird. Das geometrische Zentrum wird mit Hilfe eines *Centerfinders* durch Maximieren der mittleren Intensität des ersten Beugungsrings bestimmt. Mit Hilfe der Gerätgeometrien lässt sich die Gesamtstreuintensität $I_{tot}(s)$ als Funktion des geräteunabhängigen Streuvektors $\vec{s}$, genauer dessen Betrag, über den Streuwinkel θ (bezogen auf die Abweichung zur geometrischen Flucht des Primärstrahls) bestimmen:

$$\frac{r}{2L} = \tan\left(\frac{\theta}{2}\right) \approx \sin\left(\frac{\theta}{2}\right) = \frac{|\vec{s}|}{2|\vec{k}_0|} = \frac{s\lambda}{4\pi}.$$

(31)

Mit L ist der Abstand zwischen Fallenzentrum und Phosphorschirm und mit λ die de-Broglie-Wellenlänge der Elektronen (6,02pm) in der Gleichung enthalten. Die Näherung gilt für kleine Streuwinkel und führt beim größten experimentell zugänglichen Streuwinkel ($s = 14\text{Å}^{-1}$ oder $\theta = 7,8°$) zu einer Abweichung von 0,7%.

Die Gerätekonstante k_s beschreibt die Umrechnung von Pixelabständen r zum Betrag des Streuvektors s:

$$s = \frac{2\pi}{\lambda L} r = k_s r.$$

(32)

Dieser Wert ist vom genauen Abstand L des Streuzentrums (Fallenmittelpunkt) zum Elektronendetektor abhängig und hat sich in den durchgeführten Experimenten jeweils nach Umbauarbeiten leicht verändert: 0,054468 Å^{-1}Pixel^{-1}, 0,054967 Å^{-1}Pixel^{-1}, 0,055760 Å^{-1}Pixel^{-1}.

Die Strukturanalyse des untersuchten Beugungssignals erfolgt unter Verwendung der modifizierten molekularen Beugungsintensität von Modellstrukturen, die z.B. mit *ab initio*-Methoden gewonnen werden können. Die Funktion lässt sich näherungsweise (siehe Abschnitt 2.3) wie folgt aus den Abstandsinformationen r_{ij} berechnen:

$$sM^{theo}(s') = \frac{S_c}{N}\exp\left(-\frac{L^2}{2}s'^2\right)\cdot\sum_{i=1}^{N}\sum_{\substack{j=1\\i\neq j}}^{N}\frac{\sin\left(s'r_{ij}\right)}{r_{ij}}, \tag{33}$$

bzw. für einen heteroatomaren Cluster

$$sM^{theo}(s') = S_c\frac{\displaystyle\sum_{i=1}^{N}\sum_{\substack{j=1\\i\neq j}}^{N}\left|f_i(s')\right|\left|f_j(s')\right|\cdot\cos\left(\eta_i-\eta_j\right)\cdot\exp\left(-\frac{L^2}{2}s'^2\right)\cdot\sin\left(s'r_{ij}\right)/r_{ij}}{\displaystyle\sum_{i=1}^{N}\left|f_i(s')\right|^2}. \tag{34}$$

S_c, L und s' stellen dabei freie Parameter dar, die im späteren Fittingprozess angepasst werden können: Der Skalierungsfaktor der sM-Amplitude S_c korrigiert das absolute Beugungssignal, das aufgrund verminderter Nachweiseffizienz z.T. geringer ausfällt ($S_c \approx 1$).

Der Debye-Waller-Faktor (DWF) korrigiert die experimentelle Dämpfung des molekularen Streuanteils aufgrund einer temperaturabhängigen Oszillation der Atome gegeneinander. Die mittlere Schwingungsamplitude L steigt dabei umso mehr, je höher die Temperatur der Cluster und je höher die Ordnung der Schwingung ist. Die Beschreibung erfolgt dabei im Modell einer harmonischen Näherung des Oszillators (gaußförmige Verbreiterung der mittleren Auslenkung). Diese ist bei Clustertemperaturen von $T = 95$K sehr gut geeignet, divergiert aber zu höheren Temperaturen z.T. sehr stark von den experimentellen Befunden. Der Fehler der mittleren thermischen Auslenkungskonstanten B weicht in metallischen Systemen ungefähr um 1–3% bei Erreichen der halben Schmelztemperatur ab (25% nahe dem Schmelzpunkt).[51]

Bei hohen Temperaturen ist der DWF mit anharmonischen Termen zu erweitern.[52] Für kubische Kristallsysteme im Hochtemperaturlimit ($T > \Theta_D$, Debyetemperatur) lässt sich zeigen, dass neben einer konstanten thermischen Expansion m_e der Paarabstände nächster Nachbarn r_{ij}^{NN} und einem gaußförmigen Anteil der Anharmonizität m_{12} ein nicht-gaußförmiger einer T^3-Abhängigkeit unterliegender in der Exponentialfunktion zu berücksichtigen ist:

$$DWF \approx \exp\left\{-\frac{3\hbar}{2mk_B\theta_D^2}Ts'^2 - \left(m_e + m_{12}\right)\left(\frac{T}{\theta_D}\right)^2\left(r_{ij}^{NN}s'\right)^2 + m_{34}\left(\frac{T}{\theta_D}\right)^3\left(r_{ij}^{NN}s'\right)^4\right\}. \qquad (35)$$

Dabei ist ersichtlich, dass insbesondere große Streuwinkel s' von dieser Größe m_{34} beeinflusst werden. Die aus temperaturabhängigen Beugungsexperimenten bestimmten einzelnen Beiträge sind in Tabelle 1 für die Elemente Al, Cu und Ag in ihren Festkörperkristallen exemplarisch gezeigt.

Der in dieser Arbeit verwendete DWF, der lediglich harmonische Beiträge berücksichtigt, kann die beiden in einer ähnlichen Größenordnung liegenden Parameter m_{12} und m_e erfassen. Wie später in Kapitel 6 an den Streudaten hochtemperierter Clusterionenensembles ($T = 530K$) zu erkennen, wird eine Anpassung von sM^{theo}-Modellfunktionen durch die zunehmenden anharmonischen Anteile insbesondere bei großen s-Werten auf diese Weise unzureichend. Hier ist die Verwendung einer aus einem simulierten Clusterensemble gewonnenen Modellfunktion sinnvoll.

Tabelle 1: Anharmonische Parameter einiger fcc-Kristallstrukturen (siehe Text).[53]

	$m_{12}+m_e$	m_{12}	m_{34}	
Al	$8,8\cdot10^{-5}$	$3,1\cdot10^{-5}$	–	
			$3,0\cdot10^{-8}$	(100) Fläche
Cu	$2,8\cdot10^{-5}$	$1,2\cdot10^{-5}$	$8\cdot10^{-10}$	(100) Fläche
			$4\cdot10^{-10}$	(111) Fläche
Ag	$1,6\cdot10^{-5}$	$-5,8\cdot10^{-5}$	–	

Zuletzt wird eine Skalierung der Abszisse s zugelassen. Damit können systematische Fehler bei der Berechnung der Bindungslängen in der Modellstruktur berücksichtigt und absolute Werte für die experimentelle Struktur gewonnen werden. Letztere entsprechen damit stets mittleren Abständen innerhalb der harmonischen Näherung der Schwingungsauslenkung. Der Zusammenhang zwischen s und s' ist linear:

$$s' = k_d s. \qquad (36)$$

Die endliche Ausdehnung der Clusterionenwolke (bzw. des Elektronenstrahls) und die damit einhergehenden abweichenden Positionen einzelner Streuer vom Fallenzentrum führt zu einer Verbreiterung der experimentellen sM^{exp}-Funktion (siehe Abbildung 3). Anschaulich gesprochen erhält man ein verschwommenes Bild durch Überlagerungen ein und derselben Abbildung, deren Ursprünge im Raum um Δx, Δy und Δz versetzt liegen. Um dies zu berücksichtigen wird die theoretische sM^{theo}-Funktion durch ein gleitendes Mittel von 7–9 Pixel (je nach experimenteller Clusterionendichte) verbreitert.

Die experimentelle molekulare Beugungsintensität sM^{exp} wird analog zu Gleichung (12) aus der gesamten Beugungsintensität $I(s)$ erhalten:

$$sM^{exp}(s) = s\left(\frac{I}{I_A I_{back}} - 1\right). \tag{37}$$

Dabei wird ein experimenteller Hintergrund I_{back} eingeführt:

$$I_{back}(s) = A\exp(-\alpha s) + \sum_{i=0}^{4} a_i s^i. \tag{38}$$

Sämtliche nicht genauer bestimmbaren experimentellen Effekte wie Mehrfach- und inelastische Streuung werden damit korrigiert (insgesamt: 7 Parameter). Die Hintergrundsfunktion ist bei einer guten Strukturanpassung i.d.R. flach (ca. 1–2 Größenordnungen kleiner als I) und nimmt für große s-Werte aufgrund der Abschattung z.T. zu (siehe hierzu Abschnitt 2.4 und Anhang C).

Die Überprüfung der Modellstruktur mit Hilfe der experimentellen Daten geschieht durch Anpassung der freien Fitparameter. Die χ^2-Methode minimiert die gewichtete Abweichung aller Datenpunkte i der experimentellen und theoretischen sM-Funktion mit Hilfe eines Downhill-Simplex-Verfahrens[54]:

$$\chi^2 = \sum_i w_i \left(sM_i^{theo} - sM_i^{exp}\right). \tag{39}$$

Dabei wird der Gewichtungsfaktor w_i eingeführt, der die Varianz des Beugungssignals bei der ringförmigen Mittelung von I berücksichtigt:

$$w_i = \frac{1}{\sigma_i(s)^2}. \tag{40}$$

Dieses Vorgehen liegt darin begründet, dass die zu minimierende Größe mit einem experimentellen Fehler behaftet ist, der eine Funktion von s ist.

Für eine abschließende Bewertung der Anpassungsfähigkeit der Modellstruktur an das experimentelle Beugungsbild wird der gewichtete R_w-Faktor wie folgt berechnet:

$$R_w = \sqrt{\frac{\sum_i w_i \left(sM_i^{theo} - sM_i^{exp}\right)^2}{\sum_i w_i \left(sM_i^{exp}\right)^2}}. \tag{41}$$

Gute Übereinstimmung beider sM-Funktionen führt zu einem niedrigen R_w-Wert. Dieser ist formal normiert und kann Werte zwischen 0% und 100% annehmen. Für die Einschätzung des absoluten Betrags können nur für ein und denselben experimentellen Datensatz berechnete R_w-Werte verglichen werden. Der sich ergebende Kontrast[i] der Modellstrukturen ist dabei aufgrund der Gewichtung vom experimentellen Signal-Rausch-

---

[i] Der Kontrastbegriff ist entlehnt und wird in diesem Zusammenhang als Größe der Unterscheidbarkeitssicherheit zweier Modellstrukturen anhand ihres R_w-Werts verwendet.

Verhältnis abhängig. Unabhängig davon wird eine Modellstruktur, deren R_w-Wert mehr als doppelt so hoch wie der geringste berechnete ist, als hauptbeitragendes Isomer ausgeschlossen. Liegt experimentell ein Gemisch aus mehr als einem Isomer vor, so bleibt zu überprüfen, ob Modellstrukturen mit hohen R_w-Werten einen kleinen Beitrag zum Beugungssignal liefern.

In Abbildung 14 werden am Beispiel der Strukturanpassung des Clusters Pd_{26}^- die diskutierten Größen grafisch dargestellt.

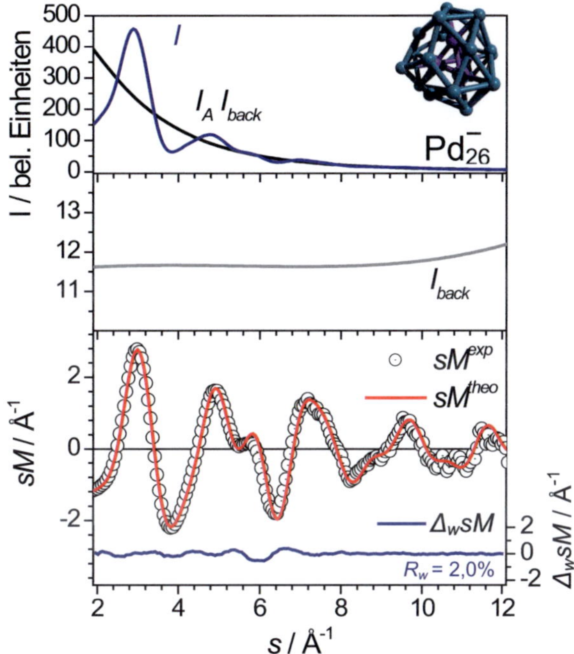

Abbildung 14: Beugungsintensitäten I (oben), Hintergrundsfunktion (mitte) und angepasste modifizierte molekulare Beugungsintensitäten sM der Strukturanpassung von Pd_{26}^- (Kern lila eingefärbt). Die blaue Linie entspricht der gewichteten Abweichung $\Delta_w sM$.

4 Heuristik der Clusterstrukturfindung

Metallcluster können als eine neue Art von Material verstanden werden, die sich in ihren chemischen und physikalischen Eigenschaften stark vom einzelnen Atom oder auch dem Festkörper untereinander unterscheiden. Die Struktur der Cluster ist dafür maßgeblich verantwortlich und sie zu kennen stellt eine notwendige Vorbedingung für das Verständnis und die Verwendung dieser Materialen dar.

Eine Vielzahl experimenteller Methoden wie die in dieser Arbeit durchgeführte Elektronenbeugung[9,55] aber auch weitere wie Ionenmobilität (IMS, *ion mobility spectrometry*)[56], Photoelektronenspektroskopie (PE-Spektroskopie)[57,58], Schwingungsphotodepletion- oder Photoionisationsspektroskopie sind dafür verfügbar. Alle benötigen Kandidatstrukturen zur Interpretation der experimentellen Ergebnisse.

Das Finden der thermodynamisch günstigsten Gleichgewichtsstruktur von Metallclustern stellt ein Problem in der Kategorie der NP-vollständigen Probleme[59] dar (NP, nichtdeterministisch polynomiell). D.h. die Rechenzeit, die zur Analyse des Konfigurationsraums benötigt wird, steigt exponentiell mit der Clustergröße (Atomzahl). Diese Art von Problemen lässt sich vermutlich nicht effizient lösen. Es wurden einige globale Optimierungsverfahren zur Struktursuche für eine Temperatur von Null Kelvin entwickelt: Monte Carlo (MC)[60], Moleküldynamik (MD)[61], *simulated annealing* (SA)[62,63] sowie der in Abschnitt 4.2 vertiefte Genetische Algorithmus (GA)[64,65].

Die Methoden verwenden i.d.R. *ab initio*-Verfahren, bei denen die Elektronenstruktur für fixierte Kernkoordinaten (Born-Oppenheimer-Näherung[66]) bestimmt wird, und über den wirkenden Kraftgradienten die Atompositionen schrittweise relaxiert werden. Für Cluster ist die Dichtefunktionaltheorie (DFT) gebräuchlich. Ihre Anwendbarkeit ist aufgrund der hohen Kosten jedoch begrenzt, sodass ab einer bestimmten Clustergröße andere Modellpotenziale (Zweikörper- oder semiempirische Potenziale) verwendet werden müssen. In den folgenden Abschnitten sollen die beiden für diese Arbeit relevanten Konzepte genauer vorgestellt werden.

4.1 Dichtefunktionaltheorie

Die im Jahre 1926 von Erwin Schrödinger[67] verwendete Wellenmechanik zur Beschreibung elektronischer Vielteilchensysteme stellt den Beginn der Hartree-Fock-Theorie und zahlreicher aufbauender Entwicklungen, sog. Post-Hartree-Fock-Methoden, dar.

Wobei diese Entwicklung versucht, die Beschreibung des elektronischen Systems weiter zu verfeinern, verfolgt ein anderer Weg einen pragmatischeren Ansatz: die Dichtefunktionaltheorie (DFT). In ihren rudimentären Grundzügen, dem Thomas-Fermi-Modell (semiklassisch)[68,69], entstand sie nur ein Jahr nach Schrödingers Ausführungen. Der eigentliche Beginn der DFT liegt jedoch in den Publikationen von Pierre Hohenberg[70] (1964) und Lu J. Sham[71] (1965) und den beiden Hohenberg-Kohn-Theoremen begründet.

Die Elektronendichte

Wie der Name impliziert, erfolgt die Beschreibung unter Verwendung der Elektronendichte eines Vielteilchensystems anstatt einer Wellenfunktion. Der Begriff beschreibt anschaulich die räumliche Verteilung der Aufenthaltswahrscheinlichkeit eines Elektrons. Mit der Wellenfunktion $\psi(\vec{r})$ eines einzelnen Elektrons ergibt sich dessen Elektronendichte $\rho(\vec{r})$ als Wahrscheinlichkeitsdichte $|\psi(\vec{r})|^2$ und man erhält entsprechend

$$\rho(\vec{r}) = N\int\ldots\int|\psi(\vec{r}_1, s_1, \vec{x}_2, \ldots, \vec{x}_N)|^2 ds_1 d\vec{x}_2 \ldots d\vec{x}_N \qquad (42)$$

für ein System aus N Elektronen (Ortsvektoren $\vec{x}$). Als stets positive Funktion gibt sie die Wahrscheinlichkeit an, ein Elektron an der Stelle $\vec{r}$ anzutreffen. Hier sei angemerkt, dass zur Erfüllung der relativistischen Spineigenschaft (Pauli-Prinzip bzw. Antisymmetrieprinzip der Wellenfunktion) formal ebenso über die Spinkoordinaten s_i integriert werden muss. Unter Verwendung einer Slaterdeterminante mit doppelt besetzten Orbitalen ψ_i für die Wellenfunktion erhält man

$$\rho(\vec{r}) = 2\sum_{i=1}^{N/2}|\psi_i(\vec{r})|^2 . \qquad (43)$$

Die Integration über alle Raumkoordinaten muss die Gesamtzahl N an Elektronen ergeben

$$\int\rho(\vec{r})d^3\vec{r} = N . \qquad (44)$$

Die Gesamtelektronendichte lässt sich im Ortsraum definieren und als solche ortsaufgelöst messen (Observable). Sie besitzt an den Kernpositionen ein Maximum mit einer Unstetigkeit des Gradienten (Folge der Slaterlösung).

Die Hohenberg-Kohn-Theoreme

Das erste für die DFT elementare Theorem sagt über die Eigenschaft der Elektronendichte: Die Elektronendichte $\rho(\vec{r})$ bestimmt bis auf eine additive Konstante das externe Potenzial $v_{ext}(\vec{r})$. Die Beweisführung erfolgt indirekt unter Verwendung des zweiten

Theorems: Das Variationsprinzip ist analog zur Hartree-Fock-Theorie auf die Elektronendichte anwendbar.

Der Ansatz impliziert eine Kenntnis des durch N und $v_{ext}(\vec{r})$ vollständig festgelegten Hamiltonoperators H. Gäbe es zwei externe Potenziale $v_{ext,1}(\vec{r})$ und $v_{ext,2}(\vec{r})$, die sich um mehr als eine additive Konstante unterscheiden und dieselbe Dichte $\rho(\vec{r})$ liefern, müsste eine Beschreibung durch H_1, H_2 und $\psi_1(\vec{r})$, $\psi_2(\vec{r})$ erfolgen. Nach dem Variationsprinzip gibt es keine Wellenfunktion, die eine niedrigere Energie E_1 für H_1 liefert als $\psi_1(\vec{r})$:

$$E_1 = \langle \psi_1 | H_1 | \psi_1 \rangle < \langle \psi_2 | H_1 | \psi_2 \rangle \tag{45}$$

Für einen nichtentarteten Grundzustand gilt diese Beziehung streng. Da identische Elektronendichten für beide Hamiltonoperatoren vorliegen, lässt sich die Gleichung erweitern zu

$$E_1 < \langle \psi_2 | H_1 | \psi_2 \rangle = \langle \psi_2 | H_2 | \psi_2 \rangle + \int \rho(\vec{r}) \left[v_{ext,1}(\vec{r}) - v_{ext,2}(\vec{r}) \right] d^3\vec{r} . \tag{46}$$

Durch Vertauschen der Indices in Gleichung (45) und Vergleich beider erhält man die kontradiktorische Ungleichung

$$E_1 + E_2 < E_1 + E_2 . \tag{47}$$

Das externe Potenzial ist somit eindeutig durch die Elektronendichte bestimmt. Die Grundzustandsenergie des Systems kann als Funktional der Elektronendichte aufgefasst werden:

$$E[\rho] = V_{ext}[\rho] + T[\rho] + V_{ee}[\rho] = \int \rho(\vec{r}) v_{ext}(\vec{r}) d^3\vec{r} + T[\rho] + V_{ee}[\rho] . \tag{48}$$

Dabei bezeichnen $T[\rho]$ die kinetische und $V_{ee}[\rho]$ die Elektron-Elektron-Wechselwirkungsenergie. Beide Terme werden üblicherweise zum sog. Kohn-Sham-Funktional F_{HK} zusammengefasst und stellen ein von der Gesamtelektronenzahl N unabhängiges und universelles Funktional dar. Mit der Kenntnis des Funktionals lässt sich die Gesamtenergie eindeutig bestimmen. Die genaue Form ist jedoch ungewiss und stellt eines der größten Probleme der Dichtefunktionaltheorie dar.

Die Kohn-Sham-Gleichungen mit LCAO-Ansatz

Die vorgestellten Theoreme ermöglichen das Bestimmen der Grundzustandsenergie eines N-Elektronensystems, die Herangehensweise bleibt jedoch zunächst offen. Kohn und Sham stellten 1965 hierzu die formale Lösung[71] mit Hilfe eines äquivalenten Satzes an selbstkonsistenten Einelektronenlösungen (Kohn-Sham-Orbitale φ_i) vor. Dafür führten Sie ein wechselwirkungsfreies Referenzsystem ein, dessen Grundzustandsdichte mit der realen Dichte ρ exakt übereinstimmt. Es existiert eine einfache Lösung: eine einzige Slaterdeterminante ψ_{SD}. Im Falle doppelt besetzter Ortorbitale φ_i ergibt sich die kinetische Energie zu

$$T_{SD}[\rho] = 2\sum_{i=1}^{N/2} \left\langle \varphi_i \left| -\frac{1}{2}\nabla^2 \right| \varphi_i \right\rangle. \tag{49}$$

Eine Abweichung zum realen System ist aufgrund der Elektronenkorrelation gegeben. Das Hohenberg-Kohn-Funktional wird aus diesem Grund mit einem Hartree-Energieterm $E_h[\rho]$ (Coulombterm) und einem nicht explizit bekannten Austauschs- und Korrelationsterm $E_{xc}[\rho]$ zerlegt:

$$E_{xc}[\rho] = F_{HK}[\rho] - T_{SD}[\rho] - E_h[\rho] = T[\rho] - T_{SD}[\rho] + V_{ee}[\rho] - E_h[\rho]. \tag{50}$$

Dabei ist die Differenz der kinetischen Energie des realen zum Referenzsystem enthalten wie auch die Gesamtwechselwirkungsenergie der Elektronen $V_{ee}[\rho]$. Die Gesamtenergie im Kohn-Sham-Formalismus ist gegeben durch:

$$E[\rho] = T_{SD}[\rho] + V_{ext}[\rho] + E_h[\rho] + E_{xc}[\rho]. \tag{51}$$

Die Elektronendichte wird indirekt über die Kohn-Sham-Orbitale φ_i bestimmt. Unter Verwendung des Variationsprinzips (Hohenberg-Kohn-Theorem 2) kann durch Variation der Orbitale die Gesamtwellenfunktion bestimmt werden. In Analogie zu den kanonischen Hartree-Fock-Gleichungen gilt unter Verwendung des Einelektron-Kohn-Sham-Operators $\hat{f}^{KS}$:

$$\hat{f}^{KS}\varphi_i = \varepsilon_i\varphi_i \quad \text{mit} \quad \hat{f}^{KS} = -\frac{1}{2}\nabla^2 + \left[v_{ext}(\vec{r}) + v_h(\vec{r}) + v_{xc}(\vec{r}) \right]. \tag{52}$$

Die sog. Kohn-Sham-Gleichungen lassen sich prinzipiell numerisch lösen. Für Moleküle bietet es sich jedoch an – wie im Roothan-Hall-Ansatz[72,73] im Rahmen der Hartree-Fock-Theorie – die Kohn-Sham-Orbitale als Linearkombination von Atomorbitalen (Basisfunktionen ϕ_μ) auszudrücken.

$$\psi_i(\vec{r}) = \sum_{\mu=1}^{n} \phi_\mu(\vec{r}) C_{\mu i} \tag{53}$$

Die Expansionskoeffizienten $C_{\mu i}$ in dem LCAO-Ansatz (*linear combination of atomic orbitals*) werden als MO-Koeffizienten bezeichnet und stellen die zu minimierende Größe des Variationsproblems dar.

Nach Einsetzen in Gleichung (52) und Multiplikation mit ϕ_μ von links und Integration erhält man einen Satz von Gleichungen. In Matrixschreibweise:

$$\mathbf{f}^{KS}\mathbf{C} = \mathbf{SC}\boldsymbol{\varepsilon}.$$

Dabei ist mit **S** die Überlappmatrix durch folgende Elemente $S_{\mu\nu}$ bestimmt:

$$S_{\mu\nu} = \langle \phi_\mu | \phi_\nu \rangle = \int \phi_\mu^*(\vec{r}) \phi_\nu(\vec{r}) d^3\vec{r} \qquad (54)$$

Eine besondere Form zur Lösung rechenintensiver 4-Zentren-2-Elektronenintegrale wird im TURBOMOLE-Paket[18] angewandt. Dabei werden die Coulombterme, die der klassischen elektrostatischen Elektron-Elektron-Wechselwirkung entsprechen, mit Hilfe der *RI-J*-Methode[74,75] (*resolution of the identity approximation*) in 3-Zentrenintegrale umgewandelt, was eine Beschleunigung der Berechnung um den Faktor 5 erbringt. Die virtuellen und besetzten Orbitale werden mit zusätzlichen Basisfunktionen (*auxiliary basis set*) expandiert, was einer zusätzlichen Näherung entspricht, in Anbetracht der geringen Fehler und der Kostenersparnis jedoch gerechtfertigt wird.

Die Basissätze

Die exakten Lösungen des Wasserstoffatoms ergeben Slaterfunktionen (STO, *Slater type orbital*). Für den LCAO-Ansatz bietet es sich deshalb an eine ähnliche analytische Beschreibung für die Orbitale zu verwenden. Die zur Bestimmung der Wellenfunktion nötigen Integrale lassen sich jedoch nur numerisch lösen, weshalb in *ab initio*-Programmen Gaußfunktionen als Basisfunktionen verwendet werden (GTO, *Gaussian type orbital*). Sie unterscheiden sich in ihrem Verlauf vor allem in Kernnähe, wo die STOs eine nicht-differenzierbare Stelle und die GTOs ein Plateau besitzen. Die GTOs erhält man durch eine quadratische Abstandsabhängigkeit r^2 vom Kern in der Exponentialfunktion (anstatt r bei STOs):

$$\psi^{GTO} = A x^l y^m z^n e^{-\alpha r^2} \qquad \psi^{STO} = A x^l y^m z^n e^{-\alpha r} \qquad (55)$$

Je nach Drehimpuls $L = l + m + n$ werden die Basisfunktionen als s-, p-, d-Basisfunktion etc. bezeichnet. Die Namen der Basissätze, die typischerweise für das Hartree-Fock-Limit der Atome optimiert wurden, geben Aufschluss über die Anzahl an Basisfunktionen, die für (Valenz-)Elektronen zur Verfügung stehen: *double-ξ*- oder *triple-ξ*-Basissätze enthalten z.B. zwei bzw. drei Basisfunktionen pro Atomorbital. Die Bezeichnung „*P*" (*polarized*) deutet an, dass weitere Funktionen mit hoher Drehimpulsquantenzahl dem Standardbasissatz hinzugefügt worden sind. Dies ist insbesondere für die korrekte Beschreibung von stark gerichteten Valenzbindungselektronen von Vorteil. Standardbasissätze enthalten Funktionen deren höchste Drehimpulsquantenzahl eins größer als die des HOMO-Valenzelektrons ist.

Da in chemischen Bindungen die Kernelektronen wenig von den Lösungen im einzelnen Atom abweichen, werden sie aus Kostenersparnis oft durch ein effektives Kernpotenzial (ECP, *effective core potential*) ersetzt. Für schwere Elemente sind ebenso relativistische Kernpotentiale (RECPs) entwickelt worden.

Die Austauschkorrelationsfunktionale

Neben der Differenz der kinetischen Energie zwischen realem und Referenzsystem beinhaltet das Austauschkorrelationsfunktional $E_{xc}[\rho]$ die Differenz zwischen der Gesamtwechselwirkungsenergie der Elektronen und dem klassischen Coulombterm. Vereinfacht gesagt werden damit alle Beiträge abgedeckt, deren Behandlung im Rahmen der DFT unbekannt sind. Die Suche nach dem exakten Funktional gestaltet sich als schwierig, da keine Möglichkeit der systematischen Verbesserung besteht.

Verschiedene Ansätze zur Bestimmung des Funktionals $E_{xc}[\rho]$ wurden vorgeschlagen. Die LDA-Näherung (*local density approximation*) von Kohn und Sham[71] stellt dabei den einfachsten Versuch dar. Er beruht auf dem Modell eines homogenen Elektronengases, wobei $E_{xc}[\rho]$ in einen Austauschfunktional $E_x[\rho]$ (Dirac'sches $\rho^{1/3}$-Potenzial[76]) und ein Korrelationsfunktional $E_c[\rho]$ (analytische Form von Vosko, Wilk und Nusair[77] vorgeschlagen) zerlegt wird.

$$E_{xc}^{LDA}[\rho] = E_x^{LDA}[\rho] + E_c^{LDA}[\rho] \qquad (56)$$

Trotz der Herkunft des Modells kann gezeigt werden, dass der Ansatz auch (inhomogene) Systeme mit einem großen Gradienten der Elektronendichte gut beschreibt.

Die zweite Generation von Austauschkorrelationsfunktionalen setzt an dieser Stelle an und verwendet Ausdrücke, die sowohl Elektronendichte wie auch einen Gradienten berücksichtigt. Man bezeichnet sie gradientenkorrigierte Funktionale (GGA, *generalized gradient approximation*). Hierzu zählt auch das in dieser Arbeit z.T. verwendete Funktional BP86 (Becke-Perdew'86)[78,79]. In neuerer Zeit werden zudem sog. Hybrid-Funktionale angewendet. Dabei fließt ein (skalierter) exakter Hartree-Fock-Austausch in das Funktional ein. Das bekannteste Beispiel ist unter dem Akronym B3LYP[80] bekannt.

Eine für Metallcluster als „*State of the Art*" zu bezeichnende Funktionalklasse stellt die Untergruppe der meta-GGA-Funktionale dar. Wie die GGA-Funktionale sind Elektronendichte und –gradient impliziert. Hinzugefügt wird ein Ausdruck für die kinetische Energiedichte. Das zweite in dieser Arbeit verwendete Funktional, nach Tao, Perdew, Staroverov und Scuseria benannt (TPSS)[81,82], gehört zu dieser Klasse.

Relativistische Behandlung mit der Dichtefunktionaltheorie

Selbstkonsistente Rechnungen, die neben skalarrelativistischen Effekten auch Spin-Orbit-Wechselwirkungen berücksichtigen, können mit einer zweikomponentigen Variante der DFT[83] in TURBOMOLE[17,18] durchgeführt werden. Dies ist bei Metallclustern mit schweren Elementen von Bedeutung. Dabei werden effektive Kernpotenziale, die zur Berücksichtigung beide Effekte entwickelt wurden, für zwei verschiedene Komponenten – entsprechend α- und β-Spin – der (komplexen) Orbitale verwendet:

$$\varphi_i(\vec{x}) = \begin{pmatrix} \varphi_i^{\alpha}(\vec{r}) \\ \varphi_i^{\beta}(\vec{r}) \end{pmatrix}. \tag{57}$$

Die Kohn-Sham-Gleichungen enthalten in dem Formalismus nun Spinoren anstatt Orbitale und benötigen einen komplexen Fock-Operator $\hat{f}$:

$$\begin{pmatrix} \hat{f}^{\alpha\alpha} & \hat{f}^{\alpha\beta} \\ \hat{f}^{\beta\alpha} & \hat{f}^{\beta\beta} \end{pmatrix} \begin{pmatrix} \varphi_i^{\alpha}(\vec{r}) \\ \varphi_i^{\beta}(\vec{r}) \end{pmatrix} = \varepsilon_i \begin{pmatrix} \varphi_i^{\alpha}(\vec{r}) \\ \varphi_i^{\beta}(\vec{r}) \end{pmatrix}. \tag{58}$$

Damit ist die Wellenfunktion keine Eigenfunktion des Spinoperators mehr, ebenso ist sein Eigenwert keine Observable. Das Austauschkorrelationsfunktional ist von der Elektronendichte $\rho(\vec{r})$ und dem absoluten Wert des Spinvektors $\vec{m}(\vec{r})$ abhängig:

$$\vec{m}(\vec{r}) = \sum_i \varphi_i^{*}(\vec{x}) \vec{\sigma} \varphi_i(\vec{x}). \tag{59}$$

Der Spinvektor ersetzt die Spindichte (Differenz zwischen α- und β-Elektronen) in der nichtrelativistischen Beschreibung.

Anmerkungen

Die DFT ist mit beiden Hohenberg-Kohn-Theoremen eine exakte Theorie. Das erste Theorem kann zudem in die zeitabhängige Domäne übertragen werden und damit nicht nur Grundzustände von elektronischen Systemen, sondern auch angeregte Zustände beschreiben (TDDFT)[84]. Die Kosten der Methode sind verglichen mit traditioneller Hartree-Fock-Theorie relativ gering, und sie lässt sich damit auch auf größere Systeme anwenden.

Die praktische Anwendung verwendet immer ein genähertes Funktional, das die Variationsbedingung nicht erfüllen muss (Hohenberg-Kohn-Theorem 2). Berechnete Energien können somit auch unterhalb der exakten Energie liegen. DFT wird zu den *ab initio*-Methoden gezählt. Dies entspricht jedoch einer ungenauen Sprachregelung, da nur approximative Ausdrücke für die Austauschkorrelationsenergie verwendet werden. Im Gegensatz zu semiempirischen Methoden, die an experimentelle Daten angepasste Parameter verwenden, ist ein Unterschied erkennbar. Die Optimierung der Funktionale mit Hilfe von aus Experimenten gewonnenen Erkenntnissen stellt aber eine Gratwanderung zu diesen Methoden hin dar.

Durchgeführte Dichtefunktionalrechnungen

Sämtliche *ab initio*-Rechnungen wurden mit dem in Karlsruhe entwickelten Programmpaket TURBOMOLE[17,18] durchgeführt. Die Clusterstrukturen wurden meist auf zwei unterschiedlichen theoretischen Niveaus analysiert: Eine systematische Struktursuche (genetischer Algorithmus) erfolgte mit dem Funktional BP86 und dem Basissatz def2-SVP. Im Anschluss wurden die Strukturen mit dem TPSS-Funktional (Faktor 5 teurer) und dem Basissatz def2-TZVPP (Gold: $7s5p3d1f^{85}$) relaxiert. Dabei änderten sie die Kernkoordinaten i.d.R. kaum, eine Verschiebung der relativen Energien der Strukturen um bis zu 0,4 eV konnte beobachtet werden. Die Rechnungen wurden mit der *RI-J*-Näherung[74,75] und unter Verwendung (ggf. relativistischer) effektiver Kernpotenziale beschleunigt. Im Falle der Bismutcluster wurden relativistische Rechnungen mit Hilfe von zweikomponentigem DFT (genauer: zweikomponentige Hartree-Fock-Beschreibung) zur Berücksichtigung der Spin-Bahn-Wechselwirkung ausgeführt.

4.2   Genetischer Algorithmus (GA)

Die im Folgenden beschriebene Technik ist ein globales Optimierungsverfahren und basiert auf dem aus dem Darwinismus entlehnten natürlichen Prinzip der Evolution. Die biologischen Funktionen *mating* (Genomkreuzen), Mutation und Selektion werden in mathematischer Form durch Operatoren abgebildet. Diese erzeugen aus einer oder mehreren Clusterstrukturen g_i, die sich als „Chromosomensatz" von kartesischen Atomkoordinaten $\{x_1, x_2,...,x_N\}$ verstehen lassen, neue Kandidatstrukturen g':[64]

$$P : P\big(g_1, g_2\big) \mapsto g' \qquad\qquad M : M\big(g_1\big) \mapsto g' \tag{60}$$

crossover Operator   Mutationsoperator

Zunächst wird eine Population aus Startstrukturen (*seed*) gewählt. Dies kann völlig zufällig geschehen, es bietet sich bei Unkenntnis der Art des globalen Minimums jedoch an, eine möglichst große Vielfalt an Strukturmotiven, d.h. Gene, zu verwenden. Sofern die erzeugten Strukturen noch keinen lokalen Minima auf der Potenzialhyperfläche entsprechen, werden die Strukturen relaxiert und zu einem neuen Set an Strukturen gekreuzt (*crossover*) bzw. mutiert (*mutation*). Das Kreuzen zweier Cluster geschieht durch auseinanderschneiden der Strukturen mit einem ebenen Schnitt, der in zufällig gewählter Orientierung durch das Massenzentrum gelegt wird. Verschiedene Hälften der beiden Eltercluster[ii] werden danach aneinander gelegt, wobei darauf geachtet wird, dass die Gesamtzahl an Atomen gleich bleibt. Eine Mutation kann durch eine ganze Reihe verschiedener Operationen geschehen: z.B. durch Verschieben und Vertauschen (bei unterschiedlichen Elementen) eines einzelnen Atoms, oder durch Verdrehen der oberen gegen die untere Clusterhälfte. Die im Anschluss nach einer Durchgeführten Geometrieoptimierung vorliegenden neuen Strukturen werden als Kinder bezeichnet. Die nun vorliegende Zwischenpopulation aus Elter- und Kinderstrukturen werden mit Hilfe des Fitnesskonzepts evaluiert und eine neue Generation mit der ursprünglichen Elterngröße erzeugt. Der Vorgang wird beliebig oft wiederholt (siehe Abbildung 15).

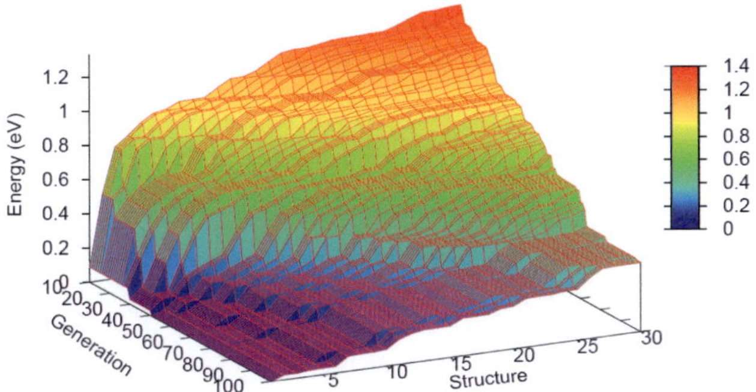

Abbildung 15: Populationsverlauf von Bi_{16}-Clustern bis zur 100. Generation. Die Daten entstammen Rechnungen mit TURBOMOLE von C. Neiss. GA-Level: BP86 / def-SVP.

Das Fitnesskonzept ist mit der biologischen Selektion vergleichbar und wird angewendet, um zu entscheiden, ob eine Clusterstruktur der Zwischengeneration in der neuen Population verbleibt und zu welcher Wahrscheinlichkeit sie zum Erzeugen neuer Kinderstrukturen verwendet wird. Typischerweise wird als Messgröße die berechnete Gesamtenergie E der Struktur herangezogen, es können aber beliebige weitere Größen wie z.B. der experimentelle R_w-Wert evaluiert werden. Die genaue analytische Form der Fitnessfunktion f ist nicht allgemein festgelegt. So gibt es lineare, exponentielle und hyperbolische Ansätze. Die Strukturen in dieser Arbeit wurden unter Verwendung einer boltzmannartigen Funktion gefunden:[64,86]

$$f\left(E_i, R_w, \ldots\right) = k \cdot \exp\left(-a\,\frac{E_i - E_{min}}{E_{max} - E_{min}}\right) \cdot \exp\left(-b\,\frac{R_{w,i} - R_{w,min}}{R_{w,max} - R_{w,min}}\right) \cdot \ldots \tag{61}$$

Darin enthalten sind eine Normierungskonstante k, die Gesamtenergie E_i und der $R_{w,i}$-Wert der Kandidatstruktur i. Die mit „max" und „min" bezeichneten Größen entspre-

---

[ii] Ein Elter ist in der Genetik ein Mitglied der Parentalgeneration, das mit einem anderen Elter gekreuzt wird. Der Begriff wird also im Rahmen der Vererbungslehre auch in der Singularform benutzt. Eltern ist eigentlich ein Pluraletantum.

chen den höchsten und niedrigsten Werten in der gesamten Population. Die Skalie-rungsfaktoren a und b können verwendet werden, um eine der Fitnessgrößen stärker zu gewichten. Der Fall $b = 0$ entspricht einer reinen Energieoptimierung, der Fall $a = 0$ bewertet die Kinderstrukturen nur nach ihrer sM^{theo}-Funktion und der Übereinstimmung mit den Beugungsdaten.

Neben der Fitnessevaluierung (Selektion der in die neue Generation migrierenden Strukturen) gibt es zahlreiche weitere Konzepte, mit denen der *mating*-Prozess beein-flusst werden kann. Die zwei gebräuchlichsten sind die Roulette- (*roulette wheel*) und die Turnierauswahl (*tournament*). Im ersten Fall wird eine Struktur auswählt, sofern ihr Fitnesswert größer als eine zufällig zwischen Null und Eins generierte Zahl ist. Trifft dies nicht zu, so wird der Vorgang für eine neue Struktur der Population wiederholt. Der Vergleich zum Rouletterad kann in dem Bild verstanden werden, dass jede Struktur einen Sektor des Rades abdeckt, in den eine Kugel zufällig fällt (siehe Abbildung 16). Die Größe des Sektors ist dabei abhängig von ihrem Fitnesswert. Die zweite Methode wählt einen zufälligen „Turnierpool", d.h. eine Fraktion der gesamten Population, und kreuzt daraus die zwei Strukturen mit der größten Fitness.

Die in dieser Arbeit in Kombination des genetischen Algorithmus mit Dichtefunktional-rechnungen optimierten Clusterstrukturen wurden mit dem Programmpaket TUR-BOMOLE[17,18] erzeugt. Dafür kam eine zur R_w-Evaluierung modifizierte Version des HAGA-Moduls[86] zum Einsatz. Zur Generierung von *seed*-Strukturen wurde ein von D. Schooß in das Programm sMGAR[87] implementierter genetischer Algorithmus unter Verwendung semiempirischer Potenziale (Gupta, Finnis-Sinclair, u.a.) verwendet. Me-tallcluster über 50 Atome wurden ausschließlich mit diesen Potenzialen systematisch untersucht.

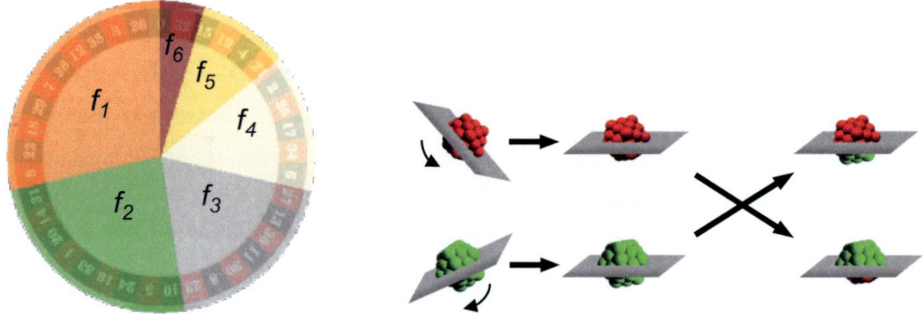

Abbildung 16: *links* – Schematische Darstellung der Rouletteauswahl. Die Auswahlwahrschein-lichkeit durch eine fallende Kugel ist proportional zur Sektorgröße (Fitnesswert f_i). *rechts* – Schematische Darstellung des Kreuzens zweier Clusterstrukturen.

5   Strukturen von Metallclusterionen

5.1   Kleine Käfigstrukturen magnetisch dotierter Goldcluster ($M@Au_n^-$, M = Fe, Co, Ni; n = 12–15)

Wenn man Metallcluster gezielt dotiert, so kann man damit sowohl deren elektronische als auch deren geometrische Eigenschaften signifikant verändern. Dieses Vorgehen stellt deshalb eine Möglichkeit dar, maßgeschneiderte neue Materialien zu entwickeln. Die Qualität dieser Veränderung lässt sich dabei als Funktion der Elementnatur des dotierenden Materials darstellen. Insbesondere das Modifizieren von magnetischen Eigenschaften durch Übergangsmetalle mit offener d-Schale (z.B. Fe, Co, Ni, u.a.) ist ein Ziel und aus diesem Grund Gegenstand der in diesem Kapitel ausgeführten Untersuchungen. Methodenbedingt werden im TIED-Experiment nur strukturelle Informationen erfasst – die Untersuchung des Magnetismus beschränkt sich auf die Resultate von *ab initio*-Methoden.

Frühere Untersuchungen zum reinen Goldcluster Au_{16}^- enthüllten eine Käfigstruktur, die einen Hohlraum von 5,5Å aufweist[88] und sich mit den Elementen Fe, Co und Ni endohedral dotieren lässt.[16] Sie bleibt für Eisen und Cobalt erhalten, erfährt aber eine Kontraktion und Symmetrieerniedrigung ($T_d \rightarrow C_2$). Im Falle von Nickel führt die Dotierung zu einer deutlich verzerrten C_1-Struktur. Naheliegend ist die Frage, was mit abnehmender Anzahl von Goldatomen passiert. Öffnet sich der Goldkäfig um den Dotand sobald der Hohlraum verkleinert wird?

Durch sukzessives Variieren der Goldatomanzahl und der Fremdatome kann die Gesamtzahl von Valenzelektronen des Clusters systematisch verändert, und so der Einfluss auf die Struktur dokumentiert werden.

Zahlreiche theoretische Arbeiten wurden zu solchen gemischten Systemen bereits publiziert. Bei bimetallischen Clustern aus Gold und Silber oder Kupfer konnte ein allgemeiner Ladungstransfer hin zu Goldatomen festgestellt werden.[89,90] Zudem werden heteroatomare Bindungen energetisch den Au−Au-Bindungen stets bevorzugt.[91] Letztere stellen im oxidierten Fall (Au^I) eine Bindung zwischen formal elektronisch geschlossenschaligen d^{10}-Spezies dar, die jedoch durch einen (relativistischen) Korrelationseffekt stabilisiert werden können und energetisch in der Größenordnung von Wasserstoffbrückenbindungen anzusiedeln sind (Aurophilie[92,93]). Eine DFT-Studie kleinerer gemischter Cluster Au_nM^+ (M = Sc, Ti, V, Cr, Mn, Fe) zeigte, dass die Struktur der Cluster für $n \leq 6$ Atome aus planaren Anordnungen konstruiert wird.[94] Die Ladung ist dabei auf den Fremdatomen lokalisiert und verteilt sich mit zunehmender Clustergröße über die gesamte Struktur.[95] Experimentell war dieses Verhalten durch Ionenmobilitätsmessungen an den Systemen $Ag_mAu_n^+$ ($m + n < 6$) nachgewiesen worden.[96]

Massenspektroskopiearbeiten unter Verwendung von Photoionisation berichten von „magischen Peaks" in den Spektren von Au_nM^+ (M = Sc, Ti, V, Cr, Mn, Fe, Co, Ni)[95] bei Clustern mit 18 Valenzelektronen. D.h. ihre relative Häufigkeit übersteigt die der homologen Clusterverbindungen in einem ähnlichen Massenbereich. Diese aufgedeckte und auffallende Stabilität wurde für gemischte Cluster mit 18 Valenzelektronen bereits zuvor vorhergesagt, darunter zuerst für den ikosaedrischen Cluster $W@Au_{12}$.[97] Wenig später konnte diese Käfigstruktur mit Photoelektronenspektroskopie für die leicht verzerrt ikosaedrischen Cluster $W@Au_{12}^-$, $Mo@Au_{12}^{-}$[98] sowie $V@Au_{12}^-$, $Nb@Au_{12}^-$ und $Ta@Au_{12}^{-}$[99] nachgewiesen werden. Dabei sitzt das Fremdatom stets an endohedralen Positionen. Eine systematische DFT-Studie von 18-Elektronenclustern verschiedener Elemente ($M@Au_n$, $n = 8$–17) ergab eine Mindestzahl von neun Goldatomen für eine vollständige Einkapselung des Fremdatoms.[100]

Der Einfluss des dotierenden Elements auf die Clusterstruktur konnte ebenfalls schon für größere als in dieser Arbeit untersuchte Goldcluster bestimmt werden. Dabei konnten wie in DFT-Studien[101] bestätigt endohedrale (Fe, Co, Ni, Cu, Ag, Zn, In)[16,102,103] und exohedrale (Sn, Ge)[104] Cluster gefunden werden (Ladungszustand: –). In einem Fall bildete das Fremdatom auch einen Teil der Clusteroberfläche (Si).[104]

Die in dieser Arbeit gebrauchten Modellstrukturen wurden mit Hilfe eines genetischen Algorithmus (DFT-GA, TPSS / def2-TZVPP, (R)ECPs) von Christian Neiss (Ni) und Nedko Drebov (Fe, Co) unter Verwendung des Programmpakets TURBOMOLE hinsichtlich der globalen Minima berechnet. Im Sinne der Optimierung wurden die günstigsten Strukturmotive der kleinsten Cluster ($n = 12, 13$) in die *seed*-Population der aufsteigenden Größen übernommen. Ebenso wurden die dotierenden Elemente in den Strukturmotiven permutiert und auf Stabilitätsunterschiede hin überprüft.

5.1.1 Massenspektren

Die heteroatomaren Goldclusterionen wurden wie in Kapitel 3.2 ausführlicher beschrieben durch eine zweiphasige Sputterfläche aus Gold und dotierendem Element hergestellt. Das Verhältnis der Flächenstücke wurde dabei entsprechend groß gewählt, um einen hohen Goldatomanteil im Metalldampf zu erzeugen. Die sich bildenden anionischen Metallclusterionen sind in Form eines Flugzeitmassenspektrums beispielhaft für Nickel in Abbildung 17 gezeigt.

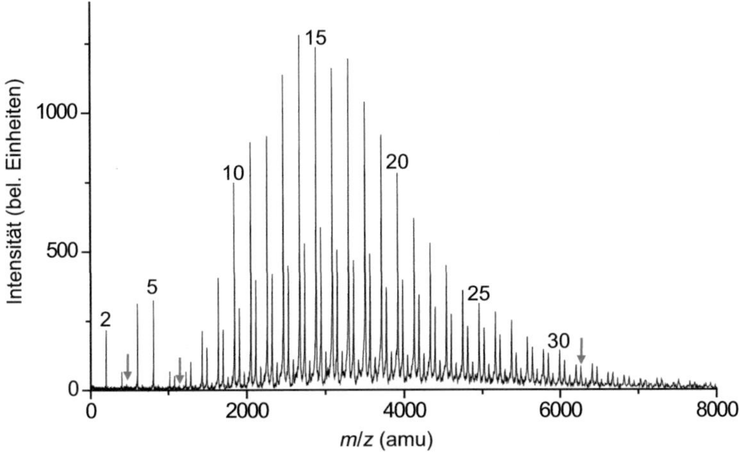

Abbildung 17: Flugzeitmassenspektrum von $Au_nNi_m^-$. Die grünen Pfeile markieren das erste Auftreten von $m = 1$, $m = 2$ sowie die Clustergröße, mit ähnlichen Intensitäten für $m = 0$ und 1.

Die Bildung reiner Goldclusteranionen dominiert die Intensitätsverteilung gegenüber den ein bis drei Nickelatome enthaltenden dotierten Clustern. Diese bilden sich erstmals mit $Au_3Ni_1^-$. Clusterionen mit zwei Fremdmetallatomen erscheinen bei der Hexamer- und Heptamergröße und folgenden Clustern. Hier sind eine geringe Intensität gegenüber der umliegenden Clustergrößen sowie ein ähnliches Verhältnis für $m = 0$ und $m = 1$ (Anzahl der Nickelatome in $Au_nNi_m^-$) auffällig. Es ist bekannt, dass in diesem Größenbereich reine Goldclusteranionen planare Strukturen annehmen[105,106], sowie zur Ausbildung einer vollen Schale um ein Fremdatom mindestens neun Goldatome zu verwenden sind[107].

Dieser Bereich stellt für die Clustererzeugung in Aggregationsquellen zudem eine kritische Keimgröße dar (siehe Kapitel 3.2). Wahrscheinlich ist deshalb eine Überlagerung rein thermodynamischer Strukturstabilität, die unter typischen Bedingungen in einem solchen Spektrum abgebildet werden („magische Peaks"), und kinetisch beeinflusster Keimbildung. Unter Gesichtspunkten der Kinetik könnte eine deutlich andersartige Gestalt der Clusterionen beim atomaren Wachstum von Bedeutung sein. Aus Ionenmobilitätsmessungen (IMS) ist bekannt bzw. es liegt dem genutzten Prinzip zugrunde, dass eine planare Clusterstruktur verglichen mit einer z.B. durch ein Fremdatom gekrümmten, kompakteren Struktur gleicher Atomzahl sich in der Anzahl an Stößen stark unterscheidet (Messgröße: Stoßquerschnitt). Es ist anzunehmen, dass sowohl Kühlrate (abhängig von der Häufigkeit von He-Stößen) als auch Wahrscheinlichkeit eines Cluster-Goldatom-Stoßes für planare (undotierte) Ionen höher ist.

In den Spektren der Elemente Fe, Co und Ni wurden in keinem Fall Monomere oder reine Dimere bzw. Cluster des für die Dotierung vorgesehenen Materials gefunden. Ebenso war der Goldanteil in den heteroatomaren Clustern stets höher ($n > m$). Dies kann durch eine höhere Stabilität der Au–M-Bindung (M = Fe, Co, Ni) in hetero-atomaren Clustern im Vergleich zu reinen M_n-Clustern verstanden werden oder durch ein starkes Überangebot an Gold. Alle Flugzeitmassenspektren zeigen einen vom dotie-renden Element unabhängigen qualitativ ähnlichen Intensitätsverlauf.

5.1.2 Strukturen dotierter Goldclusteranionen

Im Folgenden werden die Strukturen der mit Fe, Co und Ni dotierten Goldclusteranio-nen dargestellt. Dabei wird die Reihenfolge nach Fremdatom und absteigender Golda-tomzahl, entsprechend anfänglicher Fragestellung, gewählt. Die berechneten Gesamte-nergien werden relativ zum gefundenen energetischen globalen Minimum angegeben, sowie dem R_w-Wert gegenüber gestellt. Die Isomerenbezeichnung erfolgt mit Hilfe der Schoenfliespunktgruppe. Es werden bis auf wenige Einzelfälle Strukturen bis maximal +0,30 eV berücksichtigt. Die Auswertung wird aus folgenden Gründen ausführlicher als in anderen Kapiteln behandelt:

1. Eine umfangreiche Analyse auf hohem theoretischem Niveau ergab in einem kleinen Energieintervall eine große Strukturvielfalt.

2. Die Leistungsfähigkeit des Beugungsexperiments wird darin deutlich, dass in den meisten Fällen eindeutige Strukturzuordnungen möglich sind, welche wi-dererwartend nicht immer den berechneten Grundzuständen entsprechen.

Am Beispiel des ersten diskutierten Clusters $Au_{15}Fe^-$ werden die Bindungsmotive in der homologen Reihe verdeutlicht. Eine Zusammenfassung der zugeordneten Clusterstruk-turen wird am Ende des Kapitels (siehe Seite 64) gegeben.

$Au_{15}Fe^-$

Für den eisendotierten Cluster $Au_{15}Fe^-$ wurden ausschließlich endohedrale Strukturen gefunden (siehe Abbildung 18).

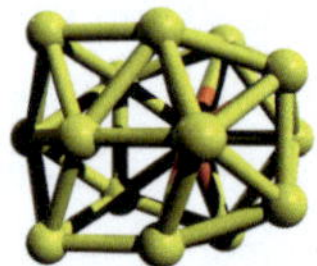 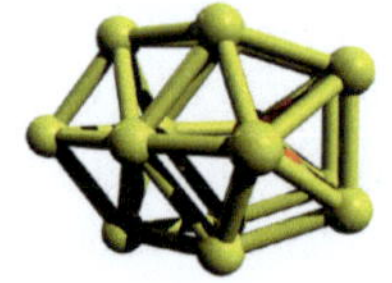 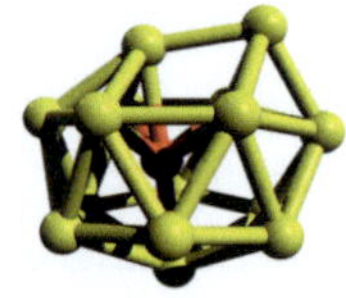

1. C_s, 0,00 eV, R_w = 11,8%   2. C_{2v}, 0,03 eV, R_w = 12,5%   **3. C_s, 0,05 eV, R_w = 5,4%**

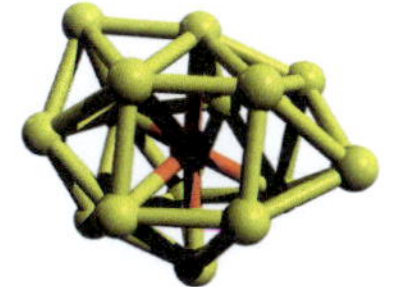
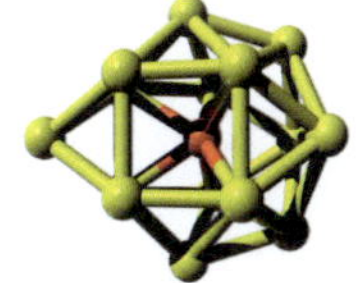

4. C_1, 0,07 eV, R_w = 7,9%   **5. C_{2v}, 0,07 eV, R_w = 6,2%**

Abbildung 18: Die energetisch günstigsten Isomere von $Au_{15}Fe^-$ mit Symmetrien, relativen Energien und R_w-Werten. Die fett markierten Isomere sind für die Interpretation der Beugungsdaten am besten geeignet.

Folgende unterschiedlichen Koordinationsmotive des Fremdatoms lassen sich identifizieren: ikosaedrisch (1), dekaedrisch (2) und kuboktaedrisch (4). Während Isomer 1 eine kompakt koordinierte Struktur mit weiteren Adatomen auf der Oberfläche darstellt, kann Isomer 3 im Folgenden als „lose" koordinierte näherungsweise ikosaedrische Struktur bezeichnet werden, die weitere Goldatome in die Ikosaederoberfläche integriert. Diese Struktur zeigt die beste Übereinstimmung mit den experimentellen Daten (siehe Abbildung 19). Man konstruiert sie durch Übereinanderlegen zweier um 90° verdrehter Sechsringe, wobei ein bzw. zwei Atome eine Kappe ausbilden. Das Eisenatom sitzt leicht versetzt zum Massenschwerpunkt. Im Energieintervall von weniger 0,1 eV tritt zudem die Hybridstruktur aus Kuboktaeder und Ikosaeder (5) auf. Diese kann experimentell nicht ausgeschlossen werden. Die berechnete Grundzustandsstruktur (1) sowie das nächsthöherliegende Isomer (2) kommen aufgrund der signifikant größeren R_w-Werte dahingegen nicht in Betracht.

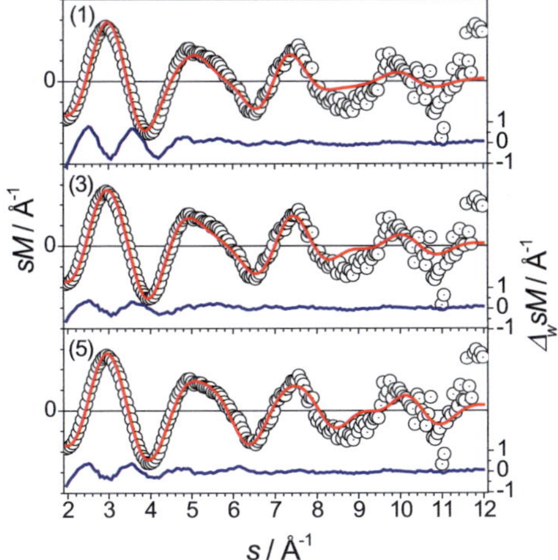

Abbildung 19: Experimentelle sM^{exp}-Funktion (schwarze offene Kreise) und theoretische sM^{theo}-Funktion (rote Linie) der Isomere 1, 3 und 5 von $Au_{15}Fe^-$. Die blaue Linie entspricht der gewichteten Abweichung $\Delta_w sM$.

Au$_{14}$Fe$^-$

Das Entfernen eines Atoms führt im untersuchten Energiebereich bis +1,3 eV erneut zu ausschließlich endohedralen Strukturtypen. Die bis zu +0,17 eV gefundenen Isomere sind in Abbildung 20 dargestellt. Wieder ergibt eine kompakt ikosaedrische Struktur (1)

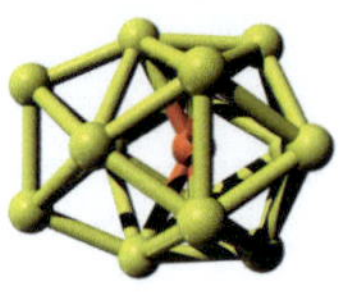  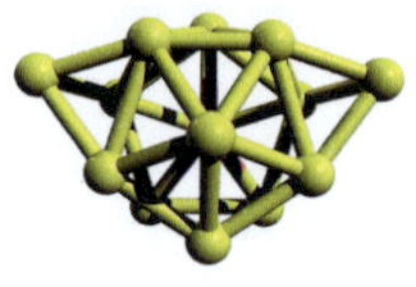

1. C_{2v}, 0,00 eV, R_w = 7,0%   **2. C_1, 0,06 eV, R_w = 2,0%**   3. C_s, 0,10 eV, R_w = 9,2%

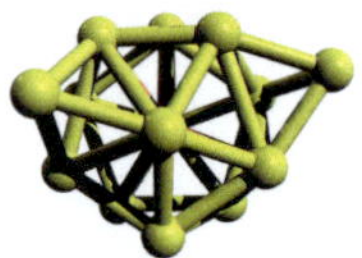 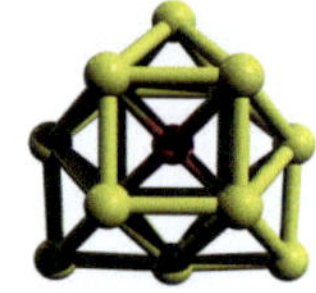

4. C_1, 0,16 eV, R_w = 9,2%   5. C_{2v}, 0,17 eV, R_w = 10,1%

Abbildung 20: Die energetisch günstigsten Isomere von Au$_{14}$Fe$^-$ mit Symmetrien, relativen Energien und R_w-Werten. Das fett markierte Isomer kann zugeordnet werden.

die energetisch günstigste Verbindung. Mit den Isomeren (3) und (4) sind Variationen des kompakten Strukturmotivs zu finden, die aber aufgrund der schlechten Anpassungsfähigkeit ihrer sM^{theo}-Funktionen ausgeschlossen werden können (siehe Abbildung 21).

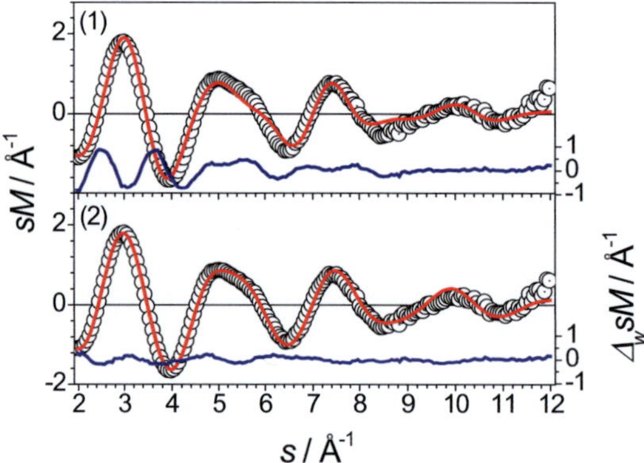

Abbildung 21: Experimentelle sM^{exp}-Funktion (schwarze offene Kreise) und theoretische sM^{theo}-Funktion (rote Linie) der Isomere 1 und 2 von Au$_{14}$Fe$^-$. Die blaue Linie entspricht der gewichteten Abweichung $\Delta_w sM$.

Zugeordnet werden kann eine zu $Au_{15}Fe^-$ homologe Verbindung (Isomer 2), die +0,06 eV über dem berechneten Grundzustand liegt: Aus dem einfach überkappten Sechsring wird ein Goldatom entfernt, sodass ein überkappter Fünfring entsteht. Die ebenfalls auftretende – für diese Clustergröße nun hochsymmetrische – kuboktaedrische Struktur (5) kann wegen des hohen berechneten R_w-Werts ausgeschlossen werden.

$Au_{13}Fe^-$

Ab 13 Goldatomen findet der genetische Algorithmus zum ersten Mal offene Strukturen, bei denen das Eisenatom nicht verkapselt koordiniert ist (siehe Abbildung 22).

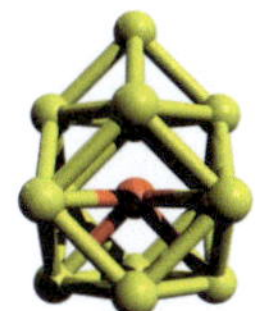  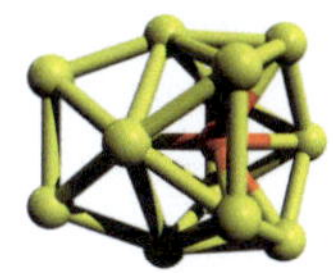

1. C_{4v}, 0,00 eV, R_w = 4,1%   2. C_1, 0,17 eV, R_w = 13,6%   3. C_s, 0,20 eV, R_w = 11,9%

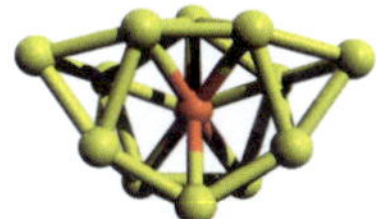 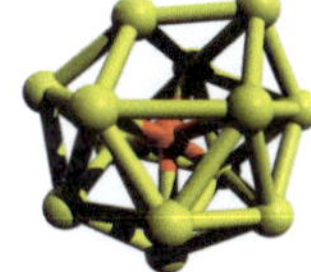 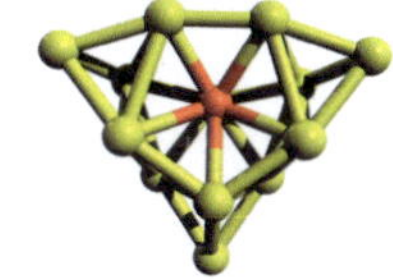

4. C_s, 0,23 eV, R_w = 13,4%   5. C_1, 0,25 eV, R_w = 9,3%   6. C_s, 0,26 eV, R_w = 13,3%

Abbildung 22: Die energetisch günstigsten Isomere von $Au_{13}Fe^-$ mit Symmetrien, relativen Energien und R_w-Werten. Das fett markierte Isomer kann zugeordnet werden.

Diese liegen mit +0,20 eV und mehr jedoch deutlich über dem berechneten Grundzustand und können aufgrund der R_w-Werte jeweils über 11% ausgeschlossen werden. Gleiches gilt für die zu $Au_{14}Fe^-$ homologe Verbindung (5), deren doppelt überkappte Seite nun ebenfalls aus einem Fünfring besteht. Sie liegt energetisch deutlich ungünstiger und ist experimentell auszuschließen. Die verbleibenden das Eisenatom komplett koordinierenden Strukturen, sind der Ikosaeder mit Adatom (Isomer 2), der sowohl energetisch als auch aufgrund seiner schlechten experimentellen Übereinstimmung (R_w = 13,6%) nicht in Betracht kommt, und die kuboktaedrische Struktur (überkappter Kuboktaeder, Isomer 1). Letztere zeigt die beste experimentelle Übereinstimmung (siehe Abbildung 23) und ist im Vergleich zum Ikosaeder die etwas voluminösere Verbindung mit einer Koordinationszahl 12 (KZ 12).

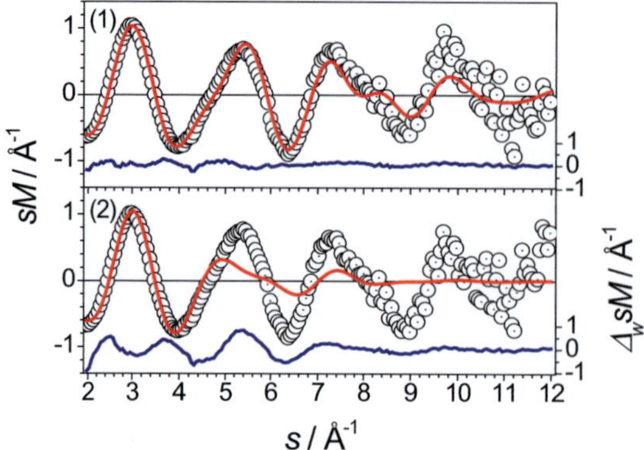

Abbildung 23: Experimentelle sM^{exp}-Funktion (schwarze offene Kreise) und theoretische sM^{theo}-Funktion (rote Linie) der Isomere 1 und 2 von $Au_{13}Fe^-$. Die blaue Linie entspricht der gewichteten Abweichung $\Delta_w sM$.

$Au_{12}Fe^-$

Ausgehend von der C_{4v}-Struktur des Clusters $Au_{13}Fe^-$ (Isomer 1) wäre zu vermuten, dass die mit niedrigster elektronischer Energie durch Entfernen des Adatoms berechnete O_h-Struktur (1) im TIED-Experiment zu finden sei (siehe Abbildung 24). Diese zeigt zwar von allen im Energiebereich bis +0,26 eV liegenden Isomeren den kleinsten R_w-Wert (6,6%), ihre Anpassung ist jedoch nicht zufriedenstellend (siehe Abbildung 25). Als neues und viertes Strukturmotiv tauchen flach dreidimensionale Strukturen (Isomer 2 und 3) auf, die das Eisenatom in die Oberfläche inkorporieren. Auch das lediglich +0,08 eV über dem Kuboktaeder (1) liegende Isomer (2) zeigt einen zu großen R_w-Wert. Die I_h-Struktur wird für diesen Cluster nicht gefunden. Stattdessen ist das Entfernen zweier Goldatome aus der Eisenkoordinationssphäre energetisch begünstigt (Isomer 4).

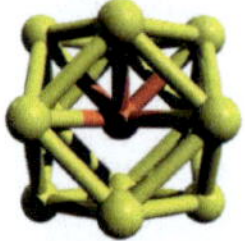 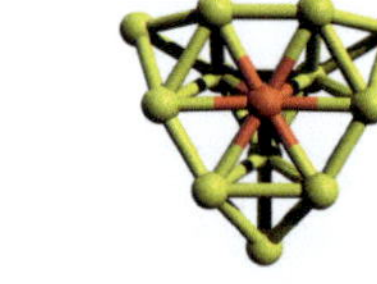 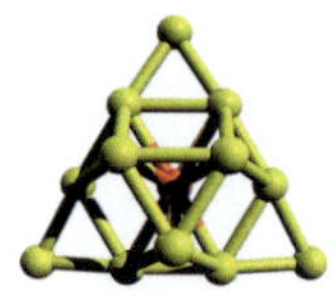

1. O_h, 0,00 eV, R_w = 6,6%   2. C_{3v}, 0,08 eV, R_w = 13,1%   3. C_{3v}, 0,21 eV, R_w = 13,2%

 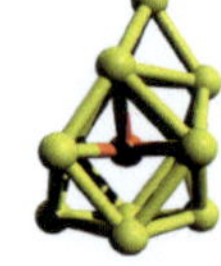

4. C_{2v}, 0,26 eV, R_w = 12,2%   5. C_s, 0,42 eV, R_w = 6,4%

Abbildung 24: Die energetisch günstigsten Isomere von $Au_{12}Fe^-$ mit Symmetrien, relativen Energien und R_w-Werten. Das fett markierte Isomer kann zugeordnet werden.

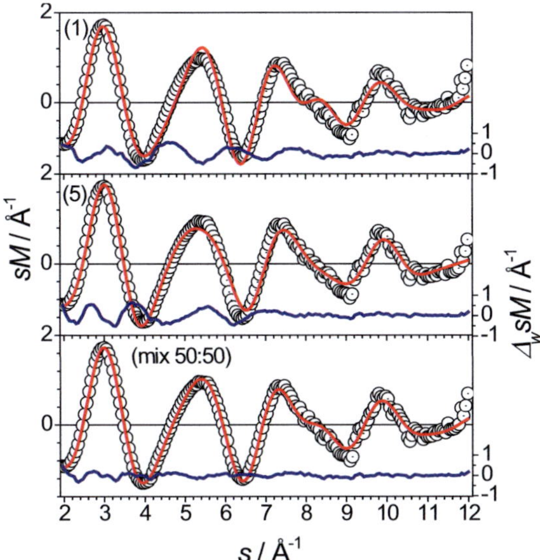

Abbildung 25: Experimentelle sM^{exp}-Funktion (schwarze offene Kreise) und theoretische sM^{theo}-Funktion (rote Linie) der Isomere 1 und 5 von $Au_{12}Fe^-$ sowie von einer Mischung (50:50). Die blaue Linie entspricht der gewichteten Abweichung $\Delta_w sM$.

Eine signifikant bessere Anpassung gelingt durch die Mischung der sM^{theo}-Modellfunktion von Isomer (1) mit einer weiteren Strukturvariation, die um +0,42 eV darüberliegend berechnet wird (Isomer 5). Dabei ist eins der in (1) zwölf äquivalenten Atome aus seiner Position entfernt und auf die Goldoberfläche gesetzt. Dieses Isomer alleine ergibt einen ähnlichen R_w-Wert wie (1) (6,4%), eine Mischung bestehend aus 50% beider Isomere reduziert den R_w-Wert zu 2,5%.

Die Durchführung des Experiments bei einer endlichen Temperatur ($T = 95K$) anstatt am absoluten Nullpunkt ($T = 0K$), führt zu einem Entropieterm, der Einfluss auf die Gleichgewichtsstruktur haben kann. Da diese bei einer definierten Temperatur von der freien Enthalpie bestimmt ist, werden Strukturen, die zu einem hohen Entropieterm führen, hier begünstigt. Ein signifikanter Unterschied der Isomere besteht in der hohen Symmetrie von (1) verglichen mit der geöffneten C_s-Struktur (5). Durch Permutationsisomere, wobei jedes Goldatom in erster Näherung in mindestens vier Richtungen rutschen kann, ergibt sich ein gegenüber (1) signifikant erhöhter Entropiebeitrag. Dieser alleine kann unter den experimentellen Bedingungen den hohen Energieunterschied (+0,42 eV) wahrscheinlich nicht löschen. Ein systematischer Fehler der DFT-Rechnung für die außergewöhnlich hochsymmetrische Struktur ist denkbar, jedoch nicht zu belegen. Für reine Goldclusterionen ist im Bereich von Motivwechseln (z.B. 2D → 3D) ein solches Verhalten beobachtet worden.[108] Im vorliegenden Fall handelt es sich im engeren Sinn jedoch nicht um eine derartige Neuordnung der Atome, sondern um eine Fortsetzung des Bindungsmotivs. Der Einfluss eines Fremdatoms auf systematische Rechenfehler ist bisher nicht bekannt. Aus diesem Grund wird es als am wahrscheinlichsten erachtet, dass signifikante Schwingungsauslenkungen (flache Potenzialkurve) oder ein Jahn-Teller-Effekt zweiter Ordnung (Geometrieverzerrung) zu dem durch die Mischung aus Isomer (1) und (5) beschriebenen Verhalten der R_w-Reduzierung führen. Ein Jahn-Teller-Effekt erster Ordnung kann ausgeschlossen werden.

$Au_{15}Co^-$

Das Tauschen des dotierenden Elements zu Cobalt führt im Cluster $Au_{15}Co^-$ zu denselben Strukturmotiven wie in $Au_{15}Fe^-$. Lediglich die dekaedrische Struktur – für Eisen relativ günstig – wird nicht mehr in einem Energieintervall von +0,20 eV gefunden (siehe Abbildung 26).

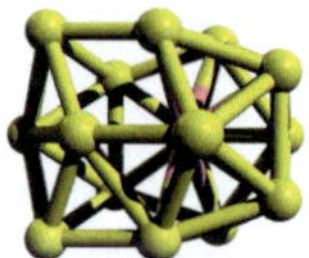  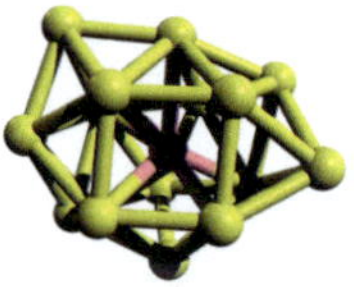

1. C_s, 0,00 eV, R_w = 10,0%   **2. C_1, 0,01 eV, R_w = 3,0%**   3. C_1, 0,07 eV, R_w = 8,1%

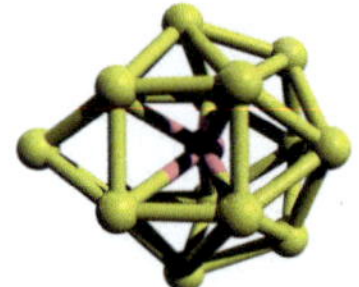

4. C_{2v}, 0,17 eV, R_w = 5,8%

Abbildung 26: Die energetisch günstigsten Isomere von $Au_{15}Co^-$ mit Symmetrien, relativen Energien und R_w-Werten. Das fett markierte Isomer kann zugeordnet werden.

Die mit dem berechneten Grundzustand, der kompakten ikosaedrischen Struktur (1), nahezu isoenergetische „lose" ikosaedrische Struktur (2) kann eindeutig zugeordnet werden (siehe Abbildung 27). Ebenso hat sich der energetische Abstand zur eisendotierten analogen Hybridstruktur (4), die dort alleine durch den R_w-Werte nicht auszuschließen war, im Fall von Cobalt relativ um +0,20 eV erhöht.

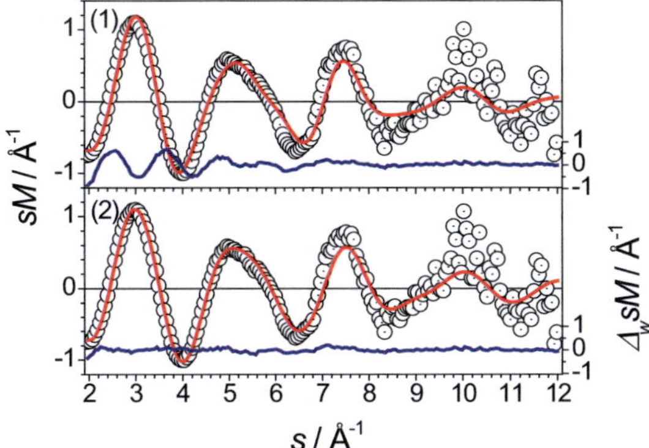

Abbildung 27: Experimentelle sM^{exp}-Funktion (schwarze offene Kreise) und theoretische sM^{theo}-Funktion (rote Linie) der Isomere 1 und 2 von $Au_{15}Co^-$. Die blaue Linie entspricht der gewichteten Abweichung $\Delta_w sM$.

$Au_{14}Co^-$

Das zusätzliche Valenzelektron, das durch den Tausch von Eisen mit Cobalt in den Metallcluster gebracht wird, führt im Falle von $Au_{14}Co^-$ zum ersten Mal zu einer anderen berechneten Grundzustandsgeometrie (siehe Abbildung 28).

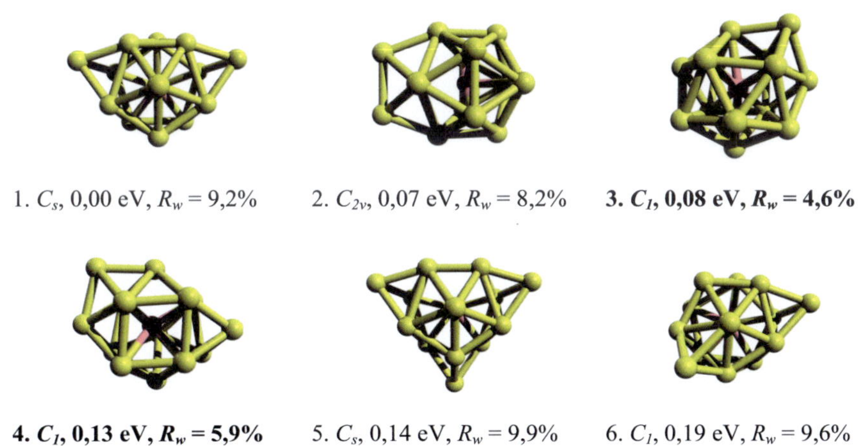

1. C_s, 0,00 eV, R_w = 9,2%
2. C_{2v}, 0,07 eV, R_w = 8,2%
3. C_1, 0,08 eV, R_w = 4,6%

4. C_1, 0,13 eV, R_w = 5,9%
5. C_s, 0,14 eV, R_w = 9,9%
6. C_1, 0,19 eV, R_w = 9,6%

Abbildung 28: Die energetisch günstigsten Isomere von $Au_{14}Co^-$ mit Symmetrien, relativen Energien und R_w-Werten. Die fett markierten Isomere sind für die Interpretation der Beugungsdaten am besten geeignet.

Als günstig vorausgesagt wird erneut ein kompakt ikosaedrisches Strukturmotiv (Isomere 1, 2, 5 und 6), wobei das globale Minimum (1) zwei separierte niedriger koordinierte Adatome aufweist als das für Eisen gefundene günstigere Isomer (2). Alle Verbindungen dieses Strukturmotivs können wegen R_w-Werten über 8% ausgeschlossen werden. Eine Strukturzuordnung gelingt mit dem $Au_{14}Fe^-$-äquivalenten Isomer (3), bei dem die

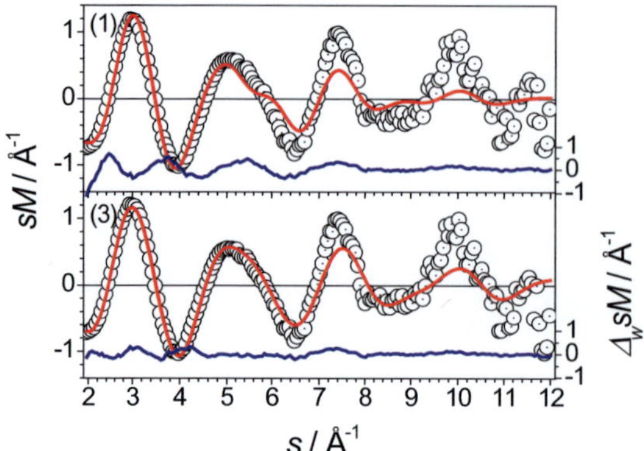

Abbildung 29: Experimentelle sM^{exp}-Funktion (schwarze offene Kreise) und theoretische sM^{theo}-Funktion (rote Linie) der Isomere 1 und 3 von $Au_{14}Co^-$. Die blaue Linie entspricht der gewichteten Abweichung $\Delta_w sM$.

Modellfunktionsanpassung einen R_w-Wert von 4,6% liefert (siehe Abbildung 29). Die berechnete Energie liegt +0,08 eV über der günstigsten Struktur. Das kuboktaedrische Isomer (4) ist gegenüber dem Eisenderivat symmetrieerniedrigt ($C_{2v} \rightarrow C_1$). Die Anpassung ergibt einen R_w-Wert von 5,9%. Aufgrund dessen und der berechneten elektronischen Energie kann die Verbindung nicht mit letzter Sicherheit ausgeschlossen werden.

$Au_{13}Co^-$

Für dreizehn Goldatome, die mit einem Co-atom dotiert sind, findet man eine sehr große Vielfalt an Strukturmotiven im Energiebereich von +0,26 eV über der energetisch günstigsten Struktur (siehe Abbildung 30).

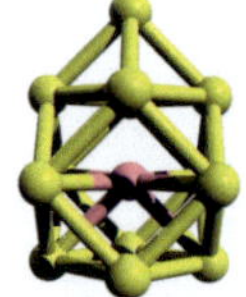
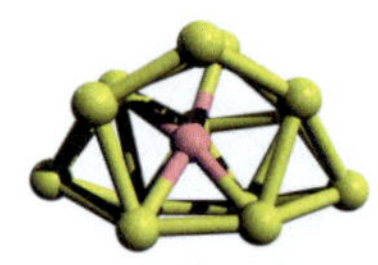
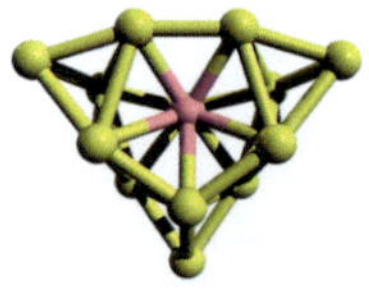

1. C_{4v}, 0,00 eV, R_w = 5,5%   **2. C_1, 0,11 eV, R_w = 5,4%**   3. C_s, 0,12 eV, R_w = 12,7%

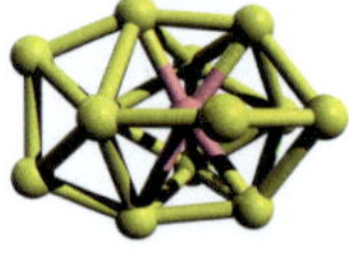

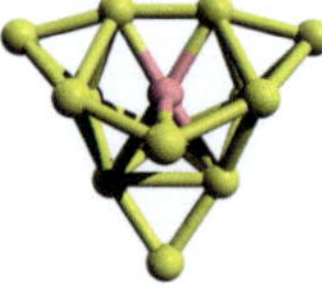
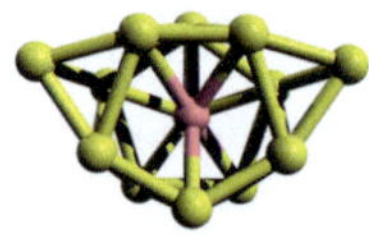

4. C_s, 0,14 eV, R_w = 7,5%   5. C_{2v}, 0,17 eV, R_w = 12,6%   6. C_s, 0,17 eV, R_w = 12,7%

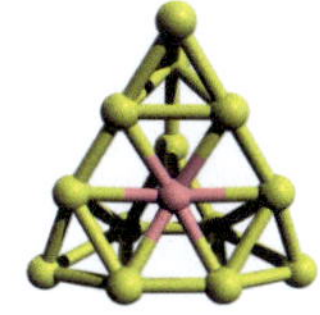 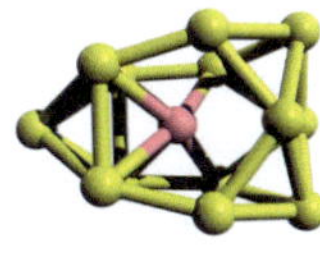

7. C_s, 0,23 eV, R_w = 14,8%   8. C_s, 0,26 eV, R_w = 12,1%

Abbildung 30: Die energetisch günstigsten Isomere von $Au_{13}Co^-$ mit Symmetrien, relativen Energien und R_w-Werten. Die fett markierten Isomere sind für die Interpretation der Beugungsdaten am besten geeignet.

Im Gegensatz zu den Eisenderivaten tauchen tendenziell mehr offene, typischerweise ikosaedrische Strukturen auf (Isomere 2, 3, 5 und 6). Ebenso existiert mit Isomer (7) eine nicht-endohedrale Struktur, bei der das Cobaltatom Teil der Goldoberfläche ist. Alle diese Isomere können aufgrund der hohen R_w-Werte über 12% und relativen Energie größer +0,12 eV für die experimentell untersuchte Clustergeometrie ausgeschlossen werden. Isomer (4) zeigt eine käfigartige Struktur, deren sM^{theo}-Modellfunktion mit einem R_w-Wert von 7,5% eine signifikant schlechtere Anpassungsfähigkeit besitzt als die der beiden Isomere (1) und (2) mit 5,5% und 5,4%.

Die auch für den homologen Eisencluster gefundene kuboktaedrische Struktur mit Adatom (Isomer 1) zeigt im Bereich $s = 4–5 Å^{-1}$ eine unbefriedigende Übereinstimmung (siehe Abbildung 31). Eine Beimischung der energetisch nächst höher gelegenen dekaedrischen Clusterstruktur (2) führt bei einem Verhältnis von 50:50 zu einer leichten Verbesserung des R_w-Wertes zu 4,0%.

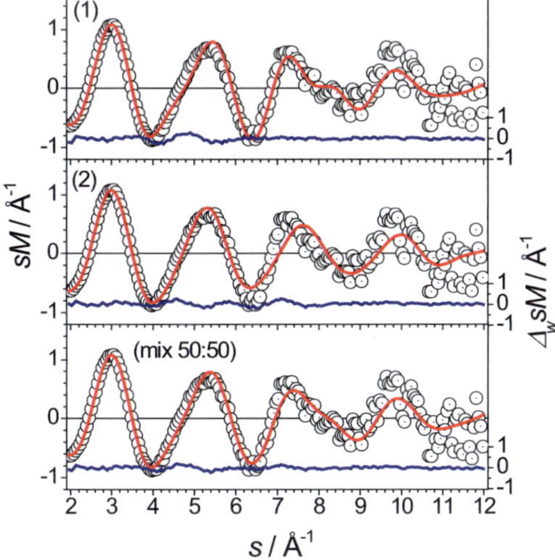

Abbildung 31: Experimentelle sM^{exp}-Funktion (schwarze offene Kreise) und theoretische sM^{theo}-Funktion (rote Linie) der Isomere 1 und 2 von $Au_{13}Co^-$ sowie von einer Mischung (50:50). Die blaue Linie entspricht der gewichteten Abweichung $\Delta_w sM$.

Au$_{12}$Co$^-$

Der Trend zu offeneren Strukturen wird beim Entfernen eines weiteren Goldatoms für den Cluster Au$_{12}$Co$^-$ fortgesetzt. In der Strukturenpopulation der DFT-Rechnung gibt es eine signifikante Verschiebung der Motive: Die für dreizehn Goldatome ungünstige flach-dreidimensionale Clusterstruktur Au$_{13}$Co$^-$–(7) bildet durch Entfernen eines Atoms das neue globale Minimum (1). Dieses liegt deutlich unter der kubokaedrischen Verbindung (4) (siehe Abbildung 32). Der energetische Abstand der zwei Bindungsmotive flach-dreidimensional und Kuboktaeder hat sich damit von Au$_{13}$Co$^-$ nach Au$_{12}$Co$^-$ relativ um ca. 0,4 eV verschoben. Ebenso wird lediglich +0,04 eV über (1) eine quasi-planare C_{2v}-Struktur vorhergesagt, die sich aus drei 2D-Teilstücken zusammensetzt.

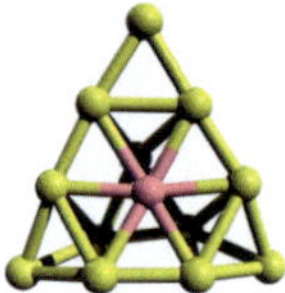   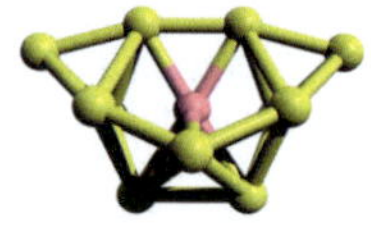   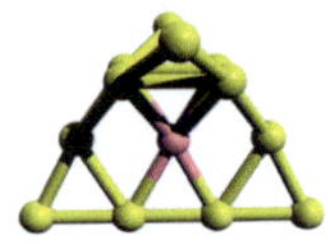

1. C_1, 0,00 eV, R_w = 18,4%   **2. C_{2v}, 0,03 eV, R_w = 5,1%**   3. C_{2v}, 0,04 eV, R_w = 24,2%

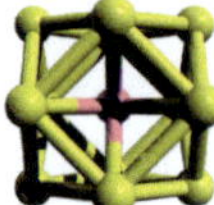

4. O_h, 0,15 eV, R_w = 15,9%

Abbildung 32: Die energetisch günstigsten Isomere von Au$_{12}$Co$^-$ mit Symmetrien, relativen Energien und R_w-Werten. Das fett markierte Isomer kann zugeordnet werden.

Die experimentelle Zuordnung gelingt mit einem kompakt-ikosaedrischen Strukturmotiv. Die aus dieser Gruppe energetisch günstige Struktur (Isomer 2) liegt +0,03eV über der berechneten günstigsten Gleichgewichtsstruktur. Mit einem R_w-Wert von 5,1% hebt sie sich deutlich von den anderen Isomeren (R_w > 15%) ab (siehe Abbildung 33).

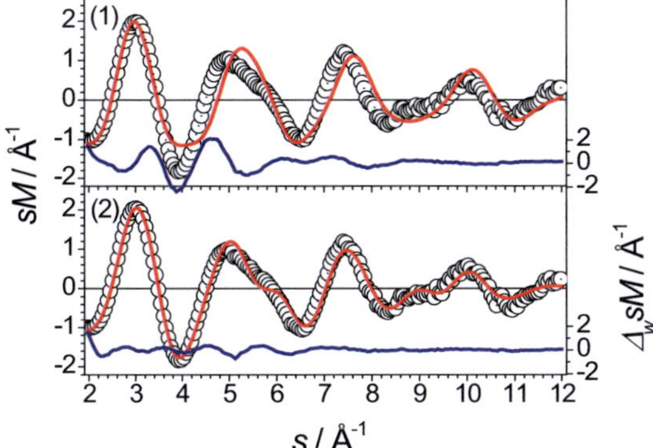

Abbildung 33: Experimentelle sM^{exp}-Funktion (schwarze offene Kreise) und theoretische sM^{theo}-Funktion (rote Linie) der Isomere 1 und 2 von $Au_{12}Co^-$. Die blaue Linie entspricht der gewichteten Abweichung $\Delta_w sM$.

$Au_{15}Ni^-$

Auch im Falle von nickeldotierten Clustern aus 15 Goldatomen favorisiert die DFT-Rechnung leicht das kompakt-ikosaedrische C_s-Isomer (1) (siehe Abbildung 34).

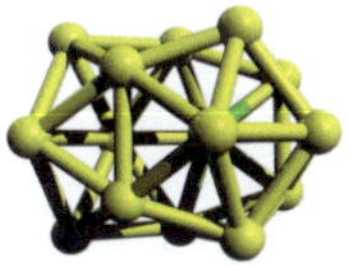 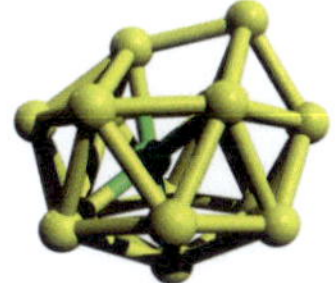 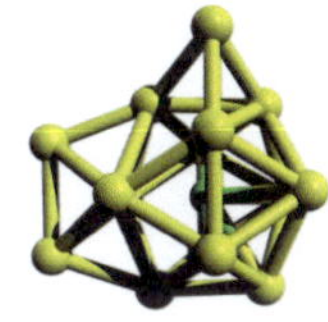

1. C_s, 0,00 eV, $R_w = 10{,}1\%$ **2. C_1, 0,00 eV, $R_w = 3{,}1\%$**   3. C_1, 0,08 eV, $R_w = 12{,}3\%$

Abbildung 34: Die energetisch günstigsten Isomere von $Au_{15}Ni^-$ mit Symmetrien, relativen Energien und R_w-Werten. Das fett markierte Isomer kann zugeordnet werden.

Nur +0,08 eV darüber findet man ein geöffnetes Isomer desselben Strukturtyps (Isomer 3). Diese Strukturfamilie kann wegen der hohen R_w-Werte ($R_w > 10\%$) ausgeschlossen werden. Stattdessen kann eindeutig das auch für die homologen Eisen- und Cobaltcluster gefundene „lose" ikosaedrische Isomer (2) zugeordnet werden. In der Anpassung liefert es einen R_w-Wert von 3,1% (siehe Abbildung 35).

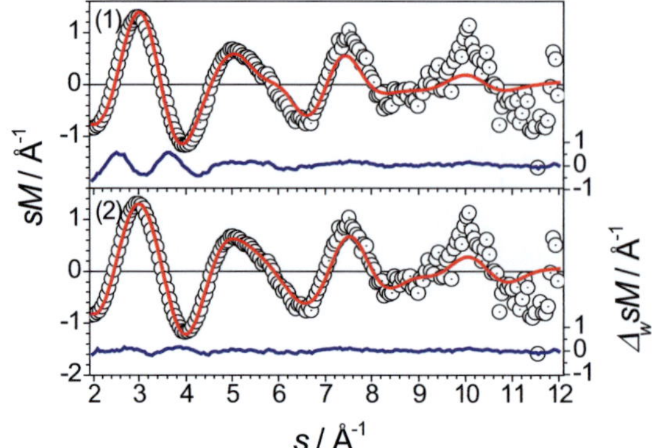

Abbildung 35: Experimentelle sM^{exp}-Funktion (schwarze offene Kreise) und theoretische sM^{theo}-Funktion (rote Linie) der Isomere 1 und 2 von $Au_{15}Ni^-$. Die blaue Linie entspricht der gewichteten Abweichung $\Delta_w sM$.

$Au_{14}Ni^-$

Für den Cluster $Au_{14}Ni^-$ werden im Energiebereich +0,20 eV über der Grundzustandsstruktur ausschließlich ikosaedrische Bindungsmotive gefunden (siehe Abbildung 36).

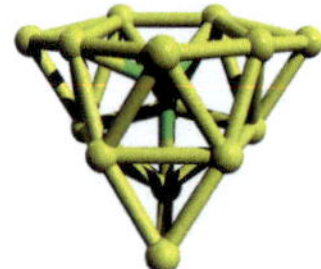 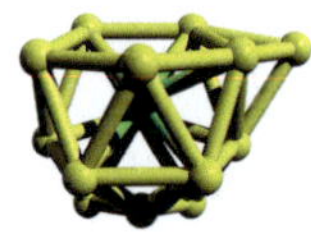 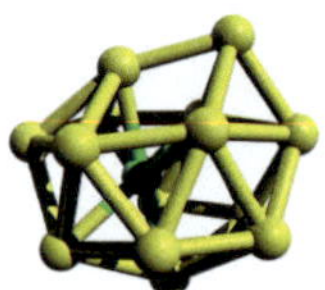

1. C_s, 0,00 eV, R_w = 7,3%   2. C_1, 0,03 eV, R_w = 5,9%   **3. C_1, 0,20 eV, R_w = 7,1%**

Abbildung 36: Die energetisch günstigsten Isomere von $Au_{14}Ni^-$ mit Symmetrien, relativen Energien und R_w-Werten. Die fett markierten Isomere sind für die Interpretation der Beugungsdaten am besten geeignet.

Geöffnete Isomere (1 und 2) werden von *ab initio*-Rechnungen als günstiger vorhergesagt. Die beste Anpassung für eine einzelne Modellstruktur wird mit Isomer (2) erreicht, das +0,03 eV über dem globalen Minimum zu finden ist und einen R_w-Wert von 5,9% liefert. Das in den analogen Eisen- und Cobaltclustern gefundene „lose" ikosaedrische Isomer (3) kann als alleiniger Bestandteil im Beugungsexperiment mit einer R_w-Anpassung von 7,1% ausgeschlossen werden, zumal die DFT-Rechnungen eine +0,20 eV höhere Energie als die günstigste Struktur ergeben. In Form einer Mischung (50:50) mit einem Bindungsmotiv der kompakten Klasse (genauer: Isomer 1), ergibt sich eine signifikante Verbesserung des R_w-Wertes zu 4,4% (siehe Abbildung 37). Die Modellierung einer aus derselben Verbindungsklasse zusammengesetzten Clusterionenwolke (Isomere 1 und 2) führt zu keiner Verkleinerung des R_w-Werts.

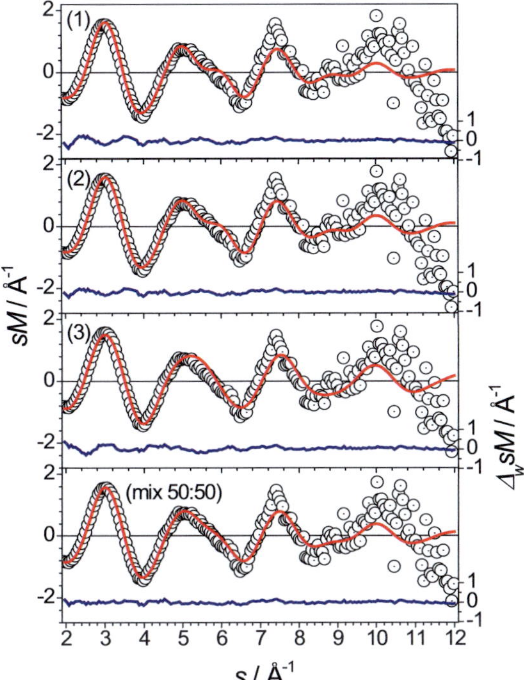

Abbildung 37: Experimentelle sM^{exp}-Funktion (schwarze offene Kreise) und theoretische sM^{theo}-Funktion (rote Linie) der Isomere 1, 2 und 3 von $Au_{14}Ni^-$ sowie von einer Mischung (50:50). Die blaue Linie entspricht der gewichteten Abweichung $\Delta_w sM$.

$Au_{13}Ni^-$

Im Energieintervall bis $+0{,}20\,\text{eV}$ finden sich kompakt ikosaedrische (1), flach-dreidimensionale (2) und kuboktaedrische Isomere (3) (siehe Abbildung 38).

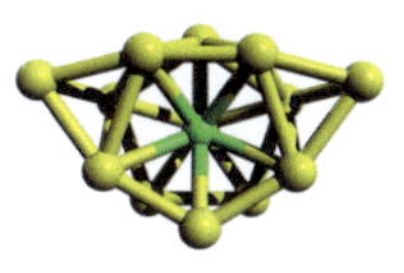 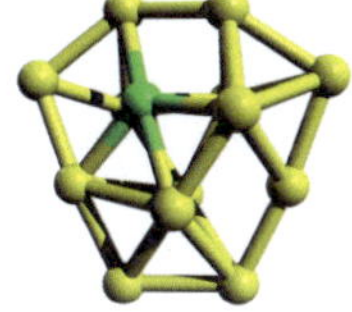 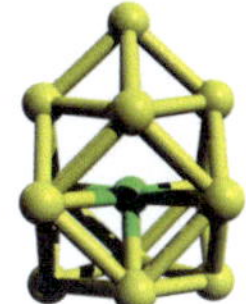

1. C_s, 0,00 eV, $R_w = 5{,}2\%$ 2. C_1, 0,12 eV, $R_w = 9{,}1\%$ 3. C_{4v}, 0,13 eV, $R_w = 11{,}9\%$

Abbildung 38: Die energetisch günstigsten Isomere von $Au_{13}Ni^-$ mit Symmetrien, relativen Energien und R_w-Werten. Das fett markierte Isomer kann zugeordnet werden.

Der berechnete Grundzustand – eine offene Struktur mit zwei niedrig koordinierten Goldadatomen – ergibt mit 5,2% den niedrigsten R_w-Wert und hebt sich deutlich von den anderen Strukturmotiven ab. In Abbildung 39 ist eine entsprechende Anpassung der sM^{theo}-Funktion dieses Isomers gezeigt.

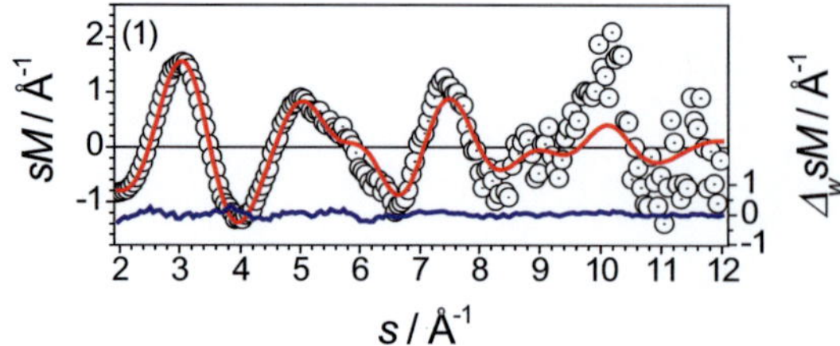

Abbildung 39: Experimentelle sM^{exp}-Funktion (schwarze offene Kreise) und theoretische sM^{theo}-Funktion (rote Linie) des Isomers 1 von Au$_{13}$Ni$^-$. Die blaue Linie entspricht der gewichteten Abweichung $\Delta_w sM$.

5.1.3 Zusammenfassung und Diskussion

Die mit einem Fremdatom (Fe, Co, Ni) magnetisch dotierten Goldclusteranionen aus 12 bis 15 Atomen wurden mit Hilfe von Elektronenbeugung und Dichtefunktionaltheorie kombiniert mit einem genetischen Algorithmus ergründet. Die *ab initio*-Rechnungen (TPSS, def2-TZVPP) ergeben eine große Strukturvielfalt in einem kleinen Energiebereich (kleiner +0,20 eV) über der für Null Kelvin berechneten Gleichgewichtsstruktur. Die gefundenen Clusterstrukturen unterscheiden sich von denen reiner Goldcluster im gewählten Größenbereich.[108,109] Die auftretenden Bindungsmotive sind vier verschiedenen Klassen (mit Unterklassen) zuordenbar: ikosaedrisch (kompakt und „lose"), dekaedrisch, kuboktaedrisch und flach-dreidimensional. Varianten von geschlossenen, das Fremdatom vollständig einkapselnden, wie auch von offenen Strukturen mit Adatomen, in denen die Koordinationssphäre des magnetischen Elements nicht gesättigt erscheint, wurden bei der Struktursuche festgestellt. Mit Ausnahme flacher (energetisch weniger günstiger) Strukturen, in denen Eisen-, Cobalt- und Nickelatome ein Teil der Clusteroberfläche bilden, treten ausschließlich (endohedrale) Käfigstrukturen auf. DFT-Rechnungen können wegen der geringen Energieunterschiede nicht alleinig die Strukturzuordnung sicher begründen.

Abbildung 40 zeigt Strukturen verschiedener untersuchter Cluster welche geeignete Modelle zur Erklärung der Beugungsexperimente darstellen (beste Anpassungsfähigkeit der sM^{theo}-Funktion). Auch wenn nicht für jeden Einzelfall die Relevanz eines weiteren Isomers ausgeschlossen werden kann, so zeichnet sich folgender Einfluss des dotierenden Elements ab: Bei abnehmender Anzahl an Goldatomen tritt ein Bindungsmotivwechsel von einer „lose" ikosaedrischen Koordination hin zu offenen Strukturen ein. Abhängig vom dotierenden Element existiert eine kritische Größe für die Öffnung endohedraler Käfigstrukturen. Diese liegt bei größeren Werten von n vor als geometrische Überlegungen erwarten ließen, da stets Adatome oder weiter außen stehende Atome entfernbar erscheinen. Für die Cluster liegen experimentell an der kritischen Größe vermutlich mehr als eine isomere Struktur in einem vergleichbaren Verhältnis (50:50) vor oder sie sind eventuell wie im Fall von Fe@Au$_{12}^-$ vom zuvor dominierenden Strukturmotiv signifikant verzerrt.

Der größte untersuchte Cluster (15 Goldatome) zeigt unabhängig vom Dotand die gleiche Struktur. Der Goldkäfig kann durch zwei um 90° gedrehte übereinander liegende Sechsringe mit einem bzw. zwei Kappenatomen beschrieben werden. Entfernt man weiter Goldatome, so führt dies zunächst zu einer hierzu ähnlichen Struktur, die auf der einfach überkappten Seite einen Fünfring bildet und im Folgenden zu einem Kuboktaeder mit Adatom (Fe, Co) oder alternativ einer kompakten offenen ikosaedrischen Struktur (Ni) übergeht.

Erfolgreiches endohedrales Dotieren des Au_{16}^--Käfigs mit Fe, Co und Ni ist bereits experimentell nachgewiesen.[16] Von diesen Fällen führte insbesondere Nickel zu einem signifikant verzerrten Käfig, was mit einer starken Ni-3d-Wechselwirkung mit dem umgebenden Goldkäfig erklärt wurde. Weiter wurde für diesen Fall geringe Spinmultiplizität ($M = 2$) berichtet, wohingegen die Elemente Fe und Co hohe am Fremdatom lokalisierte Spinzustände ($M = 6$ bzw. 5) aufwiesen und ihre magnetischen Eigenschaften weitgehend beibehielten.

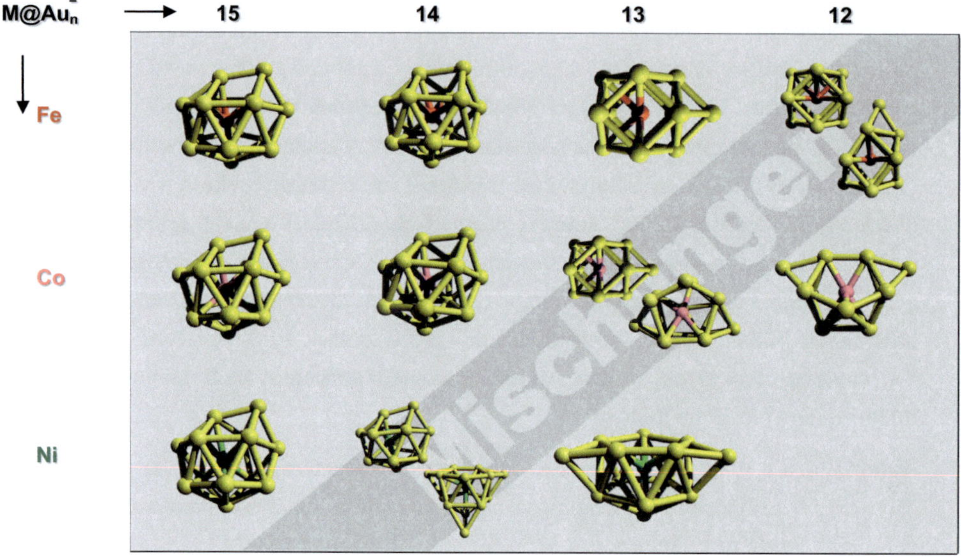

Abbildung 40: Übersicht der zugeordneten Strukturen für kleine magnetisch dotierte Goldcluster, M@Au$_n^-$ (M = Fe, Co, Ni; n = 12–15).

Die in dieser Arbeit für alle drei Elemente (Fe, Co, Ni) ermittelte Struktur mit 15 Goldatomen lässt sich aus der bekannten Struktur von $NiAu_{16}^-$ durch Entfernen eines einzelnen leicht „abstehenden" Atoms ableiten. Die berechneten Spinmultiplizitäten M sind stets klein ($M = 2$ bzw. 3) und am Fremdatom lokalisiert, was eine starke Wechselwirkung von 3d-Schale und Goldkäfig nahe legt. Die Käfigstruktur entspricht damit nicht mehr dem Bild eines isolierten magnetischen Atoms in einem etwas zu großen stabilen Käfig, wie es im Falle der Dotierung des Au_{16}^--Clusters mit den Elementen Fe, Co[75] sowie den nichtmagnetischen Elementen Cu[110] und Zn[111] gezeichnet wurde.

Die Unterschiede der gefüllten Käfigstrukturen sind für die drei dotierten Elemente gering. Deutlicher werden sie in Abbildung 41 durch die Darstellung eines Teils der Paarverteilungsfunktion – genauer: der Abstände zwischen Fremdatom und Goldatomen. Das Strukturmotiv ist für die Cluster aus 15 Goldatomen vergleichbar, jedoch zeigt die Verteilung der C_s-Eisenstruktur eine einfachere Form verglichen mit den Cobalt- und

Nickelhomologen. Das spricht für eine mittige Platzierung des Eisenatoms im Käfig, wohingegen die anderen Elemente zu einer Käfigseite neigen dürften. Ein ähnliches Verhalten ist für den nächstkleineren Käfig festzustellen. Für die Fälle Fe und Co verschwinden größere Abstände und die Abstandsverteilung verlagert sich hin zu kürzeren Bindungslängen. Dies ist konsistent mit dem Bild eines Käfigs, der durch Entfernen eines Goldatoms, das Teil der Käfighülle war, schrumpft.

Anhand der Goldcluster mit 13 Atomen zeigt sich der Wechsel des Bindungsmotivs von Kuboktaeders (O_h) zu Ikosaeder (I_h): Verglichen mit einer losen ikosaedrischen Koordination der größeren Cluster werden die Strukturen kompakter, was zu einer klaren Verteilung der Abstände bei 2,65Å (Ni) bzw. 2,75Å (Fe) führt. Der Kuboktaeder stellt die voluminösere Koordination von zwölf Atomen (Koordinationszahl 12) dar. Das im Fall von Nickel verwirklichte (offene) Ikosaeder führt zu kürzeren Bindungslängen. Die Cobaltisomere offenbaren mit dem auftauchenden offenen Strukturmotiv ein hybrides Verhalten: Es zeigt sich im Vergleich zu Eisen der Trend zu kürzeren Abständen zwischen Cobalt- und Goldatomen hin zur Nickelstruktur.

In einem einfachen Modell (Fall 1) darf aufgrund des stark elektronegativen Charakters von Gold (EN = 2,54) im Vergleich zu den dotierenden Elementen Eisen (EN = 1,83),

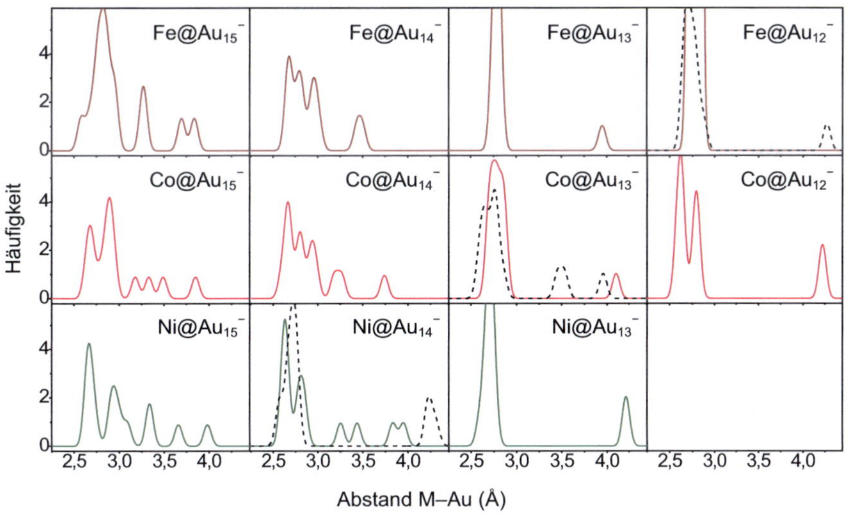

Abbildung 41: Gaußförmig verbreiterte Abstandsverteilung (σ = 0,03Å) der M–Au-Bindungen der zugeordneten Strukturen für kleine magnetisch dotierte Goldcluster, M@Au$_n^-$ (M = Fe, Co, Ni; n = 12–15). Bei vorgefundenen Mischungen entspricht die schwarze gestrichelte Kurve der geöffneten Struktur.

Cobalt (EN = 1,88) und Nickel (EN = 1,91) eine polarisierte Bindung zwischen Käfigatomen und Dotand angenommen werden.[112] In diesem Fall kann man versuchen die beiden Koordinationspolyeder Ikosaeder und Kuboktaeder näherungsweise mit Hilfe der Konzepte des Kristall- und Ligandenfeldes zu beschreiben. Dabei kann im Symmetriefall O_h eine Aufhebung der d-Entartung in t_{2g}- und e_g-Orbitalen beobachtet werden. Eine d^6-Besetzung (Eisen) führt in einem starken Ligandenfeld zu einer begünstigten *low-spin* Besetzung. Weitere Elektronen (Cobalt d^7, Nickel d^8) wirken destabilisierend. In einem anderen einfachen Modell (Fall 2) führt ein (sphärisches) ikosaedrisches Ligandenfeld in erster Näherung zu keiner Aufhebung der d-Entartung (fünf h_g-Orbitale). Hier zeigt sich lediglich bis zu einer Besetzung mit fünf Elektronen eine stabilisierende Tendenz. Die angetroffene Nickel-Käfigstruktur weist aber eine Koordinationslücke auf, wodurch sich die d_{z^2}-Symmetrie gegenüber den vier übrigen d-Orbitalen energetisch verschiebt. Eine d^8-Konfiguration entspricht nun einer *low-spin* Besetzung:

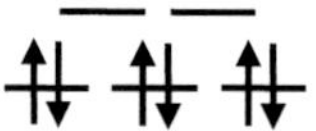
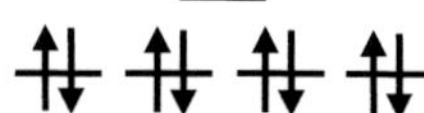

Kuboktaeder (O_h), Fe d^6 Ikosaeder (I_h) mit Leerstelle, Ni d^8

Ein weiterer, simplifizierter Erklärungsversuch kann mit Hilfe der aus Komplexverbindungen bekannten Ionenradien geführt werden. Wie der Tabelle 2 zu entnehmen ist, verkleinern sich die Radien der Elemente sowohl mit der Anzahl der an den Ligand bzw. den Käfig abgegeben Elektronen wie auch innerhalb der homologen Reihe der 3d-Elemente. Die Konfigurationen *high-spin* und *low-spin* führen zu einer weiteren wichtigen Entscheidungsgröße für den Ionenradius. Für ein größeres Eisenion, das einige Elektronen an den Goldkäfig transferiert hat, stellt der (voluminösere) Kuboktaeder demnach die attraktivere Koordinationsform gegenüber dem Ikosaeder dar. Dieser wiederum erscheint günstiger für ein kleineres Nickelion.

Tabelle 2: Ionenradien in oktaedrischen Komplexen in Abhängigkeit vom formalen Ladungszustand (in pm). Bei zwei Angaben entsprechen die Werte Radien in *high-spin* bzw. *low-spin* Komplexen.[113]

	Fe	Co	Ni
2+	78 / 62	74,5 / 65	69 / 49
3+	–	61 / 54,5	60 / 56
4+	–	–	48

Beide Erklärungsversuche beschreiben die komplexe elektronische Struktur dieser Cluster stark vereinfachend. Sie können lediglich als qualitative Arbeitsmodelle für Chemiker dienen. Die an den $3d$-Atomen lokalisierten Spindichten (auch wenn sie gering ausfallen) sind als Hinweis zu werten, dass mindestens noch s-Elektronenanteile berücksichtigt werden müssten. Ebenso erklären sie nicht das Auftreten von Isomerengemischen bei einzelnen Größen. Dieser Befund legt aber nahe, dass die realen Energiedifferenzen der zeitgleich unter gleichen experimentellen Bedingungen gefundenen Isomere bei einer Temperatur von $T = 95K$ klein sind. Die ohne Berücksichtigung aller relativistischen Effekte durchgeführten DFT-Rechnungen (vernachlässigt wurde die Spin-Bahn-Kopplung), ergeben relative Energien von +0,05 eV, +0,11 eV und +0,20 eV ($Au_{15}Fe^-$-, $Au_{13}Co^-$- und $Au_{14}Ni^-$-Isomere). Für Cobalt und Nickel treten diese Abweichungen bei Clustergemischen auf, die den Übergang zu einem anderen Koordinationsmotiv des Fremdatoms darstellen. Ähnliche Probleme der *ab initio*-Beschreibung bei Strukturübergängen sind z.B. für reine Goldcluster bekannt, die von planar nach dreidimensional wechseln.[108] Hier ist eine systematische Präferenz zu (111)-Flächen identifiziert, die die Clustergröße für den vorhergesagten Übergang beeinflusst. Unter den angefallenen Bindungsmotiven zeigt der Kuboktaeder mit quadratisch angeordneten Goldatomen auf den Seitenflächen deshalb eine ungewöhnliche Formation. Der Einfluss des Fremdatoms über seine wechselwirkenden d-Elektronen ist entscheidend für die Stabilisierung seiner Struktur.

5.2 Ladungsabhängige Strukturunterschiede von kleinen Bismutclustern

In der Gruppe 15 des Periodensystems finden sich Elemente mit sehr unterschiedlichen elektrischen, mechanischen und thermischen Eigenschaften: vom gasförmigen Stickstoff über den in gleicher Weise für das biologische Leben essentiellen Phosphor zu den Halbmetallen Arsen, Antimon und schließlich Bismut – das als eins der wenigen ungiftigen Schwermetalle mit dem größten elektrischen Widerstand unter den Metallen und der stärksten diamagnetischen Eigenschaft von besonderem technischen Interesse ist. Unter Normalbedingungen liegt es in einer rhomboedrischen Schichtstruktur vor (α-Bismut), wobei neben drei nächsten Nachbarn in den anknüpfenden Schichten drei weitere Nachbarn mit einer um 15% verlängerten Bindung hinzukommen (siehe Abbildung 42). Unter hohen Drücken (9 GPa) ändert sich die Struktur zu einem kubisch raumzentrierten Kristallgitter mit acht gleichen Bindungsnachbarn. Allotrope Festkörperverbindungen, die sich aus tetrameren Untereinheiten aufbauen, sind für P_4 (weißer Phosphor) sowie As_4 (gelbes Arsen) bekannt.[114] Bismut bildet ausschließlich in Gasphase (Bismutdampf) Dimere (Bi_2) und Tetramere (Bi_4).

In jüngster Zeit rückten zunehmend Bismutnanostrukturen (Nanodrähte, Nanoröhrchen und Nanolinien) in den Forschungsfokus.[115] Aufgrund ihrer ungewöhnlichen elektronischen Eigenschaften sind Quantenoszillationen in diesen Systemen von Interesse:[116] Gegenüber einem typischen Metall wie Kupfer, in dem auch nahe Null Kelvin noch ca. ein Elektron pro Atom mobil ist, bildet sich in dem halbmetallischen Bismut ein Dirac-Elektronengas, wobei lediglich auf ca. jedes 10^5-te Bismutatom ein mobiles Elektron

Abbildung 42: Gediegener Bismutkristall mit typischer spiralförmiger treppenstufenartiger Struktur. Ursache ist eine höhere Wachstumsrate der äußeren Kanten. Die natürliche Häufigkeit des Elements (Erdkruste) ist ca. doppelt so groß wie die von Gold. Exponat des Tylersmuseum, Haarlem (Niederlande).

kommt. Das Anlegen moderater magnetischer Felder entlang einer geeigneten Richtung zum Festkörper kann bis zum Quantenlimit führen, wobei alle Landauniveaus die Fermioberfläche durchdringen. Bis hierhin führt die Variation des Magnetfelds zu einem Oszillieren der physikalischen Eigenschaften. Das Untersuchen der Bindungseigenschaften in kleinen Bismutclustern kann zum grundsätzlichen Verständnis dieser Phänomene beitragen und ist von besonderem Interesse.

Bisher wurde in Hinblick auf die strukturelle Entwicklung kleiner neutraler und ionischer Bismutcluster aus einer Laserverdampfungsquelle massenspektroskopisch nach Photofragmentation experimentiert.[117,118] Dabei konnten u.a. „magische Peaks" und Ähnlichkeiten zu Antimon (+/0) festgestellt werden, sowie ein abruptes Wachstumsende der neutralen Cluster bei Bi_5. Photoelektronenspektren kleiner Bismutclusteranionen $(Bi_2^- - Bi_4^-)$[119] wurden Ende der 1990er Jahre von Gause *et al.* bis Bi_{21}^-[120] erweitert, wobei die adiabatischen Elektronenaffinitäten der Cluster $n = 2-21$ bestimmt und mit DFT-Rechnungen für $n = 2-5$ verglichen werden konnten. Die Untersuchung magnetischer Eigenschaften durch Stern-Gerlach-Experimente von neutralen Bismutclusten $(n = 2-20)$ bei tiefen Temperaturen zeigte stark paramagnetische Ablenkungen der ungeraden Clustergrößen.[121] *Ab initio*-Untersuchungen wurden v.a. für kleine geladene Systeme $(n \leq 6)$ durchgeführt.[122–127] Dabei sind strukturelle Ähnlichkeiten zu den besser bekannten leichten Elementen der Gruppe 15 auffällig: Phosphor[128–131], Arsen[126,132–135] und Antimon[135,136]. Größere neutrale und kationische Bismutcluster wurden bis $n = 24$ Atome kürzlich von Gao[137], Zhang[138] und Yuan[138,139] untersucht.

Die Messungen der Bismutclusterstreubilder schließen die Lücke zu vorliegenden experimentellen Strukturuntersuchungen: Von Lechtken *et al.* durchgeführte Elektronenbeugungsexperimente an Bismutclusteranionen mit 16–20 Atomen[13] sowie Ionenmobilitätsmessungen (IMS) von Kelting *et al.*[140] bis Bi_7^- bzw. Bi_{14}^+ werden komplettiert. Der Einfluss des Ladungszustands auf die Gleichgewichtsstruktur des Clusters wird im untersuchten Größenbereich bewertbar. Die Modellstrukturen entstammen DFT-Rechnungen (globale Minimumsuche mit genetischem Algorithmus, TPSS[81]/def2-SVP[141,142]) von Christian Neiss (für Anionen) und Alexander Baldes (für Kationen). Die aufgefundenen Strukturen wurden unter Verwendung des TPSS-Funktionals und den Basissätzen def2-TZVPP[141] (Anionen) bzw. dhf-TZVP-2c[143] (Kationen) relaxiert. Die Berücksichtigung relativistischer Spin-Bahn-Kopplungen führen wie am Ende dieses Kapitel diskutiert zu signifikanten Verschiebungen der relativen Energien. Siehe zur Größe dieser Einflüsse in Bismutclustern auch:[144].

5.2.1 Massenspektren

Die Dampfphase von Bismut ist von Tetrameren Bi_4 dominiert, wobei ebenso Dimere Bi_2 beobachtet werden können. Diese Besonderheit ist bei der Interpretation der Flugzeitmassenspektren von Bismutclustern zu berücksichtigen. Neben dem typischen atomaren Clusterwachstum ist die Addition von kleinen Bismutmolekülen an den Cluster möglich (siehe Abbildung 43). Die generierten geladenen Bismutcluster zeigen einige Besonderheiten: Anionische wie auch kationische Spezies weisen Clustergrößen auf, die signifikant die Intensität von Nachbarclustern übertreffen. Insbesondere der Cluster $Bi_{10}^{-/+}$ zeigt eine hohe relative Häufigkeit und markiert zugleich den Übergang zu weniger intensiven Clustergrößen, die keine „magischen Peaks" mehr aufweisen.

Wie in früheren Massenspektroskopiearbeiten unter Verwendung einer Laserverdampfungsquelle gezeigt, dominiert bei negativem Ladungszustand das Dimer Bi_2^- das Spektrum gegenüber dem einfach geladenen Atom Bi_1^- (hier nicht sichtbar); das Tetramer Bi_4^- hingegen zeigt eine verminderte relative Häufigkeit sowie thermodynamische Stabilität.[117] Eine reduzierte Intensität ist im vorliegenden Massenspektrum für den Cluster Bi_9^- auffällig. Die kationischen Verbindungen Bi_3^+, Bi_5^+ und Bi_7^+ zeigten bereits eine besondere Stabilität.[145] Letzteres kann mit Hilfe der Wade-Mingos-Rudolph-Regeln[146] erklärt werden. Eine weitere Gültigkeit über Cluster mit zehn Atomen hinaus kann nicht festgestellt werden und wird im Folgenden anhand der gefundenen Strukturen verständlich.

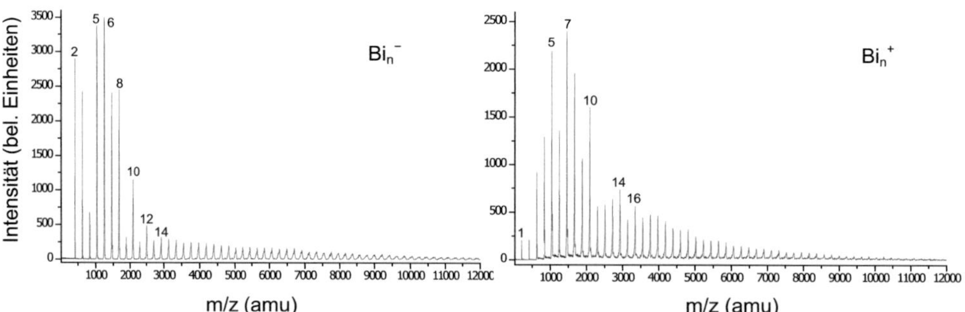

Abbildung 43: Flugzeitmassenspektrum anionischer und kationischer Bismutcluster mit dominierenden Clustergrößen.

5.2.2 Strukturen von Bismutclusteranionen Bi_n^- ($8 \leq n \leq 15$)

Bi_8^-

1. C_s, 0,00 eV, R_w = 8,2%   2. C_s, 0,08 eV, R_w = 16,2%   3. C_2, 0,14 eV, R_w = 43,8%

Abbildung 44: Die energetisch günstigsten Isomere[iii] von Bi_8^- mit Symmetrien, relativen Energien und R_w-Werten. Das fett markierte Isomer kann zugeordnet werden.

Bi_8^- ist im Sinne der Atomanzahl der kleinste bisher mit Elektronenbeugung untersuchte Metallcluster. Infolge der geringen Anzahl an Atomen ist die Paarverteilungsfunktion (PDF) einfacher und das Anpassungsverhalten sensibler auf das Auftreten stark unterschiedlicher Bindungsabstände. Die niederenergetische Struktur (1) wurde unter Verwendung von Dichtefunktionaltheorie bereits für den neutralen und anionischen Cluster vorgeschlagen. Die Symmetrie von Bi_8^- wurde mit C_{2v}[147], die des neutralen Bi_8-Clusters mit C_{2v}[147] bzw. C_1[139] vorhergesagt. Die gefundene Struktur besitzt eine Spiegelebene und gehört in die C_s-Punktgruppe (siehe Abbildung 44, Spiegelebene liegt in Darstellungsebene). Sie baut sich aus einem Pentagon (linke Hälfte) und einem kantenverknüpften Quadrat auf, die beide über ein weiteres Atom verbrückend verbunden sind (Cunean). Somit werden auf der Oberfläche der Struktur insgesamt drei Fünfring- und eine fünfringähnliche Anordnungen (Quadrat mit kantenverknüpftem Dreieck) gebildet. Im Rahmen der einkomponentigen DFT-Rechnung, welche die relativistische Spin-Bahn-Wechselwirkungen und damit einhergehende z.T. starke Verschiebungen den relativen Energien unberücksichtigt lässt (siehe folgender Abschnitt 5.2.3), verkörpert sie die Gleichgewichtsstruktur bei null Kelvin und bietet die beste Übereinstimmung mit dem Experiment (R_w = 8,2%). In Abbildung 45 ist die Anpassung von Isomer (1) sowie einer zweiten +0,08 eV energetisch höherliegenden Struktur (Isomer 2) dargestellt. Neben der charakteristischen Bi_8-Einheit bildet hier, wie im Folgenden frequent auftretend, ein zweites außergewöhnlich stabiles Bi_7-Fragment das Grundgerüst. Während die Bi_8-Einheit aus zwei kantenverknüpften Pentagonen aufgebaut werden kann, haben in der Bi_7-Einheit die Pentagone eine zweite Kante gemeinsam. Aufgrund der großen R_w-Werte (>16%) kann das Bi_7-Isomer (2) sowie ein drittes +0,14 eV höher liegendes Iso-

---

[iii] Bindungen dieser Darstellungen sind bei Atomabständen bis 3,40Å gesetzt (längste Bindung zu einem Nachbaratom im Festkörperkristall). Nahe gelegene Nachbarn sind bis zu einem Abstand von 3,80Å durch gestrichelte Linien angedeutet.

mer (3) ausgeschlossen werden. Letzteres stellt ein Dimer von Tetrameren dar, welche
für sich ebenso eine stabile Substruktur in vielen folgenden Kandidatstrukturen darstellt.

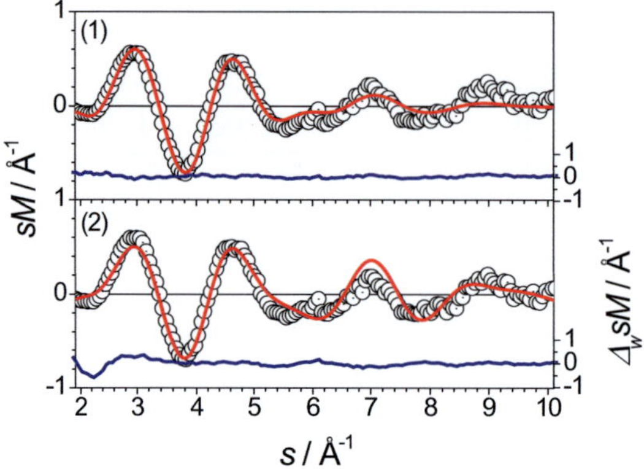

Abbildung 45: Experimentelle sM^{exp}-Funktion (schwarze offene Kreise) und theoretische sM^{theo}-Funktion (rote Linie) der Isomere 1 und 2 von Bi_8^-. Die blaue Linie entspricht der gewichteten Abweichung $\Delta_w sM$.

Bi_9^-

1. C_{2v}, 0,00 eV, $R_w = 37,7\%$ **2. C_s, 0,18 eV, $R_w = 6,3\%$**   3. C_s, 0,20 eV, $R_w = 23,5\%$

Abbildung 46: Die energetisch günstigsten Isomere von Bi_9^- mit Symmetrien, relativen Energien und R_w-Werten. Das fett markierte Isomer kann zugeordnet werden.

Für den Cluster Bi_9^- wurden wie in Abbildung 46 ersichtlich zwei verschiedene Strukturtypen gefunden. Die DFT-Rechnungen favorisieren ein C_{2v}-Isomer (1), das keine der oben erwähnten Untereinheiten ausweist. Es kann aufgrund der schlechten Übereinstimmung mit der experimentellen molekularen Beugungsintensität ($R_w = 37,7\%$) ausgeschlossen werden. Stattdessen kann mit einem R_w-Wert von 6,3% eindeutig eine Variation der Bi_8-Einheit mit einem Adatom zugeordnet werden (Isomer 2, siehe Abbildung 47). Das Adatom bildet dabei mit drei weiteren Atomen der Bi_8-Einheit eine Tetraedereinheit, die leicht aufgeweitet ist. Im Falle von Isomer (3) ist dieser Winkel deutlich gespreizt und führt zu einer leicht höheren elektronischen Energie (+0,20 eV) und einem deutlich größeren R_w-Wert (23,5%).

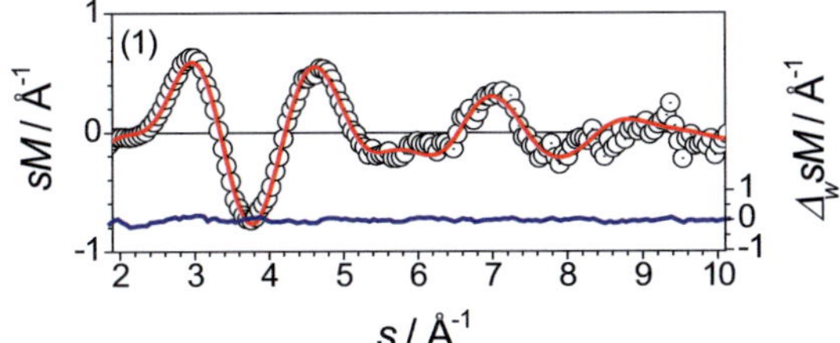

Abbildung 47: Experimentelle sM^{exp}-Funktion (schwarze offene Kreise) und theoretische sM^{theo}-Funktion (rote Linie) des Isomers 1 von Bi_9^-. Die blaue Linie entspricht der gewichteten Abweichung $\Delta_w sM$.

Bi_{10}^-

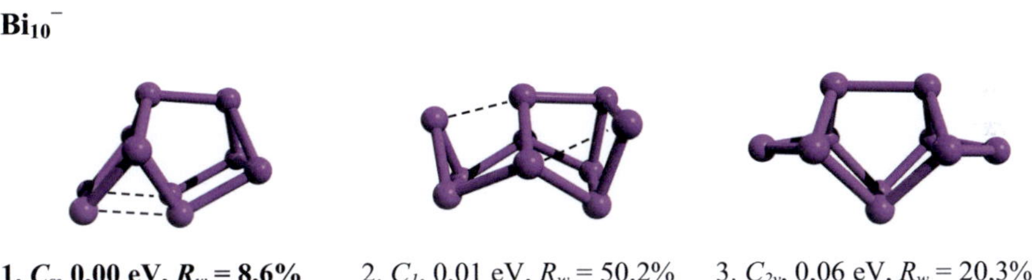

1. C_s, 0,00 eV, R_w = 8,6%   2. C_1, 0,01 eV, R_w = 50,2%   3. C_{2v}, 0,06 eV, R_w = 20,3%

Abbildung 48: Die energetisch günstigsten Isomere von Bi_{10}^- mit Symmetrien, relativen Energien und R_w-Werten. Das fett markierte Isomer kann zugeordnet werden.

Die Addition eines weiteren Atoms führt zu den in Abbildung 48 dargestellten Strukturen von Bi_{10}^-. Dabei stabilisieren sich die zwei gefundenen Bi_8-Isomere (1) und (3) gegenüber Isomer (2) im Vergleich zu den Isomeren des Bi_9^--Clusters. Isomer (2) ist nahezu isoenergetisch mit dem berechneten Grundzustand (Isomer 1). Dieser liefert die beste Übereinstimmung mit den experimentellen Daten (R_w = 8,6%, siehe Abbildung 49). Das zusätzliche Atom bildet mit der in Bi_9^- an dieser Stelle sitzenden Tetramereinheit ein leicht verzerrtes Pentagon. Die Variante einer symmetrisch angeordneten zweiten Tetramereinheit (Isomer 3) ist energetisch ungünstiger und aufgrund des größeren R_w-Werts (20,3%) unwahrscheinlich. Die Anpassung der Struktur (1) gelingt v.a. im Bereich s = 2–2,5$Å^{-1}$ unbefriedigend, was einen großen R_w-Wert zu Folge hat. Das Beimischen der beiden energetisch nahe liegenden Isomere (2) und (3) führt jedoch zu keiner Verbesserung des Fits. Es ist daher zu Mutmaßen, dass die einkomponentigen DFT-Rechnungen den Kippwinkel des neu gebildeten Pentagons in Struktur (1) nur unzureichend beschreiben. Der in Darstellung (1) nach unten geöffnete Winkel zwischen den beiden über drei Atome kantenverknüpfte Pentagone beträgt 70°. Die Erweiterung auf 75° durch Verschieben der zwei links angedockten Atome führt zu einer Reduzierung des R_w-Werts auf 5,6%. Einen ähnlichen Einfluss könnte vermutlich eine weiche Schwingungsmode an dieser Stelle haben.

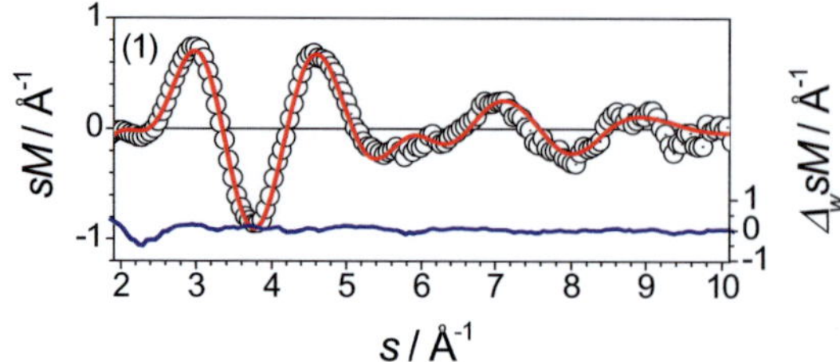

Abbildung 49: Experimentelle sM^{exp}-Funktion (schwarze offene Kreise) und theoretische sM^{theo}-Funktion (rote Linie) des Isomers 1 von Bi_{10}^-. Die blaue Linie entspricht der gewichteten Abweichung $\Delta_w sM$.

Bi_{11}^-

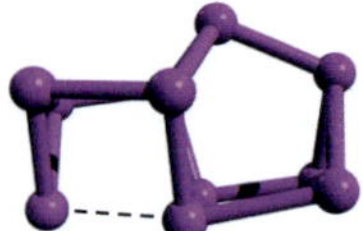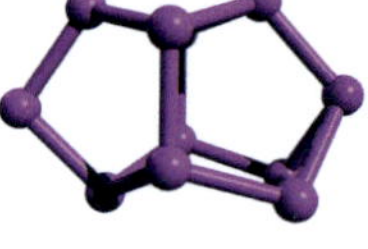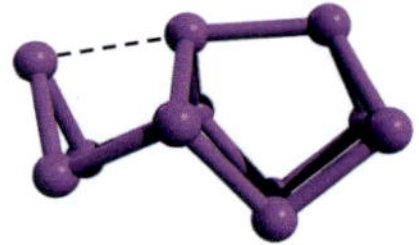

1. C_1, 0,00 eV, $R_w = 8,4\%$ 2. C_s, 0,05 eV, $R_w = 28,5\%$ 3. C_s, 0,12 eV, $R_w = 16,7\%$

Abbildung 50: Die energetisch günstigsten Isomere von Bi_{11}^- mit Symmetrien, relativen Energien und R_w-Werten. Das fett markierte Isomer kann zugeordnet werden.

Die für Bi_{11}^- gefundenen Strukturen sind in Abbildung 50 dargestellt. Wieder lassen sich zwei verschiedene Bindungsmotive erkennen. Die strukturellen Unterschiede fallen in diesem Fall jedoch geringer aus: Alle Isomere besitzen eine Bi_8-Subeinheit, an die drei weitere Bismutatome in Form eines Trimers binden. In Struktur (1) und (3) erfolgt eine parallele Anordnung einer dreieckigen Trimerstruktur. Aus dieser Strukturfamilie stammt der berechnete Grundzustand, der mit einem R_w-Wert von 8,4% die beste Übereinstimmung mit dem Experiment liefert und zugeordnet werden kann (siehe Abbildung 51). 0,12 eV höher findet man eine Variante (Isomer 3), bei der das Trimer nicht auf einer Viereck-, sondern auf einer Dreiecksfläche bindet. Der experimentelle Kontrast ist mit einem etwa doppelt so großen R_w-Wert ausreichend, um diese Struktur auszuschließen. Die alternative Trimerbindung in Form einer Kette ist in Struktur (2) realisiert: Die Überbrückung vier quadratisch angeordneter Bismutatome führt zu einer mit dem Bi_8-Kern flächenverknüpften Bi_7-Untereinheit. Unter energetischen Gesichtspunkten ist diese Clusterstruktur günstig (+0,05 eV), sie ist jedoch aufgrund des hohen R_w-Werts

(28,5%) auszuschließen. Eine Beimischung der Isomere (2) und (3) zu Struktur (1) führt zu keiner Verbesserung des R_w-Werts.

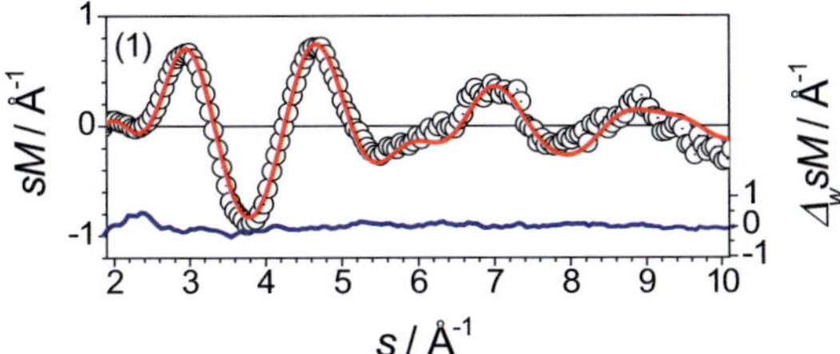

Abbildung 51: Experimentelle sM^{exp}-Funktion (schwarze offene Kreise) und theoretische sM^{theo}-Funktion (rote Linie) des Isomers 1 von Bi_{11}^-. Die blaue Linie entspricht der gewichteten Abweichung $\Delta_w sM$.

Bi_{12}^-

Abbildung 52 verdeutlicht, dass für den Cluster Bi_{12}^- mehrere isoenergetische Strukturen gefunden werden.

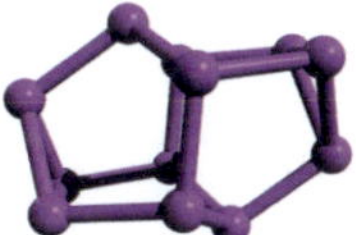  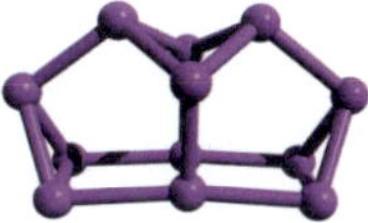

1. C_{2h}, 0,00 eV, $R_w = 35,0\%$ **2. C_1, 0,01 eV, $R_w = 7,0\%$**   3. C_{2v}, 0,01 eV, $R_w = 12,8\%$

Abbildung 52: Die energetisch günstigsten Isomere von Bi_{12}^- mit Symmetrien, relativen Energien und R_w-Werten. Das fett markierte Isomer kann zugeordnet werden.

In einem Energiebereich von +0,01 eV findet man mit Struktur (1) und Struktur (3) zwei Clusterstrukturen, die sich aus zwei flächenverknüpften Bi_8-Einheiten aufbauen. Dabei kann die Verbindung in zwei verschiedenen Orientierungen geschehen, sodass eine C_{2h}- oder eine C_{2v}-Symmetrie resultiert. Der berechnete Grundzustand (Isomer 1) ist dabei deutlich aufgrund seines R_w-Werts von seiner Pendantstruktur (3) abzugrenzen (35,0% gegenüber 12,8%). Eine Strukturzuordnung ist mit dem +0,01 eV höher liegenden Isomer (2) möglich ($R_w = 7,0\%$, siehe Abbildung 53). Man erhält die Struktur aus der für Bi_{11}^- gefundenen durch Addieren eines einzelnen Atoms, sodass eine Tetrameruntereinheit ausgebildet wird (siehe ebenso die Bildung von Bi_9^- aus Bi_8^-). Aufgrund der geringen Energieunterschiede ist es naheliegend, dass Mischungen mehrerer Strukturen zu berücksichtigen sind. Hiermit ist jedoch keine signifikante Verbesserung des R_w-Wertes zu erreichen.

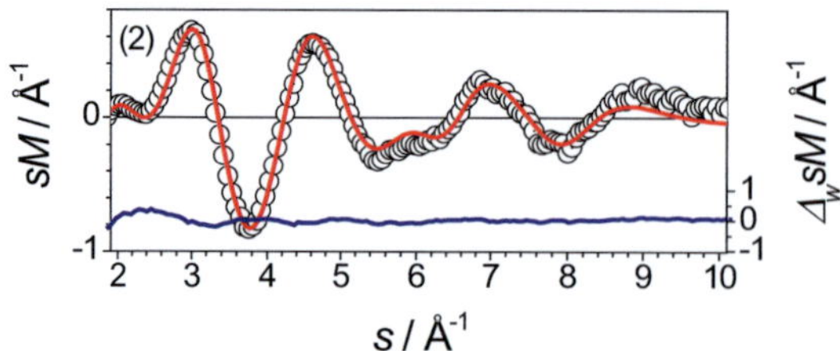

Abbildung 53: Experimentelle sM^{exp}-Funktion (schwarze offene Kreise) und theoretische sM^{theo}-Funktion (rote Linie) des Isomers 2 von Bi_{12}^{-}. Die blaue Linie entspricht der gewichteten Abweichung $\Delta_w sM$.

Bi_{13}^{-}

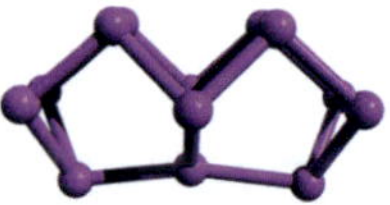  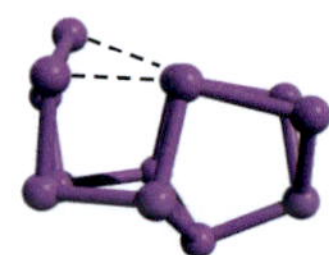

1. C_{2v}, 0,00 eV, R_w = 11,3%   2. C_s, 0,34 eV, R_w = 9,1%   **3. C_1, 0,42 eV, R_w = 3,7%**

Abbildung 54: Die energetisch günstigsten Isomere von Bi_{13}^{-} mit Symmetrien, relativen Energien und R_w-Werten. Das fett markierte Isomer kann zugeordnet werden.

Die in Abbildung 54 gezeigten Strukturen von Bi_{13}^{-} weisen eine hohe strukturelle Ähnlichkeit auf. Das Grundgerüst bildet eine Bi_8-Einheit, an die vier quadratisch angeordnete Bismutatome binden. In der relativen Orientierung unterscheidet sich hier Isomer (1) und (2) von Isomer (3). Ebenso die Ausrichtung des dreizehnten Atoms erfolgt daran anknüpfend entweder der Bi_8-Einheit zugewandt (Isomer 1 und 3) oder abgewandt (Isomer 2). Die energetisch günstige Anordnung bildet die (dreiecks-)flächenverknüpfte Struktur aus zwei Bi_8-Einheiten (Isomer 1). Sie liefert einen R_w-Wert von 11,3%. Die Anpassung der theoretischen molekularen Beugungsintensität sM^{theo} gelingt insbesondere im Bereich s = 2–2,5Å^{-1} schlecht (siehe Abbildung 55). Struktur (2) liegt in der einkomponentigen DFT-Rechnung schon +0,34 eV über Struktur (1), und ergibt einen R_w-Wert von 9,1%. Die Anpassung zeigt jedoch ebenso schlechte Übereinstimmungen im Bereich s = 2–5Å^{-1}. Eine Strukturzuordnung gelingt mit Isomer (3). Hier erhält man einen R_w-Wert von 3,7%. Aufgrund der hohen relativen Energie von +0,42 eV ist zu vermuten, dass in diesem Fall relativistische Effekte aufgrund von Spin-Bahn-Kopplung, die im einkomponentigen DFT keine Berücksichtigung finden, eine signifikante Rolle spielen (s.o.). Vergleichende Rechnungen wurden für kationische Bismutcluster durchgeführt und führten im Falle von Bi_7^+ zu einer maximalen Stabilisierung von -0,65 eV (siehe Abschnitt 5.2.4).

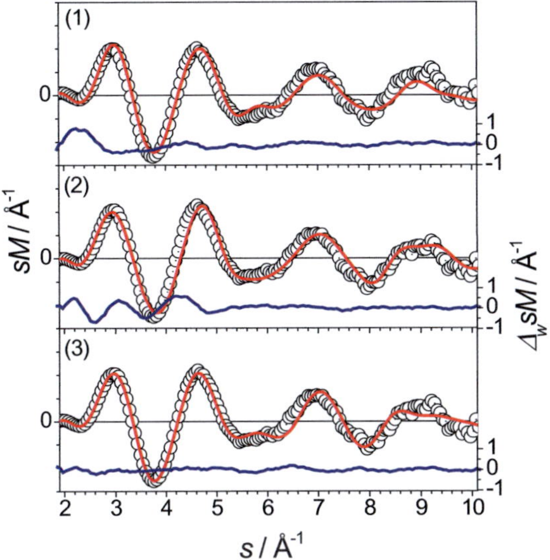

Abbildung 55: Experimentelle sM^{exp}-Funktion (schwarze offene Kreise) und theoretische sM^{theo}-Funktion (rote Linie) der Isomere 1, 2 und 3 von Bi_{13}^-. Die blaue Linie entspricht der gewichteten Abweichung $\Delta_w sM$.

Bi_{14}^-

1. C_1, 0,00 eV, R_w = 4,7%   2. C_s, 0,01 eV, R_w = 11,6%   3. C_1, 0,29 eV, R_w = 18,9%

Abbildung 56: Die energetisch günstigsten Isomere von Bi_{14}^- mit Symmetrien, relativen Energien und R_w-Werten. Das fett markierte Isomer kann zugeordnet werden.

Die für Bi_{14}^- gefundenen Strukturen (siehe Abbildung 56) besitzen prolate Geometrien aus mindestens einer Bi_8-Einheit. Im Falle der isoenergetischen Isomere (1) und (2) liegen zwei verschmolzene Bi_8-Einheiten vor, wobei ein zusätzliches Adatom seitlich bindet, und eine lokale Tetramereinheit bildet. Die Orientierung der beiden Bi_8-Einheiten führt wie im Falle von Bi_{12}^- zu verschiedenen Isomeren. Der energetische Grundzustand (Isomer 1) kann der experimentell untersuchten Clusterstruktur zugeordnet werden (siehe Abbildung 57). Der sich ergebende R_w-Wert von 4,7% ist signifikant kleiner als der der Isomere (2) und (3) mit 11,6% und 18,9%. Das gefundene Struktur-isomer entspricht der Vorläuferstruktur des Bi_{13}^--Clusters, dem ein weiteres Atom an-geboten wird. Struktur (2) lässt sich nur durch mehrere Bindungsbrüche aus der Bi_{13}^--Struktur erzeugen.

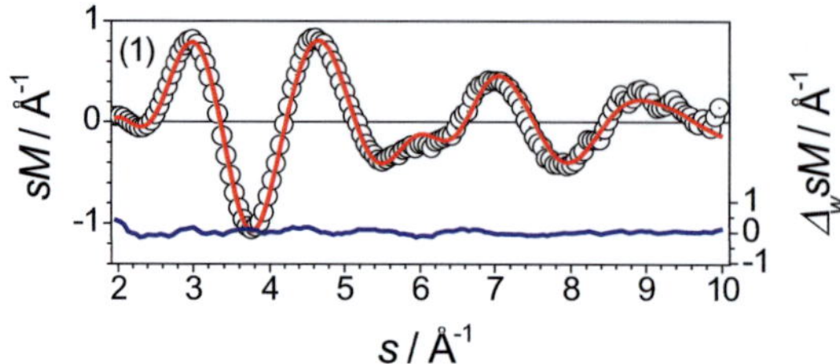

Abbildung 57: Experimentelle sM^{exp}-Funktion (schwarze offene Kreise) und theoretische sM^{theo}-Funktion (rote Linie) des Isomers 1 von Bi_{14}^-. Die blaue Linie entspricht der gewichteten Abweichung $\Delta_w sM$.

Bi_{15}^-

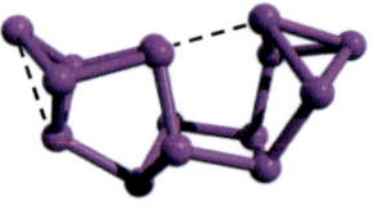

1. C_{2v}, 0,00 eV, R_w = 22,9%   **2. C_1, 0,11 eV, R_w = 5,6%**   3. C_{2v}, 0,14 eV, R_w = 9,6%

Abbildung 58: Die energetisch günstigsten Isomere von Bi_{15}^- mit Symmetrien, relativen Energien und R_w-Werten. Das fett markierte Isomer kann zugeordnet werden.

Der genetische Algorithmus liefert für den anionischen Bismutcluster mit 15 Atomen ein neues Bindungsmotiv als Gleichgewichtsstruktur (Isomer 1, siehe Abbildung 58). Die experimentell gefundene sM^{exp}-Funktion weist jedoch im Vergleich zu Bi_{14}^- keine wesentlichen Änderungen auf, sodass für diese Kandidatstruktur ein hoher R_w-Wert von 22,9% berechnet wird (siehe Abbildung 59). Weitere Strukturisomere, die die bekannte Bi_8-Einheit enthalten werden +0,11 eV und +0,14 eV energetisch höher gefunden. Wie bereits zuvor mehrfach gesehen, unterscheiden sich die Strukturisomere lediglich in der Orientierung der beiden flächenverknüpften Bi_8-Einheiten. Zwei zusätzliche Adatome führen zu zwei lokalen Tetrameruntereinheiten. Die elektronische Stabilität der Isomere (2) und (3) ist vergleichbar, die Anpassung an die experimentellen Daten ergibt jedoch einen großen Kontrast der R_w-Werte: 5,6% für Isomer 2 und 9,6% für Isomer 3. Eine Strukturordnung zugunsten von Isomer (2) kann deshalb klar getroffen werden. Wie auch im Falle des Bi_{14}^--Clusters lässt sich diese Struktur aus der für den kleineren Cluster gefundenen Struktur durch Addieren eines einzelnen Atoms erzeugen, ohne weitere Bindungen brechen zu müssen.

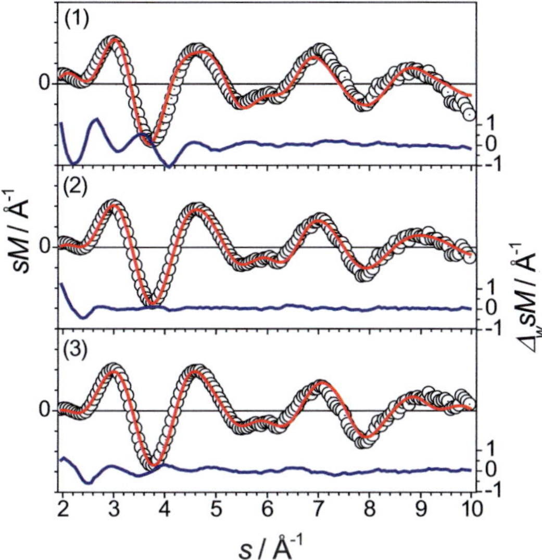

Abbildung 59: Experimentelle sM^{exp}-Funktion (schwarze offene Kreise) und theoretische sM^{theo}-Funktion (rote Linie) der Isomere 1, 2 und 3 von Bi_{15}^-. Die blaue Linie entspricht der gewichteten Abweichung $\Delta_w sM$.

5.2.3 Strukturen von Bismutclusterkationen Bi_n^+ ($10 \leq n \leq 14$)

Die im Folgenden dargestellten Isomere sind im Gegensatz zu den in Abschnitt 5.2.2 gezeigten Bismutanionen in einer zweikomponentigen DFT-Beschreibung als lokale Minimumstrukturen erzeugt worden. In den meisten Fällen sind die Kerngeometrien nicht durch die explizite Berücksichtigung von Spin-Bahn-Wechselwirkungen betroffen. Die relative energetische elektronische Bewertung hingegen zeigt in zahlreichen relevanten Fällen eine starke und entscheidende Verschiebung.

Bi_{10}^+

Der qualitative Vergleich der experimentellen modifizierten Beugungsintensität sM^{exp} mit dem negativ geladenen Pendant (siehe Abbildung 49 und Abbildung 61) im Bereich $s = 2\text{–}3{,}5\,\text{Å}^{-1}$ zeigt, dass das Strukturmotiv für den kationischen Cluster sich signifikant unterscheidet. Im Energieintervall bis +0,20 eV über dem berechneten Grundzustand

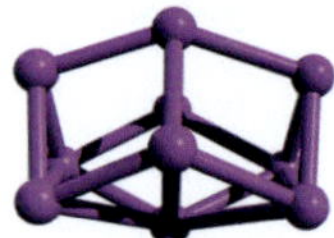 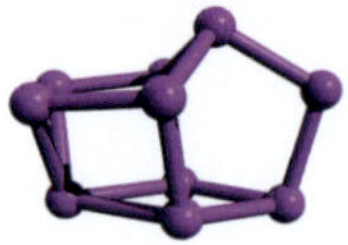 

1. C_{2v}, 0,00 eV, R_w = 14,0%   2. C_s, 0,16 eV, R_w = 40,6%   3. C_{2v}, 0,20 eV, R_w = 27,3%

Abbildung 60: Die energetisch günstigsten Isomere von Bi_{10}^+ mit Symmetrien, relativen Energien und R_w-Werten. Die fett markierten Isomere können in einer Mischung zugeordnet werden.

werden drei Strukturen gefunden (siehe Abbildung 60). Lediglich Isomer (3) findet sich auch für den negativ geladenen Cluster: Die Bi_8-Einheit ist aufgeweitet, sodass die Struktur besser durch zwei Tetramereinheiten Bi_4 beschrieben wird. Die weiteren Isomere (1) und (2) stellen Variationen dar. Das globale Minimum (Isomer 1) zeigt die beste Übereinstimmung mit dem Experiment (R_w = 14,0%) und lässt sich durch das Verschieben eines Atoms von der Seite auf die entstehende C_2-Achse aus der anionischen Struktur erzeugen. Isomer (2) setzt sich aus einer Bi_7-Einheit zusammen, an die ein Trimer von unten andockt. Für den negativ geladenen Cluster stellte eine Bi_8-Einheit plus Dimer die energetisch günstigere Konfiguration dar. Dieses Isomer liefert einen R_w-Wert von über 40% und kann – ebenso wie Isomer (3) – als Hauptisomer im Beugungsexperiment ausgeschlossen werden.

Eine signifikante Verbesserung der Anpassung wird durch eine Mischung aus Isomer (1) und (2) erhalten (Verhältnis 75:25). Der R_w-Wert für die Mischung beträgt 4,1%.

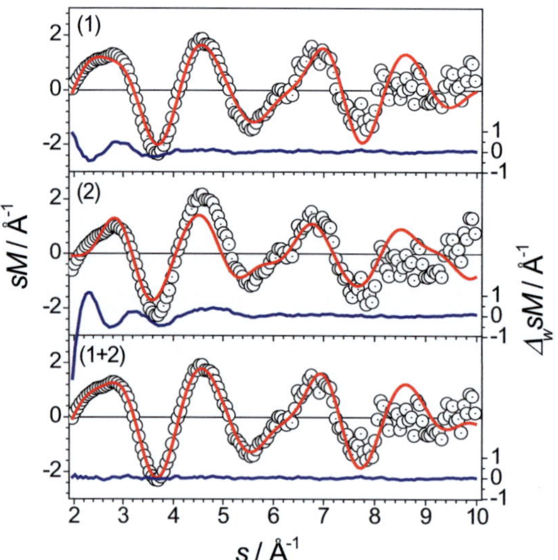

Abbildung 61: Experimentelle sM^{exp}-Funktion (schwarze offene Kreise) und theoretische sM^{theo}-Funktion (rote Linie) der Isomere 1 und 2 von Bi_{10}^+ sowie von einer Mischung (75:25). Die blaue Linie entspricht der gewichteten Abweichung $\Delta_w sM$.

Bi_{11}^{+}

Folgende in Abbildung 62 dargestellten Strukturisomere sind für Bi_{11}^{+} relevant:

  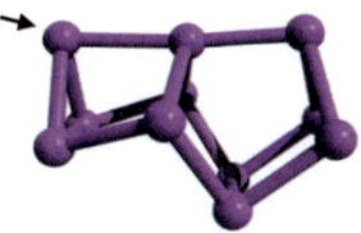

1. C_1, 0,00 eV, R_w = 32,4%   **2. C_s, 0,12 eV, R_w = 30,2%**   3. C_s, 0,20 eV, R_w = 23,9%

Abbildung 62: Die energetisch günstigsten Isomere von Bi_{11}^{+} mit Symmetrien, relativen Energien und R_w-Werten. Die fett markierten Isomere können in einer Mischung zugeordnet werden.

Der Cluster Bi_{11}^{+} zeigt in der sM^{exp}-Funktion bei $s = 2–3 Å^{-1}$ verglichen mit dem kleineren Cluster Bi_{10}^{+} einen flacheren (nahezu linearen) Anstieg zum Streumaximum (siehe Abbildung 63). Dieser Verlauf passt am ehesten zu einer Clusterstruktur mit einer Bi_7-Subeinheit (siehe Bi_{10}^{+} Isomer 2, Abbildung 61). Die DFT-Rechnungen ergeben zwei weitere sich ähnelnde Strukturen, die sich vom Motiv einer Bi_8-Einheit ableiten. An diese bindet in beiden Fällen ein Trimer, das in zwei verschiedenen Konfigurationen, wie in Abbildung 62 dargestellt, angebunden werden kann (Isomer 1 und 3). Dieses Strukturmotiv, zu dem auch der berechnete Grundzustand gehört, kann die experimentelle sM^{exp}-Funktion nicht für sich alleine genommen erklären. Die R_w-Werte für Isomer (1) und (3) betragen 32,4% und 23,9%.

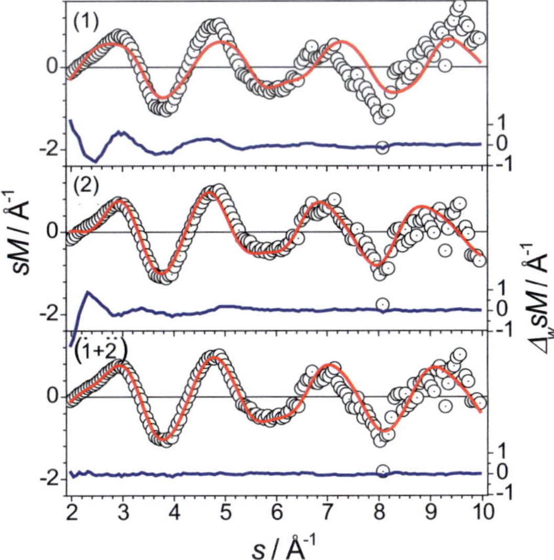

Abbildung 63: Experimentelle sM^{exp}-Funktion (schwarze offene Kreise) und theoretische sM^{theo}-Funktion (rote Linie) der Isomere 1 und 2 von Bi_{11}^{+} sowie von einer Mischung (50:50). Die blaue Linie entspricht der gewichteten Abweichung $\Delta_w sM$.

Für eine Strukturanpassung ist die sM^{theo}-Modellfunktion des prolaten C_s-Isomers (2) notwendig, das +0,12 eV energetisch über Isomer (1) liegt und alleine einen R_w-Wert von 30,2% liefert. Es besteht aus zwei bzw. drei Subclustern: Eine tetraedrische Bi_4-Einheit bindet an eine Bi_7-Einheit, die sich wiederum aus einer tetraedrischen Bi_4-Einheit und einem Trimer zusammengesetzt verstehen lässt. Die über eine Kante an eine Trimerkante bindende Bi_4-Einheit besitzt einen um 40pm kürzeren Bindungsabstand als die an ein einzelnes Atom bindende Bi_4-Einheit. Ein Mischungsverhältnis von 50:50 der Isomere (1) und (2) liefert einen R_w-Wert von 5,5%. Aufgrund der strukturellen Ähnlichkeit (lediglich eine Atomposition ist verschieden, siehe die Pfeile in Abbildung 62) führt die identische Zusammensetzung der Isomere (2) und (3) ebenso zu einer Verbesserung (R_w = 6,2%).

Das prolate Isomer (2) wird nur im kationischen Fall gefunden. Negativ geladen ist diese Clusterstruktur aus Subclustern nicht stabil.

Bi_{12}^{+}

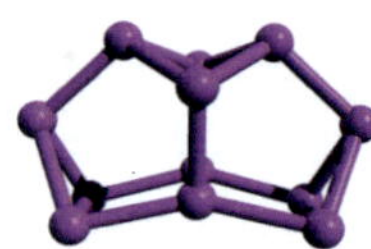
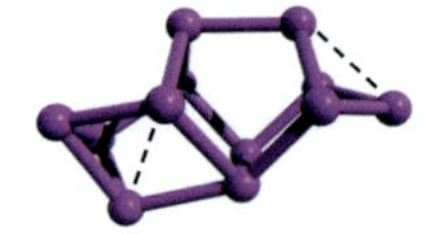

1. C_s, 0,00 eV, R_w = 17,1%   **2. C_{2v}, 0,03 eV, R_w = 6,3%**   3. C_1, 0,07 eV, R_w = 10,8%

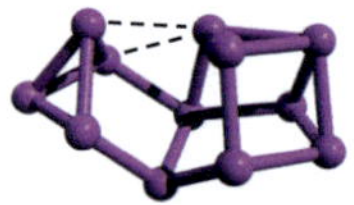
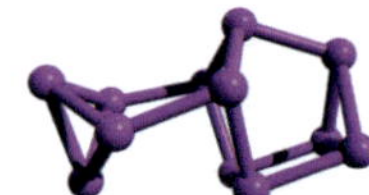

4. C_1, 0,08 eV, R_w = 18,4%   5. C_1, 0,17 eV, R_w = 26,7%

Abbildung 64: Die energetisch günstigsten Isomere von Bi_{12}^{+} mit Symmetrien, relativen Energien und R_w-Werten. Das fett markierte Isomer kann zugeordnet werden.

In Abbildung 64 sind die im Energieintervall bis +0,20 eV gefundenen Clusterstrukturen dargestellt. Gemeinsam ist ihnen die keilförmige Bi_8-Einheit, die erstmals bei Bi_{11}^{+} aufgetreten ist. An die Einheit binden vier weitere Bismutatome. Dies geschieht entweder in der Form „Trimer+1" (Isomere 1 und 3) oder „Tetramer+0" (Isomere 4 und 5), wobei erstere Variante energetisch begünstigt ist. Aufgrund der relativ hohen R_w-Werte von über 10% kann dieses Bindungsmotiv ausgeschlossen werden. Auch Mischungen, wobei eines der Isomere (1) oder (3)–(5) als kleiner Anteil enthalten sind, führen zu keiner besseren Anpassung. Den kleinsten R_w-Wert (6,3%) erhält man mit dem kompakten Isomer (2), das aus zwei flächenverknüpften Bi_8-Einheiten besteht. Es liegt nahe dem berechneten Grundzustand (+0,03 eV).

Eine Inspektion der sM^{exp}-Funktionen des Bi_{12}^+- und Bi_{11}^+- (oder Bi_{10}^+-) Clusters zeigt qualitative Unterschiede: Bei $s = 5,5 Å^{-1}$ ist im Falle von Bi_{12}^+ ein deutliches lokales Maximum erkennbar (siehe Abbildung 65). Ebenso bildet sich zu Beginn bei $s = 2 Å^{-1}$ ein von anionischen Bismutclustern bekanntes Doppelmaximum aus.

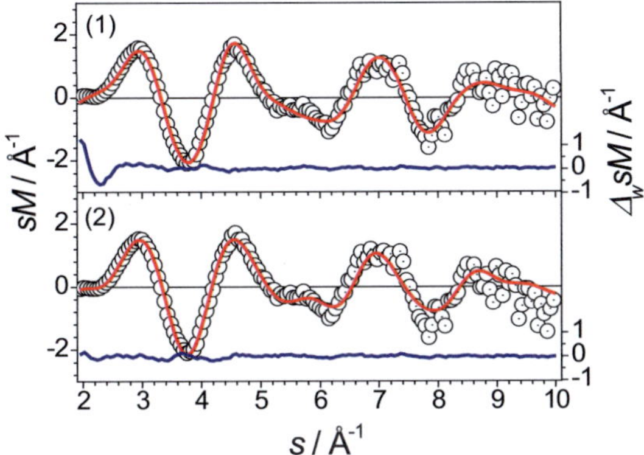

Abbildung 65: Experimentelle sM^{exp}-Funktion (schwarze offene Kreise) und theoretische sM^{theo}-Funktion (rote Linie) der Isomere 1 und 2 von Bi_{12}^+. Die blaue Linie entspricht der gewichteten Abweichung $\Delta_w sM$.

Bi_{13}^+

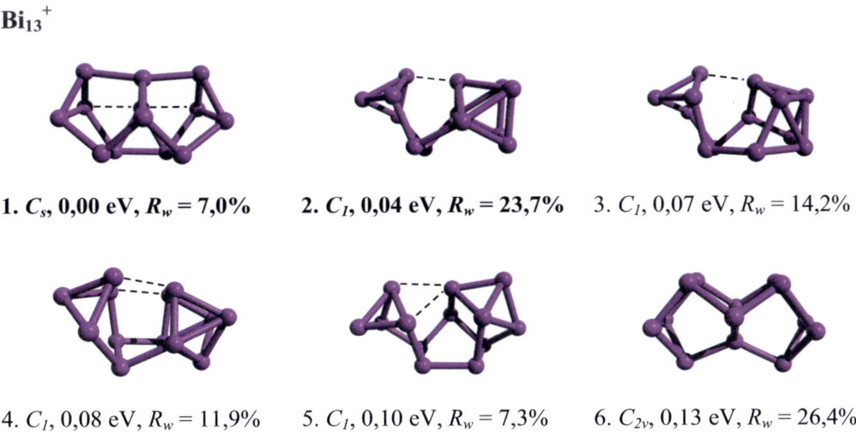

1. C_s, 0,00 eV, $R_w = 7,0\%$ **2. C_1, 0,04 eV, $R_w = 23,7\%$**   3. C_1, 0,07 eV, $R_w = 14,2\%$

4. C_1, 0,08 eV, $R_w = 11,9\%$ **5. C_1, 0,10 eV, $R_w = 7,3\%$**   6. C_{2v}, 0,13 eV, $R_w = 26,4\%$

Abbildung 66: Die energetisch günstigsten Isomere von Bi_{13}^+ mit Symmetrien, relativen Energien und R_w-Werten. Die fett markierten Isomere können in einer Mischung zugeordnet werden.

Die GA-(DFT-)Suche ergab für Bi_{13}^{+} zahlreiche isomere Clusterstrukturen (siehe Abbildung 66). Die energetisch günstigste Gleichgewichtsstruktur (Isomer 1) ist dabei wie auch Isomer (6) durch zwei (dreiecks-)flächenverknüpfte Bi_8-Einheiten aufgebaut. Isomer (1) ist dabei leicht zusammengefaltet, sodass sich im Zentrum des Clusters eine von Bi_{10}^{+} bekannte Bi_7-Einheit bilden kann, die vermutlich für den Energieabstand von +0,13 eV zu Isomer (6) verantwortlich ist. Die Struktur liefert die niedrigste elektronische Gesamtenergie und den kleinsten R_w-Wert von 7,0% (siehe Abbildung 67).

Zwei weitere Strukturmotive (Isomer 2, 3 und 4) leiten sich durch Addition eines zusätzlichen Atoms an die für Bi_{12}^{+} berechnete Grundzustandsstruktur bzw. Isomer 4 (Bi_{12}^{+}) ab. Letztere (Isomer 5) ist sowohl von der berechneten Energie (+0,10 eV) wie auch vom R_w-Wert (7,3%) zu Isomer (1) konkurrenzfähig. Berücksichtigt man die Anwesenheit zweier verschiedener Isomere, so lässt sich eine signifikante Verbesserung der Anpassung mit Isomer (1) und (2) erreichen ($R_w = 3{,}5\%$). Dabei ist das beste Mischungsverhältnis bei 75:25 erreicht, entsprechend einem Hauptisomer, das in der Rechnung die niedrigste Energie liefert.

Damit unterscheiden sich die gefundenen Strukturen von denen des negativ geladenen Clusters: Isomer (2) wird in der systematischen DFT-Suche nicht als stabile Struktur gefunden; ebenso wie die verzerrte C_s-Struktur (Isomer 1). Stattdessen bildet die nicht verzerrte C_{2v}-Struktur (Isomer 6) dort die günstigste (berechnete) Struktur.

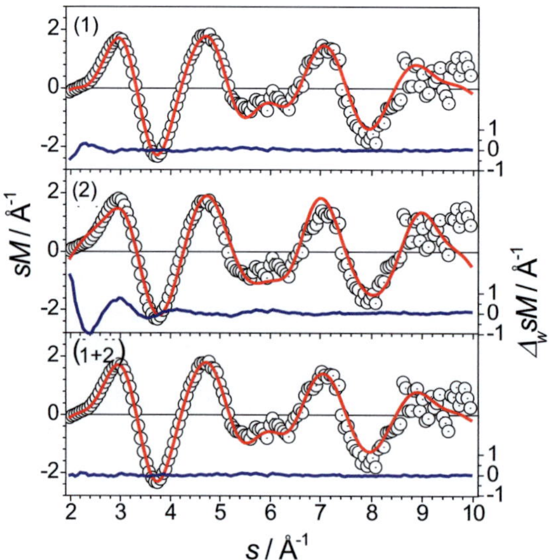

Abbildung 67: Experimentelle sM^{exp}-Funktion (schwarze offene Kreise) und theoretische sM^{theo}-Funktion (rote Linie) der Isomere 1 und 2 von Bi_{13}^{+} sowie von einer Mischung (75:25). Die blaue Linie entspricht der gewichteten Abweichung $\Delta_w sM$.

Bi$_{14}^{+}$

 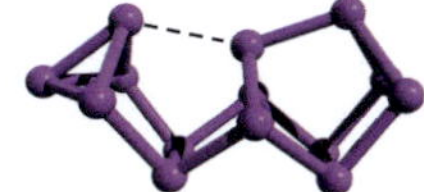 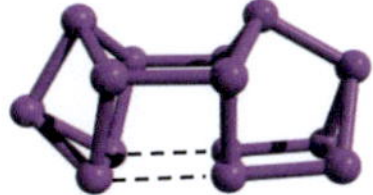

1. C_1, 0,00 eV, R_w = 5,6%   2. C_s, 0,00 eV, R_w = 12,6%   3. C_s, 0,25 eV, R_w = 30,4%

Abbildung 68: Die energetisch günstigsten Isomere von Bi$_{14}^{+}$ mit Symmetrien, relativen Energien und R_w-Werten. Das fett markierte Isomer kann zugeordnet werden.

Der Cluster Bi$_{14}^{+}$ zeigt verglichen mit den kleineren Clustern einen reduzierten Konfigurationsraum. Im Energieintervall von +0,25 eV sind lediglich drei isomere Strukturen zu finden (siehe Abbildung 68). Die ersten beiden (Isomer 1 und 2) sind nahezu isoenergetisch und leiten sich vom selben Strukturmotiv ab: Das globale Minimum zeigt eine leichte Verzerrung an einer Tetramereinheit, die als Teil einer Bi$_8$-Einheit gezählt werden kann. Energetisch ungünstiger (+0,25 eV) und experimentell durch den R_w-Wert auszuschließen (30,4%) ist Isomer (3), das sich auch durch zwei kantenverknüpfte Teilcluster aus Bi$_8$- und Bi$_6$-Einheit verstehen lässt. Die Strukturzuordnung der isoenergetischen Grundzustandsstrukturen gelingt einzig aufgrund des R_w-Werts, der bei Isomer (1) 5,6% beträgt und damit deutlich unter dem von Isomer (2) (12,6%) liegt (siehe Abbildung 69).

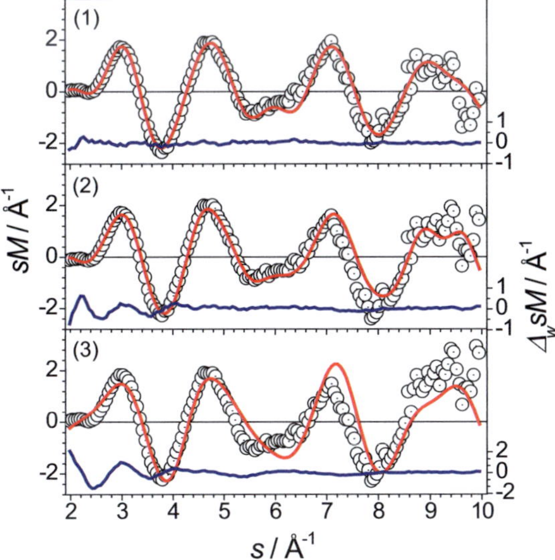

Abbildung 69: Experimentelle sM^{exp}-Funktion (schwarze offene Kreise) und theoretische sM^{theo}-Funktion (rote Linie) der Isomere 1, 2 und 3 von Bi$_{14}^{+}$. Die blaue Linie entspricht der gewichteten Abweichung $\Delta_w sM$.

5.2.4 Zusammenfassung und Diskussion

Die strukturelle Entwicklung von kleinen Bismutclustern mit acht bis 15 Atomen wurde unter Berücksichtigung des Ladungszustands (+/−) untersucht. Es ergaben sich Strukturen, die allesamt die charakteristische Bi_8 Einheit enthalten, die in Bi_8^- verwirklicht ist, und am ehesten *ansa*-Verbindungen oder Phanen (mit zwei überbrückenden Atomen) aus der organischen Chemie ähnelt. Die beim Vergleich implizierte Aromatizität tritt in Bismutclustern im planaren Bi_5^- auf[148–151]. Ein für größere Cluster geeignetes Konzept zur Strukturvorhersage bieten die Wade-Mingos-Regeln[146]. Ihre Anwendung auf acht Bismutatome ergäbe eine *hypho*-Struktur ausgehend von einem Koordinationspolyeder mit elf Ecken. Die C_{2v}-Struktur ließe sich durch Entfernen von drei Atomen eines dreifach überkappten tetragonalen Prismas erzeugen.

Das in allen Clustern wiederkehrende Strukturmotiv wurde bereits für den neutralen und anionischen Bi_8-Cluster vorgeschlagen.[139,147] In den Verbindungen Bi_{12}^+ und Bi_{14}^- erscheint das Bi_8-Element zum ersten Mal doppelt (siehe Abbildung 70) und unterwirft sich dem Trend zu prolaten, nicht-kompakten Strukturen. Ein weiteres auftretendes lokales Bindungsmotiv stellt ein aufgeweiteter Tetraeder aus vier Bismutatomen dar. Es ist experimentell durch Photoelektronenspektroskopie[152] sowie in DFT-Rechnungen[153] für Bi_4^- nachgewiesen.

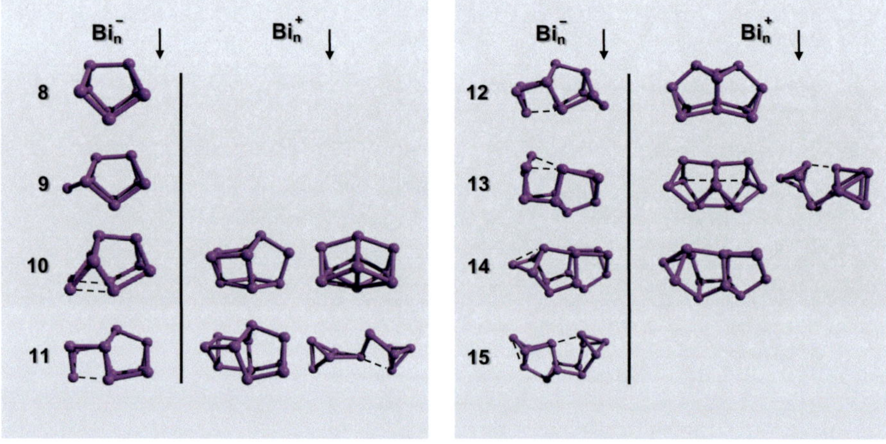

Abbildung 70: Übersicht der zugeordneten Strukturen für Bismutcluster $Bi_n^{-/+}$ ($n = 8$–15). Zwei abgebildete Strukturen entsprechen einem Gemisch beider Isomere im Experiment.

Abhängig von der elektronischen Konfiguration der Bismutcluster (± 2 Elektronen) ergeben sich aber bedeutsame Unterschiede. Für die Clustergrößen aus zehn, zwölf und 13 Atomen existieren ungleiche Konnektivitäten. Lediglich die Cluster $Bi_{11}^{-/+}$ und $Bi_{14}^{-/+}$ können einer äquivalenten Struktur zugeordnet werden, wobei die anionischen Cluster höhere Symmetrie aufweisen. Diese höhere Symmetrie kann durch die skalarrelativistische Behandlung ohne Spin-Bahn-Effekte bedingt sein, die in der zweikomponentigen DFT-Rechnung für kationische Cluster berücksichtigt wurden, könnte aber auch ladungsinduziert sein. Zweikomponentige Rechnungen von anionischen Strukturen sollten dies abklären können.

Das Wachstum negativ geladener Bismutcluster lässt sich im einfachen Bild der Addition einzelner Atome verstehen. Ausgehend von einer Bi_8-Einheit im Bi_8^- können die Strukturen bis Bi_{12}^- auf diese Weise konstruiert werden. Die Struktur des Bi_{13}^--Clusters ist im Unterschied dazu nur durch ein Umlagern eines weiteren Atoms zu erzeugen, oder alternativ durch Addition eines Dimers Bi_2 (an Bi_{11}^-) bzw. Tetramers Bi_4 (an Bi_9^-) an kleinere Bismutcluster formbar. In weiterer Folge der Reihe bis Bi_{15}^- stößt man erneut auf atomares Wachstum ohne globale Strukturänderung. Die positiv geladenen Bismutcluster zeigen eine komplexere Strukturbildung, die nicht irgendwie in einem einfachen Wachstumsprozess gedeutet werden kann.

Durchgängig bewahrheitet sich, dass für kationische Cluster unter den experimentellen Bedingungen (Temperatur: 95K) in mehreren Fällen zwei Isomere vorgefunden werden. Die berechneten relativen Energien des zweiten Isomers liegen zwischen $+0{,}04$ eV und $+0{,}16$ eV. Das Hauptisomer entspricht dabei stets dem berechneten Grundzustand, was auf eine gute Übereinstimmung von Theorie und Experiment hindeutet. Die Untersuchung des Temperatureinflusses auf die Gleichgewichtsstruktur des Clusters zeigte im Falle von Bi_{11}^+, dass nach Erhöhen der Temperatur des Thermalisierungsgases von 95K auf 300K ausschließlich das energetisch günstigere (kompakte) Strukturisomer verblieb. Gleichzeitig trat eine Fragmentation unter neutralem Tetramerverlust $Bi_{11}^+ \rightarrow Bi_7^+ + Bi_4$ auf. Das in Abbildung 71 skizzierte Energiediagramm bietet einen möglichen Deutungsversuch der Ergebnisse an. Obwohl das energetisch günstigere Isomer $0{,}12$ eV unterhalb der zweiten gefundenen Struktur liegt, ist die thermodynamisch getriebene Isomerisierung aufgrund der hohen Energiebarriere (1) gehemmt. Stattdessen existiert ein energetisch günstigerer Zerfallskanal (2) oder (3). Das Aufheizen der Cluster führt zur Fragmentation, bevor die Isomerisierung eintreten kann. Da neutrale Bi_4-Cluster das System verlassen und nicht weiter in Form eines Clusterdampfs verfügbar sind, wird experimentell kein thermodynamisches Gleichgewicht mehr wie bei ihrer Entstehung erreicht. Die Fragmentationsbarrieren beider gefundenen Clusterstrukturen müssten sich signifikant unterscheiden, sodass die im 300K Experiment thermisch hinzugefügte Energie lediglich zur Fragmentation eines der Isomere führt. Im Falle des prolaten Isomers ist bereits eine Tetramerstruktur präorganisiert, was eine (nahezu) barrierefreie

Fragmentation (3) erwarten lässt, die bevorzugt abläuft. Die bei 95K vorhandenen Strukturen lassen sich deswegen abschließend nicht eindeutig den thermodynamischen Gleichgewichtsstrukturen zuordnen. Für die Fälle der Cluster Bi_{10}^+ und Bi_{13}^+ wurden keine Fragmentationen beobachtet, andererseits sind hohe Isomerisierungsbarrieren auch hier denkbar, die ein Einstellen des thermodynamischen Gleichgewichts erschweren. Anionische Bismutcluster im untersuchten Größenbereich zeigen in dieser Hinsicht keine Auffälligkeiten.

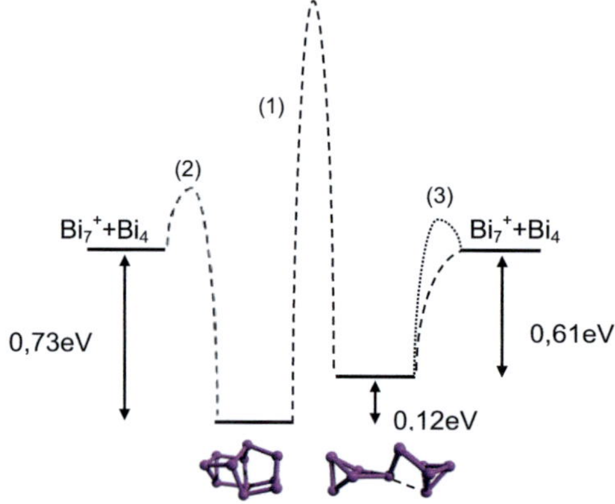

Abbildung 71: Vorgeschlagenes Energiediagramm für Bi_{11}^+ mit Aktivierungsenergien für Isomerisierung (1) und Fragmentation (2), (3).

Frühere DFT-Studien, bei denen skalarrelativistische Modelle eingesetzt waren, berichten für kleine Bismutcluster abhängig von der Atomanzahl von alternierenden Stabilitäten. Dabei führten neutrale Cluster mit gerader (im Bereich von 2–24 Atomen)[137,138] und geladene (+/−) Cluster mit ungerader Atomzahl (2–24 bzw. 2–13 Atome)[137,139] zu besonders stabilen Verbindungen. Man schlussfolgerte deswegen eine rein durch die elektronische Konfiguration determinierte Clusterstruktur. Die von Alexander Baldes angefertigten ein- und zweikomponentigen[83] DFT-Rechnungen legen offen, dass für Bismut der Einfluss von Spin-Orbit-Effekten signifikant ist. In Tabelle 3 sind am Beispiel des Clusters Bi_{13}^+ die unterschiedlichen relativen elektronischen Energien beider Methoden gegenübergestellt. Es fällt auf, dass die energetische Abfolge der gefundenen Strukturen abweicht. Vor allem bei der Berechnung der Isomere (1) und (6), die sich lediglich in der relativen Orientierung zweier Bi$_8$-Einheiten unterscheiden, führt die Berücksichtigung des Spin-Bahn-Einflusses zu einer relativen Verschiebung von ~0,4 eV.

Die berechneten globalen Minimumstrukturen der Kationen stimmen mit den experimentell erhaltenen mit Ausnahme von Bi_{12}^+ überein. Bei diesem Cluster liegt die zuordenbare Struktur +0,03 eV über der günstigsten berechneten. Insgesamt kann man der zweikomponentigen Vorgehensweise sehr gute Übereinstimmung mit experimentellen Befunden attestieren. Für die in einer skalarrelativistischen Beschreibung berechneten

Energien der anionischen Bismutcluster ist eine höhere Toleranzgrenze des Energiebereichs für Kandidatstrukturen gewählt worden, weil in diesem Fall ebenfalls davon auszugehen ist, dass Spin-Bahn-Wechselwirkungen einen signifikanten Einfluss auf die relativen elektronischen Energien haben. Bei der Hälfte aller untersuchten Clustergrößen (Bi_n^-, $n = 8$, 10, 11, 14) entspricht die experimentell gefundene Struktur dem skalarrelativistisch berechneten Grundzustand. Die zuordenbaren Isomere von Clustern mit ungeraden Atomzahlen $n = 9$, 13 und 15 weisen relative Energien von +0,18 eV, +0,42 eV und +0,11 eV auf. Der vierte solche Fall Bi_{12}^- besitzt zwei nahezu isoenergetische Isomere (+0,01 eV).

Tabelle 3: Berechnete relative elektronische Energien (DFT) der Isomere von Bi_{13}^+ unter Verwendung eines einkomponentigen (skalarrelativistisch) und eines zweikomponentigen (skalarrelativistisch, Spin-Orbit-Kopplung) Ansatzes.

Bi_{13}^+		einkomponentig	zweikomponentig
Isomer	(1)	0,36 eV	0,00 eV
	(2)	0,28 eV	0,04 eV
	(3)	0,31 eV	0,07 eV
	(4)	0,30 eV	0,08 eV
	(5)	0,41 eV	0,10 eV
	(6)	0,08 eV	0,13 eV

Eine Besonderheit der Bismutstrukturen liegt in ihrer lokalen Atomanordnung vor, welche einen starken Einfluss auf die sM-Funktion und den R_w-Wert der Modellstrukturanpassung begründet. Ein – auch in der Bi_8-Einheit – wiederkehrendes Bindungsmotiv stellt die ringförmige Verknüpfung von fünf Bismutatomen dar (siehe Abbildung 72). Deren Paarverteilungsfunktion besteht aus lediglich zwei Abständen, wovon der übernächste Nachbar in etwa das eineinhalbfache vom nächsten Nachbarn entfernt liegt. Die transformierte sM^{theo}-Funktion wird aus der gleichen Anzahl von Sinusfunktionen gebildet, die um eine halbe Periode phasenverschoben liegen und sich somit im Bereich $s = 2-3\,\text{Å}^{-1}$ destruktiv überlagern. Der kleinere Abstand zum nächsten Nachbarn dominiert aufgrund der $1/r_{ij}$-Skalierung das Streumaximum, sodass sich ein asymmetrischer Verlauf für die sM-Funktion ergibt. Da die Diskrepanzen zwischen theoretischer und experimenteller molekularer Beugungsintensität an dieser Stelle bedingt durch hohe Signalintensität zu einem großen R_w-Wert führen, ist der Einfluss der Verzerrung dieses Strukturmotivs als Funktion von einer *out-of-plane*-Verschiebung eines Atoms α (in der Bi_8-Einheit zu finden) und von zwei Innenwinkeln β dargestellt. Erkennbar wird, dass eine Erhöhung des Winkels α über einen großen Bereich ($\pm 40°$) zu dem charakteristischen in der sM^{exp}-Funktion der Bismutcluster gefundenen Verlauf um $s = 2\,\text{Å}^{-1}$ führt (Abbildung 72, (a)). Man kann das dahingehend deuten, dass der Abstandswert sich zunächst zu den übernächsten Nachbarn durch das Kippen eines Atoms des Pentagons dem 1,5-fachen Abstand der nächsten Nachbarn annähert und erst darüber hinaus sich wieder vergrößert. Eine Aufweitung der Struktur wie bei (b) umgesetzt löscht die charakteristische sM-Struktur augenblicklich. Durch das Beugungsexperiment wird diese Besonderheit nur begrenzt aufgelöst. Ein qualitativ unterschiedlicher Anstieg der experimentellen sM^{exp}-Funktion ist zu Anfang jeder in diesem Kapitel dargestellten Anpassung zu sehen. Da dieser struktursensitive Bereich bei den kleinsten berücksichtigbaren Streuwinkeln liegt, führen kleine Änderungen des Winkels α zu einer großen Änderung des Absolutwerts von R_w.

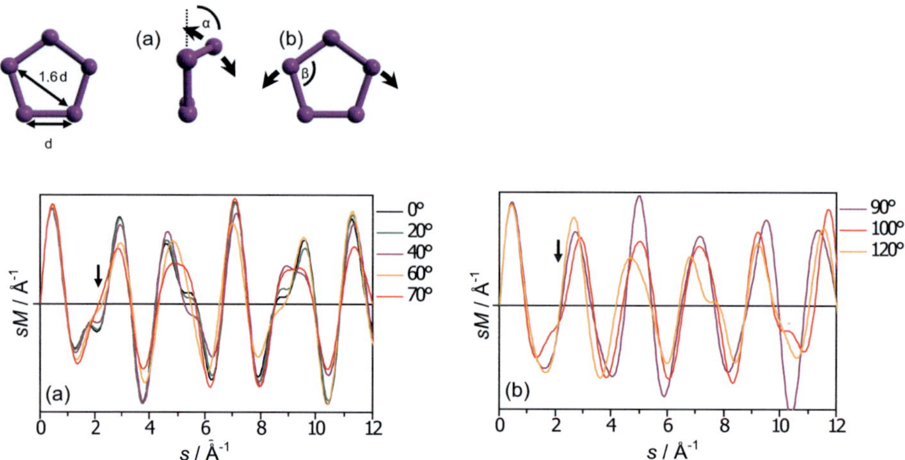

Abbildung 72: Einfluss der Pentagonverzerrung auf das Doppelmaximum um $s = 2\,\text{Å}^{-1}$ der sM^{theo}-Funktion bei Verkippen eines einzelnen Atoms aus der Ebene (a) und Verzerren innerhalb der Ebene (b).

5.3 Palladiumcluster ($Pd_n^{-/+}$, $13 \leq n \leq 147$)

Unter den Katalysatormaterialien gehören die Palladium-basierten zu den am besten untersuchten.[154] Die außergewöhnlichen Eigenschaften des Palladiums stellen sich phänomenologisch in zahlreichen industrierelevanten Prozessen dar. An Oberflächen heterogen geführte Hydrogenierungen von Olefinen oder der Einsatz in der Ammoniaksynthese sind hier ebenso zu nennen wie eine hohe Reaktivität bei Oxygenierungen (z.B. Abgasbehandlung / CO-Oxidation). Die weite Verbreitung des Materials kann auf die Tatsache zurückgeführt werden, dass Palladium Inkorporation und Adsorption kleiner Moleküle in einem dissoziativen nicht- oder nahezu nicht-aktivierten Weg vermittelt. Eine überzeugende Herangehensweise zur Entwicklung neuer Katalysatoren ist die Analyse bereits bekannter Abläufe. Taylors Vermutung (1925) eines geometrischen Effekts von unterschiedlichen reaktiven Metallzentren an Ecken und Stufenkanten auf Oberflächen ist der bis heute weitverbreitetste Interpretationsansatz.[155,156] Oft wird eine experimentelle Untersuchung der Systeme jedoch durch starke Wechselwirkungen und einhergehende Veränderungen des Katalysatorenmaterials wie z.B. Oberflächenrekonstruktionen erschwert. Dies trifft insbesondere auf Nanopartikel zu, von denen man aufgrund ihrer Gestalt mit zahlreichen unvollständig koordinierten Oberflächenatomen eine gesteigerte Reaktivität erwartet und auch beobachten kann.[157–159] Nicht zuletzt kann man auf die Vorteile einer höheren Selektivität im Vergleich zu homogenen Katalysen hoffen, da die Oberfläche von Metallclustern wohldefiniertere und aktivere Zentren besitzen kann.

Die Charakterisierung der Nanostrukturen in der Gasphase mittels Elektronenbeugung stellt den idealen Ansatz zum Verständnis der besonderen Aktivität von nanokristallinem Palladium dar, und wird aufgrund einer wohldefinierten Untersuchungsumgebung ohne Wechselwirkungen mit einem Substrat und einer atomar aufgelösten Clustergröße interpretierbar. Anhand der Daten kann ein Zusammenhang zwischen Geometrie und elektronischen Eigenschaften gesucht werden. Ist dieser Schritt getan, können weitere Versuche gestartet werden, das relativ teure Element zunehmend zu ersetzen, indem die gewünschten Eigenschaften durch ein neues Material imitiert werden.

Im Wesentlichen werden drei verschiedene Arten von Systemen untersucht: Palladiumoberflächen, deponierte Palladiumcluster und Cluster in der Gasphase. Die in der Literatur gesicherten Erkenntnisse nehmen in aufgeführter Reihenfolge zunehmend ab. An dieser Stelle soll eine kurze auf den letzten Punkt beschränkte Übersicht des Wissensstands gegeben werden. Da in nahezu allen Studien Reaktivitäten chemischer Reaktionen an Oberflächen Gegenstand der Untersuchung sind, wird dieses Forschungsfeld hier ausgeklammert. Der Leser kann über diese Thematik mehr zu Beginn des anschließenden Kapitels erfahren (siehe Kapitel 5.4).

Experimentelle Daten aus PE-Spektroskopie- und MS-Arbeiten (MS, Massenspektrometrie) zur biatomaren Verbindung Pd_2 zeigen eine relativ schwache Bindung (1,03 eV) mit der Länge 2,65Å.[160] Dies wird verständlich, da das Pd-Atom einzigartig im Periodensystem eine $(n-1)d^{10}ns^0$ Konfiguration besitzt, und für eine chemische Bindung eine elektronische Promotion in eine $3d^9\,4s^1$ Konfiguration notwendig ist. Photoemissionsspektren von mittelgroßen Palladiumclustern in einer Xenonmatrix zeigen den „Übergang von atomarem zu metallischem Verhalten".[161] Freie Palladiumclusteranionen wurden von Ganteför et al.[162] mit PE-Spektroskopie von $n = 2–21$ Atomen untersucht. Die Photoelektronenenergien deuten auf eine hohe elektronische Zustandsdichte hin (strukturlose Spektren) und sind nicht in einem einfachen Jellium-Modell interpretierbar. Abhängig von der Clustergröße sind keine signifikanten Veränderungen erkennbar, was durch tendenziell lokalisierte $(d$-$)$Valenzelektronen erklärt werden kann. Elektronenaffinitäten bis $n = 13$ Atome wurden bestimmt und liegen ansteigend zwischen 1,30 eV und 2,25 eV. Kleinere Clusteranionen der Nickelgruppe ($n = 3–8$), die in einem Durchflussreaktor hinsichtlich ihrer Reaktivität gegenüber verschiedener kleinerer Moleküle untersucht wurden, zeigen für das Element Palladium verstärkt ausgeprägte Adduktbildung.[163,164] Die gemessenen Geschwindigkeitskonstanten lagen in der Größenordnung der Kollisionsraten. Folgende Reaktivitätsreihe konnte aufgestellt werden: $CO > N_2O$, $O_2 > CO_2 >> N_2$. Mit zunehmender Partikelgröße zeigte sich die Tendenz stark exothermer Reaktionen, sodass z.T. Fragmentation der Cluster eintrat. Gynz-Rekowski et al.[165] untersuchten Palladiumanionen bis zu einer Größe von $n = 10$ Atomen und verglichen die Reaktivität von atomarem mit molekularem Sauerstoff, wobei sie ähnlich effiziente Reaktionen beobachten konnten. Photoelektronenspektren zeigten unabhängig von der Erzeugung der Oxide ($+O/+O_2$) für die Cluster $Pd_nO_2^-$ vergleichbare Signaturen. Die Autoren interpretieren das Ergebnis mit einer sehr effizienten, barrierelosen Dissoziation für das Molekülexperiment ($+O_2$). Theoretische Arbeiten von Huber et al.[166] zeigten basierend auf berechneten Bindungsenergien, dass an den Clustern Pd_n ($n = 1–4$) dissoziative Adsorption $Pd_n + O_2 \rightarrow Pd_nO_2$ für $n = 2–4$ bevorzugt stattfindet. Fayet et al.[167] fanden eine stark größenabhängige Reaktivität von neutralen Clustern gegenüber D_2 und N_2, die insbesondere bei Pd_9 und Pd_{17}–Pd_{20} sehr gering ausfällt.[168] Kürzlich wurden die Adsorptionsraten von O_2 und D_2 auf neutralen Palladiumclustern ($n = 8–28$ Atome) in einem Molekularstrahlexperiment untersucht. Die Co-Adsorption führt zur Bildung von D_2O-Molekülen. Die Reaktionswahrscheinlichkeiten wurden auf 40%–70% bestimmt. Minimale Größeneffekte mit leicht erhöhter ($n = 13$) und verminderter Reaktivität ($n \approx 19$) konnten beobachtet werden.

Penisson & Renou fanden für große Cluster (~10nm) mit HREM (*high resolution electron microscopy*) ikosaedrische Strukturen[169], wohingegen in einer neueren Arbeit[170] unter kolloidalen Wachstumsbedingungen fcc-artige, verwachsene dekaedrische und amorphe Strukturen für Palladiumcluster mit 1–5nm Durchmesser gefunden wurden.

Neben freien Palladiumclustern können ligandenstabilisierte Verbindungen synthetisiert werden.[171] Diese Strukturfamilie wird elektronisch von den Adsorbatmolekülen CO und/oder PR_3 nahezu nicht beeinflusst. Der Palladiumkern zeigt meist ineinander verschmolzene ikosaedrische Strukturen, die globalen Minimumstrukturen in Lennard-Jones-Potenzialen (LJ) entsprechen.[19]

Über Palladiumcluster mit mehr als 15 Atomen hinaus ist in der Gasphase nahezu nichts experimentell gesichert. Zahlreiche theoretische Arbeiten haben sich mit kleinen Systemen beschäftigt und zeigen unabhängig von der verwendeten Methode typischerweise gute Übereinstimmung ihrer berechneten Grundzustände.[172–177] Abweichungen ergeben sich v.a. bei Pd_{13}. Hier finden Futschek *et al.*[178] eine Schichtstruktur, die einem Ausschnitt des fcc-Festkörpergitters entspricht und in einer weiteren M_{13}-Studie verschiedener Übergangsmetalle (M) ebenso als möglicher Grundzustand betrachtet wurde.[179] Im Bereich mittelgroßer Palladiumcluster sind bis zum gegenwärtigen Zeitpunkt keine systematischen globalen Suchmethoden angewandt worden. Lediglich ausgewählte und i.d.R. hochsymmetrische Strukturmotive wurden untersucht. Zu nennen sind hier z.B. die DFT-Studien von Nava *et al.* neutraler Pd_n-Verbindungen mit $n = 2$–309 Atome.[180] Generell lässt sich die bisher ungeklärte Konkurrenz der Strukturmotive fcc und Ikosaeder feststellen. Zum Beispiel findet Nava wie auch Zhang *et al.*[181] eine kuboktaedrische Struktur für Pd_{19} anstelle einer kompakteren Doppelikosaederstruktur, die in den meisten anderen oben angeführten Arbeiten favorisiert wird.

In Stern-Gerlach-Experimenten konnten von Cox *et al.* keine magnetischen Momente für neutrale Palladiumcluster Pd_n ($n = 13$–105) bei $T = 98K$ festgestellt werden.[182] Aufgrund der Messunsicherheiten wurde eine obere Schranke von maximal $0{,}40\mu_B$ bestimmt. Eine neuere Studie zeigt zwei Regime magnetischer ($n = 3$–6) und nichtmagnetischer ($n > 15$) Strukturen.[183] Theoretische Arbeiten sagen stark vom Strukturmotiv abhängige magnetische Momente mit bis zu $8\mu_B$ für Pd_{13} vorher. Insbesondere fcc-artige Strukturen verlieren mit zunehmender Größe schnell ihre magnetischen Eigenschaften. Ikosaedrische Bindungsmotive spielen laut Kumar & Kawazoe eine entscheidende Rolle beim Finden hoher Spinmultiplizitäten.[184] Koitz *et al.* konnten insbesondere für das Funktional BP86 ein Spinquenching gegenüber dem meta-GGA Funktional M06-L mit zunehmender Clustergröße feststellen.[185] Letzteres findet jedoch fälschlicherweise einen extrapolierten magnetischen Palladiumfestkörper und ist deshalb diskutabel. Die Autoren können einen Zusammenhang zwischen einer jeweiligen Grundzustandsgeometrie und der Spinstabilität finden. Während die Funktionale Abweichungen der mittleren Bindungslänge um 2pm (~0,8%) für Pd_{19} und Pd_{38} ergeben, änderte sich das magnetische Moment signifikant. Die Ursache finden sie in den längeren Metall-Metall-Bindungslängen, die mit dem Funktional M06-L realisiert werden. Ein zweiter elektronisch stabiler (kürzerer) Abstand, der mit dem Ergebnis des BP86-Funktionals übereinstimmt existiert in der Beschreibung des meta-GGA-Funktionals ebenfalls. An gleicher Stelle wird jedoch meist eine niedrigere Spinmultiplizität erzeugt. Eine intrinsische Präferenz, über einen größeren Pd–Pd-Abstandsbereich große magnetische Momente zu bilden, wird deshalb für möglich gehalten. Diese relativ aktuelle Erkenntnis (2011) ist u.U. auf das meta-GGA-Funktional TPSS übertragbar und kann möglicherweise die in diesem Kapitel bei der Interpretation der TIED-Daten durch DFT-Kandidatstrukturen beobachteten Problematiken erklären.

5.3.1 Experimentelle und theoretische Herausforderungen

Untersuchungen an Palladiumclustern stellen sowohl hohe Anforderungen an das Experiment, als auch an die theoretische Methode zur Gewinnung geeigneter Modellstrukturen. Beginnend mit den experimentellen Besonderheiten setzt die Darstellung adsorbatfreier massenselektierter Palladiumcluster eine sehr hohe Reinheit des verwendeten Thermalisierungsgases voraus (siehe Abbildung 73). Die üblicherweise verwendete Gasreinheit (>99,9999%) wird unter zusätzlicher Entfernung reaktiver Gase (O_2, H_2O, C_nH_{2n+2}) erreicht. Palladiumcluster zeigen – anders als andere untersuchten Metallclusterionen – eine hohe Affinität zu weitestgehend inertem molekularen Stickstoff (N_2). Dies führte unter den experimentellen Temperaturen von $T = 95K$ zu molekularer Adsorption. Die Reinheit des thermalisierenden Heliumgases wird mit dem Filter NuPure™ OMNI Point-of-Use Gas Purifier realisiert, der eine auf 400°C geheizte Eisenverbindung (SS316L) verwendet, und u.a. auch N_2 dauerhaft bindet (verbleibende Verunreinigungen sind unter 1 ppb). Hierdurch ist die Bildung von Adsorbaten während des Experiments unterbunden.

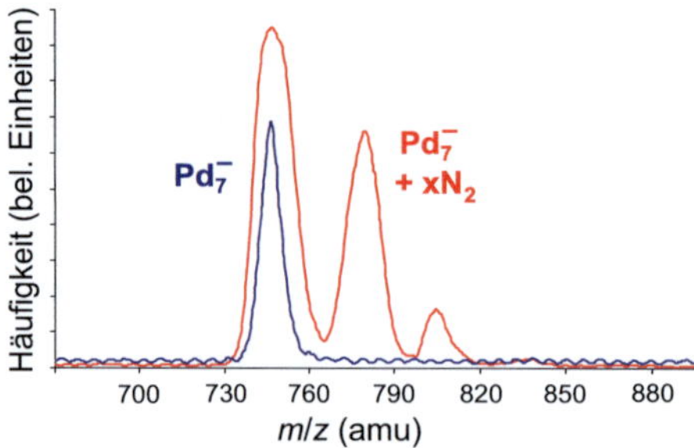

Abbildung 73: Massenspektren von Pd$_7^-$ in der Paulfalle ($T = 95K$) nach einem 3s-Puls aus einem Heliumreservoir (70 mbar) mit (blau) und ohne (rot) zugeschaltetem Gasreinigungssystem.

Des Weiteren zeigen anionische Palladiumcluster im Zeitrahmen des TIED-Experiments Koaleszenz, sobald die kinetische Energie der gespeicherten Ionen einen gewissen Schwellenwert überschreitet (q_z-Wert).[13] Dabei entstehen u.a. doppelt geladene Spezies mit der Masse beider Eduktcluster. Die relativ große Reaktionsenthalpie führt in den meisten Fällen zu beobachtbarer Fragmentation der Cluster oder Bildung eines Monoanions (Elektronverlust). Der Nachweis von Koaleszenzprodukten, die aufgrund ihres m/z-Verhältnisses nicht voneinander zu unterscheiden wären, ist auf diese Weise möglich. Der verwendete experimentelle q_z-Wert betrug deshalb im Folgenden stets weniger als 0,3. Vor und nach dem Beugungsexperiment konnten unter diesen Bedingungen keine Produkte einer solchen Reaktion detektiert werden. Kationische Palladiumcluster zeigen keine Koaleszenzreaktionen.

In der Natur existieren sechs verschiedene Isotope des Palladiums, wovon fünf eine vergleichbare Häufigkeit aufweisen: ^{102}Pd 1,02%; ^{104}Pd 11,11%; ^{105}Pd 22,33%; ^{106}Pd 27,33%; ^{108}Pd 26,46% und ^{110}Pd 11,72%. Dies führt zu einer breiten Massenverteilung isotopologer Cluster einer gewählten Atomanzahl. Ab einer gewissen Größe lassen sich an einem definierten m/z-Wert Clustergrößen verschiedener n detektieren. Die Massenverteilungen von Palladiumclustern überschneiden sich ab einer Größe von ca. 100 Atomen. In Abbildung 74 ist der kritischste experimentell untersuchte Fall dargestellt. Die Massenverteilung des Clusters Pd$_{147}^-$ wird in den Randbereichen von Pd$_{146}^-$ und Pd$_{148}^-$ überlagert. Um zu gewährleisten, dass ausschließlich Cluster einer definierten Größe untersucht werden, kann durch Wahl geeigneter Parameter der in die Falle transmittierte Massenbereich eingeschränkt werden (siehe Kapitel 3.4). Für die meisten untersuchten Palladiumcluster konnten alle existierenden Isotopologe[iv] einer Clustergröße experimentell untersucht werden.

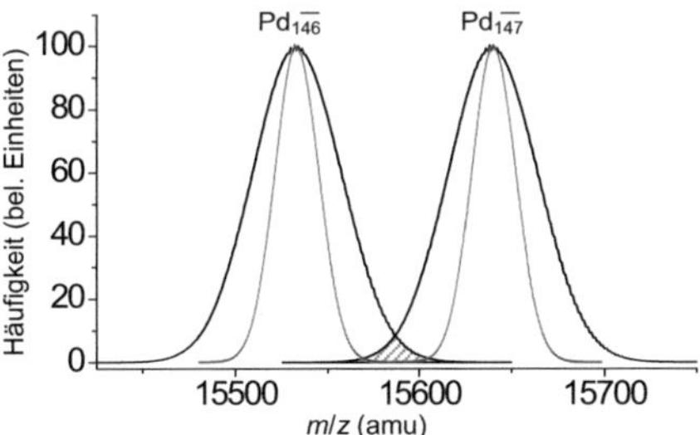

Abbildung 74: Simulierte Massenspektren von Pd$_{146}^-$ und Pd$_{147}^-$. Aufgrund der sechs natürlichen Isotope von Palladium überlappen die Verteilungen bei einer relativen Häufigkeit von ca. 5% der Isotopologe[iv] einer Clustergröße (schwarze Linien und schraffierter Bereich). Mit Hilfe des QMS wird im Experiment ein entsprechend kleinerer Bereich selektiert (blaue Linie).

[iv] Isotopologe sind chemische Verbindungen, deren Moleküle (hier: Cluster) sich in ihrer Isotopen-Zusammensetzung unterscheiden und i.d.R. verschiedene Massen besitzen. Davon zu differenzieren sind Isotopomere (Isotopen-Isomere), die aus einer gleiche Anzahl isotoper Atome aufgebaut sind, welche sich jedoch an verschiedenen Positionen befinden.

Neben den experimentellen Herausforderungen sind für die Interpretation der Beugungsbilder Kandidatstrukturen obligatorisch. Es zeigte sich, dass die verwendete DFT-Methode ungeeignet für eine Geometrieoptimierung mittelgroßer Clusterstrukturen ist, was eine unter Verwendung des genetischen Algorithmus systematisch durchgeführte Struktursuche verhindert. Die Problematik äußert sich in Oszillationen oder divergentem Verhalten des SCF (*self consistent field*) während der iterativen Approximation (siehe Abbildung 75).

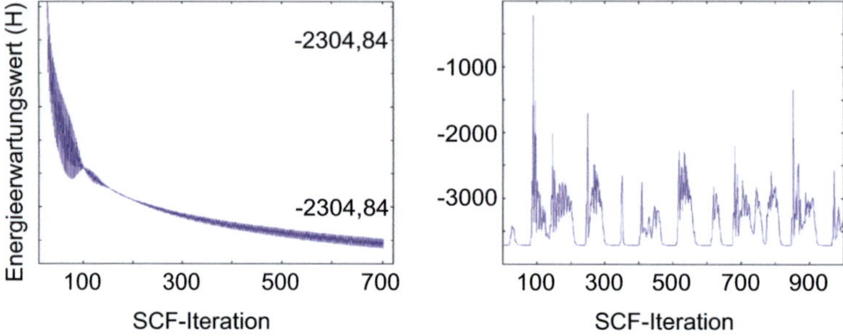

Abbildung 75: Problematik der SCF-Konvergenz von Palladiumclustern. Starke Oszillation des Energieerwartungswerts aufgrund großer Energiegradienten (links) und Elektronenverschiebungen im zustandsdichten HOMO-LUMO-Bereich (rechts).

Ursache hierfür könnten Schwierigkeiten bei der Beschreibung der Einteilchenzustände insbesondere im HOMO-LUMO-Bereich sein. Hinweise für diese Annahme sind eine hohe Anzahl niederenergetischer elektronischer Zustände und eine allgemeine Tendenz zu hohen Spinmultiplizitäten M (z.B. Pd_{13}^- $M = 8$, Pd_{26}^- $M = 18$, Pd_{55}^- $M = 24$). Daraus resultiert ein um die möglichen elektronischen Zustände erweitertes Geometrieoptimierungsproblem (konische Durchschneidungen auf der Potenzialhyperfläche). Erschwerend zeigt die Wahl der theoretischen Ansätze (Funktional, Basissatz, etc.) einen starken Einfluss auf die Ergebnisse. In Tabelle 4 sind die Resultate einer Studie von Pd_{26}^- dargestellt, in dessen Fall eine experimentelle Zuordnung eindeutig gelingt, wohingegen der berechnete Grundzustand nicht realisiert wird (s.u.). Die verwendeten Basissätze wurden von Ahlrichs *et al.* für neutrale Palladiumcluster optimiert.[186]

Tabelle 4: Berechnete relative elektronische Energien (DFT) von Pd_{26}^- unter Verwendung verschiedener Funktionale und Basissätze. Zahlen in Klammern entsprechen der günstigsten Spinmultiplizität $M = 2S+1$.

Funktional / Basissatz		Isomer **1** (D_{3h})	Isomer **2** (T_d)
BP86	SVPs0	0,00 eV (8)	0,99 eV (14)
	TZVPE	0,00 eV (8)	0,81 eV (18)
TPSS	SVPs0	0,00 eV (8)	0,54 eV (18)
	TZVPE	0,00 eV (8)	0,27 eV (18)
B3LYP	SVPs0	0,00 eV (2)	0,84 eV (12)
	TZVPE	0,00 eV (10)	0,67 eV (8)

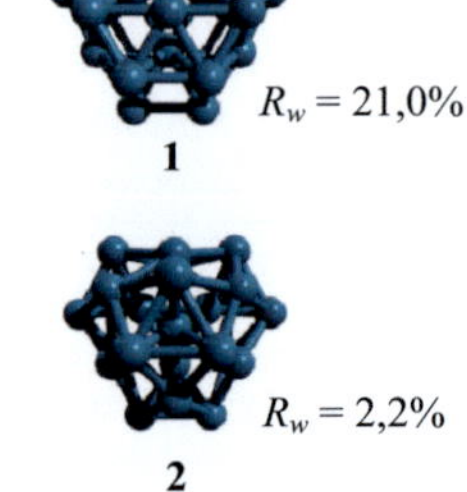

Für kleinere Palladiumcluster ($n < 20$ Atome) konnte verglichen mit anderen Cluster-größen aus den genannten Gründen ein größerer Konfigurationsraum an Isomeren zur Anpassung an experimentelle Beugungsdaten berücksichtigt werden. Für eine DFT-Geometrieoptimierung ausgewählt wurden zunächst bereits für neutrale Palladium-cluster von Ahlrichs *et al.*[186] berechnete Strukturen sowie später mit verschiedenen parametrisierten Guptapotenzialen[187–189] und einem genetischen Algorithmus (Energie und R_w-Wert in der Fitnessfunktion berücksichtigt) erzeugte Strukturen. Aus Kostengründen wurde das BP86-Funktional sowie der Basissatz def-SVPs0[186] verwendet, obwohl für den Cluster Pd_{26}^- gezeigt werden konnte, dass das TPSS-Funktional in Kombination eines größeren Basissatzes prinzipiell bessere Übereinstimmung mit dem Experiment liefern kann (siehe Tabelle 4). Die relativen Energien der Isomere mit der verwendeten Methode sind aus diesem Grund mit einem Fehler von bis zu 1 eV zu bewerten und besitzen eine eingeschränkte Aussagekraft. Dies ist nicht ausschließlich auf die verwen-deten Funktionale und Basissätze zurückzuführen, sondern auch dem Umstand geschul-det, dass nicht absolut sichergestellt werden kann, dass die richtige Symmetrie der Wel-lenfunktion (Spinzustand) des Grundzustands gefunden wird. Ein Lösungsansatz dieses Problems stellt die Verwendung gebrochenrationaler Orbitalbesetzungen dar (FON, *fractional occupation number*).[186] Dabei können zusätzliche virtuelle Orbitale teilweise besetzt werden und mit Hilfe einer fiktiven Temperatur der Elektronen, die im Verlaufe des Prozesses reduziert wird, die SCF-Lösung besser gesteuert werden. In den unter-suchten Fällen ergeben sich schlussendlich i.d.R. reine elektronische Zustände, d.h. nur ganzzahlige Orbitalbesetzungen treten auf. In den folgenden Kapiteln werden die Spin-multiplizitäten ausschließlich für solche Fälle angegeben (Besetzung des HOMOs mit mehr als 0,9 Elektronen).

5.3.2 Kleine Palladiumclusteranionen (Pd_n^-, $13 \leq n \leq 38$)

In Abbildung 76 sind die experimentellen sM^{exp}-Funktionen (genäherter Hintergrund) der anionischen Palladiumcluster von 13 bis 38 Atome dargestellt. Die qualitative Be-gutachtung durch Vergleiche mit Nachbarclustern zeigt insbesondere für die Clusterio-nen Pd_{22}^-, Pd_{26}^- und Pd_{32}^- Unterschiede, die auf strukturelle Besonderheiten dieser Größen hindeuten. Im Folgenden werden für einen Teil der untersuchten Clustergrößen Kandidatstrukturen zur Interpretation der experimentellen molekularen Beugungsinten-sität sM^{exp} überprüft. Wie in Abschnitt 5.3.1 bereits erwähnt, ist der analysierte Konfi-gurationsraum der Isomere eingeschränkt und eine Zuordnung aufgrund der berechneten Gesamtenergien schwierig. Neben dem R_w-Wert kann jedoch mit Hilfe der qualitativen Analyse der Übereinstimmung des Verlaufs der sM^{theo}-Funktion ein ausgewähltes Strukturmotiv verbindlich ausgeschlossen werden.

Bis auf den Cluster Pd_{13}^- sind keine Anpassungen „binärer" sM^{theo}-Funktionen, die aus zwei unterschiedlichen Modellstrukturen konstruiert werden, systematisch analysiert worden. Aufgrund der DFT-Problematik ist eine Einschränkung mit dem Fokus auf niederenergetische Isomere schwierig zu treffen und die Überprüfung von Mischungen relativ umfangreich. Es ist denkbar, dass in manchen Fällen mehrere Strukturisomere gleichzeitig experimentell vorlagen und dies somit in der Analyse der Daten nicht erfasst wird.

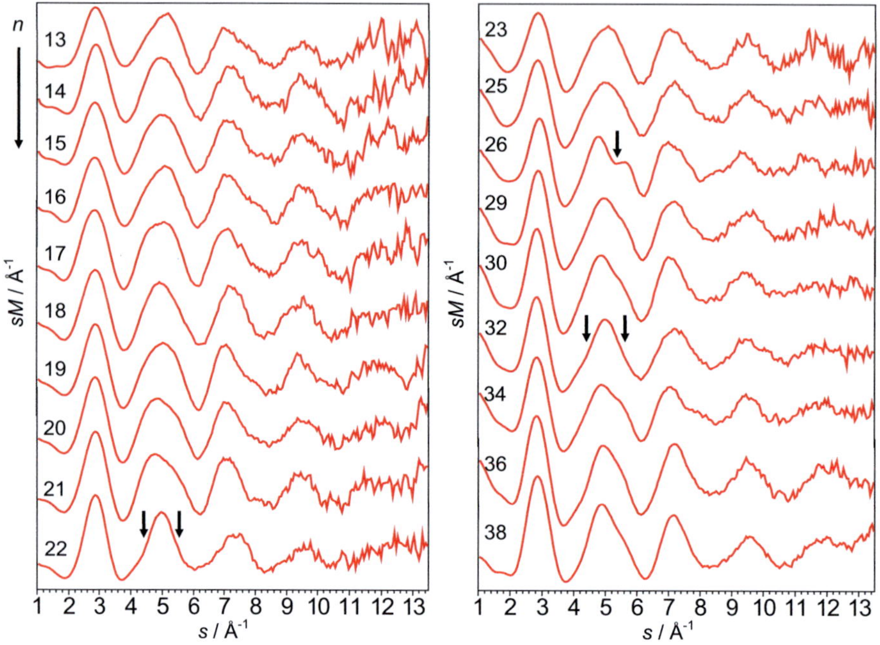

Abbildung 76: Experimentelle sM^{exp}-Funktionen (genäherter Hintergrund) von kleinen Palladiumclusteranionen mit n Atomen ($13 \leq n \leq 38$). Qualitative Abweichungen zeigen die Cluster Pd_{22}^-, Pd_{26}^- und Pd_{32}^- (siehe Pfeile), was auf Änderungen des Strukturmotivs hindeutet.

Pd_{13}^-

Metallcluster aus 13 Atomen können eine ganze Reihe verschiedener kompakter Strukturen annehmen.[190,191] Die für den Cluster Pd_{13}^- im Energieintervall bis +1,0 eV gefundenen Strukturen zeigen die in Abbildung 77 dargestellten Bindungsmotive. Darunter befinden sich neben den typischen Strukturen Ikosaeder (Isomer 2 und 4), Dekader (Isomer 7) und Kuboktaeder (Isomer 8) die für Palladium bereits bekannte Schichtstruktur (Isomer 1), die unter dem verwendeten theoretischen Ansatz (BP86 / def-SVPs0) den Grundzustand darstellt.[190] Ebenso wird die Ikosaederstruktur (2) als energetisch günstig berechnet. Für die Schichtstruktur erhält man gleichermaßen wie für die typischen Strukturen hohe R_w-Werte von über 6%. Lediglich eine sich vom geschlossenen

Ikosaeder ableitende Struktur (4), bei der ein Eckatom auf die Oberfläche der Ikosaederschale gerutscht ist, ermöglicht eine moderate Anpassung ($R_w = 4{,}0\%$). Diese Variante des Ikosaeders wie auch die Strukturvarianten der Schichtstruktur (Isomere 3, 5 und 9) liegen in den Berechnungen tendenziell höher in Energie.

  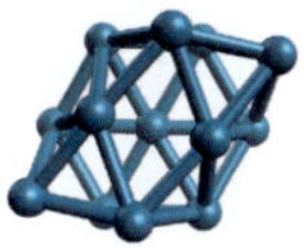

1. C_{3v}, 0,00 eV (4), $R_w = 6{,}9\%$ 2. I_h, 0,15 eV (8), $R_w = 9{,}5\%$ 3. C_2, 0,21 eV (6), $R_w = 8{,}1\%$

 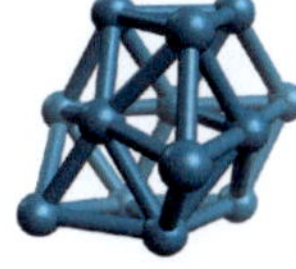 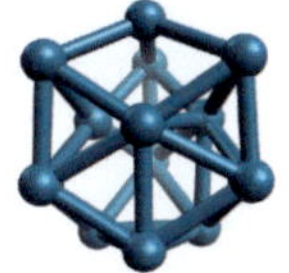

4. C_1, 0,21 eV (8), $R_w = 4{,}0\%$ 5. C_1, 0,23 eV (4), $R_w = 3{,}3\%$ 6. C_{3v}, 0,24 eV (4), $R_w = 3{,}5\%$

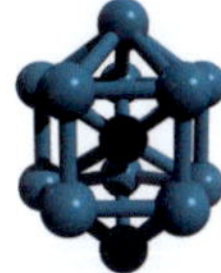 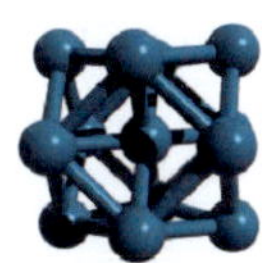 

7. D_{5h}, 0,35 eV (8), $R_w = 7{,}8\%$ 8. O_h, 0,53 eV (6), $R_w = 6{,}2\%$ **9. C_1, 0,87 eV (2), $R_w = 2{,}4\%$**

Abbildung 77: Die energetisch günstigsten Isomere von Pd_{13}^{-} mit Symmetrien, relativen Energien (Spinmultiplizität) und R_w-Werten. Das fett markierte Isomer zeigt die beste gefundene experimentelle Übereinstimmung.

Die beste Übereinstimmung zwischen Modell-sM-Funktion mit dem Experiment wird mit Isomer (1) ähnelnden Strukturen erreicht (Isomer (5): $R_w = 3{,}3\%$; Isomer (9): $R_w = 2{,}4\%$), siehe Abbildung 78. Dabei bietet Isomer (9), bei dem zwei Atome der Doppelschicht (Isomer 1) auf eine dritte Ebene wandern, den kleinsten R_w-Wert. Diese Umlagerung führt zu einer Verzerrung der gesamten Struktur. Die für diese Struktur berechnete Energie liegt deutlich über der Schichtstruktur (+0,87 eV) und zeigt die kleinste (mögliche) Spinmultiplizität: Da sämtliche anionischen Palladiumcluster eine ungerade Elektronenanzahl besitzen ergibt sich damit ein Dublett.

Ebenso überprüft wurden Mischungen insbesondere der Schichtstruktur (Isomer 1) mit anderen Bindungsmotiven. Dabei konnte keine Verbesserung der Anpassung an die experimentellen Daten erreicht werden.

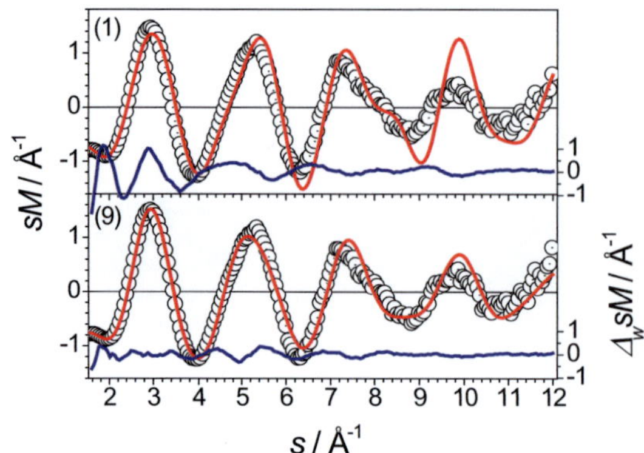

Abbildung 78: Experimentelle sM^{exp}-Funktion (schwarze offene Kreise) und theoretische sM^{theo}-Funktion (rote Linie) der Isomere 1 und 9 von Pd_{13}^{-}. Die blaue Linie entspricht der gewichteten Abweichung $\Delta_w sM$.

Pd_{14}^{-}

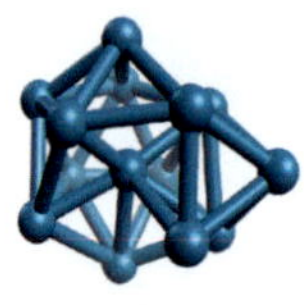

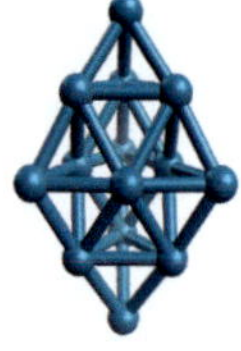

1. C_1, 0,00 eV (8), $R_w = 8{,}5\%$ **2. D_{3h}, 0,02 eV (2), $R_w = 4{,}8\%$**   3. C_1, 0,07 eV (4), $R_w = 9{,}1\%$

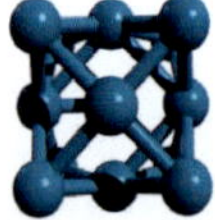

4. C_{4v}, 0,25 eV (4), $R_w = 14{,}5\%$

Abbildung 79: Die energetisch günstigsten Isomere von Pd_{14}^{-} mit Symmetrien, relativen Energien (Spinmultiplizität) und R_w-Werten. Das fett markierte Isomer zeigt die beste gefundene experimentelle Übereinstimmung.

Die für den Cluster Pd_{14}^{-} untersuchten Strukturen sind in Abbildung 79 dargestellt. Wieder lassen sich die Verbindungen in die drei wichtigen Klassen der ikosaedrischen (Isomere 1 und 3), der kuboktaedrischen (Isomer 4) und geschichteten (Isomer 2) einordnen. Die gefundene Struktur (1) mit der niedrigsten elektronischen Gesamtenergie stellt ein stark verzerrtes Ikosaeder dar und lässt sich aus der für Pd_{13}^{-} gefundenen offenen ikosaedrischen Struktur ableiten. Wenig darüber (+0,07 eV) liegt eine geschlossene

Ikosaederstruktur mit Adatom. Diese zeigt eine geringere Spinmultiplizität als Isomer (1) (drei gegenüber sieben ungepaarten Elektronen). Dieses Strukturmotiv kann aufgrund der hohen R_w-Werte (8,5% und 9,1%) als Hauptisomer in der untersuchten Clusterprobe ausgeschlossen werden; ebenso der Kuboktaeder mit Adatom (Isomer (4), $R_w = 14,5\%$). Die größte Übereinstimmung mit der experimentellen sM^{exp}-Funktion zeigt Isomer (2) (siehe Abbildung 80), das zu der Klasse der Schichtstrukturen gehört und sich aus zwei flächenverknüpften trigonalen Pyramiden (aus jeweils zwölf Atomen) zusammensetzt. Der berechnete R_w-Wert beträgt 4,8%.

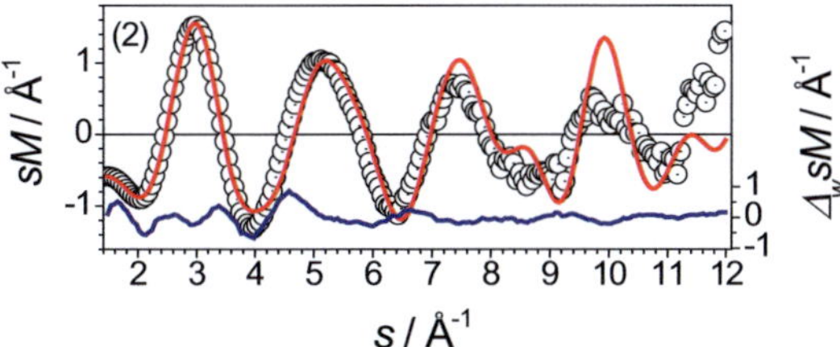

Abbildung 80: Experimentelle sM^{exp}-Funktion (schwarze offene Kreise) und theoretische sM^{theo}-Funktion (rote Linie) des Isomers mit der besten experimentellen Übereinstimmung von Pd_{14}^{-}. Die blaue Linie entspricht der gewichteten Abweichung $\Delta_w sM$.

Pd_{15}^{-}

Der Palladiumcluster aus 15 Atomen zeigt die bereits bekannten Bindungsmotive (siehe Abbildung 81):

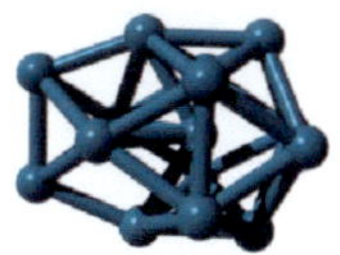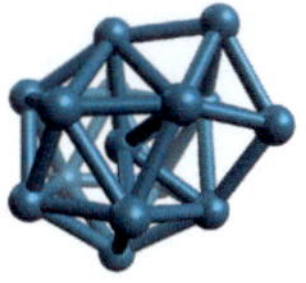

1. C_{2v}, 0,00 eV (6), $R_w = 7,7\%$ 2. C_s, 0,18 eV (8), $R_w = 8,0\%$ 3. C_1, 0,28 eV (2), $R_w = 6,7\%$

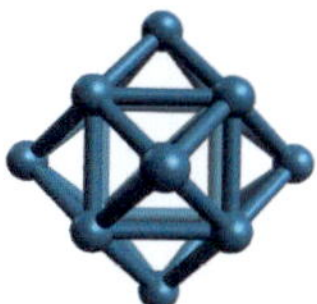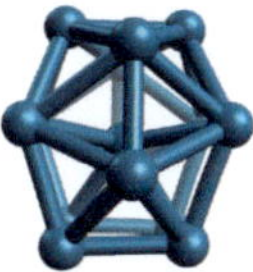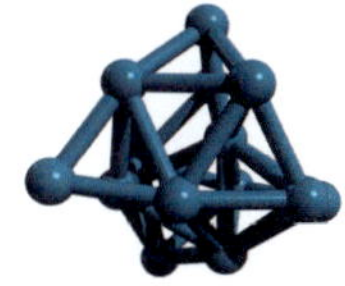

4. D_{4h}, 0,31 eV (8), $R_w = 7,4\%$ 5. C_{2v}, 0,45 eV (2), $R_w = 4,3\%$ **6. C_1, 0,82 eV (2), $R_w = 1,8\%$**

Abbildung 81: Die energetisch günstigsten Isomere von Pd_{15}^{-} mit Symmetrien, relativen Energien (Spinmultiplizität) und R_w-Werten. Das fett markierte Isomer zeigt die beste gefundene experimentelle Übereinstimmung.

Der berechnete Grundzustand entspricht einem gekappten Dekaeder (Isomer 1). Die zwei Adatome, sofern sie an benachbarte Flächen des Polyeders anknüpfen, können in die das Zentralatom umgebende Hülle eintreten (Isomer 5). Diese Verbindung zeigt eine bessere Übereinstimmung (R_w = 4,3%) mit dem Experiment als Isomer (1) (R_w = 7,7%). Weitere energetisch günstige Isomere leiten sich von einem geschlossenen Ikosaeder ab (Isomere 2 und 3). Diese können, ebenso wie das D_{4h}-Isomer (4) aufgrund ihrer R_w-Werte als hauptbeitragende Isomere ausgeschlossen werden (>6%). Eine sehr gute Übereinstimmung der Modellfunktion mit der experimentellen sM^{exp}-Funktion ist mit Isomer (6) zu realisieren (R_w = 1,8%), siehe Abbildung 82. Die Rechnungen ergeben wie im Falle der günstigsten Pd_{13}^--Struktur eine hohe relative Energie und eine sehr kleine Spinmultiplizität verglichen mit den Isomeren mit den niedrigsten Gesamtenergien. Isomer (6) lässt sich am ehesten durch ein an einer Koordinationsstelle geöffnetes Ikosaeder beschreiben. Eine genauere Analyse lässt jedoch erkennen, dass die geöffnete Seite aus einem Ring aus sechs anstatt fünf Palladiumatomen gebildet wird. Ebenso sind zwei gegenüberliegende Kappenatome so angeordnet, dass sie durch leichtes Verschieben mit den übrigen fünf Atomen in eine Ebene gebracht werden können. Man kann die Struktur als Hybridverbindung zwischen ikosaedrischem Strukturmotiv und Schichtstruktur verstehen.

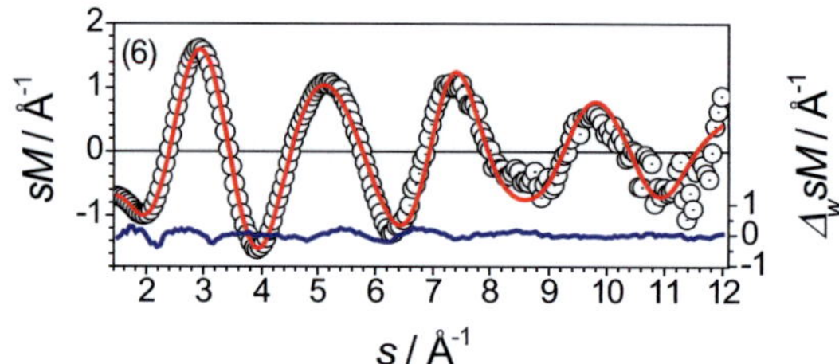

Abbildung 82: Experimentelle sM^{exp}-Funktion (schwarze offene Kreise) und theoretische sM^{theo}-Funktion (rote Linie) des Isomers mit der besten experimentellen Übereinstimmung von Pd_{15}^-. Die blaue Linie entspricht der gewichteten Abweichung $\Delta_w sM$.

Pd$_{17}^{-}$

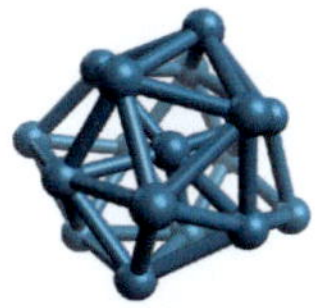 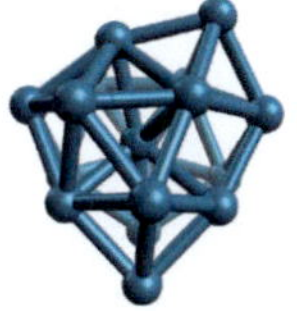 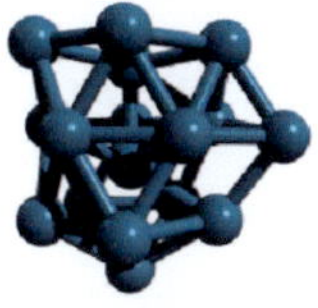

1. C_1, 0,00 eV (8), R_w = 3,4%   **2. C_1, 0,06 eV (6), R_w = 3,4%**   3. C_s, 0,16 eV (8), R_w = 11,3%

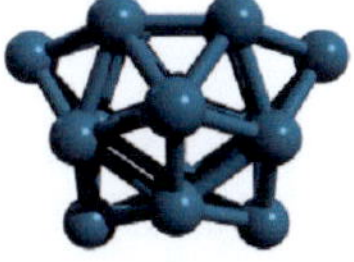 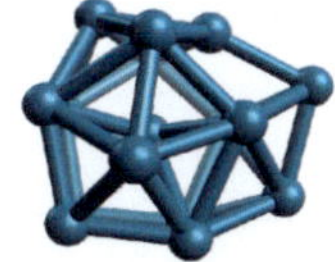 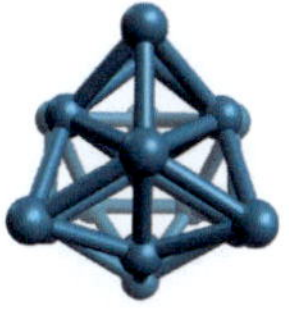

4. C_{2v}, 0,17 eV (2), R_w = 13,5%   5. C_s, 0,18 eV (2), R_w =3,6%   6. C_{3v}, 0,26 eV (2), R_w = 6,1%

Abbildung 83: Die energetisch günstigsten Isomere von Pd$_{17}^{-}$ mit Symmetrien, relativen Energien (Spinmultiplizität) und R_w-Werten. Die fett markierten Isomere zeigen die beste gefundene experimentelle Übereinstimmung.

Der zuvor angedeutete Strukturmotivwechsel zu ikosaedrischen Strukturen wird für den Cluster Pd$_{17}^{-}$ fortgesetzt. Die gefundenen Isomere dieser Verbindungsklasse zeigen sowohl die niedrigste berechnete Gesamtenergie wie auch die kleinsten R_w-Werte (Isomere 1 und 2, beide 3,4%), siehe Abbildung 83 und Abbildung 84. Die bei dieser Größe geschlossenschaligen Strukturen ergeben hohe Spinmultiplizitäten in den Rechnungen. Die vier überzähligen Palladiumatome bilden keine zweite Schale um den (kompakten) Kern (wie in Isomer 3), sondern fügen sich in die umgebende erste Schicht ein. Das

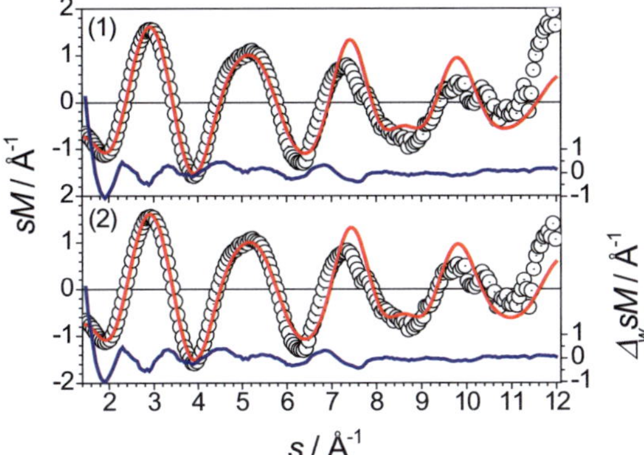

Abbildung 84: Experimentelle sM^{exp}-Funktion (schwarze offene Kreise) und theoretische sM^{theo}-Funktion (rote Linie) der Isomere 1 und 2 von Pd$_{17}^{-}$. Die blaue Linie entspricht der gewichteten Abweichung $\Delta_w sM$.

Zentralatom wird dadurch z.T. schwach koordiniert. Eine vergleichbare Anpassung ($R_w = 3{,}6\%$) wird mit einer überkappten dekaedrischen C_s-Struktur erreicht (Isomer 5). Auch in diesem Fall wandern die überzähligen Atome z.T. ein Stück in die Oberfläche des Polyeders hinein. Generell lässt sich feststellen, dass eine Modellstruktur mit schwer differenzierbaren nächsten und übernächsten Nachbaratomabständen kleinere R_w-Werte liefert als ein kompakt und dicht gepacktes Isomer.

Pd_{18}^{-}

 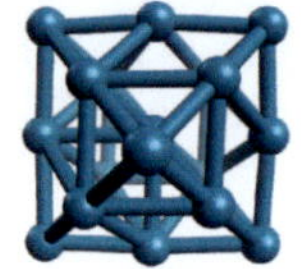 

1. C_1, 0,00 eV (8), $R_w = 2,8\%$ 2. O_h, 0,01 eV (2), $R_w = 6,1\%$ 3. C_s, 0,01 eV (4), $R_w = 4,6\%$

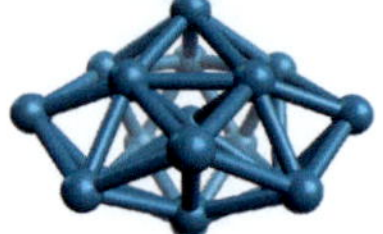 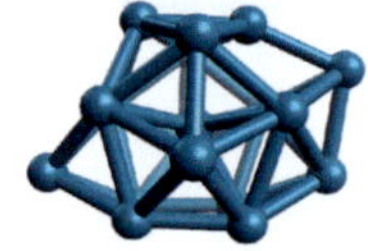 

4. C_s, 0,09 eV (4), $R_w = 6,5\%$ 5. C_s, 0,09 eV (4), $R_w = 4,3\%$ 6. C_{5v}, 0,31 eV (4), $R_w = 7,5\%$

Abbildung 85: Die energetisch günstigsten Isomere von Pd_{18}^{-} mit Symmetrien, relativen Energien (Spinmultiplizität) und R_w-Werten. Das fett markierte Isomer zeigt die beste gefundene experimentelle Übereinstimmung.

Die analysierten Modellstrukturen des Clusters Pd_{18}^{-} sind in Abbildung 85 gezeigt. Es finden sich ikosaedrische, dekaedrische und oktaedrische Strukturisomere in einem kleinen Energieintervall. Aufgrund der R_w-Werte lassen sich kompakte Ikosaeder mit Adatomen ausschließen (siehe Isomer 4, $R_w = 6,5\%$). Ebenso zeigt der leicht verzerrte Oktaeder (2) eine schlechte Übereinstimmung ($R_w = 6,1\%$). Bessere Anpassungen lassen sich mit dekaedrischen Strukturen erhalten, wobei die Adatome wie zuvor bereits gesehen z.T. in die Polyederoberfläche eindringen (Isomere 3 und 5, $R_w = 4,6\%$ und 4,3%). Die Struktur mit der niedrigsten berechneten Gesamtenergie liefert jedoch einen signifikant besseren R_w-Wert von 2,8% (siehe Abbildung 86). Wie ebenso für den Cluster Pd_{17}^{-} gefunden, zeigt die Struktur eine lose ikosaedrische Koordination mit Auswölbungen der Clusteroberfläche. Verglichen mit dem kleineren Cluster sind diese stärker ausgeprägt.

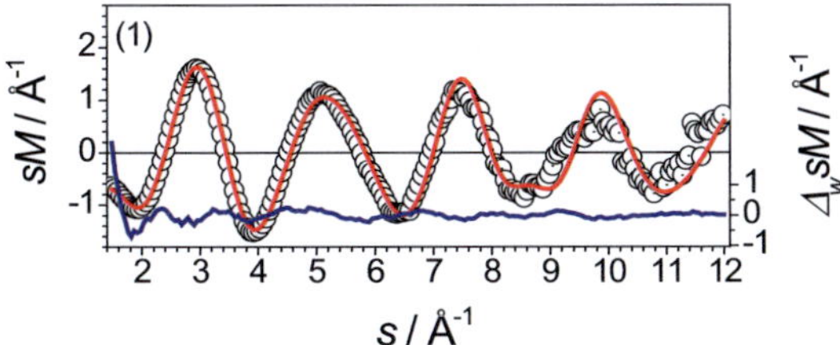

Abbildung 86: Experimentelle sM^{exp}-Funktion (schwarze offene Kreise) und theoretische sM^{theo}-Funktion (rote Linie) des Isomers mit der besten experimentellen Übereinstimmung von Pd_{18}^{-}. Die blaue Linie entspricht der gewichteten Abweichung $\Delta_w sM$.

Pd_{21}^{-}

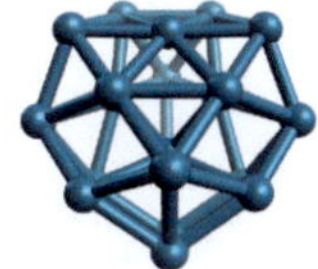
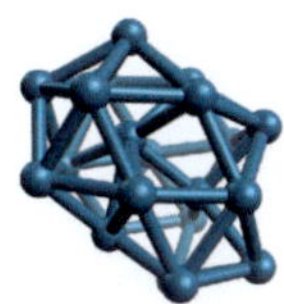
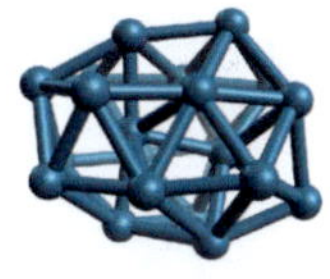

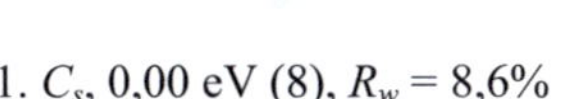

1. C_s, 0,00 eV (8), R_w = 8,6%   **2. C_1, 0,07 eV (6), R_w = 4,6%**   3. C_1, 0,10 eV (2), R_w = 4,8%

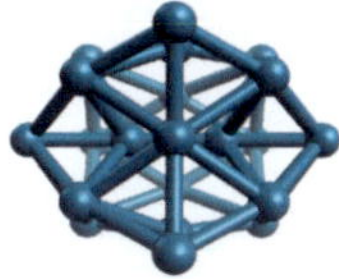

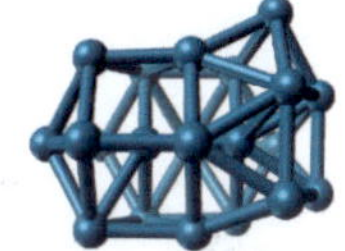

4. D_{2h}, 0,18 eV (8), R_w = 5,9%   5. C_s, 0,33 eV (2), R_w = 8,1%   6. C_s, 0,37 eV (2), R_w = 10,3%

Abbildung 87: Die energetisch günstigsten Isomere von Pd_{21}^{-} mit Symmetrien, relativen Energien (Spinmultiplizität) und R_w-Werten. Das fett markierte Isomer zeigt die beste gefundene experimentelle Übereinstimmung.

Obere Abbildung 87 zeigt die energetisch günstigsten Strukturen von Pd_{21}^{-}. Das globale Minimum stellt dabei eine dekaedrische Struktur (1) dar. Sie zeigt schlechte Übereinstimmung mit dem Experiment (R_w = 8,6%). Des Weiteren findet sich ein Vertreter der Schichtstrukturen (Isomer 5) bestehend aus drei Atomlagen. Sie lässt sich als fcc-artig (fcc, *face centered cubic*) in Bezug auf die Festkörperstruktur von Palladium beschreiben. Auch sie ist aufgrund des großen R_w-Werts (8,1%) auszuschließen. Die beste Übereinstimmung der sM-Funktionen in diesem Größenbereich gelingt erneut mit einer ikosaedrischen Struktur. Dabei verschmelzen zwei 13er-Ikosaeder und bilden eine locker gebundene polyikosaedrische prolate Struktur. Die +0,07 eV und +0,10 eV über der günstigsten Struktur liegenden Isomere (2) und (3) ergeben einen vergleichbaren R_w-

Wert von 4,6% und 4,8% (siehe Abbildung 88). Das energetisch minimal niedriger liegende Isomer (2) besitzt eine höhere Spinmultiplizität ($2S+1 = 6$) als (3) ($2S+1 = 2$).

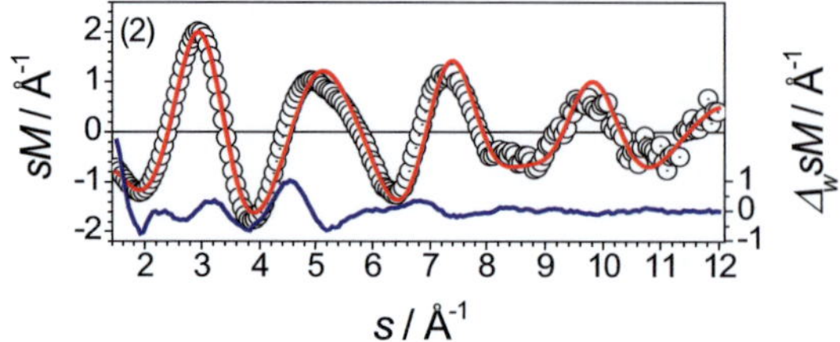

Abbildung 88: Experimentelle sM^{exp}-Funktion (schwarze offene Kreise) und theoretische sM^{theo}-Funktion (rote Linie) des Isomers mit der besten experimentellen Übereinstimmung von Pd_{21}^{-}. Die blaue Linie entspricht der gewichteten Abweichung $\Delta_w sM$.

Pd_{23}^{-}

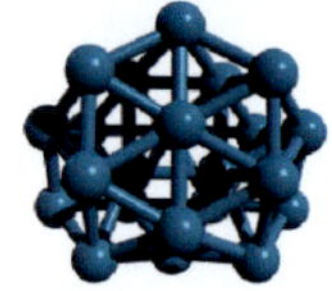 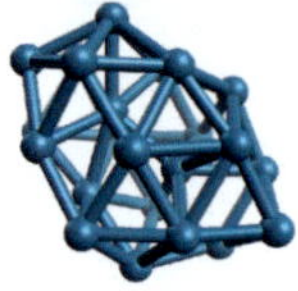 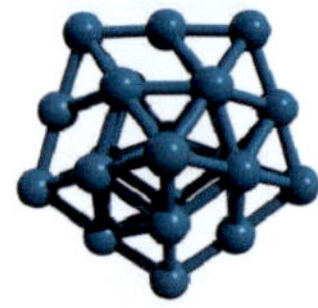

1. C_1, 0,00 eV (8), R_w = 12,5% **2. C_1, 0,03 eV (2), R_w = 4,5%** 3. D_{5h}, 0,41 eV (8), R_w = 12,3%

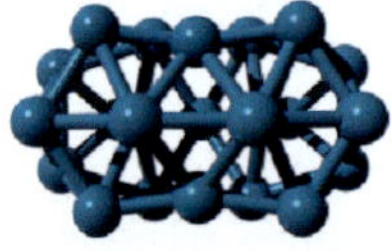 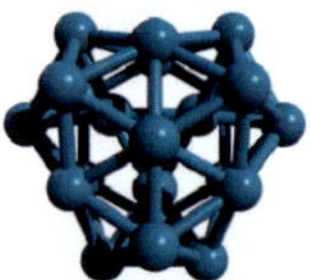

4. C_{2v}, 0,43 eV (8), R_w = 6,0% 5. D_{3h}, 0,75 eV (8), R_w = 11,6%

Abbildung 89: Die energetisch günstigsten Isomere von Pd_{23}^{-} mit Symmetrien, relativen Energien (Spinmultiplizität) und R_w-Werten. Das fett markierte Isomer zeigt die beste gefundene experimentelle Übereinstimmung.

Im Energieintervall bis +0,8 eV finden sich für den Cluster Pd_{23}^{-} verschiedene Strukturmotive (siehe Abbildung 89). Die kompakten polyikosaedrischen Strukturen (1) und (4) können wegen der schlechten Übereinstimmung der sM-Funktionen ausgeschlossen werden (R_w = 12,5% bzw. 6,0%). Ebenso eine hochsymmetrische D_{5h}- (3) und D_{3h}-Struktur (5). Für sie werden R_w-Werte über 10% berechnet. Strukturisomer (2) lässt sich aus der für Pd_{21}^{-} vorgeschlagenen Struktur durch Addieren zwei weiterer Palladiumatome konstruieren. Dieses polyikosaedrische Strukturmotiv ergibt den kleinsten für diese Clustergröße gefundenen R_w-Wert. Er beträgt 4,5% und ist in Anbetracht der Qualität der experimentellen Daten zu hoch für eine eindeutige Strukturzuordnung (siehe Abbildung 90). Die experimentell untersuchte Clusterstruktur zählt wahrscheinlich zu dieser Verbindungsklasse.

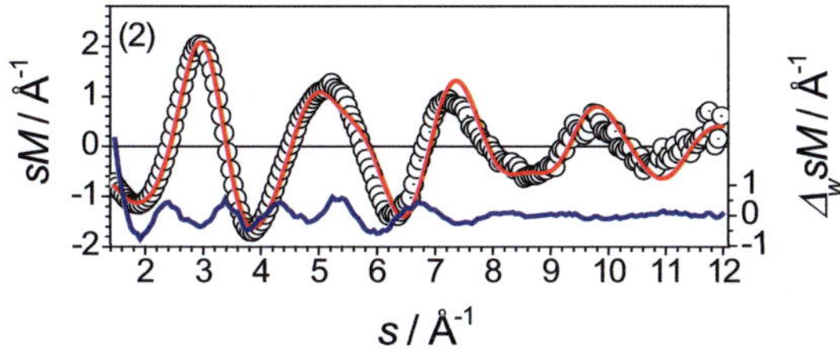

Abbildung 90: Experimentelle sM^{exp}-Funktion (schwarze offene Kreise) und theoretische sM^{theo}-Funktion (rote Linie) des Isomers mit der besten experimentellen Übereinstimmung von Pd_{23}^{-}. Die blaue Linie entspricht der gewichteten Abweichung $\Delta_w sM$.

Wie schon in Tabelle 4 zu Beginn dieses Kapitels gezeigt, haben das verwendete Funktional und der Basissatz großen Einfluss auf die elektronische Gesamtenergie und den Gesamtspin. Für diesen Cluster lässt sich die Problematik weiter bestätigen (siehe Tabelle 5). Die Strukturen hoher Symmetrie wurden in der Kombination TPSS / TZVPE nachgerechnet. Es ergeben sich keine signifikanten Strukturänderungen, jedoch kann festgestellt werden, dass die Spinmultiplizität M um zwei bis sechs erhöht wird. Ebenso liegen die Verschiebungen der relativen Energien in der Größenordnung von 0,3–0,9 eV.

Tabelle 5: Berechnete relative elektronische Energien (DFT) von Pd_{23}^{-} unter Verwendung verschiedener Funktionale und Basissätze. Zahlen in Klammern entsprechen der Spinmultiplizität $M = 2S+1$.

Funktional / Basissatz		BP86 / SVPs0	TPSS / TZVPE
Isomer	(1)	0,00 eV (8)	0,47 eV (10)
	(3)	0,41 eV (8)	0,00 eV (14)
	(4)	0,43 eV (8)	0,93 eV (10)
	(5)	0,75 eV (8)	0,87 eV (12)

Für die hier untersuchten Isomere ändert sich insbesondere die Gesamtenergie des D_{5h}-Isomers (3), was mit der größten Spinänderung einhergeht. Es ist zu vermuten, dass die Beschreibung mit den gängigen Austauschfunktionalen unzureichend ist. Für Systeme mit hohen Spinmultiplizitäten, wozu die Palladiumcluster vermutlich gehören, ist die korrekte Berechnung der nichtklassischen (Austausch-) Wechselwirkung essentiell. Im vorliegenden Fall sind sowohl (1) als auch (3) nicht von experimenteller Relevanz.

Pd_{25}^{-}

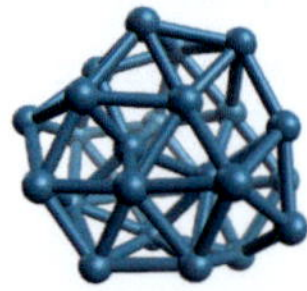 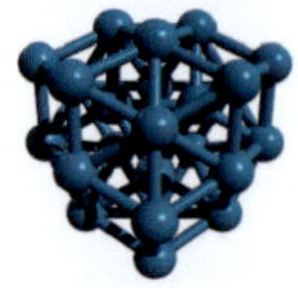 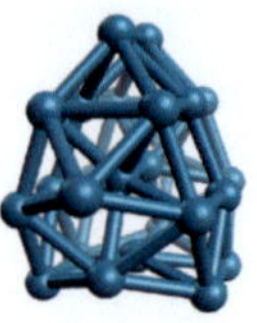

1. C_1, 0,00 eV (8), R_w = 4,0%   2. C_{3v}, 0,07 eV (8), R_w = 13,6%   3. C_s, 0,19 eV (2), R_w = 8,5%

 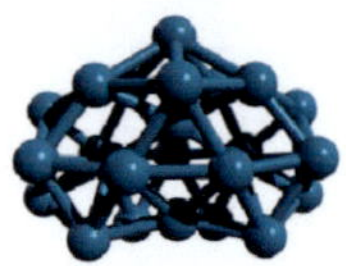

4. C_s, 0,42 eV (2), R_w = 6,5%   5. C_s, 0,76 eV (12), R_w = 6,3%

Abbildung 91: Die energetisch günstigsten Isomere von Pd_{25}^{-} mit Symmetrien, relativen Energien (Spinmultiplizität) und R_w-Werten. Das fett markierte Isomer zeigt die beste gefundene experimentelle Übereinstimmung.

Das bisher gezeichnete Bild der Palladiumclusterstrukturen setzt sich auch für den Cluster Pd_{25}^{-} fort. In Abbildung 91 sind die verschiedenen bisher aufgetauchten Strukturmotive wiederzufinden. Aufgrund des R_w-Wertes können die folgende Isomere ausgeschlossen werden: dekaedrisches Strukturmotiv (3) (8,5%) sowie verzerrte Schichtstruktur (2) (13,6%). Weitere Verbindungen wie das aus zwei verschmolzenen 13er-Ikosaedern bestehende Isomer (5) oder die aus drei Atomlagen aufgebaute flache Schichtstruktur (4) liefern zwar kleinere R_w-Werte (6,3% bzw. 6,5%) sind aber unwahrscheinlich als experimentell untersuchtes Hauptisomer. Die beste Übereinstimmung mit der sM^{exp}-Funktion wird mit dem energetisch günstigsten Isomer (1) gefunden. Der R_w-Wert beträgt 4,0% (siehe Abbildung 92). Die Struktur ist globulär, weist aber – wie für kleinere Clustergrößen festzustellen war – die Eigenschaft auf, dass nicht klar zwischen nächsten und übernächsten Nachbaratomen anhand der Abstandsverteilung differenziert werden kann.

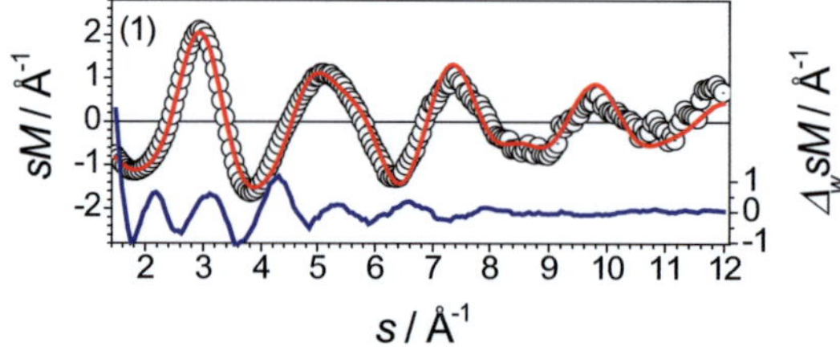

Abbildung 92: Experimentelle sM^{exp}-Funktion (schwarze offene Kreise) und theoretische sM^{theo}-Funktion (rote Linie) des Isomers mit der besten experimentellen Übereinstimmung von Pd_{25}^{-}. Die blaue Linie entspricht der gewichteten Abweichung $\Delta_w sM$.

Pd$_{26}^{-}$ und Pd$_{38}^{-}$

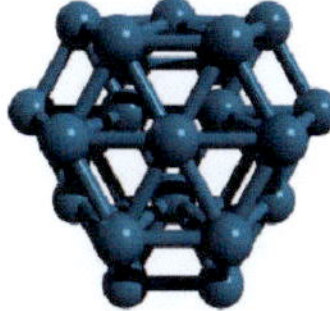 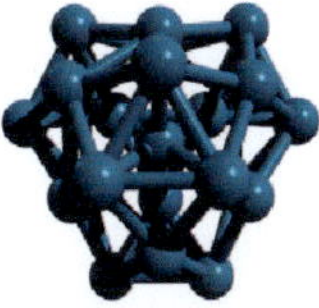

1. *D$_{3h}$*, 0,00 eV (8), R_w = 21,0%　　　**2. *T$_d$*, 0,99 eV (14), R_w = 2,2%**

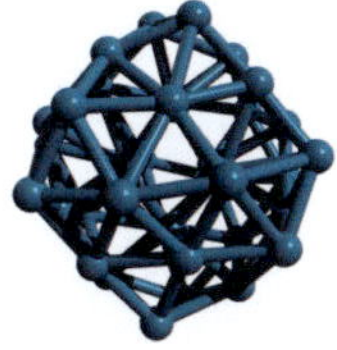 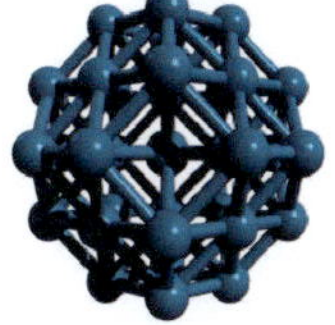 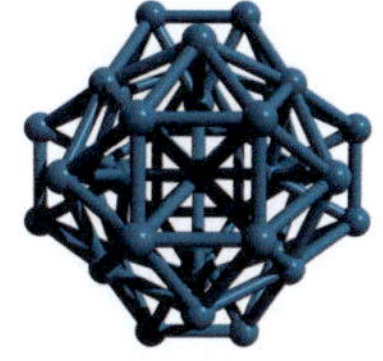

1. *C$_1$*, 0,00 eV (16), R_w = 2,8%　　　2. *O$_h$*, 0,14 eV (8), R_w = 9,4%　　　3. *D$_{4h}$*, 0,39 eV (2), R_w = 3,0%

Abbildung 93: Die jeweils energetisch günstigsten Isomere von Pd$_{26}^{-}$ und Pd$_{38}^{-}$ mit Symmetrien, relativen Energien (Spinmultiplizität) und R_w-Werten. Das fett markierte Isomer zeigt jeweils die beste gefundene experimentelle Übereinstimmung.

Anders als andere Palladiumcluster in dem untersuchten Größenbereich zeigt die sM^{exp}-Funktion von Pd$_{26}^{-}$ ein charakteristisches Doppelmaximum um $s = 5\text{Å}^{-1}$ (siehe Abbildung 76). Dieses kann bei polyikosaedrischen Strukturen beobachtet werden. D.h. neben einem einheitlichen Abstand zu den nächsten Nachbarn, existiert ein zweiter häufig auftretender Abstand zum übernächsten Nachbarn, der ca. um den Faktor 2,5 größer ist. Eine solche Paarverteilungsfunktion lässt sich bei Strukturen finden, die aus mehreren Doppelikosaedern aus 19 Atomen aufgebaut sind. Isomer 26–(2) in Abbildung 93 lässt sich aus zwei solchen längs aneinander gelegten um 90° verdrehten Einheiten konstruieren. Man erhält eine Struktur mit *T$_d$*-Symmetrie. Die experimentell untersuchte Struktur kann eindeutig diesem Strukturmotiv zugeordnet werden (R_w = 2,2%), siehe Abbildung 94. Die berechnete Grundzustandsstruktur 26–(1) (R_w = 21,0%), die eine fcc-artige Schichtstruktur darstellt kann ebenso wie weitere mit einem genetischen Algorithmus generierte Strukturen (nicht abgebildet) ausgeschlossen werden. Die verwendeten Kombinationen aus Funktional und Basissatz präferieren ausschließlich Isomer 26–(1) (siehe Tabelle 4). Wenngleich das TPSS Funktional dem experimentellen Befund näher kommt als das GGA-Funktional BP86 oder das Hybridfunktional B3LYP, scheint die Schichtstruktur überbewertet zu werden. Ein Ähnliches Verhalten konnte bei strukturellen Übergängen in Goldclusteranionen beobachtet werden.[108] Auch bei dieser Clustergröße ist von einem Motivwechsel zu sprechen, auch wenn es sich um eine strukturelle

„Insel" handelt. Die DFT-Problematik wurde an einem weiteren Cluster (Pd_{23}^{-}) überprüft (s.o.).

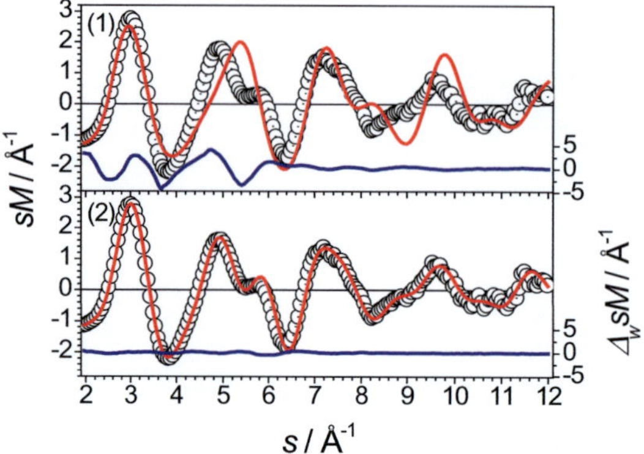

Abbildung 94: Experimentelle sM^{exp}-Funktion (schwarze offene Kreise) und theoretische sM^{theo}-Funktion (rote Linie) der Isomere 1 und 2 von Pd_{26}^{-}. Die blaue Linie entspricht der gewichteten Abweichung $\Delta_w sM$.

In Abbildung 93 sind ebenso Clusterstrukturen von Pd_{38}^{-} dargestellt. In diesem Größenbereich ist das Ausbilden einer dritten Schicht möglich, sodass neben dem Zentralatom und den Oberflächenatomen auch in Atome unter der Oberfläche differenziert werden kann. Eine festkörperähnliche Struktur (Isomer 38–(2)) für diese Größe kann experimentell ausgeschlossen werden (R_w = 9,5%). Unter den analysierten Strukturen können zwei verschiedene Strukturmotive mit einem kleinen R_w-Wert gefunden werden: Die beste Übereinstimmung (R_w = 2,8%) zeigt das schraubenartig verdrehte Isomer 38–(1), das unter den untersuchten Strukturen die niedrigste Gesamtenergie bei einer hohen Spinmultiplizität (M = 16) ergibt. Die Position eines Zentralatoms ist darin nicht besetzt, stattdessen findet sich ein Oktaeder aus sechs Palladiumatomen. Der Kern des D_{4h}-Isomers 38–(3) wird ebenfalls durch ein regelmäßiges Oktaeder gebildet. Die DFT-Rechnungen ergeben eine minimale Spinmultiplizität bei gleichzeitig hoher Symmetrie. In den untersuchten Fällen war typischerweise eine hohe Spinmultiplizität bei Clustern mit Punktgruppen einer hohen Ordnung zu finden. Eine verringerte Spinmultiplizität wie in diesem Fall spricht für einen möglicherweise großen Fehler in der berechneten elektronischen Gesamtenergie, weshalb die relative Energie von +0,39 eV kein Ausschlusskriterium darstellt. Die Anpassung beider Isomere an die experimentellen Daten ist in Abbildung 95 dargestellt. Man kann vergleichbare R_w-Werte für beide Strukturen berechnen (2,8% bzw. 3,0%).

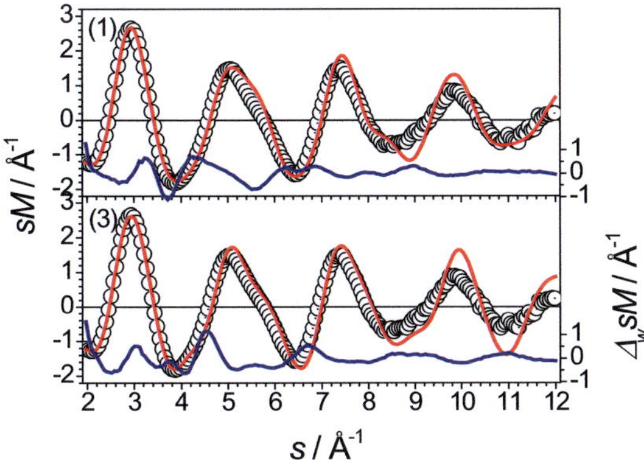

Abbildung 95: Experimentelle sM^{exp}-Funktion (schwarze offene Kreise) und theoretische sM^{theo}-Funktion (rote Linie) der Isomere 1 und 3 von Pd_{38}^{-}. Die blaue Linie entspricht der gewichteten Abweichung $\Delta_w sM$.

5.3.3 Große Palladiumclusteranionen (Pd_n^{-}, $55 \leq n \leq 147$)

Größere Clusterstrukturen werden von denen in Abschnitt 5.3.2 untersuchten kleinen Verbindungen aus wenigen Dutzend Atomen separat betrachtet. Mit mindestens 55 Palladiumatomen erreichen die untersuchten Partikel eine Größe von 1nm und mehr. Der Begriff Nanoteilchen kann hier im eigentlichen Sinne korrekt angewandt werden. Bedingt durch die hohe Anzahl an Atomen und den Umfang der Abstandsverteilungsfunktion (PDF) sind die Veränderungen des Streubilds minimal, wird eins oder wenige Atome in der Struktur bewegt. Im weitesten Sinn können diese Variationen als Defekte einer hoch geordneten Struktur verstanden werden. Die eindimensionale sM-Funktion zeigt bezüglich der unterschiedlichen Strukturmotive, in denen sowohl Nah- wie auch Fernordnung der Atompositionen stark ausgeprägt und differenzierbar ist, eine große Sensitivität. Dies ermöglicht schon das qualitative Inspizieren der Modellfunktionen sM^{theo} mit bloßem Auge, um eine Zuordnung des Strukturmotivs zu treffen. Die Entwicklung der Bindungsverhältnisse bis zur Festkörperstruktur (Palladium: fcc-Bravaisgitter) als Funktion der Atomzahl soll über einen großen Bereich abgerastert werden.

Das Erzeugen von Modellstrukturen mit *ab initio*-Methoden ist für diesen Größenbereich ausgeschlossen. Mit Ausnahme des Cluster Pd_{55}^{-}, für den DFT-Rechnungen einiger hochsymmetrischer Strukturtypen unter Nutzung der größtmöglichen Punktgruppe durchgeführt wurden, handelt es sich um die im Folgenden dargestellten Modellstrukturen um bekannte globale oder lokale Minima von semiempirischen Potenzialen (Gupta[187,189], Sutton-Chen[192], Morse[193]). Von Ahlrichs *et al.* in einer DFT-Arbeit für ausgewählte Größen berechnete neutrale Cluster wurden berücksichtigt.[186] Weitere Strukturen sind unter Verwendung eines genetischen Algorithmus und oben genannten semiempirischen Potenzialen gefunden worden.

Pd$_{55}^{-}$

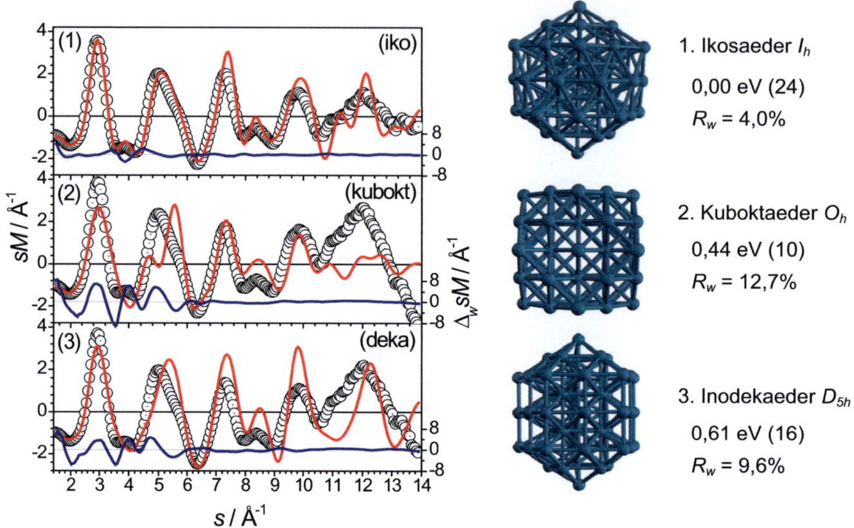

Abbildung 96: Experimentelle sM^{exp}-Funktion (schwarze offene Kreise) und theoretische sM^{theo}-Funktion (rote Linie) der drei Strukturmotive: Ikosaeder (I_h), Kuboktaeder (O_h) und gekappter Dekaeder (D_{5h}) von Pd$_{55}^{-}$. Die blaue Linie entspricht der gewichteten Abweichung $\Delta_w sM$. Rechts sind die relativen Energien (mit Spinmultiplizität $M = 2S + 1$ in Klammern) sowie der R_w-Wert gezeigt.

In Abbildung 96 sind drei verschiedene Isomere an die gemessenen Beugungsdaten für Pd$_{55}^{-}$ angepasst, die den Strukturmotiven Mackayikosaeder[194] (1) und Kuboktaeder (2) – der einen Ausschnitt des Palladiumfestkörpers darstellt – entsprechen. Ebenso findet sich der typischerweise zwischen diesen Strukturtypen für Edelgas- und Lennard-Jones-Cluster auftretende gekappte (Ino-)Dekaeder (3) unter den Kandidatstrukturen.[195] Die energetisch günstigste Struktur stellt das Ikosaeder dar, dessen qualitativer Verlauf der sM^{theo}-Funktion die Daten gut beschreibt. Damit wird das für kleinere Palladiumcluster gefundene Bindungsmotiv fortgesetzt. Bei genauerer Begutachtung wird deutlich, dass Abweichungen der theoretischen sM-Funktion bei $s = 4$Å^{-1} vorhanden sind. Des Weiteren stimmen die relativen Intensitäten des dritten und folgender Maxima nicht mit den ersten beiden überein. Eine von der I_h-Symmetrie abweichende Struktur ist deshalb wahrscheinlich (siehe hierzu auch das kommende Kapitel 5.5). Im Vergleich zu den Isomeren (2) und (3) liefert die Kombination BP86 / SVPs0 einen hohen Spinzustand für den Mackayikosaeder mit 23 ungepaarten Elektronen. Für die vergleichbare hochsymmetrische Punktgruppe (O_h), Isomer (2), findet sich eine deutlich kleinere Spinzahl.

Pd$_{65}^-$

Die ab dieser Clustergröße im Folgenden vorgestellten Strukturen entsprechen keinen in DFT-Rechnungen relaxierten Geometrien. Die Gründe hierfür liegen in der meist niedrigen Symmetrie der Schoenflies-Punktgruppe der Isomere, weshalb eine *ab initio*-Beschreibung des elektronischen Systems sehr aufwendig ist. Stattdessen finden in einem für den Palladiumfestkörper parametrisierten Guptapotenzial[187,189] optimierte Geometrien Verwendung.

Das Hinzufügen von zehn Atomen führt zu der in Abbildung 97 gezeigten experimentellen molekularen Beugungsintensität. Im Vergleich zum kleineren Cluster Pd$_{55}^-$ sind graduelle Änderungen im Verlauf sichtbar: Das kleine lokale Maximum (mit negativem Funktionswert) bei $s = 3{,}8\text{Å}^{-1}$ wird flacher und das nachfolgende große Streumaximum um $s = 5{,}4\text{Å}^{-1}$ runder. Ebenso zeigt das Doppelmaximum um $s = 8\text{Å}^{-1}$ nun eher eine Schulter. Geometrische Schalenabschlüsse sind bei 65 Atomen mit einer kubischen Schichtstruktur (3), die eine bcc-Abfolge (bcc, *body centered cubic*) der hexagonal dichtesten Ebenen zeigt, möglich. Ikosaedrische oder dekaedrische Strukturen besitzen unvollständige Schalen (siehe Isomere (1) und (2)). Eine Anpassung ihrer Modellfunktionen sM^{theo} ist möglich. Der qualitative Verlauf des unvollständigen Marksdekaeders zeigt jedoch nicht den charakteristischen Verlauf im kleinen s-Bereich und offenbart für große Streuwinkel Anpassungsschwierigkeiten. Dies äußert sich in einer unphysikalischen, hohen Dämpfung. Die sM^{exp}-Funktion wird vom ikosaedrischen Strukturtyp (1) sehr gut wiedergegeben und die untersuchte Clusterstruktur ist diesem Bindungsmotiv zuzuordnen. Geringfügige Abweichungen an der Stelle des kleinen lokalen Maximums ($s = 3{,}8\text{Å}^{-1}$) deuten an, dass die verwendete Modellstruktur entweder Defizite aufweist (keine DFT-Struktur) oder ein sehr ähnliches Isomer experimentell untersucht wurde.

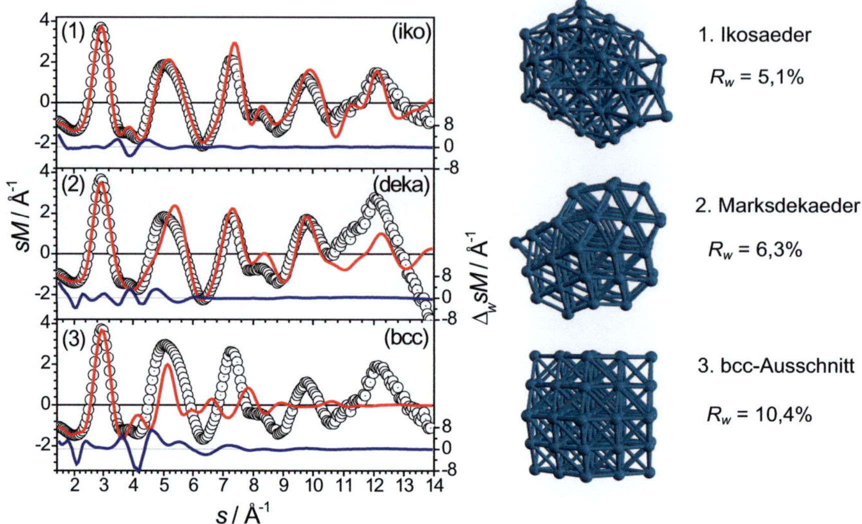

Abbildung 97: Experimentelle sM^{exp}-Funktion (schwarze offene Kreise) und theoretische sM^{theo}-Funktion (rote Linie) von Pd_{65}^{-} der drei Strukturmotive: Ikosaeder (1), Marksdekaeder (2) und bcc-Festkörperausschnitt (3). Die blaue Linie entspricht der gewichteten Abweichung $\Delta_w sM$. Rechts sind die berechneten R_w-Werte gezeigt.

Die festkörperähnliche bcc-Struktur zeigt im Bereich $s = 4$–6Å^{-1} einen grundsätzlich anderen Verlauf der sM^{theo}-Funktion und kann nicht erfolgreich angepasst werden. Eine unphysikalisch große Dämpfung führt zum kleinsten R_w-Wert von 10,4%. Im Gegensatz zu den Strukturmotiven Ikosaeder und Dekaeder besitzen die Palladiumatome im bcc-Ausschnitt nicht zwölf nächste Nachbarn, sondern lediglich acht. Weitere sechs Nachbarn liegen in einem größeren Abstand entfernt. Ein solches signifikant anderes Strukturmotiv als experimentell untersucht ist nicht erfolgreich anpassbar.

Pd_{75}^{-}

Der bei der vorherigen Clustergröße festgestellte Trend der sM^{exp}-Funktion setzt sich für Pd_{75}^{-} fort. Für 75 Atome existiert ein geometrischer Schalenabschluss: Marksdekaeder (1) (siehe Abbildung 98). Ein ikosaedrischer Teilabschluss ist für 71 Atome möglich (55-atomiger Mackayikosaeder mit Kappe), woraus folgt, dass Isomer (3) vier zusätzliche Adatome aufweisen muss. Als drittes Bindungsmotiv wurde ein Palladiumfestkörperausschnitt gewählt. Die Modellfunktion der fcc-Struktur (2) zeigt im zweiten Streumaximum eine deutliche Schulter. Experimentell ist dies nicht zu erkennen, weshalb das fcc-Bindungsmotiv für diese Clustergröße ausgeschlossen werden kann. Vergleicht man die übrigen Kandidatstrukturen Ikosaeder und Dekaeder kann eine bessere Übereinstimmung für den Marksdekaeder gefunden werden (R_w-Werte: 4,2% bzw. 7,4%). Das kleine lokale Maximum bei $s = 3,8\text{Å}^{-1}$ ist zu einer Schulter des ersten Streumaximums abgeflacht, was durch das dekaedrische Motiv besser beschrieben werden kann. Ferner kann für beide Strukturen (1) und (3) eine schlechte Übereinstimmung mit dem zweiten sM-Maximum ($s = 5\text{Å}^{-1}$) festgestellt werden, das im Experiment deutlich runder verläuft. Möglicherweise führen die (100)-Flächen an den Seiten des Marksdekaeders zu einer hohen Oberflächenenergie. Eine Minimierung dieser Größe würde vermutlich die Gesamtheit der Oberflächenatome betreffen und leicht verschieben bzw. wölben. Unter Umständen wäre die Diskrepanz mit der experimentellen sM^{exp}-Funktion so erklärbar. Eine Überprüfung mit *ab initio*-Methoden ist notwendig.

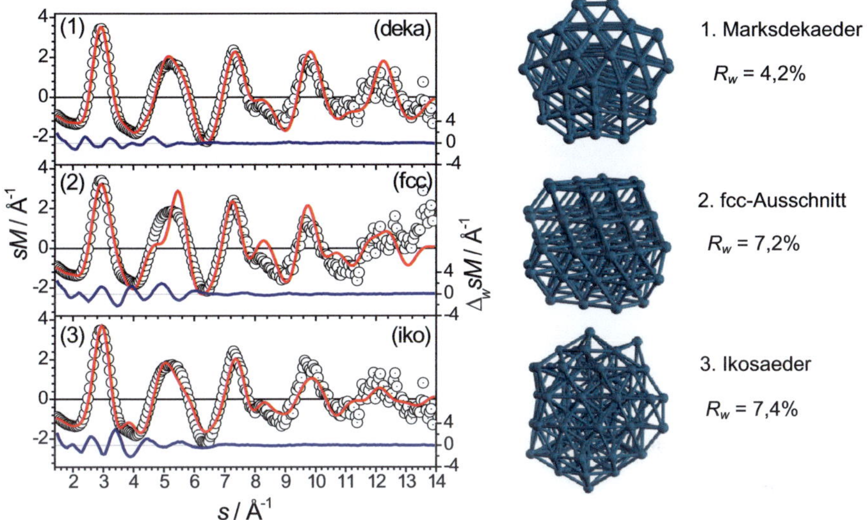

Abbildung 98: Experimentelle sM^{exp}-Funktion (schwarze offene Kreise) und theoretische sM^{theo}-Funktion (rote Linie) der drei Strukturmotive: Marksdekaeder (1), fcc-Festkörperausschnitt (2) und Ikosaeder (3) von Pd_{75}^{-}. Die blaue Linie entspricht der gewichteten Abweichung $\Delta_w sM$. Rechts sind die berechneten R_w-Werte gezeigt.

Pd_{105}^{-}

Die Clustergröße mit 105 Atomen zeigt eine signifikant andere sM^{exp}-Funktion (siehe Abbildung 99) als die vorherige dekaedrische Struktur Pd_{75}^{-}. Das zweite Streumaximum um $s = 5\text{Å}^{-1}$ zeigt eine Aufspaltung in ein kleines und ein zweites größeres lokales Maximum. Strukturen mit fcc-Atomanordnung besitzen in ihrer simulierten sM-Funktion stets diesen charakteristischen Fingerabdruck. Zudem sinkt der sM-Funktionswert des ersten Streumaximums relativ zu den folgenden und zeigt eine breitere Basis.

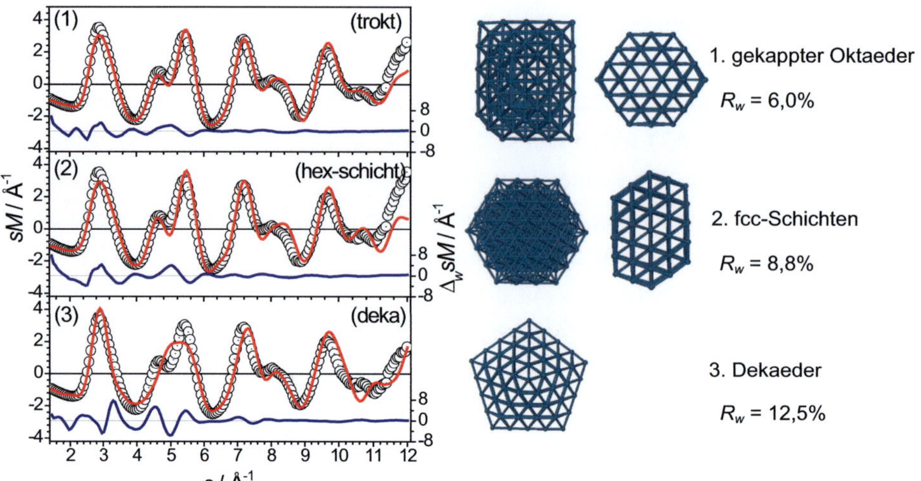

Abbildung 99: Experimentelle sM^{exp}-Funktion (schwarze offene Kreise) und theoretische sM^{theo}-Funktion (rote Linie) von Pd_{105}^{-} modelliert durch zwei unterschiedliche Festkörperausschnitte: gekappter Oktaeder (1) und fcc-Schichten (2). Des Weiteren ist der Vergleich mit einer dekaedrischen Struktur (3) gezeigt. Die blaue Linie entspricht der gewichteten Abweichung $\Delta_w sM$. Rechts sind die berechneten R_w-Werte gezeigt. Für eine bessere Darstellung ist für Isomer (1) und (2) eine Seitenansicht gegeben.

Man kann diese Veränderung als Fortsetzung einer Transformation der sM-Modellfunktion ausgehend von einem ikosaedrischen (Pd_{55}^{-}) über dekaedrischen (Pd_{75}^{-}) zu einem fcc-Strukturmotiv (Pd_{105}^{-}) verstehen. In einem Dekaeder werden aufgrund der fünfzähligen Symmetrie die hexagonal dichtest gepackten Schichten durch Entfernen eines Atoms pro Ebene in fünf Bereichen um die Hauptsymmetrieachse trichterförmig zusammenklappt. In den einzelnen Sektoren liegen weiterhin dichtest gepackte Ebenen in ABC-Abfolge vor. An den durch das zentrale Pentagon festgelegten Kanten entstehen weitere Defekte:

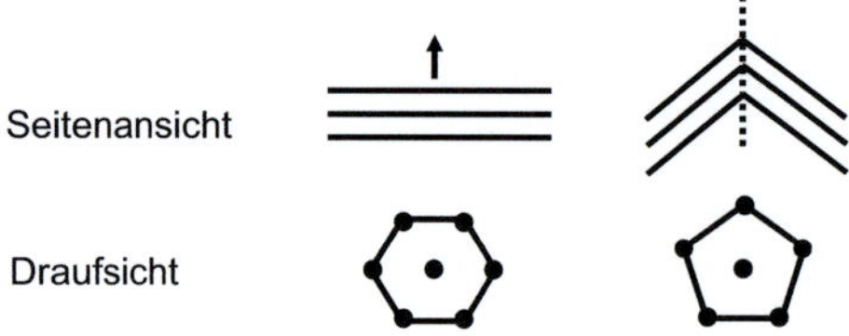

In Abbildung 99 wird die geschlossenschalige Dekaederstruktur (3) überprüft. Es wird deutlich, dass der qualitative Verlauf der sM-Funktion dieses Strukturtyps im Bereich $s = 5\text{Å}^{-1}$ nicht übereinstimmt und selbiger dadurch eindeutig ausgeschlossen werden kann. Man errechnet einen R_w-Wert von 12,5%. Weitere fcc-artige Strukturen, ein gekappter Oktaeder sowie eine bienenwabenförmige hexagonale Struktur bestehend aus fünf Schichten, werden angepasst. Die oblate Struktur (2) kann das Verhältnis der Streumaxima nicht gut beschreiben: Das erste lokale Maximum ist deutlich zu klein. Ebenso zeigt die Modellfunktion eine stärkere Trennung des Doppelsignals um $s = 5\text{Å}^{-1}$. Der berechnete R_w-Wert ist in Anbetracht der Qualität der experimentellen Daten zu groß (8,8%) für eine Zuordnung dieser Struktur. Eine bessere Übereinstimmung mit dem Experiment wird mit einer kompakteren Struktur erreicht. Die von einem Oktaeder gekappte Struktur (1) liefert den kleinsten R_w-Wert sowie eine gute qualitative Übereinstimmung der sM-Funktionen. Da keine geschlossene Struktur bei 105 Atomen vorliegt, existieren in dem Ausschnitt zwangsläufig (100)-Flächen (fünf in Isomer 1). Wie für den Cluster Pd_{75}^{-} vermutet könnte der Defekt zu einer lokalen Verzerrung der Atomordnung führen. Auffällig ist die hohe Anzahl mit vier nächsten Nachbarn schwach koordinierter Eckatome. Eine DFT-Untersuchung müsste zeigen, ob dies so realisiert wird.

Es sei betont, dass für diese Clustergröße eindeutig eine festkörperähnliche Struktur bestimmt werden kann. Der Übergang von dekaedrischen zu fcc-artigen Bindungsordnungen für anionische Palladiumcluster liegt zwischen 75 und 105 Atomen. Zahlreiche Schnitte aus dem Festkörper sind denkbar und zeigen nur geringe Unterschiede in der sM-Funktion. Es ist wahrscheinlich, dass durch Minimierung der Oberflächenenergie lokale Fehlordnungen vorliegen.

Pd_{147}^{-}

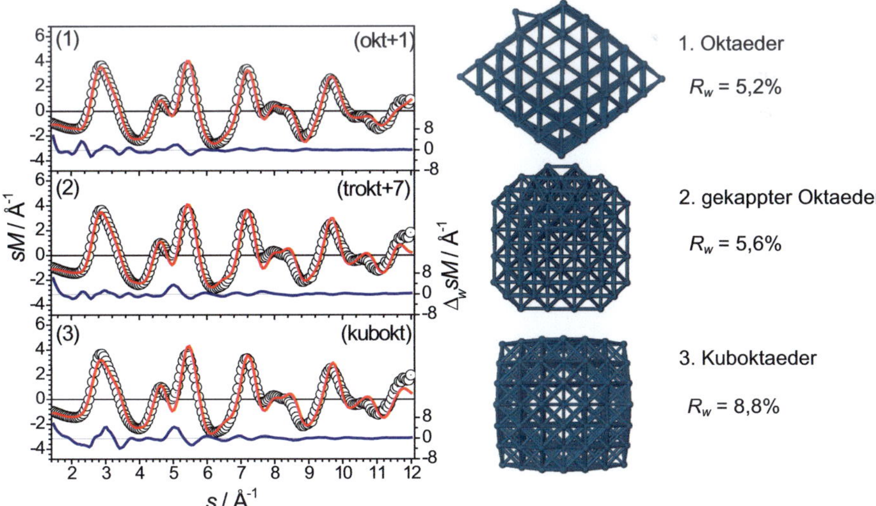

Abbildung 100: Experimentelle sM^{exp}-Funktion (schwarze offene Kreise) und theoretische sM^{theo}-Funktion (rote Linie) von Pd_{147}^{-} der Festkörperausschnitte: Oktaeder (1), gekappter Oktaeder (2) und Kuboktaeder (3). Die blaue Linie entspricht der gewichteten Abweichung $\Delta_w sM$. Rechts sind die berechneten R_w-Werte gezeigt.

Die Fortsetzung des Festkörpermotivs wird für die Clustergröße aus 147 Atomen überprüft. Hier sind geometrische Schalenabschlüsse aller drei Bindungsmotive Ikosaeder, Dekader und fcc (Kuboktaeder) möglich (siehe hierzu Kapitel 5.5). Für den Fall von geringen energetischen Unterschieden zwischen den Bindungsmotiven, kann bei Schalenabschlüssen ein zuvor verschwundenes Motiv wieder auftreten. Die experimentelle molekulare Beugungsintensität sM^{exp} zeigt eindeutig einen fcc-typischen Verlauf (siehe Abbildung 100). Aus diesem Grund werden an dieser Stelle ausschließlich Variationen von fcc-Strukturen tiefer analysiert. Das Kuboktaeder (3) zeigt dabei die schlechteste Übereinstimmung ($R_w = 8{,}8\%$). Ursache ist v.a. das sehr breite und relativ flache erste sM-Maximum ($s = 3\text{Å}^{-1}$). Ein weiterer fcc-Schalenabschluss kann für 146 Atome realisiert werden. Die für $Pd_{105}{}^{-}$ untersuchte Struktur mit der besten experimentellen Übereinstimmung kann als Teil des Oktaeders (1) betrachtet werden. In semiempirischen Potenzialen[189] für Palladium sitzt das zusätzliche 147. Atom auf einer Seitenfläche des regelmäßigen Oktaeders. Energetisch günstiger wird die Agglomeration von Eckatomen auf einer Seitenfläche für Pd_{147} bewertet, sodass aus sechs Eckatomen plus des 147. Atoms ein regelmäßiges Sechseck gebildet wird. Die Anpassung dieser zwei Isomere (1) und (2) liefert eine gute Übereinstimmung mit dem Experiment. Zudem kann festgestellt werden, dass die Variante der geschlossenen Struktur plus Adatom einen geringfügig kleineren R_w-Wert liefert (Isomer 1: 5,2%, Isomer 2: 5,6%). Qualitativ zeigen sowohl Isomer (2) als auch (3) eine schlechtere Übereinstimmung an den Funktionsstellen $s = 6{,}5\text{Å}^{-1}$, $8{,}4\text{Å}^{-1}$ und $10{,}6\text{Å}^{-1}$.

5.3.4 Palladiumclusterkationen ($Pd_n{}^+$, $13 \leq n \leq 55$)

Der Einfluss des Ladungszustands eines Palladiumclusters auf seine Struktur ist schwer vorherzusagen. Wie in Kapitel 5.2 für den Fall kleiner Bismutclusterionen vorgestellt oder auch in der Literatur z.B. experimentell für Goldclusterionen[13] gezeigt, variieren die Clusterstrukturen z.T. stark mit der Polarität. Ein Überblick der strukturellen Änderungen von Palladiumclustern wird für vier ausgewählte Größen zwischen 13 und 55 Atomen vorgestellt. In Abbildung 101 sind die experimentellen molekularen Beugungsintensitäten (mit genäherter Hintergrundsfunktion) beider Ladungszustände (+/−) dargestellt. In allen Fällen können Unterschiede in den sM^{exp}-Funktionen festgestellt werden. Geringen Einfluss auf die Clusterstruktur hat der elektronische Zustand in den Fällen $Pd_{26}{}^{+/-}$ und $Pd_{38}{}^{+/-}$. Hier bleiben die Funktionen bis auf kleine Feinheiten deckungsgleich. Stärker ausgeprägt sind die Unterschiede für die Cluster $Pd_{13}{}^{+/-}$ sowie $Pd_{55}{}^{+/-}$: In letzterem Fall ändern sich die Verhältnisse der Streumaxima zwischen dem zweiten und dritten sM-Maximum. Zwar zeigen beide Cluster ein für ikosaedrische Strukturen typisches Beugungsmuster, jedoch ist der Unterschied signifikant, sodass von verschiedenen Strukturen ausgegangen werden kann. Gleichermaßen kann für die Cluster $Pd_{13}^{+/-}$ von unterschiedlichen Geometrien gesprochen werden. Eine schichtartige Struktur, wie sie für Pd_{13}^{-} vorgeschlagen wurde (siehe Abschnitt 5.3.2), liegt für den kationischen Fall nicht vor. Das für den Schichtstrukturtyp charakteristische Muster zeigt bei $s = 5\text{Å}^{-1}$ stets einen asymmetrischen Verlauf der sM-Funktion. Im Folgenden sei für die drei kationischen Fälle $n = 26$, 38 und 55 die Übereinstimmung bereits gefundener Strukturmotive überprüft.

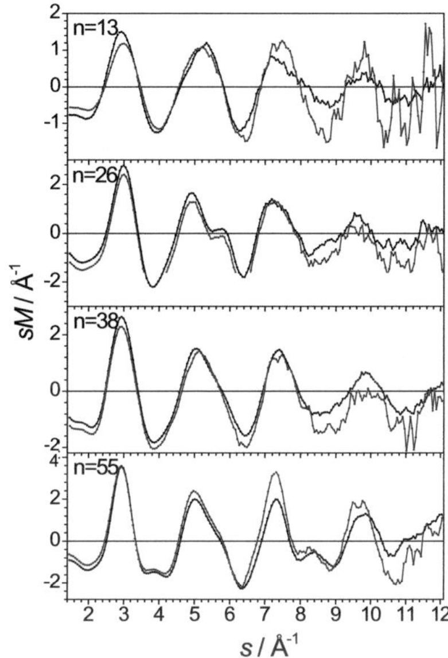

Abbildung 101: Experimentelle sM^{exp}-Funktion (genäherter Hintergrund) von Palladiumclusteranionen (schwarze Kurve) und -kationen (blaue Kurve). Variiert ist die Palladiumclustergröße ($n = 13$, 26, 38, 55). Signifikante Unterschiede sind ersichtlich bei $Pd_{13}^{-/+}$ (2. und 3. Streumaximum) und $Pd_{55}^{-/+}$ (3. Streumaximum).

Pd_{26}^{+}

Die Struktur von Pd_{26}^{+} ist mit der des Clusters Pd_{26}^{-} nahezu identisch. Die elektronische Spinmultiplizität der Isomere (1) und (2) (siehe Abbildung 102) ergibt in beiden Fällen den kleinstmöglichen Wert (Dublett). Dagegen wurden für die besten Kandidatstrukturen des Clusters Pd_{26}^{-} mindestens sieben ungepaarte Elektronen gefunden. Die relative Energie der Pd_{26}^{+}-T_d-Struktur liegt etwas niedriger (+0,61 eV gegenüber +0,99 eV, BP86 / SVPs0), gibt die experimentell gefundenen Verhältnisse jedoch wie im Falle des Pd_{26}^{-} falsch wieder. Die Anpassung für Isomer (2) liefert einen R_w-Wert von 2,0%. Damit kann die T_d-Struktur eindeutig dem untersuchten Cluster zugeordnet werden. Die aus DFT-Rechnungen als globales Minimum identifizierte Schichtstruktur (1) kann sowohl als Haupt- wie auch als Nebenbestandteil ausgeschlossen werden.

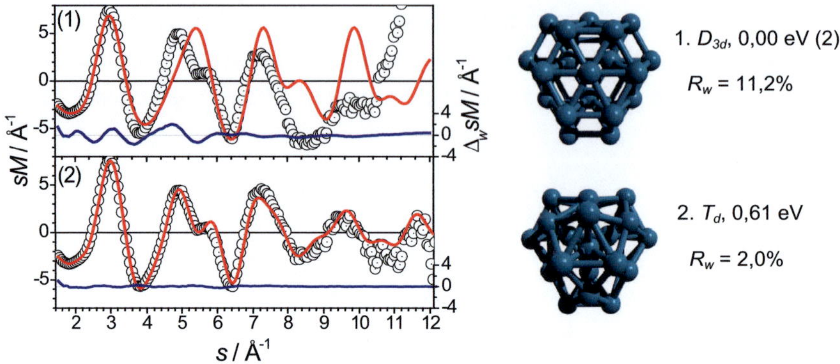

Abbildung 102: Experimentelle sM^{exp}-Funktion (schwarze offene Kreise) und theoretische sM^{theo}-Funktion (rote Linie) der Isomere 1 und 2 von Pd_{26}^+. Die blaue Linie entspricht der gewichteten Abweichung $\Delta_w sM$. Rechts sind die berechneten R_w-Werte gezeigt.

Pd_{38}^+

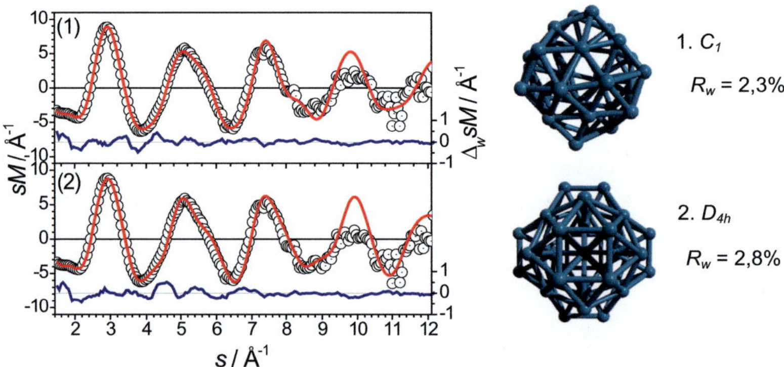

Abbildung 103: Experimentelle sM^{exp}-Funktion (schwarze offene Kreise) und theoretische sM^{theo}-Funktion (rote Linie) der Isomere 1 und 2 von Pd_{38}^+. Die blaue Linie entspricht der gewichteten Abweichung $\Delta_w sM$. Rechts sind die berechneten R_w-Werte gezeigt.

Auch für den Cluster Pd_{38}^+ konnten nur geringe Unterschiede der sM^{exp}-Funktion gegenüber dem analogen Clusteranion entdeckt werden (siehe Abbildung 93). Die Anpassung der für Pd_{38}^- gefundenen Strukturen ergibt ein ähnliches Bild. Die zwei Isomere (1) und (2), siehe Abbildung 103, können das experimentelle Beugungsmuster gut beschreiben und ergeben niedrige R_w-Werte (2,3% bzw. 2,8%). Ein direkter Vergleich dieser Größe mit oberen Werten von Pd_{38}^- (2,8% und 3,0%) ist wegen der unterschiedlichen experimentellen Datensätze nicht möglich. Es kann jedoch festgestellt werden, dass der relative Kontrast beider Strukturen im kationischen Fall erhöht ist und Isomer (1) begünstigt. Eine eindeutige Zuordnung einer der beiden Strukturen ist nicht möglich. Eine Mischung beider Strukturmotive führt zu keiner Reduzierung des R_w-Werts.

Pd_{55}^+

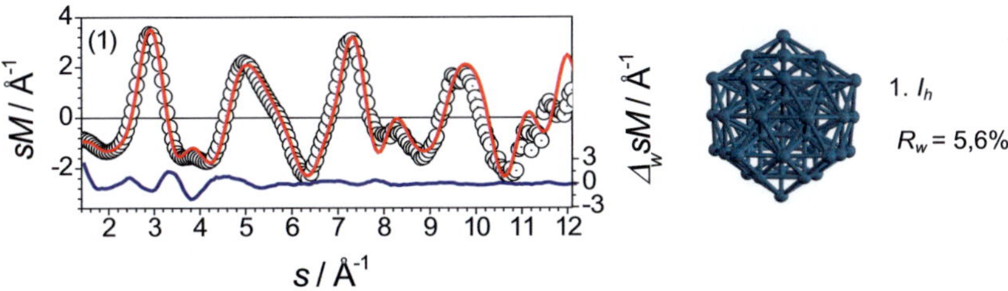

Abbildung 104: Experimentelle sM^{exp}-Funktion (schwarze offene Kreise) und theoretische sM^{theo}-Funktion (rote Linie) des Mackayikosaeders (I_h) von Pd_{55}^+. Die blaue Linie entspricht der gewichteten Abweichung $\Delta_w sM$. Rechts sind die berechneten R_w-Werte gezeigt.

Für Pd_{55}^+ wird ein für ikosaedrische Strukturen in diesem Größenbereich typisches Beugungsmuster gefunden. Die Anpassung einer unter I_h-Symmetrierestriktion per DFT-Ansatz optimierten Struktur (Mackayikosaeder) ist in Abbildung 104 dargestellt. Der Vergleich mit den auf Seite 112 abgebildeten Daten des Clusters Pd_{55}^- zeigt ähnliche Abweichungen zur Modellfunktion sM^{theo}: Im Bereich um $s = 3,8\text{Å}^{-1}$ ist das kleine lokale Maximum experimentell nur angedeutet. Die relativen Intensitäten der Streumaxima stimmen bei $s = 7\text{Å}^{-1}$ gut überein, was für das Anion mit der Modellstruktur nicht zu erreichen war.

5.3.5 Zusammenfassung und Diskussion

Für Palladiumclusterionen im Größenbereich von 13 bis 147 Atomen konnte in der Gasphase der Strukturübergang zur Festkörperkristallstruktur (fcc) beobachtet und eindeutig als Funktion der Atomzahl n bestimmt werden. Negativ geladene Palladiumcluster führen ab einer Größe von ca. 100 Atomen zu einem für fcc-Strukturen typischen Beugungsmuster, das ein asymmetrisches Doppelmaximum der Streufunktion bei $s \approx 4\text{–}6\text{Å}^{-1}$ aufweist (siehe Abbildung 105). Ansätze dieser Signatur sind bereits ab einer

Größe von 85 Atomen zu erkennen und werden einem strukturellen Übergangsbereich zugeordnet. Wahrscheinlich ist in diesem Übergangsbereich ein dekaedrisches Bindungsmotiv beteiligt, was als geometrische Form für fcc-Elemente nicht als untypisch gilt.[196] Prinzipiell besteht die Möglichkeit, dass unter den experimentellen Temperaturen ($T = 95K$) zeitgleich mehrere Strukturmotive im thermodynamischen Gleichgewicht vorhanden sind, sofern diese energetisch (elektronisch) nahe beieinander liegen. Im Übergangsbereich kann von solchen Bedingungen am ehesten ausgegangen werden. Geometrische Schalenabschlüsse zeigen i.d.R. eine besondere Stabilität, sodass hier die energetischen Unterschiede verschiedener Motive größer sein können. Die bei einem Dekaederschalenabschluss (Marksdekaeder) zur Überprüfung gefundene Struktur des Clusters Pd_{75}^{-} zeigt zweifellos ein dominierendes dekaedrisches Bindungsmotiv.

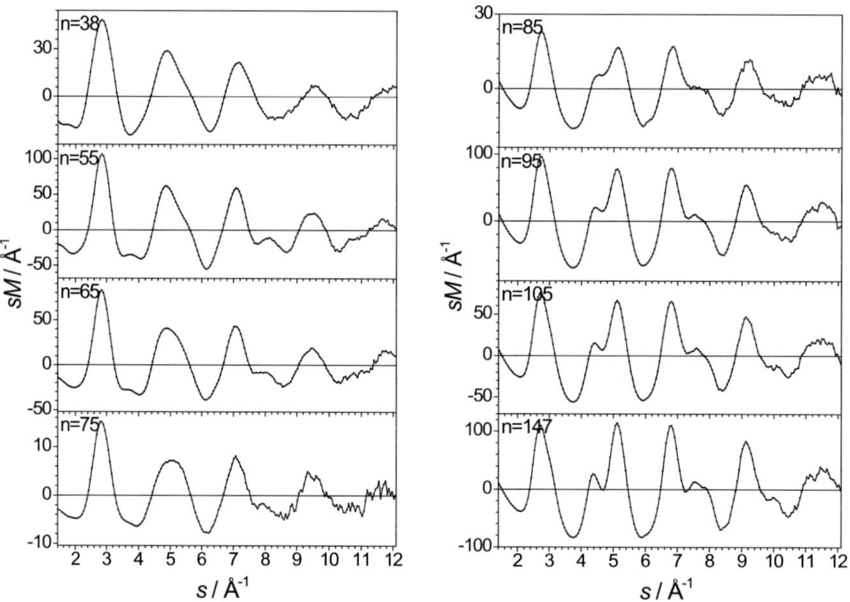

Abbildung 105: Struktureller Übergang in Palladiumclusteranionen (Pd_n^{-}) hin zur Festkörperstruktur (fcc) zwischen $n = 85$–105 Atomen. Dargestellt ist die experimentelle sM^{exp}-Funktion mit genäherter Hintergrundsfunktion.

Für kleinere Palladiumclusteranionen (Pd_{13}^{-}, Pd_{14}^{-}) findet man einen schichtähnlichen Strukturtyp. Abweichend hiervon zeigt eine zweilagige Struktur, die kompakter als die vorgeschlagene erscheint, im Falle von Pd_{13}^{-} die beste experimentelle Übereinstimmung. Das bis zu einer Größe von 26 Atomen weiter vorherrschende Strukturmotiv wird von sich durchdringenden ikosaedrischen (13er-)Koordinationen gebildet, die zum Teil nicht abgeschlossen oder mit Adatomen erweitert sind. Angrenzend an den strukturellen Dekaeder/fcc-Übergang können von einem zweischaligen Mackayikosaeder abgeleitete Clusterstrukturen identifiziert werden.

Der Einfluss von elektrischer Ladung auf die Cluster bewirkt in manchen Fällen Unterschiede in deren Geometrien. Insbesondere die kleinsten untersuchten Cluster ($Pd_{13}^{-/+}$) sind hiervon betroffen. Pd_{13}^{+} besitzt keine schichtähnliche Struktur wie dies aber für den elektronisch verwandten Cluster Pd_{13}^{-} der Fall ist. Ebenso zeigen $Pd_{55}^{-/+}$ zwar ikosaedertypische Beugungsbilder, jedoch sind graduelle Unterschiede in den sM^{exp}-Funktionen feststellbar. Keiner der Cluster entspricht einer perfekten I_h-Symmetrie, wobei Abweichungen von der Symmetrie im Falle des negativ geladenen Clusters Pd_{55}^{-} größer scheinen (siehe hierzu Kapitel 5.5). Beide Ladungszustände entsprechen Jahn-Teller-Fällen, d.h. eine Verzerrung der Struktur unter Symmetrieerniedrigung ist wahrscheinlich. Für die Clustergrößen $Pd_{26}^{-/+}$ und $Pd_{38}^{-/+}$ ist keine signifikante ladungsbedingte Strukturänderung belegt.

Das TIED-Experiment weist auf ein DFT-Problem hinsichtlich der Anwendung der „*State of the Art*" Funktionale BP86 und TPSS im Fall der Metallcluster hin. Die Beschreibung der elektronischen Struktur der untersuchten Palladiumcluster führt unabhängig vom Ladungszustand zu einem Fehler in den relativen Energien verschiedener Isomere in der Größenordnung von 1 eV (BP86) oder mindestens 0,3 eV (TPSS). Dies lässt sich besonders ausführlich anhand der Clustergrößen Pd_{23}^{-} und Pd_{26}^{-} dokumentieren. Das Funktional TPSS scheint die Problematik prinzipiell besser zu lösen, bewertet die experimentell eindeutig gegebene polyikosaedrische Struktur von Pd_{26}^{-} energetisch jedoch immer noch deutlich höher als eine ausschließbare fcc-artige Schichtstruktur. Gleichzeitig ist zu klären, ob vom meta-GGA-Funktional TPSS präferierte hohe Spinzustände eine realitätsnahe Abbildung der Natur der elektronischen Wellenfunktion sind, oder ein weiteres Artefakt der Rechenmethode darstellt. Die mit TPSS durchgeführten DFT-Rechnungen ergeben ausnahmslos gleiche oder höhere Spinmultiplizitäten als beim Verwenden des BP86-Funktionals. Wie zu Beginn des Kapitels einleitend erwähnt, wird für neutrale Palladiumcluster bis $n < 105$ experimentell kein magnetisches Moment festgestellt.[182] Eine Überprüfung dieser Eigenschaft ist für geladene Spezies möglich (z.B. mit der „*continuous Stern-Gerlach effect*"-Technik von Dehmelt[197] oder mit zirkularem magnetischen Röntgendichroismus X-MCD[198]), jedoch zum gegenwärtigen Zeitpunkt nicht erfolgt. Es erscheint unwahrscheinlich, dass ausschließlich die Ladungszustände +/– und nicht 0 stark ausgeprägten Magnetismus aufweisen sollen. Einen Hinweis auf Probleme der DFT-Beschreibung haben Koitz *et al.*[185] anhand des meta-GGAs M06-L systematisch untersucht. Sie konnten zeigen, dass dieses Funktional neben dem mit BP86 bestimmten Pd–Pd-Gleichgewichtsabstand ein zusätzliches tieferes Potenzialminimum aufweist, das mit einer höheren Spinmultiplizität M und einer ~1% größeren Bindungslänge einhergeht. Eine intrinsische Tendenz des Funktionals M06-L zu größerem M wurde ebenfalls attestiert. Im Laufe einer Geometrieoptimierung ist es wahrscheinlich, dass nicht immer ein optimaler mittlerer Bindungsabstand erreicht wird und die Struktur somit in einer metastabilen Konfiguration gefangen wird. Die berechnete Gesamtenergie entspricht in diesem Fall nicht dem niedrigsten möglichen Wert. Die in dieser Dissertation zusammen getragenen Erfahrungen bezüglich des TPSS-Funktionals lassen sich nicht als systematische Analyse verstehen, sie zeichnen jedoch ein Bild, das mit dem beschriebenen Sachverhalt konsistent ist. In Abschnitt 5.3.1 erwähnte Problematiken der SCF-Konvergenz waren nur mit einer hohen initialen Spinmultiplizität zu entschärfen. Diese lieferte tendenziell niedrigere Gesamtenergien und führt in den experimentell eindeutigen Fällen (z.B. Pd_{15}^-, Pd_{26}^-) zwar z.T. zu einer immer noch falschen jedoch gegenüber den BP86 berechneten Energien weniger abweichenden Bewertung.

Insgesamt deutet das Verhalten der Funktionale darauf hin, dass die Austauschwechselwirkungsenergie (v.a. von BP86) möglicherweise unzureichend bewertet ist, und die elektronische Struktur somit einmal zu einer großen und einmal zu einer kleinen Spinmultiplizität gezwungen wird, wobei der mittlere Bindungsabstand vermutlich eine entscheidende Rolle spielt. Die Hinweise aus TIED- und Stern-Gerlach-Experimenten legen nahe, dass sowohl eine BP86- (zu hohe relative Energien der zuordenbaren Isomere) wie auch eine TPSS-Beschreibung (keine Form von Magnetismus messbar) nicht korrekt ist.

Kraft der Modellstrukturen können weitere Informationen aus den Beugungsexperimenten für eine Bewertung der DFT-Ergebnisse abgeleitet werden. Während des Anpassungsprozesses dient der Skalierungsparameter k_d einer Korrektur systematischer Fehler in der Beschreibung der Bindungslängen des Clusters. In Tabelle 6 sind die errechneten k_d-Werte der Cluster Pd_{13}^- (Isomer 6) und Pd_{26}^- (Isomer 2) für unter Verwendung verschiedener Funktionale und Basissätze gewonnener Modellstrukturen aufgeführt. $Pd_{13}^- -$ (6) kommt zu ca. 2% längeren Bindungen als theoretisch vorhergesagt, für $Pd_{26}^- -(2)$ werden die tatsächlichen Bindungslängen um 0,2% (TPSS) bzw. ca. 1,3% (BP86) überschätzt. Signifikante Basissatzeffekte können in keinem der vorliegenden Fälle nachgewiesen werden. Ein möglicher systematischer Fehler der extrahierten absoluten Größe ist von experimenteller Seite mit ca. 1–2% zu taxieren, weshalb für alle Ansätze bis auf B3LYP hinsichtlich der Berechnung von Bindungslängen das Qualitätsmerkmal „brauchbar abgeschätzt" attestiert werden kann.

Tabelle 6: Skalierungsfaktor k_d der Bindungslängen der Modellstruktur aus der Anpassung gegenüber der verwendeten theoretischen Methode für die Clusterstrukturen $Pd_{13}^- -(6)$, $Pd_{26}^- -(2)$.

Funktional / Basissatz		$Pd_{26}^- -(2)$	$Pd_{13}^- -(6)$
BP86	SVPs0	1,014	0,984
	TZVPE	1,012	–
TPSS	SVPs0	1,002	–
	TZVPE	1,002	0,980
B3LYP	SVPs0	1,029	–
	TZVPE	1,033	–

Da für geladene Palladiumcluster $Pd_n^{+/-}$ bisher magnetische Eigenschaften weder ausgeschlossen noch bestätigt sind, kann man Hinweise hierauf anhand wechselnder Atomvolumina in den unterschiedlichen Clustergrößen und –ladungszuständen suchen. Methodenbedingt ist das direkte Erfassen der magnetischen Eigenschaft im TIED-Experiment nicht möglich. Die Analyse der oben zugeordneten Modellstrukturen anhand der Beugungsdaten erlaubt aber die Bestimmung absoluter mittlerer Bindungslängen (ANND, *averaged nearest neighbor distance*). Das Volumen eines Clusters mit n Atomen berechnet sich näherungsweise nach folgender Formel:[199]

$$V_{ANND}(n) = \frac{4}{3}\pi\left(\frac{ANND}{2}\right)^3.$$ (62)

Die v.a. in den Fällen kleiner Clustergrößen zugeordneten Modellstrukturen erlauben zum Teil keine scharfe Trennung in die Kategorien nächste und übernächste Nachbarn, sodass hier eine höhere Unsicherheit der extrahierten Werte anzunehmen ist. Der ANND wird aus der Summe von Abständen zu jenen nächsten Nachbaratomen d_{ij} bestimmt, deren Paarindices (i, j) einem Abstand unterhalb eines kritischen Abstands d_{cutoff} entsprechen. Nach Teilen mit der Gesamtzahl N an insgesamt berücksichtigten Bindungen d_{ij} erhält man:

$$ANND = \frac{1}{N} \cdot \sum_{i<j}^{N} d_{ij} \qquad \text{mit } d_{ij} < d_{cutoff}.$$ (63)

Das Schnittkriterium ist mit $d_{cutoff} = 1{,}25 \cdot d_{min}$ relativ zum kleinsten gefundenen Abstand d_{min} verknüpft, womit man i.d.R. einen Wert zwischen dem klar abgegrenzten ersten und zweiten Maximum in der PDF erhält.[200]

Abbildung 106 stellt sowohl die direkte experimentelle Messgröße ANND als Funktion der mittleren Koordinationszahl eines Atoms (links) als auch das relative Atomvolumen

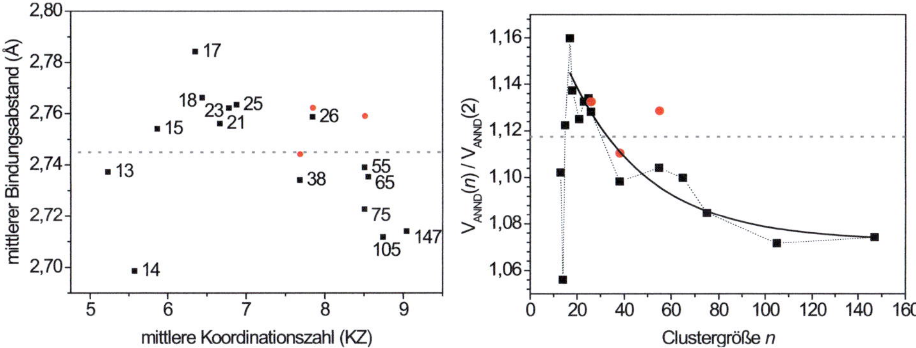

Abbildung 106: *links* – mittlerer Bindungsabstand (ANND) von $Pd_n^{+/-}$ (n = 13–147, rote Punkte: +, schwarze Quadrate: –) als Funktion der mittleren Koordinationszahl. *rechts* – n-Abhängigkeit des atomaren Clustervolumens bezogen auf Pd_2 (exp. bestimmter Abstand: 2,65Å[160]). Die graue gestrichelte Linie markiert jeweils den Festkörpergrenzwert.

$V_{ANND}(n)/V_{ANND}(2)$ normalisiert auf das Palladiumdimer Pd_2[160] als Funktion der Größe n (rechts) dar. Man erwartet in beiden Fällen einen kontinuierlichen Anstieg der Werte. Mit wachsender Clustergröße steigt normalerweise die mittlere Koordinationszahl eines Atoms und der ANND verläuft nahezu linear vom Abstand des Dimers (kleinster Wert) zum Gitterwert der Festkörperstruktur (vgl. Befunde anderer fcc-Metalle wie Co, Ni, Cu, Ag in Kapitel 5.6). Dabei wäre sowohl im Rahmen eines klassischen Tröpfchenmodells als auch in einer Jellium-Betrachtung bei verschiedenen definierten Clustergrößen eine Selbstkompression zu erwarten.[201] Ebenso können Wechsel im globalen Strukturmotiv zu Sprüngen im Verlauf führen. Das auf ein Atom in einer biatomaren Verbindung bezogene relative Clustervolumen verhält sich gleich dem ANND. Der Startwert beträgt *per definitionem* 1,00 und nähert sich mit anwachsender Clustergröße dem Festkörperverhältnis ~$(2,75\text{Å}/2,65\text{Å})^3 = 1,118$.[202]

Kleine Palladiumclusteranionen zeigen eine starke Fluktuation des Atomvolumens und ihrer mittleren Pd–Pd-Bindungsabstände. Dieser Größenbereich gilt allgemein als nichtskalierbar bezüglich verschiedener Eigenschaften. Vor allem die sehr kompakte Struktur von Pd_{14}^- und der deutlich vergrößerte Cluster Pd_{17}^- stechen hervor. Bis ca. $n = 26$ Atome übersteigt das Atomvolumen das im Festkörper. Dies ist aus folgendem Grund überraschend, da für diese Größen vorwiegend ikosaedrische Isomere feststellbar sind, und dieses Strukturmotiv i.d.R. kompakter als eine fcc-Packung auftritt. Eine zusätzliche elektrische Ladung bedingt in manchen Fällen ein derartiges Verhalten, sofern ein antibindendes Orbital besetzt oder ein bindendes entvölkert wird. Im Rahmen der DFT-Beschreibung mit dem BP86-Funktional findet man für Pd_{55}^+ gegenüber dem analogen Anion (23 ungepaarte Elektronen) eine leicht höhere Spinmultiplizität (27 ungepaarte Elektronen). In dem beschriebenen Fall und in weiteren folgenden kann also ein Ladungseffekt auf die den Festkörperabstand übersteigenden Bindungslängen ausgeschlossen werden: Alle kationischen Cluster Pd_{26}^+, Pd_{38}^+ und Pd_{55}^+ besitzen ein ebenso vergrößertes – das der anionischen Cluster sogar übersteigendes – Volumen. Vielmehr ist möglicherweise eine Zunahme der Spinmultiplizität verantwortlich für die außergewöhnlich große Raumforderung der Atome in diesen Nanoteilchen.

In der Reihung der Clustergrößen anschließend sinkt das Atomvolumen erneut unter den Schwellenwert des Festkörpers und schwankt leicht um den Trend einer Abnahme, der in der Größe der ANND ungefähr linear verläuft. Der zu einer Koordinationszahl 12 (fcc-Kristall) extrapolierte Endwert liegt unterhalb der Festkörperstruktur. Es ist also als notwendig zu erachten, dass mit Palladiumclustern jenseits von 147 Atomen wieder eine Annäherung von Seiten kleinerer Werte erfolgt. Eine solche beginnende Tendenz ist möglicherweise anhand der beiden fcc-Strukturen besitzenden Clustern Pd_{105}^- und Pd_{147}^- zu erkennen. Diese Vermutung kann gegenwärtig aufgrund der Limitierung der effizienten Massenselektion (maximaler m/z–Wert: 16 000 amu, siehe Kapitel 3.4) lediglich eingeschränkt überprüft werden.

Kumar & Kawazoe vermuten in einer theoretischen Arbeit[184], dass für Spinmagnetismus in Palladiumclustern ikosaedrische Strukturen entscheidend sind. Oktaedrische Isomere wiesen stets geringe oder keine magnetischen Momente auf. Die ikosaedrische Struktur bläht sich beim Ausbilden eines Zustands hoher Multiplizität auf. Der energetische Abstand verschiedener magnetischer zu nicht-magnetischer Zustände ist relativ gering, weshalb die Autoren annehmen, dass experimentelle Temperaturen unterhalb von 77K zu ihrem erfolgreichen Nachweis erreicht werden müssen.

Falls mit einer erhöhten elektronischen Multiplizität eine Zunahme des Atomvolumens einhergehen sollte, wäre der Befund konsistent mit den für Palladiumclusteranionen gefundenen Strukturwechseln: Bis zu einer Größe von $n \approx 55$ werden vornehmlich ikosaedrische Bindungsmotive zugeordnet. Das mittlere Atomvolumen übersteigt in den meisten Fällen das der Festkörperstruktur. Im dekaedrischen Übergangsbereich zu fcc-Bindungsmotiven verkleinern sich die mittleren Bindungslängen in ausgeprägter Weise. Erst mit dem Cluster Pd_{105}^- ist ein Festkörperausschnitt realisiert und der ANND-Wert beginnt leicht zu steigen. Wie im anschließenden Kapitel noch ausgearbeitet wird, können für den Größenbereich $n < 105$ Atome verschiedene Bereiche mit unterschiedlichen Wasserstoffadsorptionseigenschaften beobachtet werden die möglicherweise weitere Hinweise auf elektronische Charakteristiken liefern.

Die von *Cox et al.*[182] (1994) in einem äquivalenten Temperaturbereich für neutrale Palladiumcluster nicht feststellbaren magnetischen Eigenschaften müssen in Anbetracht dieser Hinweise genauer unter die Lupe genommen werden. Wegen der hohen Anzahl verschiedener Isotopologe und einer Adsorbatbildung ist die Unterscheidung zu veränderten Spezies (z.B. Pd_nN_x) erschwert. Diese Problematik wird von den Autoren leider nicht angesprochen, zeigte sich aber bereits bei ihrer früheren Untersuchung bei Gadoliniumclustern als limitierend (ebenso mehrere Isotope und Oxidbildung).[203] Dort war bedingt durch die Auflösung des Massenspektrometers eine akkurate Bestimmung des magnetischen Moments spätestens ab dem Cluster Gd_{35} nicht mehr geglückt (Masse entspricht ca. Pd_{50}). Es ist vermutlich so, dass die Bindung von Adsorbaten zu einer signifikant veränderten elektronischen Struktur der Cluster führt, wobei das magnetische Moment möglicherweise vollständig gequencht wird.

5.4 Wasserstoffadsorptionseigenschaften von massenselektierten Palladiumclustern

Die Adsorption von Wasserstoff auf Clustern der Platingruppe ist eine für Brennstoffzellensysteme entscheidende Eigenschaft bei der Speicherung und heterogenen Katalyse. Das schwerste Element Pt ist an dieser Stelle weitverbreitet, bindet jedoch sehr stark – nahezu irreversibel – an CO-Moleküle (Katalysatorgift).[204] Palladium hingegen verspricht vergleichbare chemische Reaktivität bei geringerer Bindungsaffinität zu CO.

Die Wasserstoff-Palladium-Phase des Festkörpers kann bei geringen Konzentrationen (α-Phase) am ehesten als eine feste Lösung verstanden werden. Das Kristallgitter ist von der H-Inkorporation nahezu unbeeinflusst (das Gitter expandiert von 3,889Å auf 3,895Å, entsprechend 0,15%). Dieser Zustand ist von einer β-Hydridphase durch eine Mischungslücke (bei Raumtemperatur zwischen 0,9% und 58% H/Pd) getrennt, die den Phasenübergang mit einer strukturellen Veränderung markiert. Beide Kristallstrukturen besitzen ein fcc-Gitter, wobei die Maße der β-Phase um $0{,}063 \cdot n_H/n_{Pd}$ vergrößernd skaliert sind.[205] Die absorbierte Wasserstoffmenge ist außergewöhnlich hoch und steigt bis zu einem maximalen Wert von 70 mol–% an.

Cluster sind von besonderem Interesse, da aufgrund des höheren Oberflächenanteils gegenüber dem Festkörper eine höhere Sorptionsaffinität erwartet werden kann. Die Löslichkeit von Wasserstoff in einer α-Phase wird mit sinkender Partikelgröße zu größeren Konzentrationsverhältnissen erweitert. Experimentell wurden von Huang *et al.* für auf SiO_2 deponierte Palladiumcluster mit Durchmessern kleiner 10nm erhöhte Aufnahmemengen festgestellt.[206] Die Adsorptionsenergie stieg dabei sehr stark mit einer Verkleinerung der Partikeldurchmesser unterhalb von 2nm (ca. 150 Atome) an. In Lösung von Rather *et al.* stabilisierte Nanopartikel enthielten eine hyperstöchiometrische Wasserstoffkonzentration von 1,12.[207] Pundt *et al.* konnten in eingekapselten elektrochemisch präparierten Clustern ($d = 5$nm) mit Röntgenbeugung eine wasserstoffinduzierte Umlagerung von fcc- nach ikosaedrischen Atomanordnungen im inneren Kern des Palladiumteilchens beobachten.[205] Die Anwendung einer kontrollierten Clusterformmanipulation als Funktion des H-Drucks gelang van Lith *et al.* in der technischen Umsetzung eines Wasserstoffsensors.[208]

Den Diffusionsprozess von H-Atomen durch den Festkörper kann man sich als Sprungbewegung zwischen verschiedenen Oktaederlücken vorstellen, bei denen zwischenzeitlich Tetraederlücken passiert werden (siehe Abbildung 107).[209] Die Diffusionskonstante zeigt ein allgemeines Arrheniusverhalten. Dieses gilt in gleicher Weise für das schwerre Deuteriumisotop, das aufgrund seiner höheren Masse und der entsprechend korrigierten Nullpunktsschwingungsenergie[210] wie in Neutronenbeugungsexperimenten[211] gezeigt bevorzugt Tetraederlücken besetzt. Die Diffusionsbarrieren hängen deshalb stark von den Gitterkonstanten ab und steigen in der β-Hydridphase um ca. einen Faktor 2 (bei 4% Gitterexpansion gegenüber dem reinen Festkörper).[154] Pulverdiffraktometrieexperimente haben für Protium verglichen mit dem schwereren Deuterium eine geringfügig höhere (+0,1%) Gitterkonstante ergeben.[212] Die theoretischen Beschreibungen des Diffusionsprozesses werden häufig bezüglich der Wahrheit ihrer Aussagen hinterfragt. Aufgrund der sehr leichten Nuklei sind nicht-adiabatische Effekte sowie Kopplungen der Kernbewegung mit der Elektronenbewegung (Zusammenbruch der Born-Oppenheimer-Näherung[66]) schwerwiegender als in anderen Systemen.

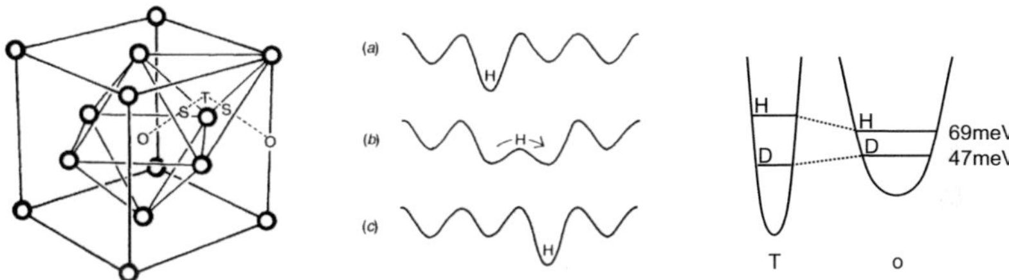

Abbildung 107: *links* – Diffusionspfad des Wasserstoffs im Palladiumkristallgitter (gestrichelte Linie) mit oktaedrischen (o) und tetraedrischen (T) Koordinationsstellen sowie dazwischen liegenden Sattelpunkten (S). *mitte* – Schematische Darstellungen der dabei durchlaufenden Zustände (Energetik) von und zu einer besetzen oktaedrischen Lücke (a und c) über einen das Kristallgitter deformierenden intermediären (b). Beide Abbildungen entnommen Hashino *et al.*[213]. *rechts* – Stark vereinfachte qualitative Erklärung eines Isotopeneffekts: Aufgrund kürzerer Abstände zu Pd-Atomen in den Tetraederlücken (T) ist die Potenzialform deutlich schmaler und tiefer. Nullpunktschwingungskorrekturen (ZPE) präferieren nun das D-Isotop (o-Werte entnommen[210,211]).

Die Wechselwirkung von Wasserstoffatomen und –molekülen mit Palladiumoberflächen ist in zahlreichen experimentellen Arbeiten untersucht worden. Hierzu zählen die Methoden thermische Desorptionsspektroskopie (TDS), LEED (*low energy electron diffraction*), Heliumbeugung, EELS (*electron energy loss spectroscopy*), IR- (Infrarot), Photoemissions-, UV- (Ultraviolett) und kinetische Untersuchungsansätze. Eine sehr umfangreiche Ausführung kann in einem Übersichtsartikel von I. Efremenko[154] gefunden werden. Gegenüber den verschiedenen Festkörperzuständen gibt es eine große Vielfalt von gebundenem unterschiedlich aktivem Wasserstoff. So steigt die Adsorptionswärme von 0,90 eV/H_2 auf einer Pd(111)-Oberfläche auf 1,06 eV gegenüber offeneren Pd(110)- oder Pd(100)-Flächen ($Pd_\infty + H_2 \rightarrow H–Pd_\infty–H$, chemisorbiert). Ein physisorbiertes Molekül trägt mit ca. 0,20 eV/H_2 bei. Die ausgebildeten Pd–H-Bindungslängen steigen in derselben Reihenfolge von 1,78Å auf 2,00Å. Gleichzeitig zeigen die kristallographisch offeneren Oberflächen wie z.B. Pd(110) eine stärker ausgeprägte Oberflächenrekonstruktion unter Wasserstoffexposition, die sowohl die oberste wie auch einige nachfolgende Schichten betrifft. Bei niedrigen Temperaturen ($\sim$130K) und hoher H-Exposition tritt Wasserstoff in die Oberfläche ein ($\theta > 1{,}5$).[214] TDS-Untersuchungen ergeben vier unterschiedliche Bindungsmotive: zwei chemisorbierte Hochtemperatur- sowie zwei Tieftemperaturzustände, wobei letztere erst nach einer Oberflächenrekonstruktion ($\theta > 1$) auftauchen und einer dieser beiden einem unterhalb der Oberfläche gebundenen H-Atom zugeschrieben wird.[214,215] Die gleiche Untersuchungsmethode auf Pd(111) angewendet weist die Bildung solcher tiefengebundener H-Atome im Temperaturbereich von 115–140K bei einem Wasserstoffpartialdruck von ca. 10^{-4} Pa nach. Bei ansteigender Temperatur befand sich ein zunehmend höherer Anteil oberhalb der Oberflächenschicht. LEED-Experimente legen nahe, dass das Verhältnis von Oberflächenwasserstoff zu tiefengebundenem (in Oktaederlücken) bis zu 60% beträgt.[216] DFT-Untersuchungen beziffern die Aktivierungsbarriere des Eindringprozesses in diese relativ kompakte (111)-Schicht dabei auf +0,47 eV, wobei gleichzeitig eine Änderung der Schichtabstände hervorgerufen wird, die im Folgenden zu einer Minderung des Werts auf +0,33 eV führt. Auf der Pd(111)-Oberfläche selbst sind experimentell zwei geordnete Überstrukturen der Symmetrie $\left(\sqrt{3} x \sqrt{3}\right) R 30°$ bekannt. Sie existieren bei den Bedeckungsgraden $\theta = 1/3$ und 2/3 unterhalb den kritischen Temperaturen $T = 85$K und $T = 105$K.[217–219]

In einer neueren DFT-Arbeit wurde die sequentielle Adsorption von H_2-Molekülen auf kleinen Palladium- und Platinclustern ($n = 2$–9, 13 Atome) systematisch untersucht und ihr Einfluss auf die Clusterstruktur dokumentiert.[220] Eine Dissoziation der Moleküle fand bevorzugt an Ecken des ikosaedrischen Clusters Pd_{13} statt, der anschließend eine Diffusion der einzelnen Atome an gegenüberliegende Kanten nachfolgte. Unter energetischen Gesichtspunkten zeigt sich eine Adsorption exoergisch mit einer Chemisorptionsenergie von -1,40 eV (erstes H_2) bis -0,71 eV (15. H_2) pro Molekül und einer Diffusionsbarriere von ca. 0,16 eV bzw. 0,07 eV (zweistufige Wanderung nach der ersten H_2-Adsorption). Die Dissoziation eines zunächst physisorbierten Moleküls verläuft nahezu barrierefrei ($< 0{,}07$ eV). Bei höheren Oberflächenbedeckungen beginnend an den Kanten folgt ein Strukturübergang zu einer fcc-ähnlichen Struktur (ab 24 H-Atomen). Gleichzeitig werden mit jedem weiteren H_2-Molekül endohedrale Wasserstoffkoordinationen gebildet. Eine komplette Sättigung des Clusters wird bei 30 H-Atomen erreicht.

5.4.1 Erzeugung wasserstoffbeladener Cluster

Palladium-Wasserstoff-Verbindungen lassen sich in einer Magnetronsputterquelle durch Zumischen von molekularem Wasserstoff (H_2) in das Trägergas erzeugen. Die Moleküle dissoziieren im Argonplasma oder auf den Palladiumatomen/-clustern zu einem bestimmten Grad und wirken maßgeblich am Clusterwachstum mit. In Abbildung 108 zeigen Flugzeitmassenspektren, dass unter vergleichbaren Betriebsbedingungen die Zugabe von ca. 2 Vol.–% H_2 zu einem deutlich anderen Größenwachstum führt. Die Clusterverteilung verschiebt sich zu größeren m/z-Werten.

Aufgrund der zahlreichen Isotopologe (siehe Abschnitt 5.3.1) und der relativ geringen Auflösung des TOF-Instruments (siehe Kapitel 3.3) ist eine Unterscheidung der eventuell verschiedenen H/Pd-Stöchiometrien der Cluster nicht möglich. Wie in Abbildung 109 (rechts) jedoch zu erkennen führt selbst die kleinste experimentell einstellbare Menge H_2 (0,5 sccm) zu einer vollständigen Sättigung der Cluster – es ist keine Verbreiterung der verschiedenen Signale zu erkennen.

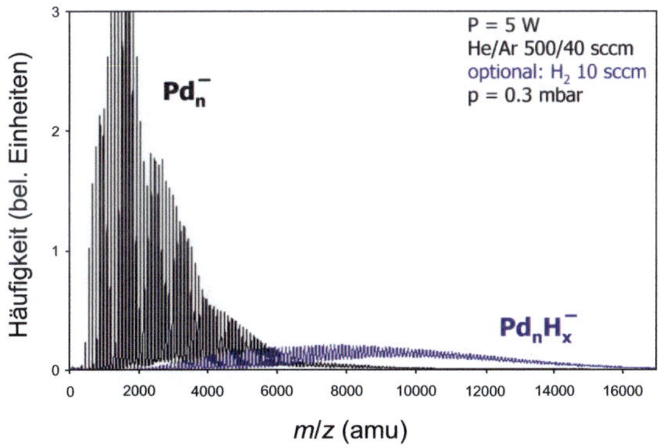

Abbildung 108: Flugzeitmassenspektren von unter ähnlichen Bedingungen erzeugten Palladiumclusteranionen ohne (schwarz) und mit ca. 2 Vol.–% H_2 (blau) im Trägergas.

Durch Vergleiche von Flugzeiten reiner Palladiumcluster mit wasserstoffbeladenen lässt sich über den Schwerpunkt zugehöriger Signale die aufgenommene Menge von H-Atomen mit einer Genauigkeit von ca. 1–2 amu bestimmen (siehe Abbildung 109, links). Abhängig von der Ladung der Cluster (+/–) zeigen sich deutliche Unterschiede in der H-Belegung. In beiden Fällen ist das Verhältnis gespeicherten Wasserstoffs zur Palladiumanzahl meist deutlich über dem einer α'-Phase des Festkörpers $(0,706)^{221}$. Lediglich für anionsche Cluster bestehend aus mehr als ~70 Atomen sinkt die Stöchiometrie leicht unter den α'-Schwellenwert.

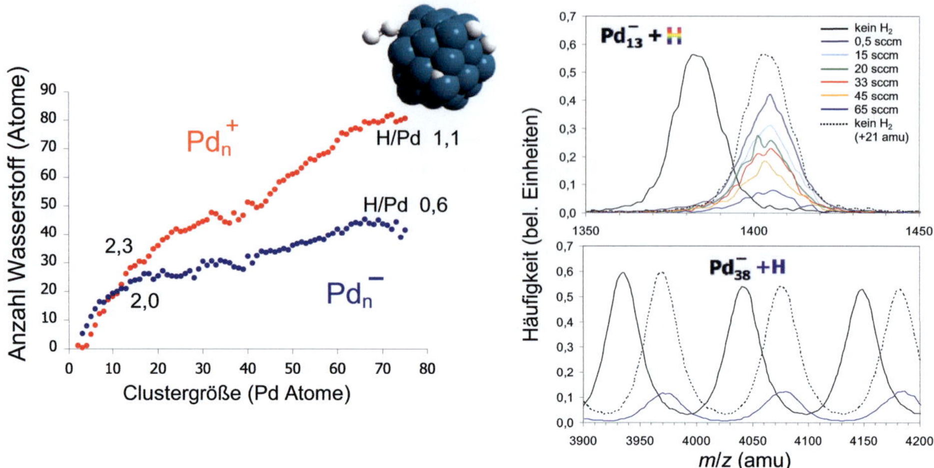

Abbildung 109: *links* – Ladungszustandsabhängigkeit der Wasserstoffanzahl in Palladium-clusterionen sowie ein Schema möglicher Adsorptionsmodi. Das maximale Verhältnis H/Pd liegt für Anionen bei 2,3 (Pd_7^-), für Kationen bei 2,0 (Pd_{13}^+) und sinkt auf 0,6 (Pd_{70}^-) bzw. 1,1 (Pd_{70}^+). *rechts* – Die Variation der H_2-Menge im Trägergas von 0 bis 65 sccm zeigt eine Sättigung der Wasserstoffbelegung bereits ab 0,5 sccm (blaue Kurve).

5.4.2 Einfluss auf die Clusterstruktur

Aufgrund der beobachteten starken Abhängigkeit von der Clusterpolarität und der Möglichkeit, dass eine unterschiedliche Sättigungsbelegung des Wasserstoffs sowohl strukturell bedingt (z.B. verschiedene Anzahl Oktaeder- oder Tetraederlücken) als auch aufgrund unterschiedlicher Kinetik der Oberflächenreaktionen (molekulare Physisorption, dissoziative Chemisorption, u.a.) auftreten kann, sind für verschiedene Größen ($n = 13$, 26, 38 und 55 Atome) Streubilder beider Ladungszustände vergleichend analysiert worden (siehe Abbildung 110).

Die $Pd_{26}^{-/+}$-T_d-Strukturen (siehe Abschnitt 5.3.2 und 5.3.4) zeigen im wasserstoffbehandelten Experiment eine signifikante Veränderung ihrer sM^{exp}-Funktionen. Dies deutet auf eine globale strukturelle Umwandlung zu einem neuen Bindungsmotiv hin. Dabei können vergleichend für beide wasserstoffexponierte Clusterionen signifikante Unterschiede zwischen dem positiv und negativ geladenen Cluster beobachtet werden, was auf unterschiedliche Palladiumordnungen in $Pd_{26}(H_x)^{-/+}$ hindeutet. Die drei weiteren untersuchten Cluster zeigen weniger stark ausgeprägte Wechsel im sM-Funktionsverlauf, weshalb geringere strukturelle Änderungen anzunehmen sind. Festzustellen bleibt: Im Falle großer Cluster ($n = 38$ und 55) bleibt das Strukturmotiv – sowohl im

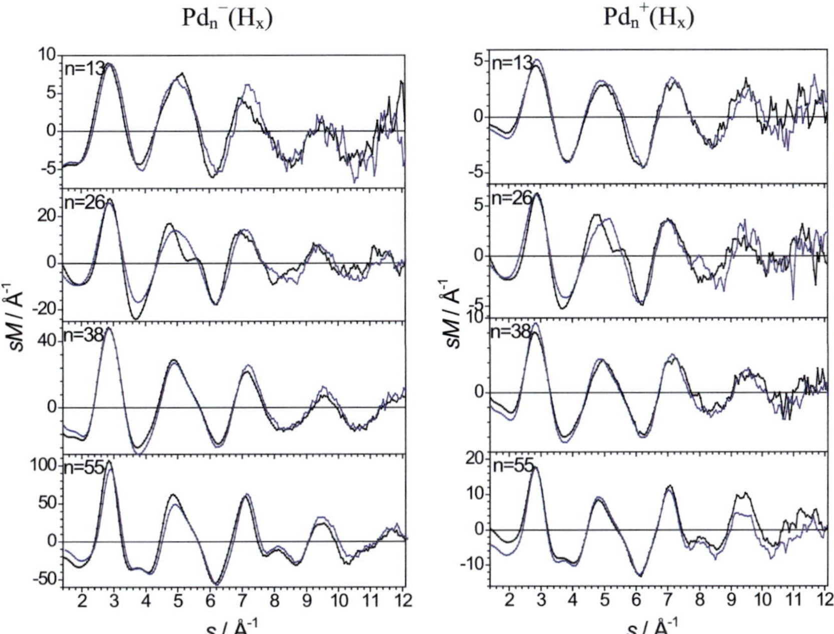

Abbildung 110: Experimentelle sM^{exp}-Funktion (genäherter Hintergrund) von reinen Palladiumclusterionen (schwarze Kurve) und wasserstoffbeladenen (blaue Kurve). Variiert ist die Palladiummenge (n = 13, 26, 38, 55) und der Ladungszustand (links: −, rechts: +).

Ladungszustand (−) als auch (+) − höchstens minimal von einer Wasserstoffbeladung beeinflusst. Ein Diffundieren der H-Atome in das Clustervolumen findet unter den experimentellen Bedingungen (T = 95K) nicht statt. Dies würde sich, wie im Festkörper zu beobachten, in indirekter Weise durch ein Aufweiten der Pd–Pd-Bindungslängen äußern und zu einem Stauchen der sM-Funktion führen, siehe Abbildung 111 (oben). Ein Verschieben der Extrema und Nulldurchgänge ist aber nicht erkennbar. Aufgrund der geringen Streuquerschnitte der Wasserstoffatome sind sie für das TIED-Experiment nahezu unsichtbar. Bei einem hohen stöchiometrischen Wasserstoffanteil (n_H > 2·n_{Pd}) wird die Paarverteilungsfunktion (PDF) stark zugunsten von Pd–H und H–H-Abständen erweitert, sodass ein geringer Einfluss in den Amplituden der sM^{theo}-Funktion für kleine Streuwinkel erkennbar wird (siehe Abbildung 111, unten).

Im Rahmen dieser Dissertation durchgeführte DFT-Rechnungen zeigen, dass Wasserstoffadsorption ausschließlich an den Oberflächen der Palladiumcluster stattfindet (meist überbrückte Kanten) und bevorzugt dissoziativ verläuft. Die bei reinen Clustern beobachtete hohe Spinmultiplizität wird gequencht (M = 1–2). Die Potenzialenergiehyperfläche (PES) ist hinsichtlich einer Beweglichkeit der H-Atome auf der Clusteroberfläche sehr flach und besitzt zahlreiche lokale Minima. Eine nicht einheitliche

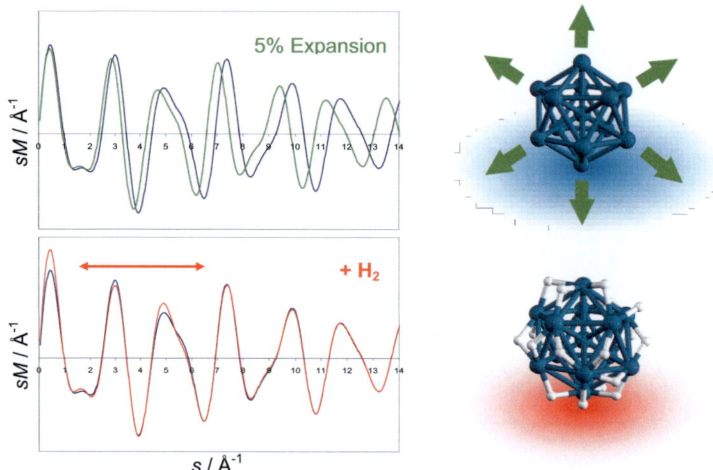

Abbildung 111: Einfluss der Wasserstoffaufnahme auf die theoretische sM^{theo}-Funktion eines Pd_{13}-Ikosaeders (blau) bei Inkorporation, d.h. Aufweitung der Pd−Pd-Abstände um 5% (grün), sowie einer oberflächlichen Belegung mit 21 H-Atomen (rot).

Verteilung der Wasserstoffadsorptionspositionen im gesamten untersuchten Clusterensemble ist aufgrund der finiten experimentellen Temperaturen wahrscheinlich. Die Charakteristik der PES macht eine Geometrieoptimierung mit dem Ziel der Findung des Grundzustands sehr aufwendig. Die Verwendung des DFT-GAs, der die Gesamtenergie der Strukturen in einer Fitnessfunktion bewertet, ist möglich, eine Berücksichtigung des R_w-Wertes ist zum aktuellen Zeitpunkt für heteroatomare Cluster jedoch nicht implementiert. Insgesamt ergibt sich das Problem, dass die Verschiedenartigkeit der Strukturen in einer Population nach wenigen Generationen aufgrund der zahlreichen möglichen

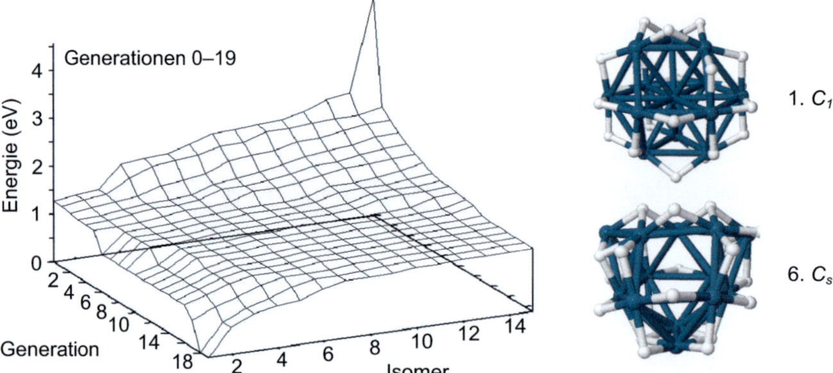

Abbildung 112: *links* – Verlauf der Gesamtenergie der Populationen von $Pd_{13}^-(H_{21})$ über 19 Generationen unter Verwendung eines genetischen Algorithmus (DFT-GA). *rechts* – Danach verbleibende Strukturmotive: Struktur 1 (globales Minimum, oben) und Struktur 6 (gute, an das Experiment anpassbare Modellstruktur (hohl), unten).

Wasserstoffkoordinationen stark abnimmt. In Abbildung 112 ist ausgehend von 15 *seed*-Strukturen (Strukturen reiner Palladiumcluster für Pd_{13}^- mit einer händischen Platzierung der 21 Wasserstoffatome auf der Clusteroberfläche) der Verlauf der Population über 19 Generationen dargestellt. Zum Ende liegen nur noch zwei verschiedene Palladiumstrukturmotive vor, deren H-Koordination lediglich Variationen darstellen. Eine beschleunigte Variante wurde mit Hilfe eines Guptapotenzials[187,189] und einem genetischen Algorithmus[87] durchgeführt. Die Potenzialparameter entstammen dabei Optimierungen zur Beschreibung von Wasserstoff innerhalb des Palladiumfestkörpers, sowie der H- und H_2-Wechselwirkung mit einer Pd(100) und Pd(110) Oberfläche[187]. Auf diese automatisierte Weise ist es möglich, schnell eine große Anzahl verschiedener Strukturmotive zu erhalten (v.a. zugehörige *xyz*-Koordinaten der H-Atome). Das Potenzial führt für größere Cluster (mehr als 20 Atome) zu Inkorporationen von H-Atomen in Oktaederlücken und molekular adsorbiertem Oberflächenwasserstoff. Die interne Koordination zeigt sich jedoch in DFT-Rechnungen nicht stabil (BP86, Pd: SVPs0, H: def2-SVP), siehe Abbildung 113:

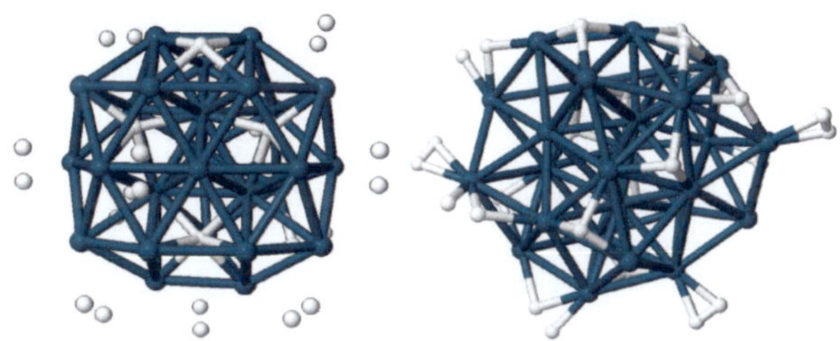

Abbildung 113: *links* – Gupta-GA Struktur von Pd_{26}^- (H_{26}) mit molekular adsorbiertem Wasserstoff an der Oberfläche und drei besetzten Oktaederlücken. *rechts* – Ergebnisse der DFT-Geometrieoptimierung nach ca. 500 Schritten. Der Wasserstoff befindet sich nun ausschließlich auf der Oberfläche.

Bedingt durch eine Unsicherheit bezüglich der exakten Wasserstoffbelegung auf den Clustern ist im Fehlerbereich ($x = \pm1$ bis 2) nach Modellstrukturen zu suchen. Anhand des kleinsten Clusters Pd_{13}^-(H_x) wurde dies ausführlich untersucht. Das Erzeugen geeigneter Modellstrukturen erfolgte ausgehend von verschiedenen Strukturmotiven des reinen Clusters Pd_{13}^-. Im Folgenden werden die beiden interessantesten Fälle Pd_{13}^-(H_x) und Pd_{26}^-(H_x) anhand verschiedener Strukturmodelle diskutiert.

Die berücksichtigten Strukturmotive des Clusters Pd_{13}^-(H_x) sind in Abbildung 114 dargestellt. Die in Flugzeitmassenspektren experimentell bestimmte Wasserstoffanzahl ist $x = 21\pm2$. Auch wenn das Streubild durch das Hinzufügen weniger Wasserstoffatome scheinbar wenig verändert wird, zeigen DFT-Rechnungen eine starke Einflussnahme auf die Palladiumordnung. Die H-Atome umgeben die folgenden Klassen von Palladiumkernstrukturen (als Mitglieder zu bezeichnende Isomere sind in Klammern angegeben): hohl (1, 7, 8, 9), dekaedrisch (3), hcp (hcp, *hexagonal closed packed*) (4, 9), kuboktaedrisch (6), ikosaedrisch (5) und schichtartig (2). Die Wasserstoffkoordination erfolgt stets auf der Oberfläche des Clusters und meist μ_2- oder seltener μ_3-verbrückend.

$Pd_{13}^{-}(H_x)$

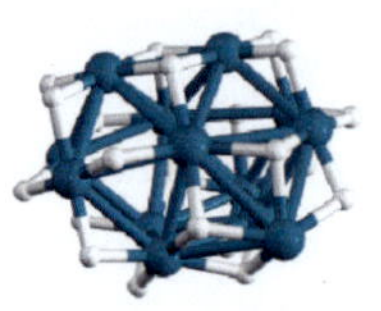  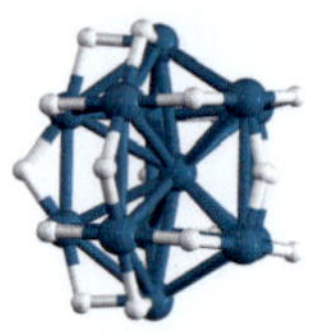

1. C_s, 0,00 eV (1), R_w =3,1%   2. C_s, 0,58 eV (1), R_w = 6,3%   3. C_s, 0,88 eV (1), R_w = 12,4%

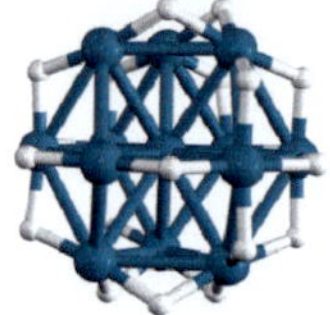 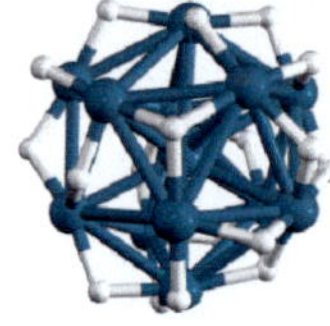 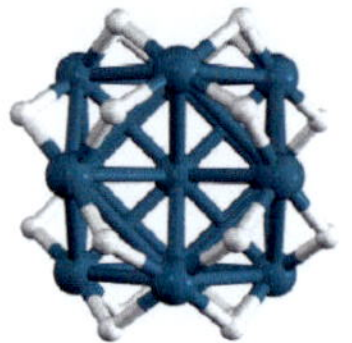

4. C_{2v}, 0,00 eV (2), R_w = 9,5%   **5. I_h, 0,85 eV (2), R_w = 3,4%**   6. O_h, 1,12 eV (2), R_w = 9,4%

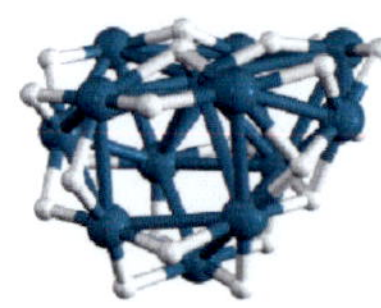 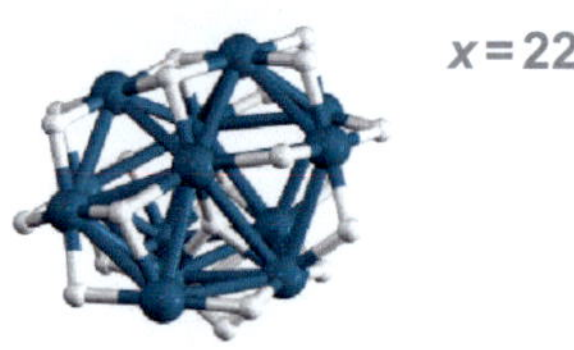 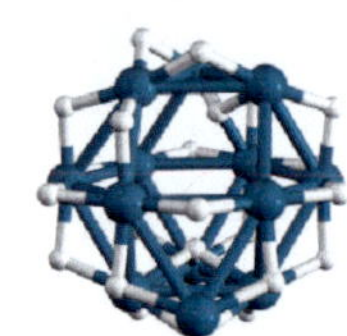

7. C_s, 0,00 eV (2), R_w = 10,5%   **8. C_s, 0,17 eV (2), R_w = 3,8%**   9. C_s, 0,00 eV (1), R_w = 13,9%

Abbildung 114: Isomere von $Pd_{13}^{-}(H_x)$ mit unterschiedlichen Wasserstoffbelegungen (x = 20–23). Auch dargestellt sind Symmetrien (ohne Berücksichtigung der H-Atome und leichten Verzerrungen), relative Energien (Spinmultiplizitäten) und R_w-Werte. Das fett markierte Isomer zeigt die beste gefundene experimentelle Übereinstimmung für ein gegebenes x.

Das mit experimentellen Streudaten am besten übereinstimmende Motiv ist eine hohle Atomanordnung (Isomer 1 und 8, R_w = 3,1% bzw. 3,8%), siehe Abbildung 115. Vertreter der Klassen Dekaeder, Kuboktaeder, hcp- und Schichtstrukturen können eindeutig ausgeschlossen werden. Eine Beteiligung des ikosaedrischen Strukturmotivs (5) kann alleinig anhand des R_w-Werts (3,4%) nicht außer Betracht gelassen werden, ist jedoch aus drei Gründen unwahrscheinlich: 1. Der qualitative Verlauf der sM^{theo}-Funktion zeigt bei $s \approx 5\text{Å}^{-1}$ eine ausgeprägte rechte Schulter des zweiten Streumaximums, was in der sM^{exp}-Funktion nicht zu erkennen ist. 2. Es erscheint schlüssig, dass die mit dem Finden des richtigen mittleren Bindungsabstands verknüpfte Problematik hoher Spinzustände in den Funktionalen aufgrund der nun gequenchten Multiplizität für Hydridverbindungen nicht auftritt oder zumindest abgeschwächt ist. Aus diesem Grund wird hier den berechneten relativen Energien für verschiedene Isomere eine höhere Vergleichbarkeit zugeschrieben. Die energetische Bewertung (+0,85 eV) führt zum Ausschluss. 3. Die DFT-Rechnungen deuten ferner eine allgemeine Instabilität des ikosaedrischen Strukturmotivs unter der experimentellen (wahrscheinlichen) Wasserstoffbelegung von 21 Atomen an (wie bereits erwähnt und ebenso von Zhou *et al.*[220] vorhergesagt): Isomer (5) zeigt mit 20 H-Atomen eine verzerrte I_h-Geometrie, die auf der Oberfläche wiederholt drei gleichseitig koordinierte Palladiumatome entsprechend einer (111)-Festkörperoberflächenstruktur aufweist. Zum Teil sitzen H-Atome über den Flächen μ_3-verbrückend. Das Hinzufügen eines einzigen weiteren Wasserstoffatoms zu dieser Konfiguration führt zu einer energetisch günstigeren μ_2-Koordination, was im Laufe einer Geometrieoptimierung zur Öffnung der Struktur durch Drehung beider Kappen gegeneinander führt. Isomer (3) wurde aus Isomer (5) auf diese Weise gewonnen.

Die Inkorporation von Wasserstoff in den Innenraum einer hohlen Struktur ist möglich, liefert tendenziell jedoch höhere elektronische Energien und R_w-Werte und ist deshalb unwahrscheinlicher. Der Durchmesser des Hohlraums beträgt ca. 4,5Å. Alle berechneten elektronischen Strukturen zeigen einen minimalen Gesamtspin, je nach H-Anzahl ein Singulett oder ein Dublett.

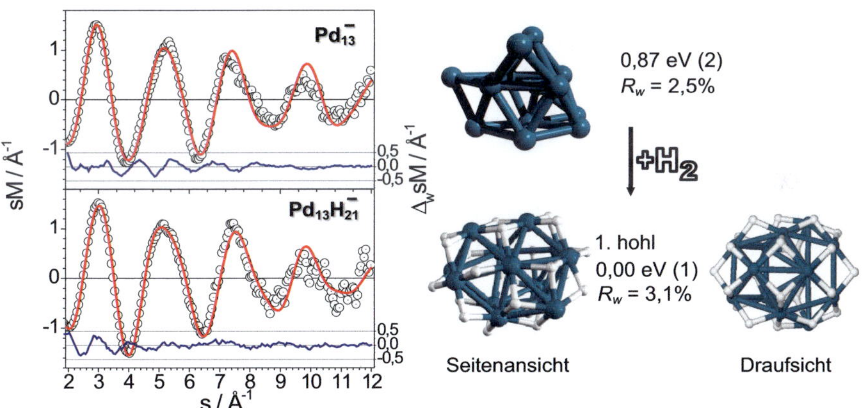

Abbildung 115: Wasserstoffinduzierte Strukturänderung des Clusters $Pd_{13}{}^-(H_{21})$. Die Schichtstruktur des reinen Clusters wird durch Oberflächenadsorption aufgeweitet, sodass ein Hohlraum von ca. 4,5Å im Durchmesser entsteht. Die Multiplizität M der Hydridstruktur ist minimal.

$Pd_{26}{}^-(H_x)$

Bei den hier untersuchten $Pd_n{}^-$ liegt der offensichtlichste Fall einer wasserstoffinduzierten strukturellen Änderung für die sM^{exp}-Funktion des Clusters $Pd_{26}{}^-(H_x)$ vor. Die experimentell bestimmte Wasserstoffmenge beträgt $x = 26\pm2$. Die Modellstruktursuche erfolgte wie zu Beginn dieses Kapitels beschrieben unter Verwendung eines einfachen

Zweikörperpotenzials und einem GA (siehe Abbildung 113). Die günstigsten i.d.R hochsymmetrischen Isomere wurden als *seed*-Strukturen in einem weiterführenden DFT-GA verwendet, der aufgrund der hohen notwendigen Schrittzahl bei der Relaxation der Strukturen relativ teuer ist. In Abbildung 116 (unten) ist das mit den experimentellen Beugungsdaten am besten übereinstimmende gefundene Isomer gezeigt (R_w = 2,8%). Die Struktur besitzt ausschließlich oberflächengebundene H-Atome und weniger als die vormals vier gebundenen Volumenatome. In den GA-Populationen konnten ferner Isomere mit unterhalb der Clusteroberfläche gebundenen H-Atomen gefunden werden, diese liegen jedoch energetisch höher und führen zu einem größeren R_w-Wert.

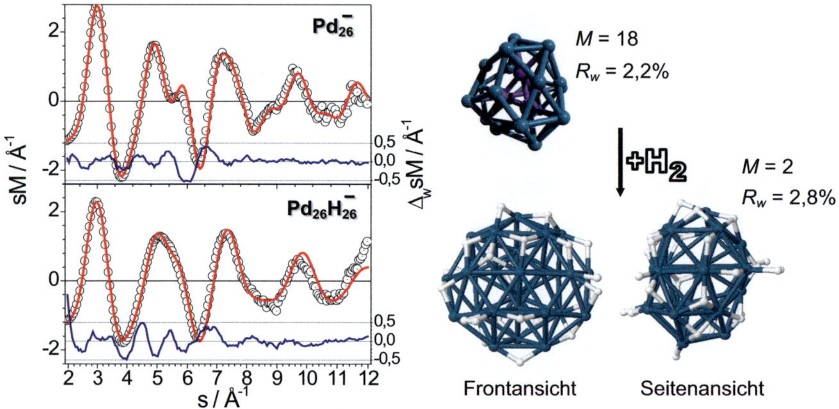

Abbildung 116: Wasserstoffinduzierte Strukturänderung des Clusters Pd$_{26}^-$(H$_{26}$). Die T_d-Struktur des reinen Clusters (Isomer 2 (siehe Abbildung 93); Kern lila eingefärbt) zeigt eine deutlich andere sM^{exp}-Funktion als die für Pd$_{26}$H$_{26}^-$ gefundene, welche einer für den reinen Cluster gefundenen Schichtstruktur ähnelt (siehe Abbildung 117). Die Spinmultiplizität M ist deutlich reduziert.

Der Strukturtyp kann mit dem für den wasserstofffreien Cluster gefundenen Isomer 26–(1) beschrieben werden (siehe Abbildung 117). Die Schichtstruktur setzt sich aus drei Lagen mit ABA Abfolge zusammen, wobei die letzte Schicht im wasserstoffbeladenen Pd-Kern um 90° gedreht ist. Die Kanten des oblaten Clusters Pd$_{26}^-$(H$_x$) sind leicht zu Polyikosaedern verzerrt. Dies stellt eine strukturelle Parallele zu dem ursprünglichen Strukturtyp von 26–(1) dar.

Aufgrund der DFT-Rechnungen kann festgestellt werden, dass für diese Clustergröße molekular auf der Oberfläche gebundener Wasserstoff (H$_2$) auftritt. Aufgrund der relativ flachen Potenzialenergiehyperfläche ist wahrscheinlich, dass die exakte Lage der energetisch günstigsten Positionen aller H-Atome nicht gefunden wurde. Möglicherweise wäre für eine solche Problemstellung eine MD-Methode prinzipiell zielführender.

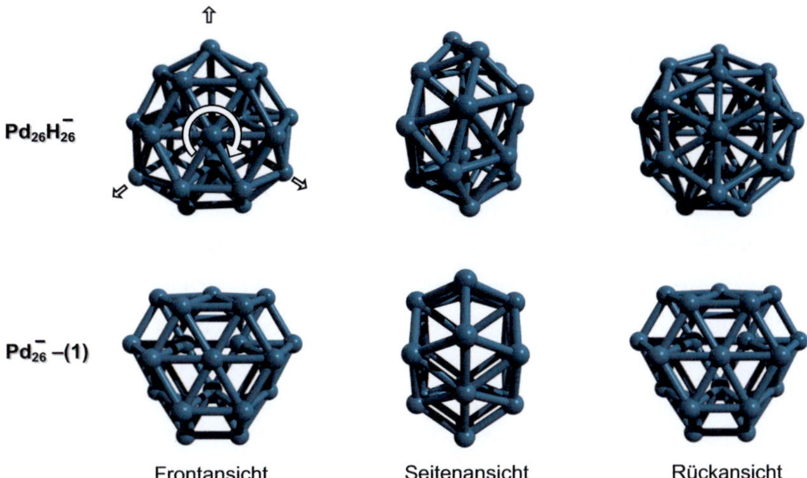

Abbildung 117: Verschiedene Ansichten des Palladiumkerns aus Pd$_{26}^{-}$(H$_{26}$) (oben, ohne H-Atome) sowie des experimentell nicht gefundenen Isomers mit der niedrigsten berechneten Energie für Pd$_{26}^{-}$–(1). Gegenüber der nackten Schichtstruktur mit ABA-Folge (unten) ähnelt der wasserstoffbeladene Pd-Kern z.T. eher einer ABC-Schichtfolge (oben): Eine äußere Lage ist um 90° gedreht. Ebenso sind Atome der Mittelschicht nach außen gezogen, sodass ein Polyikosa-eder-ähnliches Bindungsmotiv entsteht (siehe Pfeile).

5.4.3 Isotopen- und Ladungseffekte

Eine besondere Eigenschaft des Palladiumfestkörpers sind die für verschiedene Wasserstoffisotope unterschiedlichen Diffusionskoeffizienten (inverser Isotopeneffekt in der α-Phase).[222] Sie liegen bei Raumtemperatur in einer gemeinsamen Größenordnung mit Flüssigkeiten (10^{-5} cm^2/s), was einer Progression von fast 1cm pro Stunde entspricht. In einem klassischen Bild kann der Prozess durch Sprünge der Wasserstoffatome durch ein fcc-Gitter verstanden werden, bei dem man von temperatur- und isotopenunabhängigen Aktivierungsenergien ausgehen würde (siehe Abbildung 107). Die unterschiedlichen Diffusionsgeschwindigkeiten resultieren aus dem mit $1/\sqrt{m}$ skalierenden präexponentiellen Faktor. Es wäre zu erwarten, dass die leichteren H-Atome das Palladiumvolumen schneller durchdringen als das schwerere Isotop D. Im Gegensatz hierzu findet man experimentell unterhalb einer Temperatur von ca. 500°C eine höhere Diffusionsgeschwindigkeit des Deuteriums. Dieses nicht-klassische Verhalten ist nur durch eine isotopenabhängige Aktivierungsenthalpie zu erklären, die bei tiefen Temperaturen mit steigender Masse abnimmt.

Das Verhalten von wasserstoffexponierten Palladiumclusterionen ist im vorherigen Abschnitt 5.4.1 für Protium (^{1}H) massenspektrometrisch und mit Elektronenbeugung für ausgewählte Clustergrößen untersucht worden. Die Aufnahmeeigenschaften des schwereren Isotops D können Abbildung 118 entnommen werden, in der die Wasserstoffmenge ladungs- (+/−) und isotopenabhängig (H/D) als Funktion der Clustergröße n dargestellt ist. Die Genauigkeit der Datenpunkte ist aufgrund der verdoppelten Masse für deuteriumbeladene Cluster erhöht (±1 ^{2}D-Atom). Man kann beobachten, dass positive Ladungszustände von Palladiumclustern generell zu mehr gebundenem Wasserstoff führen als die analogen Anionen. Die Unterschiede dieses Verhaltens sind insbesondere für das leichte ^{1}H ausgeprägt. Vergleicht man die absolute Stoffmenge, so ist für die kationischen Palladiumcluster mit $n > 15$ Atomen kein Isotopeneffekt nachweisbar. Die Pd_n^--Datenpunkte stimmen für Cluster mit weniger als ca. 15 Atomen für ^{2}D und ^{1}H gut überein, darüber hinaus bricht die Protiummenge relativ zur Deuteriummenge jedoch ein. Generell lassen sich vier Größenbereiche aufgrund charakteristischer Wasserstoffaufnahmeeigenschaften als Funktion der Palladiummenge n (Atome) definieren:

1. $0 < n \leq 15$: sehr hohe Wasserstoffstöchiometrie (z.T. H/Pd > 2), Isotopeneffekt ausschließlich für Ladungszustand (+) vorhanden (D bindet bevorzugt), vermutlich schwacher metallischer Bindungscharakter im Pd_n-Kern aufgrund starker Pd–H-Wechselwirkung.

2. $16 \leq n \leq 40$: linearer Anstieg der Wasserstoffmenge mit n (Ausnahme ^{1}H/+), starke Fluktuation zwischen 30–45 Atomen (querverschoben zu größeren n für Ladungszustand (−), siehe Pfeile).

3. $41 \leq n \leq 70$: linearer Anstieg der Wasserstoffmenge mit n (größerer Gradient als in Bereich 2).

4. $70 \leq n \leq 100$: linearer Anstieg der Wasserstoffmenge mit n (Gradient kleiner als in Bereich 3).

Eine Erklärung der stark unterschiedlichen gespeicherten Wasserstoffmenge können Clusterstrukturen sein, deren Bindungsmotive sich ladungsbedingt stark unterscheiden (z.B. in der Anzahl an Oktaederlücken, Oberflächenbeschaffenheit). Für kleinere Clusterionen ($n < 55$ Atome) konnte der naheliegende Schluss von eingelagerten H-Atomen bereits ausgeschlossen werden (siehe Abschnitt 5.4.2). Wie DFT-Rechnungen zeigen, sind ab 26 Palladiumatomen Wasserstoffatome unterhalb der Clusteroberfläche denkbar. Eine Überprüfung größerer Palladiumcluster muss zeigen, ob die Art der Wasserstoffwechselwirkung von den Maßen und elektronischen Eigenschaften der Nanostruktur abhängen. Ausgewählt wurde zu diesem Zweck v.a. das Deuteriumisotop, da die vorliegenden Massenspektrometriestudien größere Sättigungsmengen auf den Clustern zeigen.

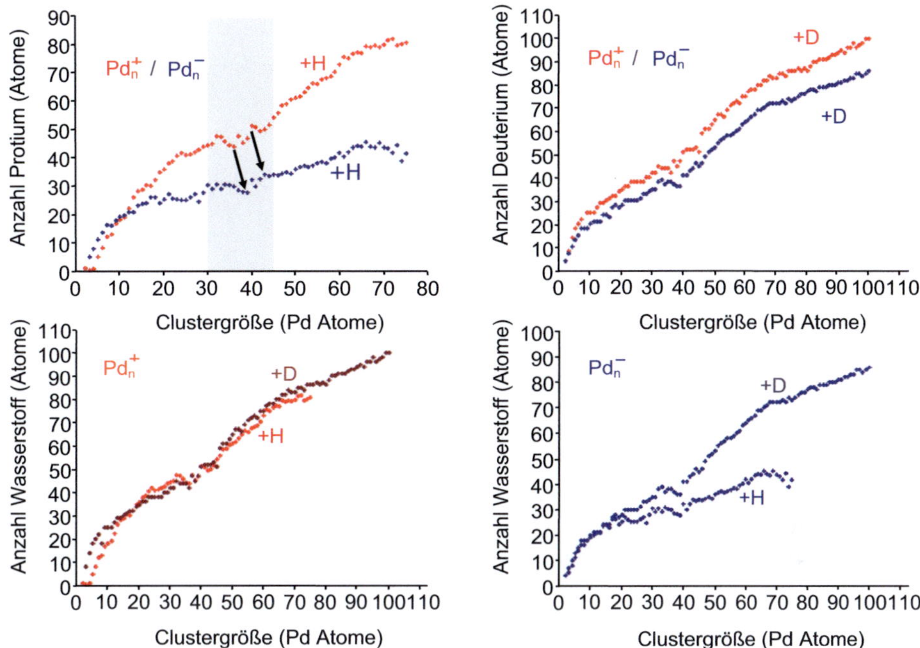

Abbildung 118: Wasserstoffaufnahme von Palladiumclusterionen (+/−) als Funktion der Ladung (oben) und isotopenabhängig (unten). Starke Fluktuationen der H-Menge sind im Größenbereich von 30−45 Pd-Atomen zu beobachten. (Fehlergrenzen: ±2 ^{1}H- bzw. ±1 ^{2}D)

In Abbildung 119 sind experimentelle Beugungsmuster der Palladiumcluster mit $n = 55$, 95 und 147 Atome vergleichend ohne und nach Wasserstoffexposition dargestellt. Jede Clustergröße steht stellvertretend für ein Strukturmotiv: Pd$_{55}^{-/+}$ zeigt eine ikosaedrische Struktur, Pd$_{147}^-$ besitzt eine fcc-Festkörperstruktur und Pd$_{95}^-$ entspricht einem Vertreter des dekaedrisch/fcc-Übergangsbereichs, in dem die Clustergeometrie möglicherweise sensitiver auf Adsorbate reagiert. Für alle drei Fälle kann man konstatieren, dass keine Veränderung der Pd−Pd-Bindungslängen eintritt (siehe hierzu Abbildung 111). Eine Abweichung von ca. 1% entspricht der experimentellen Nachweisgrenze. Die Ergebnisse können als Beweis gewertet werden, dass keine Wasserstoffeinlagerungen unter den experimentellen Bedingungen stattgefunden haben. Um eine mögliche kinetische Energiebarrier für diesen Prozess auszuschließen, wurden in einem ersten Experiment die Cluster vor dem Beugungsexperiment auf Raumtemperatur thermalisiert (Pd$_{55}^-$/D). Auf diese Weise erreichen die Cluster während des Einfangens aufgrund von Stößen mit dem Thermalisierungsgas vermutlich höhere Temperaturen. Die sM^{exp}-Funktion zeigt eine für heißere Cluster typische Verbreiterung und Amplitudendämpfung jedoch keine Verschiebung.

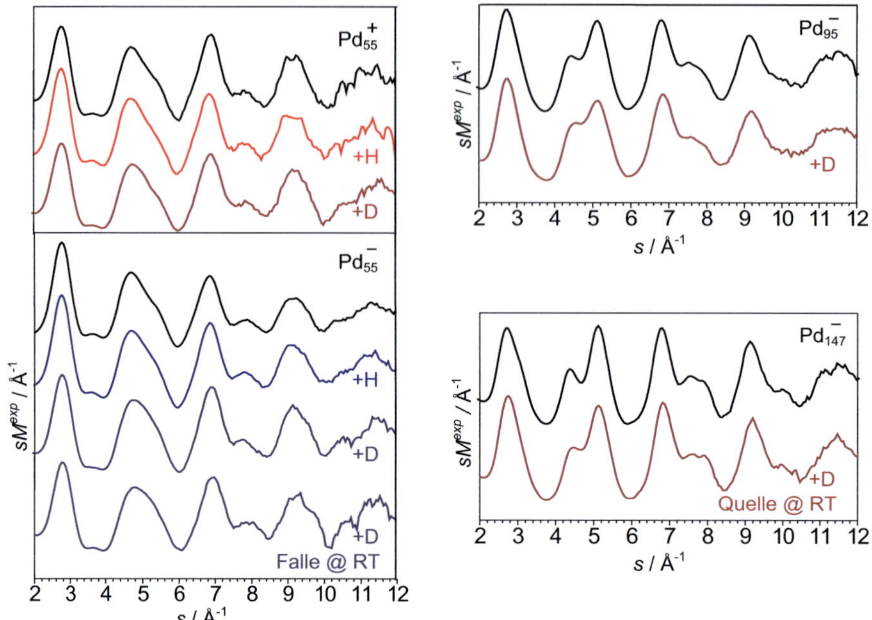

Abbildung 119: Experimentelle sM^{exp}-Funktion (genäherter Hintergrund) von reinen Palladiumclusterionen (schwarze Kurve) und wasserstoffbeladenen. Variiert ist die Palladiummenge (n = 55, 95, 147) und der Ladungszustand (blaue Kurven: − / rote Kurven: +).

In einem zweiten Experiment wurden die untersuchten Palladiumclusteranionen unter höherem Druck und einem auf Raumtemperatur temperierten Stoßgas in der Magnetronclusterquelle erzeugt. Während des Aggregationsprozesses (atomares Wachstum) werden deutlich höhere Anteile der Bindungsenergien in den entstehenden Cluster auf Schwingungsfreiheitsgrade verteilt und möglicherweise länger gehalten. Es kann davon ausgegangen werden, dass thermodynamisch stabile Palladiumhydride mit eingelagerten Wasserstoffatomen auf diese Weise am ehesten gebildet würden. Der untersuchte Cluster Pd_{147}^{-} zählt dabei zu den festkörperähnlichen Strukturen, sodass sichergestellt ist, dass Oktaederlücken vorhanden sind. Letzteres ist für die mackayikosaedrische Struktur nicht der Fall.

Die Unterschiede der experimentellen molekularen Beugungsintensitäten wasserstoffbeladener und reiner Cluster sind in der Amplitudenform der sM^{exp}-Funktion zu finden. Bei beiden Clustern $Pd_{55}^{-/+}$ wird die Amplitudenform im Bereich um $s \approx 5\,\text{Å}^{-1}$ runder. Dieses Verhalten ist typisch für hohe Wasserstoffstöchiometrien (siehe Abbildung 111). Es erklärt ebenso die Tendenz zu einer bei deuterierten Clustern gefundenen glatteren Verlaufsform der sM-Funktion im Gegensatz zu ^{1}H-Beladungen. Der ^{2}D-Anteil ist unter beiden Ladungszuständen höher. Die fcc-artigen Cluster Pd_{95}^{-} und Pd_{147}^{-} zeigen im gleichen Bereich der sM^{exp}-Funktion eine Veränderung des Doppelmaximums. Verursacht sein kann dies durch eine große Anzahl von Wasserstoffatomen auf der Cluster-oberfläche wie im vorherigen Fall bereits diskutiert. Ebenso ist eine Oberflächenrekon-struktion der Palladiumatome denkbar. Auszuschließen ist ein systematisches Eindrin-gen von H-Atomen in die oberste Clusterschicht oder eine von außen provozierte Kon-traktion der äußersten Schale. Der zuerst genannte Mechanismus konnte an kristallinen Palladiumoberflächen experimentell beobachtet werden. Wie in Abbildung 120 zu se-hen, führen beide vorstellbaren Fälle zu einem Verschieben der sM-Funktion in Rich-tung unterschiedlicher s-Werte sowie aufgrund der Phasenverschiebung der Oberflä-chenatomanteile zu anderen Intensitäten der Streumaxima und einem qualitativ ver-schiedenen Kurvenverlauf insbesondere bei großen Streuwinkeln.

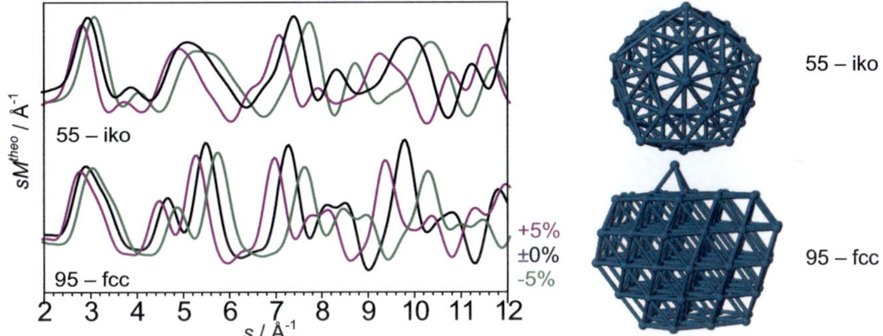

Abbildung 120: Modellfunktionen sM^{theo} der Strukturmotive Mackayikosaeder (Pd$_{55}^-$) und fcc (Pd$_{95}^-$) unter Variation der Bindungslängen der Oberflächenatome (Oberflächenkontraktion/ -expansion) bedingt durch Rekonstruktion nach Chemisorption (-5%) oder Eindringen (+5%) von Wasserstoff.

Ein Verlust der tiefen- oder oberflächengebundenen Wasserstoffatome unmittelbar vor dem Beugungsexperiment aufgrund stoßinduziertem Aufheizen der Cluster ist unwahr-scheinlich. Die experimentell bestimmten Bindungsenergien eines H$_2$-Moleküls an einer Festkörperoberfläche unter eintretender Dissoziation sind 0,90 eV (111), 1,06 eV (100) sowie 1,06 eV (110).[214,223,224] Aus Thermodesorptionsspektroskopiemessungen sind die Bindungsenergien pro H-Atom unter der Oberfläche bekannt: 0,19 eV (111), 0,15 eV/ 0,18 eV (100) und 0,20 eV/0,32 eV (110).[214,225,226] Oberflächengebundener Wasserstoff ist dabei um ca. 0,2–0,3 eV stabiler gebunden als Einlagerungen. Für Clusterstrukturen ist mit einer diese Werte übersteigenden Reaktivität zu rechnen. Die maximal thermisch und kinetisch zur Verfügung stehende Energie beträgt ca. 25 eV, wovon lediglich ein Bruchteil in Schwingungsanregungen des Clusters fließt. Der Verlust weniger H$_2$-Moleküle (Sublimation) kühlt den Cluster stark ab und stoppt den Prozess.

Ein Erklärungsmodell hoher gebundener Wasserstoffmengen basiert auf Oberflächenef-fekten. Eine beobachtete schnelle Sättigung der Palladiumclusterionen spricht für eine komplette strukturunabhängige Oberflächenbelegung. Hierfür existieren die Möglich-

keiten einer (atomaren) Chemisorption und (molekularen) Physisorption. In Abbildung
121 ist die Wasserstoffbeladung der Cluster als Funktion ihrer Größe N dargestellt.

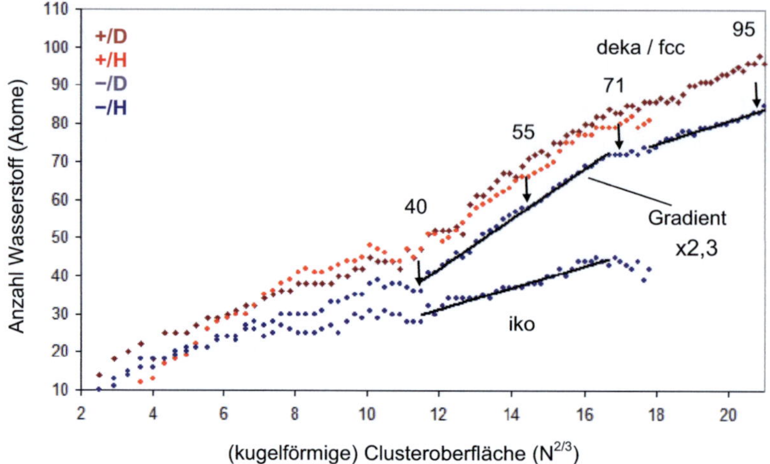

Abbildung 121: Wasserstoffbeladung von Palladiumclustern als Funktion der Clusteroberfläche
N$^{2/3}$. Im ikosaedrischen Strukturbereich (n = 40–70 Atome) zeigen kationische (rot/braun) sowie
Deuteriumhydride anionischer Cluster (dunkelblau) eine 2,3-fach erhöhte Aufnahmerate gegen-
über ^{1}H-Pd$_n^-$ (blau), was auf molekulare Adsorption hindeutet.

Unter der Annahme einer kugelförmigen Gestalt skaliert die Oberfläche der Struktur
näherungsweise mit N$^{2/3}$. Diese Annahme dürfte v.a. für kompakte ikosaedrische Strukturen, die im Größenbereich von 40 bis 70 Atomen vorzufinden sind, zutreffen. Für diese Cluster ist eine lineare Zunahme der Wasserstoffmenge mit der Clusteroberfläche zu
erkennen. Die Kombination −/^{1}H (Ladungszustand/Isotop) zeigt einen um ca. Faktor
zwei kleineren Anstieg. Dies spricht für verschiedene Oberflächenmodifikationen des
Wasserstoffs: Molekularer H$_2$-Wasserstoff ist auf deuterierten (+/−) und ^{1}H-beladenen
(+) Palladiumclustern zu finden, atomarer ^{1}H-Wasserstoff zeigt sich auf negativ geladenen Palladiumclustern, die folglich – möglicherweise aufgrund der stärkeren Wechselwirkung der ^{1}H-Atome mit dem Cluster – über weniger attraktive Koordinationsstellen
verfügen.

Ein tendenziell ähnliches, d.h. lineares Verhalten ist bei kleineren Clustern (n = 20–40
Atome) zu erkennen, jedoch deutet eine hohe Fluktuation ab n = 30 Atomen – wie z.B.
am Fall Pd$_{26}^-$ gezeigt – einen mit der Wasserstoffadsorption einhergehenden Strukturwechsel an. In diesem Bereich stellt die Oberflächenskalierung N$^{2/3}$ des Weiteren eine
relativ schlechte Näherung dar, da der „Rauheit" der Oberfläche größere Bedeutung
zukommt. Die Gestalt des Cluster entspricht nicht mehr einer perfekten Kugel, deren
Volumen linear mit N verläuft. Die eigentliche Clusteroberfläche ist – wenn man so

möchte – größer als vorhergesagt. Ein anderer Ansatz ergibt sich aus den ebenso in diesem Größenbereich festgestellten vergrößerten Atomvolumina reiner Cluster (siehe Kapitel 5.3). Somit erklärt sich möglicherweise die über der zu kleineren n extrapolierten Geraden liegende Wasserstoffanzahl. Es dürfte jedoch wahrscheinlicher sein, dass hier ein elektronischer und kein rein geometrischer Effekt entscheidend ist.

Nach einem weiteren strukturellen Übergangsbereich ($n = 70\text{–}75$ Atome) ist erneut eine lineare Zunahme des aufgenommenen Wasserstoffs erkennbar. Anders als im ikosaedrischen Strukturbereich fällt der Geradenanstieg flacher aus. Ein Ikosaeder entspricht unter den platonischen Körpern am ehesten einer perfekten Kugel und besitzt eine sehr geringe Oberfläche pro Volumen. Das für diese Clustergrößen zugeordnete fcc-Bindungsmotiv (oktaedrische Struktur) weist deshalb zwangsläufig eine größere Oberfläche auf. Die experimentell gefundenen Eigenschaften können somit keine reinen geometrischen Effekte widerspiegeln. Die Analyse der Atomvolumina wasserstofffreier Clusterionen zeigt eine gegenüber kleineren Palladiumstrukturen stark komprimierte Anordnung. Somit wird der Befund kleinerer Aufnahmemengen gegenüber ikosaedrischer Strukturen möglicherweise wieder verständlich. Eine Ursache des schrumpfenden Atomvolumens kann jedoch auch anhand dieser Informationen nicht ausgemacht werden. Vielmehr müssen elektronische Unterschiede, die bereits in den Bindungsmotiven reiner Palladiumcluster vorhanden sind, signifikant sein.

5.4.4 Charakterisierung der Pd–H-Bindung mit DFT

Die für $n = 13$ und 26 Atome durchgeführten DFT-Rechnungen unter Verwendung eines GAs deuten auf eine flache Potenzialenergiehyperfläche mit vielen lokalen Minima der Wasserstoffpositionen hin. Die energetischen Unterschiede sind dabei gering, sodass die Populationen schnell an Strukturdiversität der Palladiumkoordinationen verlieren. Theoretische Untersuchungen an Palladiumfestkörperoberflächen (111), (100) und (110) ergaben für die Wanderung einzelner Atome Energiebarrieren von 0,13–0,19 eV, 0,12 eV und 0,07–0,11 eV.[226] Offenere Flächen zeigen tendenziell eine höhere d-Besetzung und gleichzeitig eine schwächere s-Wechselwirkung mit H-Atomen.[227] In Clustern ohne starken hydridartigen Bindungscharakter ist aufgrund der Oberflächenkrümmung von einer hohen Mobilität auszugehen. Die Problematik der GA-Strukturvielfalt wiegt für den größeren Cluster $Pd_{26}^{-}(H_x)$, der die Tendenz zu molekular adsorbierten Wasserstoff zeigt, schwerer. Zahlreiche rotamere Orientierungen der H_2-Moleküle werden generiert. Eine systematische Struktursuche unter Einbeziehung aller Wasserstoffatome ist ab dieser Größe deshalb nicht mehr sinnvoll.

Anhand der gefundenen Strukturveränderungen kann versucht werden, grundlegende Prinzipien der Wasserstoffadsorption an Palladiumclustern zu verstehen. Die DFT-Studien der Hydridstruktur $Pd_{13}^{-}(H_x)$ ergeben, dass die genaue Anzahl an H-Atomen die Stabilität einer Struktur sehr stark beeinflussen kann. Das Verhalten ist in Analogie reiner Metallcluster zu sehen, bei denen ein einzelnes zusätzliches Atom die Ordnung einer Nanostruktur verändern kann. Der Zusammenhang zu energetisch bevorzugten Koordinationsstellen macht das Verhalten verständlicher: Spinpolarisierte skalarrelativistische DFT-Rechnungen haben ergeben, dass ein H-Atom an ein tetraedrisches Pd-Tetramer bevorzugt nicht auf der für eine (111)-Oberfläche repräsentativ stehenden Dreiecksfläche bindet, sondern kantenverbrückend (μ_2), und vom Massenschwerpunkt der Palladiumatome senkrecht wegzeigt (siehe Abbildung 122).[228]

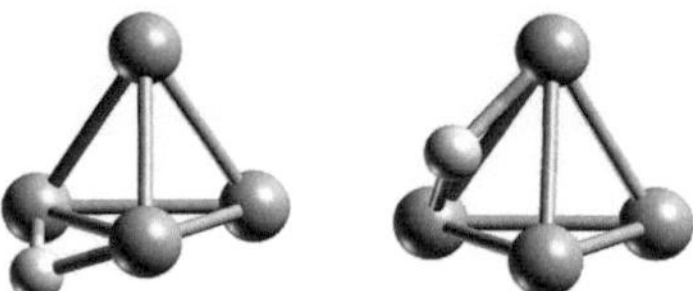

Abbildung 122: Bevorzugte μ_2-Koordination eines Wasserstoffatoms auf Palladium (Tetramer). Die linke Kantenverbrückung ist leicht gegenüber der μ_3-ähnlichen Koordination rechts bevorzugt. Abbildung von A. Genest.[228]

Clusteroberflächen zeigen zwangsläufig eine Krümmung der Oberfläche und stellen attraktive Kontaktstellen für Wasserstoffadsorption dar. Besetzungen oder Nichtbesetzungen dieser Positionen z.B. aufgrund kontrollierter H_2-Exposition können die ausgebildete Struktur beeinflussen. Als ein Beispiel ist die Verteilung von 20 Wasserstoffatomen auf einem Ikosaeder aus 13 Palladiumatomen in einer DFT-Simulation stabil. Das Hinzufügen eines weiteren H-Atoms führt dann jedoch zu einer Schwächung des vorliegenden kompakten Pd-Kerns. Die ikosaedrische Struktur öffnet sich im Laufe der Geometrieoptimierung und transformiert sich zu einem gekappten Dekaeder durch gegenläufiges Drehen beider Kappen (siehe hierzu Isomere 13–(5) und 13–(3) in Abbildung 114, Seite 136). Die Wasserstoffkoordination in der Struktur mit 21 H-Atomen ist ausschließlich kantenverbrückend (μ_2), die ursprüngliche ikosaedrische Struktur mit 20 H-Atomen weist mehrere besetzte μ_3-Positionen auf. Man könnte schlussfolgern, dass eine hohe Oberflächenbelegung aufgrund der finiten Anzahl an Koordinationsstellen zwangsläufig zu einem niedrigeren Verbrückungsmodus führen muss.

Die oberen Ausführungen beziehen sich jeweils auf nicht-globale Minimumstrukturen der entsprechenden H-Belegung und stellen ebenso nicht die experimentell gefundene Clusterstruktur $Pd_{13}^-(H_x)$ dar. Die Aussagekraft kann in Frage gestellt werden. Nichtsdestotrotz treten die beschriebenen μ_2- und μ_3-verbrückten Koordinationen ebenso in der zuordenbaren Modellstrukur 13–(1) auf und führen zu unterschiedlichen lokalen Pd–Pd-Bindungsmotiven. Kantenverknüpfte H-Anlagerungen können stets dann beobachtet werden, wenn eine starke Krümmung der umgebenden Oberfläche vorliegt, d.h. viele nächste Pd-Nachbarn liegen nicht annähernd in einer gemeinsamen Ebene. Das Extrem gegenüber einer planaren lokalen Struktur ist das in Abbildung 122 dargestellte Tetraeder. Auf eine ähnliche Weise wie die Krümmung führt eine hohe H-Population in der Nachbarschaft um die Koordinationsstelle tendenziell zu einem gleichen Verhalten. Die Struktur 13–(1) weist des Weiteren an einer Seite des Clusters eine quadratische Öffnung auf. Hier bildet sich eine ebenso für andere Isomere häufiger beobachtete spezielle Koordinationsform. Vier μ_2-verbrückende Atome stehen nahezu senkrecht auf den Kanten einer (100)-ähnlichen Fläche. Es ist anzunehmen, dass für diesen Cluster alle dieser unterschiedlichen Einflüsse letztendlich maßgeblich an der Entstehung einer Käfigstruktur beteiligt sind.

5.4.5 Zusammenfassung und Diskussion

Palladiumclusterionen sind in der Lage große Mengen Wasserstoff zu binden. Das maximale Stöchiometrieverhältnis H/Pd liegt für ihre Anionen bei 2,3 (Pd_7^-) und für ihre Kationen bei 2,0 (Pd_{13}^+). Vergleichende Massenspektrometriestudien untermauerten, dass die Reaktivität der Cluster schon bei geringen Konzentrationen von Wasserstoff im Trägergas (2 Vol.–%) zu einer Sättigung der Aufnahme führt. Einher geht dies zumindest mit einer partiellen Spaltung der Wasserstoffmoleküle, entweder im Sputterplasma oder auf den Clustern selbst. Letzteres ist wahrscheinlicher, da die Bildung von Hydriden unabhängig von der H_2-Zuleitungstelle in der Clusterquelle ist. In kleinen Palladiumclusterionen ($n < 26$ Atome) mit hoher Wasserstoffstöchiometrie ist von hydridartigen Strukturen auszugehen. Die Pd–H-Bindungsanteile überwiegen (zahlenmäßig) die metallische Wechselwirkung. Innerhalb dieses Größenbereichs konnte eine H-induzierte strukturelle Veränderung beider Ladungszustände ($+/-$) der Cluster mit $n = 13$ und 26 Atomen beobachtet werden.

Der Cluster $Pd_{13}^-(H_x)$ zeigt mit einer hohlen Modellstruktur die beste Übereinstimmung zum Experiment. Der Innendurchmesser dieser Atomanordnung ist auf ca. 4,5Å geweitet, wobei sämtliche Wasserstoffatome auf der äußeren Seite gebunden bleiben. Eine ähnliche Käfigstruktur konnte bereits für den Goldcluster mit 17 Valenzelektronen Au_{16}^- („*golden bucky ball*") ausgemacht werden.[229]

Der Cluster $Pd_{26}^{-/+}$ besitzt eine für seinen Größenbereich ungewöhnliche hochsymmetrische T_d-Struktur. Das Streumuster weicht deutlich von dem seiner benachbarten Cluster ab. Seine polyikosaedrische Struktur differiert jedoch nicht prinzipiell vom vorherrschenden ikosaedrischen Bindungsmotiv dieser Partikelgrößen. Wasserstoffexposition induziert seinen Strukturwechsel zu einer Pd_{26}-Kernstruktur, die der schichtartigen Festkörperordnung ähnelt. Die Abfolge ist davon abweichend nicht exakt ABC, sondern eher ABA, wobei eine A-Schicht um 90° gedreht ist. In weiterer Fortsetzung entspräche dies eher einem hcp- als einem fcc-Motiv. DFT-Rechnungen sagen unter Verwendung aller gängiger Funktionale die exakte ABA-Struktur als elektronischen Grundzustand für den reinen Cluster Pd_{26}^- voraus. Auch wenn experimentell das Vorhandensein eines geringfügigen Anteils dieser Schichtstruktur im nackten Pd_{26}^- ausgeschlossen werden kann, bleibt deshalb ein kleiner elektronischer Energieunterschied wahrscheinlich. Die Wasserstoffanlagerung erfolgt ausschließlich auf der Clusteroberfläche und führt zum Quenchen der hohen Spinmultiplizitäten der adsorbatfreien Strukturen. Ein Eindringen in die Palladiumzwischenräume hätte ein Aufweiten der Pd–Pd-Bindungslängen zur Folge, was innerhalb des Nachweisbereichs von ca. 1% nicht zu beobachten ist. Zudem legt die Analyse der Modellstruktur den Schluss nahe, dass durch Oberflächenrekonstruktion der Kanten die zuvor gefundene Schichtstruktur zu polyikosaedrischen Strukturen ähnlicher wird. Die Koordination der internen Palladiumatome ist dadurch kompakter und es existieren keine vollwertigen Oktaederlücken (mehr).

Die Wasserstoffaufnahmemengen der untersuchten Palladiumcluster sind stark ladungs- und isotopenabhängig. Besonders ausgeprägt different sind negativ ge- und ^{1}H beladene Cluster. Sowohl kationische Cluster (H/D) als auch Palladiumanionen (nur D) binden signifikant mehr Wasserstoff. Da für den Pd-Festkörper über weite Druck- und Temperaturbereiche stabile Einlagerungsverbindungen mit Wasserstoff bekannt sind, ist diese Erklärungsmöglichkeit für Cluster eingehender zu prüfen.[230,231] In vergleichenden Beugungsexperimenten mit Kombinationen verschiedener Ladungszustände und Isotope ist

Wasserstoff aufgrund des geringen Streuquerschnitts nahezu unsichtbar. Ein Aufweiten der Pd–Pd-Bindungslängen im Cluster als indirekte Indikation konnte sowohl für den relativ kompakten Mackayikosaeder (55 Atome) als auch bei Vertretern der fcc-ähnlichen und fcc-Struktur (95 und 147 Atome), die beide Oktaederlücken aufweisen, nicht nachvollzogen werden. Die Existenz kinetisch hemmender Energiebarrieren für den Absorptionsprozess ist möglich jedoch aufgrund des Ablaufs des Clusterwachstums während der Erzeugung unwahrscheinlich. Trotzdem wurde ein möglicher Einfluss durch weitere Beugungsexperimente an raumtemperierten Clustern sowie an unter verschiedenen Bedingungen erzeugten Clustern überprüft. Er darf aufgrund negativer Befunde ausgeschlossen werden.

Die Unterschiede in den experimentellen sM^{exp}-Funktionen (Pd$_{95}^{-}$ und Pd$_{147}^{-}$, siehe Abbildung 119 auf Seite 142) deuten auf eine H-induzierte Oberflächenrekonstruktion hin. Es wird aus diesen Gründen wahrscheinlich, dass eine starke Wechselwirkung der elektronischen Struktur des Clusters mit den Adsorbaten vorliegt. Für die Kombination $-/^{1}$H führt dies im Größenbereich des Ikosaedermotivs gegenüber der sonstigen molekularen H$_2$-Anlagerung zu einer um ca. 13% geringer ausfallenden Wasserstoffbelegung der Oberfläche (vgl. Abbildung 121). Angesichts fehlender sterischer Wechselwirkungen, die im Falle von adsorbierten Molekülen auftreten können, wäre bei atomarer H-Adsorption eigentlich ein höherer Belegungsgrad zu erwarten gewesen.

Der von Ladung und Wasserstoffisotop abhängende Befund des unterschiedlichen Sättigungsgrads der Cluster bleibt letztendlich schwer zu deuten. Offensichtlich existieren für negativ geladene Cluster stabile Verbindungen mit atomar gebundenem Wasserstoff. Die Tatsache, dass ein schwereres Isotop, das chemisch (nahezu) identisch ist, die Dissoziation nicht vollführt, legt nahe, dass für diesen Prozess eine signifikante Aktivierungsbarriere existiert, die nur in einem der Fälle überschritten werden konnte. Berücksichtigt man Nullpunktsschwingungsenergien, so liegt der elektronische ^{1}H$_2$-Grundzustand ca. 0,08 eV höher als der des Deuteriummoleküls (siehe Abbildung 123, rechts). Der zur Dissoziation führende Übergangszustand zeigt dazu ebenfalls noch eine von seiner Masse abhängige Gesamtenergie (imaginäre Schwingungsfrequenzen). Bei einer flachen Beschaffenheit der Potenzialenergiehyperfläche in der Nähe des Übergangsbereichs kann die notwendige Aktivierungsenergie demnach um bis zu 0,08 eV differieren. Da kationische Palladiumcluster für ^{1}H eine molekulare Adsorption aufweisen, ist ein zusätzlicher Einfluss des Ladungszustands zu suchen. In Abbildung 123 (links) ist ein hypothetisch denkbarer Mechanismus zur unterschiedlichen Wechselwirkung (+/−) dargestellt. Ein elektronenreicher Palladiumcluster ist bei geeigneter Überlappung der Wellenfunktionen in der Lage Ladung in das antibindende σ*-Orbital des Wasserstoffmoleküls zu transferieren. Die formale Bindungsordnung wird erniedrigt und die ^{1}H$_2$-Bindung geschwächt

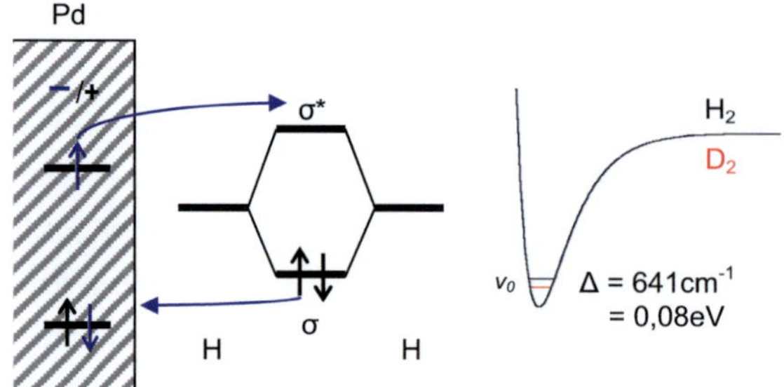

Abbildung 123: Schema zur Erklärung der unterschiedlichen Wasserstoffadsorptionen: Unterschiedliche Aktivierungsbarrieren führen zu dissoziativer Chemisorption ($-$/H) und Physisorption ($\pm$/D, $+$/H).

Schon in Kapitel 5.3 sind die magnetischen Eigenschaften von Palladiumclusterionen anhand des gemessenen mittleren Bindungsabstands und des daraus berechneten mittleren Atomvolumens diskutiert. Das DFT-basierte Postulat von gequenchtem Magnetismus als Resultat von Wasserstoffadsorption könnte sich in einer messbaren Abnahme des Clustervolumens äußern. In Abbildung 124 sind die extrahierbaren Werte einiger Größen reiner Palladiumclusteranionen gegenübergestellt. Man kann für kleinere Cluster ($n = 13, 26$), bei denen eine strukturelle Veränderung mit der Adsorption einhergeht, eine Volumenreduktion um ca. 1% feststellen (siehe blaue gestrichelte Pfeile). Dies liegt innerhalb der Größenordnung der von Koitz *et al.*[185] gefundenen Abhängigkeit zwischen den mittleren Bindungslängen und den Vorhersagen von *high*- und *low-spin*-Zuständen der Funktionale BP86 und M06-L (siehe Kapitel 5.3). Die aufgetragenen Werte für $Pd_{55}^-(H_x)$ und $Pd_{95}^-(H_x)$ sind mit größerer Unsicherheit behaftet, da in

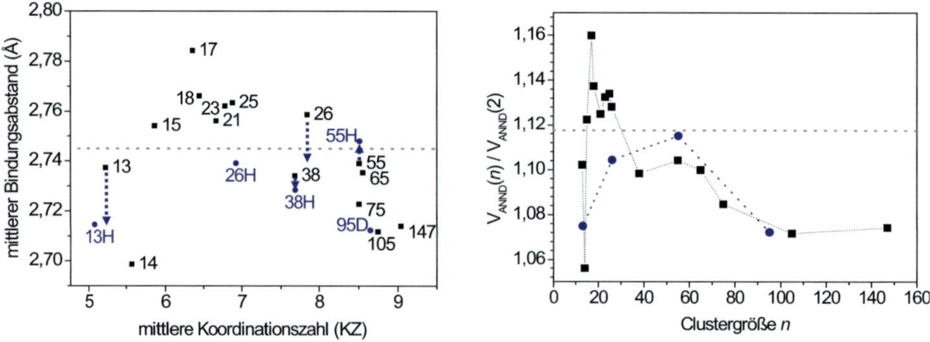

Abbildung 124: *links* – mittlerer Bindungsabstand (ANND) von $Pd_n^-(H_x)$ ($n = 13$–147, blaue Punkte: $x > 0$, schwarze Quadrate: $x = 0$) als Funktion der mittleren Koordinationszahl sowie der Nachbarabstand im Festkörper (graue gestrichelte Linie). *rechts* – n-Abhängigkeit des atomaren Clustervolumens von Pd_n^- ($n = 13$–147, schwarze Quadrate) und wasserstoffbeladener Spezies $Pd_n^-(H_x)$ ($n = 13, 26, 55, 95$) bezogen auf das Dimer Pd_2. Das relative Atomvolumen des Festkörpers (Abstand 2,75Å) wird durch die graue gestrichelte Linie markiert.

diesen Fällen keine vollständigen Kandidatstrukturen erfasst sind, die alle adsorbierten Wasserstoffatome enthalten. An ihrer Stelle sind Modelle reiner Clusteranionen verwendet worden, was aufgrund des geringen Streuanteils von Pd–H-Paarabständen gerechtfertigt werden kann (siehe Abbildung 111). Die Atomvolumina der größeren untersuchten Cluster ($n = 38$, 55, 95) weichen nicht signifikant von wasserstofffreien ab ($\Delta V_{ANND} < 0{,}2\%$). Der ikosaedrische Cluster $Pd_{55}^{-}(H_x)$ besitzt ein ca. 1,5% größeres Atomvolumen als der fcc-artige wasserstoffbeladene Palladiumcluster mit 95 Atomen. Ein ähnliches Verhältnis ergibt sich für die entsprechenden reinen Clusteranionen.

Insgesamt ließe sich das bei neutralen Palladiumclustern vorliegende Bild von schwach magnetischen Eigenschaften bei kleinen Strukturen hin zu nicht-magnetischem Verhalten größerer Cluster hierin prinzipiell wiederfinden. Das Atomvolumen bzw. der mittlere Bindungsabstand als Messgröße wird besonders groß in kleinen ikosaedrischen Clusteranionen und nimmt sehr stark hin zu $n \approx 40$ Atome ab (Größenbereich 2). Aufgrund einer vermuteten mit dem Bindungsmotiv einhergehenden höheren Spinmultiplizität ist möglicherweise eine größere Menge Wasserstoff bindbar, was im Massenspektrum für diesen Bereich in Form einer größeren $H/N^{2/3}$-Oberflächenstöchiometrie gefunden wird. Die Moleküle müssen bevorzugt dissoziativ als H-Atome gebunden sein, um das Spinquenchen zu erlauben. Wie für wasserstoffbeladene Clusterionen beobachtet, sinkt folglich das Atomvolumen. Der Motivwechsel zum Grundgerüst des 55-atomigen Mackayikosaeders ($n > 40$) initiiert den Übergang zu molekularer H_2-Adsorption und einer linear mit der Oberfläche skalierenden H-Menge. Für diese Cluster ist kein signifikanter Effekt auf die mittlere Bindungslänge mehr feststellbar. Die folgenden Motivwechsel zu dekaedrischen und fcc-artigen Strukturen zeigen für wasserstofffreie Cluster eine systematische Verkleinerung der ANND. Gleichzeitig wird für den Größenbereich 4 ($n \approx 70$–100 Atome) eine geringere, vermutlich molekulare Wasserstoffadsorptionsrate pro Oberflächenbereich gefunden.

5.5 3*d*-/4*d*-/5*d*-Übergangsmetallcluster aus 55 Atomen

Cluster aus 55 Atomen sind häufig als Gegenstand von theoretischen wie auch experimentellen Untersuchungen ausgewählt und repräsentieren eine besondere intermediäre Strukturordnung zwischen der eines Moleküls und eines Festkörpers. In kompakten Anordnungen von Atomen können hochsymmetrische Körper mit abgeschlossenen oder nahezu abgeschlossenen geometrischen Schalen zusammengesetzt werden.[232] Die elektronische Struktur dieser Objekte zeigt damit einhergehend einen hohen Entartungsgrad von Zuständen. Diese Eigenschaft kann z.B. mit Hilfe der PE-Spektroskopie untersucht werden, wie es bereits für mehrere der in diesem Kapitel gezeigten Cluster von Wang *et al.* und Kostko *et al.* in Experimenten getan wurde (Ti[233], V[234], Cr[235], Co[236], Ni[237], Cu/Ag/Au[238]). In bestimmten Fällen führt eine solche Analyse zu einer in diskrete Anteile auflösbaren Bandstruktur, die überprüfbare Rückschlüsse auf die Geometrie des Clusters zulässt. In der Regel gelingt in der Größe der hier vorgestellten Nanopartikel keine Zuordnung einer Struktur oder lediglich im Zusammenhang eines Vergleichs mit benachbarten Clustergrößen, die folglich eine entsprechend verminderte Entartung ihrer elektronischen Zustandsdichte besitzen und ein komplexeres Spektrum ergeben. Eine hohe Unsicherheit der aus diesem experimentellen Untersuchungsansatz heraus postulierten Clusterstruktur bleibt bestehen, da diese methodenbedingt vergleichend mit theoretischen Vorhersagen lediglich indirekt durch eine sekundäre Eigenschaft – in diesem Fall die elektronische Struktur – bestimmt wird.

Die Strukturcharakterisierungen theoretischer Untersuchungen in der Literatur beschränken sich zumeist auf hochsymmetrische Isomere und gehen aufgrund der enormen Komplexität des Minimierungsproblems[239,240] der elektronischen Vielteilchensysteme bei einer Clustergröße von 55 Atomen von einem ikosaedrischen Strukturtyp aus oder verwenden den Konfigurationsraum nicht vollständig erfassende lokale Optimierungsverfahren.[241–245] Für die meisten metallischen Systeme dieser Art wird implizit eine ikosaedrische Geometrie als sehr günstig oder sogar als globales Minimum postuliert.[246] Diese vermutete besondere Stabilität des Ikosaeders resultiert aus der Realisierung einer sehr kompakten Oberfläche mit minimaler Oberflächenenergie bei einer gleichzeitig hohen mittleren Koordination jedes Atoms. Der Strukturtyp wird i.d.R. in Systemen mit einfachen ungerichteten Bindungen gefunden, die ausschließlich vom Abstand der Atome abhängen, wie sie z.B. in Edelgasclustern[247] geformt werden. Das ikosaedrische Bindungsmotiv ist bis zum gegenwärtigen Zeitpunkt für die experimentell zum Großteil bisher nicht berücksichtigten Übergangsmetallcluster V_{55}[248], Mn_{55}[249], Fe_{55}[250] und Ti_{55}[251] (zuvor aufgrund von PES-Experimenten für Ti_{55}^{-} von Wang *et al.*[233] postuliert) vorhergesagt.

Die Elemente der Übergangsmetalle unterscheiden sich auf einen ersten Blick lediglich in ihrer d-Elektronenzahl. Für verschiedene realisierte Strukturmotive sind die energetischen Unterschiede und die Hybridisierbarkeit von d- und s-Orbitalen für die möglichen elektronischen Konfigurationen von entscheidender Bedeutung, weil sich in dieser Eigenschaft die Art der chemischen Bindung der einzelnen Elemente manifestiert und die Geometrie des Clusters letztendlich determiniert wird. Mit vier Ausnahmen existiert in allen Perioden ein Wechsel der unter Normalbedingungen gebildeten Festkörpergitterstrukturen mit zunehmender d-Elektronenzahl in der Abfolge (siehe Abbildung 125): hcp (Gruppe 3, 4) → bcc (Gruppe 5, 6) → hcp (Gruppe 7, 8) → fcc (Gruppe 9, 10, 11) → hcp (Gruppe 12). Vor allem die drei „magnetischen" $3d$-Elemente Mn, Fe und Co fallen aus der Rolle dieses Schemas. Die vierte Ausnahme ist Hg, das unter Standardbedingungen einen flüssigen Aggregatzustand einnimmt und bei tieferen Temperaturen eine dem hexagonalen Gitter verwandte rhomboedrische Struktur besitzt.

Trotz der beobachtbaren Regelmäßigkeit der Festkörperstrukturen der Übergangsmetalle ist es nicht möglich eine einfache Erklärung ihres Verhaltens zu geben. In Versuchen dies zu verstehen zieht man häufig Unterschiede in den Besetzungszahlen und die genaue Form des d-Zustandsbandes zur Erklärung der der Regel entsprechenden Fälle heran (Einelektronentheorie).[252] Insbesondere für bcc-Elemente kann so die gefundene Stabilität ihrer Festkörperphase anhand einer charakteristischen in zwei Energieintervallen stärker gehäuften Zustandsdichte im d-Band erklärt werden (Dalton & Deegan[253,254]). Mit einer nahezu halb besetzten d-Schale führt eine Population des energetisch günstigeren Bereichs zu einer gegenüber ausschließlich entarteten oder kontinuierlichen Zustandsverteilungen reduzierten Gesamtenergie. In einem anschaulichen Bild möchte der Leser dem Analogieschluss zu einer Jahn-Teller-Verzerrung in einer einfachen Komplexverbindung folgen. In solch einem System führt ein Symmetriebruch der Atomanordnung ebenso zu einer energetisch insgesamt günstigeren Struktur, die im Zuge der Verzerrung durch gleichzeitiges Anheben unbesetzter und nicht beitragender

Abbildung 125: Elemente der Übergangsmetalle (Gruppe 3–12). Der Farbcode markiert die in Beugungsexperimenten untersuchten Elemente mit ihrer Festkörperkristallstruktur (rot: hcp, blau: bcc, grün: fcc). Angaben in Klammern entsprechen ungewöhnlichen Bravais-Gittern. Abbildung entnommen und modifiziert.[255]

Orbitalenergien realisiert werden kann. In einer bcc-Struktur besitzt jedes Atom nicht zwölf nächste Nachbarn wie in den hcp- und fcc-Phasen, sondern lediglich acht. Sechs weitere befinden sich in einem etwas größeren Abstand. Diese strukturelle Aufteilung führt in ihrer Konsequenz zu den qualitativ beschreibbaren charakteristischen Eigenschaften des d-Bandes (s.o.). Gegenüber den beiden dichtesten Kugelpackungen hcp und fcc mit einer Packungsdichte von 74% weist das bcc-Gitter lediglich einen Wert von 68% auf und füllt damit ein deutlich größeres Volumen aus.

Für die Kristallgitter später Übergangsmetalle, die nachgewiesen ausschließlich fcc-Strukturen bilden, wird im einfachen Bild der Einelektronentheorie einzelner in erster Näherung mit dem s-Band unkorrelierter Elektronen eine bcc-Phase vorhergesagt. Dieser theoretische Befund ist falsch auch wenn der energetische Unterschied gegenüber einem fcc-Gitter nur sehr gering ist. Aus diesem Grund vermutet man hier eine entscheidend unzureichende Beschreibung der elektronischen Systeme.[252] Neben dieser Problematik muss eine Erklärung für die Ausnahmen unter den $3d$-Elementen gesucht werden. Für den möglicherweise ursächlichen Magnetismus stellt es sich als notwendig heraus, d-Bänder verschiedener Spinzugehörigkeiten entkoppelt zu betrachten.[256] Die in solchen Fällen vorliegenden elektronischen Besonderheiten führen zu zwei verschiedenen d^{α}-(Majoritäts-) und d^{β}-(Minoritäts-)Bändern, deren Zustandsdichten einer signifikanten energetischen Verschiebung unterliegen können (siehe Abbildung 126, links).

Die Wechsel in den Kristallstrukturen entlang einer Periode können für die genannten „magnetischen" Ausnahmefälle als eine Erweiterung des Stabilitätsbereichs einer bcc-Phase verstanden werden, der im Wesentlichen zum Element Mn einsetzt und für diesen besonderen Fall zu einer außergewöhnlichen, komplizierten kubischen Elementarzelle aus 58 Atomen mit einem innenzentrierten Translationsgitter führt (α-Mn, siehe Abbildung 126, rechts). Die beschriebenen Abweichungen der Gitterwechsel treten ausschließlich innerhalb der 3. und keiner späteren Periode auf. Die auf bcc-Packungen in

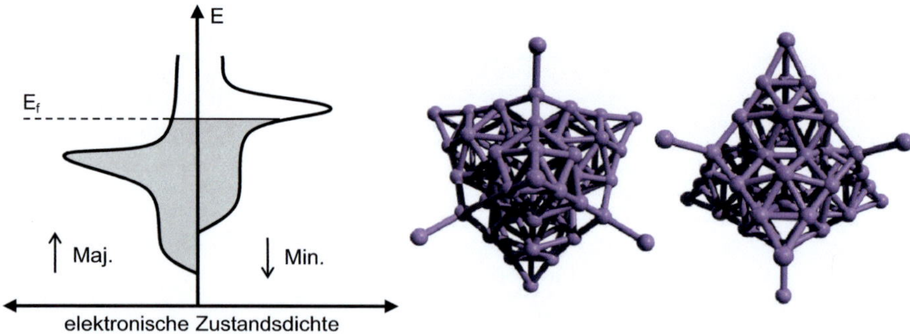

Abbildung 126: *links* – Schematische elektronische Zustandsdichte in einem Ferromagneten im Stoner-Modell getrennt in Majoritätsband (linke) und Minoritätsband (rechte Achse).[257] *rechts* – Zwei Ansichten der α-Mn-Elementarzelle (58 Atome).[258] Das Zentralatom wird von 16 umgebenden Atomen koordiniert.

regelmäßiger Weise folgenden Phasen hcp und fcc werden in dieser ersten d-Reihe entsprechend später, d.h. bei größerer d-Besetzungszahl, beobachtet. Man findet den Wechsel zu hcp-Packungen erst zum Element Co-d^7 und den zu fcc-Packungen bei Ni-d^8, welcher innerhalb der 4. und 5. Periode bei den formalen Besetzungszahlen d^5 (Tc, Re) und d^7 (Rh, Ir) zu beobachten ist. Im anschließenden Abschnitt 5.5.1 wird dieses spezielle Verhalten intensiver diskutiert werden. Die Ambivalenz der nicht regelmäßigen Elemente zwischen dem erwarteten Kristallgitter und der durch den erweiterten Stabilitätsbereich eingenommenen Struktur äußert sich auf ganz besondere Weise in den untersuchten finiten Clusterstrukturen (hier konkret Co: fcc erwartet, hcp im Kristall). Die auftretenden Unterschiede lassen sich nur im Zusammenhang der ausgeprägteren Diskretisierung des d-Bandes in den Nanostrukturen verstehen.

Das TIED-Experiment ist eine aussagekräftige Untersuchungsmethode der geometrischen Struktur, die besonders sensitiv auf verschiedene regelmäßige Anordnungsmuster der Atome ist. Sie lässt dahingegen keine direkten Rückschlüsse auf elektronische Eigenschaften eines Clusters zu, sofern sie die Geometrie nicht beeinflussen. Ungleiche Packungsformen führen zu sehr unterschiedlichen Beugungsmustern, die wie ein eindeutiger Fingerabdruck zur Charakterisierung der Struktur verwendet werden können. In Abbildung 127 sind für verschiedene geometrische Schalenabschlüsse, wie Ikosaeder (iko), Kuboktaeder (kubokt) und Strukturen mit nahezu geschlossenen Schalen wie gekappte (Marks-/Ino-)Dekaeder (mdeka, trdeka) und einem bcc-Ausschnitt (trtbipy) die zu erwartenden theoretischen sM^{theo}-Modellfunktionen dargestellt. Eine polyikosaedrische Struktur (fs) mit ikosaedrischer Nahordnung der Atome wird als Vertreter eines Bindungsmotivs mit relativ offener, d.h. weniger sphärischer Oberflächenstruktur berücksichtigt.

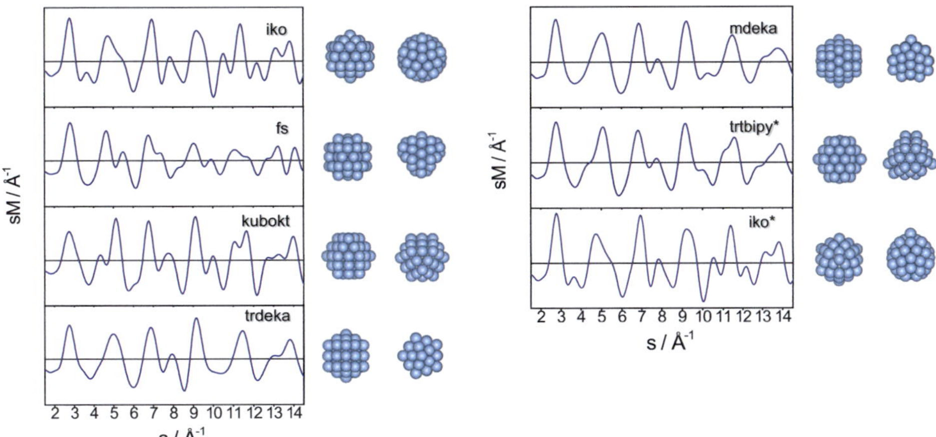

Abbildung 127: Charakteristische Beugungsmuster (sM^{theo}-Modellfunktionen) der Strukturmotive Mackayikosaeder (iko), Finnis-Sinclair-Minimum (fs), Kuboktaeder (fcc), gekappter Dekaeder (trdeka), Marksdekaeder (mdeka), unvollständige gekappte trigonale Bipyramide (trtbipy*, bcc) und ein Mackayikosaeder mit Punktdefekt (iko*).

Am gewählten Beispiel iko* wird der zu erwartende Einfluss von geringen Punktdefekten einer Clusterstruktur mit 55 Atomen auf das Streubild deutlich: Die Variation der Koordinationsstellen weniger Atome führt im Ergebnis zu keiner signifikanten Änderung der sM-Funktion und kann im TIED-Experiment i.d.R. nicht aufgelöst werden. Eine Ausnahme sind die Arten von Defekten, die bei einer endlichen experimentellen Temperatur zu einer Umordnung der gesamten Struktur oder kleinerer Domänen führen (siehe hierzu z.B. Kapitel 6.2).

Drei Klassen von TIED-Daten

Die Darstellung der gefundenen Clusterstrukturen erfolgt wegen den außergewöhnlichen Ähnlichkeiten der Beugungsspektren der Übergangsmetallreihen klassifiziert in drei separaten Abschnitten. Die Einordnung wird in Zusammenhang mit den in Festkörperkristallen realisierten Bindungsmotiven fcc, bcc und hcp vorgenommen, für die jeweils ein einziger Strukturtyp zur Beschreibung der experimentellen Daten ausreicht. Vor der Präsentation dieser Beugungsinformationen werden zunächst einige Besonderheiten des jeweiligen Strukturgerüsts vorgestellt. Die daran anschließend gezeigten und für eigene Anpassungen verwendeten Modellstrukturen wurden von R. Ahlrichs im Rahmen der Dichtefunktionaltheorie unter Verwendung des BP86-Funktionals (für Strukturen des Mackayikosaeders zu Vergleichszwecken auch mit dem TPSS-Funktional) und des def2-SVP-Basissatzes relaxiert.

5.5.1 fcc-Elemente: Der Mackayikosaeder[194]

In diesem Abschnitt werden die in 55-atomigen Clusterstrukturen M_{55}^- der fcc-Elemente Ni, Cu, Pd und Ag realisierten Bindungsmotive untersucht. Das hcp-Element Co passt in Bezug auf die gefundene Geometrie in die gleiche Gruppe von Metallen. Wie bereits gesagt, erwartet man in Gruppe 9 nur Kristallstrukturen, die mit einem fcc-Gitter aufgebaut sind, und diese werden auch vorwiegend gefunden (Rh, Ir). Vergleicht man die elektronischen Konfigurationen der Atome im Grundzustand, so findet man hier keine ungewöhnlichen Besetzungsverhältnisse: Co präferiert wie Ir den Zustand $(n-1)d^7 ns^2$ und für Ru findet man $4d^8 5s^1$.

Cobalt wie auch alle anderen in dieser Arbeit untersuchten fcc-Übergangsmetalle bilden den für Edelgascluster[247] zu erwartenden Mackayikosaeder mit I_h-Symmetrie (Ausnahme Pd: C_i-Symmetrie, siehe Abbildung 129). Dieser Strukturtyp kommt der sphärischen Geometrie einer Kugel relativ nahe und besticht durch ein minimales Verhältnis von

Oberflächen- zu Volumenatomen. Unterhalb der 20 kompakten (111)-Flächen[v] findet man weitere vier Atome, die pyramidenförmige bzw. Tetraeder-Fragmente mit einer fcc-Schichtfolge (ABC) bilden (siehe Abbildung 128). Die letzte Schicht (C) wird dabei in allen 20 Fällen vom Zentralatom repräsentiert. Trotz der offensichtlichen fcc-Kantendefekte an den Schnittstellen der Fragmente ist die Gesamtstruktur gleichzeitig relativ dicht gepackt. Eine Aneinanderreihung von fünf Tetraedern an ihren Flächen zu einer pentagonalen Bipyramide weist eine räumliche Spalte von 7,3° auf.[259] Eine geschlossene ikosaedrische Anordnung von 20 Tetraedern führt zu geometrischem Stress auf

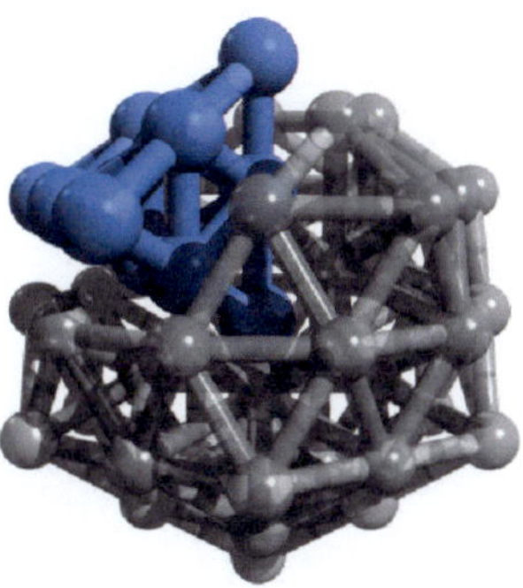

Abbildung 128: Der Mackayikosaeder entspricht einer „frustrierten" d.h. unter Spannung stehenden Tetraederpackung aus 20 flächenverknüpften fcc-artigen Fragmenten (eins davon ist exemplarisch blau eingefärbt) mit dem einzelnen gemeinsamen Zentralatom als formale dritte Schicht (C).

den Gesamtkörper, d.h. sowohl entferntere wie auch direkte Nachbaratome können nicht mehr in allen Fällen Positionen mit einem optimalen Abstandswert zueinander einnehmen. Da die Koordination der (Volumen-)Atome insgesamt jedoch sehr groß ist (KZ 12), würde man diese Atomanordnung für alle finiten Nanopartikel dieser Größe erwarten, sofern ihre aufbauenden Elemente bevorzugt ungerichtete Bindungen formen. Dies kann man deshalb auch bei Übergangsmetallen mit einem hohem s-Anteil der Valenzen oder Edelgasen vermuten bzw. finden.

Die Anpassungen der Modellfunktionen an das Beugungsspektrum kann man in allen hieran folgenden dargestellten Fällen sehr gut mit einer I_h-Symmetrierestriktion durchführen. Da bei den untersuchten anionischen Clustern aufgrund der elektronischen Besetzung ausnahmslos Jahn-Teller-Effekte zu erwarten sind, ist eine vorhandene Symmetrieerniedrigung durch Verzerren der zugrunde liegenden Clusterstruktur wahrscheinlich. Diese kann anhand der nun vorliegenden Daten als sehr gering bewertet werden. Die schlechteste Übereinstimmung mit einer hochsymmetrischen Modellstruk-

---

[v] Die Herkunft des Namens entstammt dem Griechischen: eikosi (zwanzig) und hedra (hier für geometrische Fläche), d.h. Zwanzigflächner.

tur wird für den Palladiumcluster Pd_{55}^{-} gefunden (siehe $\Delta_w sM$ in Abbildung 129). In der Tat findet man in der theoretischen elektronischen Beschreibung in I_h-Symmetrie signifikante imaginäre Schwingungsfrequenzen ($\sim 120i$ cm^{-1}), die die Struktur in die abgebildete C_i-Symmetrie relaxieren.

Vergleicht man die verschiedenen sM^{theo}-Modellfunktionen miteinander (Abbildung 129, rote Kurve), so fällt ein signifikanter qualitativer Unterschied des Verlaufs bei Cobalt gegenüber den anderen (Festkörper-) fcc-Elementen auf. Der Verlauf der sM^{theo}-Amplitude um $s \approx 5{,}8$Å^{-1} ist deutlich runder und zeigt kein scharf begrenztes Maximum mit einer deutlich sichtbaren rechten Schulter wie in den übrigen Fällen. Diese Ungleichheit findet man auch in den experimentellen Daten sM^{exp}. Die sich hier ausdrückende Besonderheit kann im Wesentlichen auf eine einfache strukturelle Größe reduziert werden, die im Folgenden diskutiert werden soll.

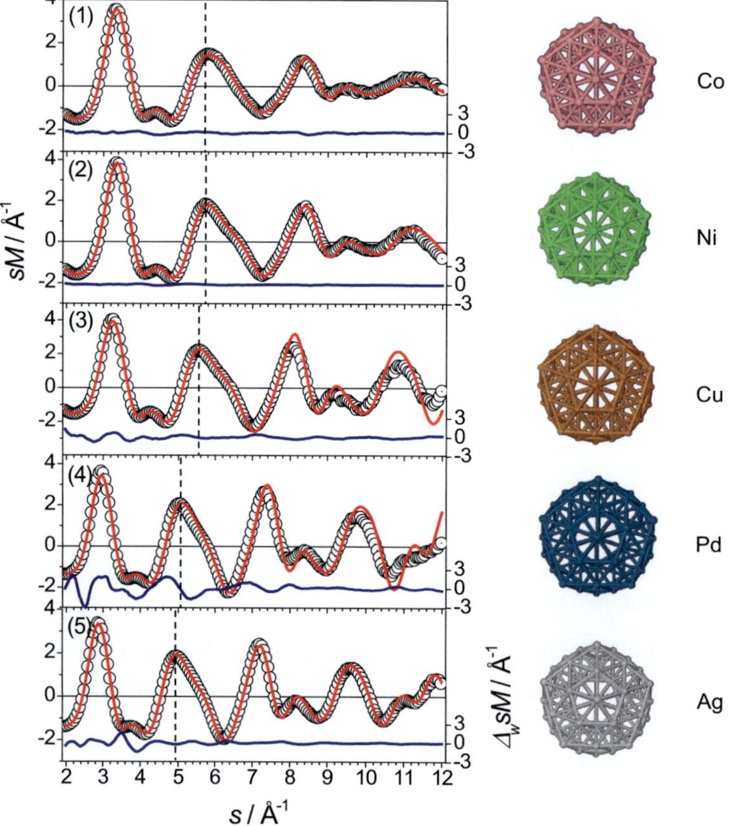

Abbildung 129: Anpassungen von $3d$- und $4d$-Übergangsmetallen mit einer Mackayikosaedermodellstruktur: Co (1), Ni (2), Cu (3), Pd (4) und Ag (5). Alle Modellstrukturen besitzen I_h-Symmetrie (Ausnahme Pd: C_i). In der Periode der Elemente steigt das Atomvolumen (siehe gestrichelte Markierung des zweiten Maximums). Der Wechsel in die vierte Periode zeigt eine signifikante Vergrößerung des Clusters.

Zur exakten und eindeutigen Beschreibung einer zweischaligen Mackayikosaederstruktur in I_h-Symmetrie benötigt man nur drei verschiedene Parameter a, b und d (siehe schematische Darstellung neben Tabelle 7). Aufgrund der Kantenverknüpfung der 20 fcc-Tetraederfragmente nehmen mit anwachsender Clustergröße zwangsläufig Verspannungen zu, da nicht für alle Atome ein optimaler Gleichgewichtsabstand realisiert werden kann. Darin verwurzelt zeigt sich die makroskopische Triebkraft zur Bildung translationssymmetrischer Kristallstrukturen. Dabei nehmen die (Intra-)Abstände zwischen den Oberflächenatomen mit zunehmendem Schalenindex zu, wobei gleichzeitig der (Inter-)Abstand zwischen zwei Schalen reduziert wird. Die in DFT-Rechnungen relaxierten Modellstrukturen führen zu den in Tabelle 7 gezeigten Bindungslängen. In diesen Zahlen spiegeln sich die in qualitativer Art ausgeführten Aspekte wider.

Tabelle 7: Parameter a, b, c, und d des I_h-Mackayikosaeders mit zwei abgeschlossenen Schalen („2." und „3.") in den DFT-Modellstrukturen M_{55}^- (M = Co, Ni, Cu, Pd, Ag) inklusive des Krümmungswinkels, gemessen zwischen den Bindungen zu nächstem (d) und übernächsten (gestrichelte Linie) Nachbarn entlang einer Kante der Tetraederbasis.

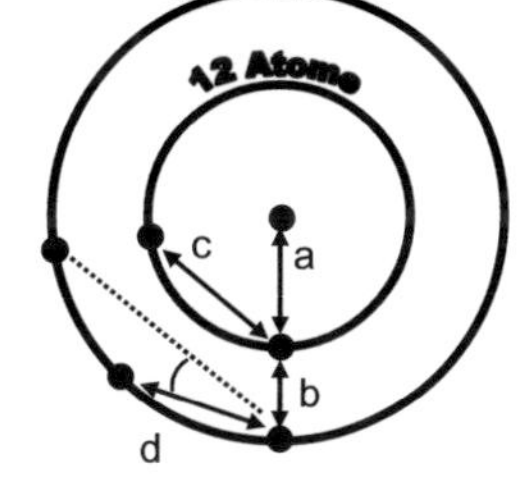

M_{55}^-	Co	Ni	Cu	Pd	Ag
1.→2. (a)	2,35Å	2,33Å	2,44Å	2,63Å	2,80Å
2.→3. (b)	2,32Å	2,28Å	2,37Å	2,67Å	2,74Å
2.→2. (c)	2,47Å	2,45Å	2,56Å	2,78Å	2,94Å
3.→3. (d)	2,46Å	2,48Å	2,53Å	2,80Å	2,91Å
Krümmung	0,6°	2,4°	2,5°	2,7°	2,0°

Zur Erklärung der oben für den Cluster Co_{55}^- erkannten Unterschiede der sM-Funktionen ist der Krümmungswinkel der Clusteroberfläche bzw. der –kanten von entscheidender Bedeutung. Dieser existiert in einem 55-atomigen Mackayikosaeder nur auf seiner äußeren Schale und definiert anschaulich beschrieben den Gürtelumfang der Sphärizität, die ausschließlich durch die Kantenatome ausgebildet wird. Typischerweise ist dieser Gürtel leicht aufgebläht (Krümmungswinkel ~2–2,5°), sodass eine kugelförmige Gestalt entsteht. Der Cobaltcluster bildet hier eine Ausnahme und formt den nahezu perfekten platonischen Körper: Alle Atome einer Seitenfläche liegen beinahe in einer einzigen Ebene.

Anhand der von Element zu Element verschiedenen Streuwinkelabhängigkeiten kann man auf die Veränderung der mittleren Bindungsabstände in den Mackayikosaederstrukturen schließen. Ein zu kleineren s-Werten skaliertes Beugungsbild entspricht allgemein einer gleichförmigen größeren Distanz zwischen den Atomkernen innerhalb der untersuchten Clusterstruktur. Vergleicht man die Positionen der Streumaxima in Abbildung 146 (gestrichelte Markierung), so erkennt man sehr gut den Sprung in der Strukturgröße zwischen 4. (Co, Ni, Cu) und 5. Periode (Pd, Ag). Ebenso ist es möglich noch feinere Unterschiede zu beobachten: Cluster von Cu und Ag sind tendenziell größer als die der früheren benachbarten Elemente.

Die aus *ab initio*-Rechnungen stammenden und zur Anpassung verwendeten Modellstrukturen ermöglichen eine Bestimmung der absoluten mittleren Bindungslängen. Diese sowie dabei zusätzliche gewonnene elektronische Eigenschaften sind in Tabelle 8 aufgeführt. Letztere entstammen der theoretischen DFT-Beschreibung unter Verwendung des BP86-Funktionals. Auffällig ist, dass im Cluster Pd_{55}^- eine mittlere Bindungslänge von 99,5% des Festkörperwerts erreicht wird (siehe hierzu die Diskussion in Abschnitt 5.5.4). Wie bereits in Kapitel 5.3 für zahlreiche kleinere Cluster dieses Elements festgestellt werden konnte, wird der Abstand des makroskopischen Kristallgitters z.T. in einigen Nanopartikeln sogar übertroffen. In den übrigen fcc-Übergangsmetallen kann man Abstände um ca. 96–97% des Festkörperwerts finden.

Die berechneten Bindungsenergien (pro Atom) der Elemente mit elf Valenzelektronen Cu und Ag sind erwartungsgemäß die geringsten. Die elektronische Struktur dieser Metallatome entspricht am ehesten einer Konfiguration mit einer voll besetzten *d*-Schale – ein signifikanter Bindungsbeitrag dieser Elektronen wird in einem Cluster nicht geliefert. Die mittleren Bindungslängen fallen aus diesem Grund allgemein größer aus. Innerhalb einer Gruppe (z.B. Ni, Pd und Cu, Ag) sinkt die Bindungsenergie wahrscheinlich wegen der mit zunehmender Hauptquantenzahl diffuser geformten Atomorbitale und einer insgesamt schlechteren Raumüberlappung. Geht man zu früheren *d*-Elementen, so wird der zunehmende *s-d*-Beitrag an der Valenzbindung in Populationsanalysen deutlich und der E_b-Wert steigt.

Tabelle 8: Experimentelle mittlere Bindungslängen des Clusters $<d>_{exp.}$ sowie des Dimers $<d>_{dimer}{}^{260}$ und Festkörperkristalls $<d>_{bulk}{}^{261}$, Bindungsenergien E_b (pro Atom), Ionisationspotenzial IP[vi], Spin S_z, Erwartungswert S^2 und Spinkontamination (Abweichung vom erwarteten Wert $S_z \cdot (S_z + 1)$) sowie R_w-Wert (Modellstrukturen sind sowohl mit dem Funktional BP86 wie auch TPSS relaxiert).

M_{55}^-	$<d>_{exp.}$	$<d>_{dimer}$	$<d>_{bulk}$	E_b	IP	S_z	S^2 (erwartet)	R_w (TPSS/BP86)
Co	2,40Å	–	2,499Å	3,77eV	2,84eV	104/2	2757,6 (+1,6)	1,4% / 1,4%
Ni	2,40Å	2,1545Å	2,487Å	3,63eV	3,13eV	39/2	400,5 (+0,8)	1,3% / 1,3%
Cu	2,48Å	2,2195Å	2,551Å	2,70eV	2,82eV	2/2	2,0 (+0,0)	2,0% / 2,0%
Pd	2,73Å	2,65Å	2,745Å	3,04eV	3,80eV	23/2	143,8 (+0,0)	5,2% / 5,4%
Ag	2,80Å	2,5331Å	2,884Å	2,01eV	3,17eV	2/2	2,0 (+0,0)	2,1% / 2,0%

[vi]   Streng genommen handelt es sich sprachlich hier um keine Ionisierung, da während des Prozesses ein Neutralteilchen entsteht. Im Englischen ist eine feinere Differenzierung möglich, dort verwendet man die zwei unterschiedlichen Bezeichnungen *ionization energy* ($M \rightarrow M^+ + e^-$) und *detachment energy* ($M^- \rightarrow M + e^-$)

Die elektronischen Spinmultiplizitäten sind für die Elemente Cu und Ag der Gruppe 11 wie zu erwarten klein (Triplett, $M = 3$). Innerhalb der vorangehenden Nickelgruppe erhält man hingegen deutlich höhere Spinmultiplizitäten von $M = 24$ (Pd) und 40 (Ni). Die Beschreibung der C_i-Struktur des Pd_{55}^--Clusters führt dabei zu einem klaren elektronischen Zustand, der mit einer einzigen Slaterdeterminante formuliert werden kann (*single reference*). Der Erwartungswert von S^2 spiegelt dies in Form eines im Rahmen der Variationsrechnung energieminimierten reinen Zustands wider, der der Gleichung $S_z \cdot (S_z + 1)$ genügt, und spricht insgesamt für eine ferromagnetische Spinkopplung. Im Falle der beiden magnetischen Elemente Ni und Co, findet man in der elektronischen Lösung eine geringe Spinverunreinigung. S^2 weicht hier um den Betrag +0,8 bzw. +1,6 zu größeren Werten ab, weshalb hier wahrscheinlich komplexere Beschreibungen der elektronischen Strukturen der Cluster notwendig wären. Die Cobaltverbindung führt zu der mit Abstand höchsten berechneten Spinmultiplizität ($M = 105$) unter den Elementen mit Ikosaedergeometrie. Ein Zusammenhang dieser elektronischen Eigenschaft mit dem zuvor für die Struktur dieses Metalls gefundenen geringen geometrischen Krümmungswinkel der Oberfläche ist vorstellbar (d.h. eine große Multiplizität führt möglicherweise zu einer geringeren Sphärizität), lässt sich jedoch nicht anhand dieser einfachen Größe quantifizieren. Man findet z.B. in einer hypothetischen I_h-Symmetrie für einen Fe_{55}^- Cluster einen noch größeren Winkelwert von 3,4° bei einer gleichzeitig ähnlich hohen Spinmultiplizität von $M = 150$. Das zu Eisen nächstentfernte Element Mangan verhält sich in dieser aufgezwungenen Geometrie entgegengesetzt und besitzt einen negativen Krümmungswinkel von -2,1° ($M = 21$).

Eine weitere einfache geometrische Überlegung kann man als mögliche Ursache überprüfen: Die im Festkörpergitter realisierten optimalen Bindungslängen unterscheiden sich von Element zu Element und führen aus diesem Grund durch die von Oberflächenatomen induzierte bevorzugte Sphärizität im ikosaedrischen Nanoteilchen zu einer verschieden ausgeprägten Stärke der strukturellen Frustration. Ein solcher Zusammenhang alleine erklärt den Co-Befund jedoch nicht, da z.B. sowohl Ni mit dem kleineren $<d>_{bulk} = 2{,}487Å$ wie auch Cu mit einem größeren Abstand $<d>_{bulk} = 2{,}551Å$ (Co: $2{,}499Å$) einen größeren Krümmungswinkel zeigen. Deshalb ist anzunehmen, dass für die besondere Größe des Gürtelumfangs im Co-Ikosaeder v.a. elektronische Wechselwirkungen zwischen äußeren Kanten- und Eckatomen mit der inneren Schale von entscheidender Bedeutung sind. Es wäre interessant diesen Effekt anhand des nächstgrößeren Elements der Gruppe 9 (Rh) zu untersuchen, das im atomaren Grundzustand eine vergleichbare d-Besetzung wie Co besitzt.

Cobalt ist das Randelement zu dem für Eisen und weitere untersuchte bcc-Elemente gefundenen Strukturmotiv (siehe kommender Abschnitt 5.5.2). Deshalb wird an dieser Stelle kurz auf die DFT-Bewertung des im Anschluss vorgestellten polyikosaedrischen Strukturtyps für einen hypothetischen Cobaltcluster eingegangen. Unter energetischen

Gesichtspunkten ist das polyikosaedrische Isomer um knapp 9 eV über der Mackay-anordnung zu finden und damit überraschend eindeutig auszuschließen. Die berechnete Spinmultiplizität ist niedriger und ergibt in der Beschreibung eine stark verunreinigte elektronische Wellenfunktion (M = 33,2). Der Erwartungswert von S^2 = 308,4 zeigt eine signifikante antiferromagnetische Spinkopplung an.

5.5.2 bcc-Elemente: Der polyikosaedrische Strukturtyp

Im Folgenden wird das primäre Bindungsmotiv der bcc-Elemente V, Cr, Mn[vii], Fe, Nb, Mo und Ta in den Clusterstrukturen M_{55}^- vorgestellt: Der polyikosaedrische Struktur-typ. In Anbetracht einer relativ offenen diesen Übergangsmetallen zuordenbaren Struktur, ist es wenig verwunderlich, dass nicht für jeden Einzelfall eine perfekte Überein-stimmung der Kandidatisomere mit den experimentellen Beugungsdaten erreicht wird. Es handelt sich hierbei nicht wie beim zuvor für fcc-Elemente gefundenen Mackayiko-saeder um eine sehr kompakte Anordnung, demzufolge müssen wahrscheinlich beson-dere elektronische Effekte das relativ häufige Auftreten gering koordinierter Eck- und Kantenatome erklären. Es ist deshalb auch denkbar, dass für dieses Motiv eine größere Strukturvielfalt auf der Potenzialhyperfläche existiert und entweder mehrere Isomere in der Clusterionenwolke unter den experimentellen Temperaturen koexistieren oder von Element zu Element eine gering variierte Struktur bevorzugt gebildet wird. Aufgrund der Größe der Cluster ist eine systematische globale Analyse des Konfigurationsraums limitiert. Für die meisten bcc-Elemente (insbesondere leichtere 3d-Metalle) stellt der zuordenbare polyikosaedrische Strukturtyp ein lokales Minimum in einem für den Ei-senfestkörper parametrisierten Finnis-Sinclair-Potenzial dar.[262] Der analytische funktio-nelle Ausdruck beinhaltet eine repulsive Zweikörperwechselwirkung E_R^i (V_{ij}), die im Wesentlichen kernnahe Elektronen der Atome repräsentieren (siehe Gleichung (64)). Als attraktive Komponente E_B^i werden Valenzelektronen in Form eines an Festkörper-eigenschaften angepassten Terms in Abhängigkeit der Elektronendichte ρ_i an den Atompositionen beschrieben, die durch Superposition der atomaren Ladungsdichte ϕ erzeugt wird. Dieser Ausdruck besitzt die gesamten intrinsischen Bindungseigenschaf-ten, die zu einer bcc-Kristallstruktur führen. Anders als z.B. mit einem Lennard-Jones-Potenzial ist somit die Bildung nicht kompakter Strukturen möglich. Für die einzelnen Komponenten des FS-Potenzials (FS, Finnis-Sinclair) wird ein Polynomansatz gewählt, der an zwei Stellen abgeschnitten wird:

[vii] Eine reine bcc-Struktur wird im Festkörper erst ab einer Temperatur über 1133°C stabilisiert (δ-Mn). Aufgrund des kubischen Kristallsystems mit einem innenzentrierten Translationsgitter kann der Struk-tur des α-Mn (bis 727°C stabil) zu diesem Bindungsmotiv die größte Ähnlichkeit attestiert werden.

$$E_c = \sum_i \left(E_R^i + E_B^i \right) = \sum_{i>j} V_{ij}\left(r_{ij}\right) - A\sum_i \sqrt{\rho_i} \tag{64}$$

mit

$$V_{ij}\left(r_{ij}\right) = \begin{cases} \left(r_{ij} - c\right)^2 \left(c_0 + c_1 r_{ij} + c_2 r_{ij}^2\right), & r \le c, \\ 0, & r > c \end{cases} \tag{65}$$

und

$$\rho_i = \sum_{\substack{j=1 \\ i \ne j}} \phi_{ij}\left(r_{ij}\right), \quad \phi_{ij}\left(r_{ij}\right) = \begin{cases} \left(r_{ij} - d\right)^2 + \beta\dfrac{\left(r_{ij} - d\right)^3}{d}, & r \le d, \\ 0, & r > d \end{cases} \tag{66}$$

Der Parameter A entspricht einer Bindungsenergie, c_n ($n = 0, 1, 2$) sind freie an experimentelle Daten angepasste Parameter, c und d repräsentieren die Abschneidewerte, die typischerweise zwischen dem zweit- und drittnächsten Nachbaratom liegen. Die Größe β wird eingeführt, um ein Maximum von ϕ im Bereich zum nächsten Nachbaratom zu erzeugen. Nicht für jedes Element wird ein β-Term berücksichtigt. In Abbildung 127 ist der Potenzialverlauf der Übergangsmetalle Mo ($\beta = 0$) und Fe ($\beta \ne 0$) als Funktion des Abstands r zwischen zwei Atomen dargestellt. In ersterem wird nicht das experimentell für bcc-Elemente gut anpassbare FS-Isomer als globales Minimum gefunden, sondern eine vom Mackayikosaeder abgeleitete D_5-Struktur[263]. Die durch β eingeführte Eigenschaft ist für diese beiden Fälle wahrscheinlich signifikant.

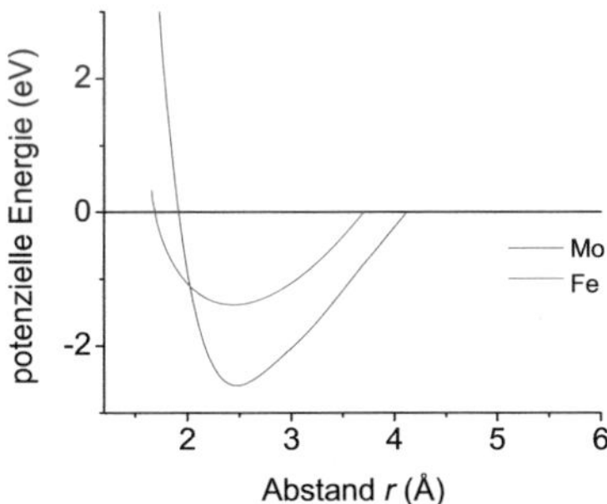

Abbildung 130: Verlauf des semiempirischen Finnis-Sinclair-Potenzials.[262]

Das FS-Potenzial besitzt zwei wichtige Eigenschaften: 1. Die Bindungsenergie (pro Atom) ist in einer bcc-Phase stets höher als in einer fcc-Phase. 2. Es existiert eine Energiebarriere entlang der Bain-Deformationskoordinate[264] von bcc- über ein bct-Martensit (bct, *body centered tetragonal*) nach fcc-Kristallstruktur.

Durch die Festlegung von $\beta \ne 0$ erhält man bei gegebenem d und hinreichend kleinem r eine (unphysikalische) negative Elektronendichte ρ_i. Verwendet man die Eisenparameter, so tritt dieses Verhalten im Bereich $r < 1{,}65\text{Å}$ auf, der aus diesem Grund in der obi-

gen Darstellung nicht existiert. Große Abstände liefern keinen Energiebeitrag
($E_c(r) = 0$). Das in diesem Eisenpotenzial gefundene globale Minimum[263] ist in Abbildung 131 dargestellt (genauer: eine auf DFT basierende relaxierte Geometrie).

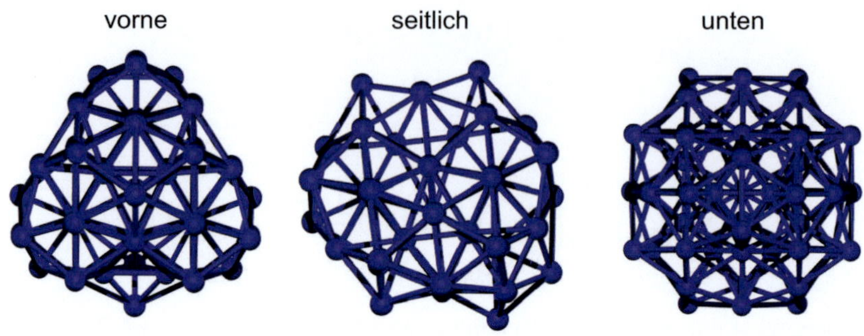

Abbildung 131: Die polyikosaedrische Eisenstruktur eines 55-atomigen Clusters aus drei zueinander orthogonalen Ansichten: von vorne (links), seitlich (mitte) und unten (rechts). Die Struktur setzt sich aus gestapelten 19-atomigen Polyikosaedern zusammen: Drei nebeneinander stehende Subeinheiten erzeugen senkrecht zu dieser Koordinate zwei weitere 19er-Polyikosaeder.

Die Struktur setzt sich aus mehreren Untereinheiten bestehend aus 19 Atomen zusammen, die ein Ikosaeder aus 13 Atomen mit Kappe darstellen. Die besondere Stapelung
dieses Grundbausteins hat zur Folge, dass in zwei von drei Raumrichtungen eine C_5-
Hauptachse der Untereinheiten existiert. Zwei zusätzliche Atome fehlen der dargestellten Struktur, um aus der C_s-Symmetrie einen T_d-symmetrischen Körper zu erhalten.
Eine detailliertere Analyse der Struktur kann der Leser in Abbildung 132 nachvollziehen. Man stelle sich die FS-Struktur als Stapel von drei Untereinheiten vor, die eine
ABA-Schichtabfolge (grün/blau/grün) aus verknüpften Pentagonen bilden, die durch

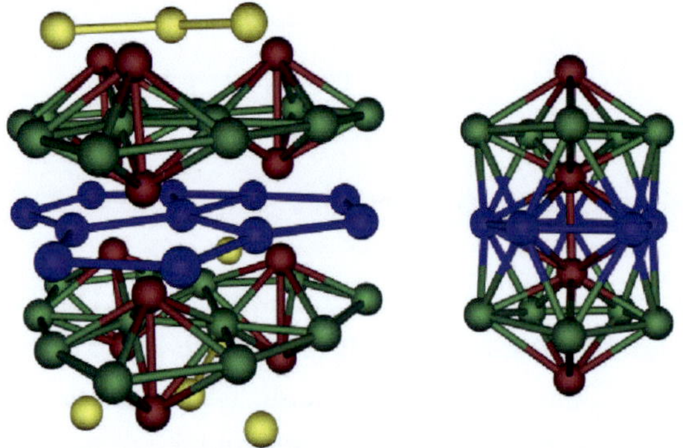

Abbildung 132: Schichtfolge der Eisen-Finnis-Sinclair-Struktur mit Farbcode äquivalenter
Atome (links) und Untereinheit des Strukturmotivs: Polyikosaeder aus 19 Atomen (rechts).

weitere eingelagerte Atome (rotbraun) voneinander getrennt sind. Die Fünfringe sind aufgrund der vorgegebenen C_s-Symmetrierestriktion der Gesamtstruktur einmal eckenverknüpft (grün) und in der mittleren Schicht zu einem der drei Pentagone zweimal kantenverknüpft. Eine besondere Eigenschaft dieser Struktur sind konkave Oberflächenanteile an den Stapelenden oder entlang zweier Untereinheiten in Richtung der C_5-Achse. Unter energetischen Gesichtspunkten ist solch eine Anordnung i.d.R. sehr ungünstig, da eine größere Anzahl an Atomen nur niedrige Koordinationen aufweisen können. Zieht man jedoch die Volumenatome hinzu, so ergibt sich eine sehr hohe gemittelte Koordinationszahl von 8,8. Dies wird durch einzelne Atome mit einer stark abgesättigten Umgebung mit 14 Nachbaratomen erreicht, was ebenso der Umgebung in einer bcc-Phase entspricht. Vergleicht man dies mit einem idealen 55-atomigen Ikosaeder, so zeigt sich dort für alle internen Volumenatome eine dahingegen geringere Koordinationssphäre von zwölf umgebenden Atomen. Kantenatome besitzen acht Nachbarn, Eckatome sechs. Eine ähnliche Anordnung ist in den 19-atomigen Untereinheiten einer FS-Struktur realisiert, nur erscheinen hierzu nun insgesamt deutlich mehr Eckatome.

Neben den voneinander abweichenden Koordinationszahlen existiert für Kanten- und Volumenatome ein weiterer struktureller Unterschied beider Bindungsmotive: In einem Mackayikosaeder entspricht die umgebende Nahordnung nächster Nachbarn der Kantenatome auf der Clusteroberfläche der eines gekappten Dekaeders (siehe Abbildung 133, 2. v.l.). Diesem wurden auf der Vakuumseite vier Atome entfernt. Ein gleiches nun aber vollständiges Umfeld kann für alle zwölf Volumenatome der ersten Schale erkannt werden. Während das Zentralatom von einer ikosaedrischen Atomanordnung umgeben wird, sind die Atome der ersten Schale wiederum selbst im Zentrum eines gekappten Dekaeders und werden von Zentralatom und äußeren Eckatomen eingefasst (siehe Abbildung 133, 1. v.l.). Man kann somit konstatieren, dass bis auf das 55. (Zentral-)Atom die Nahordnung aller Atome des Mackayikosaeders in erster Näherung dekaedrisch ist.

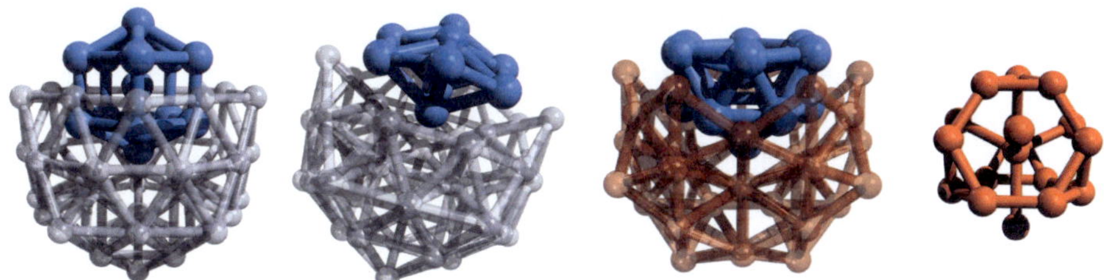

Abbildung 133: *links* – Die Koordinationssphäre von Volumen- (das Zentralatom ausschließend) (1. v.l.) und Kantenatomen (2. v.l.) in einem Mackayikosaeder entspricht einem gekappten Dekaeder oder einem Teilausschnitt. *rechts* – eingebettetes zurückgesetztes Oberflächenatom (großteils verdeckt) mit KZ 13 an einem konkaven Oberflächenverlauf (2. v.r.). Daneben: Kern der FS-Struktur mit KZ 16 (Fe_{55}^-). Das Zentrum ist Ausgangspunkt von drei hexagonalen Bipyramiden (annähernd T_d-Symmetrie).

In einer FS-Struktur entspricht die Nahordnung der Nachbaratome zumeist zu einem Teil der ikosaedrischen Koordination (KZ 12). An eckenverknüpften 19-atomigen Untereinheiten entstehen jedoch offene konkave Bereiche, in denen Atome mit einer Koordinationszahl 13 eingebettet sind (siehe Abbildung 133, 2. v.r.). Dabei werden diese Positionen von zwei in einem regelmäßigen Sechseck angeordneten Atomgruppen umschlossen und mit einem einzelnen Zentralatom nach innen verknüpft. Der Abstand zu den sechs umgebenden Oberflächenatomen ist geringer (im Cluster Fe_{55}^- ca. 3% kürzere Bindungslängen). Es ist zu vermuten, dass die Stabilität der konkaven Oberflächenbereiche aufgrund einer Übersättigung der Koordinationssphäre erreicht werden kann. Interne Atome an den Schnittstellen der 19-atomigen Untereinheiten besitzen meist 14 (Zentralatom sogar 16) nächste Nachbarn, was gegenüber den zurückgesetzten Oberflächenatomen als nun vollständige Koordinationssphäre zu verstehen ist.

Die C_s-Struktur mit 55 Atomen weist gegenüber einer vollständigen und sphärischen (ohne konkave Oberflächenbereiche) T_d-Struktur mit 61 Atomen im Bild zweier verschiedener Kategorien von Oberflächenatomen – (1) ikosaedrische Koordination von Volumenatomen und (2) konkave Oberflächenpositionen – mehrere Defekte auf. Es ist möglich, dass das durch (1) und (2) gebildete d-Band eine entscheidend andere Strukturierung aufweist, die für Elemente mit ungefähr halb gefüllter atomarer d-Schale insgesamt günstiger ist.

In einem einfachen Gedankenexperiment werden für einen sphärischen zweischaligen Cluster wie dem 55-atomigen Mackayikosaeder sämtliche Volumenatome (außer dem tief sitzenden Zentralatom) durch das Entfernen eines äußeren Bindungspartners selbst zu Oberflächenatomen. Es bildet sich an den Fehlstellen eine konkave Einwölbung der Clusterstruktur. Gleichzeitig wird mindestens ein an diesem neuen entstandenen Oberflächenatom lokalisiertes d-Orbital energetisch angehoben. Ein auf diese Weise ausgebildetes und von der Clusteroberfläche signifikant beeinflusstes d-Band[viii], in dem unbesetzte Zustände angehoben und besetzte dadurch weiter abgesenkt werden, ist für eine unvollständige Besetzung mit d-Elektronen günstig. Nimmt man in erster Näherung an, dass für eine chemische Bindung jeweils ein s-Valenzelektron pro Atom zu Verfügung stehen muss, würde man für Co $3d^8\,4s^1$ mit 8 d-Elektronen als letztes Element einer Reihe von polyikosaedrischen Strukturen eine stabile doppelt besetzte Konfiguration von vier d-Orbitalen erwarten. Da dies experimentell nicht bestätigt werden kann (letztes Element mit polyikosaedrischem Strukturtyp ist bereits Fe), muss man von einem komplizierteren Sachverhalt ausgehen.

[viii]   Der Begriff des Elektronenbandes ist für einen Cluster mit 55 Atomen eigentlich nicht anzuwenden, da elektronische Niveaus noch diskreten Charakter aufweisen. An dieser Stelle wird der Begriff äquivalent zu einer Gruppe von elektronischen Niveaus mit starkem d-Charakter genutzt.

Man kann nichtsdestotrotz feststellen, dass das Bilden sechszähliger Ringstrukturen für bcc-Elemente von besonderer struktureller Bedeutung ist und mit wachsender Clustergröße möglicherweise sogar zunimmt (siehe hierzu Anhang A.4, Strukturelle Entwicklung von Tantalclustern). Diese Art der Nahordnung tritt nicht in einer Mackayikosaedergeometrie auf und ist einzigartig verglichen mit anderen in dieser Arbeit untersuchten Nanopartikeln. Innerhalb der für 55-atomige Cluster von bcc-Elementen angepassten FS-Struktur wird der Kern von einem einzigen Zentralatom gebildet, das Teil von drei hexagonalen Bipyramiden ist und den Ausgangspunkt der T_d-Symmetrie darstellt (siehe Abbildung 134, rechts). Gleichzeitig existiert in diesem polyikosaedrischen Strukturtyp eine relativ kompakte hochsymmetrische Nahordnung durch eine effiziente Stapelung von 19-atomigen Untereinheiten und hochkoordinierte (zurückgesetzte) Oberflächen- und Volumenatome. Die nicht abgesättigten konkaven Oberflächenanordnungen sind jedoch in den meisten Fällen energetisch ungünstiger als sphärische Geometrien, weshalb eine Fortsetzung dieses Strukturtyps zu größeren Partikeln fraglich erscheint. Gegenüber dem ikosaedrischen Clusterwachstum bei dem i.d.R. ein sehr später Phasenübergang zur fcc-Struktur erwartet und gefunden wird (siehe Kapitel 5.6), vermutet man die bcc-Phase bereits bei Partikelgrößen, die aus ca. 100 Atomen zusammengesetzt sind.[265]

In Abbildung 134 sind Anpassungen der DFT-sM^{theo}-Modellfunktionen an die entsprechenden experimentellen Beugungsdaten dargestellt. Mit Ausnahme des $5d$-Elements Ta ist ausschließlich die zuvor beschriebene FS-C_s-Struktur verwendet worden. In dem Sonderfall führt diese Kandidatstruktur zu einer unzureichenden qualitativen Anpassung (insbesondere im Bereich um s $\approx$ 8–10Å^{-1}) und es konnte ein dazu 0,63 eV elektronisch günstigeres Ta-Isomer gefunden werden. Bereits anhand qualitativer Betrachtung mit den in Abbildung 127 (Seite 155) gezeigten Strukturmotiven können alternative Packungsordnungen für die Cluster der untersuchten bcc-Elemente ausgeschlossen werden. Die Kandidatisomere zählen jeweils zu der energetisch günstigsten Atomanordnung (polyikosaedrischer Strukturtyp). Wie aus Tabelle 9 zu entnehmen, sind die alternativen Packungen Mackayikosaeder (I_h) und Kuboktaeder (O_h) ca. 3–9 eV über der angepassten polyikosaedrischen C_s-Struktur zu finden. Für das Metall Eisen, das das Randelement der Periode zu den gefundenen I_h-Strukturen darstellt, ist der relative energetische Abstand zum Mackayikosaeder mit +1,82 eV am geringsten. Eine nur wenig kleinere Spinmultiplizität ($M(I_h)$ = 150 gegenüber $M(C_s)$ = 162) wird von der DFT-Rechnung vorausgesagt.

Für Mo ist eine starke Verzerrung der polyikosaedrischen 19-atomigen Teilstruktur zu erkennen. Zwar sind hiervon in gleicher Weise die Positionen der Oberflächenatome in konkaven Bereichen betroffen, jedoch ist die hauptsächliche Störung innerhalb der Untereinheitenstapel zu finden. Ähnliche Veränderungen der C_s-Struktur, wenn auch nicht in einem gleichem Ausmaß, treten in den Clustern der frühen 3d-Übergangsmetalle V und Cr auf. In all diesen Fällen muss man deshalb möglicherweise davon ausgehen, dass ein stabileres Strukturisomer existiert und dieses bis zum aktuellen Zeitpunkt nicht gefunden wurde.

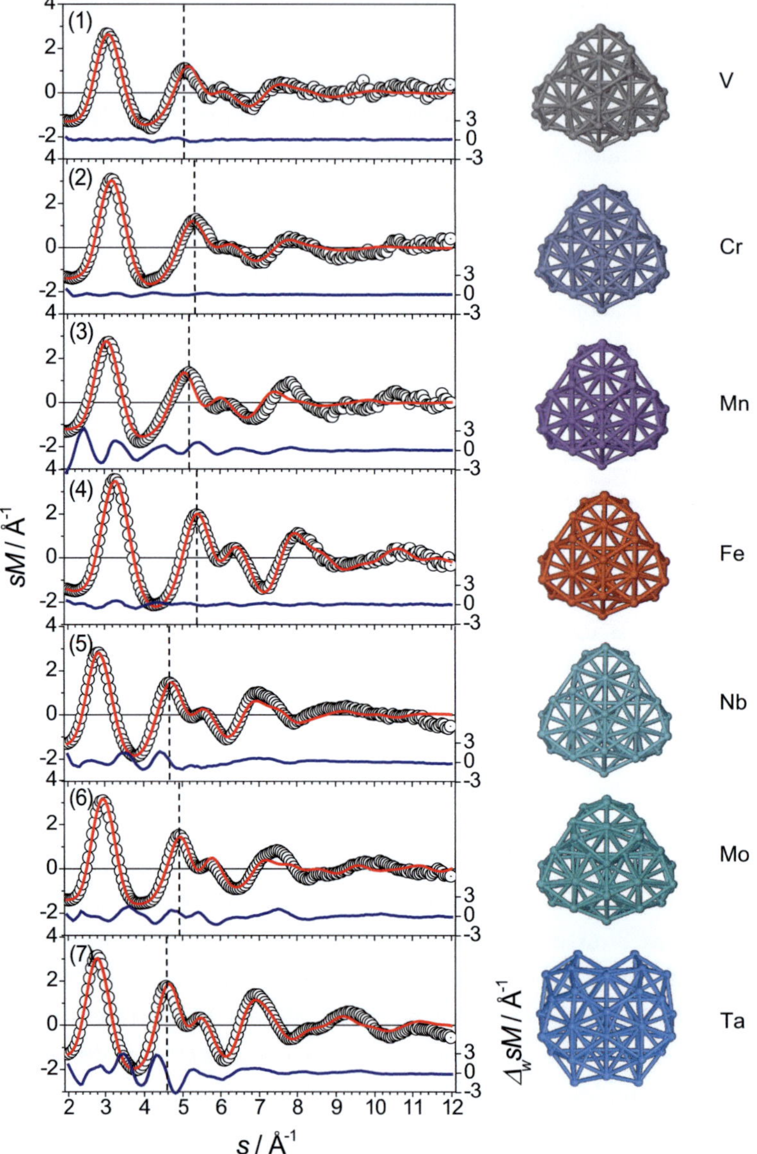

Abbildung 134: Anpassungen von $3d$-, $4d$- und $5d$-Übergangsmetallen mit einer Finnis-Sinclair-Modellstruktur (Ausnahme: Tantal): V (1), Cr (2), Mn (3), Fe (4), Nb (5), Mo (6) und Ta (7). Alle Modellstrukturen besitzen C_s-Symmetrie. In der Periode der Elemente steigt das Atomvolumen (Ausnahme: Mangan, siehe Markierung des zweiten Maximums). Der Wechsel in die vierte und fünfte Periode zeigt eine Vergrößerung des Clustervolumens. Der Effekt ist im letzten Fall gering (Lanthanoidenkontraktion).

Die elektronische Ladungsverteilung in einer FS-Struktur ist nicht isotrop, sodass ein elektrisches Dipolmoment μ (vgl. Tabelle 9) entsteht. Im hochsymmetrischen Mackay-ikosaeder, der von den d-elektronenreichen fcc-Elementen gebildet wird, kann man eine homogene Verteilung feststellen ($\mu = 0$).

Tabelle 9: Absolute experimentelle mittlere Bindungslängen des Clusters $<d>_{exp.}$ sowie des Dimers $<d>_{dimer}$[260,266] und Festkörperkristalls $<d>_{bulk}$[261,267], Bindungsenergien E_b (pro Atom), Ionisationspotenzial IP, Spin S_z, Erwartungswert S^2 und Spinkontamination (Abweichung vom erwarteten Wert $S_z \cdot (S_z + 1)$), elektrisches Dipolmoment μ, relative Energien (in eV) der Strukturisomere Mackayikosaeder (I_h) und Kuboktaeder (O_h) sowie R_w-Wert von relaxierten polyikosaedrischen C_s-Modellstrukturen unter Verwendung des Funktionals BP86.

M_{55}^-	$<d>_{exp.}$	$<d>_{dimer}$	$<d>_{bulk}$	E_b	IP	S_z	S^2 (erwartet)	μ	I_h / O_h	R_w
V	2,61Å	1,77Å	2,800Å	3,86eV	0,54eV	4/2	17,7 (+11,7)	2,01D	+6,61/+6,97	3,6%
Cr	2,56Å	1,679Å	2,658Å	2,38eV	2,53eV	45/2	578,2 (+49,4)	2,30D	+3,72/ –	2,7%
Mn	2,67Å	3,4Å	2,700Å[a]	2,70eV	2,47eV	8,2/2	95,8 (+20,4)	2,44D	+9,17/+4,46	10,3%
Fe	2,50Å	2,02Å	2,642Å	3,63eV	2,55eV	161/2	6562,9 (+2,1)	0,61D	+1,82/ –	1,4%
Nb	2,88Å	2,078Å	3,041Å	4,97eV	2,51eV	1,7/2	1,8 (-2,8)	0,86D	+7,01/+8,22	4,0%
Mo	2,78Å	1,629Å	2,900Å	4,52eV	3,59eV	0,3/2	1,1 (+0,7)	2,24D	+5,66/ –	3,1%
Ta	2,93Å	2,26Å	3,113Å	6,30eV	3,09eV	4/2	6,3 (+0,3)	0,96D	+7,37/+8,51	7,7%

[a] Der Wert wurde analog zu den Clusterstrukturen aus einer 3x3 Superzelle des α-Mangans bestimmt. Die Abstände zu nächsten Nachbarn variieren darin von 2,24Å bis 3,11Å, was einer außergewöhnlichen Streuung von 40% des kleinsten Werts entspricht.

Die beste Übereinstimmung einer polyikosaedrischen Struktur mit den experimentellen Beugungsdaten wird für das Element Fe gefunden. Hier erkennt man eine sehr gute Beschreibung der sM^{exp}-Funktion bis zu großen Streuwinkeln, die sich in einem R_w-Wert von 1,4% ausdrückt. In den Fällen Mo, Ta und insbesondere Mn ist von einer abweichenden isomeren oder stark verzerrten Struktur auszugehen. Hier kann eine signifikante Abweichung der Modellfunktionen zum experimentellen sM^{exp}-Verlauf ab dem dritten Streumaximum ($s \approx 7\text{–}8\text{Å}^{-1}$) beobachtet werden. Die weitere Suche nach Kandidatstrukturen mit einem genetischen Algorithmus[87] unter Verwendung des für verschiedene Elemente parametrisierten FS-Potenzials ergab für Ta eine Variante der oben dargestellten C_s-Kandidatstruktur. In DFT-Rechnungen bestätigte sich eine höhere Stabilität um ca. 0,5 eV. Möglicherweise ist aufgrund der größeren mittleren Bindungslänge des $5d$-Elements die parallele Anordnung von drei Untereinheiten, die in ihrer Mittelschicht (siehe blaue Atome in Abbildung 132) ein doppelt-kantenverknüpftes Pentagon entlang der Spiegelsymmetrieebene aufweisen müssen, energetisch ungünstig. Ebenso können für das schwere Element signifikante relativistische Effekte zu einer andere begünstigten Strukturvariante führen.

Anhand der unterschiedlichen Skalierung der Streuwinkelabhängigkeit des Beugungsmusters kann wie bereits zuvor für die untersuchten bcc-Elemente auf mittlere Bindungsabstände in den polyikosaedrischen Strukturen geschlossen werden (siehe gestrichelte Markierungen in Abbildung 134). Innerhalb ein und derselben Periode sinkt der mittlere Abstand zwischen den Atomen (mit Ausnahme von Mn), was sich in einem zu größeren s-Werten gestreckten sM-Funktionsverlauf äußert. Ebenso steigt das Clustervolumen schwererer Elemente einer Gruppe. Wie man aus Tabelle 9 entnehmen kann, ist der Sprung der Abstandsgröße zwischen Nb und Ta deutlich geringer als bei einem Wechsel von V nach Nb. Vom Festkörper der Übergangsmetalle ist bekannt, dass als eine Auswirkung der Lanthanoidenkontraktion $4d$- und $5d$-Elemente zum Teil sehr ähnliche Atomradien besitzen.[268]

Vergleicht man die experimentellen mittleren Atomabstände der untersuchten bcc-Elemente in ihrer 55-atomigen Clusterstruktur mit den Längen des Festkörpers, so sind diese wie auch in Clustern der fcc-Übergangsmetalle stets kleiner. Dies ist ein erwartungsgemäßes Verhalten, da aufgrund einer geringeren Koordination der Oberflächenatome tendenziell eine Kontraktion der Bindungsabstände erwartet werden kann. Gegenüber den Kristallgittern ihrer Festkörper erreichen die bcc-Metalle in den Clusterstrukturen 95–96% der mittleren Abstandslänge. Ausnahmen zu diesem Größenbereich sind die beiden Elemente V (93,1%) und Mn (99,1%). Dabei muss man an dieser Stelle beachten, dass sich die mittleren Bindungslängen in bcc-Gittern (Ausnahme: Mn) aus zwei unterschiedlichen Werten zusammensetzten. Diese entsprechen den Abständen zu acht nächsten Nachbarn und sechs weiteren, die um ca. 16% weiter entfernt in einer angrenzenden Elementarzelle liegen. Zieht man für einen Vergleich ausschließlich die kleinsten acht Bindungslängen heran, so sind diese stets kleiner als in den finiten Clusterstrukturen.

Typischerweise werden die Bindungslängen der polyikosaedrischen C_s-Modellstruktur der verschiedenen bcc-Elemente in DFT-Rechnungen um ca. (+1,0±0,5)% zu groß vorausgesagt. Diese Beobachtung stimmt mit den systematischen Abweichungen für den Strukturtyp Mackayikosaeder der fcc-Übergangsmetalle überein. Lediglich in den Fällen Cr (+3,5%), Mn (-3,6%) und Ag (+4,0%) sind größere Unterschiede festzustellen.

Die berechneten Bindungsenergien (pro Atom) entsprechen innerhalb der Reihe der $3d$-Elemente bereits 73% bis 92% der Werte des Festkörpers. Lediglich für Cr wird nur ein deutlich geringerer Anteil von 58% erreicht. Hier kann man möglicherweise einen Zusammenhang zu den signifikant überschätzten Bindungslängen sehen. Die Clusterstrukturen schwererer $4d$- und $5d$-Elemente erreichen Kohäsionsenergien von ca. 65% bis 75% der Werte ihrer bcc-Phase. Wie bereits für das Element Ta diskutiert, sind für dieses Metall u.U. weitere (nicht gefundene) Strukturisomere von Relevanz.

Die magnetischen Eigenschaften der Übergangsmetallfestkörper werden nahezu vollständig durch ihre d-Elektronenkonfiguration bestimmt (~95%).[269] Die elektronische Austauschwechselwirkung führt zu einer Aufspaltung in d^α- und d^β-Subbänder, wobei in ferromagnetischen Metallen das Majoritätsband gegenüber dem Minoritätsband energetisch abgesenkt ist. Dies bewirkt eine sich unterscheidende (von der Temperatur abhängige) Bevölkerung der Zustände und in der Differenz ein effekives resultierendes magnetisches Spinmoment. Eine Übersicht relevanter Wechselwirkungen ist der Tabelle 10 zu entnehmen.

Tabelle 10: Die für den Magnetismus von 3d-Übergangsmetallen (Festkörper) wesentlichen Wechselwirkungen sowie die daraus resultierende Energieaufspaltung (Art, Betrag) und zugehörige magnetische Effekte nach J. Stöhr.[270]

Wechselwirkung	charakteristische Aufspaltung	typische Energie (eV/Atom)	magnetischer Effekt
d-d-Überlapp von nächsten Nachbarn	Bandbreite	5	–
Coulomb-/Austauschwechselwirkung von d-Elektronen am selben Atom	Multiplettaufspaltung	0–2	–
magnetische Austauschwechselwirkung unterschiedlicher Atome	Austauschaufspaltung	1	magnetisches Spinmoment
d-Orbital-Wechselwirkung an Punktladungen der Nachbaratome	Kristallfeldaufspaltung	0,1	–
Spin-Bahn-Wechselwirkung	Spin-Bahn-Aufspaltung	0,05	magnetisches Bahnmoment, magnetokristalline Anisotropie
magnetische Dipolwechselwirkung		10^{-5}	Formanisotropie

Die charakteristische Elektronenstruktur der Übergangsmetallcluster kann qualitativ anhand der fünf d-Atomorbitale analysiert werden: Im hochsymmetrischen Festkörperkristall mit einer isotropen Elektronenverteilung trägt in erster Näherung (Ausnahme ist wie bereits diskutiert die nicht-dichtest gepackte bcc-Phase) jedes d-Orbital denselben Beitrag zur Zustandsdichte und dem Gesamtspinmoment bei. Betrachtet man kleine Fragmente wie Cluster mit signifikanten Beiträgen von Oberflächenatomen oder dünne Filme, so führt die lokal erniedrigte Symmetrie an den Rändern zu einer notwendigen Differenzierung der d_{xy}-/d_{xz}-/d_{yz}- und d_{z^2}-/$d_{x^2-y^2}$-Orbitale. Die Anzahl besetzter Zustände senkrecht und parallel zur Oberfläche weicht aus diesem Grund voneinander ab und es resultiert ein magnetisches Spinmoment m_S.[270]

Das aus Spin-Bahn-Wechselwirkung entstehende magnetische Bahnmoment m_L ist um ca. 1–2 Größenordnungen kleiner. Trotz des geringen Beitrags ist seine Existenz von entscheidender Bedeutung, da hierdurch eine Kopplung des Spins an das Kristallgitter ermöglicht wird (magnetokristalline Anisotropie). Die Verringerung der d-Bandbreite an Oberflächen führt qualitativ zu einer Erhöhung des magnetischen Bahnmoments. Für

Schalenbesetzungen mit mehr als fünf d-Elektronen besitzen m_L und m_S verschiedene Vorzeichen und beide Beiträge richten sich antiparallel aus. Für weniger Elektronen kann eine positive Kopplung erwartet werden.[270] Für die besondere Stabilität des polyikosaedrischen Bindungsmotivs dürfte, wie bereits diskutiert, die Struktur der Clusteroberfläche[271] und die hohe Koordination der Volumenatome eine wichtige Rolle einnehmen. Beide Atomsorten unterscheiden sich in ihren Umgebungen sehr stark voneinander, was auch in Bezug auf eine Differenzierung zum Mackayikosaeder zutrifft.

Die Bewertungen der magnetischen Eigenschaften der DFT-berechneten Modellstrukturen zeigen im Gegensatz zu fcc-Ikosaederstrukturen die Problematik einer nicht halbbesetzten d-Schale: Spinkontamination. Aufgrund der zu erwartenden hohen Spinmultiplizität sind *unrestricted open-shell* (UHF, *unrestricted Hartree-Fock*) Methoden genutzt worden. Die Berechnungen verlaufen sehr effizient, haben aber den Nachteil, dass die verwendeten Wellenfunktionen keine Eigenfunktionen des Spinoperators (hier: S^2) sein müssen. Die Folgen sind, dass durch Minimieren der elektronischen Gesamtenergie nach dem Variationsprinzip z.T. weitere Spinzustände in die Gesamtwellenfunktion beigemischt werden (zusätzlicher Freiheitsgrad). In vielen Fällen tritt wegen eines höheren Energiebeitrags weiterer Zustände i.d.R. kein Mischen ein. Nichtsdestotrotz handelt es sich bei den Systemen in denen dies eintritt um ein Artefakt des Methodenansatzes und führt u.U. zu einer falschen Wellenfunktion. Das Überprüfen der Spinkontamination kann anhand des Erwartungswerts S^2 durchgeführt werden. Dieser sollte bei ferromagnetischer Kopplung nicht mehr als 10% von seinem Betrag $S_z \cdot (S_z+1)$ abweichen.

Die C_s-Strukturen von V und Mn zeigen zwischen berechnetem S_z und S^2 sehr starke Diskrepanzen, was auf eine antiferromagnetische Spinkopplung hindeutet. Ein anderes Bild (<10% Abweichung) ergibt sich demgegenüber für die Metalle Cr, Nb und Ta. Die Eisenstruktur besitzt einen nahezu reinen elektronischen Zustand: Hier wird die größte Spinmultiplizität unter den bcc-Elementen $M = 162$ berechnet. Das benachbarte Mn zeigt deutliche qualitative Abweichungen zur C_s-sM^{theo}-Funktion (siehe auch berechneter R_w-Wert von 10,3%).

Möglicherweise stellt die d-Konfiguration des Eisens einen elektronischen Schalenabschluss (z.B. d^α-Band, siehe Abbildung 126, Seite 154) des polyikosaedrischen Strukturtyps dar. In der weiteren Unterschale (d^β-Band) befänden sich bis zu 161 weniger Elektronen und man würde bei entsprechender Kopplung der α-Elektronen von einem ferromagnetischen oder einem superparamagnetischen Teilchen sprechen.[272] Die früheren Übergangsmetalle könnten die Schale nicht vollständig füllen und entsprächen im weiteren Sinne einer speziellen Form von Jahn-Teller-Fall oder unterlägen stärkeren thermischen Fluktuationen der Spinkopplung. In der Tat zeigt die Populationsanalyse der Fe-C_s-Struktur eine klare und über (nahezu) alle 55 Atome homogene Differenzierung in eine d^5- (Majoritätsband) und d^2- Besetzung (Minoritätsband). Oberflächen- und Volumenatome zeigen hier keine nennenswerten Unterschiede.

Mit Sicherheit ist für die bcc-Elemente neben Eisen davon auszugehen, dass ein Mehr-determinantenansatz (MR, *multi-reference*) zur Berücksichtigung der elektronischen Natur der Wellenfunktion besser geeignet wäre. Es wäre interessant die daraus bestimmten S_z-Werte mit der Fe-Struktur zu vergleichen.

Starke sM^{exp}-Amplitudendämpfung bei großen Streuwinkeln

Ein Vergleich der sM^{exp}-Funktionen ikosaedrischer Strukturen der untersuchten fcc-Elemente (siehe Abschnitt 5.5.1) mit den für bcc-Elemente gefundenen Streubildern zeigt einen charakteristischen Unterschied bei Streuwinkeln, die einem s-Bereich von mehr als $8Å^{-1}$ entsprechen. Alle sM^{exp}-Funktionen der FS-Strukturen zeigen eine deutlich stärker gedämpfte Amplitude. Dies äußert sich in der Modellfunktionsanpassung insbesondere bei frühen 3d-Elementen in einem großen L-Wert (siehe Kapitel 3.7 und Tabelle 11). An dieser Stelle soll aus diesem Grund kurz auf eine weitere strukturelle Besonderheit eingegangen werden.

Tabelle 11: Im Rahmen der Modellanpassung gewonnene mittlere Schwingungsamplitude L der zwei unterschiedlichen Strukturisomere der fcc- (mit Co) und bcc-Elemente (I_h, C_s).

L	V	Cr	Mn	Fe	Nb	Mo	Ta
	0,215	0,221	0,231	0,169	0,197	0,128	0,142
	Co	Ni	Cu	Pd	Ag		
	0,182	0,161	0,083	0,066	0,124		

Die zu Beginn des Kapitels dargestellten sM^{theo}-Funktionen deuten bereits auf eine ungleiche Eigenschaft der PDFs hin (siehe Abbildung 127, Seite 155). Verfolgt man die Amplitudenmaxima zu größeren s-Werten, so lässt sich für die FS-Struktur eine kontinuierliche Abnahme der Funktionswerte erkennen. Die sM^{theo}-Funktion eines Mackay-ikosaeders hingegen zeigt wechselnde Ausschläge ohne einen allgemeinen Trend. Die Analyse der Abstandsverteilungen der FS- und I_h-Struktur macht deutlich, dass in letzterer eine hochgeordnete Packung mit relativ diskreten Häufungen vorliegt (siehe Abbildung 135): Die Abstände können klar in ca. zehn Gruppen eingeteilt werden. Eine andere Verteilungscharakteristik ist für die C_s-Struktur beobachtbar. Hier findet man unscharf abgegrenzte und breite Häufungen. Die Fernordnung über Abstände von 6Å hinaus ist nahezu nicht feststellbar. Mit Sicherheit ist hier aufgrund der erniedrigten Symmetrie und damit verbundenen geringeren globalen Ordnung der Struktur von einem bestimmten Einfluss auszugehen. Im Nahordnungsbereich lässt sich jedoch ebenso ein ähnlicher Trend feststellen. Auch wenn es sich hierbei um eine 0K-Struktur handelt, ist ein Vergleich mit einer für ein kanonisches Ensemble von Clustern für höhere Temperaturen simulierten PDF erwähnenswert. Wie im späteren Kapitel 6 untersucht, äußert

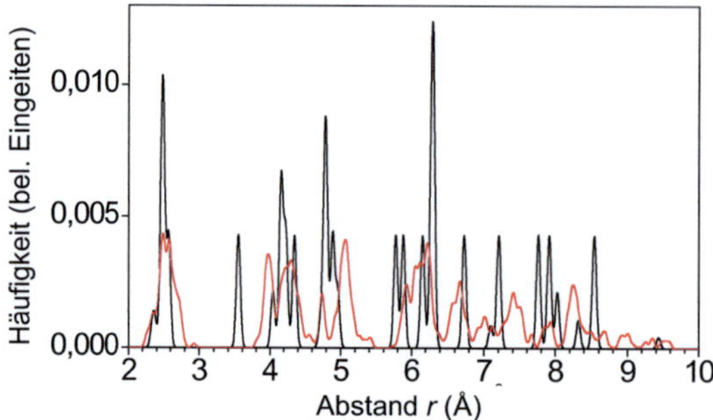

Abbildung 135: Paarverteilungsfunktionen der Strukturisomere Mackayikosaeder (schwarz) und C_s-Finnis-Sinclair (rot) von Fe_{55}^- (gaußförmig verbreitert, $\sigma_L = 0{,}02\,\text{Å}$).

sich eine thermische Bewegung der Kerne, die eine Dämpfung der Amplitude der sM-Funktion zur Folge hat (Debye-Waller-Faktor), in einer ähnlichen (näherungsweise gaußförmigen) Verbreiterung der Abstandshäufungen. Man kann aus diesem Grund im Falle der FS-Struktur von einer intrinsischen Amplitudendämpfung sprechen. Es ist anzunehmen, dass eine thermische Schwingungsanregung in erster Näherung additiv wirkt und somit ein stärkerer Abfall der sM^{exp}-Funktion gegenüber z.B. einer Ikosaederstruktur beobachtbar wird.

Es ist schwierig eine schlüssige Erklärung der strukturellen Besonderheit des 55-atomigen polyikosaedrischen Clusters zu identifizieren. Für die Festkörperphase der bcc-Elemente kann festgestellt werden, dass eine nicht-dichteste Packung unter Raumbedingungen bevorzugt gebildet wird. Das Kristallgitter ist zwar hochsymmetrisch, jedoch existieren zwei unterschiedliche Kategorien der 14 nächsten Nachbaratome (8+6), deren Abstände sich lediglich um ca. 16% unterscheiden (Eisenfestkörper) und das Raumvolumen nur zu 68% ausfüllen. Da dieser Umstand auf die elektronische Konfiguration der d-Schale zurückgeführt werden muss, ist auch für eine polyikosaedrische Struktur an dieser Stelle von einem signifikanten elektronischen Einfluss auszugehen (siehe hierzu die Diskussion über konkave Oberflächenbereiche zu Beginn des Abschnitts). Hinzu kommt, dass ein klarer geometrischer Schalenabschluss wie im ikosaedrischen Strukturtyp nicht realisiert wird. Die entscheidende Frage, die es zu beantworten gilt, richtet sich an die hohe Variabilität der realisierten Bindungslängen zu nächsten Nachbaratomen und ist womöglich sowohl im Cluster- wie auch im Festkörpersystem gültig.

5.5.3 hcp-Elemente: Der oberflächenmodifizierte Ikosaeder

Aus der Reihe der Übergangsmetalle sind drei Elemente mit hcp-Festkörperstruktur untersucht worden: Ti, Co und Zr. Das Element Cobalt wurde bereits im vorletzten Abschnitt 5.5.1 diskutiert. Es bildet wie fcc-Übergangsmetalle eine ikosaedrische Struktur und verhält sich, wie auch im anschließenden Kapitel 5.6 für weitere Clustergrößen gezeigt, im Bereich von untersuchten Partikeldurchmessern kleiner 2nm diesen Elementen gegenüber sehr ähnlich. Im Folgenden wird auf das gefundene eigentliche Bindungsmotiv der Clustern $M_{55}{}^-$ aus den verbleibenden beiden hcp-Metallen näher eingegangen.

In Abbildung 136 sind Anpassungen des besten gefundenen Strukturkandidaten der Cluster der Elemente Ti und Zr dargestellt. Die sM^{exp}-Funktion zeigt in beiden Fällen einen qualitativ einer ikosaedrischen Packung ähnelnden Verlauf. Das für dieses Bindungsmotiv charakteristische lokale Maximum (mit negativem Funktionswert) um $s \approx 3{,}8\text{Å}^{-1}$ (Ti) bzw. $3{,}4\text{Å}^{-1}$ (Zr) ist nur angedeutet. Im Fall des schwereren Elements Zr ist es nicht mehr aufgelöst. Stattdessen wird eine ausgeprägte Schulter des zweiten Streumaximums beobachtet (siehe gestrichelte Markierung). Ein ähnlicher Trend im sM-Verlauf ist bei Kupferclustern mit durch Adatome induziertem Oberflächenstress zu beobachten (siehe Kapitel 6.2). Die Struktursuche wurde unter Verwendung eines genetischen Algorithmus unter Berücksichtigung des R_w-Werts in Kombination mit verschieden parametrisierten FS- und Morse-Potenzialen von D. Schooß durchgeführt[87], und anschließend mit Dichtefunktionalrechnungen auf ihre Stabilität und relative elektronische Energie überprüft. Der Vorteil dieses Vorgehens liegt im schnellen und effizienten Erschließen eines großen Konfigurationsraums.

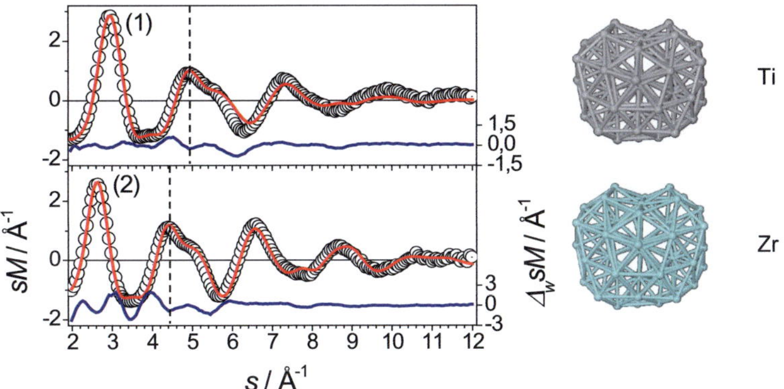

Abbildung 136: Anpassungen der $M_{55}{}^-$-TIED-Messungen für die hcp-Übergangsmetalle Ti (1) und Zr (2). Die Modellstruktur besitzt C_1-Symmetrie (Isomer 1) und wurde mit einem FS-Potenzial erzeugt. In Gruppe 4 steigt das Atomvolumen mit Z und erreicht den jeweils größten bestimmten Wert einer Periode (siehe Markierung des zweiten Maximums).

Die auf die oben beschriebene Art gefundene Kandidatstruktur entstammt einem FS-Potenzial. Sowohl die DFT-Beschreibung (globales Minimum) wie auch ihr berechneter R_w-Wert begünstigen die Struktur gegenüber anderen Isomeren. Das Element Zr besitzt zahlreiche (mutmaßliche) lokale Minimumsgeometrien mit relativ kompakten Geometrien (siehe Abbildung 137). Neben dem nicht abgebildeten Inodekaeder (D_{5h}, +4,86eV, R_w = 19,5%) wurden v.a. isomere Strukturen des Mackayikosaeders überprüft.

Das zugeordnete Isomer (1) kann keiner eindeutigen Kategorie zugewiesen werden. Es besitzt sowohl offene Flächen vergleichbar einer FS-Struktur als auch mehrere vollständige fünfzählige Kappen auf einer gegenüberliegenden Seite. Auffallend ist die höhere Tendenz zu hexagonalen Anordnungen auf der Oberfläche. Diese entstehen aus der Grundstruktur eines Mackayikosaeders, indem die gegenüber einer gemeinsamen Kante liegenden Oberflächenatome aus den Dreiecksflächen heraustreten und in einer neuen gemeinsamen Ebene zum Liegen kommen. Man könnte die so geformte Struktur am ehesten als einen oberflächenmodifizierten Ikosaeder bezeichnen, der jedoch auch hybride (konkave) Strukturbereiche einer FS-Struktur besitzt.

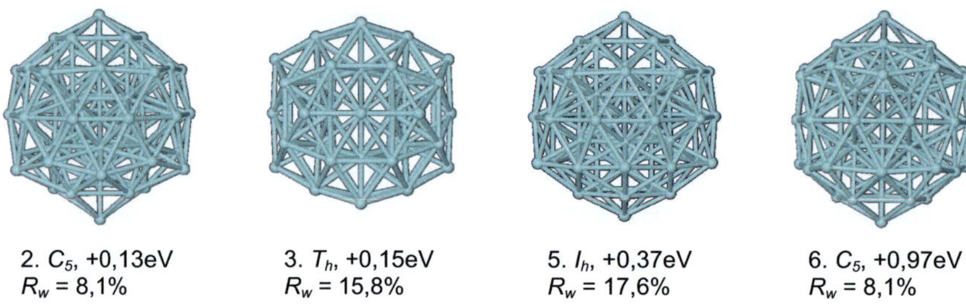

Abbildung 137: Verschiedene überprüfte vom Mackayikosaeder abgeleitete Isomere von Zr_{55}^{-} mit Schoenflies-Punktgruppe, relativer Energie gegenüber dem zugeordneten Isomer (1) und R_w-Wert.

Die absoluten mittleren Bindungslängen übertreffen die bisher für 55-atomige Übergangsmetallcluster gefundenen (siehe Tabelle 12). Die Werte liegen unterhalb des Festkörpers und erreichen 94% bzw. 97% der dort realisierten Abstände. Die erreichten Bindungsenergien sind laut DFT-Rechnungen vergleichbar mit Nachbargruppe 5 und betragen ca. 80% der hcp-Phase. Der relative energetische Abstand zu einer I_h-Struktur ist gegenüber den bcc-Elementen deutlich geringer. Hierin begründet sich möglicherweise ebenso das abweichende Bindungsmotiv von Co_{55}^{-}.

Tabelle 12: Absolute mittlere Bindungslängen des Clusters $<d>_{exp.}$ sowie des Dimers $<d>_{dimer}$[260] und Festkörperkristalls $<d>_{bulk}$[261,267], Bindungsenergien E_b (pro Atom), Ionisationspotenzial IP, Spin S_z, Erwartungswert S^2 und Spinkontamination (Abweichung vom erwarteten Wert $S_z \cdot (S_z + 1)$), elektrisches Dipolmoment μ, relative Energie des Mackayikosaeders (I_h) sowie R_w-Wert von hcp-Modellstrukturen unter Verwendung des Funktionals BP86.

M_{55}^-	$<d>_{exp.}$	$<d>_{dimer}$	$<d>_{bulk}$	E_b	IP	S_z	S^2 (erwartet)	μ	I_h	R_w
Ti	2,75Å	1,94Å	2,915Å	3,99eV	2,31eV	5/2	9,9 (+1,1)	1,30D	+1,01eV	3,0%
Zr	3,08Å	2,24Å	3,16Å	5,01eV	2,38eV	1/2	0,8 (+0,0)	1,72D	+0,37eV	6,4%

5.5.4   Der Einfluss des Ladungszustands in den Fällen $Pd_{55}^{+/-}$ und $Au_{55}^{+/-}$

Die bisher untersuchten Metallcluster M_{55}^- mit ikosaedrischem Bindungsmotiv (I_h) entsprachen allesamt Jahn-Teller-Fällen. D.h. aufgrund einer schwach besetzten entarteten elektronischen Schale (HOMO) ist von einer Stabilisierung durch Symmetrieerniedrigung auszugehen. Bis auf den Cluster Pd_{55}^- konnte in den Beugungsdaten kein Hinweis für eine signifikante Verzerrung entdeckt werden. Anders verhält es sich in der homologen Goldverbindung.

In Abbildung 138 sind die experimentellen sM^{exp}-Funktionen von $Au_{55}^{+/-}$ dargestellt. Das zu den fcc-Elementen zählende Gold bildet als Au_{55}^- keinen Mackayikosaeder. Vielmehr kann eine von I. Garzón vorgeschlagene davon abgeleitete, abgeflachte Struktur mit einem unvollständigen (zehnatomigen) ikosaedrischen Kern als bestes Kandidatisomer gefunden werden (R_w = 2,0%). Das Entfernen zweier Elektronen vom Cluster führt bei der Streufunktion zu einer in mehreren Bereichen unterscheidbaren Charakteristik: Die beiden Verläufe differieren insbesondere bei $s \approx 3,8Å^{-1}$, $8,0Å^{-1}$ und $11,2Å^{-1}$. Ebenso ist ein Unterschied in der relativen Intensität des zweiten und dritten Streumaximums zu erkennen (Au_{55}^+ besitzt einen größeren sM-Wert an der Stelle $s \approx 7Å^{-1}$). Ein Strukturvorschlag ist zum aktuellen Zeitpunkt nicht möglich. Eine Anpassung der anionischen Kandidatstruktur führt beim Kation zu einer signifikant schlechteren Übereinstimmung. Es kann aus diesem Grund angenommen werden, dass der Ladungszustand hier wahrscheinlich einen signifikanten Einfluss auf die Clustergeometrie hat.

Eine strukturbezogene Erklärung für das Nichtfinden eines I_h-Isomers kann anhand der DFT-Geometrie gesucht werden: Vergleicht man die Ikosaederparameter der (I_h-)Goldstruktur mit den Elementen in Tabelle 7 (Seite 159), so ergeben sich nahezu identische Abmessungen der Schalenabstände wie im Silbercluster. Man findet in der Au-Verbindung jedoch einen deutlich größeren Krümmungswinkel (3,5°) – der größte hier

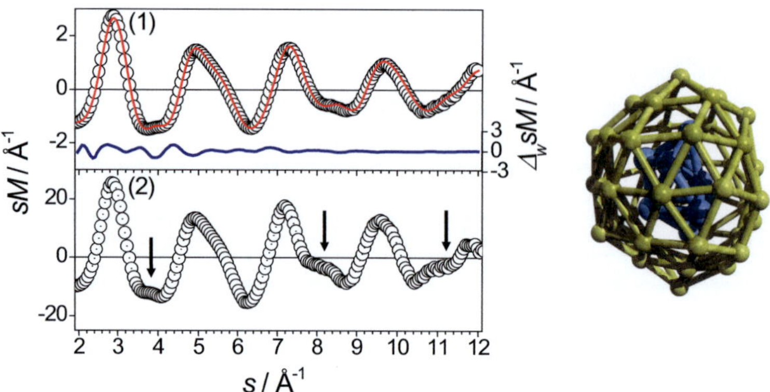

Abbildung 138: Experimentelle sM^{exp}-Funktion (schwarze offene Kreise) und theoretische sM^{theo}-Funktion (rote Linie) der rechts abgebildeten Kandidatstruktur mit einem zehnatomigen Kern von Au_{55}^- (oben, 1). Die blaue Linie entspricht der gewichteten Abweichung $\Delta_w sM$. Im unteren Graphen (2) ist ein Unterschied der experimentellen sM^{exp}-Funktion von Au_{55}^+ zu erkennen (siehe Pfeile).

gefundene unter den fcc-Elementen. Wie im Falle von Tantal, das auch keine typische C_s-FS-Struktur bildet, ist es naheliegend, dass die gefundenen drei Bindungsmotive nicht streng für schwere Elemente der fünften Periode verwendet werden können. Elektronische (relativistische) Effekte wie auch zunehmende Packungsspannungen aufgrund einer geringeren Akzeptanz für Abweichungen einer optimalen Bindungslänge sind hier wahrscheinlich von Bedeutung.

Der Vergleich der Palladiumclusterionen (+/−) zeigt gegenüber den beiden Goldverbindungen relativ geringe Unterschiede. Beide Cluster bilden eine ikosaedrische Struktur mit relativ hoher Symmetrie. Wie bereits in Abschnitt 5.5.1 diskutiert liefert die Anpassung einer C_i-Modellstruktur die beste Übereinstimmung. Aus Abbildung 139 können

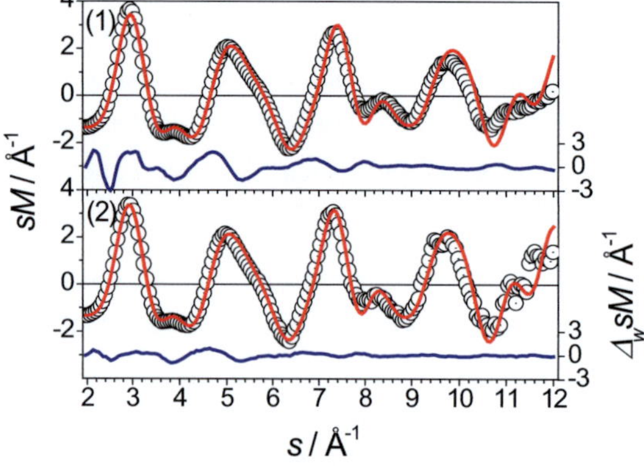

Abbildung 139: Experimentelle sM^{exp}-Funktion (schwarze offene Kreise) und theoretische sM^{theo}-Funktion (rote Linie) des C_i-Isomers (siehe Abbildung 129) von Pd_{55}^- (oben, 1) und Pd_{55}^+ (unten, 2) im Vergleich. Die blaue Linie entspricht der gewichteten Abweichung $\Delta_w sM$.

qualitative Unterschiede beider Ladungszustände entnommen werden. Im positiven Ladungszustand wird die sM^{theo}-Funktion des Modells gut wiedergegeben. Die Streufunktion von Pd_{55}^- hingegen zeigt bereits bei kleinen s-Werten eine schlechtere Übereinstimmung (siehe blauer $\Delta_w sM$-Verlauf). Diese setzt sich für große Streuwinkel fort und kann am deutlichsten an den Abweichungen der Amplitudenmaxima bei $s = 7{,}4\text{Å}^{-1}$ und $9{,}7\text{Å}^{-1}$ gesehen werden. Es ist aus diesem Grund nicht auszuschließen, dass die experimentell untersuchte Clusterstruktur bisher nicht gefunden wurde. Ebenso wäre die Anwesenheit eines zweiten Pd_{55}^--Isomers denkbar.

5.5.5 M_{55}^-: Zusammenfassung und Vergleich der Übergangsmetalle

Die 15 untersuchten Übergangsmetallclusterionen M_{55}^- können aufgrund ihres Streubildes in drei verschiedene Kategorien eingeteilt werden: Man findet die kompakte Geometrie des Mackayikosaeders (I_h) sowie den offenen polyikosaedrischen Strukturtyp (C_s, Finnis-Sinclair) und einen oberflächenmodifizierten Ikosaeder (C_l). Mit Ausnahme des magnetischen Elements Cobalt kann eine bemerkenswerte Korrelation zwischen Festkörperkristallstruktur und Bindungsmotiv im Nanopartikel beobachtet werden:

$$\text{fcc} \quad \rightarrow \quad \text{Mackayikosaeder } (I_h)$$

$$\text{bcc} \quad \rightarrow \quad \text{polyikosaedrischer Strukturtyp } (C_s)$$

$$\text{hcp} \quad \rightarrow \quad \text{oberflächenmodifizierter Ikosaeder } (C_l)$$

Diese Einteilung gilt streng für alle Elemente der vierten und fünften Periode ($3d$, $4d$) und wird vermutlich von geringen Verzerrungen oder verschiedenen kleineren Strukturvarianten innerhalb einer Periode begleitet (siehe z.B. die schlechte FS-Übereinstimmung von Mn und daneben die perfekte Beschreibung für Fe). Die $5d$-Elemente der sechsten Periode (Ta, Au) zeigen die erwarteten Tendenzen, ihnen eigen ist jedoch eine weit stärker von der Basisstruktur abweichende Geometrie. Deshalb muss man davon ausgehen, dass relativistische Effekte auch für weitere Metalle dieser Reihe bei 55 Atomen zu anderen Clusterstrukturen führen.

Der polyikosaedrische Strukturtyp erscheint wegen relativ vieler Eckatome oder sogar konkaver Oberflächenbereiche auf den ersten Blick als sehr ungünstig. Eine genauere Analyse der Struktur ergibt aber, dass sie erlaubt in sich eine beachtliche Anzahl an Bindungen zu formen. Die mittlere Koordinationszahl (FS-Struktur: 8,8) übersteigt sogar die des Mackayikosaeders (8,5). Allein in Anbetracht dieser Eigenschaft wäre demnach in einem Umkehrschluss streng genommen die energetische Stabilität der gefundenen ikosaedrischen Clusterstrukturen der fcc-Übergangsmetalle näher zu diskutieren. Dass dort dieser Bindungstyp realisiert wird, ist sicherlich der für eine polyikosaedrische Struktur erforderlichen Variabilität Ausbildung verschiedener Koordinationsumgebungen und Bindungslängen sowie deren elektronischer Stabilität zuzuschreiben.

Die hohe mittlere Koordinationszahl resultiert v.a. aus der Volumenphase. Dort findet man mehrere Atome mit 14 (oder sogar 16, siehe Zentralatom der C_s-Struktur) sphärisch angeordneten Nachbarn, was nebenbei auch der Anzahl in einem bcc-Gitter entspricht. Die Eck- bzw. Oberflächenatome dahingegen binden lediglich an sechs Partner. Weil Kantenatome in einer Mackaystruktur demgegenüber allerdings nur geringfügig mehr nächste Nachbarn haben (8), kann die schwache Koordination der polyikosaedrischen Oberfläche durch Volumenatome (über)kompensiert werden.

Die in Abbildung 140 (links) dargestellten mittleren Bindungslängen innerhalb M_{55}^- und dem Kristallgitter des Festkörpers können äquivalent zum Atomvolumen der Elemente betrachtet werden. Die nahezu vollständig vorliegende Reihe der 3d-Metalle (aber auch spätere) weist eine Korrelation der Abstände im Cluster zum Festkörper auf. Der Wert verläuft W-förmig mit der formalen d-Elektronenbesetzung und besitzt ein lokales Maximum bei einer halb gefüllten Schale (Mn, d^5). Für die finiten Clusterstrukturen zeigt sich eine ähnliche, etwas weiter abweichende Abfolge. Man erwartet aufgrund schwächer koordinierter Oberflächenatome ein allgemein reduziertes mittleres Atomvolumen. Diese Regel erfüllen allen untersuchten Metalle: Ikosaedrische Cluster (fcc-Gruppe) folgen dem erwarteten Verhalten wie auch die des dritten Bindungsmotivs der frühen hcp-Elemente (oberflächenmodifizierter Ikosaeder). bcc-Metalle, die eine polyikosaedrische Struktur einnehmen, besitzen zwar gegenüber den kürzesten Abständen einer Festkörperphase größere mittlere Bindungslängen, dies ist aber aufgrund eines zweiten ca. 16% weiter entfernt liegenden (über)nächsten Nachbaratoms erklärbar. Diese klare Differenzierung kann in den polyikosaedrischen Anordnungen der Cluster nicht getroffen werden, aber auch hier ist gegenüber der Mackaystruktur eine Aufweichung des einzelnen optimalen Bindungsabstands zu konstatieren. Dies und eine relativ

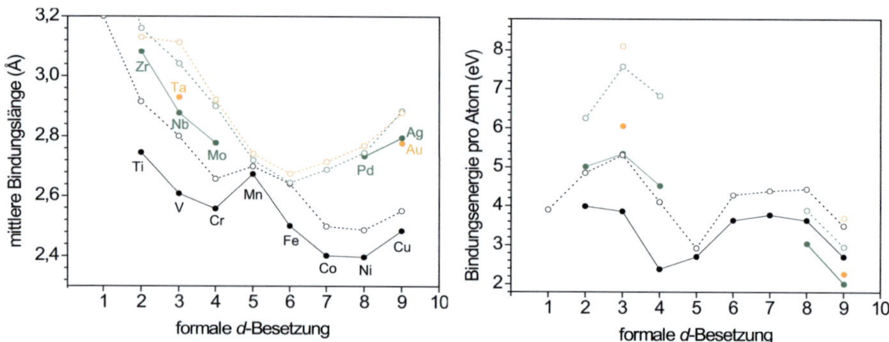

Abbildung 140: *links* – mittlere experimentell bestimmte Bindungslängen (ANND, siehe Seite 125) der 3d-/4d-/5d-Übergangsmetalle in der Clusterstruktur M_{55}^- (volle Punkte, $T = 95$K) und im Festkörperkristall[261] (offene Kreise, $T = 298$K). *rechts* – entsprechende DFT-Bindungsenergien (pro Atom/eV).

schwache Fernordnung innerhalb der Struktur führen zu einer intrinsischen Dämpfung des molekularen Streuanteils und ähnelt einem geschmolzenen oder amorphen Material.

Generell sollte im Rahmen des Vergleichs mit experimentellen Clustertemperaturen von $T = 95K$ bedacht werden, dass aufgrund anharmonischer Schwingungsanteile die dargestellten (Referenz-)Bindungslängen der Festkörperstrukturen bei Raumtemperatur um bis zu 1% zu größeren Werten abweichen. Ein solcher thermischer Einfluss auf eine Clusterstruktur wird in Kapitel 6 an Systemen der Elemente Cu und Al genauer analysiert. Für die Übergangsmetallcluster M_{55}^- (M = Co, Cu, Ag) findet man einen Erhalt des ikosaedrischen Strukturtyps und eine Zunahme der mittleren Bindungslänge aufgrund zunehmender anharmonischer Schwingungsanteile mit ansteigender mittlerer Temperatur um 1,8% (Co, 95K $\rightarrow$ 293K), 0,4% (Cu, 95K $\rightarrow$ 400K) und 4,9% (Ag, 95K $\rightarrow$ 293K).

Eine weitere Auffälligkeit zeigt die einzige beobachtete Ausnahme von der Regel: Cobalt. Im hcp-Festkörper sind die Bindungslängen gegenüber dem im Periodensystem benachbarten Element Ni (fcc) leicht erhöht, was im Cluster nicht ähnlich stark widergespiegelt ist. Die Abweichung zum perfekten hcp-Gitter bei Raumtemperatur beträgt lediglich 0,7% (Verhältnis der Gitterkonstanten c/a). Eine allotrope fcc-Modifikation (β-Co, stabil ab $T > 427°C$) ist auch dichtest gepackt und realisiert nahezu identische Abstände (hcp: 2,499Å, fcc: 2,506Å). Magnetische Eigenschaften bedingen hier möglicherweise eine Kontraktion der Nanostruktur. Der (makroskopische) hcp-fcc-Phasenübergang von Cobalt geht mit einer drastischen Änderung der magnetokristallinen Anisotropie (MAE, *magnetocrystalline anisotropy energy*) einher. Unter Umständen stellt sie auch für den Cluster eine relevante Größe dar.[273,274] Kürzlich untersuchten Hakamada *et al.*[275] theoretisch den Zusammenhang von verstärkten magnetischen Momenten an planaren Defekten, die durch Korngrenzen (z.B. fcc/fcc, hcp/hcp) in verzwillingten Strukturen wie auch dem Ikosaeder entstehen. Sie fanden in diesen Fällen stark verengte d-Bänder und insbesondere im Fall von fcc/fcc-Bereichen den Festköper übersteigende Werte.

In Abschnitt 5.5.1 ist bereits die ikosaedrische Struktur (I_h) als Agglomerat von 20 fcc-artigen Tetraederfragmenten charakterisiert, die mit dem Zentralatom eine einzige gemeinsame „Schicht" (AB<u>C</u>) konstituieren. Für Cobalt wird eine alternative Sichtweise ergiebig (siehe Abbildung 141). Betrachtet man jeweils flächenverknüpfte Tetraeder, so lässt sich annähernd eine Schichtfolge CABAC ausmachen. Zwischen zwei verglichen mit dem Zentralatom relativ schwach koordinierten Eckatomen findet sich ein ABA Schichtausschnitt. Er entspricht umso eher einem idealen hcp-Gitter, je kleiner der durch Oberflächenatome gebildete Krümmungswinkel gerät. Gegenüber der typischen eher kugelförmigen Gestalt bei fcc-Elementen (d.h. der Krümmungswinkel beträgt ca. 2°) wird ausschließlich im Cobaltcluster eine nahezu perfekte Anordnung experimentell nachweisbar (0,6°, perfekt: 0°).

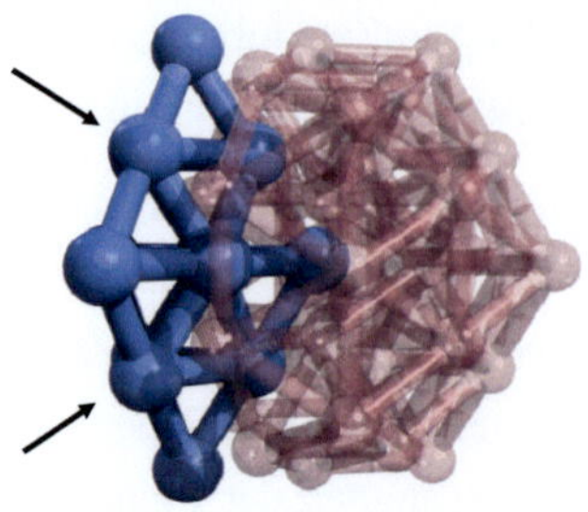

Abbildung 141: Zur Ausbildung eines perfekten hcp-Schichtausschnitts ABA (eingebettet zwischen zwei fcc-Eckatomen) ist die ausschließlich für Cobalt gefundene I_h-Struktur mit einem Krümmungswinkel von nahezu 0° günstig (siehe markierte Gürtelatome).

Die MAE ist eine Eigenschaft des elektronischen Grundzustands und kann prinzipiell in der DFT korrekt beschrieben werden. Die berechneten hohen Spinmultiplizitäten und damit verknüpften Bindungsenergien (siehe Abbildung 140, rechts) sprechen für die Annahme einer magnetischen Stabilisierung der Struktur. Für Cobalt wird im anschließenden Kapitel 5.6 für Clusterstrukturen an einem weiteren geometrischen Schalenabschluss (M_{147}^-, drei Schalen) eine allgemein höhere Tendenz zu ikosaedrischen Strukturen nachvollziehbar.

Anhand vergleichender Rechnungen mit einer *triple-ζ*-Basis (def2-TZVP) konnten in einigen Fällen große Basissatzdefizite der für die dargestellten Werte verwendeten def2-SVP-Funktionen gefunden werden. Fehler in den berechneten Bindungsenergien äußern sich u.a. in zu großen, die Festkörperwerte sogar in einzelnen Fällen übertreffenden Werten und lagen für die I_h-Strukturen der Elemente Co, Ni und Cu in der Größenordnung von +0,9 eV pro Atom. In der Eisen-C_s-Struktur betrug die Abweichung +0,6 eV. In den Clusterstrukturen der 4d-Elemente Pd und Ag, deren def2-SVP Basis in Kombination mit einem ECP verwendet wird, stimmten die Ergebnisse mit denen größerer Basissätze um wenige 0,01 eV überein. Die Ursachenprüfung für zu hohe Bindungsenergien in einzelnen Fällen im Hinblick auf Superpositionsfehler der Basisfunktionen (BSSE, *basis set superposition error*) war positiv: Berechnete Atomenergien unter Implikation von Geisteratomen als Koordinationssphäre nächster Nachbarn in der Clusterstruktur führen zu Werten, die mit Ergebnissen einer *triple-ζ*-Basis vergleichbar sind. Ein ähnliches Verhalten kann durch Hinzufügen vier weicher Basisfunktionen (*+spdf*) zur Atombasis erhalten werden, weshalb berechtigterweise angenommen werden darf, dass die unzureichende Beschreibung der def2-SVP Basis im Valenzbereich der 3d-Atome anzusiedeln ist. Die in Abbildung 140 (rechts) dargestellten Werte entstammen def2-TZVP-Rechnungen von I_h-Strukturen, an denen im Fall von experimentell anders vorliegenden Strukturen (z.B. C_s) der BSSE abgeschätzt und korrigiert werden konnte.

Die wechselseitige Abhängigkeit des strukturellen Motivs eines Nanopartikels mit einer makroskopischen Größe (hier: Kristallgitter) ist höchst bemerkenswert. Der erweiterte

Gültigkeitsbereich in den Übergangsmetallen steht im einfachen Zusammenhang der sukzessiv ansteigenden Besetzung des d-Bandes, das in erster Näherung nicht entscheidend an der chemischen Bindung beteiligt ist. Verschiedene Kristallgitter bzw. analoge Bindungsmotive in einer Clusterstruktur führen zu einer d-Band-Trennung in ein Majoritäts- und ein Minoritätsband, sodass bei unterschiedlichen Besetzungszahlen ungleichartige Symmetrien stabilisiert werden.

Für Hauptgruppenelemente ist mit einem signifikanten Einfluss der Position im Periodensystem auf die zu erwartende Clusterstruktur zu rechnen. Vorzugsweise für den p-Block kann dies anhand verschiedener untersuchter Elemente bekräftigt werden. 55-atomige Clusteranionen der Elemente Si, Sn, Pb (Gruppe 14, siehe Anhang A.1) und Al (Gruppe 13, siehe Kapitel 6.3) bilden unter den experimentellen Bedingungen andere als in diesem Kapitel geschilderten Strukturen.

5.6 Strukturelle Entwicklung später Übergangsmetallcluster (Co, Ni, Cu, Ag)

Abschließend zu den bisher zahlreichen erkundeten Strukturen kleinerer Metallclusterionen und den erkannten großen Unterschiede zu den Atomanordnungen in makroskopischen Objekten wird nun in diesem Kapitel die Frage nach den einzelnen bis zu einer Festkörperstruktur durchlaufenen Stationen in den Fokus gestellt. Die hierfür herangezogenen Cluster aus elektronenreichen Übergangsmetallen setzen sich in ihrer kleinsten Gestalt aus 71 Atomen zusammen und wachsen in ihrem Durchmesser auf bis zu 1,8nm an ($n \approx 250$). Diese Agglomerate können nun wirklich als „Nanoteilchen" bezeichnet werden und zeichnen sich ganz besonders durch ihre wohldefinierte Erschaffung und Isolation aus. Anders als z.B. in Arbeiten über große Cluster, die auf Oberflächen deponiert wurden, können ihre Strukturen auf diese Weise wechselwirkungsfrei untersucht und die intrinsischen elementspezifischen Triebkräfte darin analysiert werden. Zahlreiche Experimente mit Elektronenbeugung an Molekularstrahlen wurden an den in diesem Kapitel gewählten Übergangsmetallen u.a. z.B. von R. Monot, G. D. Stein oder S. A. Brown ausgeführt.[27,276–283] Gegenüber dortigen polydispersen Proben sind die in dieser Arbeit untersuchten Cluster deutlich schärfer charakterisiert.

5.6.1 Strukturmotive und Energetik freier Nanocluster

Unter den Bedingungen tiefer Temperaturen ist die günstigste Struktur eines Clusters (aus N Atomen) i.d.R. die mit der niedrigsten elektronischen Gesamtenergie. Die Suche dieser Geometrien ist für große N eine anspruchsvolle Aufgabe und wird in den meisten Fällen nicht mehr mit *ab initio* Methoden ausgeführt. Stattdessen dienen einfache semiempirische (Zweikörper-)Potenziale einer Beschreibung der Teilchenwechselwirkung. Kompakte, oft metallische oder van-der-Waals-Strukturen, deren Bindungsnatur weniger gerichtet ist als in kovalenten Verbindungen, sind nach entsprechender Parametrisierung gut beschreibbar. Insbesondere auf homoatomare Systeme bestehend aus Übergangsmetallen ist dies zutreffend, die meist ein relativ breites d-Elektronenband (Zustandsdichte) entwickeln. In Abbildung 142 ist der Verlauf eines solchen Potenzials (Gupta) von verschiedenen in dieser Arbeit untersuchten Elementen (Co, Ni, Cu und Ag) dargestellt. Die analytische Form der elektronischen Bindungsenergie E_c lässt sich in zwei Beiträge, einen abstoßenden E_R und einen anziehenden E_B Teil, trennen:[87,189]

$$E_c = \sum_i \left(E_R^i + E_B^i \right) = \sum_{i>j} A e^{-p(r_{ij}/r_0-1)} - \sqrt{\sum_{i>j} \xi^2 e^{-2q(r_{ij}/r_0-1)}} \quad . \tag{67}$$

Der erste Term entspricht der notwendigen kurzreichweitigen Born-Mayer-Repulsion (Ion-Ion-Wechselwirkung), die die Zunahme der kinetischen Elektronenenergie (freies Elektronengas) unter Kompression des Kristallgitters beschreibt. Der attraktive zweite Teil des Potenzials ist quantenmechanischen Ursprungs und entspricht einer von der Atomdichte abhängigen Vielteilchenfunktion. Sie beschreibt in Übergangsmetallen v.a. den *d*-Band Term und enthält die Bindungsinformation im Kristallgitter über das nächste Nachbaratom hinaus.

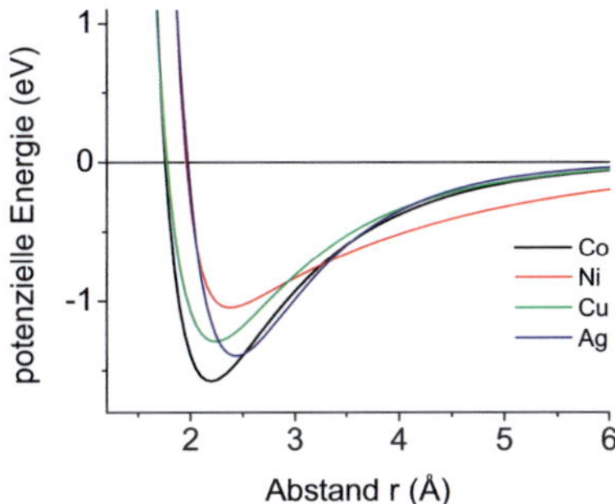

Abbildung 142: Verwendetes semiempirisches Potenzial (Gupta) zur Struktursuche großer Cluster von Co, Ni, Cu und Ag[189] unter Verwendung eines GA[87].

Den zweiten Schritt der Struktursuche führen Algorithmen der globalen Optimierung aus (*basin-hopping*, *simulated annealing*, *quantum annealing*, GA). Je nach Clustergröße ist der Prozessaufwand trotz der beschriebenen Simplifizierung der Partikelwechselwirkung enorm. Die Anzahl lokaler Minima (isomere Strukturen) für einen 55-atomigen LJ-Cluster ist nicht genau bekannt, aber mindestens 10^{12}.[239,240] Üblicherweise werden aufgrund dieser Schwierigkeiten verschiedene Strukturfamilien (Kategorien) bezüglich geometrischer oder elektronischer Schalenmodelle diskutiert und zur Beschreibung des günstigsten Strukturmotivs einander gegenübergestellt. Clustergrößen mit einer oder mehrerer energetisch besonders günstigen Strukturen werden als „magische Größen" bezeichnet. Im Folgenden sind eine Auswahl geometrisch abgeschlossener Strukturen solcher Motive Ikosaeder, Dekaeder, fcc und hcp dargestellt (siehe Abbildung 143):

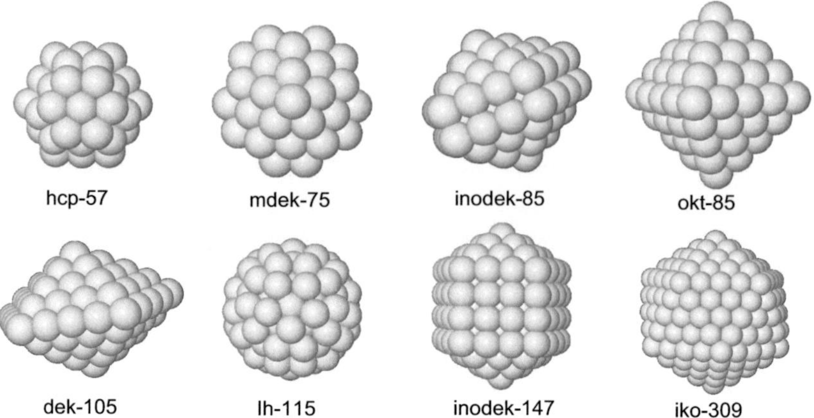

Abbildung 143: Auswahl von Strukturmotiven mit geometrischen Schalenabschlüssen.

Magische Abschlüsse des Ikosaeders, des Inodekaeders und des Kuboktaeders aus k Schalen erfüllen dieselbe folgende Gleichung: $N(k) = \frac{10}{3}k^3 - 5k^2 + \frac{11}{3}k - 1$. Durch Abschneiden von Kanten der platonischen Grundpolyeder lassen sich verschiedene von dem ursprünglichen Körper abgeleitete Strukturen erzeugen (z.B. Ino- und Marksdekaeder). Die Unterscheidung in Flächen- (b), Kanten- (c) und Eckatome (d) führt zu verschiedenen Beiträgen zur Gesamtbindungsenergie E_c:

$$E_c = aN + bN^{2/3} + cN^{1/3} + d \ . \tag{68}$$

Dabei steht der erste Summand aN repräsentativ für den Volumenbeitrag (vgl. Kohäsionsenergie des Festkörpers). Der Minimierungsprozess der Gesamtenergie führt zu einem Wettbewerb zwischen internen und Oberflächenatomen: Die höher koordinierten Volumenatome tragen einen größeren Einzelbeitrag bei, jedoch führt eine kompakte, die Oberflächenenergie reduzierende Koordination zu einer sphärischen Partikelgestalt, die wiederum darauf einwirkt und innere Gitterverspannungen zur Folge hat. Eine brauchbare Größe zur Beschreibung der Stabilität von unterschiedlich großen Nanoteilchen ist die Überschussenergie $\Delta(N)$, die sich auf die perfekte Festkörperstruktur des Metalls bezieht:

$$\Delta(N) = \frac{E_c(N) - N\varepsilon_c}{N^{2/3}} \ . \tag{69}$$

Sie entspricht der Differenz der Gesamtbindungsenergie $E_c(N)$ und der Einteilchenenergie im Festkörper ε_c bezogen auf die Oberfläche des Clusters ($N^{2/3}$). Tabelle 13 sind für ikosaedrische Silbercluster als Funktion der Schalenanzahl beispielhaft die Partikelgrößen und der relative Anteil an Oberflächenatomen zu entnehmen.

Tabelle 13: Magische Clustergrößen bei Schalenabschlüssen k des Ikosaeders. Gegeben sind der k-abhängige Clusterdurchmesser (Ø) sowie der relative Anteil von Oberflächenatomen (OF).

Schale / N Atome	OF-Atome	Ø (nm)
1 / 13	92%	0,75
2 / 55	76%	1,23
3 / 147	63%	1,71
4 / 309	52%	2,13
5 / 561	45%	2,60
6 /923	39%	3,12
7 /1415	21%	3,55

Im Vergleich zu anderen Polyedern minimiert die Ikosaederstruktur die Oberflächenenergie am effektivsten. Mit zunehmendem Anteil des Volumenbeitrags (die 7. Schale trägt nur noch zu 21% der Gesamtmasse bei), verschiebt sich die maßgeblich zu minimierende Größe auf die Bindungsenergie interner Atome. Da eine translationssymmetrische Kristallstruktur – wie (die meisten) Festkörper sie besitzen – mit einer fünfzähligen Symmetrieachse (C_5) nicht zu realisieren ist, treten ab gewissen kritischen Clustergrößen Strukturübergänge auf, deren Motive beide aufsummierten Energieterme reduzieren. Van-der-Waals-Cluster (z.B. Edelgase) durchlaufen typischerweise die Stufen Ikosaeder → Dekaeder → fcc (siehe Abbildung 144, links).

Die experimentell untersuchte thermodynamische Gleichgewichtstruktur eines Clusters kann vom berechneten elektronischen Grundzustand abweichen. Dieser gilt streng genommen nicht exakt als Stabilitätskriterium, da eine Nullpunktsschwingungsenergie zu berücksichtigen bleibt. Letztere bedarf häufig in Betrachtungen keiner Berücksichtigung, kann jedoch prinzipiell berechnet werden. Bei endlichen Temperaturen des Systems entspricht das Gleichgewicht einer minimalen freien Energie F(T, V, N). Neben

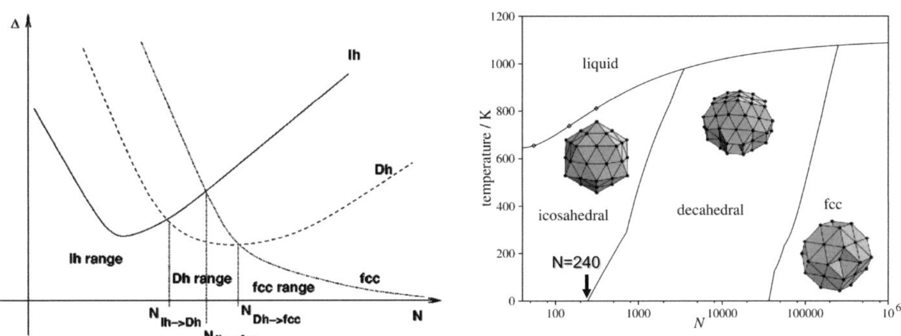

Abbildung 144: *links* – Qualitative Überschussenergie Δ(N) der Strukturmotive Ikosaeder (I_h), Dekaeder (D_h) und fcc gegenüber dem Festkörper als Funktion der Atomanzahl N in kristallinen Clusterstrukturen (Abbildung entnommen, Baletto & Ferrando[284]). *rechts* – Phasendiagramm der Strukturmotive für Silbercluster (Sutton-Chen-Potenzial), entnommen Doye & Calvo[195].

der inneren Energie müssen hierzu Entropiebeiträge verschiedener Strukturmotive berücksichtigend in Betracht gezogen werden. Dabei sind folgende drei Größen von Relevanz: 1. Symmetrie (d.h. Anzahl möglicher Permutationsisomere), 2. Clustermorphologie (Anzahl isomerer Strukturen mit niedriger innerer Energie und Lage auf der PES) und 3. Schwingungsmoden (Größe der Zustandssumme). Der letzte Punkt betrifft Unterschiede in den Schwingungsquanten und thermischer Anregungsmöglichkeiten einzelner Moden.

Für die verschiedenen typischen oberen Strukturmotive kann folgende allgemeine Einordnung der Schwingungsfrequenzen getroffen werden:[195] $\nu^{iko} \ll \nu^{deka} < \nu^{fcc}$. Dies hat zur Folge, dass in einem bestimmten Größenbereich von Partikeln unter hohen Temperaturen ikosaedrische Strukturen bevorzugt vorliegen können, selbst wenn der elektronische Grundzustand einem anderen Motiv entspricht (siehe Phasengrenze Ikosaeder/ Dekaeder in Abbildung 144, rechts).

Die mit semiempirischen (Gupta-)Potenzialen vorhergesagten Strukturübergänge $N_{Ih \to Dh}$ und $N_{Dh \to fcc}$ einiger der in diesem Kapitel untersuchten Elemente sind in nachfolgender Tabelle gegeben. Demnach müssten alle hier experimentell untersuchten Clustergrößen ($n < 271$ (Ni), 251 (Cu) und 147 (Ag)) ein ikosaedrisches Bindungsmotiv aufweisen.

Tabelle 14: Kritische Größen (N) der Strukturübergänge $I_h \to D_h$ und $D_h \to$ fcc bestimmt mit semiempirischen Potenzialen.[284,285] (vgl. Abbildung 144, links)

N Atome	Ni	Cu	Ag
$N_{Ih \to Dh}$	1200	1000	240
$N_{Dh \to fcc}$	60 000	53 000	20 000

Der Strukturwandel des Clusters äußert sich im TIED-Experiment in einer signifikanten Änderung der betrachteten sM^{exp}-Funktion. Mit der Umordnung der Atome im Nanoteilchen ändert sich dessen Paarverteilungsfunktion signifikant. Wie in Kapitel 5.5 für Metallcluster aus 55 Atomen gezeigt, kann ein charakteristischer Fingerabdruck für verschiedene Motive von Modellstrukturen vorhergesagt werden. Das Schalenwachstum führt neben den bereits vorhandenen Anteilen der PDF zu neuen Abständen r_{ij}, die zu berücksichtigen sind. Insbesondere deutlich größere Abstände kommen mit einer neuen aufliegenden Schale hinzu. Des Weiteren führt das Wachstum von Strukturen mit fünfzähliger Symmetrie wie bereits erwähnt zu stärkeren Spannungen (Stress), die nach außen zunehmen: Abstände zwischen Schalen werden dem ausweichend kontrahiert, Abstände zwischen Atomen derselben Schale vergrößern sich.

In Abbildung 145 wird der Einfluss des Hinzufügens einer weiteren Lage Atome zu bereits bekannten Strukturmotiven aus 55 Atomen bezüglich des charakteristischen Fingerabdrucks ersichtlich. Die sM^{theo}-Funktionen der Modellstrukturen aus 147 Atomen zeigen strukturiertere bzw. feiner aufgelöste Verläufe der Amplituden. Auffällig ist, dass der kleine Funktionsbeitrag der Ikosaederstruktur an der Stelle $s \approx 3{,}5\text{Å}^{-1}$ (für Ag-Bindungslängen, links) in der Kupferstruktur (rechts) in zwei kleinere Beiträge aufspaltet. Die dekaedrischen Strukturen (Ino- und Marksdekader) zeigen eine nun stärker ausgeprägte linke Schulter auf dem zweiten größeren Streumaximum ($s \approx 5{,}5\text{Å}^{-1}$).

Wie erwartet ist die sM^{theo}-Funktion eines fcc-Festkörperausschnitts (Kuboktaeder) qualitativ weniger durch die gestiegene Atomanzahl beeinflusst, weil in diesem Strukturtyp keine Spannungen zunehmen. Man kann an diesem Beispiel nachvollziehen, wie sich das Beugungsbild mit zunehmender Partikelgröße zum Festkörper hin entwickelt: Das mit Translation vielfach reproduzierte Bindungsmotiv der Elementarzelle führt bei Berechnung der molekularen Beugungsintensität zu einer mit N linear ansteigenden Summe gleichphasiger Anteile. Das sich hieraus ergebende Bild führt zu immer schärferen Streumaxima und endet beim unendlich ausgedehnten Festkörper in Bragg-Reflexen.

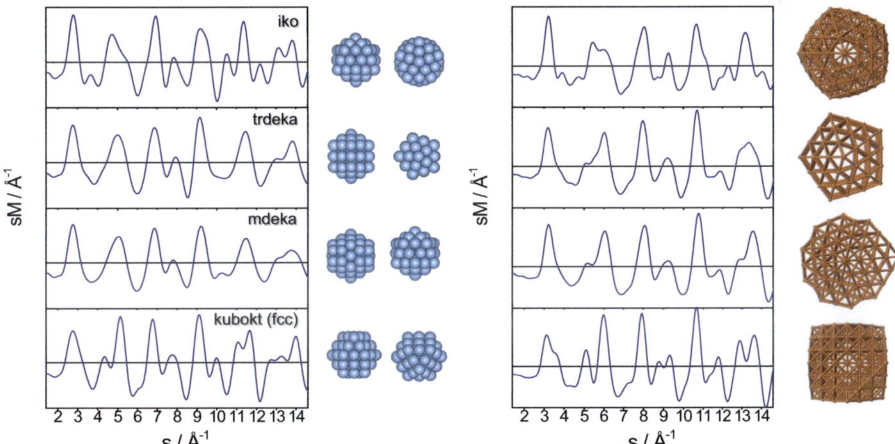

Abbildung 145: Einfluss einer dritten Atomschale auf charakteristische Beugungsmuster (sM^{theo} -Modellfunktionen) der Strukturmotive Mackayikosaeder (iko), Inodekaeder (trdeka), Marksdekaeder (mdeka) und Kuboktaeder (fcc). Die s-Skala der zweischaligen Cluster links (Ag) erscheint aufgrund kürzerer Bindungslängen in den dreischaligen Strukturen rechts (Cu) skaliert.

5.6.2 Clusterstrukturen der fcc-Elemente Ni, Cu und Ag

Die in diesem Kapitel untersuchten Elemente bilden unter Normalbedingungen ausschließlich fcc-Festkörperstrukturen. Die im vorangegangenen Abschnitt vorgestellte
Anwendung semiempirischer Potenziale ist für diese Art von Systemen sinnvoll. Die
Streufunktionen der verschiedenen untersuchten Metallclusterionen können Abbildung
146 als Funktion der Atomzahl ($71 \leq n \leq 271$) entnommen werden. Ebenso findet man
dort die für Cobalt ermittelten sM^{exp}-Funktionen. Sie werden im anschließenden Kapitel
separat diskutiert. Die größenselektierten Cluster besitzen Durchmesser von 0,9–1,8nm.

Der direkte Vergleich der Elemente Ni, Cu und Ag zeigt deutlich, dass ein hohes Maß
an Ähnlichkeit in den Clusterstrukturen dieses Größenbereichs besteht. Die Beobachtung ist zunächst nicht verwunderlich, da für alle Elemente dieser Partikelgrößen von
ikosaedrischen Strukturen auszugehen ist (siehe Abschnitt 5.6.1). Die Elemente Cu und
Ni zeigen in erster Näherung bei allen Clustergrößen die gleichen sM^{exp}-Funktionen.
Eine Ausnahme bildet das Objekt mit 116 Atomen: Der Cluster Ni_{116}^{-} zeigt um die Stelle $s \approx 5,5\text{Å}^{-1}$ eine schmalere Amplitudenform, und ähnelt damit den Streufunktionen der
Cluster in einer Größe um 147 Atome. Silberstrukturen besitzen größere Ausdehnungen
und zeigen aus diesem Grund im experimentell detektierbaren Bereich des Streuvektors
bis zu fünf Amplitudenmaxima. Der Verlauf der sM^{exp}-Funktionen ist generell glatter.

Cu_{147}^{-} und seine Homologe (Ni, Ag)

Im Größenbereich von 147 Atomen sind mehrere geometrische Schalenabschlüsse möglich: Mackayikosader, Inodekaeder und Kuboktaeder (jeweils 147 Atome) sowie
Marksdekaeder und Oktaeder (jeweils 146 Atome). Der Vergleich mit den in Abbildung
145 dargestellten sM^{theo}-Modellfunktionen macht deutlich, dass keines dieser Strukturmotive für sich alleine die experimentellen Beugungsmuster erklären kann. In Abbildung 147 sind Anpassungen der verschiedenen Modelle für Cu durchgeführt worden.
Die beste Übereinstimmung sowohl bezogen auf den R_w-Wert wie auch den qualitative
Verlauf der sM^{exp}-Funktion wird mit den dekaedrischen Strukturen (2) und (3) erreicht.
Der um ein Atom erweiterte Marksdekaeder (3) ergibt einen leicht kleineren R_w-Wert
von 6,7% gegenüber dem Inodekaeder mit 7,9%. Die Anwesenheit zweier Strukturmotive im untersuchten Clusterensemble kann die gefundene Streufunktion am besten
erklären. Eine (aus einem ikosaedrischen und dekaedrischen Motiv) in ein und demsel-
ben Cluster verzwillingte Struktur[286,287] ist bei der Größe der Nanopartikel nur schwer
vorstellbar und wurde bei einer systematischen R-gewichteten GA-Suche (Guptapotenzial) auch nicht beobachtet. Deshalb sind beide Bindungsmotive mit hoher Sicherheit in
jeweils unterschiedlichen koexistierenden Partikeln realisierte. Eine Mischung der Iko-

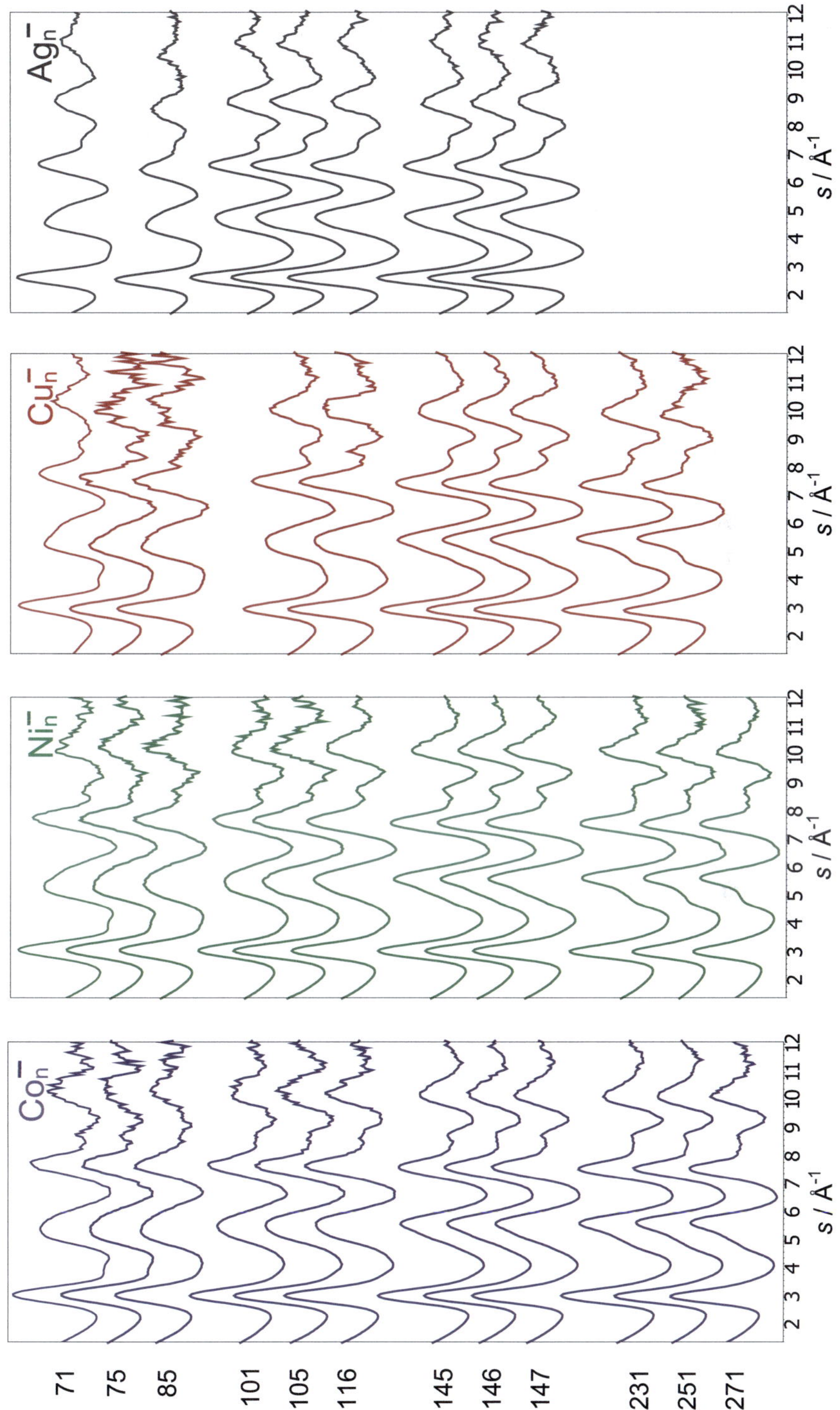

Abbildung 146: Übersicht der experimentellen sM^{exp}-Funktionen (genäherter Hintergrund) der späten Übergangsmetallcluster (Co, Ni, Cu und Ag) verschiedener Größen.

saederstruktur (1) mit einer dekaedrischen Struktur ergibt einen signifikant kleineren R_w-Wert. Die beste Mischung erreicht man für (1):(3) = 45:55 mit einem R_w-Wert von 3,9%. Für den Inodekaeder erhält man eine schlechter übereinstimmende Mischung bei (1):(2) = 40:60 mit einem R_w-Wert von 5,4%. Die Beimischung der sM^{theo}-Funktion des Kuboktaeders führt zu keiner Verbesserung des R_w-Wertes.

Man kann zusammengefasst feststellen, dass unter den experimentellen Temperaturen $T = 95K$ eine nahezu ausgeglichene Mischung der beiden Strukturmotive Ikosaeder und Dekaeder vorliegt. Die dekaedrische Anordnung ist möglicherweise leicht bevorzugt, was sich in den R_w-optimierten Mischungsverhältnissen ausdrückt. Ein Vergleich des Beugungsbilds mit den um eins bzw. zwei Atome verkleinerten Clustern Cu_{146}^- und Cu_{145}^- lässt keine Unterschiede erkennen. Auch hier finden sich die besten Mischungsverhältnisse bei 55:45 zugunsten einer dekaedrischen Struktur.

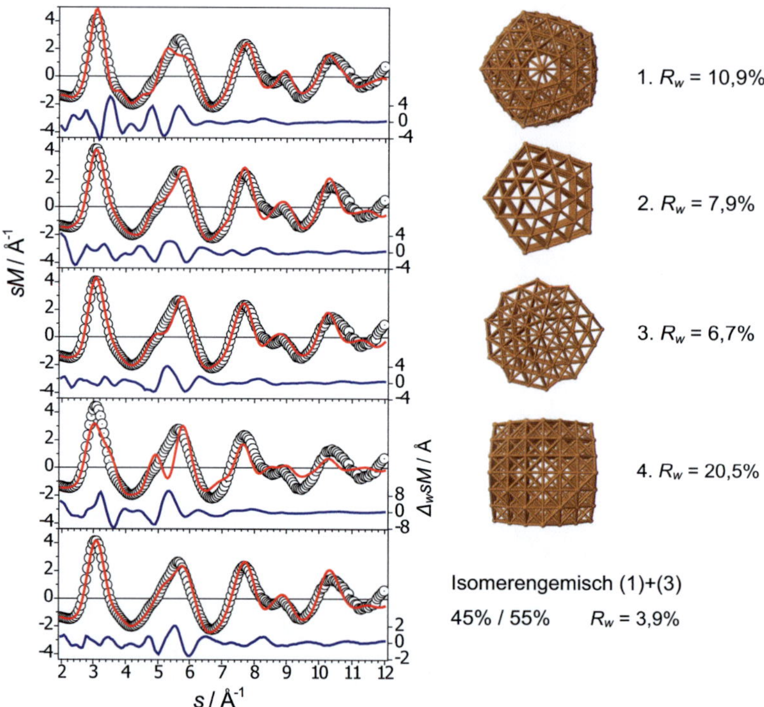

Abbildung 147: Experimentelle sM^{exp}-Funktion (schwarze offene Kreise) und theoretische sM^{theo}-Funktion (rote Linie) der vier Strukturmotive von Cu_{147}^-: Ikosaeder (1), gekappter Dekaeder (2), Marksdekaeder (3) und Kuboktaeder (4). Die blaue Linie entspricht der gewichteten Abweichung $Δ_w sM$. Rechts sind die berechneten R_w-Werte gezeigt.

Für die Cluster der weiteren Elemente Ni und Ag ergibt sich das gleiche Bild. Die untersuchten Ensembles enthalten ebenso die zwei Strukturmotive Ikosaeder und Dekaeder. Tabelle 15 sind die Ergebnisse der Anpassungen im Detail zu entnehmen. Die verschiedenen verwendeten Kandidatstrukturen sind jeweils innerhalb der entsprechenden in Abbildung 142 dargestellten Guptapotenziale relaxiert. In allen Fällen führt eine Mischung zu einem signifikant kleineren R_w-Wert. An dieser Stelle sei betont, dass aufgrund der unterschiedlichen Datensätze die angegebenen absoluten Zahlenwerte nur innerhalb einer Tabellenspalte miteinander vergleichbar sind. Mischungen wurden stets mit der Struktur des Marksdekaeders durchgeführt, da er verglichen mit einem Inodekaeder in allen Fällen einen kleineren R_w-Wert zeigte und aufgrund der kompakteren Oberfläche in Rechnungen i.d.R. eine niedrigere elektronische Gesamtenergie ergibt. Entgegen den Vorhersagen (siehe Tabelle 14) ergeben die Anpassungen an den $3d$-Elementen Ni und Cu eine leicht zugunsten der dekaedrischen Struktur verschobene Mischung. Für Ag findet man einen erhöhten Ikosaederanteil. Diesem Element wird mit dem semiempirischen Guptapotenzial ein deutlich früherer Dekaederübergang vorhergesagt.

Tabelle 15: Berechnete R_w-Werte der Cluster M_{147}^- (M = Ni, Cu, Ag). Die beste Übereinstimmung wird mit einer ausgeglichenen Mischung aus dekaedrischem und ikosaedrischem Strukturtyp erreicht (siehe Abbildung 147 für die verwendete Isomerenbezeichnung).

Isomer	Ni	Cu	Ag
(1)	5,7%	10,9%	7,5%
(2)	8,6%	7,9%	9,0%
(3)	5,1%	6,7%	8,7%
(4)	18,6%	20,5%	26,8%
Mischung (1+3)	2,7% (45:55)	3,7% (45:55)	3,7% (55:45)

Cluster vor und nach dem Strukturübergang um 147 Atome

Im Falle von 145- bis 147-atomigen Clustern konnte kein reines der oben vorgestellten Strukturmotive bei einer experimentellen Temperatur von $T = 95K$ gefunden werden und es ist wahrscheinlich, dass die Größe im Übergangsbereich $N_{Ih \to Dh}$ anzusiedeln ist. Eine Überprüfung kann die Strukturanlayse von Clustern der Größe $N \pm \Delta n$ gewährleisten. Für hinreichend große Δn sollten rein ikosaedrische sowie rein dekaedrische Bindungsmotive auftreten. Anders als die in Abbildung 145 gezeigten sM^{theo}-Funktionen geschlossenschaliger Strukturen, ist für Cluster mit unvollständiger Oberflächenbelegung aufgrund zahlreicher möglicher gleichwertiger Isomere eine Vorhersage des charakteristischen Beugungssignals schwer zu treffen. Des Weiteren sagen die zur Verfügung stehenden semiempirischen Potenziale bis über die untersuchten Clustergrößen hinaus ausschließlich ikosaedrische Strukturen voraus.[284,285] Aus diesem Grund wurde ein genetischer Algorithmus mit R-gewichteter Fitnessfunktion (siehe Kapitel 4.2) zur Erzeugung von neuen Kandidatstrukturen verschiedener Strukturfamilien verwendet.[87]

Für Clustergrößen mit $n > 147$ Atomen betrug das Verhältnis der Bewertung von R-Wert und Gesamtenergie 50:50 bis 80:20, bei kleineren Clustern maximal 50:50.

Eine genauere Analyse der Clusterstruktur folgt nun für die in Abbildung 146 ausgewählten Größen $n = 71$, 105, 116 und 251. Im Falle von Ag ist aufgrund der Limitierung der effizienten Massenselektion (siehe Kapitel 3.4) die Atomzahl auf 147 beschränkt. Es werden neben Teilabschlüssen von Ikosaedern oder Dekaedern auch Strukturen mit zwangsläufig offenen Schalen betrachtet. Damit soll ausgeschlossen werden, dass ausschließlich magische Cluster in den Blick genommen werden, die das Strukturmotiv benachbarter Clustergrößen möglicherweise nicht widerspiegeln. In Abbildung 148 sind Anpassungen der jeweils am besten mit der experimentellen sM^{exp}-Funktion übereinstimmenden Modellfunktionen für die ausgewählten Kupfercluster dargestellt.

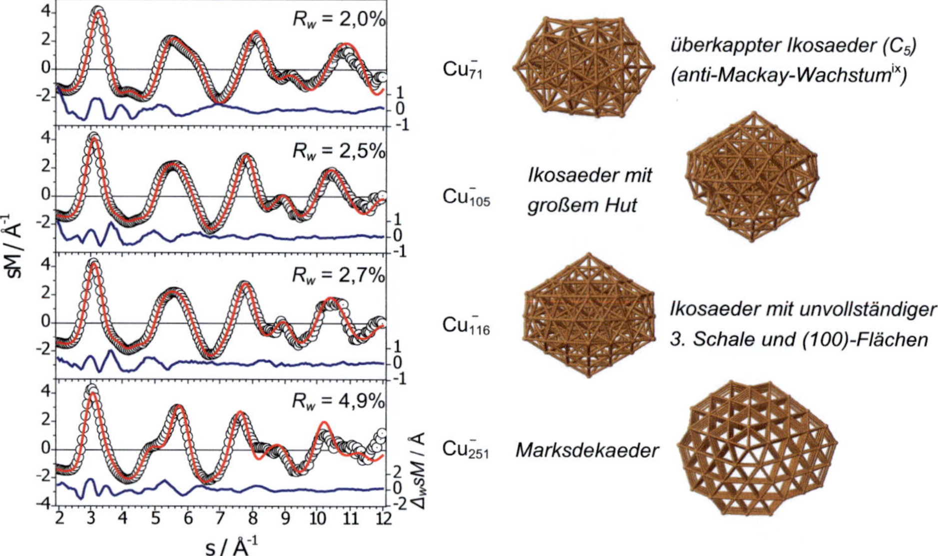

Abbildung 148: Experimentelle sM^{exp}-Funktion (schwarze offene Kreise) und theoretische sM^{theo}-Funktion (rote Linie) der Kupferclusteranionen Cu_{71}^{-}, Cu_{105}^{-}, Cu_{116}^{-} und Cu_{251}^{-}. Die blaue Linie entspricht der gewichteten Abweichung $\Delta_w sM$. Rechts sind die berechneten R_w-Werte gezeigt. Bis 116 Atome finden sich klar ikosaedrische Motive, bei 251 Atomen zeigt sich ein eingetretener Strukturwechsel (Marksdekaeder).

Die Clusteranionen aus weniger als 147 Atomen zeigen eine klare Tendenz zu ikosaedrischen Strukturen. Das Wachstum lässt sich nach dem einfachen Prinzip des stufen-

---

[ix]   Genau genommen handelt es sich um eine von einer Mackaykappe abgeleitete um $360°/20 = 18°$ gedrehte Konfiguration, die keinem klaren anti-Mackay-Schichtwachstum entspricht, aber ebenso auf Lücken aufliegt. Die Struktur weist ausschließlich (111)-Flächen auf und entstammt einem Gupta- oder Murrell-Mottram-Potenzial.[288]

weise Ausbildens einer vollständigen neuen Schale verstehen: Ausgehend vom Mack-ayikosaeder mit zwei das Zentralatom umgebenden Schichten (55 Atome, siehe Kapitel 5.5) wird im Folgenden zunächst eine Kappe von Atomen ausgebildet (Cu_{71}^-), die auf Lücke auf dem Cluster zum Liegen kommt (anti-Mackay-Kappe[ix]). Man kann die Struktur als zwei verschmolzene Ikosaeder ansehen. Weitere Atome lagern entlang des Randes der Kappe an, sodass das freie sphärische Volumen der neuen Schale sukzessive aufgefüllt wird. Bei 116 Atomen ist ein weiterer Teilschalenabschluss möglich, der einem dreischaligen Ikosaeder entspricht, dem eine Kappe entfernt wurde. Diese Struktur zeigt nicht-kompakte (100)-Flächen an der noch offenen Clusterseite, was aus Sicht einer energetischen Betrachtung möglicherweise ungünstig ist. In der Tat kann für diesen Kupfercluster (Cu_{116}^-) eine Mischung verschiedener Strukturmotive den experimentellen Befund besser erklären. Ein geringer Anteil einer (ino-)dekaedrischen Struktur von ca. 10% führt zu einem leicht kleineren R_w-Wert von 2,4% (siehe Tabelle 16). Dies stellt keine signifikante Verbesserung dar, nichtsdestotrotz ist die Beurteilung konsistent mit der Schlussfolgerung eines einsetzenden Strukturübergangsbereichs der für den Cluster Cu_{147}^- zu einer nahezu ausgeglichenen Mischung zwischen ikosaedrischem und dekaedrischem Strukturmotiv führt.

Die Analyse der sM^{exp}-Funktion des Clusters Cu_{251}^- bezieht sich auf eine ausgeprägte Schulter entlang des zweiten Streumaximums an der Stelle $s \approx 5\text{Å}^{-1}$, die durch eine dekaedrische Struktur erklärbar wird: Der Marksdekaeder ist eine relativ kompakte Struktur und besitzt aus 238 Atomen aufgebaut einen geometrischen Schalenabschluss. Durch ein Erweitern um zusätzliche 13 Atome kann eine einzelne Seite des Clusters komplettiert werden. Dieses Bindungsmotiv ergibt verglichen mit ikosaedrischen und oktaedrischen (fcc) Modellstrukturen den kleinsten R_w-Wert (4,9%). Ein Anteil von 25% einer (unvollständigen) Ikosaederstruktur führt zu einer geringfügigen Reduzierung auf 4,6%. Der Cluster steht damit dem kleineren Cu_{116}^- gegenüber, für den ein umgekehrtes Mischungsverhältnis der Bindungsmotive gefunden wird. Beide Cluster rahmen vermutlich den Übergangsbereich $N_{Ih \rightarrow Dh}$ von Kupferclustern bei $T = 95K$ ein, über den sich die Zusammensetzung aus I_h und D_h kontinuierlich verschiebt.

Aus Tabelle 16 können die Anpassungen der verschiedenen Strukturmotive sowie ggf. optimale Mischungsverhältnisse der Elemente Ni und Ag entnommen werden. Die zu Anpassungen verwendeten Strukturen sind jeweils in den entsprechenden Guptapotenzialen dieser Elemente relaxiert. Man findet qualitativ übereinstimmende Reihenfolgen der Strukturmotivpräferenzen in den Clustern von Ni und Ag. Der visuelle Vergleich der sM^{exp}-Funktionen in Abbildung 146 deutete dies bereits an: Im Gegensatz zu Cu gelten hier für den Größenbereich, in dem Isomerengemische gefunden werden, erweiterte Grenzen. In homologen Nickelclustern sowie in Silberclustern ist bereits ab einer Größe von 71 Atomen das Auftreten dekaedrischer Strukturisomere angedeutet (beste Mischungen beinhalten hiervon 10% bzw. 15%). Mit Ausnahme der Motivzusammensetzung des Clusters Ni_{105}^- setzt sich der Trend eines kontinuierlichen Anstiegs des dekaedrischen Isomerenanteils mit der Clustergröße fort. Silbercluster zeigen ab 116 Atomen bereits das gleiche Mischungsverhältnis wie mit 147 Atomen. Ni fügt sich zwischen die beiden übrigen Elemente ein und zeigt bei 116 Atomen ein von 75% dominierten Ikosaederanteil. Für die Clustergröße aus 251 Atomen schließen die dekaedrischen Anteile an die für Kupfer gefundenen Werte auf.

Tabelle 16: Berechnete R_w-Werte der Cluster M_n^- (M = Ni, Cu, Ag). Mit (*) markierte Modellstrukturen besitzen unvollständige geometrische Schalen. Falls angegeben, liefert eine Mischung aus ikosaedrischem und dekaedrischem Bindungsmotiv einen kleineren R_w-Wert (Das Verhältnis *iko:deka* ist in Klammern angegeben).

Cluster / Motiv		Ni	Cu	Ag
71	iko	3,0%	2,0%	3,9%
	(marks)deka*	9,1%	9,1%	12,9%
	Mischung	2,8% (90:10)	–	3,0% (85:15)
105	iko*	4,7%	2,5%	6,1%
	deka	5,6%	4,3%	8,4%
	Mischung	3,2% (55:45)	–	3,2% (60:40)
116	iko	4,9%	2,7%	6,7%
	(ino)deka	8,8%	10,2%	8,4%
	kubokt (fcc)	17,4%	21,2%	23,6%
	Mischung (1+2)	3,9% (75:25)	2,4% (90:10)	3,6% (55:45)
251	iko*	8,0%	9,0%	–
	(marks)deka*	5,2%	4,9%	–
	okt* (fcc)	12,8%	13,0%	–
	Mischung (1+2)	3,7% (30:70)	4,6% (25:75)	–

5.6.3 Clusterstrukturen des hcp-Elements Co

In der Reihe der Übergangsmetalle im Periodensystem findet man vor den bisherigen Elementen aus Abschnitt 5.6.2 Cobalt. Das ferromagnetische Metall besitzt mit 58,93 amu die außergewöhnliche Eigenschaft einer größeren mittleren Masse als sein ihm nachfolgendes Element Nickel. Dieser Umstand tritt lediglich zwei weitere Male im gesamten Periodensystem auf (Ar, Te). Im Festkörper existiert Cobalt unter Standarddruck in den zwei Modifikationen α- und β-Co. Ersteres entspricht einer hcp-Phase und ist unterhalb von 427°C zu finden. Die für höhere Temperaturen stabile β-Phase formt ein kubisch-flächenzentriertes Kristallgitter (fcc).[289,290] Nanopartikel weisen unterhalb einer kritischen Größe $R_{krit.}$ bei 20°C vermutlich bcc- und fcc-Phasen auf. Diese

Einschätzung fußt auf experimentellen Ergebnissen von polydispersen Proben, deren Oberflächenbeschaffenheit (z.B. wegen Adsorbaten oder partieller Oxidation) relativ undefiniert ist: Für in Lösungen erzeugte und anschließend in flüssigen oder festen Matrizen untersuchte Teilchen wurden die kritischen Größen von Ram *et al.* auf 2–5nm (bcc) und 10–20nm (fcc) eingegrenzt.[291] Bis zu einer Temperatur von 700°C konnte keine hcp-Phasenumwandlung beobachtet werden. Im Größenbereich $R_{krit.} < 20$nm wird ein Cobaltnanopartikel zu einem einzigen Weissschen Bezirk und besitzt einzigartige Eigenschaften wie Superparamagnetismus, magnetische Anisotropie und Quantentunnelung der Magnetisierung.[292–294]

Im vorherigen Kapitel 5.5 haben Beugungsexperimente an Cobaltclusteranionen aus 55 Atomen einen Mackayikosaeder-Strukturtyp gezeigt. Dieses Bindungsmotiv wurde ausschließlich für Übergangsmetalle festgestellt, die eine fcc-Festkörperphase ausbilden. Die frühen Übergangsmetalle Ti und Zr mit hcp-Kristallstruktur (wie Co) zeigten von dieser Geometrie abweichende Strukturen. Ein Vergleich mit fcc-Elementen bezüglich des größeninduzierten Strukturübergangs ist aus diesem Grund interessant. In Abbildung 146 auf Seite 191 kann ein qualitativer Vergleich der sM^{exp}-Funktionen mit Ni, Cu und Ag vorgenommen werden. Man beobachtet, dass die Streufunktionen der Cobaltcluster mit $n > 55$ Atomen starke Ähnlichkeiten mit denen der drei fcc-Elemente aufweisen. Für Cluster aus mehr als 200 Atomen zeichnen sich erste Unterschiede ab. In Tabelle 17 sind die im vorherigen Abschnitt verwendeten Modellstrukturen nun für dieses Metall ausgewertet. Den qualitativ unterschiedlichen Verlauf der sM^{exp}-Funktionen der Clusterionen Co_{231}^-, Co_{251}^- und Co_{271}^- kann man mit verschiedenen Zusammen-

Tabelle 17: Berechnete R_w-Werte der Cluster Co_n^- (n = 71, 105, 116, 147 und 251). Mit (*) markierte Modellstrukturen besitzen unvollständige geometrische Schalen. In allen Fällen liefert eine Mischung aus ikosaedrischem und dekaedrischem Motiv einen kleineren R_w-Wert (Das Verhältnis *iko:deka* ist in Klammern angegeben).

	Cluster / Motiv	Co		Cluster / Motiv	Co
71	iko	2,8%	147	iko	4,5%
	(marks)deka*	8,3%		(ino)deka	8,1%
	Mischung	2,5% (85:15)		(marks)deka+1	5,2%
105	iko*	4,0%		kubokt (fcc)	17,3%
	deka	5,3%		Mischung (1+3)	2,3% (55:45)
	Mischung	2,6% (60:40)	251	iko*	5,0%
116	iko	3,6%		(marks)deka*	5,2%
	(ino)deka	7,8%		okt* (fcc)	13,2%
	kubokt (fcc)	15,5%		Mischung (1+2)	2,8% (55:45)
	Mischung (1+2)	3,0% (80:20)			

setzungen des Isomerengemischs verstehen, die für diese Clustergrößen auftreten. Während die Nanopartikel der Elemente Ni und Cu in diesem Bereich von n vorwiegend dekaedrische Strukturen einnehmen, errechnet sich für Co ein sehr ausgeglichenes Verhältnis mit geringem Übergewicht des Ikosaedermotivs (55:45). Offensichtlich liegt bei diesem Metall ein ikosaedrisches Motiv über einen größeren Bereich unter den experimentellen Bedingungen vor. Die Partikelgröße des größten Clusters beträgt ca. 1,7nm.

Besonders präsent ist das ikosaedrische Bindungsmotiv in den Fällen mit möglichen abgeschlossenen Schalen oder Teilschalen. Optimal zusammengesetzte Mischungen der 71- und 116-atomigen Cluster beinhalten einen erhöhten prozentualen Anteil von diesem Motiv. Der Vergleich mit den Ergebnissen der übrigen drei untersuchten fcc-Elemente führt v.a. zu Ähnlichkeiten mit dem Nachbarelement Ni. Beide Metalle ergeben für die Cluster bis $n = 147$ qualitativ vergleichbare Mischungszusammensetzungen.

5.6.4 Zusammenfassung und Diskussion

Die in Kapitel 5.5 erwähnten strukturellen Ähnlichkeiten von der gleichen Festkörperstruktur zugehöriger Übergangsmetalle können in größeren aus bis zu $n \approx 250$ Atomen zusammengesetzten Metallclustern für die fcc-Elemente Ni, Cu und Ag weiter bestätigt werden. Man beobachtet des Weiteren, dass z.B. anders als bei Clustern des Elements Palladiums (siehe Kapitel 5.3) bis zu dieser Größe kein Festkörpergitter erreicht wird. Die untersuchten Nanoteilchen vollführen im Größenbereich 0,9–1,8nm einen Übergang ihres Strukturmotivs vom ikosaedrischen zum dekaedrischen Typ. Diese Tatsache steht in Widerspruch zu bisherigen systematischen Modellierungen mit semiempirischen Guptapotenzialen, die erst ab einer Atomzahl von 1200 (Ni), 1000 (Cu) bzw. 240 (Ag) einen Motivwechsel vorhersagen.[284,285] Am klarsten abgegrenzt gegenüber den anderen Metallen sind die Kupfercluster, die erstmals ab einer Zusammensetzung von 116 Atomen dekaedrisch strukturiert sind, und bei 251 Atomen hauptsächlich von diesem Bindungsmotiv geprägt werden. Die ferner untersuchten Elemente Ni und Ag lassen einen größeren Übergangsbereich erkennen, der ab dem 71-atomigen Cluster beginnt. Der aus den Modellierungen vorhergesagte allgemeine Trend früher Dekaederpackungen in Silberclustern wird experimentell bestätigt. Nickelcluster vollführen entgegen der erwarteten Reihenfolge bei einer kleineren Größe als Kupfercluster den strukturellen Übergang.

Die Temperatur der Cluster bei den TIED-Messungen ($T = 95K$) definiert einen in gewisser Weise zu berücksichtigenden Parameter beim Bewerten der gefundenen Strukturmotive. Bedingt durch Entropiebeiträge kann ein bei tiefen Temperaturen stabiles Strukturmotiv teilweise verschwinden, sobald das Clusterensemble aufgeheizt wird.

Unter der Annahme, dass Kraftkonstanten zwischen den Atomen ausschließlich vom Strukturmotiv beeinflusst werden, weisen Ikosaederschwingungen im Vergleich zu Dekaeder- und fcc-Struktur-Moden die niedrigsten Schwingungsfrequenzen auf.[195] Hohe Schwingungstemperaturen bevorzugen somit in dieser einfachen Beschreibung das ikosaedrische Motiv.

Da im Übergangsbereich verschiedener Strukturtypen möglicherweise kleinere Energieunterschiede zwischen den Bindungsmotiven vorliegen, können mehrere Isomere im thermodynamischen Gleichgewicht gleichzeitig auftreten und ihr Verhältnis ist durch die Temperatur des Clusterensembles manipulierbar. Interessant wäre deshalb die Durchführung eines Beugungsexperiments bei noch niedrigeren Temperaturen. Möglicherweise wäre damit das Isomerengemisch zugunsten eines Strukturmotivs verschieblich, oder man fände nur noch ein einziges Isomer.

Das Element Cobalt formt Cluster, deren Strukturmotive denen der fcc-Metalle Ni, Cu und Ag stark ähneln. Wie Kapitel 5.5 schildert, ist diese Gemeinsamkeit für 55-atomige Clusteranionen festgestellt. Ein Unterschied im Strukturmotiv manifestiert sich erst langsam bei Nanoteilchen, die aus mehr als 200 Atomen zusammengesetzt sind. Cobalt lässt in diesem Größenbereich der Cluster eine stärker ausgeprägte Tendenz zu ikosaedrischen Strukturen erkennen. Ein Teil der Ionen (ca. 50%) im Bereich von 147 bis 271 Atomen enthält stets dieses Bindungsmotiv. Für Co_{55}^{-} ist belegt, dass bei Raumtemperatur und darunter (T =95K) auf thermischem Weg kein Strukturübergang induziert wird. Möglicherweise formt sich im Cluster ein einzelner magnetischer Bereich ohne Blochwände (Weiss-Bezirk) und begünstigt den ikosaedrischen Strukturtypus gegenüber dem der anderen fcc-Elemente oder einem hcp-ähnlichen Strukturtyp.

Über die Streudaten kann man die absoluten mittleren Bindungslängen (ANND, siehe Seite 125) für die verschiedenen Cluster bestimmen (siehe Tabelle 18). Man kann errechnen, dass in den untersuchten Metallclusterionen stets kürzere mittlere Bindungslängen realisiert werden als man sie im fcc-Festkörper findet. Die prozentualen Abweichungen betragen -1,2% (Co), -1,0% (Ni), -1,2% (Cu) und -1,7% (Ag). Gegenüber dem translationssymmetrischen Festkörpergitter sind ikosaedrische Strukturen stärker komprimiert, um den Oberflächenenergiebeitrag zu minimieren. Gleichzeitig weiten sich Bindungsabstände zwischen Atomen auf den äußeren Schalen mit zunehmender Clustergröße. Es wirken folglich zwei gegenläufige Effekte auf die mittlere Bindungslänge ein, wobei größere Strukturen aus geometrischen (und elektronischen) Überlegungen tendenziell größere mittlere Bindungslängen realisieren müssen.

In Abbildung 149 (rechts) ist das über das jeweils untersuchte Ensemble gemittelte normalisierte atomare Volumen $V_{ANND}(n)/V_{ANND}(2) = [ANND(n)/ANND(2)]^3$ als Funktion der Größe des Clusters n dargestellt. Die Referenz des Standardvolumens eines Atoms sind die Dimerverbindungen Cu_2, Ni_2, Co_2 und Ag_2, deren Bindungslängen mit

Ausnahme von Cobalt auf experimentellem Weg bestimmt sind: 2,2195Å (Cu^{295}), 2,1545Å (Ni^{296}), 2,5331Å (Ag^{295}). Für Cobalt ist ein theoretisch abgeschätzter Wert von 2,40Å verwendet.[297] Das Volumen eines Clusters berechnet sich nach Gleichung (62) (siehe Abschnitt 5.3.5). Man erkennt in der graphischen Darstellung ein streng monotones Wachstum der Funktionen $V_{ANND}(n)/V_{ANND}(2)$ aller Metalle ab spätestens einer Clustergröße von 116 Atomen. Zuvor zeigt der Verlauf (71 $\rightarrow$ 105 Atome) mit Ausnahme bei Kupfer ein sinkendes Volumen. Für diesen Größenbereich konnte neben einer ikosaedrischen Struktur die Koexistenz dekaedrischer Bindungsmotive festgestellt werden. Kupfercluster hingegen weisen lediglich ikosaedrische Signaturen in ihren Beugungsdaten bis einschließlich Cu_{105}^- auf. Die Volumenreduktion (71 $\rightarrow$ 116 Atome) kann man probeweise entweder mit einem elektronischen Effekt erklären, wobei d-Beiträge des kontinuierlich angereicherten neuen Bindungsmotivs die mittleren Bindungslängen verkürzen, oder durch das ikosaederische Strukturmotiv selbst. Mit zunehmender Schalenzahl wachsen die ANNDs der äußeren Schicht hier ungleich stärker als in einer dekae-

Tabelle 18: Experimentell bestimmte mittlere Bindungslängen $<d>_{exp.}$ der Cluster M_n^- (M = Co, Ni, Cu, Ag; n = 71, 105, 116, 147, 251), mittlere Schwingungsamplitude L sowie mittlere Anzahl nächster Nachbarn $<NN>$ (für Cu). Abweichungen (in %) zu semiempirischen Guptapotenzialwerten $<d>_{theo}$ und Vergleich zum Festkörper (*) werden gegeben. Die angegebenen Werte beziehen sich auf mittlere Eigenschaften des Clusterensembles, d.h. wurden ggf. mit einem gefundenen Mischungsverhältnis verschiedener Motive gewichtet.

Cluster M_n^-		71		105		116		147		251	
		iko	deka	iko	deka	iko	deka	iko	deka	iko	deka
Cu	$<NN>$	8,8	8,4	9,0	8,4	9,1	8,9	9,5	9,2	9,8	9,6
	$<d>_{theo.}$	2,54	2,52	2,53	2,52	2,53	2,47	2,51	2,46	2,54	2,53
	Abweichung	+2,0%		+0,8%		+0,5%		-1,3%		+0,1%	
	$<d>_{exp.}$	2,49Å		2,51Å		2,51Å		2,52Å		2,53Å	
	L	0,06		0,11		0,11		0,12		0,13	
Ni	$<d>_{theo.}$	2,51	2,47	2,48	2,47	2,48	2,46	2,48	2,46	2,47	2,46
	Abweichung	+1,9%		+1,0%		+1,1%		+0,8%		+0,3%	
	$<d>_{exp.}$	2,46Å		2,45Å		2,44Å		2,45Å		2,46Å	
	L	0,09		0,12		0,13		0,12		0,09	
Co	$<d>_{theo.}$	2,48	2,45	2,47	2,46	2,47	2,46	2,47	2,46	2,47	2,46
	Abweichung	+0,8%		+0,5%		+0,5%		+0,4%		+0,2%	
	$<d>_{exp.}$	2,45Å		2,45Å		2,45Å		2,46Å		2,46Å	
	L	0,16		0,15		0,13		0,14		0,12	
Ag	$<d>_{theo.}$	2,85	2,82	2,84	2,83	2,84	2,83	2,85	2,83		
	Abweichung	-0,0%		-0,2%		-0,2%		-0,3%			
	$<d>_{exp.}$	2,85Å		2,85Å		2,85Å		2,85Å			
	L	0,13		0,14		0,16		0,15			

(*) $<d>_{bulk}$: 2,551Å (Cu), 2,487Å (Ni), 2,499Å (Co), 2,884Å (Ag).

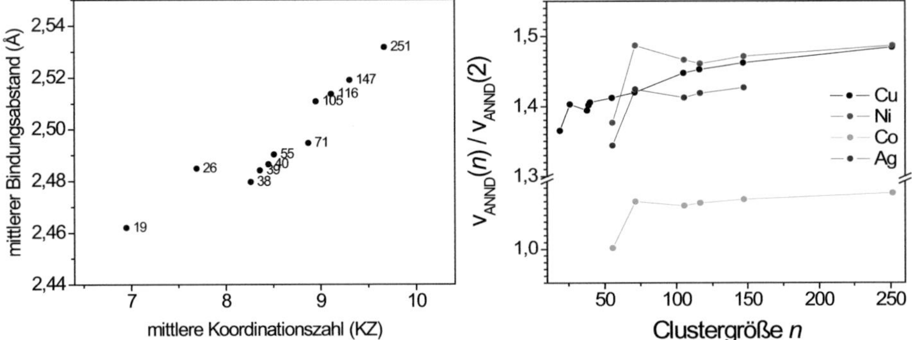

Abbildung 149: *links* – mittlerer Bindungsabstand (ANND) von Cu_n^- ($n = 19$–251) als Funktion der mittleren Koordinationszahl. Daten für kleine Cluster ($n < 71$) sind den Kapiteln 5.5 und 6.1 entnommen. *rechts* – n-Abhängigkeit des atomaren Clustervolumens von M_n^- (M = Cu, Ni, Co, Ag) bezogen auf die Dimere (Cu_2, Ni_2, Co_2 (keine exp. Daten verfügbar, verwendeter berechneter Abstand: 2,40Å[297]), Ag_2).

drischen Struktur. In Kapitel 5.5 betrachtet finden sich für die Übergangsmetalle Ni und Co elektronische *high-spin* Zustände für 55-atomige Cluster, die für eine tendenziell schwächere Beteiligung der d-Orbitale an der chemischen Bindung sprechen. Steigt dieser Beitrag mit der Teilchenzahl n, so müsste eine relative Volumenreduktion festzustellen sein. Das ist auch beobachtbar. Im Fall von Cu kann eine geschlossene d-Schale angenommen werden, der dekaedrische Strukturübergang zeigt den erwarteten monoton steigenden Verlauf.

Weil sich für Kupfer verglichen mit den anderen Elementen ein relativ kleiner Übergangsbereich $N_{Ih \to Dh}$ der Strukturmotive ergibt, darf man einen Zusammenhang zu einer höheren elektronischen Stabilität von ikosaedrischen Strukturen bei kleineren und dekaedrischen Strukturen wiederum bei größeren Clustern vermuten. Vergleicht man die Bindungsenergien (pro Atom) ergibt sich für den Mackayikosader Cu_{55}^- 2,70 eV, was 77% des Werts vom Festkörper entspricht (3,49 eV). Mit zunehmender Clustergröße und mittleren Koordinationszahlen steigt der Wert langsam an (z.B. für Cu_{79} berechnet: 3,03 eV[298]). Für den Silber- Ag_{55}^-, Nickel- Ni_{55}^- und Cobaltcluster Co_{55}^- sowie die entsprechenden Festkörperstrukturen sind die Werte 2,01 eV/2,95 eV (Ag), 3,63 eV/ 4,45 eV (Ni) sowie 3,77/4,40 eV (Co) bekannt. Die prozentual bei 55 Atomen erreichten Werte (ikosaedrisches Bindungsmotiv) entsprechen 68%, 82% und 86%. In der Reihe der 3d-Elemente kann man für diese Clustergröße einen Zusammenhang der absoluten mittleren Bindungslängen mit den für die Cluster errechneten Bindungsenergien herstellen (siehe Kapitel 5.5). Co und Ni bilden gegenüber Cu etwas kompaktere Strukturen (ca. Δ<d> = -0,08Å). Demgegenüber weist Cu_{55}^- eine ca. 1,0 eV pro Atom schwächere Bindungsenergie auf.

Die verwendeten Guptapotenziale (siehe Abbildung 142) führen in der Tendenz zu sehr kompakten Strukturen, deren Bindungslängen um ca. 0,5–2,0% systematisch unterschätzt werden. Eine Ausnahme ist das Silberpotenzial, welches sich zur Beschreibung der Bindungsabstände in diesen Clusterstrukturen eignet.

Erklären könnte die experimentell gefundenen Abweichungen zu den vorhergesagten ikosaedrischen Strukturen die Schwingungstemperatur der Cluster. Wie in einem Festkörper ist ein Aufweiten des Kristallgitters durch thermische Anregung der Phononen bis in einen anharmonischen Bereich zu erwarten. In den hier vorliegenden Beugungsexperimenten wird die mittlere Auslenkung innerhalb einer harmonischen Näherung mit dem Debye-Waller-Faktor (DWF) berücksichtigt.[32,33] In den TIED-Anpassungen wird der Term $\exp\left(-L^2\!\big/_2\, s\right)$ unter Verwendung einer über alle Schwingungsamplituden gemittelten Auslenkung berücksichtigt (siehe Kapitel 3.7). Die entsprechenden Werte L können ebenso Tabelle 18 entnommen werden und sind für die verschiedenen Cluster vergleichbar groß. Unterschiede liegen maximal in der Größenordnung des Doppelten. Da der Parameter mit anderen angepassten Größen korreliert, ist nur mit einer einheitlichen Übereinstimmung zu rechnen, sofern in allen untersuchten Fällen die richtige Modellstruktur (oder Mischung) gefunden worden sein sollte. Es ist zudem wahrscheinlich, dass das Verwenden einer einzigen mittleren Schwingungsamplitude L für Anpassungen von Mischungen verschiedener Strukturmotive lediglich einen Kompromiss darstellt und somit eine genauere Bestimmung der Ensemblezusammensetzung nicht möglich ist (vgl. hierzu die dies genauer widerspiegelnde simulierte Temperaturabhängigkeit von Paarabständen in einer Clusterstruktur, Kapitel 6).

Die Triebkraft zum Bilden dekaedrischer Strukturen kann man an den Beispielen Cu_n^- anhand der darin variierenden Anzahl nächster Nachbarn interpretieren. Finite Metallcluster mit einem hohen relativen Anteil an Oberflächenatomen haben an ihren Grenzen unvollständig koordinierte Atome, die einen geringeren Beitrag zur Gesamtbindungsenergie liefern. Die mittlere Anzahl nächster Nachbarn <NN> kann als Größe für die Bindungszahl jedes Atoms und in erster Näherung als Stabilitätskriterium herangezogen werden. Ikosaedrische Strukturen besitzen in diesem Größenbereich der Nanopartikel stets größere <NN>-Werte als ein dekaedrisches Bindungsmotiv (siehe Tabelle 18, das Abschneidekriterium ist hier wie auf Seite 125 beschrieben gleich zu ANND gewählt). Ab einer Zusammensetzung von ca. 116 Atomen sinkt jedoch im Zuge der kontinuierlichen Vervollständigung einer dritten Schale der relative Unterschied in der mittleren Koordinationszahl beider Motive, was mit der Lage der gefundenen Strukturübergänge überein geht. Mit einer Koordinationszahl von 12 Atomen ist die Sphäre eines jeden Atoms gesättigt, was dann der unendlich ausgedehnten Festkörperstruktur entspricht.

Die TIED-Experimente zeigen eindrucksvoll, dass Cobalt den fcc-Elementen Ni, Cu und Ag in seinen Clusterstrukturen im untersuchten Größenbereich stark ähnelt. Insbesondere die dabei eingenommenen mittleren Bindungsabstände (ANND) und die gebildeten Strukturen der Cluster aus weniger als 200 Atomen sind mit denen für das benachbarte Metall Nickel gefundenen Ergebnissen in naher Übereinstimmung. Für Co zeigt sich genauso ein Strukturübergang zu dekaedrischen Bindungsmotiven ($n > 200$), wobei ikosaedrische Strukturtypen deutlich häufiger in Isomerengemischen zu finden sind als es für die übrigen fcc-Elemente der Fall ist. Reine hcp-, bcc- oder fcc-Phasen sind in keinem der untersuchten Cluster auffindbar. Möglich allerdings wäre, dass eine Aktivierungsenergie des Phasenübergangs aufgrund von Quantenphänomenen wie Superparamagnetismus (Weiss-Domäne) o.a. sehr hoch ist und von der Erzeugung bis zum Beugungsexperiment nicht überwunden wurde.

Hinweise darauf, dass die Struktur des Clusters von seiner thermischen Vorgeschichte mit bedingt ist, findet man u.a. in Untersuchungen an Cobaltclustern (größer als 4nm im Durchmesser), die in Sputterquellen erzeugt wurden. Dahingehend wird spekuliert, dass allgemein zu hohe Kühlraten die gefundenen fcc-artigen Strukturen verursachen.[299,300] Für in der Gasphase erzeugte und auf Siliziumoberflächen deponierte polydisperse Cobaltcluster mit einem Durchmesser von ca. 10nm konnte inzwischen gezeigt werden, dass das Aufheizen über die Festkörperübergangstemperatur hinaus (hcp $\rightarrow$ fcc, 427°C) mit anschließendem sehr langsamen Abkühlen (bis auf 28K) in diesem Zusammenhang zu keiner hcp-Phase führt.[293,301] Für in Lösung aus Co^{2+}-Ionen durch Reduktion gewonnene Nanoteilchen beobachtet man eine bcc-Phase im Größenbereich 2–5nm, die sich bis 700°C als stabil erweist.[291]

Weil die untersuchten Partikel maximal eine Größe von ca. 1,7nm haben, ist es nicht möglich mit den TIED-Experimenten dazu etwas auszusagen. Es bleibt generell fraglich, ob die Ergebnisse der größeren Nanoteilchen nicht möglicherweise von undefinierten äußeren Parametern und Clusteroberflächen beeinflusst sind, die man in Experimenten wie oben beschrieben deutlich schwerer kontrollieren und charakterisieren kann als im TIED. Um dies näher zu ergründen müssten in einem nächsten Schritt systematische Heizexperimente durchgeführt werden, wobei die Clusterionen deutlich höher als zum gegenwärtigen Zeitpunkt mögliche Temperaturstufen durchlaufen (Tempern). Alternativ könnte der Untersuchungsbereich der für diese Dissertation gewählten Cluster auf größere Partikel (m/z) erweitert werden. Auch wenn dann keine eng massenaufgelösten Studien mehr möglich wären, könnten frühere Ergebnisse außerhalb der Gasphase aus Sicht des TIED-Experiments noch überprüft werden.

6 Der Temperatureinfluss auf die Gleichgewichts-struktur von Metallclusterionen

Es ist üblich Ionencluster im thermodynamischen Gleichgewicht zu untersuchen und deren Strukturen damit so zu charakterisieren, dass sie in diesen Umgebungen dem System mit einer minimalen Freien Energie F entsprechen. Das Interpretieren der gewonnen Daten erfolgt in den meisten Fällen mit einem simplifizierenden Ansatz, der von einer geometrischen oder elektronischen Struktur ausgeht, die in *ab initio* Rechnungen durch Minimieren der Gesamtenergien gewonnen wird. Diese Eigenschaft alleine kann jedoch leicht in die Irre leiten. Wie zu Beginn des Kapitels 5.6 schon genauer dargestellt, führen endliche Temperaturen in den Experimenten und damit verknüpfte Entropiebeiträge zu z.T. stark abweichenden Ergebnissen. Vergleichbarkeit und Ergebnisevaluation verschiedener experimenteller Aufbauten sind somit stets Gegenstand von Diskussionen – insbesondere, wenn die unterschiedlichen Resultate zu kontroversen Interpretationen führen. Eine mögliche Problemlösung besteht in dem Erzeugen möglichst niedriger Temperaturen in der Untersuchungsumgebung (z.B. durch Heliumkryostaten), sodass die betrachteten Clustereigenschaften denen der theoretischen Beschreibungen stärker entsprechen. Diese Herangehensweise führt jedoch zu einem Erkenntniszuwachs, der zunehmend ferner von einfachen alltäglichen Anwendungsmöglichkeiten ist. Aus diesem Grund versucht der in diesem Kapitel verfolgte Ansatz neue und zusätzliche strukturelle Informationen von wärmeren Nanopartikeln zu gewinnen.

6.1 Kupfercluster (Cu_n^-, $19 \leq n \leq 71$)

Mit dem TIED-Experiment wurden in der Vergangenheit bereits Strukturen der Elemente Silber (Ag)[9,302] und Gold (Au)[108,109,303,304] als Vertreter der Kupfergruppe erfolgreich untersucht. Die atomare elektronische Grundzustandskonfiguration in dieser Gruppe ist $(n-1)d^{10} ns^1$. In erster Näherung kann wie z.B. auch im Fall von Natrium (Na) ein einzelnes Valenzelektron pro Atom für ein beschreibendes Jellium-Modell[305] angenommen werden. Im Gegensatz zu Silber und Natrium bildet Gold in kleineren Clustern keine ikosaedrischen Strukturen. Die Frage, wie sich im Vergleich hierzu das Element Kupfer in einem Größenbereich von 0,5 bis 1,5nm verhält, und ob hier geometrische oder elektronische Schalenabschlüsse eine Rolle spielen, wird nun in dieser Arbeit untersucht.

In diesem Kapitel sollen die temperaturabhängigen Strukturen von Kupferclustern in einem möglichst weiten Größenbereich charakterisiert werden. Wegen der kleinen Ordnungszahl 29 von Kupfer und des damit verknüpften relativ geringen Streuquerschnitts, ist der kleinste experimentell zugängliche Cluster Cu_{19}^-. Danach folgen im Abstand von ca. $\Delta n = 10$ Atomen weitere Clustergrößen bis $n = 57$. Größere Kupferclusteranionen zusammengesetzt aus bis zu $n = 251$ Atomen wurden bereits in Kapitel 5.6 vorgestellt.

Die ab der folgenden Seite dargestellten Modellstrukturen entstammen entweder einem Gupta-Potenzial-GA[87,189] mit einer anschließenden DFT-Geometrieoptimierung (TPSS, def2-TZVP) der letzten Population ($n = 19, 26, 34$) oder sind aus der Cambridge Cluster Database[193] entnommene und gut bekannte lokale oder globale Minimumstrukturen von Gupta-, Lennard-Jones- oder Morse-Potenzialen ($n = 38$–$40, 54$–57). Für Letztere wurden ebenso systematische globale Optimierungen (GA) auf semiempirischem Niveau mit R-Gewichtung ausgeführt.[87] Alle im Folgenden für diese Größen dargestellten Strukturen wurden ebenso abschließend in der oben genannten DFT-Methode relaxiert.

Der Einfluss wohldefinierter Schwingungstemperaturen auf die Gleichgewichtsstruktur eines Clusters wird an den ersten Abschnitt anschließend anhand kanonischer Ensembles massenselektierter Kupferclusteranionen als Funktion ihrer Größe untersucht. Im Beugungsbild äußern sich hohe Temperaturen qualitativ in einer stärkeren Dämpfung des molekularen Streuanteils, die insbesondere bei großen Streuwinkeln zu einer sehr kleinen Größe führt (DWF[32,33]). Aufgrund des Signalintensitätsverlusts und des geringen Signal-Rausch-Verhältnisses beginnt der Vergleich der sM^{exp}-Funktionen heißer Cluster erst bei $n = 26$ Atomen. Eine Interpretation der beobachteten Änderungen wird anhand von Moleküldynamik-Simulationen diskutiert (siehe Abschnitt 6.2.1).

6.1.1   Strukturen kalter Kupfercluster (Cu$_n^-$, $19 \leq n \leq 57$)

Zunächst sollen die Strukturmotive von Kupferclusteranionen im Größenbereich von $n = 19$ bis 57 Atome vorgestellt werden. Sie kennzeichnen die bei tiefen Temperaturen ($T = 95K$) vorliegenden Clustergeometrien und sind Referenz für den anschließenden Vergleich mit Streubildern aufgeheizter Clusterensembles. Experimentell wurden in diesem Größenbereich der Nanopartikel bisher nahezu ausschließlich elektronische und keine geometrischen Eigenschaften ermittelt. So untersuchte Knickelbein die Polarisierbarkeit[306] ($n = 9$–61) und das Ionisationspotenzial[307] ($n = 2$–150) neutraler Kupfercluster. Letzteres war bereits zuvor von Smalley *et al.* bis zu $n = 29$ Atome bestimmt worden.[308] 1991 untersuchten Riley *et al.* die Clusterreihe Cu$_n$ ($n = 20$–100) mit Hilfe von Photoionisation und chemischer Reaktionen mit O_2- und H_2O-Molekülen und attestierten diesen Partikeln eine ikosaedrische geometrische und eine jelliumartige elektronische Struktur.[309] Die Anwendbarkeit eines Jellium-Modells wurde ebenso für anionische Kupfercluster Cu_n^- von mehreren Forschungsgruppen bescheinigt: Sowohl Smalley *et al.*[310] ($n = 6$–41) wie auch Ganteför *et al.* [311]($n = 1$–18) zeigten dies in ihren Studien, die auf Daten von Photoelektronenspektroskopie-Experimenten beruhen. In einer neueren PES-Arbeit von Kostko[238] liegen diesbezüglich noch umfangreichere Informationen vor ($n = 12$–147). Dabei können starke Ähnlichkeiten der Elektronenstruktur und des Bindungsmotivs zwischen den Clustern verschiedener Münzmetaller (Cu, Ag, Au) aufgezeigt werden.

Cu_{19}^-

In Abbildung 150 sind die energetisch günstigsten Isomere des Clusters Cu_{19}^- bis zu einer relativen elektronischen Gesamtenergie von +0,6 eV dargestellt.

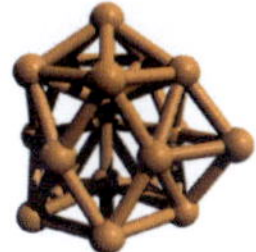  

1. C_s, 0,00 eV, R_w = 1,9%   2. C_s, 0,26 eV, R_w = 2,7%   3. D_{5h}, 0,42 eV, R_w = 4,9%

4. C_1, 0,56 eV, R_w = 4,2%

Abbildung 150: Die energetisch günstigsten Isomere von Cu_{19}^- mit Symmetrien, relativen Energien und R_w-Werten. Das fett markierte Isomer kann zugeordnet werden.

Aus 19 Atomen kann man einen Ikosaeder mit Kappe aus sechs weiteren Atomen bilden (Isomer 3). Dieser „Doppelikosaeder" ist eine prolate, aber für diese Clustergröße sehr kompakte Struktur. Für den anionischen Cluster Cu_{19}^- kann diese Struktur hier eindeutig – sowohl energetisch (berechnet) als auch experimentell – ausgeschlossen werden (R_w-Wert: 4,9%). Variationen des Motivs beinhalten ein (Isomer 1 und 4) bis zwei (Isomer 2) Punktmutationen des zugrunde liegenden Doppelikosaeders. Die Atome verteilen sich in diesen Isomeren auf der Oberfläche und bilden an den Koordinationsstellen um die Taille der prolaten Geometrie die stabilsten Isomere. Hier ist die Koordination maximal, da die Struktur in diesem Bereich einen leicht konkaven Oberflächenverlauf besitzt. Das stabilste gefundene Isomer (1) kann mit Hilfe der Beugungsdaten eindeutig zugeordnet werden ($R_w = 1,9\%$), siehe Abbildung 151. Ein Atom ist von der Spitze entfernt und an die Taille umplatziert worden. Die Struktur bekommt auf diese Weise einen globuläreren Charakter in Bezug auf das Doppelikosaeder. Eine weitere C_s-Struktur (Isomer 2) liefert ebenfalls einen relativ niedrigen R_w-Wert (2,7%), aufgrund der hohen Energie (+0,26 eV) ist sie jedoch unwahrscheinlich.

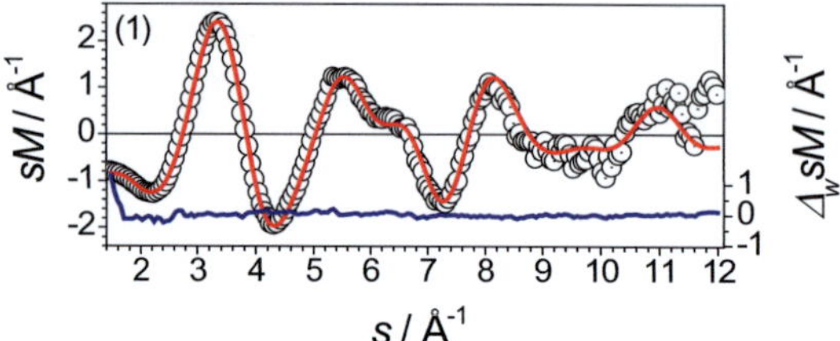

Abbildung 151: Experimentelle sM^{exp}-Funktion (schwarze offene Kreise) und theoretische sM^{theo}-Funktion (rote Linie) des Isomers 1 von Cu_{19}^-. Die blaue Linie entspricht der gewichteten Abweichung $\Delta_w sM$.

Cu_{26}^-

Die Anlagerung von vier Atomen um die Taille des Doppelikosaeders Cu_{19}^-–(3) führt für eines dieser ursprünglichen Oberflächenatome zu einer geschlossenen Koordinationssphäre aus 12 Atomen. Gleichzeitig entsteht dadurch ein konvexer Oberflächenverlauf in diesem Bereich, der energetisch i.d.R. generell günstiger ist. Im Cluster Cu_{26}^- wird dies an zwei gegenüberliegenden Stellen der 19-atomigen Basiseinheit realisiert (siehe Isomere 1, 2 und 4 in Abbildung 152).

  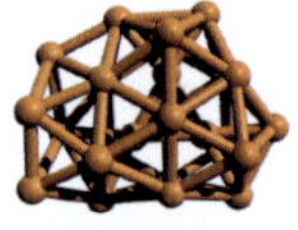

1. C_s, 0,00 eV, $R_w = 2,8\%$ **2. C_s, 0,15 eV, $R_w = 3,2\%$**   3. C_1, 0,32 eV, $R_w = 3,1\%$

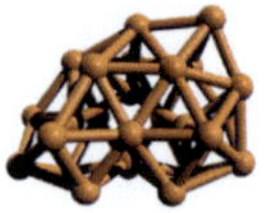

4. C_1, 0,59 eV, $R_w = 2,1\%$

Abbildung 152: Die energetisch günstigsten Isomere von Cu_{26}^- mit Symmetrien, relativen Energien und R_w-Werten. Die fett markierten Isomere sind für die Interpretation der Beugungsdaten von Bedeutung.

Man kann eine geschlossene polyikosaedrische Struktur für den nächst größeren 27-atomigen Cluster erwarten. Den oben dargestellten Isomeren (1), (2) und (4) fehlt hierzu ein Atom und es existiert mindestens noch eine offene Koordinationsstelle. Die energetisch günstigste Struktur (1) besitzt analog zur gefundenen Struktur von $Cu_{19}{}^-$ ein fehlendes Atom an der Spitze der Doppelikosaedereinheit. Isomer (2), um +0,15 eV höher in Energie, leitet sich von der gezeigten Strukturvariante $Cu_{19}{}^-$–(4) ab und hat eine seitliche Fehlstelle. Weiterhin besteht die Möglichkeit, dass die freie Position an den durch die Agglomeration gebildeten seitlichen Ikosaedereinheiten zu finden ist (Isomer 4).

Das in diesem Cluster realisierte Strukturmotiv lässt sich mit den Beugungsdaten eindeutig diesem polyikosaedrischen Strukturtyp zuordnen. Aufgrund der geringen Unterschiede in den PDFs der verschiedenen Isomere (lediglich ein Atom wird verschoben) kann keines von ihnen klar favorisiert werden. Die beste Übereinstimmung mit den experimentellen Daten kann man mit Isomer (4) erreichen (R_w = 2,1%), aufgrund der hohen berechneten elektronischen Energie von +0,59 eV ist sie jedoch unwahrscheinlich. Die zweitbeste Übereinstimmung gelingt mit dem berechneten Grundzustand (R_w = 2,8%), der aus diesem Grund favorisiert wird (siehe Abbildung 153). Eine Mischung der zwei günstigsten Isomere (1) und (2) führt zu keinem kleineren R_w-Wert.

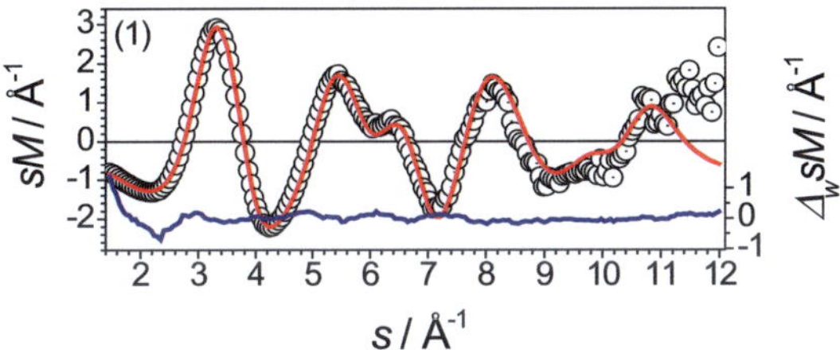

Abbildung 153: Experimentelle sM^{exp}-Funktion (schwarze offene Kreise) und theoretische sM^{theo}-Funktion (rote Linie) des Isomers 1 von $Cu_{26}{}^-$. Die blaue Linie entspricht der gewichteten Abweichung $\Delta_w sM$.

$Cu_{34}{}^-$

Die gefundenen energetisch günstigsten Strukturen des Clusters $Cu_{34}{}^-$ sind in Abbildung 154 dargestellt. Neben polyikosaedrischen Strukturen (Isomere 1, 2, 4 und 5) findet man auch eine schichtähnliche Struktur mit fcc-Abfolge im Energiebereich bis +1,2 eV. Die neben dem globalen Minimum ausnahmslos sehr hohen berechneten relativen Energien der Isomere (2) bis (5) sind auffällig. Der vorausgegangene weniger aufwendige DFT-Ansatz mit BP86-Funktional und def2-SVP-Basissatz lieferte Isomer (4) als globales Minimum und bewertete (1) als energetisch ungünstigste Struktur unter den abgebildeten. Die theoretische Einschätzung verändert sich mit TPSS/def2-TZVP damit grundlegend: (1) und (4) verschieben sich relativ um ca. 1,6 eV!

Aufgrund der berechneten hohen Energien und R_w-Werten (>5%) kann man sowohl die Schichtstruktur (3) wie auch die weiteren Isomere (2) und (5) aus der Familie der ineinander verschmolzenen Ikosaeder ausschließen. Die beste Übereinstimmung mit dem

 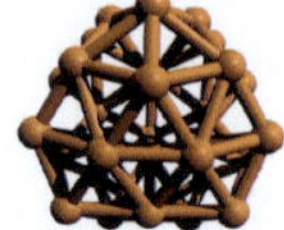 

1. D_{5h}, 0,00 eV, R_w = 2,5%   2. C_s, 0,95 eV, R_w = 7,6%   3. C_{2v}, 1,00 eV, R_w = 7,3%

 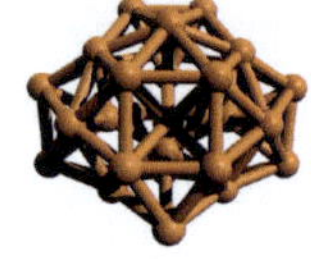

4. C_{2v}, 1,15 eV, R_w = 3,8%   5. D_{5h}, 1,16 eV, R_w = 5,7%

Abbildung 154: Die energetisch günstigsten Isomere von Cu_{34}^- mit Symmetrien, relativen Energien und R_w-Werten. Das fett markierte Isomer kann zugeordnet werden.

Experiment zeigt die polyikosaedrische Struktur (1): Der berechnete R_w-Wert beträgt 2,5%. Struktur (4) ergibt einen höheren R_w-Wert (3,8%) und wird aufgrund der relativen Energie von +1,15 eV im TPSS/def2-TZVP-Ansatz ausgeschlossen. Die Anpassung der sM^{theo}-Funktionen beider Kandidatstrukturen ist in Abbildung 155 gezeigt. Es ist deutlich sichtbar, dass der qualitative Verlauf der sM^{theo}-Funktion von Isomer (4) neben der stark gewichteten Abweichung des ersten Streumaximums um $s \approx 3\text{Å}^{-1}$ v.a. das folgende Doppelmaximum bei $s \approx 6\text{Å}^{-1}$ unzureichend beschreiben kann. Isomer (1) zeigt an dieser Stelle eine deutlich bessere Übereinstimmung mit der sM^{exp}-Funktion.

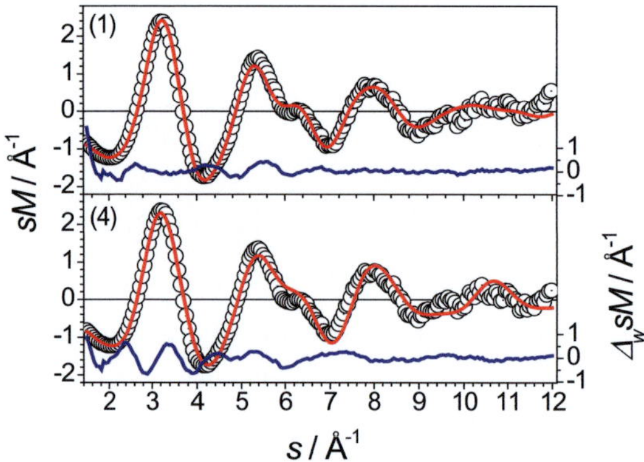

Abbildung 155: Experimentelle sM^{exp}-Funktion (schwarze offene Kreise) und theoretische sM^{theo}-Funktion (rote Linie) der Isomere 1 und 4 von Cu_{34}^-. Die blaue Linie entspricht der gewichteten Abweichung $\Delta_w sM$.

Defektstrukturen von (1), bei denen einzelne Atompositionen ähnlich den Isomeren des Clusters Cu_{26}^{-} mutiert sind (nicht abgebildet), befinden sich im Energiebereich +0,5 bis +1,0 eV und können die Anpassung nicht weiter verbessern. Ebenso erreicht man keine signifikante R_w-Verkleinerung durch Mischen zweier sM^{theo}-Modellfunktionen von weiteren in Abbildung 154 dargestellten Isomeren.

Cu_{38}^{-}, Cu_{39}^{-}, Cu_{40}^{-} (*von links nach rechts*)

<table>
<tr><td>1. C_s, 0,00 eV, R_w = 2,6%</td><td>1. C_{5v}, 0,00 eV, R_w = 2,6%</td><td>1. C_{5v}, 0,00 eV, R_w = 2,5%</td></tr>
</table>

1. C_s, 0,00 eV, R_w = 2,6% | 1. C_{5v}, 0,00 eV, R_w = 2,6% | 1. C_{5v}, 0,00 eV, R_w = 2,5%

2. D_{5h}, 1,53 eV, R_w = 4,9% | 2. C_{5v}, 1,77 eV, R_w = 4,5% | 2. D_{5h}, 0,89 eV, R_w = 3,4%

3. C_s, 0,58 eV, R_w = 6,3% | 3. C_{5v}, 1,25 eV, R_w = 8,5% | 3. C_s, 0,90 eV, R_w = 7,7%

4. O_h, 0,45 eV, R_w = 11,5% | 4. C_{4v}, 1,29 eV, R_w = 12,1% | 4. D_{2h}, 1,15 eV, R_w = 11,6%

Abbildung 156: Vier Strukturtypen von Cu_{38}^{-} bis Cu_{40}^{-} mit Symmetrien, relativen Energien (nicht in strenger Reihenfolge) und R_w-Werten. Die fett markierten Isomere können jeweils zugeordnet werden.

Der Clustergrößenbereich mit 38–40 Atomen zeigt sich bei vielen unterschiedlichen Metallen als interessant. Es existieren gekappt oktaedrische geometrische Schalenabschlüsse für 38-atomige Cluster sowie für s^1-Elemente elektronische Schalenabschlüsse bei 39 Atomen im anionischen Fall (40 Elektronen). Letzteres wird z.B. eindrucksvoll in Natriumclustern beobachtet.[312] Die experimentellen molekularen Beugungsintensitä-ten sM^{exp} der Cluster Cu_{38}^- bis Cu_{40}^- weisen in ihrem Verlauf Ähnlichkeiten zu denen für kleinere Cluster gefundenen polyikosaedrischen Strukturen auf. Es ist deshalb zu vermuten, dass das Bindungsmotiv aller Cluster dieses Größenbereichs in eine einzige Strukturfamilie einzuordnen ist. In Abbildung 156 sind die Ergebnisse von Anpassun-gen vier verschiedener Motive dargestellt: (1) Polyikosaedrischer kompakter Struktur-typ, (2) polyikosaedrischer oblater Strukturtyp, (3) überkappter Dekaeder und (4) ge-kappter Oktaeder (fcc). In allen drei Fällen ($n = 38, 39, 40$) kann mit den Beugungsda-ten ein polyikosaedrischer Strukturtyp zugeordnet werden. Die Strukturfamilien (3) und (4) können aufgrund hoher Energien und R_w-Werte (größer als 6%) definitiv ausge-schlossen werden.

Das mit den experimentellen Daten am besten übereinstimmende Strukturgerüst (1) ist im Cluster Cu_{39}^- zum ersten Mal geometrisch geschlossen und setzt sich aus einer fünf-eckig angeordneten Gruppe aus 19-atomigen Polyikosaedern zusammen, die an den Ecken ineinander verschmelzen und eine oblate Grundstruktur bilden. Eine Kappe von sieben weiteren Atomen vervollständigt ein zusätzliches aufgesetztes 13-atomiges Iko-saeder. Die alternative sehr ähnliche Strukturfamilie (2) leitet sich von sechs 19-atomigen Einheiten ab, die eine einzige oblate sechseckige Struktur formen. Gegenüber dem kompakteren Typ (1) ist (2) energetisch ungünstiger und liefert zudem größere R_w-Werte. Für Cu_{38}^- und Cu_{39}^- kann die Strukturfamilie (2) aus diesem Grund ebenso aus-geschlossen werden. In folgender Abbildung 157 sind die Anpassungen der sM^{theo}-Funktionen der verschiedenen Isomere vom Typ (1) dargestellt.

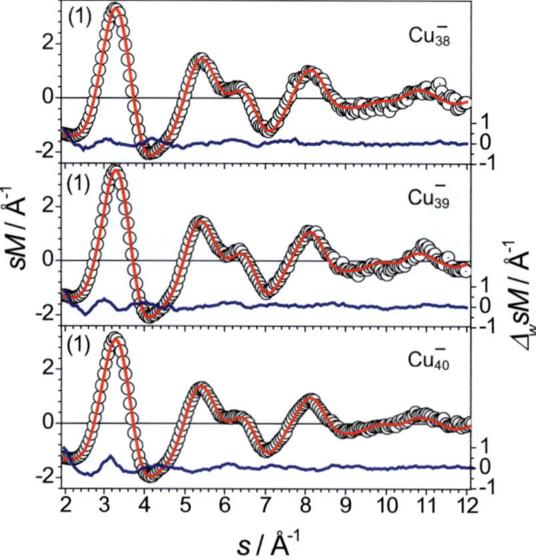

Abbildung 157: Experimentelle sM^{exp}-Funktion (schwarze offene Kreise) und theoretische sM^{theo}-Funktion (rote Linie) der Strukturfamilie (1) von Cu_{38}^- bis Cu_{40}^- (siehe auch Abbildung 156). Die blaue Linie entspricht der gewichteten Abweichung $\Delta_w sM$.

Cu$_{54}^-$, Cu$_{55}^-$, Cu$_{56}^-$, Cu$_{57}^-$ (*von oben nach unten*)

55 Kupferatome realisieren im anionischen Cluster einen hochsymmetrischen Mackay-ikosaeder (siehe Kapitel 5.5). Die nahezu geschlossenschaligen Kupferclusteranionen Cu$_{54}^-$, Cu$_{56}^-$ und Cu$_{57}^-$ weisen hierzu Defekte auf, deren Einfluss auf die Clusterstruktur im Folgenden überprüft wird. Die experimentellen sM^{exp}-Funktionen zeigen im Verlauf grundsätzliche Unterschiede zu dem zuvor für kleinere Cluster gefundenen polyikosa-edrischen Strukturtyp, die bis Cu$_{40}^-$ nachgewiesen sind. Eine dritte Schale von Atomen führt offensichtlich zu einer kompakten globulären Struktur. Das Fehlen oder Hinzufügen weiterer Atome ausgehend von einer geschlossenschaligen Struktur lässt sich auf verschiedene Arten realisieren. In Abbildung 158 sind die energetisch günstigsten sowie verschiedene relativ dazu modifizierte Strukturen gezeigt.

Cu$_{54}^-$ *(fehlende Ecke)* | *(fehlende Kante)* | *(2 fehlende Ecken plus 1)*
1. C_{5v}, 0,00 eV, R_w = 2,9% | 2. C_{2v}, 0,34 eV, R_w = 2,1% | 3. C_1, 1,15 eV, R_w = 4,0%

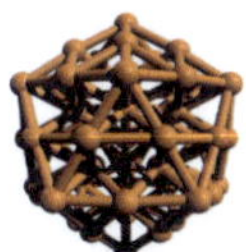 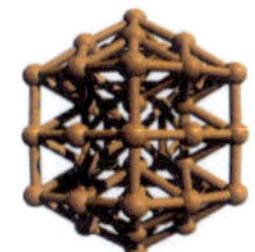 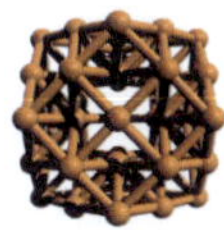

Cu$_{55}^-$ *(Mackayikosaeder)* | *(Inodekaeder)* | *(Kuboktaeder)*
1. I_h, 0,00 eV, R_w = 1,9% | 2. D_{5h}, 3,46 eV, R_w = 6,6% | 3. O_h, 4,16 eV, R_w = 9,2%

 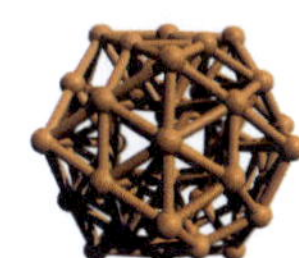

Cu$_{56}^-$ *(plus 1 auf Fläche)* | *(sechszählige Rosette)*
1. C_s, 0,00 eV, R_w = 3,3% | **2. C_{2v}, 0,13 eV, R_w = 3,4%**

Cu$_{57}^-$ *(plus 2 über Kante)* | *(zwei Rosetten)* | *(Rosette plus 1 auf Fläche)*
1. C_s, 0,00 eV, R_w = 3,2% | **2. C_s, 0,10 eV, R_w = 2,4%** | 3. C_s, 0,14 eV, R_w = 2,8%

Abbildung 158: Die energetisch günstigsten Isomere von Cu$_{54}^-$ bis Cu$_{57}^-$ mit Symmetrien, relativen Energien und R_w-Werten. Die fett markierten Isomere sind für die Interpretation der Beugungsdaten besonders relevant.

Anhand der Isomere des Clusters Cu_{54}^{-} kann man die verschiedenen Defekte der Struktur des Mackayikosaeders energetisch einordnen: Das Entfernen eines Eckatoms ist um ca. 0,34 eV gegenüber einer Kantenposition bevorzugt. Die Eckposition selbst ist um ca. 1,15 eV günstiger bewertet als die schwach koordinierte Platzierung eines einzelnen Atoms auf der Oberfläche der äußeren Schale. Das Entfernen des zwölffach koordinierten Zentralatoms (nicht abgebildet), was für andere Elemente möglicherweise von Bedeutung ist, kostet 2,40 eV gegenüber einer äußeren Eckposition mit nur sechs direkten Bindungspartnern. Das Eindringen eines einzelnen äußeren Atoms in eine bereits abgeschlossene Schale, um damit seine eigene Koordination zu erhöhen, – wie am Beispiel des Clusters Cu_{56}^{-} zu verfolgen – ist energetisch leicht ungünstiger (+0,13 eV) als eine aufsitzende Position. Beim Eindringen bildet sich eine Rosettestruktur mit lokaler sechszähliger Symmetrie (Isomer 2). Die Addition eines weiteren Atoms erfolgt bevorzugt über eine Kante und nicht auf der gleichen Facette des Ikosaeders (siehe Cu_{57}^{-}, Isomer 1 und 2). Die Rosettestruktur (Isomer 3) ist hier ebenso wie zuvor bei Cu_{56}^{-} um ca. +0,14 eV ungünstiger. Die Struktur des Clusters Cu_{55}^{-} wurde bereits in Kapitel 5.5 analysiert. Am Beispiel der dekaedrischen (2) und kuboktaedrischen (3) Struktur sei hier angezeigt, welche Größenordnung des R_w-Kontrasts zwischen den Strukturmotiven existiert.

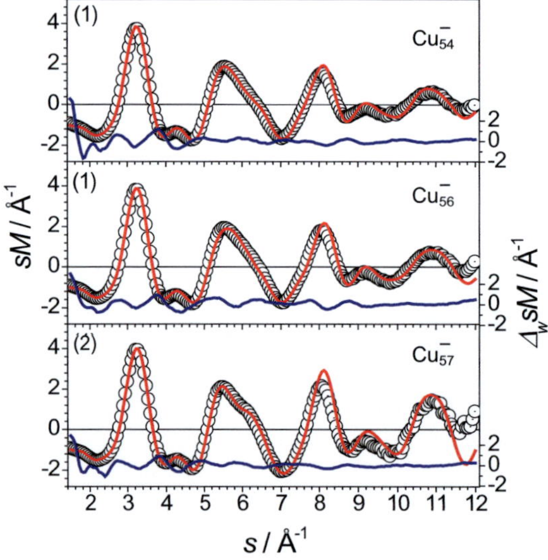

Abbildung 159: Experimentelle sM^{exp}-Funktion (schwarze offene Kreise) und theoretische sM^{theo}-Funktion (rote Linie) der Isomere (1) bzw. (2) von Cu_{54}^{-}, Cu_{56}^{-} und Cu_{57}^{-} (aus Abbildung 158). Die blaue Linie entspricht der gewichteten Abweichung $\Delta_w sM$.

Man muss an dieser Stelle betonen, dass die energetischen Unterschiede zwischen den verschiedenen Isomeren eines gleichen Strukturtyps oft relativ gering ausfallen und zudem eine starke Basissatzabhängigkeit zeigen (siehe Abschnitt 6.2.1). Die alleine durch den R_w-Wert begründete Strukturzuordnung ist wegen der geringen Unterschiede der Isomere (PDFs) ebenso nicht mit hoher Sicherheit möglich. In Abbildung 159 sind die Anpassungen der sM^{theo}-Modellfunktionen der experimentell hauptsächlich vorliegenden Clusterstrukturen gezeigt.

Die strukturelle Ausbildung einer Rosette, die zu einer geringfügigen aber globalen Reorganisation der äußeren Schale führt, wird in einer deutlichen Schulter des sM-Streumaximums um $s \approx 6{,}2\mathring{A}^{-1}$ sichtbar (siehe sM^{theo} von Cu_{57}^{-}). Qualitativ lässt sich diese Veränderung in den experimentellen sM^{exp}-Funktionen der Cluster Cu_{56}^{-} und Cu_{54}^{-} nicht feststellen, weshalb hier die Rosettestruktur mit hoher Wahrscheinlichkeit keine bedeutende Rolle einnimmt. Anders stellt es sich für den Cluster Cu_{57}^{-} dar, in dessen experimenteller Streufunktion die charakteristische Schulter deutlich zu erkennen ist. Dabei führen sowohl eine einzelne wie auch zwei gleichzeitig auftretende (benachbarte) lokale Rosettestrukturen zu dieser beobachtbaren Veränderung (Isomere 2 und 3). Beide Isomere ergeben in DFT-Rechnungen relativ ähnliche elektronische Gesamtenergien ($\Delta E = +0{,}04eV$).

6.1.2 Vergleich mit Beugungsbildern heißer Kupfercluster (Cu_n^{-}, $26 \leq n \leq 71$)

Das Aufheizen von Metallclusterionen auf eine wohldefinierte Schwingungstemperatur kann durch Stöße mit einem Thermalisierungsgas (hier: Helium) erreicht werden. Es gelten dieselben physikalischen Prinzipien wie für den Abkühlungsprozess. Der Energieübertrag eines einzelnen Stoßes wird durch die Temperatur des Clusters, die Kollisionsenergie und weitere Stoßparameter (z.B. Geometriefaktor, Wechselwirkungspotenzial, u.a.) beeinflusst. Experimentell von Bedeutung ist der durchschnittliche Energieübertrag. Zwei wesentliche Eigenschaften tragen zu einer schnellen Einstellung des thermodynamischen Gleichgewichts der Clustersysteme bei:[313] 1. Eine hohe Masse des Edelgasstoßpartners (Wobei der maximale Energietransfer unterhalb eines harten Kugelpotenzials bleibt.)[x] 2. Ein weiches Potenzial zwischen den Atomen innerhalb des Clusters (Intraclusterpotenzial). Zum Erreichen tiefer Temperaturen ist zudem das Wechselwirkungspotenzial zwischen Cluster und Edelgasatom von Bedeutung. Ein typischer Abkühlprozess eines geschmolzenen Clusters auf die im TIED-Experiment verwendete Temperatur von $T = 95K$ benötigt ca. 10^3–10^4 Heliumstöße.[313]

---

[x] Im TIED-Experiment wird ein leichtes Edelgas (He) verwendet, da der Einfangprozess in der Ionenfalle damit relativ langsam und effizient verläuft. Ebenso führt dieses Restgas zu einer sehr geringen Hintergrundstreuung.

Zur Untersuchung von Phasen- oder Strukturübergängen in Metallclustern wird das Heliumstoßgas über die temperierten Fallenwände auf $T = 530$K geheizt. Vor der Ausführung des Beugungsexperiments muss das Restgas entfernt werden, wonach noch ausschließlich ein Energieaustausch über Schwarzkörperstrahlung möglich ist.[314] Cluster strahlen dabei generell effizienter Energie ab.[315] In Anbetracht der Teilchengrößen, um die es sich hier handelt, ist somit gewährleistet, dass die Cluster während des Beugungsexperiments auf Fallentemperatur bleiben.

Für ausgewählte Größen der in Abschnitt 6.1.1 und Kapitel 5.6 untersuchten Clusterionen wurden Beugungsbilder bei erhöhten Temperaturen aufgenommen. Der Einfluss dieses Parameters auf die Clusterstrukturen von $Cu_{55\pm x}^{-}$ ($x = 1$–2) wird im anschließenden Kapitel 1.1 separat diskutiert. Die bei niedrigen Temperaturen gefundenen Strukturtypen können als polyikosaedrisch ($n \leq 40$) und ikosaedrisch ($n \geq 54$) eingeordnet werden. Die mittleren Strukturen des Clusterensembles sind an den experimentell möglichen minimalen und maximalen Temperaturpunkten untersucht worden, um auch einen möglicherweise nur sehr kleinen Effekt beobachten zu können. In Abbildung 160 sind die experimentellen sM^{exp}-Funktionen (mit genäherter Hintergrundsfunktion) der Kupferclusteranionen Cu_n^{-} ($n = 26, 34, 38$–$40, 71$) paarweise übereinander für $T = 95$K und 530K gezeigt. Die Datenqualität der sM^{exp}-Funktionen heißer Cluster ist aufgrund einer höheren Amplitudendämpfung stets geringer.

Die visuelle Begutachtung der sM^{exp}-Funktionen lässt in den meisten Fällen keine signifikanten Änderungen in der globalen Signatur erkennen (siehe Abbildung 160). Polyikosaedrische Clusterstrukturen, die ein charakteristisches Doppelmaximum der Streu-

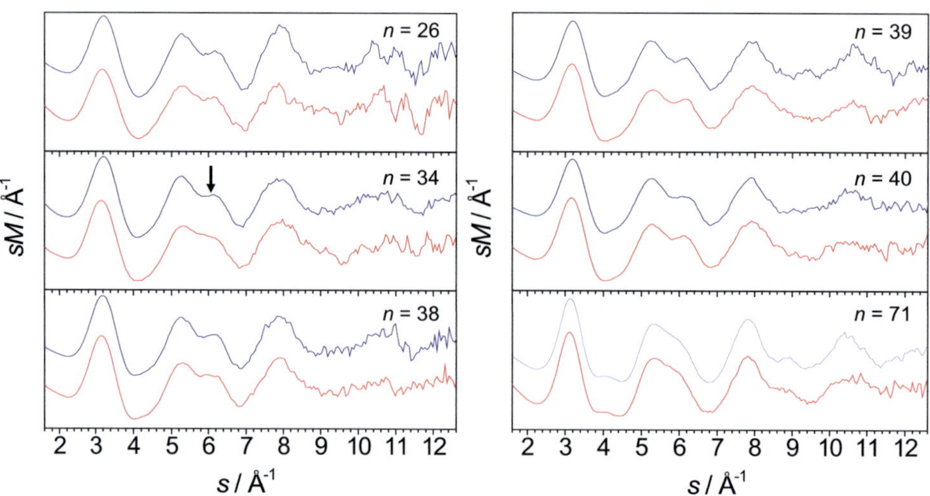

Abbildung 160: Experimentelle sM^{exp}-Funktion (genäherter Hintergrund) der Kupferclusteranionen Cu_n^{-} ($n = 26, 34, 38$–$40, 71$) bei $T = 95$K (blaue Kurve) und $T = 530$K (rote Kurve). Die deutlichsten Änderungen sind bei der Streufunktion der polyikosaedrischen Struktur des Clusters Cu_{34}^{-} zu erkennen (siehe Pfeil).

funktion um $s \approx 6\text{Å}^{-1}$ ausweisen, liegen auch bei hohen Temperaturen vor. Ebenso sind die charakteristischen Verläufe der Struktur des überkappten Mackayikosaeders Cu_{71}^- bei $s \approx 4{,}2\text{Å}^{-1}$ weiterhin findbar. Ein Clusterschmelzen kann auf der Zeitskala des Experiments (ca. 30s) folglich nicht ausfindig gemacht werden. Man erkennt jedoch geringe Änderungen der mittleren Struktur an dem für das Beugungsexperiment sensitiven Doppelmaximum der Streuamplitude der Cluster Cu_{26}^- bis Cu_{40}^-. Die Hochtemperatur-sM-Funktion besitzt an dieser Stelle ($s = 5{,}0\text{–}6{,}5\text{Å}^{-1}$) ein qualitativ schmaleres Maximum; der Abstand zwischen den Maxima ist geringfügig kleiner. Erklärbar ist dieses Verhalten durch Schwingungsabhängigkeiten der Streuphasen zweier Atompaare im Cluster (siehe Kapitel 3.7). Bei polyikosaedrischen Strukturen kann näherungsweise in hochkoordinierte Zentral- (KZ 12) und weniger hochkoordinierte Oberflächenatome unterschieden werden. Aufgrund der ungleichen Einbettung sind deutlich unterschiedliche Schwingungsamplituden L_{ij} wahrscheinlich. Das führt nicht nur zu einer einfachen Dämpfung der sM-Funktion, sondern beeinflusst den gesamten Funktionsverlauf (insbesondere bei großen Streuwinkeln). Für finite Systeme ist dies allgemein gültig, zeigt sich aber – wie man hier feststellen kann – erst bei signifikanter Schwingungsanregung als relevant.

Die sM^{exp}-Funktion des Clusters Cu_{34}^- zeigt bei hohen Temperaturen einen gegenüber den anderen Größen deutlich stärker veränderten Verlauf. Dies deutet auf eine veränderte strukturelle Zusammensetzung der Clusterionenwolke hin. Prinzipiell stehen zur Interpretation des Phänomens drei Erklärungsmöglichkeiten zur Verfügung: 1. Die thermodynamisch stabile Clusterstruktur unter hohen Temperaturen ist eine neue (vergleichbar mit dem Phasenübergang im Festkörper). 2. Es wurde eine metastabile Struktur in der Clusterionenquelle erzeugt und diese wird nicht auf der Zeitskala des Experiments in die bei $T = 95K$ thermodynamisch stabile Konfiguration überführt. Oder 3. Es findet Interkonversion verschiedener Isomere statt, d.h. man sieht eine Clusterionenwolke, die sich aus zwei unterschiedlichen Clusterstrukturen zusammensetzt. Dabei kann sich das Verhältnis eines Isomerengemischs temperaturabhängig verschieben oder es tragen – ist die Zeitskala des Experiments klein verglichen mit der Umlagerungsgeschwindigkeit – strukturelle Konfigurationen entlang der gesamten Umlagerungskoordinate zum Gesamtstreubild bei.

Anpassungen der in Abschnitt 6.1.1 für Cu_{34}^- untersuchten Modellstrukturen liefern die in Tabelle 19 aufgeführten Parameter und R_w-Werte. Ein Vergleich der mittleren Schwingungsamplituden L verschieden temperierter Metallcluster zeigt den Temperatureinfluss auf die Dämpfung der Gesamtstreuintensität (vgl. Abbildung 155). Der L-Wert steigt um ca. $45\%\pm15\%$ für $T = 530K$ gegenüber den Anpassungen der Streudaten für $T = 95K$.

Tabelle 19: Fitparameter der sM^{theo}-Modellfunktionen des Clusters Cu_{34}^{-} von Anpassungen an Beugungsdaten kalter und heißer Clusterionen ($T = 530K$). Angegeben sind die mittleren Schwingungsamplituden L_{95K}, L_{530K} sowie die entsprechenden R_w-Werte.

Isomer von Cu_{34}^{-}	L_{95K}	L_{530K}	$R_{w,95K} / R_{w,530K}$
(1)	0,16	0,25	**2,5%** / 5,9%
(2)	0,15	0,21	7,6% / 3,7%
(3)	0,16	0,21	7,3% / 3,6%
(4)	0,14	0,22	3,8% / 2,7%
(5)	0,17	0,22	5,7% / **1,7%**

Bei erhöhten Temperaturen wäre eine Strukturzuordnung – und nur dann – zugunsten des Isomers (5) zu treffen (siehe Abbildung 161), sofern den berechneten relativen Energien aus dem BP86- und nicht dem TPSS-Ansatz Glauben geschenkt wird (siehe Seite 210). Man kann eine geringe Abweichung der sM^{theo}-Modellfunktion bei $s \approx 6\text{Å}^{-1}$ beobachten. Das isoenergetische Isomer (4) kann über den R_w-Anpassungswert (2,7%) ebenso nicht sicher ausgeschlossen werden. Eine binäre Mischung mit Isomer (1), das bei tiefen Temperaturen zuzuordnen ist, ergibt für beide Fälle (Isomer 4 und 5) keine Verbesserung des R_w-Werts. Man kann an dieser Stelle festhalten, dass an diesem Cluster wahrscheinlich eine strukturelle Veränderung auf thermischem Wege induziert wurde. Eine Zuordnung von (4) oder (5) ist aufgrund der relativ hohen berechneten Energien nicht zu treffen. Es ist ebenso möglich, dass ein bei der Temperatur $T = 530K$ relevantes Strukturisomer in der GA-Suche nicht gefunden wurde. Hierfür spricht die starke Funktional- und Basissatzabhängigkeit der DFT-Ergebnisse.

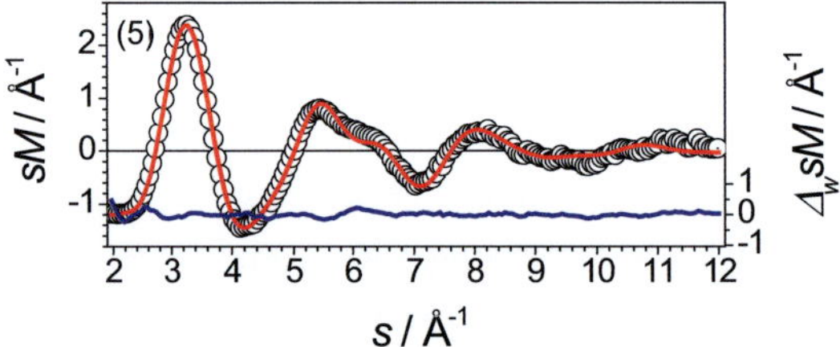

Abbildung 161: Experimentelle sM^{exp}-Funktion (schwarze offene Kreise) und theoretische sM^{theo}-Funktion (rote Linie) des Isomers 5 von Cu_{34}^{-} ($T = 530K$). Die blaue Linie entspricht der gewichteten Abweichung $\Delta_w sM$.

6.1.3 Zusammenfassung und Diskussion

Die untersuchten Kupferclusteranionen im Größenbereich von 19–40 Atomen weisen alle ein charakteristisches Beugungsmuster auf, das durch ein polyikosaedrisches Bindungsmotiv erklärt werden kann. Dieser Strukturtyp zeichnet sich durch ein häufig wiederholtes Auftreten der 19-atomigen Doppelikosaeder-Einheit aus, die durch Verschmelzen zweier 13-atomiger Ikosaeder gebildet werden kann. Eine dieser Familie angehörige Struktur, die sich aber von der des Kupferclusters Cu_{26}^{-} unterscheidet, wurde ebenso für den Palladiumcluster $Pd_{26}^{-/+}$ gefunden (siehe Kapitel 5.3). In Abbildung 162 sind Paarverteilungsfunktionen (PDF) der in diesen Clustern auftauchenden Grundbausteine dargestellt. In einem perfekten Ikosaeder mit 13 Atomen treten neben einem Abstand zum nächsten Nachbarn in nahezu gleicher Anzahl übernächste Nachbarabstände auf. (Das Zentralatom besitzt in der Grundstruktur noch keine übernächsten Nachbaratome). Man erhält insgesamt an drei Stellen Funktionswerte der PDF mit den Längen $1a$, $1{,}6a$, $2a$. Eine zur modifizierten molekularen Beugungsintensität sM^{theo} führende Superposition von Sinusfunktionen ergibt im charakteristischen Fingerabdruckbereich der Streufunktion polyikosaedrischer Strukturen ($s \approx 5{,}5\text{Å}^{-1}$) eine Schulter. Ausgeprägter zeigt sich dieses Doppelmaximum nach Erweitern der PDF um einen um Faktor 2,5 größeren Abstand im Cu_{19}-Baustein (rote Sinuskurve). Dieser entspricht den sich diagonal gegenüberliegenden Atompaaren zweier weiter auseinander liegender Pentagonanordnungen. Die Phase der Sinusfunktion besitzt an der Position des Doppelmaximums einen negativen Wert und der entsprechende Funktionswert löscht einen Bereich in der Mitte der positiven Funktionswerte der Sinusfunktionen nächster Abstände (blaue Kurve).

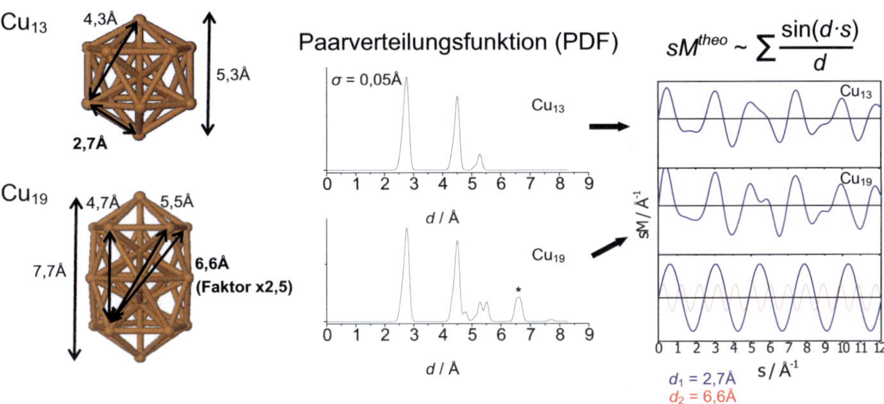

Abbildung 162: Ursache des für polyikosaedrische Strukturen typischen Beugungsmusters mit Doppelmaximum der Streufunktion um $s \approx 5{,}5\text{Å}^{-1}$. In der PDF (gaußförmig verbreitert mit $\sigma = 0{,}05\text{Å}$) tauchen viele um den Faktor 2,5 größere übernächste Nachbarabstände auf (2,7Å/6,6Å).

Im Größenbereich von 34–40 Atomen wird die systematische Struktursuche mit einem einfachen Guptapotenzial[189] und GA[87] gegenüber kleineren Clustern zunehmend schwieriger. Einen Hinweis für eine Potenzialproblematik liefert die gute Beschreibung ikosaedrischer Strukturen großer Kupferclusteranionen mit 55 und deutlich mehr Atomen (siehe Kapitel 5.6). Wahrscheinlich werden polyikosaedrische gegenüber kompakteren ikosaedrischen Strukturen energetisch in diesem Potenzial benachteiligt. DFT-Rechnungen dagegen werten die im Experiment gefundenen Strukturen als günstiger. Das zugeordnete Strukturgerüst der Cluster Cu_{26}^- und Cu_{38}^- bis Cu_{40}^- wurde bereits für Natriumclusteranionen experimentell mit Photoelektronenspektroskopie gefunden.[312]

In erster Näherung kann das Metall Natrium wie auch Kupfer mit einer elektronischen $(n–1)d^{10} s^1$ Konfiguration als ein Element verstanden werden, das einer Clusterverbindung ein Valenzelektron pro Atom beisteuert. Für Na können Modelle, die von freien Elektronen ausgehen und die genaue Struktur des Clusters unberücksichtigt lassen und lediglich als einen einzigen Potenzialtopf interpretieren (Jellium-Modell[305]), wirklich brauchbar zur Beschreibung der größenabhängigen Eigenschaften wie Bindungsenergien, Ionisationspotenziale und Absorptionsquerschnitte verwendet werden.[316,317] Dies trifft v.a. auch auf geschmolzene Cluster zu.[318] Eine Parallele zu den Schmelzeigenschaften von Kupferclustern ist vorstellbar, jedoch aufgrund der bei letzterem Element stärker an der chemischen Bindung beteiligten d-Elektronen[319] schwer vorherzusagen. Natriumcluster besitzen im Größenbereich von 50 bis 350 Atomen Schmelztemperaturen unterhalb von 300K.[320]

Die temperaturabhängigen Messungen an Kupferclusteranionen zeigen Streubilder, die denen fester Clusterstrukturen bis $T = 530K$ entsprechen (zum Vergleich die Schmelztemperatur des Festkörpers: $1357{,}77K$[321]). Dies trifft sowohl auf polyikosaedrische ($n = 26, 34, 38$–40) als auch auf ikosaedrische ($n = 71$) Strukturen zu. Der Befund kann durch die im Vergleich zu Natriumclustern deutlich größeren Bindungsenergien erklärt werden. Berechnete Werte (pro Atom, neutraler Zustand) im untersuchten Clustergrößenbereich liegen bei ca. 0,8 eV (Na) bzw. 2,7 eV (Cu) und sind damit um ca. den Faktor 3,5 größer.[199] Des Weiteren besitzen die vorgefundenen kleinen Kupferstrukturen eine relativ kompakte Koordination aller Oberflächenatome. Eine erhöhte Oberflächenenergie wie sie z.B. an (100)-Flächen in Wulff-Polyedern auftritt würde ein (An-) Schmelzen der Metallcluster bei niedrigen Temperaturen vermutlich erleichtern.[322,323]

Anhand der Streudaten kann man absolute mittlere Bindungslängen der Atome in Clustern bestimmen und sogar als Funktion der Temperatur darstellen. In Tabelle 20 sind dafür diejenigen Cluster ausgewählt worden, bei denen keine temperaturinduzierte strukturelle Veränderung festgestellt wurde, und für die eine einheitliche Modell-sM-Funktion für eine Anpassung herangezogen werden kann. Die in einem harmonischen Modell berechneten Aufweitungen der mittleren Bindungslängen $<d>_{exp.}$ unter einer Temperaturerhöhung um $\Delta T = 435K$ bzw. 305K liegt im Größenbereich von 0,3–0,6%.

Um die obere Grenze dieser Werte abzuschätzen, wird der systematische Fehler ausführlicher diskutiert. Über einen längeren Zeitraum hinweg führt das Aufheizen oder Abkühlen der Fallenelektroden zur Ausdehnung oder Kontraktion weiterer Komponenten des experimentellen Aufbaus. Zwar sind die während den Untersuchungen temperierten Bauteile der Paulfalle durch Isolatoren thermisch von den restlichen Aufbauten entkoppelt, ein geringer Wärmefluss über Strahlungsaustausch findet jedoch stets statt. Das nahegelegene und deshalb am direktesten von den Temperaturunterschieden betroffene apparative Element, das sich gleichzeitig auch am stärksten auf die aus den Beugungsdaten extrahierten mittleren Bindungsabstände der Clusterstruktur auswirkt, ist eine Titan-Dreistabhalterung, auf der sowohl Ionenfalle wie auch Elektronendetektor aufgereiht sind. Gleichförmige Ausdehnung aller dieser Komponenten hätte keinen Einfluss auf das experimentelle Ergebnis. Durch eine selektiv auf das Stabsystem beschränkte Ausdehnung jedoch vergrößert sich der Abstand zwischen Ionenwolke und Elektronendetektor und die aufgezeichneten Beugungsringe wandern auf diesem nach außen. Umgekehrt führt eine durch Abkühlen erzeugte Kontraktion der Stäbe zu einem nach innen Laufen der Ringe. Bleibt dieser Vorgang in der folgenden Datenanalyse unberücksichtigt, erscheint die Clusterstruktur fälschlicherweise kontrahiert (heiße Messung) bzw. expandiert (kalte Messung). Die eigentliche Volumenausdehnung des Clusters wird also systematisch unterschätzt.

Bedingt durch den Wärmetransport stellt sich ein dynamisches Fließgleichgewicht (*steady state*) der verschiedenen Bauteiltemperaturen ein. Die maximal bzw. minimal gemessenen Temperaturabweichung des Dreistabssystems nahe der Ionenfalle bei Untersuchungen mit Fallentemperaturen von $T = 530K$ bzw. 95K erreichte +100K und -25K gegenüber Raumtemperatur. Das asymmetrische Verhalten kann qualitativ im Rahmen der T^4-Abhängigkeit der Wärmeabstrahlung (Stefan-Boltzmann-Gesetz) verstanden werden. Anhand des über diesen Bereich gemittelten linearen Ausdehnungskoeffizienten der Titanhalterung[324] (Reinheit: Grade 2) bestimmt sich der maximale systematische Fehler zu +0,11%. Ein sich über die Stäbe ausbildender Temperaturgradient bewirkt letztendlich, dass dieser Wert eine obere Grenze darstellt und in der Praxis aufgrund des geringen Wärmeleitwerts von Titan und der großen angekoppelten Masse vermutlich deutlich niedriger liegt. 95% der Temperaturabweichung des Dreistabsystems waren nach 12h (heiße Messungen) bzw. 16h (kalte Messungen) erreicht. Weil nicht für jede Einzelmessung der in Tabelle 20 aufgeführten Cluster dieser Zeitraum eingehalten wurde, ist für den direkten Vergleich des Ausdehnungsverhaltens verschiedener Clusterstrukturen derselbe oben eingeschränkte maximale systematische Fehler anzunehmen.

Eine andere Ungenauigkeit beinhaltet die Analyse der Volumenausdehnung im Rahmen einer harmonischen Näherung der Schwingungsamplituden dar (siehe Kapitel 3.7). Ursache einer mittleren Abstandsvergrößerung ist der anharmonische Potenzialverlauf zwischen den Atomen. Eine Abschätzung dieses Einflusses anhand verfügbarer Kupfer-festkörperdaten[53] ergibt, dass bei einer Temperatur von $T = 530K$ bei kleinen Streuwinkeln ($s = 3Å^{-1}$) der anharmonische Anteil des DWFs gegenüber der thermischen Expansion ca. 1% beträgt. Da der in der Anpassung der sM^{theo}-Modellfunktion bestimmte k_d-Wert aufgrund der Gewichtung v.a. von der Verschiebung des ersten Streumaximums abhängt, ist beim Verwenden eines harmonischen Modells von einem vernachlässigbaren Fehler der Volumenausdehnung auszugehen.

Für fcc-Festkörperstrukturen des Kupfers ist der thermische lineare Ausdehnungskoeffizient α bekannt.[325] Integriert man seinen Verlauf, so kann man über den Bereich der experimentellen Punktmessungen ($T_1 = 95K$ und $T_2 = 530K$) eine Ausdehnung der mittleren Bindungslängen von ca. +0,52% (+0,31% für $T_2 = 400K$, wie für Cu_{55}^- relevant) erwarten. Die experimentell bestimmten Werte für die Cluster können in dieser gleichen Größenordnung gefunden werden. Generell ist in kleinen Partikeln aufgrund des hohen Anteils von Oberflächenatomen mit relativ geringer Koordinationszahl unter der Annahme großer Schwingungsauslenkungen (hohe Temperatur) mit einem größeren anharmonischen Bereich und insgesamt eine stärkere Wärmeausdehnung zu erwarten als in einem unendlich ausgedehnten Kristallgitter. Dies wird u.a. auch in den geringeren mittleren Bindungsenergien (pro Atom) sichtbar (siehe z.B. Kapitel 5.5). Aufgrund der unterschiedlichen Strukturmotive der untersuchten Clusterionen, die sich vom Festkörpergitter unterscheiden, sind weitere Abweichungen der Wärmeausdehnung zu erwarten. Man kann erkennen, dass im Falle ikosaedrischer Strukturen (Cu_{55}^- und Cu_{71}^-) die mittleren Bindungslängen stärker zunehmen als in einem makroskopischen fcc-Ausschnitt. Dies ist konsistent mit den oben ausgeführten Überlegungen. Der gefundene Strukturtyp beschreibt jedoch trotzdem eine relativ kompakte Anordnung der Atome. Es bleibt deshalb wahrscheinlich, dass eine fcc-Struktur dieser Größe eine noch stärkere Ausdehnung vollführen würde.

Tabelle 20: Absolute mittlere Bindungslängen <d>$_{exp.}$ bei $T = 95K$ und relative thermische Ausdehnung Δ<d>$_{exp.}$ bis $T = 530K$ bzw. 400K (Cu_{55}^-, Daten aus Kapitel 6.2). Vergleich mit bekanntem Ausdehnungsverhalten des Festkörpers bei tiefen Temperaturen (Abbildung rechts).[325]

Cluster	<d>$_{exp.}$	ΔT	Δ<d>$_{exp.}$ [a]
Cu_{26}^-	2,48Å	435K	+0,60%
Cu_{38}^-	2,48Å	435K	+0,61%
Cu_{39}^-	2,48Å	435K	+0,34%
Cu_{40}^-	2,49Å	435K	+0,34%
Cu_{55}^-	2,48Å	305K	+0,41%
Cu_{71}^-	2,49Å	435K	+0,56%

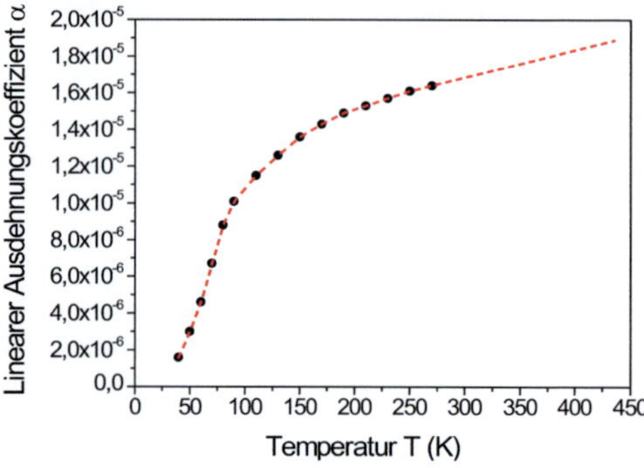

[a] Erwartete Längenausdehnung eines fcc-Festkörpers: +0,52% ($\Delta T = 435K$), +0,31% ($\Delta T = 305K$).

Betrachtet man nun polyikosaedrische Strukturen ($n = 26$–40 Atome), so stellt man kein konstantes systematisches Verhalten fest. Der kleinste bei beiden Temperaturen untersuchte Cluster Cu_{26}^- sowie der folgende Cu_{38}^- zeigen eine deutlich größere Zunahme der mittleren Atomabstände als vom Festkörperverhalten zu vermuten, im Bereich um 39 Atome schwanken die Werte dazu hin noch. Die Beugungsdaten der Reihe Cu_{38-40}^- wurden jeweils direkt hintereinander folgend aufgezeichnet. Dabei war das Experiment bereits zuvor 24h ($T = 95K$) bzw. 72h (530K) unter den Messtemperaturen betrieben worden. Es ist deshalb davon auszugehen, dass ein einheitlicher *steady state* Zustand der Gerätgeometrien erreicht wurde und eine höhere als die oben abgeschätzt Vergleichbarkeit der bestimmten Volumenausdehnung gilt.

Eine in bisherigen Überlegungen vernachlässigte Eigenschaft der Clusterionen ist ihr Ladungszustand bzw. ihre elektronische Struktur. Die Verwendung eines sphärischen Jellium-Modells[305], das eine Beschreibung von stark delokalisierten Elektronen innerhalb eines dreidimensionalen Potenzials verwendet, sagt bei 40 Elektronen einen Schalenabschluss mit besonderer Stabilität voraus. Der Cluster Cu_{38}^- entspräche in diesem Bild einer unvollständigen $2p$-Konfiguration, die darauf folgenden Cluster komplettieren die elektronische Struktur. Die höchste elektronische Stabilität würde für Cu_{39}^- resultieren. In der Tat zeigen Photoelektronenspektren von Kostko *et al.*[238] einen großen HOMO-LUMO-Abstand (~0,5eV) für Cu_{40}^-. Ebenso erscheint das Spektrum von Cu_{39}^- klar strukturiert (vier deutlich abgetrennte Maxima im Valenzbereich), wohingegen das des Clusters Cu_{38}^- nur sehr unklar zu charakterisierende Übergänge aufweist.

Bei den Nanopartikeln der Größen $n = 39$, 40 und der Temperatur $T = 530K$ verbleiben die Strukturen deutlich kompakter als eine Extrapolation von Cu_{26}^- über Cu_{38}^- oder der Vergleich mit dem Festkörperverhalten erwarten ließe. Da das gefundene, Natriumclustern[312] gleichende Strukturmotiv für alle drei Kupfercluster identisch bleibt, ist die elektronische Struktur der Clusterionen demnach vermutlich stärker an den thermischen Ausdehnungseigenschaften beteiligt als geometrische Packungseffekte. Ein Hinweis für diese These kann im Rahmen eines klassischen Tröpfchenmodells gefunden werden, das eine Selbstkompression der Clusterstruktur mit einhergehender Vergrößerung der elastischen Steifigkeit[201] und einer davon beeinflussten temperaturabhängigen Volumenausdehnung[326] vorhersagt. Die sich hieraus ergebenden thermisch angeregten Schwingungszustände und anharmonischen Beiträge dürften sich stark unterscheiden. Im Rahmen des stabilisierten Jellium-Modells[327] wird eine Abhängigkeit zur Gesamtelektronenzahl vorausgesagt, und diese führt für 40 Elektronen zu einer relativ komprimierten Struktur.[328,329] Die weiteren Cluster Cu_{19}^- und Cu_{26}^- entsprächen im Bild der elektronisch bedingten Selbstkompression einem lokalen Minimum bzw. Maximum. Die in Kapitel 5.6 bestimmten mittleren Bindungslängen der (kalten) Clusterionen (siehe Abbildung 149, Seite 201) entsprechen ebenso diesen Vorhersagen. Es ist deshalb umso bemerkenswerter, dass Cu_{26}^- trotz des bereits zu Beginn (d.h. $T = 95K$) deutlich größeren Bindungsabstands eine zusätzliche Aufweitung der Struktur um den doppelten relativen Betrag gegenüber den beiden Clustern Cu_{39-40}^- erfährt.

Durchgeführte Moleküldynamiksimulationen (MD, *molecular dynamics*) unter Verwendung eines Vielteilchenhamiltonians (MBA, *Many-Body-Alloy Hamiltonian*)[330] und einem einfachen Guptapotenzial[189] sagen mit der Clustergröße n steigende Schmelztemperaturen von 400K bis 500K voraus (Cu_n^-, $n = 26$, 34, 38–40). Dieser Bereich wurde experimentell überschritten und dabei wurde kein Phasenwechsel beobachtet. Wie bereits zu Beginn vermutet (s.o.) ist das Potenzial zur Beschreibung einer polyikosaedrischen Kupferclusterstruktur unzureichend. Die Simulationen fußen nicht auf den experimentell zuordenbaren Grundzustandsgeometrien. Ein Hinweis für einen möglichen Wert der Schmelztemperaturen kann in MD-Simulationen des Clustern Cu_{19} gefunden werden. Die Doppelikosaederstruktur des neutralen Teilchens weicht nur an einer Position der mit TIED gefundenen Cu_{19}^--Struktur ab. Eine hohe Fluktuation der Atompositionen, die ein Kriterium für einen geschmolzenen Cluster darstellt, wird bei simulierten Temperaturen von 600K bis 700K festgestellt. Für die größeren ($n > 19$) experimentell untersuchten Clusteranionen kann man deshalb eine hierzu noch höhere Schmelztemperatur vermuten.

Änderungen in der sM^{exp}-Funktion von Cu_{34}^- deuten in diesem besonderen Fall auf eine thermisch induzierte strukturelle Veränderung im Clusterensemble hin. Die bei einer Temperatur $T = 530K$ gemessene Streufunktion lässt sich einem einzigen Isomer zuordnen, das von Seiten der DFT mit +1,16 eV ungünstiger als das globale Minimum bewertet wird. Messungen an Clustern bei tiefen Temperaturen ergeben einen deutlicheren Befund: Die beste Übereinstimmung mit dem Experiment gelingt mit der energetisch günstigsten Struktur.

Das Aufheizen der Cluster kann zur Population entropisch bevorzugter Clustergeometrien führen, die sich von der Gleichgewichtsstruktur bei $T = 0K$ unterscheiden. Da weitere Kandidatstrukturen ca. 1 eV über dem geometrisch geschlossenen Grundzustandsisomer liegen, ist ein Beitrag von ihnen auszuschließen. Zur Erklärung der bei $T = 530K$ beobachteten Veränderungen des Clusterensembles können drei mögliche Modelle herangezogen werden: 1. Der Cluster Cu_{34}^- besitzt unter den experimentellen Bedingungen angeregte Schwingungsmoden, die die mittlere Geometrie und damit das Streubild stark verändern. 2. Die Cluster des Ensembles sind zum Teil geschmolzen und zum Teil fest. Aufgrund der geringen Größe wechselt ihr Zustand sprunghaft zwischen flüssiger und fester Phase. Das zeitlich über das Ensemble gemittelte Bild (Superposition beider Zustände) verursacht die in der sM^{exp}-Funktion beobachteten Veränderungen. 3. Ein bei $T = 530K$ populiertes Isomer wurde in der Struktursuche nicht gefunden. Von den genannten Fällen ist möglicherweise der letzte am ehesten auszuschließen. Eine große Vielfalt von Bindungsmotiven wie auch an Isomeren einer Strukturfamilie wurde in der Suche erfasst. Die genaue Betrachtung der angrenzenden Cluster mit polyikosa-edrischem Bindungsmotiv (Cu_{26}^{-}, Cu_{38-40}^{-}) zeigen ebenso eine graduelle Veränderung des charakteristischen Doppelmaximums der Streufunktionen.

In einer systematischen Analyse des Phänomens müssten die verschiedenen Schwingungsmoden der polyikosaedrischen Strukturfamilie in der Anpassungsroutine in einem differenzierteren DWF (L_{ij}) berücksichtigt werden. Dies könnte möglicherweise eine adäquate Erklärung sein.

6.2 Thermisch induzierte Oberflächenrekonstruktion beinahe geschlossenschaliger Kupfercluster ($Cu_{55\pm x}^-$, x = 1–2)

Geometrisch geschlossene Cluster mit einigen wenigen hinzugefügten Atomen auf ihrer Oberfläche erfahren zusätzlichen Stress auf ihre Struktur. Bedingt durch die geringe Koordinationsumgebung der Adatome dringen diese wenn möglich in die Oberfläche des Clusters (teilweise) ein. Ein gespanntes System dieser Art besitzt eine verminderte Aktivierungsbarriere für die Oberflächendiffusion einzelner Atome. Das Schmelzen von kleinen Metallclustern ist ein komplexer und bis heute nur wenig systematisch untersuchter Vorgang. Isomerisierungsprozesse wie z.B. Oberflächendiffusion oder Oberflächenpenetration können vorgelagert oder Teil einer Verflüssigung sein. Eine strikte Trennung beider ist in finiten Systemen dieser Größe nicht möglich. In größeren Metallclustern beginnt der Schmelzvorgang in der äußersten Atomschicht.[331,332] In diesem Bereich der Struktur sind die Teilchen thermisch einfach anregbar, da hier lediglich geringe Energiedifferenzen durch ein Verschieben der Atome aus ihrer optimalen Position entstehen. Weiteres Hinzuführen von Wärme erhöht den Anteil mobiler Atome, der feste Kern schrumpft dabei kontinuierlich. Die spezifische Wärmekapazität $c(T)$ zeigt im Gegensatz zum Festkörper ein flaches Maximum, das über einen breiten Temperaturbereich verläuft, und die Entropie des Systems steigt parallel stetig. In Analogie zur Schmelzpunkterniedrigung von Legierungen können zusätzliche oder fehlende Atome in der Struktur als Defekte der Cluster interpretiert werden. Ihre Positionen sind auf der Oberfläche des Partikels relativ mobil und unterstützen das Schmelzen an der Vakuumschnittstelle. Die mikroskopischen Aspekte des Anschmelzens (*premelting*) von Clustern mit nahezu geschlossener Oberfläche wurden bereits unter Verwendung eines Diffusionsmodells von Fehlstellen interpretiert.[333,334] Auf gleiche Weise untersuchten Evers *et al.* den Einfluss zusätzlicher Adatome auf einem Mackayikosaeder (Al_{55}) mit Hilfe von Monte-Carlo-Simulationen.[335]

Für die Kupferclusteranionen Cu_{54}^- bis Cu_{58}^- wurden temperaturabhängige Messungen bei T = 90K, 400K und z.T. 530K durchgeführt (siehe Abbildung 163). Es zeigte sich eine thermisch induzierte Veränderung des sM^{exp}-Funktionsverlaufs, die nicht nur auf eine Dämpfung der Amplitude beschränkt ist. Die Tieftemperaturmessungen (95K) zeigen, dass im untersuchten Größenbereich eine Variation von 1–2 Atompositionen experimentell nicht unterschieden werden kann (siehe Abschnitt 6.1.1). Mögliche Kandidatstrukturen leiten sich vom zweischaligen, 55-atomigen Mackayikosaeder ab (siehe Kapitel 5.5), der entweder um 1–3 Adatome auf einer dritten Schale erweitert wird,

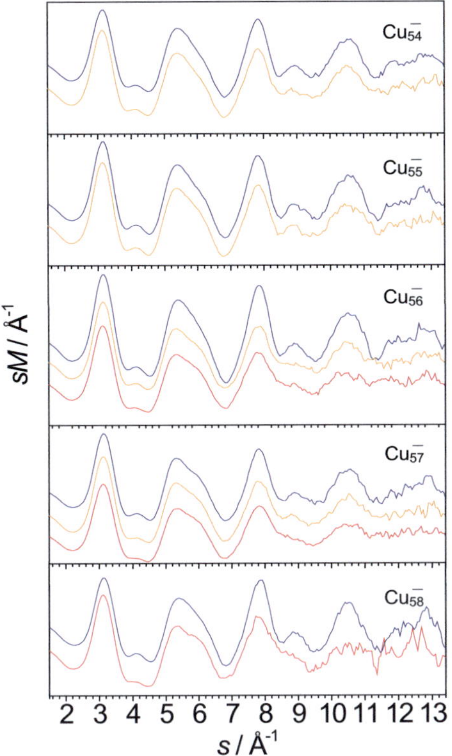

Abbildung 163: Experimentelle sM^{exp}-Funktion (genäherter Hintergrund) der Kupferclusteranionen Cu_n^- (n = 54–58) bei T = 95K (blaue Kurve), T = 400K (orange Kurve) und T = 530K (rote Kurve).

oder Atome in die äußere, zweite Schale integriert, sodass eine rosettenförmige sechszählige lokale Symmetrie entsteht. Cu_{54}^--Strukturen erhält man, indem man ein Atom der äußeren Schale (Eck-, Kantenatom) oder ein Volumenatom (Zentralatom) entfernt. Im Falle von Cu_{56}^- zeigen die DFT-Untersuchungen der Struktur, dass der berechnete elektronische Grundzustand vom verwendeten Basissatz und Funktional abhängt (siehe Tabelle 21):

Tabelle 21: Abhängigkeit des gefundenen elektronischen Grundzustands des Clusters Cu_{56}^- von der verwendeten Rechenmethode.

Funktional / Basissatz	Isomer **1**[*] (iko+1)	Isomer **2**[*] (Rosette)
BP86 / def2-SVP	0,13 eV	0,00 eV
TPSS / def2-TZVP	0,00 eV	0,13 eV

[*] (siehe Seite 213)

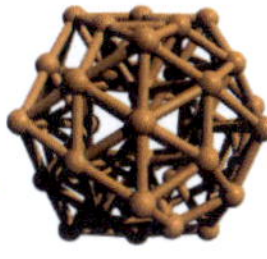

Die experimentellen sM^{exp}-Funktionen aller Cluster mit Ausnahme des geometrisch geschlossenschaligen Cu_{55}^{-} entwickeln zu höheren Temperaturen charakteristische Veränderungen im Bereich um $s = 4{,}2\text{Å}^{-1}$ und $s = 8{,}8\text{Å}^{-1}$ (hier verschwimmt der Funktionsverlauf und wird zu einem einzigen Signal mit breiter Schulter) sowie $s = 6{,}2\text{Å}^{-1}$ (stärker ausgeprägte Schulter). Ersteres tritt v.a. bei den „übersättigten" Clustern mit 56 bis 58 Atomen auf, im Falle von 54 Atomen ist dieser Effekt weniger stark zu erkennen. Die Schulter des Streumaximums um $s = 6{,}2\text{Å}^{-1}$ ist bei den Clustern Cu_{57}^{-} und Cu_{58}^{-} am deutlichsten zu sehen.

Um hinsichtlich dieser Beobachtungen die Erklärungsmöglichkeiten von Isomerisierungsprozessen oder Phasenübergängen (z.B. (partielles) Schmelzen) zu evaluieren, sollen MD-Simulationen Ansätze liefern, die eine qualitative Beschreibung des Phänomens ermöglichen. Die angewandte Methode wird im folgenden Abschnitt näher beschrieben.

6.2.1 Durchführung von Moleküldynamik-Simulationen

Der wohl größte offensichtliche Unterschied zwischen einem makroskopischen Festkörper und seiner flüssiger Phase ist der sichtbare Verlust der wohldefinierten Gestalt des Kristallgitters beim Schmelzen. Für ein kleines System wie einen Cluster ist der Wechsel zwischen den Phasen weniger augenscheinlich. Die Bindung eines Dimers kann z.B. nicht schmelzen, lediglich brechen. Eine konsequente Definition der flüssigen Phase lässt sich durch eine Charakterisierung ihrer genauen Zusammensetzung geben, welche aus vielen einzelnen verschiedenen Strukturen aufgebaut wird. Man nimmt an, dass diese Anzahl an Isomeren beim Schmelzen exponentiell zunimmt. Zum Beispiel schätzen Doye *et al.* die Zahl (geschmolzener) Isomere des Lennard-Jones-Clusters LJ_{55} auf 10^{21}.[239,240] Im Gegensatz zu diesem Befund liegen in einer makroskopischen LJ-Flüssigkeit nahezu ausschließlich kleine ikosaedrische Strukturen[xi] vor[239,337], was kürzlich mit Neutronenbeugung in unterkühlten metallischen Schmelzen (Fe, Ni, Zr) auch experimentell gezeigt werden konnte[338]. Klare Anzeichen eines Schmelzübergangs treten abhängig vom System (d.h. Potenzial) und seiner Größe auf, dürfen aber ungefähr ab einer Clustergröße von ca. sechs Atomen (Al) erwartet werden.[339] Metallcluster geringerer Größen besitzen einen zu kleinen Phasenraum und können nicht anhand der im Folgenden dargestellten Funktionen charakterisiert werden.

[xi] Die Modellierung solcher Systeme für Vergleiche mit Experimenten verwendet die Abstandsrestriktionen $\langle r_1 \rangle = 1{,}0515\langle r_0 \rangle$, $\langle r_2 \rangle = 1{,}7013\langle r_0 \rangle$ und $\langle r_3 \rangle = 2\langle r_0 \rangle$ (Paarabstand zum Zentralatom: $\langle r_0 \rangle$) in entsprechenden Häufigkeiten für eine ikosaedrische Nahordnung von 13 Atomen.[336]

Es gibt im Wesentlichen zwei wichtige Methoden zur Simulation thermodynamischer Größen aus Atomen bestehender Systeme: Moleküldynamik (MD) und Monte-Carlo (MC). Letztere erzeugt isolierte Konfigurationen eines Systems entsprechend ihrer Wahrscheinlichkeit im Phasenraum (*importance sampling*). Die gehäuft auftretenden Strukturen entsprechen mit erhöhter Sicherheit dem Zustand, in dem sich das System in einem thermodynamischen Gleichgewicht befindet. Die MD-Methode ist intuitiver verständlich und hat den Vorteil, dass das System auf einer wohldefinierten Zeitskala verfolgt werden kann. Die Euler-Lagrange-Gleichungen (Newtonsche Bewegungsgleichungen) werden numerisch für alle Atome des Systems unter Berücksichtigung der Energieerhaltung – zusammengesetzt aus potenzieller und kinetischer Energie – gelöst (mikrokanonisches oder auch kanonisches System). Das im TIED-Experiment untersuchte Clusterensemble ist über Schwarzkörperstrahlung an ein Wärmebad (Paulfallenelektroden) gekoppelt und entspricht aufgrund der unterschiedlichen Energieverteilung auf einzelne Cluster einem kanonischen Ensemble. Zur Simulation solcher Systeme wird die Nosé-Hoover-Thermostattechnik angewandt.[340,341] Dabei wird ein virtueller Freiheitsgrad den Bewegungsgleichungen hinzugefügt, der mit einer definierten Temperatur belegt werden kann. Man erhält die thermodynamischen Größen als Mittelwerte der gewünschten Eigenschaft über ein unendlich langes Zeitintervall (Ergodenhypothese). Die Wärmekapazität lässt sich wie folgt aus den potenziellen Energien V einzelner Schritte berechnen (Der Term 3/2 entspricht dem Beitrag der kinetischen Energie):

$$\frac{c}{k_B} = \frac{1}{Nk_B^2T^2}\left(\langle V^2 \rangle - \langle V \rangle^2\right) + \frac{3}{2} \tag{70}$$

Alternativ wird ein über den gesamten Phasenraum des Systems gewichteter Mittelwert bestimmt. Man geht davon aus, dass alle möglichen Zustände eines Systems von einer Startkonfiguration in einer endlichen Anzahl an Schritten erreicht werden können. Die bestimmte Schmelztemperatur kann in der Praxis jedoch aufgrund von Phasenbarrieren (Freie Energie) um bis zu 100–200K überschätzt werden. Die Konfiguration des Phasenübergangs besitzt i.d.R. keine außergewöhnlich hohe innere Energie, jedoch stellt der Entropieterm einen Flaschenhals im Phasenraum dar.

Ein grundlegendes Problem der Simulationstechnik besteht in der Tatsache, dass die Gleichgewichtsstruktur eines Clusters unter allen (endlichen) Temperaturen einem kompletten Verdampfen aller Atome entspricht – die eigentliche Verbindung ist aufgelöst. Die Wahrscheinlichkeit die Grundzustandskonfiguration zu finden ist nach Boltzmann zwar größer, jedoch ist der Phasenraum einzelner verdampfter Atome unendlich groß und überwiegt stets. Die Lösung dieser Problematik besteht in einer Einkapselung der Struktur in ein endliches Volumen. Man führt auf diese Weise eine von außen auf das System einwirkende Kraft (Druck) ein. Da dieser Einfluss normalerweise unerwünscht ist, wird in der Praxis das Volumen ausreichend groß gewählt und alle Konfigurationen, die fragmentierten Clustern entsprechen, werden verworfen.

Der Schmelzvorgang äußert sich im mikroskopischen Bild in einer hohen Mobilität der einzelnen Atome – beginnend an der Oberfläche des Clusters und später im Kern. Als Messgröße der Mobilität können zwei verschiedene Parameter definiert werden: 1. Das von Berry & Amar[342] vorgeschlagene Verhältnis aus Zeitskala einer Schwingung und die zur Isomerisierung in eine andere Struktur benötigte Zeitspanne. Der Parameter hat für Cluster einen Wert kleiner 100 und unterscheidet sich um mehrere Größenordnungen von Phasenübergängen im Festkörper.[343] Die zweite und im Folgenden verwendete Größe ist der Lindemannindex[344]. Er entspricht der Fluktuation relativer Bindungslängen und enthält mittlere Bindungsabstände unter den Bedingungen einer bestimmten Temperatur $\langle r_{ij} \rangle$:

$$\delta_L = \frac{1}{N(N-1)} \sum_{i \neq j} \frac{\sqrt{\langle r_{ij}^2 \rangle - \langle r_{ij} \rangle^2}}{\langle r_{ij} \rangle} \tag{71}$$

Der Lindemannindex nimmt typischerweise Werte um 0,05 an und erreicht bei Clustern maximal 0,30 beim Schmelzen. Für einen makroskopischen Festkörper gilt aufgrund des deutlich geringeren Anteils an Oberflächenatomen als Schmelzkriterium ein Wert von 0,10. Der temperaturabhängige Verlauf von δ_L steigt kurz vor Erreichen des eigentlichen Schmelzpunkts stark an. Die Ursache hierfür sind einzelne Adatome, die den Oberflächenverbund des Clusters verlassen und auf ihm eine kurze Zeit umherwandern, bevor sie wieder in sie integriert werden. Die Struktur ist zu diesem Zeitpunkt noch fest, jedoch wechseln Indices der Atompositionen, wodurch sich δ_L signifikant erhöht.

In Abbildung 164 sind Temperaturabhängigkeiten der bisher eingeführten Größen am Beispiel von Cu_{26} dargestellt (vgl. Struktur von Pd_{26}^-, Kapitel 5.3). Das bis zu ca. $T =$ 400K vorliegende polyikosaedrische T_d-Motiv zeigt eine abrupt zunehmende Mobilität der Oberflächenatome. Der Lindemannindex verläuft zuvor flach und wurzelförmig entsprechend dem Virialtheorem der thermischen harmonischen Schwingungsanregung.

Man erhält bei der Temperatur $T = 430K$ eine oberflächengeschmolzene Struktur (d.h. Volumenatome tauschen ihre Positionen nicht mit Oberflächenatomen), deren Momentaufnahmen meist polyikosaedrischen Bindungscharakter aufweisen. Die inneren Atome sind zu diesem Zeitpunkt klar von den geschmolzenen abzugrenzen. Erst ab einer weiteren Erwärmung auf ca. 600K tauschen alle Atome der Struktur ihre Positionen. Häufig formt sich nun auch kurzzeitig eine fcc-artige Schichtstruktur.

Der strukturelle Übergang dieser zwei Motive kann sehr gut in einem simulierten Beugungsexperiment beobachtet werden (siehe Abbildung 165). Die charakteristische Signatur der polyikosaedrischen Ausgangsstruktur (Doppelmaximum der Streufunktion um $s \approx 6Å^{-1}$) geht in der Simulation ab $T = 500K$ schlagartig in einen qualitativ neuen sM-Verlauf über. Zu höheren Temperaturen sinken die maximalen Auslenkungen der Streu-

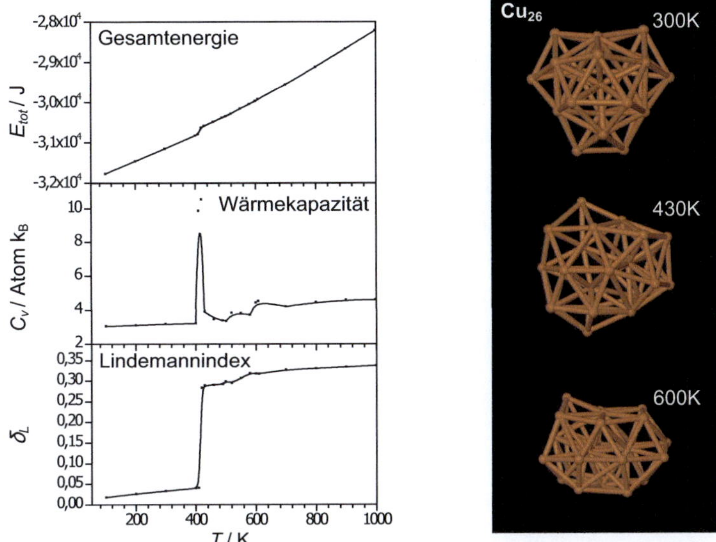

Abbildung 164: *links* – Aus MD-Simulationen unter Verwendung eines Guptapotenzials[189] gewonnene Größen des Clusters Cu_{26} bei verschiedenen Temperaturen T (kanonisches Ensemble):
Gesamtenergie E_{tot}, Wärmekapazität C_v und Lindemannindex δ_L (relative Bindungslängenfluk-
tuation). *rechts* – Momentaufnahmen verschiedener Strukturisomere: Zwischen Grundzustand
(oben) und fcc-artiger Struktur (unten).

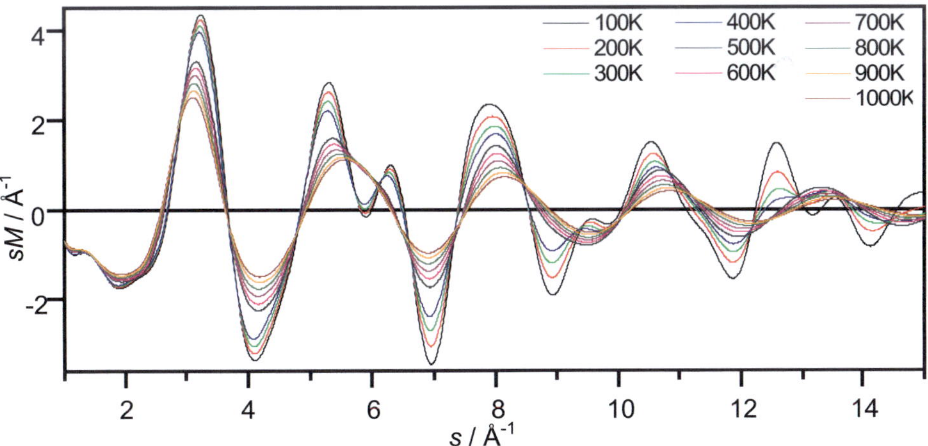

Abbildung 165: Simulierte sM^{theo}-Funktion eines kanonischen Ensembles des Clusters Cu_{26} bei
verschiedenen Temperaturen ($T = 100$–1000K). Zwischen 400K und 500K erfolgt ein Strukturübergang von einem T_d- zu einem D_{3h}-ähnlichen Typ (siehe Abbildung 164, rechts).

funktion über den gesamten Winkelbereich und Details im Funktionsverlauf verschwinden. Für einen flüssigen Metallcluster, der keine Fernordnung der Atompositionen mehr aufweist, erhält man im zeitlich gemittelten Streubild nur noch ein gedämpftes periodisches Signal, das sich im Wesentlichen aus den Sinusfunktionen des (einzigen) mittleren Abstands nächster Nachbarn ergibt.

Grundsätzlich gilt, wie bereits in Abschnitt 6.1.3 gesagt, dass der gewählte Hamiltonian das zu simulierende System adäquat beschreiben muss. D.h. zunächst, er kann korrekt zwischen verschiedenen Minimumstrukturen auf der Potenzialenergiehyperfläche (PES) unterscheiden. Im Falle polyikosaedrischer Strukturen von Kupferclustern ist dies mit einem für den Festkörper parametrisierten Guptapotenzial[189] nicht möglich. Aufgrund des hohen rechnerischen Aufwands sind geeignete MD-Simulationen unter Lösung des elektronischen Problems (z.B. DFT) nicht durchführbar. Im Größenbereich von 55 Atomen, für den man von einem Mackayikosaeder abgeleitete Strukturen finden kann, stellt sich die Situation der semiempirischen Beschreibung anders dar. Hier zeigen die einfachen Zweikörper-Rechnungen eine gute Übereinstimmung der energetischen Abstände verschiedener Isomere mit *ab initio* Resultaten (siehe Tabelle 22).

Tabelle 22: Vergleich der DFT- (TPSS / def2-TZVPP) und semiempirisch (Guptapotenzial) berechneten relativen Energien der Isomere von Cu_{54}^-, Cu_{56}^- und Cu_{57}^- (siehe Abbildung 158, Seite 213).

Cluster		Isomer **1**	Isomer **2**	Isomer **3**
Cu_{54}^-	DFT	0,00 eV	+0,34 eV	+1,15 eV
	Gupta	0,00 eV	+0,66 eV	+0,69 eV
Cu_{56}^-	DFT	0,00 eV	+0,13 eV	–
	Gupta	0,00 eV	+0,23 eV	–
Cu_{57}^-	DFT	0,00 eV	+0,04 eV	+0,14 eV
	Gupta	+0,04 eV	0,00 eV	+0,21 eV

Mit Ausnahme des Clusters Cu_{57}^- werden die Gleichgewichtsstrukturen bei $T = 0K$ korrekt wiedergegeben. Die relativen Energieabstände zum nächststabileren Isomer werden tendenziell überschätzt. Es ist davon auszugehen, dass die berechneten Anteile dieser Konfiguration am Ensemble deshalb zu gering ausfallen und die ermittelten formalen Temperaturen verglichen mit den experimentellen Befunden zu kleineren Werten abweichen. Der Effekt wird bei der Bestimmung der Schmelztemperatur z.T. aufgrund des in der Simulation tendenziell stets zu kleinen berücksichtigten Phasenraums relativiert.

Die Simulationen der zeitlichen Entwicklung kanonischer Clusterensembles, die den Temperatureinfluss im Beugungsexperiment interpretierbar machen, wurden unter

Verwendung der Software MBAMD v4.2 durchgeführt.[330] Nach Ankopplung des Wärmebads erhielt das System $t = 20$ps Zeit, um sich zu entwickeln und die eingestellte Temperatur anzunehmen. Nach weiteren 20ps wurde die Aufzeichnung der Atomtrajektorien gestartet. Die zeitliche Entwicklung wurde insgesamt über eine Spanne von 1,0ns verfolgt. Dies entspricht nicht der experimentellen Zeitskala von 30 Sekunden, erlaubt dem System jedoch ca. 10^4 Schwingungszyklen, und ist somit ausreichend lang gewählt, um schnelle thermische Umwandlungsprozesse zu untersuchen. Damit eine konstante Temperatur über den gesamten Simulationszeitraum gewährleistet werden kann, wurde eine Schrittweite von $\Delta t = 2,0$fs gewählt. Die Zustände des Systems wurden alle 0,2ps ausgewertet, womit sich eine Gesamtzahl von 10^4 Strukturen für jeden Datenpunkt ergibt. Da Ergodizität für kleine Systeme wie Metallcluster methodisch bedingt nicht generell erfüllt sein muss, ist es ratsam, die Simulationen mit mehreren unterschiedlichen Starttrajektorien zu wiederholen. Dies wurde in Einzelfällen getestet und führte zu keinem abweichenden Verhalten gegenüber der ersten Simulation. Da die Auflösung der Temperaturabhängigkeit hoch gewählt wurde (Wärmebad: $\Delta T = 20$K im Schmelzbereich, sonst 50K) ist auf eine mehrfache Wiederholung verzichtet worden.

6.2.2 Interpretation der MD-Simulationen und Vergleich mit experimentellen Daten

Die MD-Simulationen zeigen einen Einfluss auf das Schmelzverhalten von Kupferclustern, sobald ein zusätzliches Atom auf den geschlossenschaligen Mackayikosaeder Cu_{55} gelegt wird. Ebenso ist ein kleinerer Effekt einer Fehlstelle (in Cu_{54} realisiert) auf den Verflüssigungsprozess feststellbar. In Abbildung 166 sind die Wärmekapazitäten C_v sowie der bestimmte Lindemannindex δ_L für die Cluster Cu_{54} bis Cu_{59} unter unterschiedlichen simulierten Temperaturen dargestellt. Die Referenz bildet Cu_{55}: Er weist ein schmales Maximum im $C_v(T)$-Verlauf auf, das von einem vorausgehenden steilen Anstieg des Lindemannindex begleitet wird. Cu_{54} zeigt unterhalb der Schmelztemperatur überraschenderweise einen sogar tendenziell kleineren δ_L-Wert, d.h. die Mobilität der Atome ist in Anwesenheit einer Koordinationslücke zunächst vermindert. Man würde erwarten, dass eine Fehlstelle in der äußeren Schale des Clusters stets zu einem erleichterten (früheren) Verrutschen einzelner Atome führt.

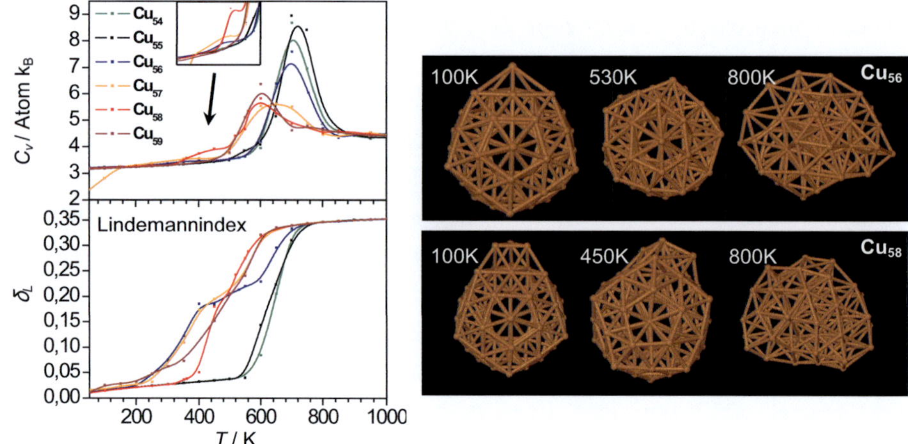

Abbildung 166: *links* – Aus MD-Simulationen unter Verwendung eines Guptapotenzials[189] gewonnene Größen der Clusters Cu$_{54}$ bis Cu$_{59}$ bei verschiedenen Temperaturen T (kanonisches Ensemble): Wärmekapazität C_v und Lindemannindex δ_L. Abweichungen zur geschlossenen 55er-Struktur (schwarze Kurve) führen zu reduzierten Schmelztemperaturen (C_v-Maximum) und vorgelagerten Strukturübergängen (δ_L zeigt Stufe). *rechts* – Momentaufnahmen verschiedener Strukturisomere von Cu$_{56}$ (oben) und Cu$_{58}$ (unten) bei verschiedenen Temperaturen T.

Das Verhalten dieses Clusters kann verstanden werden, wenn man die relativen Energieunterschiede der Bindung an freien Kanten- und Oberflächenpositionen vergleicht (siehe Tabelle 22, Isomer 2 und 3). Innerhalb des verwendeten Guptapotenzials bestehen keine signifikanten Differenzierungsmöglichkeiten ($\Delta E = 0{,}03$eV). Da ein Austausch von Atomen der Eckpositionen ausschließlich über eine Kantenverschiebung oder die Oberfläche und nicht auf direktem Weg von Ecke zu Ecke geschehen kann, werden die unter vergleichbaren Temperaturen gefundenen hohen Atommobilitäten der Cluster Cu$_{54}$ und Cu$_{55}$ plausibel. Auf höherem theoretischen Niveau legen DFT-Rechnungen nahe, dass die Mobilität von Kantenatomen gegenüber Oberflächenverschiebung deutlicher bevorzugt ist ($\Delta E = 0{,}81$eV). Der experimentelle Befund zeigt für den Cluster Cu$_{54}^{-}$ in besserer Übereinstimmung mit dieser Beschreibung eine Veränderung der sM^{exp}-Funktion bei einer Temperatur von ca. $T = 400$K (siehe Abbildung 163).

Vergleicht man den simulierten $C_v(T)$-Verlauf des Clusters Cu$_{56}$, so sind neben einer verminderten Schmelztemperatur keine weiteren signifikanten Unterschiede gegenüber Cu$_{55}$ festzustellen. Der Lindemannindex zeigt jedoch bereits ab einer Temperatur von $T = 400$K einen plateauähnlichen Verlauf um $\delta_L \approx 0{,}20$. Man kann bei diesem Wert noch nicht von einem geschmolzenen Cluster sprechen. Die hohe Mobilität der Atome kann durch das zusätzliche Atom auf der Oberfläche erklärt werden. Die statistische Auswertung der simulierten Geometrien zeigt, dass das Atom über der äußeren Schale langsam entlang wandert, für eine kurze Zeit in sie unter Ausbildung einer sechszähligen Rosette eindringt (siehe Abbildung 166, rechts, $T = 530K$) und sie anschließend wieder verlässt. Dabei kann hin und wieder beobachtet werden, dass ein anderes als das eingedrungene Atom die Schale an einer unterschiedlichen, meist gegenüberliegenden Facette des Clusters wieder verlässt. Erst ab einer deutlich höheren Temperatur verflüssigt sich die gesamte Struktur und δ_L steigt über den Wert von 0,3.

Die nächst größeren Kupfercluster Cu_{57} bis Cu_{59} zeigen das gleiche qualitative Verhalten von δ_L mit geringfügigen Variationen: Die Ansatztemperatur des Anstiegs wie auch die Plateaubildung ist unterschiedlich. Der Verlauf der berechneten Wärmekapazitäten zeigt kleine vor dem eigentlichen Schmelzübergang liegende Erhabenheiten, die mit anderen in der Simulation auftauchenden Strukturisomeren in Zusammenhang gebracht werden können. So bildet z.B. der Cluster Cu_{58} auf einer seiner Seitenflächen eine Trimeransammlung, die bei $T = 450K$ aufbricht und eins dieser Atome über die Kante auf eine Nachbarfläche hinüberwandert. Die für diese Cluster bestimmten Schmelztemperaturen T_{sm} liegen deutlich unterhalb denen von $Cu_{55\pm1}$ (siehe Tabelle 23).

Tabelle 23: Simulierte relative Schmelzenthalpien ΔH_{sm} (bezogen auf Cu_{55}) und Schmelztemperaturen T_{sm} (Maximum der C_v-Kurve).

Cluster	ΔH_{sm}	T_{sm}
Cu_{54}	0,987	705K
Cu_{55}	1,000	720K
Cu_{56}	0,962	695K
Cu_{57}	0,945	650K
Cu_{58}	0,943	590K
Cu_{59}	0,940	600K

Die durch Integration der $C_v(T)$-Funktionen bestimmte Schmelzenthalpien ΔH_{sm} zeigen einen maximalen Wert bei der geschlossenschaligen Struktur Cu_{55}. D.h. man benötigt allgemein weniger zugeführte Energie (pro Atom), um eine Struktur mit zusätzlichen Atomen oder einer Fehlstelle zu schmelzen. Man kann aufgrund dieser Gegebenheiten von einem vergrößerten Oberflächenstress in diesen Systemen sprechen.

Die Anpassungen der 0K-Modellstrukturen an experimentelle Beugungsdaten des Clusters Cu_{56}^{-} unterschiedlicher Temperaturen ergeben zu erwartende Skalierungen der freien Fitparameter (siehe Tabelle 24 sowie Kapitel 3.7). Mit steigender Temperatur des Clusterensembles wird die sM^{exp}-Funktion stärker gedämpft (L-Parameter). Ebenso weiten sich mittlere Bindungsabstände bedingt durch anharmonische Schwingungsanregungen um bis zu ca. 0,5% (k_d-Parameter in der harmonischen Näherung). Ein direkter Vergleich der berechneten R_w-Werte ist nicht möglich, da die Gewichtung in den Datensätzen unterschiedlich ist. Wegen des bei hohen Temperaturen geringeren Signal-Rausch-Verhältnisses erhält man jedoch tendenziell größere R_w-Werte.

Tabelle 24: Fitparameter der Modellstruktur des Clusters Cu_{56}^- aus Anpassungen an Beugungsdaten von Clusterionen unterschiedlicher Temperatur T. Angegeben sind mittlere Schwingungsamplituden L, der Skalierungsparameter k_d sowie R_w-Werte.

Temperatur T	k_d	L	R_w
95K	1,013	0,146	1,9%
400K	1,013	0,165	2,5%
530K	1,006	0,230	2,8%

Die genaue Begutachtung der Anpassungen zeigt mit steigender Temperatur eine qualitative Abweichung der experimentellen sM^{exp}-Funktion von der verwendeten Modellfunktion. Der eingeführte Debye-Waller-Faktor kann dieses Verhalten nicht korrigieren.
Der vergrößerte Ausschnitt in Abbildung 167 (rechts) zeigt die Problematik unter den
Bedingungen der höchsten experimentell untersuchten Temperatur $T = 530K$.

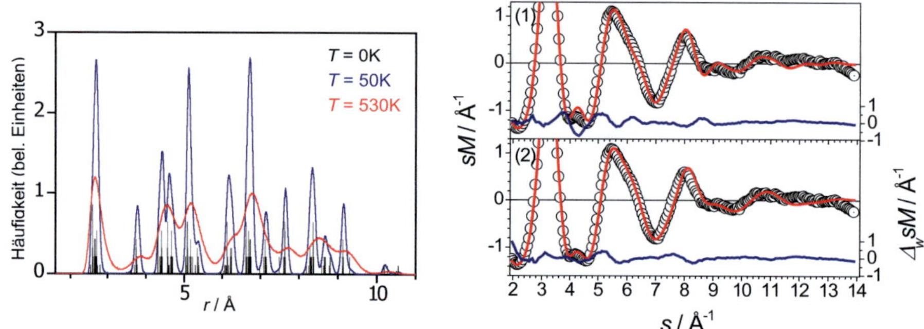

Abbildung 167: *links* – Simulierte Paarverteilungsfunktionen (PDFs) bei verschiedenen Temperaturen T. *rechts* – Anpassung der sM-Funktionen von Cu_{56}^- bei $T = 530K$ (Ausschnitt): (1) 0K-
Isomer (iko+1) und (2) simuliertes Ensemble.

Wie zu Beginn dieses Kapitels diskutiert, ergeben sich v.a. bei großen Streuwinkeln
Abweichungen der angepassten sM^{theo}-Funktion: Die Modellfunktion der 0K-Struktur
des Ikosaeders mit einem Adatom (iko+1) besitzt keine Schulter im Verlauf der
Streufunktion um $s = 6{,}0Å^{-1}$, des Weiteren verschwimmt das Doppelmaximum bei
$s = 8{,}8Å^{-1}$ im Experiment. Ersteres kann durch die Bildung einer Rosettestruktur erklärt
werden (siehe Beispiel Cu_{57}^-, Abbildung 159, Seite 214).

Die Analyse der Momentaufnahmen von Strukturen des simulierten Ensembles bei
Temperaturen von $T = 0K$, 50K und 530K führt zu den in Abbildung 167 (links) dargestellten Abstandsverteilungen (PDF). Man erkennt, dass mit zunehmender Temperatur
die Fernordnung (große r) abnimmt (Verteilung wird breit und konturlos), wohingegen
eine Nahordnung (kleine r) tendenziell weniger stark betroffen ist. Ebenso ist die Verbreiterung der Abstandsgruppen nicht symmetrisch um die 0K-Werte verteilt, wie man
es zunächst im Rahmen der harmonischen Näherung der Schwingungsamplituden erwarten würde. Man sei sich bei dieser qualitativen Analyse der Simulationsergebnisse

jedoch bewusst, dass das Ensemble unter der Temperatur von $T = 530K$ näherungsweise aus zwei leicht unterschiedlichen Strukturtypen mit verschiedenen PDFs, die z.T. für die Veränderungen verantwortlich sein dürften, zusammengesetzt ist.

Die aus der simulierten Abstandsverteilung berechnete sM^{theo}-Funktion weist alle beobachteten charakteristischen temperaturinduzierten Veränderungen der sM^{exp}-Funktion auf. Der R_w-Wert einer Anpassung verbessert sich von 2,8% auf 2,0%. Es ist wahrscheinlich, dass das experimentell untersuchte Ensemble die in der Simulation beobachteten Konfigurationen beinhaltet: Bei niedrigen Temperaturen ($T = 95K$) sitzt das Adatom bevorzugt auf einer Seitenfläche (sM-Streumaximum bei $s = 6,0Å^{-1}$ besitzt keine Schulter). Aufheizen der Cluster führt für den Hochtemperaturteil der boltzmannverteilten Energien zu einem Eindringen des Atoms in die äußere Schale unter Ausbildung einer Rosettestruktur. Diese ist lokalisiert und relaxiert entweder durch spontanes Heraushüpfen eines Atoms oder durch konzertiertes Rutschen von Oberflächenatomgruppen, wobei ein entfernt liegendes Atom aus der Schale gehoben wird. Der Vorgang kann bei $T = 400K$ auf der Zeitskala der Simulation nie, bei 530K selten (ca. jede zehnte Momentaufnahme) beobachtet werden. Experimentell wird die für eine Rosette charakteristische Schulter bereits bei $T = 400K$ beobachtbar. Es ist wahrscheinlich, dass die berechneten Ensembletemperaturen nicht die Realität widerspiegeln: DFT-Rechnungen schätzen den energetischen Abstand der beteiligten Isomere auf 0,13 eV, das für die Simulation verwendete Potenzial ergibt einen ca. doppelt so großen Unterschied. Der Vorgang dürfte also im Experiment entsprechend häufiger bzw. früher auftreten.

Eine Unterscheidung in eine thermisch induzierte Isomerisierung oder einen an der Oberfläche geschmolzenen Cluster ist nicht möglich. Die MD-Simulationen legen nahe, dass die Verweildauer in einer 0K-Gleichgewichtsstruktur deutlich länger ist als in einer Rosettestruktur oder in einem Übergangsbereich hierzu. Der hohe Lindemannindex erklärt sich über den Austausch von Oberflächenatomen über das gleichzeitige konzertierte Relaxieren vieler Atompositionen, wobei die Werte der relativen Bindungslängenfluktuationen stark zunehmen.

Das unterschiedliche thermische Verhalten der homologen Reihe der Cluster Cu_{54}^{-} bis Cu_{58}^{-} wird v.a. an zwei Stellen der sM^{exp}-Funktion deutlich (vgl. Abbildung 168): 1. Eine Schulter im Verlauf des zweiten Maximums der Streufunktion um $s \approx 5,6Å^{-1}$ ist vorhanden. 2. Ein Verschwimmen des dritten Doppelmaximums bei $s \approx 8,6Å^{-1}$ tritt ein. Ersteres weist tendenziell auf eine globale Reorganisation der Oberflächenatome durch ein eingedrungenes Adatom hin. Die zweite Veränderung kann mit einer hohen thermischen Mobilität aller (Oberflächen-)Atome in Verbindung gebracht werden und ist in den 0K-Modellfunktionen nicht sichtbar. Betrachtet man die Streudaten der gesamten Clusterreihe (siehe Abbildung 163, Seite 227), so kann bei einer Temperatur von $T = 95K$ ausschließlich für den Cluster Cu_{57}^{-} eine Schulter im sM^{exp}-Funktionsverlauf entdeckt werden. Die DFT-Rechnungen legen nahe, dass die Formation einer Doppelrosette energetisch sehr günstig liegt. Diese besitzt eine Modellfunktion mit einem stark ausgeprägten Knick im vorderen Bereich um $s \approx 5{,}6\text{Å}^{-1}$ (siehe rote Kurve). Der nächst größere Cluster Cu_{58}^- zeigt an dieser Stelle bei $T = 95\,K$ einen runderen Verlauf, was möglicherweise durch die Aggregation dreier Atome auf einer Facette der 55-atomigen Ikosaederstruktur bedingt ist (siehe Abbildung 168, schwarze Kurve und Abbildung 166). Ein ähnliches Verhalten ist für den Cluster Cu_{56}^- wahrscheinlich.

Werden die hier untersuchten metallischen Partikel aufgeheizt, so tritt bei den größeren Clusterionen ($n > 55$ Atome) zunehmend eine Schulter um $s \approx 5{,}6\text{Å}^{-1}$ hervor, was als Indiz für die weitere Ausbildung einer Rosette gewertet werden kann (siehe Abbildung 168, unten). Am deutlichsten ist dies an den Daten von Cu_{58}^- zu sehen. Das Fehlen dieses Merkmals in den Streufunktionen für die offenschalige Struktur Cu_{54}^- oder Cu_{55}^- ist ein weiterer Beleg für die getroffenen Annahmen. Ein Verschmieren des Doppelmaximums um $s \approx 8{,}6\text{Å}^{-1}$ korreliert ungefähr linear mit der Temperatur in den Fällen von

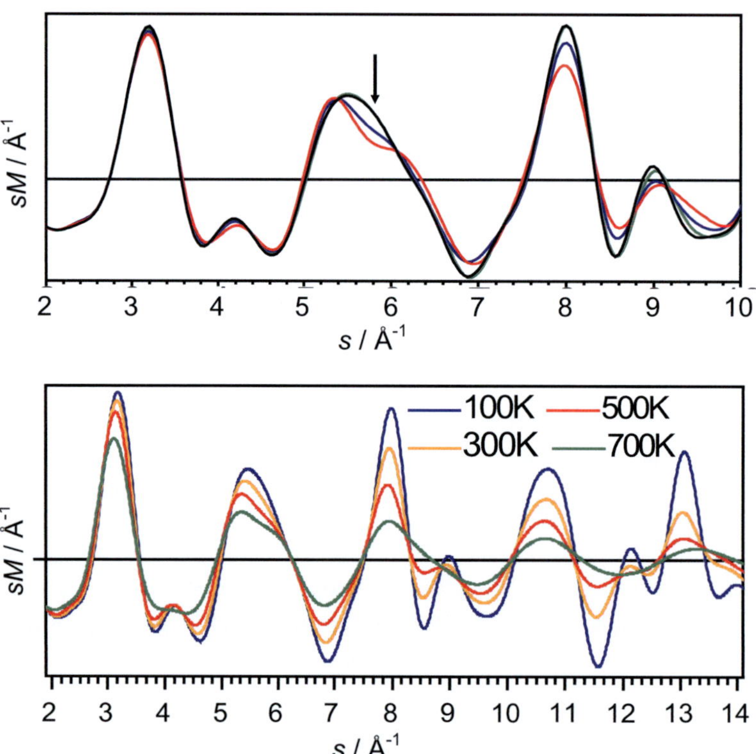

Abbildung 168: *oben* – Modellfunktionen sM^{theo} ($T = 0K$) der Cluster Cu_{56}^- „iko+1" (grün) und Rosette (blau) sowie Cu_{57}^- Doppelrosette (rot) und Cu_{58}^- „iko+Trimer" (schwarz). Die Schulter bei $s = 6{,}0\text{Å}^{-1}$ weist auf eine durch Eindringen von Adatomen gespannte Oberfläche hin. *unten* – sM^{theo}-Funktionen eines Clusterensembles von Cu_{56}^- bei verschiedenen Temperaturen (Moleküldynamiksimulation).

Clustern mit Adatomen. Der Cluster Cu_{55}^- zeigt bis zu einer Temperatur von $T = 400K$ keine signifikanten Veränderungen an dieser Stelle. Für Cu_{54}^- ist dieser prinzipielle Einfluss zwar erkennbar, jedoch schwächer ausgeprägt als bei Clustern mit zusätzlichen Atomen. Die Atome wandern vermutlich leichter als in einer geschlossenschaligen Struktur, verrutschen jedoch wahrscheinlich nur innerhalb derselben Schale und treten nicht auf die Oberfläche. Dies äußert sich kaum in einem Streubild, da dabei lediglich zwei Sorten strukturäquivalenter Atompositionen tauschen (Ecke und Kante), und diese keine signifikanten neuen oder modifizierten Beiträge zur Paarabstandsfunktion liefern.

Ein durch die hinzugefügten Atome beeinflusster Oberflächenstress hängt stark von den Bindungsenergien und geometrischen Gegebenheiten (z.B. optimale Bindungslängen, Strukturmotiv) des Clusters ab. Die Ausbildung einer Rosettestruktur bewirkt, dass alle PDF-Beiträge der 42 übrigen Oberflächenatome hiervon beeinflusst werden und die Atome geringfügige Auslenkung erfahren.

Untersucht man unter Konservierung der Ikosaederstruktur diesen Einfluss durch Austauschen des Elements, so können andere Ergebnisse erwartet werden. Im Anhang A.5 dieser Arbeit finden sich experimentelle sM^{exp}-Funktionen von analogen Silberclusterionen bei $T = 530K$. Die für die Cluster M_{55}^- beider Elemente berechneten Bindungsenergien (pro Atom) sind 2,01 eV (M = Ag) und 2,70 eV (M = Cu). Dabei sind die van-der-Waals-Radii der Silberatome verglichen mit denen des Kupfers um ca. 23% größer. Dortige Untersuchungen zeigen, dass Silberclusteranionen dieser Größe unter denselben thermischen Bedingungen ebenso nicht schmelzen. Die sM^{exp}-Funktionen zeigen ein qualitativ ähnliches Bild. Ausnahmen dieses Verhaltens sind die Cluster Ag_{54}^- und Ag_{55}^-. In diesen speziellen Fällen ist die Mobilität der Atome gegenüber den Kupferanaloga erhöht.

6.3   Aluminiumcluster (Al_n^-, $55 \leq n \leq 147$)

Die Schmelzeigenschaften von Aluminiumclusterionen wurden im Größenbereich von 16–128 Atome (Kationen) und 35–70 Atome (Anionen) mit Hilfe von Multikollisionsdissoziationsexperimenten in der Vergangenheit bereits intensiv von Jarrold *et al.* untersucht.[345,346] Im Folgenden werden die für Aluminiumcluster anhand von Elektronenbeugung gefundenen zugrunde liegenden Strukturmotive sowie Einflüsse der Schwingungstemperaturen bis zu einem Wert von $T = 530K$ auf die Geometrie diskutiert. Dabei steht die Charakterisierung von möglichen Phasenübergängen bzw. Isomerisierungen als zentrale Thematik im Fokus dieser Untersuchung.

6.3.1   Strukturen kalter Aluminiumcluster und Schmelzversuche

Die Strukturmotive von ausgewählten Aluminiumclusteranionen werden im Größenbereich von $n = 55$ bis 147 Atomen vorgestellt. Sie kennzeichnen die bei tiefen Temperaturen vorliegenden Clustergeometrien und werden in gleicher Weise wie die in Kapitel 6.1 untersuchten Kupfercluster mit Beugungsdaten an heißen Clusterionen verglichen. Der Schwerpunkt wird dabei so gelegt, dass qualitative Aussagen über das Schmelzverhalten oder beobachtbare strukturelle Veränderungen gemacht werden können. Nicht für jede untersuchte Clustergröße können befriedigende Strukturvorschläge gemacht werden. Es werden jedoch verschiedene in den letzten Kapiteln aufgetauchte Kandidatstrukturen sowie in der Literatur für Aluminiumcluster vorgeschlagene überprüft und ggf. ausgeschlossen. Dabei handelt es sich sofern nicht kenntlich gemacht um lokale Minima und relative Energien eines Al-Guptapotenzials.[189] Aufgrund ihres außergewöhnlichen Verhaltens bei verschiedenen Temperaturen und der hier möglicherweise gebildeten metastabilen Spezies werden die Strukturen der Cluster Al_{116}^- und Al_{128}^- im anschließenden Abschnitt 6.3.2 separat besprochen.

Al_{55}^-

Die Beugungsdaten an Al_{55}^- unterscheiden sich deutlich von den in Kapitel 5.5 für Übergangsmetalle beobachteten. Aluminium besitzt im Festkörper eine fcc-Kristallstruktur und man könnte anhand der Befunde für Übergangsmetalle schließen, dass der 55-atomige Aluminiumcluster eine ikosaedrische Struktur besitzen muss. Anders als die Nebengruppenelemente verfügt Aluminium über eine volle s- und keine gefüllte d-Schale, sodass p-Elektronen hier signifikant zur Valenzbindung beitragen. Bei kleinen Metallclustern findet man normalerweise eine „Bandlücke" zwischen s- und p-Elektronen. Zwar existieren in der dritten Periode bereits d-Orbitale, jedoch spielt eine s-d-Hybridisierung hier noch keine Rolle.

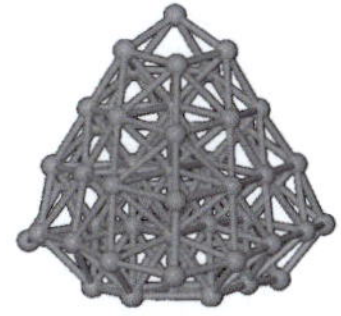  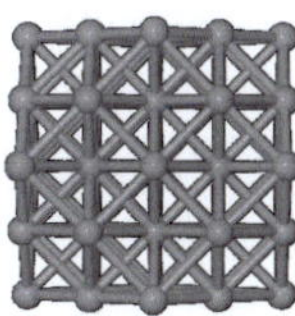

1. C_1, 1,48 eV, R_w = 5,1%[347]   2. I_h, 0,00 eV, R_w = 9,7%   3. O_h, 1,76 eV, R_w = 11,4%

Abbildung 169: Verschiedene Isomere von Al_{55}^- mit Symmetrien, relativen Energien und R_w-Werten.

In Abbildung 169 sind drei verschiedene Strukturisomere für Al_{55}^- aufgeführt. Neben dem Mackayikosaeder der Übergangsmetalle (2) kann ebenso ein Festkörperausschnitt (Kuboktaeder, Isomer 3) für die experimentell untersuchte Clusterstruktur ausgeschlossen werden. Alle drei Isomere wurden innerhalb eines Guptapotenzials für den Aluminiumfestkörper relaxiert. Die dabei bestimmten relativen Energien sind als grobe weitere Anhaltspunkte für eine Bewertung zu verstehen. Die Anpassungen der Isomere (2) und (3) führen zu R_w-Werten von mehr als 9% und ihre sM^{theo}-Modellfunktionen zeigen qualitative Abweichungen bei $s = 3,8\text{Å}^{-1}$ bzw. $s = 4,8\text{Å}^{-1}$ (siehe Abbildung 170). Die beste Übereinstimmung erreicht man mit einer verzerrt dekaedrischen Struktur (1). Diese Struktur wurde von Ma $et\ al.$ im Zuge der Untersuchung und Interpretation der elektronischen Struktur von kalten Aluminiumclusteranionen mit Photoelektronenspektroskopie vorgeschlagen.[347] Der errechnete R_w-Wert für dieses Isomer beträgt 5,1%.

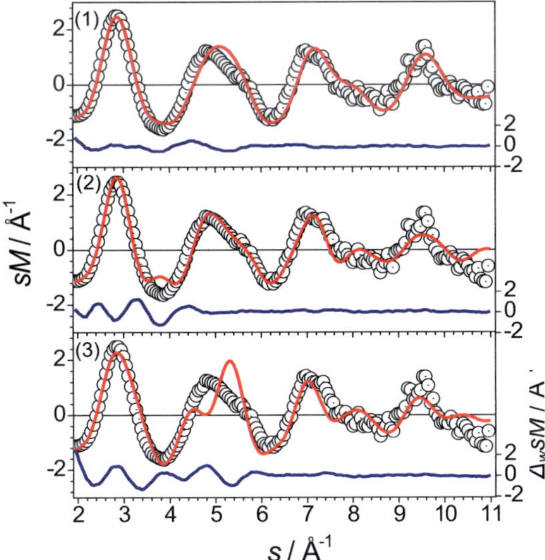

Abbildung 170: Experimentelle sM^{exp}-Funktion (schwarze offene Kreise) und theoretische sM^{theo}-Funktion (rote Linie) der drei folgenden Strukturmotive von Al_{55}^-: verzerrt dekaedrisch[347] (1), Ikosaeder (I_h, 2) und Kuboktaeder (O_h, 3). Die blaue Linie entspricht der gewichteten Abweichung $\Delta_w sM$.

Die Modellfunktion dieses Isomers stimmt im Bereich des zweiten Streumaximums (s = 3,8Å^{-1} bis 5,6Å^{-1}) auch nicht besonders gut mit den experimentellen Daten überein. Bei Wärmekapazitätsmessungen von Starace *et al.* wurde bei dieser Clustergröße für den negativen Ladungszustand ein breiter Schmelzbereich festgestellt.[2] Im positiven Ladungszustand hingegen zeigte sich für den Cluster ein sehr schmales Maximum in der Wärmekapazität. Zur Erklärung der Verbreiterung im ersten Fall musste ein Dreizustandsmodell unter Verwendung eines weiteren festen Zustands (Isomer) herangezogen werden. Rechtfertigen lässt sich das Auftreten von Isomerengemischen laut Ma in diesem Größenbereich durch einen schwachen Einfluss der elektronischen Struktur auf die Geometrie des Clusters. Aufgrund der Trivalenz des Aluminiums existieren elektronische Schalenabschlüsse bei n = 20, 46 und 66 Atomen. Die 55-atomige Struktur liegt in einem intermediären Bereich.

Al$_{69}{}^{-}$

Al$_{69}{}^{-}$ wurde ausgewählt, da Stoßdissoziationsexperimente von Starace *et al.* eine außergewöhnlich niedrige Schmelztemperatur von ca. 480K ergaben, die im TIED-Experiment prinzipiell realisiert werden kann.[2] In Abbildung 171 sind verschiedene Modellstrukturen für den Cluster Al$_{69}{}^{-}$ dargestellt.

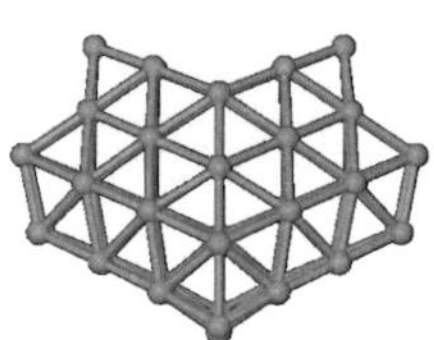 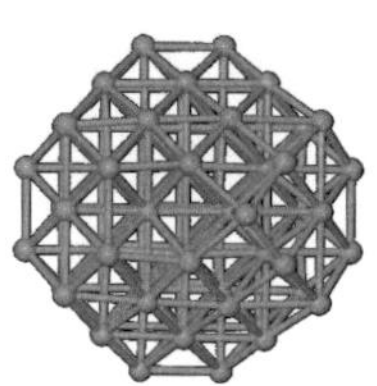 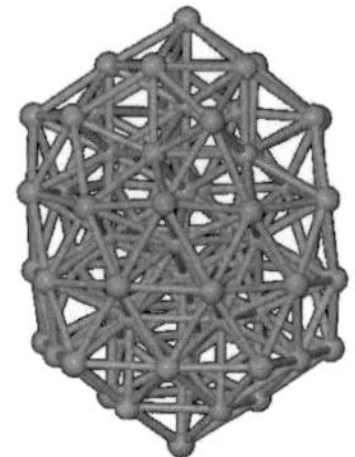

1. C_{2v}, 1,83 eV, R_w = 3,6%   **2. C_s, 0,38 eV, R_w = 3,4%**[347]   **3. C_1, 0,00 eV, R_w = 9,4%**

Abbildung 171: Verschiedene Isomere von Al$_{69}{}^{-}$ mit Symmetrien und R_w-Werten. Die fett markierten Isomere können zugeordnet werden.

Sie repräsentieren die Familien der dekaedrischen Strukturen (mit Stapelfehlern) (1), fcc-ähnliche Strukturen (2) sowie den ikosaedrischen Typ (3). Die Verbindung (2) ist von Aguado *et al.* für diesen Cluster vorgeschlagen.[347] Ebenso wurden homologe Strukturen von Isomer (1) in einem kleineren Größenbereich von 56 bis 61 Atomen diskutiert. Der ikosaedrische Bindungstyp entstammt einem für Aluminium parametrisierten semiempirischen Potenzial[189], das bevorzugt ein solches Bindungsmotiv bildet und aus diesem Grund für (3) die Grundzustandsenergie liefert. Zu einem geometrischen Teilschalenabschluss (n = 71) fehlen noch zwei weitere Atome.

Aufgrund des relativ hohen R_w-Werts (9,4%) kann dieser Strukturtyp (3) eindeutig ausgeschlossen werden. Die beste Übereinstimmung mit dem Beugungsexperiment wird mit dem fcc-ähnlichen Isomer (2) möglich ($R_w = 3,4\%$). Einen äquivalenten Wert erhält man für Isomer (1) (3,6%). Obwohl beide Strukturtypen ein deutlich anderes Bindungsmotiv darstellen, wird aufgrund des R_w-Werts keines begünstigt. Begutachtet man daraufhin die qualitative Übereinstimmung der sM^{theo}-Modellfunktionen als weiteren Anhaltspunkt, so muss jedoch das fcc-artige Isomer mit dem kleinsten R_w-Wert als hauptbeitragender Anteil am Clusterensemble ausgeschlossen werden (siehe Abbildung 172). Ein Doppelmaximum der sM^{exp}-Funktion kann um $s \approx 5\text{Å}^{-1}$ nicht beobachtet werden. Stattdessen passt der Verlauf des Strukturkandidats (1) bis auf den (stark gewichteten und den Betrag des R_w-Werts bestimmenden) Bereich um $s = 3,8\text{Å}^{-1}$ sehr gut. Eine Mischung der Isomere (1) und (2) im Verhältnis 60:40 führt zu einer Verbesserung des R_w-Werts auf 2,2%. Die Übereinstimmung der zusammengesetzten sM-Funktion ist im Verlauf des zweiten und dritten Maximums der Streuamplitude weiterhin nicht optimal, weshalb vermutet werden muss, dass so eine Mischung dieser Strukturen im TIED-Experiment möglicherweise nicht vorlag. Es ist jedoch wahrscheinlich, dass die untersuchten Clusterionen eine Struktur aus einer (um $s \approx 3,8\text{Å}^{-1}$ dann besser übereinstimmende) oder sogar beiden (Mischung) dieser Strukturfamilien besitzen.

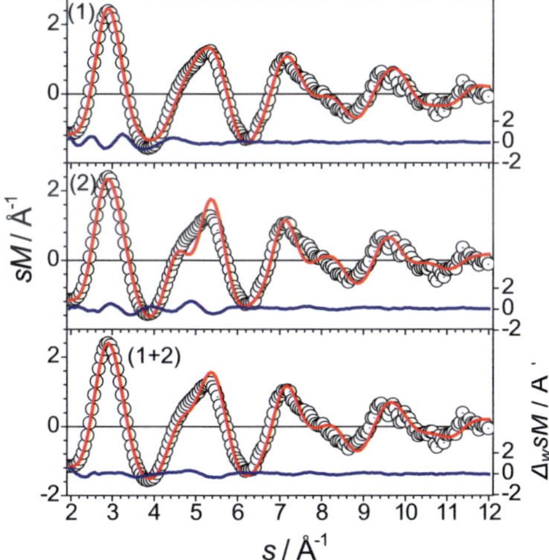

Abbildung 172: Experimentelle sM^{exp}-Funktion (schwarze offene Kreise) und theoretische sM^{theo}-Funktion (rote Linie) der Isomere 1 (dekaedrisch) und 2 (fcc mit Fehlstellen)[347] von Al_{69}^- sowie einer Mischung (60:40). Die blaue Linie entspricht der gewichteten Abweichung $\Delta_w sM$.

Al_{147}^-

Für den Cluster Al_{147}^- kann man im Beugungsbild eine klare fcc-Signatur erkennen (siehe Abbildung 173). Der Vergleich verschiedener Festkörperausschnitte (vgl. Palladiumcluster, Abschnitt 5.3.3) deutet präferenziell auf das neben der Anpassung dargestellte gekappte Oktaeder hin (R_w-Wert: 2,8%). Die verwendeten Strukturen sind erneut in einem Al-Guptapotenzial relaxiert.[189] Gegenüber einem Kuboktaeder (R_w-Wert: 4,1%) besitzt diese Anordnung v.a. wenige (100)- und viele (111)-Oberflächen. Die niedrig koordinierten Eckpositionen sind wahrscheinlich gekappt und deren Atome bilden auf einer Seitenfläche eine sechseckige aufgesetzte Struktur. Sämtliche fcc-Ausschnitte zeigen um die Stelle $s = 6,2$Å^{-1} der sM^{exp}-Funktion einen mehr oder weniger ausgeprägten progressiven Anstieg des nachfolgenden Streumaximums. Stapelfehler in der Schichtabfolge führen hier i.d.R. zu einem symmetrischen Minimumverlauf der sM^{theo}-Funktion (siehe Abschnitt 6.3.2).

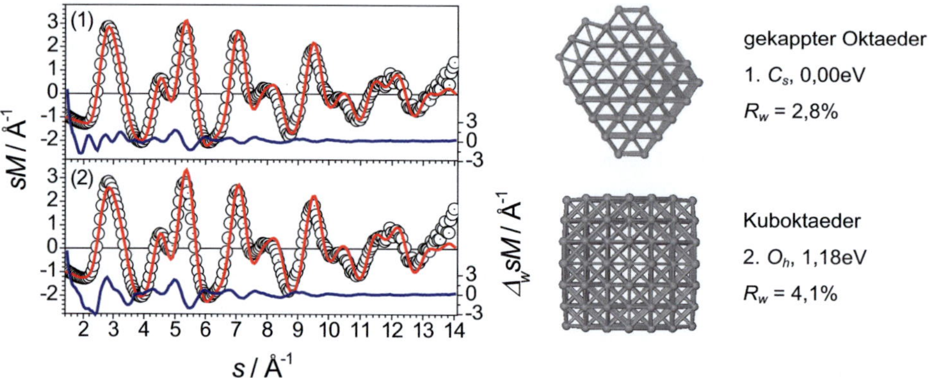

Abbildung 173: Experimentelle sM^{exp}-Funktion (schwarze offene Kreise) und theoretische sM^{theo}-Funktion (rote Linie) von zwei fcc-Modellstrukturen von Al$_{147}^-$: gekappter Oktaeder mit sechs Adatomen (1) und Kuboktaeder (2). Die blaue Linie entspricht der gewichteten Abweichung $\Delta_w sM$.

Die für Schmelzexperimente ausgewählten Clustergrößen wurden z.T. in Stoßdissoziationsexperimenten untersucht. Die Maxima in aufgezeichneten Wärmekapazitätskurven $C(T)$ werden dort zur Bestimmung der Schmelztemperaturen herangezogen.[2] Anionische Aluminiumcluster wurden bis zu einer Größe von $n = 71$ Atomen hierauf untersucht. Aufgrund des geringen Streuquerschnitts (Kernladungszahl $Z_{Al} = 13$) ist das Signal-Rausch-Verhältnis vergleichsweise gering und der kleinste noch bei hohen Temperaturen untersuchbare Cluster mit einem gleichzeitig niedrigem Schmelzpunkt ist Al$_{69}^-$. Die Verflüssigung dieses Clusters wird nach Starace et al.[2] bei ca. $T = 480$K erwartet. Für größere Aluminiumcluster bis 128 Atome existieren lediglich Schmelzdaten positiv geladener Cluster. Für die Clusterreihe Al$_{90}^+$ bis Al$_{99}^+$ verbleibt die Schmelztemperatur nahezu konstant bei ~590K und ist damit gleichzeitig niedriger als für größere und kleinere Cluster. Ein Vergleich der Ladungsabhängigkeit im Bereich kleiner Clustergrößen zeigt eine mit wenigen Ausnahmen übereinstimmende Größenabhängigkeit der Schmelztemperaturen. Das Schmelzverhalten anionischer Cluster ist dabei tendenziell um ca. ein Atom zu kleineren Größen verschoben. Dieser Datenverlauf wurde für eine weitere Auswahl anionischer Cluster für Beugungsexperimente extrapoliert. Eine exakte

Übereinstimmung der Schmelzbereiche beider Polaritäten ist für größere Aluminiumcluster zwar nicht notwendigerweise gegeben, jedoch eine erste brauchbare Annahme. Der Verlauf der Schmelztemperaturen positiv geladener Cluster zeigt zwei Minima bei den Clustern Al_{94}^{+} ($T_{sm} \approx 570K$) und Al_{114}^{+} ($T_{sm} \approx 590K$). Ebenso existiert ein sehr steiler Übergang zwischen Al_{99}^{+} und Al_{100}^{+} ($T_{sm} \approx 600K \rightarrow 640K$). Diese Werte liegen ausnahmslos außerhalb des experimentell zugänglichen Temperaturbereichs von TIED. Generell ist die Größenabhängigkeit der Schmelztemperatur gegenüber anderer Clustereigenschaften gedämpft, da sich Bindungsenergien (innere Energie) und Schmelzentropien (ΔS_{sm}) meist gegenläufig verhalten: Eine bei tiefen Temperaturen energetisch präferierte (kleines G, freie Enthalpie) hochsymmetrische (kleines S, Entropie) und stark gebundene Anordnung (kleines U, innere Energie) benötigt bis zur Verflüssigung einen hohen Anstieg der inneren Energie (in Form von thermischer Bewegung) und besitzt aus diesem Grund meist einen höheren Schmelzpunkt. Der Entropiebeitrag (ΔS) steigt in solch einem Fall jedoch stärker an als bei einer zuvor bereits ungeordneten Struktur (großes S), weshalb ein Phasenübergang tendenziell wieder früher eintreten kann. Die ausgewählten Cluster sind: Al_{69}^{-}, Al_{94}^{-}, Al_{100}^{-}, Al_{128}^{-} und Al_{147}^{-}.

In Abbildung 174 sind die experimentellen sM^{exp}-Funktionen bei $T = 95K$ und $530K$ (soweit vorhanden) gegenübergestellt. Das fcc-Bindungsmotiv des Clusters Al_{147}^{-} bleibt auch zu höheren Schwingungstemperaturen bestehen. Ebenso ist für den Cluster Al_{128}^{-} eine fcc-artige Struktur bei beiden experimentellen Temperaturen zu beobachten. In letztem Fall sind jedoch geringe Abweichungen der Hochtemperatur-sM^{exp}-Funktion um die Stelle $s = 6Å^{-1}$ zu erkennen. Eine genauere Analyse dieses Unterschiedes wird im anschließenden Kapitel ausgeführt.

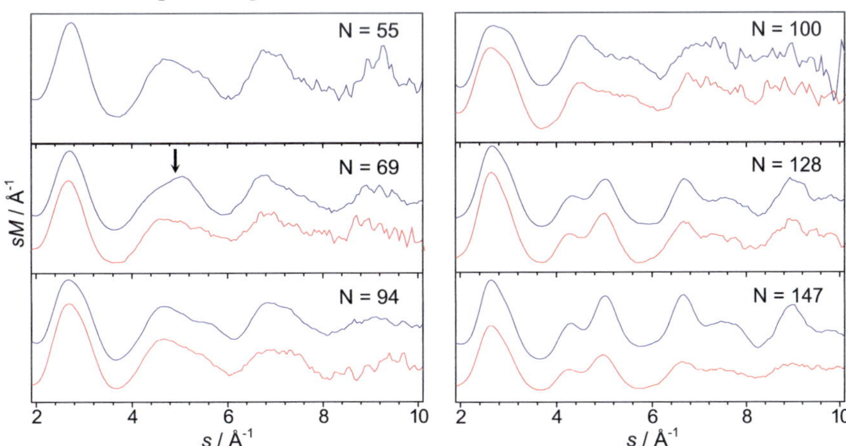

Abbildung 174: Experimentelle sM^{exp}-Funktion (genäherter Hintergrund) der Aluminiumclusteranionen Al_n^{-} ($n = 55, 69, 94, 100, 128, 147$) bei $T = 95K$ (blaue Kurve) und $T = 530K$ (rote Kurve). Die deutlichsten Änderungen sind bei Al_{69}^{-} zu erkennen (siehe Pfeil).

Im Gegensatz zu den Analysen ikosaedrischer Kupferstrukturen (siehe Kapitel 6.1) stellen die größeren untersuchten Aluminiumcluster mit $n = 128$ und 147 Atomen einen Ausschnitt des Festkörperkristallgitters dar. Tabelle 25 sind von fcc-Kandidatstrukturen ausgehend berechnete Aufweitungen der mittleren Bindungslängen $<d>_{exp.}$ bei Temperaturerhöhung um $\Delta T = 435K$ zu entnehmen. Sie liegen im Größenbereich von ca. 0,5–0,8% und sind damit mit thermischen Ausdehnungen makroskopischer Aluminiumkörper vergleichbar. Der lineare Ausdehnungskoeffizient α ist für tiefe Temperaturen in der Literatur bekannt.[325] Die größere gefundene Abweichung für den Cluster Al_{128}^- ist möglicherweise mit der Ausbildung von Stufendefekten bei kalten Aluminiumclustern verknüpft und nicht ausschließlich auf anharmonische Schwingungsbeiträge zurückzuführen (siehe folgender Abschnitt 6.3.2). Die absoluten mittleren Bindungslängen in den (kalten) fcc-Strukturen von Al_{128}^- und Al_{147}^- weichen um ca. -3,2% vom Festkörperwert 2,863Å[348] zu kleineren Abständen ab.

Tabelle 25: Absolute mittlere Bindungslängen $<d>_{exp.}$ bei $T = 95K$ und relative thermische Ausdehnung $\Delta<d>_{exp.}$ bei $T = 530K$. Vergleich mit bekanntem Ausdehnungsverhalten des Festkörpers bei tiefen Temperaturen (Abbildung rechts).[325]

Cluster	$<d>_{exp.}$	ΔT	$\Delta<d>_{exp.}$ [a]
Al_{128}^-	2,77Å	435K	+0,78%
Al_{147}^-	2,78Å	435K	+0,54%

[a] Erwartete Längenausdehnung bei fcc-Festkörper: +0,71% ($\Delta T = 435K$).

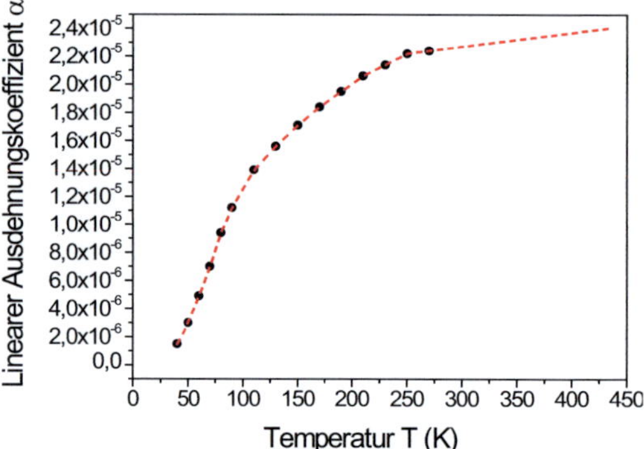

Für typische Metalle wie auch Aluminium werden Schmelztemperaturen unterhalb der des Festkörpers beobachtet, sobald man die Korngröße der Partikel verkleinert. Erklären lässt sich diese Eigenschaft durch eine gegenüber dem makroskopischen Körper erhöhte Oberflächenenergie der Cluster.[349–351] Da ab einer Größe von ca. 128 Atomen eine solche entsprechende Gitterstruktur gefunden wird und keine weiteren Wechsel des Strukturmotivs mehr zu erwarten sind, kann in erster Näherung vermutet werden, dass die Schmelztemperaturen dieser Cluster in etwa mit $n^{-1/3}$ (Verhältnis Oberfläche zu Volumen einer Kugel) skalieren. Experimentell wurde dies für Aluminiumcluster mit Kalorimetriemessungen auf Oberflächen (Si_3N_4) ausgehend von makroskopischen Partikeln bis zu einer Clustergröße von 2nm von Lai *et al.* untersucht.[352] Hier konnte eine Schmelzpunkterniedrigung um 140K (Festkörper: $T_{sm} = 933,47K$) für die kleinste Clustergröße bestimmt werden. Der im Beugungsexperiment untersuchte Cluster Al_{147}^- besitzt einen Durchmesser von ca. 1,5nm. Verschiedene theoretische Modellierungen sagen eine Schmelztemperatur unterhalb von 600K voraus.[353,354] In Anbetracht des für Al_{138}^+ gefundenen Werts von ca. 650K[2] kann man für Al_{147}^- eine Schmelztemperatur zwischen diesem und ca. 800K vermuten.

Aluminiumclusteranionen mit weniger als 100 Atomen besitzen andere Strukturmotive (siehe Abbildung 174). Al_{94}^- und Al_{100}^- zeigen bei einer Temperatur $T = 95K$ ein relativ ähnliches Streubild und besitzen eine angedeutete Schulter im zweiten Streumaximum der sM^{exp}-Funktion. Diese Eigenschaft könnte darauf hinweisen, dass in diesem Größenbereich ein ähnliches Bindungsmotiv der einzelnen Cluster vorliegt. Anhand der Streudaten von Al_{94}^- können rein ikosaedrische oder rein dekaedrische Strukturen ausgeschlossen werden. Wie von Starace *et al.* vermutet, ist in diesen Fällen eine relativ ungeordnete, globuläre Struktur realisiert. Der relativ kompakte Clusterkern wird dabei von vielen weiteren Atomen vergleichsweise lose umgeben, was zu einer breiten PDF, d.h. zu vielen verschiedenen Bindungslängen nächster Nachbaratome, führt. Dieses „Strukturmotiv" wurde bereits für verschiedene Größenbereiche der Aluminiumcluster vorgeschlagen (z.B. Al_{64}^- bis Al_{68}^-).[2] Es wäre interessant, ob Stoßdissoziationsuntersuchungen für negativ geladene Cluster in dieser Größenordnung ein von den kationischen Strukturen abweichendes Bild ergäben. Ein signifikanter Temperatureinfluss auf die gefundenen Streudaten kann jedenfalls bis zu einer Temperatur von $T = 530K$ nicht festgestellt werden.

Im Falle des Clusters Al_{69}^- sollte es möglich sein – sofern der Einfluss der Ladung vernachlässigbar ist – einen flüssigen (hochentropischen) Zustand zu erreichen. In der Tat kann eine thermisch induzierte Veränderung der sM^{exp}-Funktion beobachtet werden. Der Verlauf um das zweite Streumaximum ändert seine Form von einer linken Schulter zu einer rechten (siehe Pfeil in Abbildung 174). Er zeigt nun Ähnlichkeiten zu den bei Größen von 94 und 100 Atomen aufgenommen Streufunktionen. Ein strukturloser periodischer Verlauf der sM^{exp}-Funktion, wie er für einen geschmolzenen Cluster zu erwarten wäre (siehe Abbildung 165, Seite 231), wird jedoch nicht beobachtet. Die strukturelle Analyse des Clusterensembles kann mit Hilfe eines Zweizustandssystems erfolgen, wobei ein Teil der Cluster entweder vollständig geschmolzen oder vollständig fest vorliegen. Ihre Zustände wechseln spontan (DC, *dynamic coexistence*).[355–358] Auf diese Weise wird eine energetisch ungünstige Phasengrenze zwischen flüssigem und festem Anteil des Clusters vermieden. Für das Ermitteln einer Modell-sM-Funktion muss eine Superposition aus (fester) 0K-Struktur und einer geschmolzenen Struktur verwendet werden. Die $C(T)$-Abhängigkeit wurde von den Autoren für Al_{69}^- nicht explizit analysiert, jedoch kann ein breites Maximum in der Wärmekapazität, wie er ebenso für Al_{66}^- gefunden wird, erfolgreich mit diesem zweistufigen Modell erklärt werden.[2] Der Abstand der Datenpunkte in den Stoßexperimenten beträgt $\Delta T = 50K$. Eine Interpolation lässt vermuten, dass an den Punkten $T_1 = 500K$ ca. 50%, $T_2 = 550K$ ca. 70% und bei $T_3 = 600K$ ca. 90% der Cluster geschmolzen sind. Davon ausgehend muss für das Beugungsexperiment vermutet werden, dass eine signifikante Anzahl an Clusterionen in einer festen Struktur vorlagen.

Die Schwierigkeit einer Anpassung eines Zweizustandssystems an die verfügbaren Beugungsdaten liegt in den stets unzureichenden Modellbeschreibungen begründet. V.a. die Genauigkeit der Bestimmung einzelner Atomabstände in den vermuteten Strukturen ist hier von Bedeutung. In einem Einzustandmodell können systematische Abweichungen im Rahmen einer Anpassung korrigiert werden (k_d-Parameter). Es ist nicht davon auszugehen, dass die daraus gewonnene Festlegung einer einheitlich skalierenden mittleren Bindungslänge ebenso für ein flüssiges Modell zutrifft. Man erwartet in einer geschmolzenen Clusterform einen aufgeweiteten Abstand (siehe Tabelle 25). Die Werte der mittleren Bindungslänge in einer festen Clusterstruktur können anhand der Streudaten bei $T = 95\,K$ extrahiert werden. Das Verhältnis der k_d-Werte gegenüber dem flüssigen Modell ist jedoch *a priori* unbekannt. In Abbildung 175 ist die Streufunktion eines modellierten geschmolzenen Clusterensembles (MD-Simulation, siehe Abschnitt 6.2.1 für die Durchführung) an den experimentellen Datensatz angepasst. Dabei wurde ein semiempirisches Potenzial verwendet, das bevorzugt ikosaedrische Strukturen im Größenbereich des Clusters Al_{69}^{-} bildet.[189] Die simulierte Temperatur beträgt 700K und es liegt zweifellos eine flüssige Struktur vor ($\delta_L = 0{,}35$).

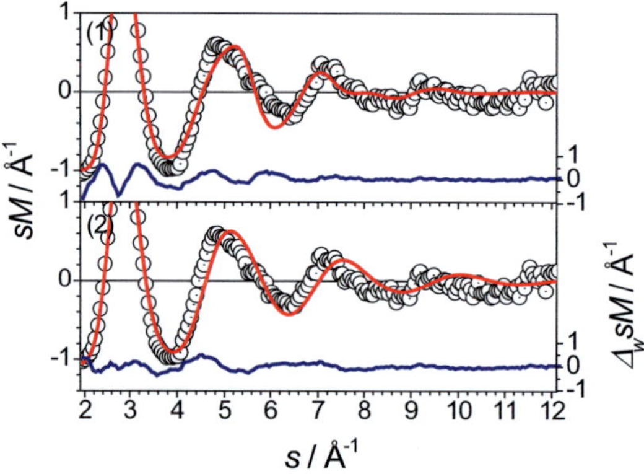

Abbildung 175: Anpassung der sM^{theo}-Funktionen von Al_{69}^{-} bei $T = 530\,K$ (Ausschnitt): (1) 0K-Isomer (verzerrt dekaedrisch) und (2) simuliertes Ensemble (Aluminium-Guptapotenzial bei 700K). Die Anpassung einer Mischung scheitert an unterschiedlichen systematischen Fehlern in den zwei Zustandsmodellen fest und flüssig.

Die Anpassung des simulierten Ensembles ergibt einen R_w-Wert von 4,7%, die der 0K-Struktur (verzerrt dekaedrisch, Isomer 1) 6,6%. Im unteren Graphen ist zu erkennen, dass der sM^{theo}-Verlauf des geschmolzenen Ensembles insbesondere im Bereich des zweiten Streumaximums den experimentellen Befund qualitativ besser erklärt. Für große Streuwinkel zeigt sich eine zunehmend schlechtere Übereinstimmung. Die Schwächen des verwendeten Potenzials könnten die Abweichung z.T. verschulden. Der elektronische Freiheitsgrad und sein Einfluss auf den Schmelzprozess finden hierin keine ausreichende Berücksichtigung. Es wird deshalb vermutet, dass die elektronische Struktur von Aluminiumclustern entscheidend vom Aggregatzustand beeinträchtigt ist und sie zur Erklärung der gefundenen Fluktuationen der Schmelztemperaturen berücksichtigt werden muss.[346,359]

Neben dieser Modellproblematik ist es jedoch sehr wahrscheinlich, dass – wie oben bereits gesagt – unter den experimentellen Bedingungen ein signifikanter Anteil der Cluster in einem festen Zustand vorliegt.

6.3.2 Die Fälle Al$_{116}^-$ und Al$_{128}^-$ – Hinweise auf Metastabilität?

Zwei der von Jarrold *et al.* untersuchten Clustergrößen weisen in einem positiven Ladungszustand ungewöhnliche Verläufe der Wärmekapazitätskurven $C(T)$ auf.[2,360] Im TIED-Experiment können die analogen negativ geladenen Cluster untersucht und Veränderungen in ihren Streudaten abhängig von der Thermalisierung der Cluster beobachtet werden. Im Folgenden sollen Erklärungsversuche für die thermisch induzierten strukturellen Veränderungen gegeben und der Bereich des Motivwechsels hin zu fcc-ähnlichen Strukturen eines Festkörpergitters (Al$_{147}^-$) genauer beleuchtet werden.

In Abbildung 176 sind experimentelle sM^{exp}-Funktionen (genäherter Hintergrund) des Clusters Al$_{116}^-$ bei $T = 95K$ und $530K$ gegenübergestellt. Die Hochtemperaturstreufunktion (rote Kurve) zeigt das für den fcc-Bindungstyp charakteristische Muster eines Doppelmaximums im Bereich um $s = 4{,}8\text{Å}^{-1}$. Kalte Clusterionen zeigen an dieser Stelle einen stark verwaschenen Verlauf, der am ehesten als ein Streumaximum mit angedeuteter Schulter beschrieben werden kann (siehe schwarze Markierung).

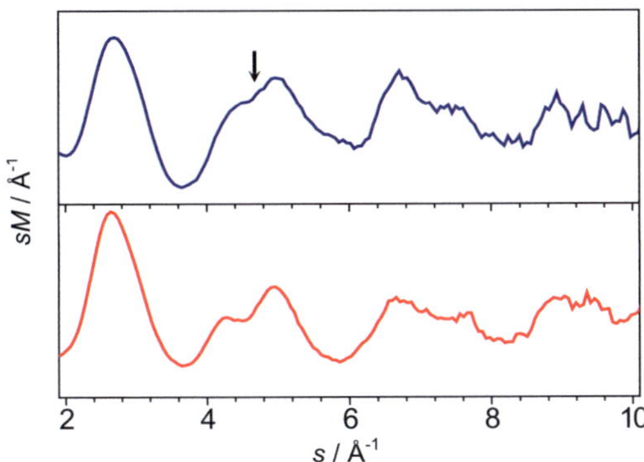

Abbildung 176: Experimentelle sM^{exp}-Funktion (genäherter Hintergrund) des Aluminiumclusteranions Al$_{116}^-$ bei $T = 95K$ (blaue Kurve) und $T = 530K$ (rote Kurve). Die Hochtemperaturstruktur zeigt einen fcc-typischen sM^{exp}-Verlauf.

Wärmekapazitätsmessungen der Clusterionen Al_{115}^{+} bis Al_{117}^{+} ergeben zwei Maxima im Temperaturverlauf bei ca. $T = 450K$ und $600K$, die auf einen Phasenübergang (Entropieanstieg) hindeuten.[2] Die Autoren verwenden zur Interpretation ihrer Daten ein Dreizustandsmodell.[360] Dabei werden mögliche elektronische Einflüsse auf einen Strukturwandel erfasst. Prinzipiell müssen drei Fälle Berücksichtigung finden: 1. Teilweises Schmelzen einer vorliegenden einheitlichen Clusterstruktur (z.B. der Oberfläche, *premelting*), 2. zwei zunächst simultan vorliegende Isomere mit unterschiedlichen Schmelztemperaturen, und 3. ein fest-fest-Strukturübergang in eine isomere Verbindung höherer Enthalpie findet sequenziell mit einem daran anschließenden Schmelzvorgang statt.

Das Anschmelzen (*premelting*) von relativ kompakten Aluminiumoberflächen $Al(111)$ und $Al(001)$ ist experimentell nicht bekannt,[349,361] geöffnete Oberflächen wie z.B. $Al(110)$ verflüssigen sich dahingegen unter kontinuierlicher Temperaturerhöhung lagenweise[349,362,363]. Dieser sequenzielle Vorgang wird von Starace *et al.* für die Aluminiumclusterkationen aufgrund von Heizexperimenten ausgeschlossen: Nach einem einmaligen Überschreiten der charakteristischen Temperatur des ersten Übergangs mit einem anschließenden Ausfrierprozess kann das erste Ergebnis nicht erneut reproduziert werden. Im Falle einer angeschmolzenen Clusteroberfläche (Fall 1) würde man zunächst einen reversiblen und mehrmals wiederholbaren Vorgang erwarten. Ein weiteres Erwärmen über das zweite $C(T)$-Maximum hinaus (postulierter Schmelzübergang) zeigt, dass ein Wechsel an dieser Stelle zwischen fester und flüssiger Struktur reversibel stattfindet. Die Autoren kommen deshalb zu dem Schluss, dass auch Fall 2 ausgeschlossen werden kann. Ihre Interpretation des ersten Anstiegs im $C(T)$-Diagramm wird auf eine Isomerisierung zweier fester Strukturen zurückgeführt. Die zwischen $T = 450K$ und $600K$ vorliegende Clustergeometrie besitzt eine höhere innere Energie. Eine Transformation in die Gleichgewichtsstruktur tiefer Temperaturen im Rahmen einer weiteren Abkühlung ist auf der Zeitskala ihres Experiments kinetisch gehemmt. Der dann untersuchte Cluster entspricht deshalb unterhalb von $T = 450K$ einer überhitzten Festphase. Der thermodynamische Grundzustand dieses Clusters wird bei seiner Erzeugung durch epitaktisches Wachstum an kleinere Clusterstrukturen gefunden.

Es wird an dieser Stelle vermutet, dass für den anionischen Cluster Al_{116}^{-} ein vergleichbares Verhalten gilt und angenommen werden kann. Möglicherweise ergäben wegen der um $\Delta n = -1$ verschobenen Schmelzeigenschaften $C(T)$-Messungen der Cluster Al_{114}^{-} bis Al_{116}^{-} das oben für den positiven Ladungszustand beschriebene Verhalten (siehe Abschnitt 6.3.1).[2]

Durch die von Starace *et al.* durchgeführten Experimente kann nicht eindeutig geklärt werden, ob sämtliche erzeugten Clusterionen ausschließlich in ihrer Grundzustandskonfiguration vorliegen. Es ist denkbar – wenn auch nicht wahrscheinlich, dass ein Bruchteil der später in Stoßdissoziationsexperimenten untersuchten Cluster die beschriebene Strukturumwandlung bereits während ihres Wachstumsprozesses vollführt und auch abgekühlt in diesem Zustand gefangen bleibt. Ein Aufheizen der unter diesen Bedingungen metastabilen Struktur würde lediglich von einem überhitzten zu einem thermodynamisch stabilen Zustand führen, es könnte jedoch von dieser Spezies kein Beitrag im $C(T)$-Verlauf festgestellt werden. Ergänzend muss an dieser Stelle betont werden, dass die im Rahmen dieser Arbeit ausgeführten Beugungsexperimente allen Clusterionen vor der eigentlichen Durchführung ein Teil ihrer kinetischen Energie von ca. 25eV durch Stöße mit Heliumgas in Schwingungsmoden zugeführt wird. Die exakte Maximaltemperatur kann aus den vorliegenden Daten nicht bestimmt werden. Eine Umwandlung zur Hochtemperaturstruktur sollte bei einer Prozesseffizienz von ungefähr 50% der kinetischen Energie möglich sein (12eV $\rightarrow$ $\Delta T \approx 400$K)[359].

Die folgende Interpretation der TIED-Daten muss aus diesen genannten Gründen zwei Möglichkeiten berücksichtigen: 1. Das Clusterensemble bei einer Temperatur von $T = 95$K lässt sich mit einer einzigen Modellstruktur beschreiben. 2. Es liegt eine binäre Mischung unterschiedlicher Clusterstrukturen vor, die mit zwei sM^{theo}-Funktionen erklärt werden müssen. Letzter Fall lässt sich möglicherweise durch einen qualitativen Vergleich der Streudaten stützen (siehe Abbildung 176). Beide sM^{exp}-Funktionen zeigen eine gewisse Ähnlichkeit. Die Tieftemperaturfunktion kann scheinbar einfach aus der bei $T = 530$K gemessenen sM^{exp}-Funktion durch Addition eines weiteren kleinen Beitrags, der ein unstrukturiertes zweites Streumaximum besitzt, erzeugt werden. Theoretisch liegt es im Rahmen der Möglichkeit durch eine einfache Subtraktion einer fcc-ähnlichen Modellfunktion oder sogar der experimentellen Hochtemperaturfunktion eine genäherte sM-Funktion des zweiten Isomers zu erzeugen. Im vorliegenden Fall scheitert dies jedoch aus mehreren Gründen, wie z.B. dem unbekannten experimentellen Hintergrund, der nicht exakt identischen Ionenwolken und den Temperatureinflüssen der Schwingungsverbreiterung (DWF).

Bei einer Strukturanalyse des Hochtemperaturensembles kann, wie bereits für größere (kalte warme) Aluminiumclusteranionen erfolgreich angewandt, ein fcc-Modell verwendet werden (siehe Abbildung 177, in einem Guptapotenzial relaxierte Struktur). Eine Anpassung ergibt Abweichungen um die Stellen $s = 4{,}6$Å^{-1}, $6{,}0$Å^{-1} und $7{,}6$Å^{-1}. Es ist deshalb davon auszugehen, dass nicht die exakte Geometrie jedoch das Bindungsmotiv erfolgreich gefunden wurde. Eine ausführliche Erklärung und mögliche allgemeine Ursachen der Abweichungen werden im Anschluss im Falle des Clusters $Al_{128}{}^{-}$ diskutiert.

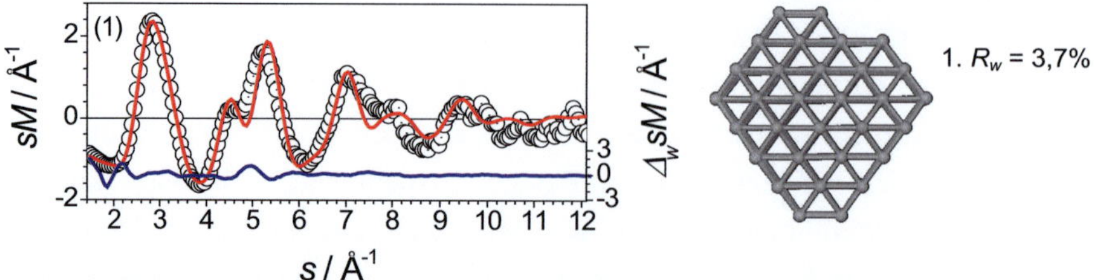

Abbildung 177: Experimentelle sM^{exp}-Funktion (schwarze offene Kreise) und theoretische sM^{theo}-Funktion (rote Linie) einer fcc-Modellstruktur (Oktaederfragment) von Al_{116}^{-} gemessen bei $T = 530K$. Die blaue Linie entspricht der gewichteten Abweichung $\Delta_w sM$.

Der Cluster Al_{128}^{-} besitzt wie im vorherigen Abschnitt bereits erwähnt ein für fcc-Strukturen charakteristisches Streumuster. Versucht man eine sM^{theo}-Anpassung verschiedener Festkörperausschnitte, so ist auffällig, dass unter Verwendung der vorliegenden Tieftemperaturdaten keine befriedigenden Ergebnisse erzielt werden können (siehe Abbildung 178, oben). Die experimentelle sM^{exp}-Funktion weicht stets an zwei typischen Stellen von den erzeugten Modellfunktionen ab: 1. Das Minimum des Doppelmaximums der Streufunktion um den Wert $s = 5Å^{-1}$ ist weniger stark ausgeprägt, gleichzeitig zeigt sich das größere Maximum zu schwach in seiner Intensität. 2. Das Funktionsminimum bei ca. $s = 6{,}2Å^{-1}$ besitzt einen um diese Stelle symmetrischen Verlauf und keinen von Festkörperausschnitten bekannten leicht flacheren Anstieg zu größeren s-Werten. Vergleicht man hiermit die Streudaten heißer Cluster, so werden sämtliche dieser Bereiche nun sehr gut wiedergegeben. Man erkennt lediglich bei größeren Streuwinkeln ($s \approx 7{,}8Å^{-1}$) eine stärkere Abweichung beider Funktionen, die jedoch bereits bei Kupferclustern beobachtet wurde ($Cu_{55\pm1}^{-}$, siehe Kapitel 6.2) und dort der thermischen Schwingungsbewegung einzelner Atome zugeschrieben wird (L_{ij}-Abhängigkeit der sM^{theo}-Funktion, siehe Kapitel 3.7).

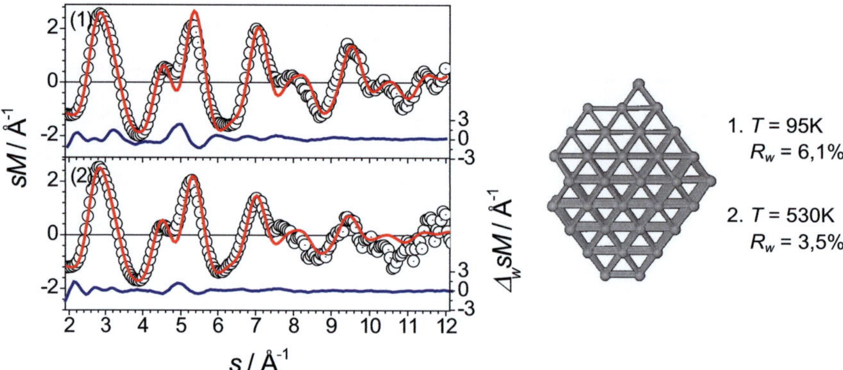

Abbildung 178: Experimentelle sM^{exp}-Funktionen (schwarze offene Kreise) von Al_{128}^{-} gemessen bei verschiedenen Temperaturen und theoretische sM^{theo}-Funktion (rote Linie) einer fcc-Modellstruktur (Oktaederfragment mit Adatomen). Die blaue Linie entspricht der gewichteten Abweichung $\Delta_w sM$.

Messungen der Temperaturabhängigkeit der Wärmekapazität von Aluminiumclusterkationen haben für die Clustergrößen mit $n = 126$ bis 128 Atome ein lokales Minimum vor dem globalen Maximum, das durch den eigentlichen Schmelzvorgang verursacht wird, ergeben.[2] Diese Minima können aus zwei unterschiedlichen Vorgängen resultieren: In beiden Fällen ist das System zunächst in einem hochenthalpischen Zustand kinetisch gefangen (siehe Abbildung 179). Dies kann z.B. während des atomaren Clusterwachstums geschehen sein, sofern eine die beiden Bindungsmotive trennende Übergangsbarriere (1) im Laufe eines Strukturwechsels (z.B. ikosaedrisch → fcc) nicht überschritten werden konnte. Hier ergeben sich die Möglichkeiten, dass die im Zuge einer Addition eines einzelnen Atoms frei werdende Bindungsenergie nicht genügt, oder in einem alternativen Prozess zu schnell durch folgende Stöße mit Puffergasmolekülen wieder abgegeben wird (2). Dabei ist die Zeitskala zwischen der Atomaufnahme und Stößen nicht ausreichend, um eine Verteilung auf die Schwingungsfreiheitsgrade innerhalb des Clusters zu gewährleisten. Eine Transformation der Struktur kann dann auf der Zeitskala des Experiments nicht beobachtet werden. Beim Erwärmen der Cluster wird dieser Vorgang nun signifikant beschleunigt und zum ersten Mal sichtbar.

Eine zweite Möglichkeit liegt in einer thermodynamisch nicht bevorzugten Struktur, die zunächst durch schnelles Ausfrieren (2) aus einem hochenthalpischen (flüssigen) Zustand erzeugt wird. Der eigentliche thermodynamische Grundzustand besitzt immer den höchsten Festpunkt. Bei hohen Kühlraten kann dieser jedoch aufgrund eines kleinen Phasenraums um diesen Bereich verfehlt werden und eine energetisch ungünstigere Struktur angenommen werden. Dieser Vorgang ist vergleichbar mit einer makroskopischen Glasbildung. Hier ist die Formierung einer Kristallstruktur dauerhaft gehemmt.

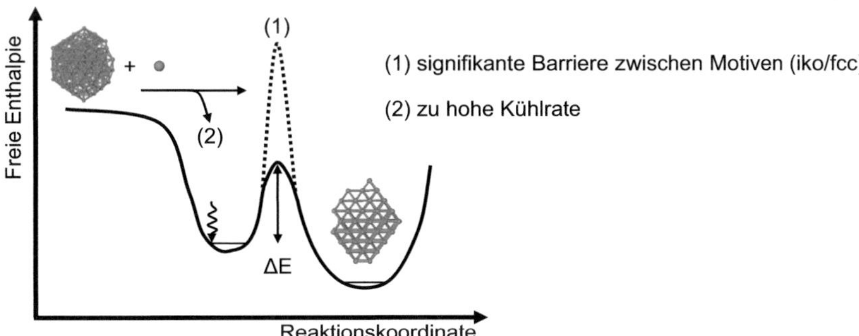

Abbildung 179: Schematische Darstellung zur Erklärung der Bildung metastabiler Spezies während des atomaren Clusterwachstums (siehe Text).

Heizexperimente legen für die Clusterionen Al_{126}^{+} bis Al_{128}^{+} die erste beider Möglichkeiten als Ursache nahe. Die Senken im $C(T)$-Verlauf konnten durch behutsames Anheizen über den kritischen Senkenbereich hinaus – jedoch stets unterhalb des eigentlichen Schmelzpunkts verbleibend – und anschließendem Abkühlen in einem wiederholenden Experiment erfolgreich entfernt werden. Eine Verflüssigung des Clusters im Laufe seines Wachstums wird ausgeschlossen. Die Bindungsenergie pro Atom beträgt für die untersuchte Clustergröße ca. 3,2 eV und führt unter Berücksichtigung sämtlicher Freiheitsgrade zu einem Temperaturanstieg von ca. 100K.[360]

Aufgrund der bisher dargestellten Analogien beider Clusterladungszustände ist für den Cluster $Al_{128}{}^-$ ein ähnliches Verhalten mit einem lokalen Minimum im $C(T)$-Verlauf möglich und wird an dieser Stelle ohne genauere Kenntnis für die folgende Interpretation angenommen. Die weitere Deutung der TIED-Daten lässt den Schluss zu, dass die untersuchte Clusterstruktur unter den experimentellen Bedingungen ($T = 530K$) fest vorliegt und der thermodynamischen Gleichgewichtsstruktur entspricht. Die bei einer Temperatur von $T = 95K$ aufgezeichneten Daten entsprächen damit dem Bild eines metastabilen Zustands, wobei das unter diesen Bedingungen vorliegende Clusterensemble entweder ausschließlich aus eben jener Struktur zusammensetzt ist oder in einer Mischung mit dem eigentlichen thermodynamischen Grundzustand vorliegt. Als Kandidat einer metastabilen Geometrie wird an dieser Stelle eine fehlgeordnete Clusterstruktur mit fcc-Bindungsmotiv vorgeschlagen (siehe Abbildung 180). Ihre modellierte sM^{theo}-Funktion weist die beiden oben definierten charakteristischen im Experiment beobachteten Veränderungen auf.

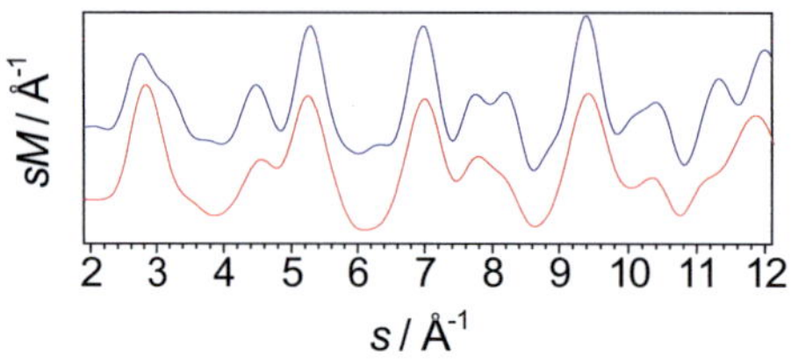
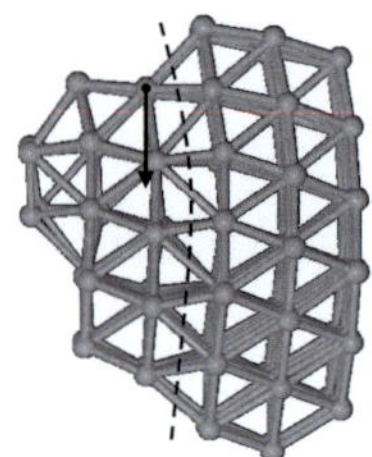

Abbildung 180: Vorgeschlagene Stapelfehler in $Al_{128}{}^-$ (siehe gestrichelte Linie, rechts): Theoretische sM^{theo}-Funktionen der Grundzustandsgeometrie aus Abbildung 178 (gekappter Oktaeder, blaue Linie) und der rechts abgebildeten Struktur mit Stufenversetzung (rote Linie). Die Geometrie ist in einem semiempirischen Potenzial relaxiert und zeigt charakteristische beobachtete Veränderungen im sM^{theo}-Verlauf.[189]

Gängige während epitaktischem Wachstum entstandene Fehlstellen in Metallen sind Stapelfehler (Schichtreihenfolge, z.B. ABABC anstatt ABCABC) oder Stufenversetzungen wie im hier gezeigten Beispiel. Eine aufwachsende Schicht besitzt dabei eine zusätzliche Halbebene. Die Beschreibung einer solchen Fehlordnung erfolgt durch den Burgersvektor[364]. Er zeigt jene Richtung an, in die eine Bewegung der Atome aufgrund von Verspannungen eintreten muss (siehe Pfeil in Abbildung 180, rechts). Innerhalb eines fcc-Festkörpereinkristalls ist die energetisch günstigste Orientierung des Burgersvektors stets die (110)-Richtung. Dies entspricht im gegebenen Beispiel dem Oberflächenverlauf der rechten Clusterseite. Bei finiten Partikeln mit einem hohen relativen

Anteil an Oberflächenatomen – wie z.B. Clustern, ist die Oberflächenenergie struktur-entscheidend. Es ist aus diesem Grund anzunehmen, dass aufgrund ihrer endlichen Ausdehnung eine solche offensichtliche Verspannung energetisch sogar günstiger sein kann als in deutlich größeren, makroskopischen Objekten. Sie führt durch Wölbung der Oberfläche tendenziell zu einer kugelförmigen Gestalt.

Eine alternative hier mögliche Art von Fehlordnung kann am Beispiel des Clusters Al_{69}^- (Isomer 1, siehe Seite 242) verdeutlicht werden.[xii] Zerschneidet man die Struktur entlang ihrer Spiegelebene, so erhält man zwei Fragmente eines fcc-Gitters. Der Trennbereich zweier Kristallstücke unterschiedlicher Orientierung wird als Korngrenze bezeichnet. Dasselbe Konzept ist ganz allgemein für einen Metallcluster mit dekaedrischer Struktur gültig, weshalb man in diesen Fällen manchmal auch lieber von vielfach verzwillingten Strukturen (*multiple-twinned particles*, MTP) spricht (siehe z.B. Kapitel 5.6). Der Schnitt entlang aller fünf möglichen Spiegelhalbebenen führt zu Fragmenten mit fcc-Gitterstruktur. Die Schnittkanten entsprechen im weiteren Sinn solchen Korngrenzen, die für kleine Partikel im Rahmen der Energieminimierung der Oberfläche sogar entstehen müssen. Erst eine makroskopische Struktur verlangt die translationssymmetrische Anordnung einer fcc-Struktur.

Die entscheidende Triebkraft dieses Prozesses ist letztendlich nicht zu identifizieren: Sowohl (zufälliges) epitaktisches Wachstum wie auch energetisch (z.T. thermodynamisch) getriebene Ausbildungen von Korngrenzen sind denkbar. Es bleibt zu vermuten, dass im vorliegenden Größenbereich die Energiebarrieren der Isomerisierung sehr hoch sind und erst bei Temperaturen von $T = 530K$ beobachtet werden können. Eine durch Stoßdissoziationsexperimente induzierte Strukturumwandlung ist ab einer Temperatur von ca. $T = 300K$ festgestellt worden. Abschließend kann vermutet werden, dass im Falle des Clusters Al_{128}^- eine fcc-ähnliche Struktur (ohne Fehlordnungen) die bis zur Schmelztemperatur wahrscheinlich günstigste Gleichgewichtsstruktur darstellt.

[xii] Die hier gemeinte Fehlordnung bezieht sich streng auf eine Abweichung zur regelmäßigen Anordnung eines Einkristallgitters. Da diese auch in hochsymmetrischen und stabilen Clusterstrukturen auftreten, soll mit dem hier verwendeten Begriff deutlich gemacht werden, dass in einem Nanopartikel stets struktureller Stress entsteht, der örtlich stark variieren kann.

6.3.3 Zusammenfassung und Bewertung

Für die mit Beugungsexperimenten untersuchten Aluminiumclusteranionen Al_n^-, die im Größenbereich zwischen 55 und 147 Atomen ausgewählt wurden, kann man resümieren, dass bis zu einer Temperatur von $T = 530K$ in keinem Fall ein (vollständiges) Schmelzen beobachtet werden konnte. Die Gleichgewichtsgeometrien bei niedrigen Temperaturen (95K) zeigen anders als viele der bisher gezeigten Cluster der Übergangsmetalle kein ikosaedrisches Bindungsmotiv. Ebenso findet man für Al_{55}^- kein weiteres der typischen Beugungsmuster, das denen der Elemente in Kapitel 5.5 ähnelt. Vielmehr beobachtet man bereits bei dem Nanoteilchen Al_{147}^- die periodische Atomanordnung eines fcc-Festkörperkristalls. Solch eine frühe Ausbildung des makroskopischen Bindungsmotivs ist sehr bemerkenswert und wurde in dieser Arbeit sonst nur noch bei Clustern des Elements Palladium beobachtet.

Im Übergangsbereich der Clustergrößen hin zu solchen fcc-Strukturen existieren möglicherweise metastabile Spezies, die bei der Clustererzeugung z.B. durch epitaktisches Wachstum oder zu hohe Kühlraten entstehen können, und beim Erhöhen ihrer Temperaturen in eine thermodynamisch stabile Konfiguration überführt werden. Sowohl Al_{116}^- wie auch Al_{128}^- zeigen in heißen Systemzuständen die für fcc-Strukturen charakteristischen Signaturen im Beugungsspektrum. Bei tiefen Temperaturen dahingegen zeigt sich insbesondere im Fall des Clusters Al_{116}^- ein deutlich verändertes Streubild.

Die temperaturabhängigen Veränderungen der Clusterstrukturen lassen sich anhand der vorliegenden Beugungsdaten abschließend nicht eindeutig klären. Die untersuchten Spezies können sowohl in thermodynamischen wie auch metastabilen Zuständen vorliegen. Stoßdissoziationsexperimente von Jarrold *et al.* an kationischen Clustern[2] aus einer Laserverdampfungsquelle und außerdem in einem kleineren Größenbereich gefundene Verhaltensähnlichkeiten zu anionischen Strukturen legen nahe, dass es sich bei den Beobachtungen in den Beugungsexperimenten von Al_{116}^- und Al_{128}^- um thermisch induzierte Veränderungen an metastabilen Strukturen handeln könnte. Ebenso liegt es jedoch auch im Rahmen des Möglichen, dass die bei unterschiedlichen Temperaturen gebildeten und dann im TIED-Experiment untersuchten Clusterstrukturen den thermodynamischen Gleichgewichtsgeometrien entsprechen. Gegenüber Laserverdampfungsquellen verläuft der Aggregationsprozess in einer Magnetronsputterquelle signifikant langsamer, was für die Bildung thermodynamischer Gleichgewichte von Vorteil ist.

Zur Überprüfung der Hypothesen wäre es notwendig die generierten Clusterionen vor der Untersuchung einem systematischen Temperprozess zu unterziehen, was z.B. in einer vorgeschalteten Heizregion geschehen könnte. Hiermit könnte der mögliche Einfluss eines zu schnellen Clusterwachstums in der Aggregationsquelle oder die Existenz großer, hemmender Isomerisierungsbarrieren zwischen den Strukturmotiven eindeutig ausgeschlossen werden.

Da die Beugungsspektren des TIED-Experiments – soweit bisher untersucht – unabhängig von den Betriebsparametern der Clusterquelle sind und i.d.R. mit einer einzigen Modellstruktur erklärt werden können, ist es allgemein und für die in den vorangegangenen Kapiteln gezeigten untersuchten Clusterionen sehr wahrscheinlich, dass metastabile Spezies keine wesentliche Rolle spielen. Ebenso sind in anderen bis zum aktuellen Zeitpunkt auf diese Weise untersuchten Systemen keine Hinweise auf das Nichtvorliegen von Gleichgewichtsstrukturen entstanden.[15,365,379] Generell auszunehmen von solch einer Gültigkeit sind dabei am ehesten jene Cluster aus Elementen, die bevorzugt in nicht-kompakten Strukturen vorliegen und wachsen. Hier sind große Isomerisierungsbarrieren leichter denkbar und so können metastabile Spezies auch nach einem langsamen Wachstumsprozess noch existieren. Zum Beispiel ist im Falle einiger kleiner kationischer prolater Bismutcluster die Bildung metastabiler Strukturen denkbar (siehe Kapitel 5.2). In solchen Systemen ist eine weitere Überprüfung durch tempernde Heizexperimente wie oben beschrieben angebracht. Gesetzt aber den Fall, dass wegen niedriger Fragmentationsbarrieren die Zerfallskanäle stets vor Isomerisierungsprozessen bevorzugt stattfinden, ist in einem Gasphasenexperiment wie TIED o.a. das Erreichen eines thermodynamischen Zustands generell nicht mit absoluter Sicherheit zu gewährleisten. Diese besonders interessanten Fälle sollten schließlich (sobald identifiziert) als Eichsysteme eingesetzt werden, um die Ergebnisse und Vergleichbarkeit verschiedener Clusterquellen und Untersuchungsmethoden zu bewerten und die damit zukünftig gewonnenen Erkenntnisse zu sichern.

7   Statistische Untersuchungen zur Datenanalyse

Die Bewertung der Zuordnung einer Modellstruktur an den experimentellen Datensatz erfolgt anhand der aus *ab initio* Methoden (i.d.R. Dichtefunktionaltheorierechnungen) gewonnenen Geometrien und relativen Energien sowie der Güte der Anpassung (Fit). Die simulierte und parameteroptimierte molekulare Streufunktion sM wird in einer zweidimensionalen Darstellung $sM(s)$ qualitativ auf Übereinstimmung überprüft. Letztere äußert sich in einer eindimensionalen Größe (R_w-Wert), deren absoluter Wert allein mitunter nicht immer eine eindeutige Zuordnung zulässt.

Da im Einzelfall, bei dem z.B. zwei strukturähnliche Isomere mit ähnlichen Gütefaktoren und ähnlichen elektronischen Energien vorliegen, die Zuordnung nicht oder nur erfahrungsbasiert möglich ist, stellt sich die allgemein gültige Frage, welche Kriterien hier Anwendung finden können und wo die Grenzen der experimentellen Unterscheidbarkeit liegen.

Das Ensemble aus zehnatomigen Strukturen

Es wurden statistische Untersuchungen des Gütefaktors von Fits simulierter Streufunktionen an simulierte experimentelle Daten eines Ensembles bestehend aus 223 energieminimierten Strukturen von zehnatomigen Teilchen (siehe Abbildung 181, links) durchgeführt. Die Geometrien sind mit Hilfe eines in kurzer Reichweite attraktiven harten Kugelpotenzials und Graphentheorie von N. Arkus erzeugt worden.[366,367] Die Vollständigkeit des Ensembles ist von Manoharan[368] experimentell mit Polymermikrosphären verifiziert. Je nach der zu untersuchenden Systemeigenschaft ist die statistische Gewichtung chiraler Strukturen von Bedeutung. Der Großteil der Strukturen (170 Stück) des Ensembles ist a- oder dissymmetrisch, und es existiert jeweils eine weitere, dazu passende enantiomere Struktur. Insgesamt zählt man 393 zehnatomige Isomere. Mit den TIED-Beugungsdaten kann methodisch bedingt nicht zwischen spiegelbildlichen Clusterstrukturen differenziert werden. Da keine energetischen Unterschiede bei Enatiomeren vorliegen, kann man davon ausgehen, dass racemische Zusammensetzungen in der Clusterquelle erzeugt werden. Für die Wiederfindwahrscheinlichkeit einer Modellstruktur in einem Ensemble verschiedener Konfigurationen wird die statistische Doppelgewichtung aus diesem Grund nicht berücksichtigt.[xiii] Bei höheren Clustertemperaturen ist

---

[xiii] Die Interpretation der Streudaten bei tiefen Temperaturen benötigt i.d.R. nur eine einzige Kandidatstruktur, weshalb von einer ausreichenden energetischen Differenzierung verschiedener Geometrien auszugehen ist. Entropiebeiträge nehmen keine entscheidende Rolle ein.

dahingegen davon auszugehen, dass Entropieeffekte eine signifikante Rolle spielen und die Symmetrieeigenschaften der Clusterstruktur zu berücksichtigen sind. Dies gilt zu beachten, findet man eine binäre Mischung bestehend aus einem a- und einem chiralen Isomer. Eine Auflistung der Isomernummer mit statistischer Gewichtung ist im Anhang D zu finden.

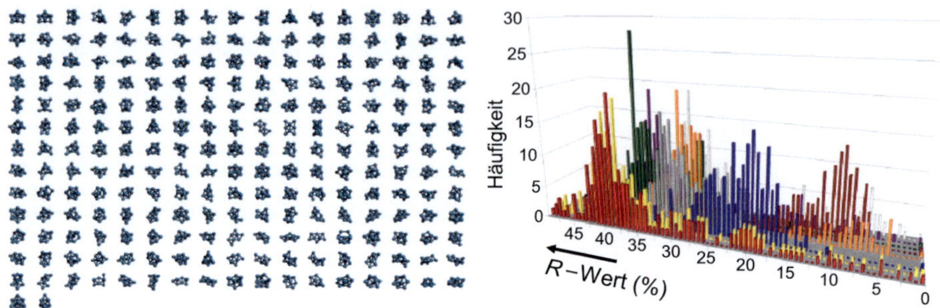

Abbildung 181: *links* – Ensemble aus 223 zehnatomigen Strukturen (hartes Kugelpotenzial) nach N. Arkus.[367] Für eine genauere Inspektion siehe Abbildung 215 (Seite 314). *rechts* – *R*-Histogramme der Fits der Ensemblestrukturen an simulierte experimentelle Streufunktionen ausgewählter Strukturen.

In einem ersten Schritt erfolgt die Anpassung der zehn Fitparameter ungewichtet und für den begrenzten Datenbereich $s = 0$–20Å^{-1} (siehe Abbildung 181, rechts). Die systematische Analyse der aus 49.729 Fits (223 x 223) erzeugten Gütewerte stellt eine große Herausforderung dar. Die *R*-Wert-Häufigkeiten einiger ausgewählter Strukturen zeigen i.d.R. eine multimodale Verteilung mit unterschiedlichen Charakteristiken (z.B. Anzahl an Maxima, absolute Position, relative Position zu anderen Maxima). Die Häufungen bestimmter *R*-Werte könnten darauf hinweisen, dass strukturelle Ähnlichkeiten ursächlich sind.

Die CNA-Analyse

Die Definition eines Ähnlichkeitsmotivs bezüglich des Gütefaktors wird mit Hilfe der CNA-Analyse[369,370] (CNA, *common neighbour analysis*) unter Verwendung des Programms SIMPL[371] durchgeführt. Die Analysemethode untersucht die lokale Ordnung von Strukturen, indem die Anzahl gemeinsamer Nachbaratome, die durch einen festzulegenden Abstand (*Cutoff*-Radius, r_{cutoff}) definiert werden, aller möglichen Paare an Atomen gezählt und einer charakteristischen Signatur zugeordnet werden (z.B. 1550, 2440; siehe Abbildung 182). Bei einer Clustergröße von zehn Atomen und einem *Cut-off*-Radius der 1,2-fachen Länge des Atomdurchmessers treten in dem Ensemble nahezu ausschließlich nicht-triviale Signaturen auf, d.h. der Fall, dass zwei Atome innerhalb des charakteristischen Abstands keine Nachbarn besitzen, die zugleich Nachbarn des anderen Atoms sind, tritt nicht auf. Prinzipiell lässt sich die Fernordnung – speziell im

Fall von größeren Clustern mit z.B. 55 Atomen – durch Einführung eines zweiten charakteristischen Abstands und weiterer Signaturen (3*jkl*) beschreiben, und die Methode wird auf diese Weise auf andere Systeme erweiterbar.

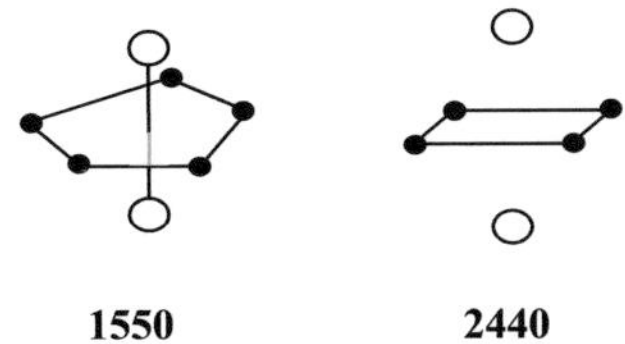

Abbildung 182: Diagramme der verwendeten CNA-Strukturanalysetechnik.[370] Nächste Nachbarn sind mit Linien verbunden (Abstand $< r_{cutoff}$). *ijkl* Signaturen geben Informationen über Basispaar (*i*, offene Kreise), gemeinsame nächste Nachbarn des Basispaares (*j*, gefüllte Kreise), Anzahl der Bindung unter den nächsten Nachbarn (*k*), willkürlich festgelegtes aber notwendiges Einzigartigkeitskriterium (*l*).

Das untersuchte Ensemble zeigt typische strukturelle Motive, die sich im Rahmen der CNA-Analyse systematisch anhand von Häufigkeiten bestimmter Signaturen kategorisieren lassen. Folgende Einteilung der Strukturen anhand darin enthaltener Koordinationspolyeder wird vorgeschlagen; die charakteristischen Signaturen und die Paarhäufigkeit (in Klammern) sind: Oktaeder (OCT) 1202 (24) + 2440 (6), pentagonale Bipyramide (PBPY) 1550 (2) + 2330 (10) sowie deren Untergruppen tetragonale Pyramide (TPY) 1101 (8) + 1202 (8), pentagonale Bipyramide -1 Ecke (PBPY-1) 1430 (2) + 2330 (4) + 2210 (2), trigonale Bipyramide (TBIPY) 1320 (6) + 2330 (2). Selten und deshalb besonders sind das trigonale Prisma (TP) 1202 (36) + 2210 (24) und das tetragonale Antiprisma (TAP) 1202 (48) + 2210 (32).

Alle Koordinationspolyeder treten in verschiedener Häufigkeit als auch in unterschiedlichen Kombinationen innerhalb der Strukturen auf. Die OCT-Gruppe kann in Atomkonfigurationen mit einem (x1) oder mit zwei (x2) Oktaedereinheiten unterteilt werden. Letztere enthält die drei (entarteten) globalen Minimumsgeometrien des verwendeten Potenzials. Diese entsprechen hcp-Ausschnitten und können die maximal möglichen $3N-5$ (25) formalen Bindungen knüpfen. Die pentagonale Bipyramide tritt als ineinander verschmolzene Einheiten bis zu dreimal (x1 bis x3) als Fragment einer Struktur auf. Das statistische Gewicht (Anzahl an Isomeren) jedes sog. Teilensembles ist:

OCTx1: 43   OCTx2: 4   PBPYx1: 44   PBPYx2: 83   PBPYx3: 13

TP: 3   TAP: 1   verzerrt (Rest): 36

Die in der letzten Gruppe nicht näher aufgeschlüsselten Strukturen entsprechen stark verzerrten Vertretern aus allen Gruppen. Insbesondere die unvollständige Untergruppe PBPY-1 ist darin repräsentiert.

Die Abweichung der Summe aller oben aufgelisteten Vertreter verschiedener Bindungsklassen gegenüber der Gesamtgröße des Ensembles resultiert aus den strukturellen Eigenschaften von vier Isomeren. Sie weisen eine hybride Struktur auf, die sowohl ein Oktaeder- wie auch ein PBPY-Fragment enthält.

Die Ziele der CNA-Analyse bestehen in der systematischen Einteilung aller Strukturen in Gruppen und ggf. Untergruppen, die sich bezogen auf die molekulare Streufunktion bzw. den Gütefaktor ähneln, sowie in der quantitativen Bestimmung der Unterscheidbarkeit der Gruppenmitglieder untereinander mit Hilfe des R-Wertes. Die Bildung von den oben vorgeschlagenen Teilensembles und die Überprüfung der Wiederfindbarkeit einer Modellstruktur innerhalb des Mutterensembles und eines strukturtypfremden zeigt, dass die multimodalen Verteilungen aus Abbildung 181 (rechts) erfolgreich zerlegt werden können. Dies gelingt umso feiner, je eindeutiger das Teilensemble definiert wird (siehe später die Diskussion zu Häufigkeiten eines Strukturfragments innerhalb eines Isomers). In Abbildung 183 sind die Häufigkeiten der berechneten R-Werte von Modellstrukturen an eine simulierte Streufunktion ausgewählter Vertreters desselben oder eines unterschiedlichen Teilensembles dargestellt. Die Intervallgrenze der Darstellung ist auf $\Delta R = 0{,}5\%$ festgelegt.

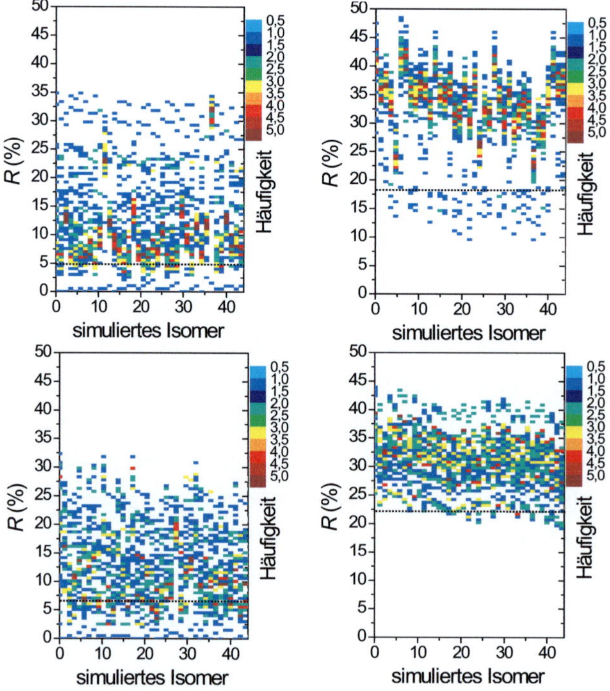

Abbildung 183: R-Wert-Häufigkeiten aus Fits der PBPYx1-Ensemblevertreter an simulierte Beugungsbilder von PBPYx1-Strukturen (oben links), der PBPYx1-Ensemblevertreter an OCTx1-Strukturen (oben rechts), der OCTx1-Ensemblevertreter an OCTx1-Strukturen (unten links) und der OCTx1-Ensemblevertreter an PBPYx1-Strukturen (unten rechts). Die gestrichelte Linie markiert ein statistisches Lagemaß.

Man kann erkennen, dass die (definierte) strukturelle Ähnlichkeit zu einer Vielzahl unterschiedlicher R-Werte führt (linke Seite). Auch sehr kleine Werte können häufig mit anderen Ausgangsstrukturen erreicht werden. Eine Unterscheidung des vorgelegenen Isomers ist schwer möglich, auch wenn die für die simulierte Streufunktion verwendete Modellstruktur stets den kleinsten R-Wert liefert (kleiner 1%). Ein anderes Bild ergibt sich für Anpassungen strukturfremder Paare (rechte Seite). Die kleinsten Gütewerte sind bei ca. 20% zu finden, was gegenüber den Ausgangsstrukturen in etwa eine Größenordnung mehr darstellt. In diesen Fällen ist der Ausschluss aufgrund der R-Werte eindeutig möglich.

Eine weitere Notwendigkeit der Analyse liegt in der Bewertung der Eindeutigkeit der sM^{theo}-Funktion in einem Ensemble von Strukturen. Erzeugt man das Streumuster anhand eines Modells (xyz-Koordinaten der Atome), so ist dies eindeutig anhand der leicht zu berechnenden PDF möglich, indem über alle Atomabstände paarweise summiert wird. Man erhält eine für alle Streuwinkel definierte Funktion. Im Beugungsexperiment wird nur ein begrenzter Ausschnitt dessen erfasst. Eine Rücktransformation wird dadurch fehlerbehaftet. Insbesondere fehlende Daten für kleine Streuwinkel sind hier von Bedeutung und müssen durch einen guten Entwurf ersetzt werden. Selbst eine korrekt bestimmte PDF lässt jedoch keinen zweifellosen Schluss eines Modells zu. Ein Beispiel für die Uneindeutigkeit der Transformation des Beugungsbilds in eine dreidimensionale Struktur ist in Abbildung 184 gegeben. Die beiden dargestellten Strukturen weisen trotz unterschiedlicher Geometrien eine (exakt) identische Paarverteilungsfunktion auf. Selbst in einem perfekten Streuexperiment wäre keine Unterscheidung der Isomere möglich. Beide Strukturen sind im Ensemble enthalten.

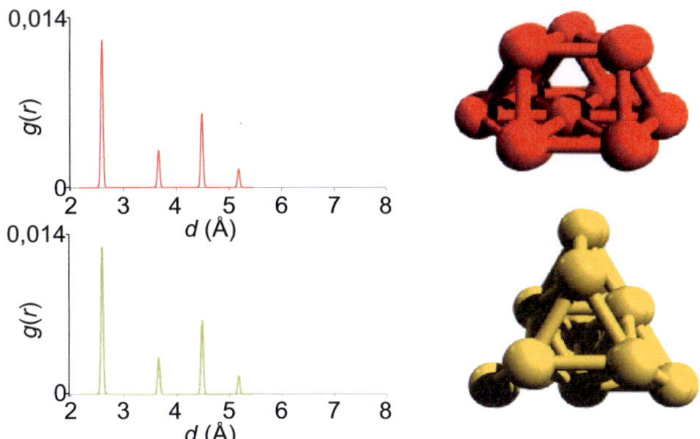

Abbildung 184: Identische Paarverteilungsfunktion $g(r)$ für zwei verschiedene 3D-Konfigurationen einer zehnatomigen Clusterstruktur (gaußförmig verbreitert, $\sigma = 0{,}015$Å). Die Isomere sind im Beugungsexperiment nicht voneinander zu unterscheiden.

Statistisches Lagemaß

Die statistische Auswertung der Fits aller Teilensembles muss den Besonderheiten des Datensatzes gerecht werden. Da es sich um keine normalverteilten Stichproben handelt, wird für die Bewertung der zu erwartenden R-Werte als statistisches Lagemaß ein p-Quantil (Perzentil) verwendet. Der Merkmalswert unterteilt die Verteilung in zwei Abschnitte, wobei der Anteil der Beobachtungswerte links des Wertes p entspricht und rechts davon $(1-p)$. Ein spezielles Quantil ist der Median. Für die Charakterisierung der gegenseitigen Anpassungsmöglichkeiten der Ensemblestrukturen wurde das Perzentil P5 (Quantil $Q_{0,05}$) gewählt. D.h. unterhalb der angegebenen Werte sind 5% der gesamten Stichprobe zu finden (siehe Abbildung 185, links). Im Fall des größten Teilensembles PBPY entspricht dies einer absoluten Anzahl von sechs Isomeren.

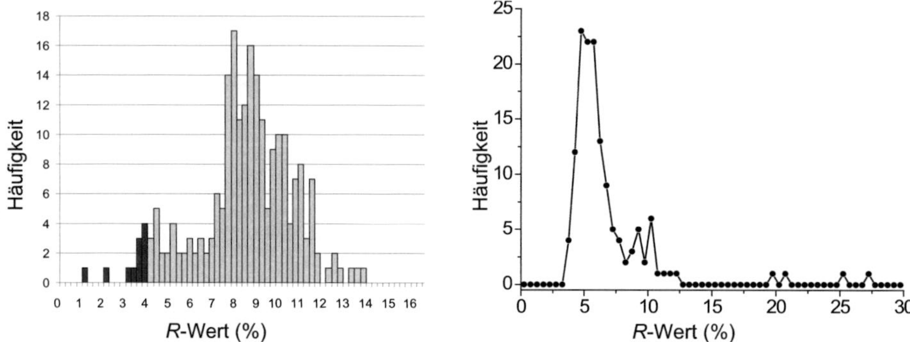

Abbildung 185: *links* – Das Perzentil P5 markierte das Lagemaß bei dem 5% der gesamten Stichprobe bei kleineren Werten zu finden ist (dunkel markierter Bereich, insgesamt 223 Strukturen). *rechts* – Verteilung des P5-Quantils aller Isomere der PBPY-Gruppe (Teilensemble der angepassten Modellstrukturen ebenfalls PBPY).

Die Verteilung des Perzentils P5 zeigt in den meisten Fällen einen nahezu gaußförmigen Verlauf (siehe Abbildung 185, rechts). Aus diesem Grund wurde entschieden als zusätzliches Maß der Streuung dieser Größe auf das arithmetische Mittel (mit Standardabweichung) zurückzugreifen. Ein geringer Fehler aufgrund vereinzelter, deutlich größerer Werte wird in Kauf genommen. Bei der Bewertung ist dieser systematische Fehler zu berücksichtigen.

Wiederfindwahrscheinlichkeit einer Struktur

Tabelle 26 sind die mittleren R-Werte ($Q_{0,05}$) der Fits für die definierten Teilensembles OCT, PBPY, TP, TAP und andere (Rest) zu entnehmen. Prinzipiell erwartet man in der Gesamtheit der Untersuchung keine signifikanten Abweichungen bei der Wahl von

Kandidatstruktur und für die Simulation des Beugungsmusters gewähltem Isomer.[xiv] Da die Größe der Teilensembles jedoch z.T. stark unterschiedlich ist (PBPY: 140, OCT: 47, etc.), muss zwischen simulierter Ensemblestruktur und für die Anpassung verwendetem Modelltyp differenziert werden, und es ergeben sich kleine Unterschiede der mittleren P5-Werte (transponierte Tabelleneinträge).

Man erkennt, dass die besten Anpassungen mit Modellstrukturen desselben Strukturtyps möglich sind (diagonale Werte). Das mittlere P5 liegt meist im unteren einstelligen Prozentbereich. Die besonderen Polyeder TP (vierfach überkapptes trigonales Prisma) weisen allesamt kleine R-Werte auf und sind nahezu nicht voneinander zu unterscheiden. Ebenso ist das doppelt überkappte tetragonale Antiprisma (TAP) hier hinzuzuzählen. Da es als einzigartige[xv] Struktur vorliegt, ist nur ein Vergleich mit anderen Strukturfamilien möglich. Die simulierte Streufunktion dieses Isomers lässt sich mit Abstand am schlechtesten mit anderen sM^{theo}-Funktionen modellieren. Die berechneten R-Werte befinden sich bei ca. 30%.

Tabelle 26: Mittlere R-Werte (in %) und Standardabweichung des Perzentils P5 simulierter Streudaten verschiedener Vertreter der Strukturfamilien OCT, PBPY, TP, TAP und andere (Rest) bezogen auf alle Modellstrukturen eines Strukturtyps (Teilensemble). Insgesamt wurden 49.729 Werte berücksichtigt.

simuliert \ Teilensemble	OCT	PBPY	TP	TAP	Rest
OCT	$5{,}0 \pm 2{,}5$	$27{,}4 \pm 3{,}8$	$15{,}9 \pm 4{,}3$	$30{,}0 \pm 1{,}7$	$9{,}7 \pm 3{,}2$
PBPY	$22{,}5 \pm 3{,}0$	$6{,}7 \pm 3{,}4$	$21{,}5 \pm 2{,}1$	$35{,}8 \pm 2{,}8$	$9{,}4 \pm 2{,}0$
TP	$14{,}0 \pm 3{,}3$	$20{,}9 \pm 1{,}7$	$1{,}7 \pm 1{,}5$	$28{,}8 \pm 0{,}5$	$15{,}1 \pm 4{,}0$
TAP	$30{,}4 \pm 1{,}7$	$38{,}2 \pm 2{,}6$	$31{,}1 \pm 3{,}4$	$0{,}7$	$33{,}2 \pm 6{,}5$
Rest	$19{,}5 \pm 6{,}2$	$14{,}2 \pm 7{,}5$	$21{,}2 \pm 3{,}4$	$31{,}1 \pm 5{,}5$	$7{,}8 \pm 3{,}3$

Es zeigt sich allgemeiner, dass der mittlere P5-Wert der Fits simulierter Streufunktionen von Strukturen eines Strukturteilensembles an simulierte experimentelle Daten eines Vertreters des gleichen Teilensembles maximal ca. 10% ergibt, wohingegen der mittlere R-Wert für ein strukturfremdes Teilensemble um den Faktor 2–3 höher liegt. Eine besondere Gruppe stellen die nicht weiter sortierbaren „Zwischenstrukturen" (Rest) dar, die ca. 16% des Gesamtensembles ausmachen. Sie ähneln am ehesten den Vertretern der PBPY-Gruppe mit Defekten (unvollständige pentagonale Bipyramide TBPY-1, PBPY mit stark verzerrter pentagonaler Basis) und enthalten zudem einige verzerrte tetragonale Pyramiden TPY). Darin begründet liegen die relativ niedrigen R-Werte ge-

---

[xiv] Dies trifft zu, sofern sich das zur Charakterisierung der Ensemblevertreter verwendete Ähnlichkeitskriterium als spezifisch für eine Teilgruppe darstellt.

[xv] Die Einzigartigkeit bezieht sich sowohl auf die Häufigkeit (ein einziges Isomer in diesem Teilensemble) wie auch die spezifischen in dieser Geometrie auftretenden wenigen und stark ausgeprägten Paarhäufigkeiten. (siehe Anhang D, Isomer Nr. 223)

genüber den OCT- und PBPY-Teilensembles. Des Weiteren sind die Ähnlichkeiten der Beugungsbilder zwischen trigonalem Prisma TP und Oktaeder OCT größer als mit dem Strukturmotiv PBPY. Möglicherweise ist hier von entscheidender Bedeutung, dass in den ersten beiden Fällen die „Entartung" von Atompositionen besonders hoch ist: Sowohl Oktaeder wie auch trigonales Prisma bestehen aus sechs Atomen, die alle jeweils dieselbe Anzahl nächster Nachbarn besitzen (4 bzw. 3). Im Falle der pentagonalen Bipyramide existieren zwar bei fünf von sieben Atomen ebenso stets vier Verknüpfungen, jedoch variieren diese in ihrer Länge und es existieren zusätzlich zwei dazu typfremde Atome.

Nachdem bisher nur die Unterschiede des der Struktur zugrunde liegenden Fragments (Polyeder) betrachtet wurden, soll nun der Einfluss der Häufigkeit seines Auftretens innerhalb der Geometrie eines Isomers untersucht werden. Die Clustergröße (10 Atome) begrenzt die maximale Anzahl auf zwei bzw. drei flächenverknüpfte Polyeder für die Gruppen OCT und PBPY. Andere Koordinationsformen treten im Ensemble nicht mehrfach in einem Isomer auf. Tabelle 27 sind die mittleren P5-Werte der nächstkleineren Unterensembles zu entnehmen.

In den größeren Teilensembles, die das Strukturtypfragment weniger häufig enthalten, können mehr „freie Atome" an verschiedenen Positionen permutieren. Man erhält (größere) mittlere P5-Werte von 5,0% bzw. 6,0% mit einer Streuung von 2–3%. Bedenkt man, dass die erzielten R-Werte der Ausgangsstruktur stets <1% anzutreffen sind, ist hier ein größerer Kontrast zu anderen Isomeren festzustellen. Dabei existiert der Trend, dass sich mit zu- oder abnehmender Häufigkeit des Strukturtypfragments der mittlere P5-Wert systematisch verschiebt. So findet man z.B. für die Wahl einer PBPYx1 Struktur und einem PBPYx1- bis x3-Teilensemble eine sich verschlechternde Anpassungsfähigkeit von 6,0% über 8,4% auf 9,9%. Gleiches lässt sich in einem umgekehrten Verlauf für simulierte Isomere des PBPYx3-Ensembles beobachten (8,6% auf 0,6%). Im Falle von zwei PBPY-Polyedern ergibt sich in beide Richtungen eine Verschlechterung des R-Wertes. Dies ist für das PBPYx1-Ensemble stärker ausgeprägt.

Man erkennt, dass die durchschnittlich besten Übereinstimmungen untereinander bei den Gruppen OCTx2 und PBPYx3 zu erreichen ist. Dies kann aus zwei Gründen der Fall sein, die z.T. korreliert sein dürften: 1. Die Teilensembles sind klein (4 und 13 Vertreter), und 2. die Vielfalt der Positionierung überschüssiger Einzelatome ist stark eingeschränkt, d.h. hier ist eine kleinere Strukturdiversität möglich. Eine eindeutige Unterscheidung der Strukturen über ein Beugungsmuster ist nur statistisch jedoch nicht im Einzelfall möglich.

Tabelle 27: Mittlere *R*-Werte (in %) und Standardabweichung des Perzentils P5 simulierter Streudaten verschiedener Vertreter der Strukturfamilien OCTx1, OCTx2 und PBPYx1 bis PBPYx3 bezogen auf alle Modellstrukturen eines Strukturtyps (Teilensemble). Insgesamt wurden 34.969 Werte berücksichtigt.

simuliert \ Teilensemble	OCTx1	OCTx2	PBPYx1	PBPYx2	PBPYx3
OCTx1	$5,0 \pm 2,6$	$8,0 \pm 3,0$	$18,5 \pm 5,4$	$27,6 \pm 3,8$	$28,1 \pm 3,9$
OCTx2	$6,9 \pm 1,9$	$0,6 \pm 0,2$	$17,7 \pm 6,2$	$29,6 \pm 1,7$	$29,9 \pm 2,0$
PBPYx1	$21,8 \pm 4,3$	$28,9 \pm 5,7$	$6,0 \pm 3,1$	$8,4 \pm 5,3$	$9,9 \pm 5,0$
PBPYx2	$22,8 \pm 2,2$	$30,4 \pm 2,2$	$7,0 \pm 2,0$	$6,0 \pm 1,8$	$6,8 \pm 2,5$
PBPYx3	$22,9 \pm 2,2$	$30,3 \pm 2,4$	$8,6 \pm 2,2$	$6,5 \pm 2,1$	$0,6 \pm 0,2$

Der Vergleich zwischen verschiedenen Familien (OCT, PBPY) erbringt erwartungsgemäß den Trend zu größeren P5-Werten bei einer Häufung des artfremden Strukturtyps. Verfolgt man z.B. die erste Zeile in Tabelle 27, so erkennt man einen deutlichen Anstieg zwischen PBPYx1 und x2 (18,5% auf 27,6%) für ein Isomer mit einem Oktaederfragment. Das Teilensemble PBPYx3 ergibt dagegen nur noch einen leicht höheren Wert. Für den inversen Fall mit einer gesuchten Struktur aus der Familie PBPY (Teilensemble OCT) ergibt sich ein ähnlicher Anstieg ($\Delta R \approx 6\text{–}7\%$). Auch diese Erklärung lässt sich mit der Argumentation der Strukturdiversität führen. Ein zufälliges Clusterfragment – in diesem Fall die „freien Atome" – zeigt im Mittel eine größere Ähnlichkeit zu dem Strukturtyp eines gesuchten Isomers als ein Ensemblevertreter mit einem klar fremden Bindungsmotiv.

Gewichtete Wiederfindwahrscheinlichkeiten

Die Anwendung der Ergebnisse der Ensemblestatistik auf experimentelle Daten erfordert eine Untersuchung der Auswirkung durch Gewichtung des Fits (R_w-Werte). Hierfür sind simulierte molekulare Streufunktionen mit einem statistischen weißen Rauschen versehen worden, das in erster Näherung den experimentell erzeugten Datensätzen mit einem schlechten Signal-Rausch-Verhältnis entspricht. Anhand der Gruppeneinteilung können die Ergebnisse der Fits den ungewichteten („perfekten") Fits aus dem oberen Paragraphen gegenübergestellt und der Verlust an Kontrast bezogen auf die R_w-Werte begutachtet werden.

Das weiße Rauschen wird der der Simulation der Streudaten zugrunde gelegten sM^{theo}-Funktion hinzugefügt. Mathematisch ausgeführt wird dies nach folgender Gleichung:

$$sM^{rauschen}\left(s_i\right) = \left(0,005 \cdot f_{random} \cdot s_i^3\right) + sM^{theo}\left(s_i\right)$$

Der erste Summand enthält mehrere Rauschfaktoren und skaliert in erster Linie mit s^3. Da ein weißes Rauschen unkorrelierte Beiträge mit konstanter Varianz um den Erwartungswert (siehe Abbildung 186, links, rote Kurve) liefert, wird eine gaußförmige Verteilung um die Datenpunkte angenommen. Die Größe f_{random} entspricht einer zufälligen Zahl dieser Verteilung und wird mit dem Vorfaktor 0,005 angepasst, um ein typisches experimentelles Verhalten der $sM^{rauschen}$-Funktion zu erzeugen. Die Breite der Gaußkurve wird mit $\sigma = 1$ gewählt und ist streng genommen beliebig bestimmt. Neben den schwankenden sM-Funktionswerten ist des Weiteren ein Fehler der gemittelten Streuintensität I in der Bestimmung der R_w-Werte berücksichtigt. In Abbildung 186 (rechts) ist ein typischer Verlauf des Fehlers als Funktion des Pixelabstands zum Bildzentrum gezeigt. Der Verlauf ist in erster Näherung (wie I) durch eine exponentielle Abnahme zu beschreiben. Die verwendeten Fehlerabhängigkeiten werden durch diese analytische Form über den Anpassungsbereich bestimmt.

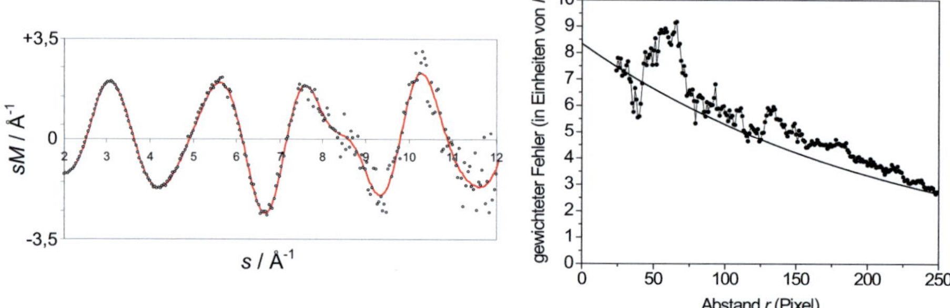

Abbildung 186: *links* – Die simulierte sM^{theo}-Funktion der Ensembleisomere (rote Kurve) wird mit weißem Rauschen versehen (schwarze offene Kreise). *rechts* – Verlauf eines typischen experimentellen Fehlers als Funktion des Abstands r (in Pixeln) zum Symmetriezentrum des Bildes (Kurve mit Datenpunkten, hier: Pd_{20}^{-}). Zur Berechnung gewichteter R-Wert wird eine exponentielle analytische Form (schwarze Kurve) verwendet.

Die Fits werden in einem möglichst realitätsnahem Szenario durchgeführt: Der angepasste Datenbereich des Streuvektorbetrags ist $s = 2\text{–}12\,\text{Å}^{-1}$. Eine Verbreiterung in Form einer Rechtecksfunktion um sieben Pixel wird berücksichtigend gewertet und kommt einer Signalstreuung auf der CCD-Sensoroberfläche aufgrund der endlichen Ausdehnung von Clusterionenwolke und Elektronenstrahl nach. Ansonsten erfolgt die Durchführung und Kategorisierung der Strukturen analog zu den ungewichteten Untersuchungen.

Tabelle 28 sind die berechneten mittleren P5-R_w-Werte der verschiedenen Strukturfamilien zu entnehmen. Aufgrund des Fehlers erhält man tendenziell kleinere Zahlenwerte und die Abweichungen fallen geringer aus. Das simulierte (verrauschte) Streumuster wird in 18,8% der Fälle nicht von der Ausgangsstruktur am besten beschrieben. Die Abweichungen zum Mutterisomer sind jedoch gering (im Schnitt 0,05%, maximal 0,2%) und treten ausschließlich in der PBPY- und Rest-Gruppe auf. Die günstigste Modellstruktur ist stets Vertreter desselben Strukturtyps. Man erhält als mittlere R_w-Werte (in %) der simulierten Struktur für die Teilensembles: $5{,}2 \pm 0{,}3$ (OCT), $4{,}7 \pm 0{,}3$ (PBPY), $5{,}6 \pm 0{,}5$ (TP), 5,6 (TAP), und $4{,}9 \pm 0{,}4$ (Rest). Die Abweichungen der mittleren Perzentile P5 betragen maximal 1%. Eine Unterscheidung der Isomere ausschließlich anhand ihrer Gestalt ist innerhalb der Untergruppen nicht mehr möglich.

Ein ausreichender Kontrast ist in den meisten Fällen zwischen den Strukturfamilien gegeben. Wie in der ungewichteten R-Studie sind die mittleren P5-Werte um ca. den Faktor zwei bis vier größer als die R_w-Werte für Modellisomere desselben Teilensembles. Auch die relativen Ähnlichkeiten der Strukturen (Reihenfolge der Anpassungsfähigkeit) verhalten sich unverändert. Die größte Abweichung ist bei der einzigartigen Struktur TAP festzustellen. Die Gewichtung führt in den meisten Fällen zu einer Reduktion des P5-Wertes.

Tabelle 28: Mittlere R_w-Werte (in %) und Standardabweichung des Perzentils P5 simulierter Streudaten (mit weißem Rauschen) verschiedener Vertreter der Strukturfamilien OCT, PBPY, TP, TAP und andere (Rest) bezogen auf alle Modellstrukturen eines Strukturtyps (Teilensemble). Insgesamt wurden 49.729 Werte berücksichtigt.

simuliert \ Teilensemble	OCT	PBPY	TP	TAP	Rest
OCT	$6{,}1 \pm 0{,}5$	$15{,}6 \pm 1{,}6$	$11{,}3 \pm 1{,}4$	$25{,}4 \pm 1{,}7$	$7{,}7 \pm 1{,}0$
PBPY	$14{,}9 \pm 1{,}9$	$5{,}2 \pm 1{,}7$	$11{,}7 \pm 0{,}9$	$15{,}8 \pm 1{,}8$	$5{,}9 \pm 0{,}8$
TP	$11{,}7 \pm 1{,}7$	$12{,}4 \pm 1{,}4$	$5{,}6 \pm 0{,}5$	$16{,}5 \pm 1{,}0$	$10{,}0 \pm 1{,}2$
TAP	$28{,}9 \pm 2{,}0$	$20{,}7 \pm 1{,}9$	$18{,}8 \pm 2{,}0$	5,6	$22{,}4 \pm 2{,}2$
Rest	$12{,}5 \pm 2{,}8$	$7{,}3 \pm 3{,}1$	$10{,}7 \pm 1{,}2$	$17{,}6 \pm 2{,}9$	$5{,}8 \pm 0{,}9$

Zusammenfassung und Diskussion

Es kann zusammengefasst werden, dass ein Ähnlichkeitskriterium bezüglich der molekularen Streufunktion sM einer Struktur erfolgreich für ein abgeschlossenes Ensemble zehnatomiger Isomere (223 Stück) beschrieben werden konnte. Dies lässt sich in Form des gewichteten und ungewichteten Gütefaktors ($R_{(w)}$-Wert) bewerten. Die Definition gelingt anhand der aus einer CNA-Analyse gewonnenen charakteristischen Signaturen für verschiedene Koordinationspolyeder. Das Ensemble lässt sich in fünf Klassen kategorisieren: OCT, PBPY, TP, TAP und verzerrte Konfigurationen (sog. Zwischenisomere), die zum Großteil eine Untergruppe der PBPY-Struktur darstellen. Anhand der Häufigkeiten der Signaturen können graduelle Ähnlichkeiten zwischen den Gruppen verstanden werden (siehe Auflistung der CNA-Paare im Anhang D). Zum Beispiel stimmen OCT und TP besser überein als PBPY. Ebenso wird erklärbar, wieso die Struktur TAP als einzigartig benannt werden kann und sich so stark in ihrem Beugungsbild von anderen Strukturmotiven unterscheidet.

Wenn ein Strukturmotiv mehrmals als fragmentarischer Bestandteil innerhalb eines Isomers auftaucht, dann grenzt sich die Clustergestalt gegenüber der von den anderen Ensemblevertreter deutlicher ab. Dies gilt sowohl bezogen auf andere Klassen als auch für strukturverwandte Isomere, bei denen die Anzahl des Fragments in geringerer Häufigkeit vorliegt. Als Trend verstanden, legt sich ein Modell erniedrigter Strukturdiversität nahe, bei dem „freie Atome" die Diversität konstituieren. Einzelnen Adatomen kann bei Punktmutationen größere Flexibilität zugeschrieben werden, damit sich die Varianz möglicher Permutationen erhöht. Dann nimmt die Wiederfindwahrscheinlichkeit einer derartigen Struktur ab. Wenn das Motiv gehäuft auftritt, findet man größeren Kontrast und die $R_{(w)}$-Werte anderer Strukturen nehmen zu.

Unterschiede in der Ähnlichkeit bei Teilensembles äußern sich in R-Werten, die um den Faktor zwei bis drei vergrößert sind. Das simulierte Beugungsmuster der Ausgangsstruktur liefert dabei ebenfalls einen messbaren Unterschied zu Isomeren derselben Bindungsgruppe. Am geringsten fällt ΔR bei Strukturen mit maximaler Häufung eines Koordinationspolyeders aus (OCTx2, PBPYx3). Durch Hinzufügen eines statistischen weißen Rauschens auf die simulierten Beugungsdaten und eine Gewichtung der Abweichungen zur Modellfunktion aufgrund eines typischen experimentellen Fehlers wird der Kontrast signifikant gemindert. Vertreter eines Teilensembles können deutlich schlechter voneinander unterschieden werden. Innerhalb eines R_w-Bereichs von ca. 1% findet man neben dem simulierten Isomer bis zu fünf weitere Strukturen. Die Wiederfindwahrscheinlichkeit innerhalb eines bindungsfremden Teilensembles ist jedoch nahezu nicht beeinträchtigt. Die hier erzielten R_w-Werte unterscheiden sich um ca. Faktor 2–4.

Man darf also folgern, dass sobald die Anpassung einer zweiten Struktur einen ca. halb so großen R_w-Wert liefert, eine Kandidatstruktur mit hoher Sicherheit auszuschließen ist. Wie ältere Studien[13] verwendet auch die vorliegende Arbeit dies als Entscheidungshilfe. Man lernt dabei auch, dass wenn man strukturverwandte Isomere begutachten will, relativ kleine Unterschiede erwartbar sind und gleichzeitig schwer wiegen. Meistens findet man den Ausgangscluster mit der Kandidatstruktur die den kleinsten R_w-Wert liefert.

Einschränkend sollte bedacht werden, dass typische Wechselwirkungen zwischen Metallatomen deutlich weichere Potenzialverläufe zeigen. Anhand systematischer Untersuchungen der Potenzialhyperfläche von Morseclustern unter Verwendung verschiedener Parameter können die allgemeinen Trends von einem harten Kugelpotenzial (wie oben verwendet) zu einem weichen, plastischeren Wechselwirkungspotenzial dargestellt werden.[372] Als Folge einer langreichweitigen attraktiven Wechselwirkung entstehen kleinere Übergangsbarrieren zwischen Energieminimumstrukturen. Diese unterscheiden sich jedoch stärker in ihrer Lage auf der PES (längere Reaktionskoordinaten) und sind in ihrer Anzahl geringer. Die Wiederfindbarkeit einer ausgewählten Clusterstruktur sollte in einem solchen System demnach besser möglich werden, da sich die Atompositionen im Raum stärker unterscheiden. Außerdem ist die thermodynamische Triebkraft für weichere Potenzialverläufe stärker ausgeprägt: Sowohl die absolute Bindungsenergie der globalen Minimumstruktur nimmt zu, wie auch der Gradient, der das System in diese Atomkonfiguration drängt. Eine wie in der durchgeführten Untersuchung vorliegende flache und zerklüftete Energiehyperfläche zeigt eine höhere Wahrscheinlichkeit, eine andere als die thermodynamische Gleichgewichtsstruktur kinetisch über einen längeren Zeitraum zu binden.

Der Geltungsbereich der erzielten Ergebnisse ist insbesondere bei kompakten Clusterstrukturen eingehalten, wie sie in dieser Arbeit bei Elementen der Übergangsmetalle beobachtet werden konnten. Kovalente Bindungsanteile führen in manchen Fällen zu prolaten Geometrien (z.B. in Bismutclustern, Kapitel 5.2), die u.U. einen stärkeren strukturellen Kontrast zwischen verschiedenen Regionen des Konfigurationsraums zeigen. An Zinnclustern[13,373,374], die Strukturen aus Subclustern bilden, konnte dieser Effekt beobachtet werden. Die Polyeder der Subcluster können klar differenziert werden.

Abschließend sei an dieser Stelle betont, dass das Zuordnen einer Kandidatstruktur mit Hilfe der Beugungsdaten nicht ausschließlich anhand geometrischer Eigenschaften (PDF) erfolgt. Eine Vorauswahl der Isomere wird stets anhand quantenchemischer *ab initio* Rechnungen getroffen, die die elektronische Gesamtenergie der Isomere bewertet. Durch Berücksichtigen mehrerer Strukturen in einem vorhergesagten Energieintervall wird der intrinsischen Ungenauigkeit der DFT-Beschreibung Rechnung getragen. Auf diese Weise wird die Wahrscheinlichkeit einer erfolgreichen Strukturzuordnung signifikant erhöht. Die praktischen Probleme liegen stärker in der Schwierigkeit den Konfigurationsraum vollständig zu erfassen. Dies ist in der hier durchgeführten Studie gegeben und die Ergebnisse können als empirisch verifiziert und anwendbar betrachtet werden.

8 Zusammenfassung und Ausblick

Im Rahmen dieser Dissertation wurden ca. 200 verschiedene geladene monodisperse Clusterverbindungen in der Größe von $n = 8$ bis 271 Atomen mittels Elektronenbeugung in einer isolierten Umgebung bei teilweise unterschiedlichen wohldefinierten Schwingungstemperaturen erforscht. Für einige Fälle konnte erstmals sowohl größenaufgelöste und -selektive Clusterchemie mit kleinen Adsorbatmolekülen (Hydridbildung) als auch thermisch induzierte Strukturveränderungen aufgedeckt werden. Die Erkenntnisse beziehen sich auf gemittelte Eigenschaften eines kontrollierten Clusterensembles über eine Zeitskala von mehreren Sekunden. Die Strukturen bzw. Bindungsmotive der Nanopartikel mit Durchmessern von 0,5 bis 1,8nm sind in Kombination mit aus Dichtefunktional- und semiempirischen Rechnungen gewonnenen Kandidatstrukturen bestimmt worden. Dafür kam als globale Optimierungsmethode ein genetischer Algorithmus zum Einsatz, der eine effiziente Suche der Gleichgewichtsstruktur für Clusterverbindungen gewährleistet. Anhand der direkten Integration experimenteller Informationen in den Prozess konnte dieser ferner signifikant beschleunigt werden.

Korrespondierend zu den im Eingang dieser Dissertation formulierten Fragen zu Eigenschaften der Nanomaterialien ergeben sich sechs Gruppierungsmöglichkeiten für die Ergebnisse zur erforschten Thematik:

„0." Einfluss der chemischen Natur eines Elements auf seine Nanostruktur: Reihe der $3d$-/$4d$-/$5d$-Übergangsmetalle und Hauptgruppenelemente M_{55}^{-} (M = Ti, V, Cr, Mn, Fe, Co, Ni, Cu, Zr, Nb, Mo, Pd, Ag, Ta, Au sowie Al, Si, Sn, Pb).

1. Entwicklung der Gleichgewichtsstruktur mit der Partikelgröße n: z.B. Palladiumcluster $Pd_n^{-/+}$ ($13 \leq n \leq 147$), weitere fcc-Übergangsmetalle M_n^{-} (M = Co, Ni, Cu, Ag; $19 \leq n \leq 271$).

2. Effekt der elektronischen Konfiguration eines Clusters auf seine Gestalt (Ladungszustand $-$/+): kleine Bismutcluster $Bi_n^{-/+}$ ($n = 8$–15).

3. Bildung von Heterostrukturen mit neuen Eigenschaften aus mehreren verschiedenen Elementen: Kleine Käfigstrukturen magnetisch dotierter Goldcluster $M@Au_n^{-}$ (M = Fe, Co, Ni; $n = 12$–15).

4. Änderung der Schwingungstemperatur / Schmelzen von Clustern: Kupfercluster Cu_n^{-} ($19 \leq n \leq 71$), Aluminiumcluster Al_n^{-} ($55 \leq n \leq 147$), beinahe geschlossenschalige Kupfercluster unter vergrößertem Oberflächenstress $Cu_{55\pm x}^{-}$ ($x = 1$–2).

5. Wirkung von Adsorbaten: Wasserstoffaufnahme und mögliche damit einhergehende strukturelle Veränderungen von Palladiumclustern $Pd_n^{-/+}$ ($13 \leq n \leq 147$).

Kurz zusammengefasst, gelten als gesicherte wesentliche Erkenntnisse:

Für 55-atomige Clusteranionen der Übergangsmetalle kann zum ersten Mal eine außergewöhnliche Korrelation zwischen Festkörper- und Nanostruktur festgestellt werden, die prognostizierenden Charakter besitzt: Für 50% aller d-Elemente (Ausnahme: Co) wurde die Übereinstimmung fcc / Mackayikosaeder, bcc / polyikosaedrischer Strukturtyp und hcp / oberflächenmodifizierter Ikosaeder validiert. Geringe Abweichungen, jedoch keine Änderung des Hauptmotivtrends, gelten in Fällen schwerer $5d$-Elemente Ta und Au. Sie könnten durch relativistische Einflüsse bedingt sein. Für den Goldcluster konnte ein signifikanter Effekt der Elektronenzahl (Ladungszustand: +/–) auf die gebildete Struktur festgestellt werden. Die anhand der Beugungsdaten extrahierten Atomvolumina fallen wie für Nanostrukturen zu erwarten bei allen Elementen geringer aus und korrelieren systematisch mit den Werten ihrer makroskopischen Kristallstruktur. Das polyikosaedrische Strukturmotiv fällt wegen der auf den ersten Blick unphysikalisch konkaven Oberflächenbereiche aus dem Rahmen. Eine genauere Betrachtung ergibt eine z.T. übersättigte Koordinationsumgebung einiger Oberflächen- und der Volumenatome sowie eine insgesamt den Mackayikosaeder übersteigende mittlere Koordinationszahl. Es wird vermutet, dass zur Realisierung dieses Strukturtyps eine besondere Variabilität der Ausbildung verschiedener Koordinationsumgebungen und Bindungslängen notwendig ist, die elektronisch stabilisiert werden kann. Diese Eigenschaft kann bereits in den nicht dichtest gepackten makroskopischen Objekten von bcc-Elementen gefunden werden. Der Vergleich mit Hauptgruppenelementen des p-Blocks unterstreicht die Besonderheit des gefundenen Zusammenhangs: Für Al, Si, Sn und Pb werden unter den experimentellen Bedingungen keine d-typischen Motive gebildet.

Größere Clusterionenstrukturen der fcc-Übergangsmetalle Ni, Cu, Ag aber auch Co aus bis zu 271 Atomen verfolgen den Wandel zu dekaedrischen Bindungsmotiven in der Größenordnung von 100 bis 200 Atomen, der für Ni und Ag tendenziell früher einsetzt. Hier werden Zusammensetzungen mit ikosaedrischen Strukturen gefunden, deren Anteil mit zunehmender Clustergröße kontinuierlich abnimmt. Dabei wurde erstmals die Abhängigkeit des mittleren Atomvolumens von der Partikelgröße in der Gasphase exakt vermessen. Das Element Co kann für die Partikelgrößen 0,9–1,7nm als fcc-ähnliches Element definiert werden und unterscheidet sich lediglich in seiner höheren Tendenz zur Bildung ikosaedrischer Strukturen. Für Palladium ist als einziges untersuchtes d-Block-Metall ein Übergang zu seinem Festkörperkristallgitter beobachtet worden, der auf $n \approx 100$ Atome festgelegt werden kann. Von den untersuchten Elementen des p-Blocks wird in einem hierzu vergleichbaren Größenbereich ($n \approx 128$) dieser Übergang in Aluminiumclustern gefunden.

Bismutclusterionen bilden im untersuchten Bereich von 8–15 Atomen prolate Geometrien und zeigen abhängig von ihrem Ladungszustand signifikant unterschiedliche Strukturen. Gemein bleibt nahezu allen diesen Partikeln eine stabile Bi_8-Einheit, die aus drei kantenverknüpften Pentagonen gebildet ist, und auf stark gerichtete Bindungen mit nichtmetallischem Charakter hindeutet. Relativistische DFT-Beschreibungen, die die experimentellen Befunde erklären können, legen nahe, dass Spinbahnkopplungseffekte eine entscheidende Rolle für die Clustergeometrie haben. Ihre Berücksichtigung führt zu Verschiebungen der relativen elektronischen Energien verschiedener Isomere um bis zu 0,4 eV. Das Wachstum anionischer Cluster erfolgt in den meisten Fällen durch schlichtes Addieren von Atomen an die vorherige, kleinere Struktur. Für positiv geladene Cluster werden z.T. Isomerengemische gefunden. Es ist wahrscheinlich und wurde mindestens an einem Beispiel (Bi_{11}^+) gezeigt, dass hohe Isomerisierungs- gegenüber kleinen Fragmentationsbarrieren existieren. Deswegen kann man für Bismutclusterionen nicht ausschließen, dass experimentell nicht in jedem Fall ein thermodynamisches Gleichgewicht erreicht wurde.

Die Erzeugung von Heterostrukturen durch Dotieren einer homoatomaren Verbindung mit den magnetischen Elementen Fe, Co und Ni führt bei kleinen Goldclusterionen zu einer neuen, endohedralen Struktur, die sich von der einer reinen Verbindung primär für geringere Goldstöchiometrien stark unterscheidet. Die Fremdelemente lassen sich in einen Goldkäfig einkapseln und sind darin maximal koordiniert. Eine Verkleinerung der Käfigstruktur führt zur Differenzierung des Einflusses der dotierenden Metalle und zeigt eine unterschiedliche kritische Größe für eine sich öffnende Struktur: Die kleinste Käfigstruktur wird vom Element mit den wenigstens d-Elektronen (Fe) ermöglicht. $Fe@Au_{12}^-$ bildet überraschender Weise ein hochsymmetrisches Kuboktaeder, welches eine etwas raumeinnehmendere Koordination darstellt als z.B. das Ikosaeder.

Die untersuchten Clusteranionen der Elemente Cu und Al zeigen bis zu einer Temperatur von 530K bis auf einige besondere Fälle keine globalen strukturellen Änderungen. Es kann jedoch für beide Elemente stets eine geringe Volumenzunahme der Cluster beobachtet werden, die in derselben Größenordnung wie für einen makroskopischen Festkörperkristall liegt. Man könnte vermuten, dass eine Ausdehnung durch anharmonische Schwingungsamplituden möglicherweise signifikant von einem Bindungsmotiv abhängt. Dies kann für ikosaedrische Kupfer- wie auch fcc-artige Aluminiumcluster nicht bestätigt werden. Änderungen in Beugungsdaten aufgeheizter Cluster deuten auf besondere Umgestaltungen der Struktur in folgenden Fällen hin: Al_{69}^-, Al_{116}^-, Al_{128}^-, Cu_{34}^- sowie $Cu_{55\pm x}^-$ ($x = 1-2$). Unter erhöhten Schwingungstemperaturen konnte für den Cluster Al_{116}^- eindeutig eine fcc-ähnliche Gleichgewichtsstruktur gefunden werden. Des Weiteren zeigen die Strukturen geometrisch nahezu geschlossener ikosaedrischer Kupfercluster graduelle Temperaturabhängigkeiten, die mit Hilfe von MD-Simulationen als Oberflächenrekonstruktionen identifiziert werden können. Eine Fehlstelle zeigt dabei einen geringeren thermischen Einfluss auf das Streubild als zusätzliche Adatome, die in die Clusteroberfläche unter Ausbildung einer lokalen sechszähligen Rossettestruktur eindringen.

Der strukturelle Einfluss von Wasserstoffmolekülen auf monodisperse Palladiumclusterionen und ihre Adsorptionseigenschaften sind zum ersten Mal experimentell im Größenbereich bis $n = 147$ Atome in der Gasphase systematisch untersucht. In zwei Fällen $Pd_{13}H_x^-$ und $Pd_{26}H_x^{-/+}$ konnte dabei eine adsorbatinduzierte strukturelle Veränderung eindeutig dokumentiert werden. Im ersten bildet sich eine hohle Käfigstruktur, im zweiten wandelt sich die Geometrie von einer T_d-Symmetrie zu einer schichtähnlichen Struktur. Mit der Strukturänderung geht in diesen Fällen eine Reduzierung des mittleren Atomvolumens einher. Nahezu alle untersuchten Cluster nehmen eine die Festkörperstruktur übersteigende relative stöchiometrische Menge Wasserstoff auf. Im Bereich größerer Cluster wird eine in erster Näherung mit der Clusteroberfläche skalierende Adsorptionsmenge gemessen. Eine Inkorporation in das Clustervolumen kann gleichzeitig unter den experimentellen Bedingungen aufgrund unveränderter mittlerer Pd–Pd-Abstände in diesen Fällen eindeutig ausgeschlossen werden.

Neben den experimentellen Arbeitsergebnissen wurden die methodischen Grenzen der Strukturzuordnung anhand simulierter Streudaten, die mit einem künstlichen weißen Rauschen versehen wurden, analysiert. Dabei wurde die Wiederfindbarkeitswahrscheinlichkeit eines gewählten Isomers aus einem finiten Ensemble anhand eines eigens neu definierten Ähnlichkeitskriteriums bestimmt. Diese auf rein geometrische Eigenschaften eines Clusters bezogenen Erkenntnisse erlauben eine allgemeine Bewertung der Zuordnungssicherheit einer Kandidatstruktur.

Für die Zukunft ermöglichen die im Rahmen dieser Dissertation umgesetzten apparativen Modifikationen neuartige Experimente. Eine von der Ionenspeicherung entkoppelte Massenselektion mit hoher Auflösung ermöglicht ab jetzt die Untersuchung von Clusterstrukturen schwach streuender leichter Elemente oder sehr kleiner Partikel aus wenigen Atomen. Es wird mit diesem Aufbau ebenso möglich, die Eigenschaften definierter binärer Mischungen als Funktion ihrer Zusammensetzung erstmals in einem isolierten Nanosystem zu untersuchen. Zusätzlich kann dieses Verhalten abhängig von der Temperatur studiert werden. Ein einfaches Experiment dieser Art verwendet eine Dimersonde eines schweren, stark streuenden Elementes in einem großen Cluster eines leichteren Elements (z.B. $Au_2Al_n^-$). Der durch Beugung effizienter nachgewiesene Dimerabstand kann als Funktion einer thermischen Diffusion erfasst werden. Die installierten Gaszuleitungen zu Clusterquelle und Ionenfalle erlauben zusätzlich das Studium der beschriebenen Prozesse unter Anwesenheit und Einwirken reaktiver Gase (z.B. H_2, CO, O_2) an verschiedenen Stellen des Experiments. Hier sind neben den bereits in dieser Arbeit untersuchten Oberflächenreaktivitäten und -rekonstruktionen von Clustern isomerenspezifische Untersuchungen aufgrund verschiedener Reaktivitäten möglich (z.B. Titration[375]).

Wenn noch ein Heliumkryostat in den Versuchsaufbau integriert wird, dann kann man Clusterstrukturen bei Temperaturen von 20K erforschen. Diese Maßnahme erlaubt die

Untersuchungen der Dynamik von Isomerengemischen, indem Umlagerungen systematisch eingefroren werden können. Gleichermaßen ist dadurch eine höhere Sicherheit der experimentellen Übereinstimmung mit theoretischen 0K-Strukturen gegeben. Das Signal-Rausch-Verhältnis wird sich aufgrund einer geringeren mittleren Schwingungsauslenkung der Atome verbessern. Zum aktuellen Zeitpunkt können Prozesse, die unterhalb von 95K stattfinden, nicht untersucht werden.

Anhang A: Beugungsdaten weiterer Metallclusterionen

Die Findung brauchbarer Modellstrukturen ist eine Hauptschwierigkeit bei der Interpretation von Beugungsdaten. Wegen der limitierten zugänglichen Streuwinkel, ist eine inverse Transformation zu einer PDF stark fehlerbehaftet und kann keine Anhaltspunkte liefern. Die Größe mancher Systeme macht die systematische Analyse des Konfigurationsraums nicht durchführbar. In den angehängten Abschnitten A.1 bis A.7 wird aus diesem Grund in den meisten Fällen lediglich ein qualitativer Vergleich verschiedener Clustergrößen gezogen. Im Mittelpunkt steht dabei die Entwicklung der Struktur, die homoatomare Clusterionen von einigen wenigen bis über 500 Atome durchlaufen.

A.1 Entwicklung der Clusterstruktur verschiedener Elemente der Gruppe 14 (Si, Sn, Pb)

Neben den Übergangsmetallclustern (Kapitel 5.5 und 5.6) wurden bereits Unterschiede in der Strukturbildung beim Wachstum von Metallclustern in den Hauptgruppen III und V (Kapitel 5.2 und 6.3) analysiert. Während ein hohes Maß an Ähnlichkeit für z.B. fcc-Übergangsmetalle (u.a.) festgestellt werden konnte, existieren für die p-Block Elemente (Al, Bi) keine einfachen Wachstumsmechanismen. Die Festkörperphasen der Elemente der Gruppe 14 spiegeln die komplexen elektronischen Verhältnisse und ihren Einfluss auf die Strukturbildung wider. Innerhalb der Reihe findet man von Nicht- (C; Diamant) über Halbmetalle (Si) Elemente mit metallischem Charakter (Pb). Makroskopische Partikel bilden hexagonale, tetragonale und kubisch flächenzentrierte Kristallgitter. Um die Ausbildung der Phasen angefangen von Objekten aus wenigen Atomen zu verstehen, sind Clusterionen über einen breiten Massenbereich untersucht worden.

In Abbildung 187 zeigt sich die strukturelle Entwicklung von größenselektierten Nanopartikeln der Elemente Silizium und Zinn anhand der sM^{exp}-Funktionen. Für Si-Nanokristalle können bereits sehr früh charakteristische Signaturen einer Diamantstruktur festgestellt werden. Im Wesentlichen wiederholen sich in der periodischen Struktur drei wichtige Entfernungen zwischen Streuzentren (siehe Abbildung 188): Der Abstand zu den vier Bindungspartnern (a) und die in einer Sesselkonfiguration aus sechs Siliziumatomen diagonal gegenüberliegenden übernächsten Nachbarn (Abstände ca. 1,6a und 1,9a). Weitere Ordnungen sind aufgrund der deutlich größeren Entfernungen zweitrangig für das Beugungsmuster. Die Phasen der beitragenden Paarabstände sind um ca. 50% und 100% verschoben, sodass – ähnlich wie bei Bismutclustern aufgrund der wiederholt auftretenden Pentagonringstruktur beobachtet – bei kleineren Streuwinkeln wohldefinierte konstruktive und destruktive Interferenz des molekularen Streuanteils auftritt. Die oben benannten geringfügigen Abweichungen führen zu einem

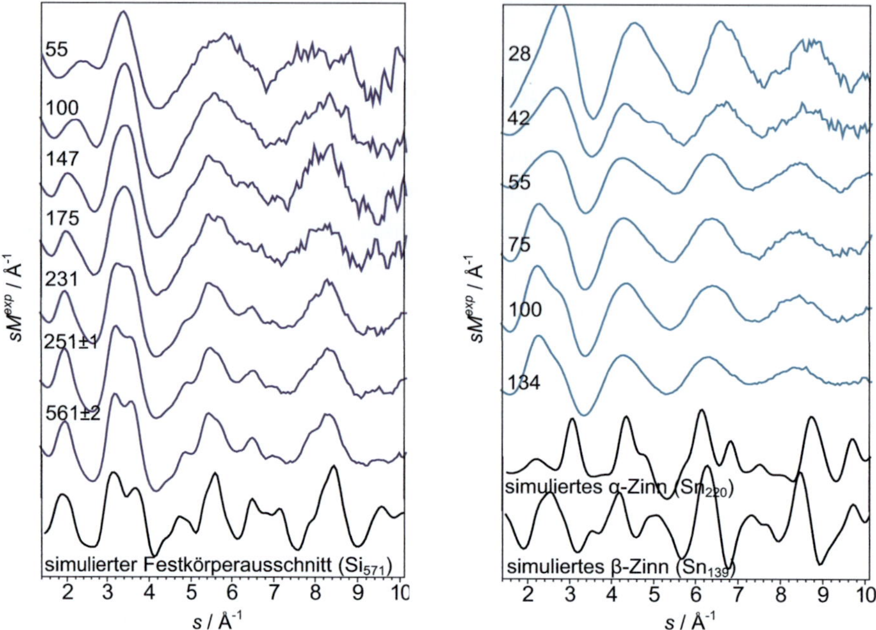

Abbildung 187: *links* – Experimentelle sM^{exp}-Funktion (genäherter Hintergrund) der Siliziumclusteranionen Si_n^- (n = 55 bis 561). Obgleich Si monoisotopisch vorliegt, ist wegen der geringen Massenunterschiede ab n = 251 ein Größenbereich untersucht worden. *rechts* – Experimentelle sM^{exp}-Funktion (genäherter Hintergrund) der Zinnclusteranionen Sn_n^- (n = 28 bis 134). Trotz zehn verschiedener natürlicher Isotope ist eine exakte Größenselektivität bis n = 134 Atome gegeben.

komplexeren Verlauf der sM-Funktion mit sich zunehmend ausbildenden nahe beieinander liegenden lokaler Multimaxima (siehe Cluster ab Si_{231}^-). Mit Hilfe von Ionenmobilität[376] und Photoelektronenspektroskopie[377] konnte ein Übergang von prolaten zu sphärischen Clusterstrukturen im Größenbereich um $n \approx 30$ Atomen (für beide Ladungszustände +/−) festgestellt werden. Aufgrund der für anionische Cluster vorliegenden Beugungsdaten ist es wahrscheinlich, dass es sich bei diesem Strukturwechsel um die Ausbildung der Diamantstruktur handelt. Wie von Meloni *et al.* vermutet, zeigen die PE-Spektren (Photoelektronenspektren) der Clusteranionen bis Si_{35}^- das Auftauchen der elektronischen Bandstrukturen des Festkörpers, was mit dem in dieser Arbeit erlangten Befund konsistent ist.[377]

Der Wechsel zu schwereren Elementen der Gruppe 14 zeigt ein sich von Silizium stark unterscheidendes Verhalten der Bildung von Strukturmotiven. Für Zinncluster wurden in verschiedenen IMS-Experimenten[373,378–380] Clusterionenstrukturen untersucht und auch mit Hilfe von TIED-Experimenten[374,381] die Bildung prolater Strukturen zusammengesetzt aus stabilen Subclustereinheiten beobachtet.

Von Jarrold *et al.* wird bis zu einer Si-ähnlichen Größe von $n \approx 35$ Atome ein prolates kationisches Clusterwachstum festgestellt[378], jedoch zeigen sich bereits ab 14 (Si) bzw. 21 Atomen (Ge) leichte Unterschiede zu den leichteren Elementen der Gruppe. Bis zu der größten untersuchten Struktur Sn_{68}^{+} werden mehrere Strukturfamilien mit unterschiedenen Ankunftszeitverteilungen beobachtet, wobei bis zu drei isomere Strukturen gleichzeitig ($n = 18$–49) vorgefunden werden konnten. Die Clustergestalt ändert sich dabei zu nahezu sphärischen Strukturen. Ein Übergang zu festkörperähnlichen Bindungsmotiven wird erwartet. Eine PE-Studie sagt einen Halbleiter-Metall-Übergang bei $n = 42$ Atome voraus, worüber hinaus keine Bandlücke in der elektronischen Struktur mehr festzustellen waren.[382]

Die Analyse der an massenselektierten Clusteranionen ($n = 28$ bis 134 Atome) aufgenommenen Beugungsbilder deutet eine signifikante Änderung der sM^{exp}-Funktionen zwischen 55 und 75 Atomen an. Gegenüber den bei Sn_{28}^{-} gefundenen Clusterstrukturen aus Subclustern[374], die möglicherweise als Beimischung auch bei den Größen $n = 42$ und 55 vorliegen, ändert sich das Beugungsmuster signifikant für $n = 75$ bei kleinen Streuwinkeln ($s \approx 2{,}2\text{Å}^{-1}$). Das erste sM-Maximum bekommt dabei einen großen Anteil zum Funktionswert bei kleineren s-Werten. Dies könnte als Hinweis auf das Auftreten eines längeren mittleren Bindungsabstands zu einem nächsten Nachbarn sein, wie es in der Schichtstruktur des β-Zinn-Festkörpers der Fall ist (siehe Abbildung 188, rechts). Die ersten Maxima der sM^{exp}-Funktionen bei Sn_{42}^{-} und Sn_{100}^{-} liegen um ca. 25% auseinander. In der Festkörperstruktur treten im Wesentlichen drei wichtige Abstände auf: Zwei findet man innerhalb der Zickzackschichten und betragen ca. 2,2Å (nächster) und 2,9Å (übernächster Nachbar). Zwischen den Schichten liegt ein Abstand von ca. 3,2Å.

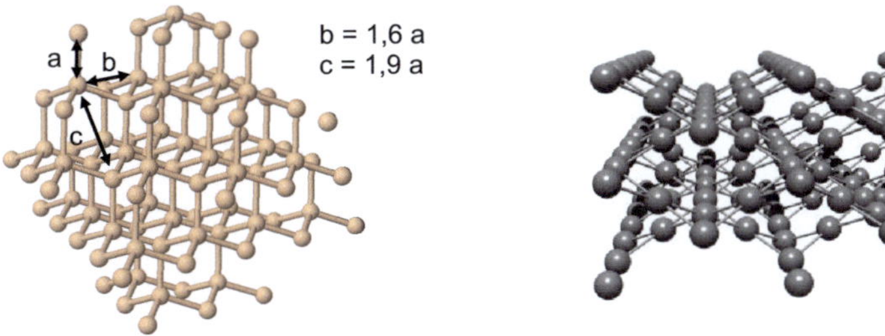

Abbildung 188: *links* – Diamantstruktur des Siliziumkristalls (Ausschnitt). Die regelmäßige Häufigkeit des Abstands *a*, sowie die nur annähernd um ca. 50% und 100% verlängerten Abstände *b* und *c* führen zu dem stark strukturierten Beugungsmuster (Abbildung 187, links). *rechts* – β-Zinn-Schichtstruktur (Ausschnitt, Sn_{139}), zwischen 13,2°C und 162°C stabil. Bei tieferen Temperaturen bildet sich auch hier die links dargestellte Diamantstruktur (α-Zinn).

Die oben im Beugungsbild festgestellten Änderungen passen am ehesten auf die entlang einer Zickzackstruktur gefundenen Bindungslängenverhältnisse. Im Bild des Strukturwechsels von einzelnen, verknüpften (kompakten) Subclustern zu übergeordneten Bindungsmotiven mit periodischer Fernordnung wird möglicherweise eine in den β-Schichten realisierte Nahordnung gebildet. Da das Beugungsmuster des größten Clusters Sn_{134}^- jedoch noch signifikant von einer β-Struktur abweicht (siehe Abbildung 187, rechts), ist davon auszugehen, dass sich eine Schichtung verschiedener Zickzacklagen erst für größere Cluster als günstig erweist. Die bei tiefen Temperaturen ($T < 13,2°C$) stabile Diamantstruktur kann für die untersuchten Clusteranionen bei $T = 95K$ ausgeschlossen werden.

Das dritte untersuchte Element der Gruppe 14 ist Blei. Anschließend an die Reihe von Kelting $et\ al.$[383] untersuchten kleinen Clusterionen beider Ladungszustände ($Pb_n^{+/-}$, $n = 4$–15) sind Beugungsdaten für Pb_{16}^- und Pb_{17}^- sowie Pb_{55}^- (vgl. die Serie der 55-atomigen Clusterionen in den Kapiteln 5.5 und 6.3) aufgenommen worden. Weitere IMS-Studien von Jarrold $et\ al.$ für Bleiclusterkationen ergaben kompaktere Strukturen ($n < 40$) verglichen mit den leichteren Elementen Si_n^+, Ge_n^+ und Sn_n^+.[384] Käfigstrukturen werden für Pb_{13}^- (Ikosaeder plus Adatom) und Pb_{14}^- (zweifach überkapptes hexagonales Antiprisma) gefunden.[385]

Die sM^{exp}-Funktionen der Clustergrößen $n = 16$ und 17 zeigen einen ähnlichen Verlauf und es liegt mit hoher Wahrscheinlichkeit dasselbe Strukturmotiv zugrunde. Der größere Cluster Pb_{55}^- weicht von dem qualitativen Verlauf insbesondere beim ersten Maximum der Streuamplitude ab. Man beobachtet, dass die sM^{exp}-Funktion zu kleineren s-Werten geschoben ist. Dies könnte auf eine weniger kompakte Struktur wie bei den kleinen Cluster vorliegend hindeuten. Eine mögliche Erklärung dieses Verhaltens wird im anschließenden Abschnitt A.2 diskutiert. Weder eine aus Kapitel 5.5 für 55-atomige Cluster typische Struktur noch ein Ausschnitt aus der fcc-Struktur stimmt mit dem experimentellen Beugungsspektrum überein.

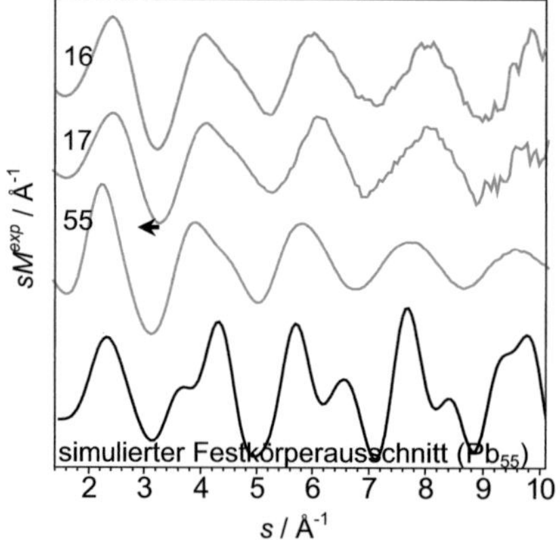

Abbildung 189: Experimentelle sM^{exp}-Funktion (genäherter Hintergrund) der Bleiclusteranionen Pb_{16}^-, Pb_{17}^-, Pb_{55}^- sowie eine simulierte sM^{theo}-Funktion eines fcc-Festkörperausschnitts.

A.2 Schmelzen des Clusters Pb$_{55}^{-}$

Im vorherigen Abschnitt A.1 ist bereits das Streumuster bzw. die sM^{exp}-Funktion des Clusters Pb$_{55}^{-}$ bei tiefen Temperaturen gezeigt worden. Blei besitzt neben anderen Elementen wie Alkalimetallen sowie Quecksilber, Gallium und Zinn eine vergleichsweise niedrige Schmelztemperatur von 600,61K.[321] Aus diesem Grund ist es naheliegend, dass bei einer Clustertemperatur von 530K bei einer Zusammensetzung von 55 Atomen eine flüssige Struktur vorzufinden ist. Experimentell wurde für (deponierte) Bleinanokristalle mit Röntgenbeugung im Größenbereich von 5nm bis 50nm der lineare Zusammenhang $T_{sm}(d) = 1-(0,62nm/d)$ zwischen der Schmelztemperatur des Festkörpers T_{sm} und eines Clusters mit Durchmesser d festgestellt.[386] Für Pb$_{55}^{-}$ mit einem geschätzten Durchmesser von 1,3nm ergibt sich eine erwartete Schmelztemperatur von $T_{sm}(\text{Pb}_{55}^{-}) = 0{,}48 \cdot T_{sm}(\text{bulk}) \approx 300\text{K}$. MD-Simulationen unter Verwendung eines Sutton-Chen-[387] und Glue-Potenzials[386,388] sagen die ungefähren Werte 350K und 300K voraus. Hystereseeffekte für das Ausfrieren einer flüssigen Struktur sind typisch für MD-Simulationen, konnten jedoch auch experimentell bis zu einem Wert von $\Delta T = 120\text{K}$ beobachtet werden (oberflächendeponierte Pb-Nanokristalle).[385]

Es könnte in Anbetracht der Kenntnisse dieser Dissertation möglich sein, dass bei den experimentell untersuchten Temperaturen eine feste (95K) und eine flüssige (530K) Struktur vorliegt. Hohe kovalente Bindungsanteile, die die Schmelzbereiche für kleine Cluster möglicherweise erhöhen, konnten bei kleinen Bleiclustern nicht festgestellt werden.[383] Ebenso zeigt der Vergleich der sM^{exp}-Funktion mit dem Element Zinn (Sn$_{55}^{-}$), für das Unregelmäßigkeiten existieren (Sublimation beim Erhitzen)[389], deutliche Unterschiede.

Im Gegensatz zu den fcc-Elementen aus der Übergangsmetallreihe bildet Blei keinen Mackayikosaeder unter den experimentellen Bedingungen. Ebenso wird keine festkörperähnliche Ordnung der Atome festgestellt. Das Streubild ist vergleichsweise gering strukturiert, sodass ein Schmelzübergang keinen großen Kontrast im direkten Vergleich zeigen kann. Die Überprüfung beider sM^{exp}-Funktionen bestätigt die Vermutung (siehe Abbildung 190, links). Die Maxima der Amplituden verschieben sich bei hohen Temperaturen leicht zu größeren s-Werten und zeigen einen weicheren sinusförmigen Verlauf. Umgekehrt verhält es sich mit dem ersten Maximum um $s \approx 2{,}2\text{Å}^{-1}$: Durch das Fehlen einer Fernordnung (flüssiger Zustand) kann dieser Bereich am ehesten dem mittleren nächsten Abstand zugeschrieben werden. Unter der Annahme, dass dies auch für den festen Zustand zutrifft, kann im Vergleich eine Aufweitung der mittleren Bindungslänge um ca. 1% abgeschätzt werden (erste Maxima liegen um ca. $\Delta s = 0{,}022\text{Å}^{-1}$ auseinander). Eine ähnliche Größenordnung würde anhand des linearen Ausdehnungskoeffizienten festen Bleis ($\alpha = 29{,}3 \cdot 10^{-6}\ \text{K}^{-1}$, bei Raumtemperatur[321]) erwartet werden. Es ist jedoch wahrscheinlich, dass das Referenzmaximum bei $T = 95\text{K}$ durch weitere Bindungsabstände (z.B. übernächste Nachbarn) beeinträchtigt ist. Ebenso lässt sich eine Zunahme der Bindungslänge über einen Phasenwechsel schwer extrapolieren.

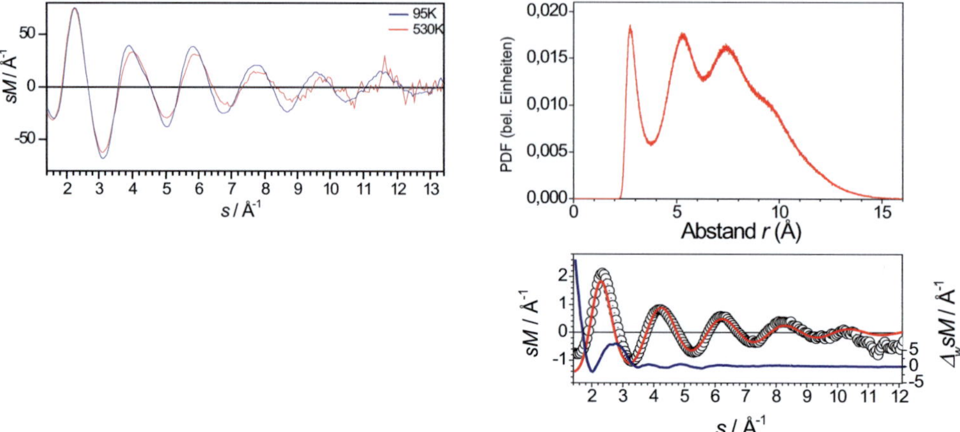

Abbildung 190: *links* – Experimentelle sM^{exp}-Funktion (genäherter Hintergrund) des Bleicluster-anions Pb_{55}^- bei $T = 95K$ (blau) und 530K (rot). *rechts* – PDF eines kanonischen Ensembles (MD-Simulation) bei $T = 700K$ (oben) und eine versuchte R-Anpassung an experimentelle Daten (unten).

Durchgeführte MD-Simulationen[330] unter Verwendung eines Guptapotenzials (paramet-risiert am fcc-Festkörper[189]) bei 700K zeigen die typische PDF eines flüssigen Clusters (siehe Abbildung 190, rechts): Es gibt im Wesentlichen nur einen mittleren Bindungs-abstand (scharfes globales Maximum bei 3Å), sowie zwei stark verbreiterte Beiträge bei ca. der doppelten und 2,5-fachen Bindungslänge (vgl. auch die PDF des festen Clusters Cu_{56}^-, Seite 236). Der berechnete Lindemannindex beträgt $\delta_L = 0{,}37$. Der Versuch einer Anpassung der Modell-sM-Funktion des Clusterensembles ergibt eine schlechte Über-einstimmung im kleinen s-Bereich. Die in Abbildung 190 dargestellte R-Wert Optimie-rung zeigt einen qualitativ gut beschriebenen Verlauf ab dem zweiten Maximum der Streufunktion. Es ist deshalb wahrscheinlich, dass die stark verbreiterte Charakteristik der modellierten PDF nach dem mittleren Abstand nächster Nachbarn notwendig ist, der vordere Wechselwirkungsbereich durch das Potenzial jedoch schlecht beschrieben wird. Ein ähnliches Verhalten wurde für den u.U. geschmolzenen Cluster Al_{69}^- in Kapitel 6.3 festgestellt.

Abschließend soll der Clusterzustand bei 95K anhand der Erkenntnisse aus weiteren MD-Simulationen erneut überprüft werden. Für Blei wird mit einem Guptapotenzial eine ikosaedrische Struktur mit einem fehlenden Zentralatom (Kavität) bevorzugt. Dies bildet vermutlich den mit zunehmender Bindungslänge (5. und 6. Periode) steigenden Stress entlang einer Schalenfläche ab. Entfernt man ein Atom im Zentrum, kann die

Verspannung durch Relaxation (Schrumpfen) abgebaut werden. Die mittlere Koordinationszahl verringert sich jedoch in dieser Anordnung, weshalb eine DFT-Betrachtung des Systems vermutlich zu einem anderen Ergebnis führen dürfte.

Man kann den Cluster Pb$_{55}^-$ in dieser Beschreibung als Analogon zu Cu$_{56}^-$ (siehe Kapitel 6.2) als geschlossenschalige Struktur mit einem zusätzlichen Oberflächenatom verstehen. Bereits niedrige thermische Schwingungsanregungen führen zu einer hohen Mobilität der Atome (z.B. $\delta_L = 0{,}13$ bei $T = 50$K). Zwischen $T = 200$K bis 300K tritt ein vollständiges Schmelzen ein und damit früher als mit anderen Potenzialen vorhergesagt.[387,388] Im Temperaturverlauf des Lindemannindex δ_L äußert sich das Verhalten in einer Stufe (siehe Abbildung 191). Für die Interpretation der TIED-Daten ist die damit verknüpfte Veränderung der sM-Funktion entscheidend. Die hohe Mobilität unter 200K wird durch eine auf der Oberfläche des Clusters Pb$_{55}$ wandernde Rosettestruktur erklärbar. Mit steigender Temperatur bildet sich eine oblate Form aus, die ebenso eine hohe Atomwanderungsgeschwindigkeit aufweist. Gegenüber dem charakteristischen Beugungsmuster des Mackayikosaeders (blaue Kurve) zeigt das simulierte Ensemble nun keine klare Signatur (z.B. das kleine lokale Maximum um $s \approx 3{,}7$Å^{-1} verschwindet und die Schulter des zweiten Maximums der Streufunktion ist schwächer ausgeprägt, siehe orangefarbene Kurve). Da bekannt ist, dass MD-Simulationen die simulierten Temperaturen häufig überschätzen, ist das Eintreten dieser frühen Umordnung der Struktur unter realen Bedingungen früher denkbar. Die experimentell bei 95K bestimmte sM^{exp}-Funktion zeigt überraschend gute qualitative Übereinstimmungen mit der MD-Simulation. Es wäre interessant die Clusterstruktur von Pb$_{55}^-$ bei noch tieferen Temperaturen zu untersuchen. Alternativ wird vorgeschlagen den Cluster Pb$_{54}^-$ vergleichend heranzuziehen. Wie in Abbildung 191 (rechts) ersichtlich, ist die Atommobilität – wie erwartet – unter 200K deutlich geringer, und man erwartet ein für 55-atomige Ikosaeder typisches Beugungsmuster.

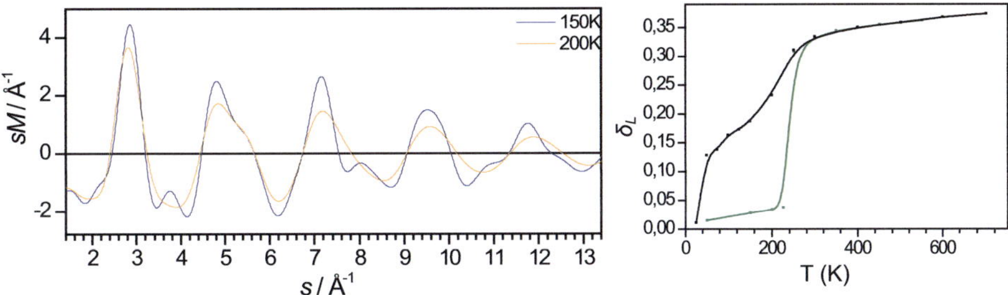

Abbildung 191: *links* – Simulierte sM^{theo}-Funktionen (MD) des (ikosaedrischen) Bleiclusters Pb$_{55}$ bei $T = 150$K (blau) und 200K (orange). *rechts* – Lindemannindex δ_L der Bleicluster Pb$_{55}$ (Cu$_{56}$-Analogon, schwarze Kurve) und Pb$_{54}$ (quasigeschlossenschalig, grüne Kurve) bei unterschiedlichen Temperaturen.

A.3 Der Zinncluster Sn_{13}^{+} [379]

Für den Cluster Sn_{13}^{+} konnte gezeigt werden, dass unter den experimentellen Bedingungen ($T = 95K$ und $T = 296K$) mehrere Isomere aus verschiedenen Strukturfamilien gleichzeitig vorliegen (siehe Abbildung 192). Die Ergebnisse sind mit Ionenmobilitätsmessungen von R. Kelting bei Raumtemperatur konsistent, wenngleich die Mischungsverhältnisse leicht verschoben sind. Die mit DFT-Methoden berechnete elektronische Grundzustandskonfiguration (I_h-Struktur) besitzt ein einfach besetztes a_g-HOMO, sodass kein Jahn-Teller-Effekt erster Ordnung zu erwarten wäre. Aufgrund eines relativ kleinen HOMO-LUMO-Energieabstands können jedoch Jahn-Teller-Verzerrungen zweiter Ordnung vermutet werden. Die Struktursuche mit einem GA liefert zahlreiche Isomere der I_h-Familie (D_{3d}-, T_h-, C_{2h}-, C_i-Symmetrien) in einem Energieintervall von 0,04 eV. In einem Abstand von ca. +0,29 eV erscheint ein C_1-Bindungsmotiv, dessen Grundstruktur sich aus einem verzerrten dreifach überkappten trigonalen Prisma zusammensetzt, das eine Seitenfläche mit einer pentagonalen Bipyramide teilt. Eine vergleichbare Struktur wurde für den anionischen Cluster Sn_{13}^{-} gefunden. [373]

Im Falle tiefer Temperaturen (95K) ist die I_h-Familie mit einem Anteil von 28% präsent, wohingegen die C_1-Struktur mit 72% Anteil das Hauptisomer darstellt. Bei Raumtemperatur verschiebt sich das Verhältnis zum I_h-Isomer (49:51). Als Interpretation des experimentellen Befunds können drei Erklärungsmöglichkeiten angeführt werden: 1. Der GA hat nicht das energetisch günstigste und im Beugungsexperiment vorliegende Sn_{13}^{+}-Isomer gefunden. 2. Die DFT-berechneten relativen Energien beider Strukturfamilien präferieren die falsche Struktur. Die energetische Reihenfolge ist in Wahrheit invertiert und der Abstand zwischen beiden Isomeren kleiner. 3. In beiden Experimenten (TIED, IMS) liegt nicht die thermodynamische Gleichgewichtsstruktur bzw. Gleichgewichtsverteilung mehrerer Isomere vor.

Da temperaturvariiierte Beugungsdaten durch eine Verschiebung des Isomerengemischs I_h/C_1 sehr gut interpretierbar sind, ist die erste Erklärung mit hoher Sicherheit auszuschließen. Ein einzelnes Isomer müsste mindestens einen Strukturwechsel durchlaufen, um die Änderungen der sM^{exp}-Funktion zu erklären. Da zu höheren Temperaturen der Anteil der ikosaedrischen Struktur tendenziell zunimmt, ist eine durch DFT nicht korrekt wiedergegebene energetische Reihenfolge wahrscheinlich. Bei tiefen Temperaturen ($T \rightarrow 0K$) sollte der Anteil des elektronisch günstigsten Isomers stets am größten sein, sofern sich die Schwingungsenergieverteilungen (Frequenzen) nicht zu sehr unterscheiden.

Man kann nicht mit absoluter Sicherheit ausschließen, dass aufgrund einer hohen Energiebarriere der Isomerisierung ein Teil der Zinnclusterionen in einer metastabilen Konfiguration über die Zeitskala des Experiments gefangen sind. In diesem Fall würde der höhere Anteil des I_h-Isomers bei Raumtemperatur einer schnelleren Kinetik der Umwandlung entsprechen. Da in IMS-Experimenten die Clusterionen tendenziell näher bis zur Dissoziationsgrenze aufgeheizt werden, und ebenso ein C_1-Überschuss festgestellt wird, ist diese Möglichkeit jedoch unwahrscheinlich. Ein mit T zunehmender Anteil des I_h-Isomers wird möglicherweise durch die DFT-Studien erklärbar: Die niedrigen Energieunterschiede der Molekülorbitale führen bei einem Aufheizen des Clusters zu einer Anregung der Elektronen (Quasielektronengas mit verschmierter Quasifermikante). Durch die vielen möglichen Jahn-Teller-Konfigurationen wird die I_h-Familie bei hohen Temperaturen entropisch günstiger. Ebenso können für diese Strukturfamilie relativ niedrige Schwingungsfrequenzen gefunden werden (~40cm^{-1}), die die Zusammensetzung des Gesamtsystems tendenziell in die gleiche Richtung drängt. Ihr Anteil am untersuchten Clusterensemble nimmt zu. Da die Auslenkungen der Atome gering sind (schwacher Jahn-Teller-Effekt zweiter Ordnung), können die unterschiedlichen Konfigurationen im Beugungsexperiment nicht unterschieden werden.

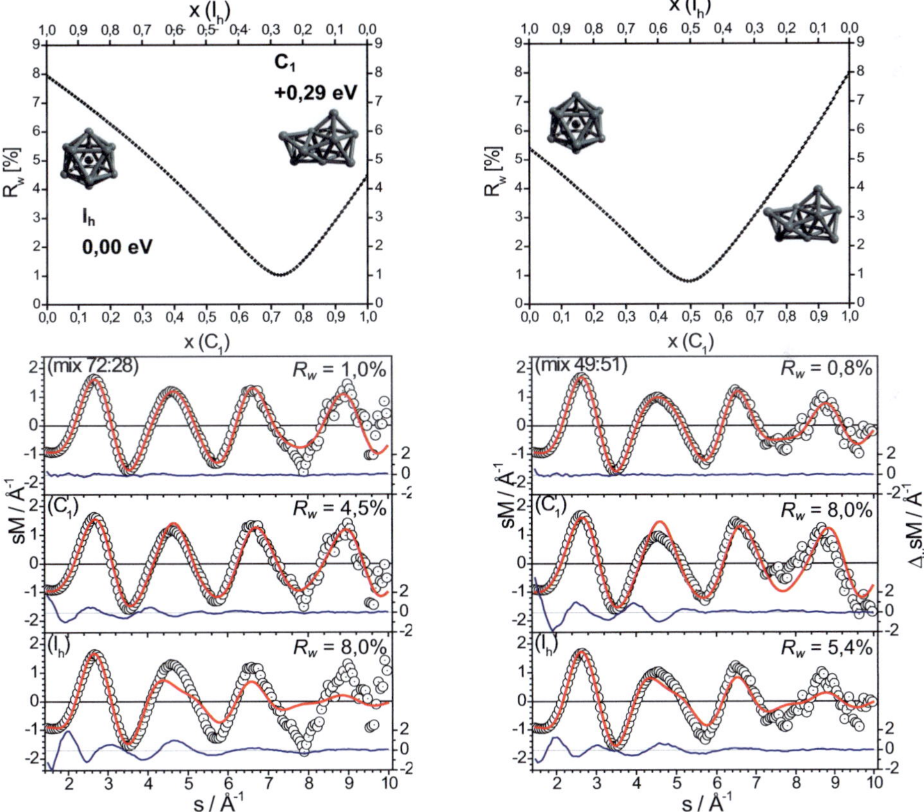

Abbildung 192: Berechnete R_w-Werte unterschiedlicher Fraktionen (Molenbruch x) des I_h- (berechneter Grundzustand) und C_1-Isomers (oben) von Sn$_{13}^{+}$ bei T = 95K (links) und 296K (rechts). Experimentelle sM^{exp}-Funktion (schwarze offene Kreise) und theoretische sM^{theo}-Funktion (rote Linie) der reinen Isomere (x = 0, 1) und der optimalen Mischung x_{opt} (unten). Die blaue Linie entspricht der gewichteten Abweichung $\Delta_w sM$.

A.4 Strukturmotiv von Clustern des bcc-Elements Tantal

Die Strukturen von Tantalclustern sind von all den Übergangsmetallen mit am wenigsten untersucht. Für kleinere neutrale in einer Laserverdampfungsquelle erzeugte Cluster bis $n = 40$ Atome konnten magische Größen bei 7, 13, 15, 22 und 29 identifiziert werden.[390] Interessanterweise zeigte der Cluster Ta_{19} eine minimale Häufigkeit im Massenspektrum. In der gleichen Arbeit wurden Gemeinsamkeiten zum Element Niob festgestellt. Beide Elemente zeigen ungewöhnliche ferroelektrische und magnetische (nur bei ungeraden Atomzahlen und tiefen Temperaturen) Eigenschaften bei Clustern.[391] Theoretische Studien auf hohem Niveau (DFT) wurden für Ta_{2-3}[392] sowie unter Verwendung von Pseudopotenzialen[393] bis $n = 23$ durchgeführt. Cluster mit bis zu 100 Atomen wurden mit Hilfe von semiempirischen Wechselwirkungspotenzialen (MD-Simulationen) untersucht.[265] Ein Wandel der Struktur von einer polyikosaedrischen zu einer geschichteten Frank-Kasper[394]-ähnlichen Struktur (σ-Phase[395]) wurde vorhergesagt. Der bcc-Übergang wird bei ca. 100 Atomen erwartet.

Es ist bekannt, dass sich sphärisch geformte Blockkopolymere in bcc-Kristallen in der Nähe der Temperatur zum ungeordneten[xvi] Übergang bilden.[396] Diese Ordnung entspricht näherungsweise einem zwölfeckigen Quasikristall. Eine Beschreibung der Strukturen ist mit Hilfe des Dzugutov-Potenzials[397] möglich, das bevorzugt lokale

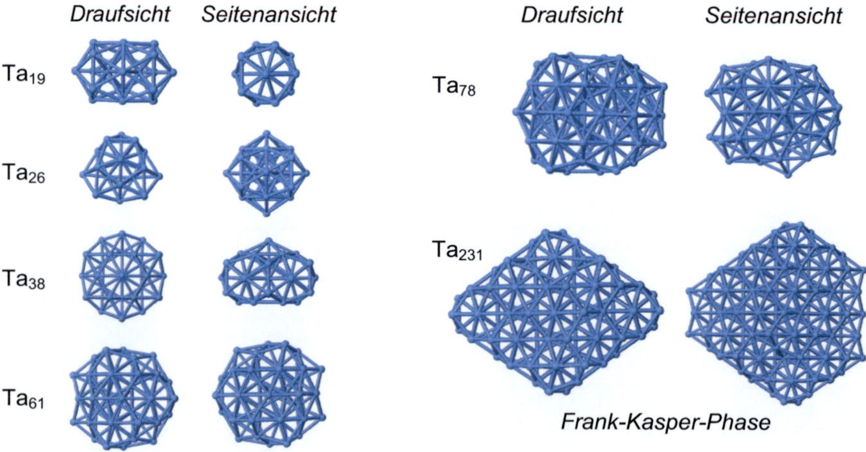

Abbildung 193: Polyikosaedrische Strukturen erzeugt mit einem (Eisen-)Finnis-Sinclair-Potenzial[193,262] (GA). Die Struktur Ta_{231} ist der Cambridge Cluster Database[193] (CCD) entnommen und entstammt einem Dzugutov-Potenzial[397].

[xvi] Die strukturelle Klassifikation eines kontinuierlichen Phasenübergangs sieht nur einen mit der Ordnung einer Kristallstruktur verknüpften Umwandlungsgrad vor. Der Subtyp eines Ordnungs-Unordnungs-Phasenübergangs erfasst die Regelmäßigkeit mehrerer auf verschiedene Atompositionen statistisch verteilter Atome, wobei jede dieser Position nur noch von einer einzigen Atomsorte besetzt ist.

ikosaedrische Atomanordnungen erzeugt. Diese Strukturbildung vermeidet Packungs-frustrationen, die in kubischen oder hexagonalen Gittern auftreten können und wird häufig von weichen Materialien (z.B. Dendrimeren) gebildet.[398] Viele der im Folgenden gezeigten Strukturen können mit dem bereits genannten Dzugutov-Potenzial oder dem für bcc-Festkörper entwickelten Finnis-Sinclair-Potenzial erzeugt werden (siehe Abbildung 193).[262]

Die untersuchten Tantalclusteranionen zeigen – wie in Abbildung 194 zu sehen – im gesamten Größenbereich von 19 bis 78 Atome das für polyikosaedrische Strukturen typische Beugungsmuster, das bereits bei Kupferclustern mit weniger als 55 Atomen beobachtet werden konnte (siehe Kapitel 6.1). Ebenso zeigte der Palladiumcluster $Pd_{26}^{+/-}$ dieses Bindungsmotiv. Die Erklärung des für alle Clustergrößen nahezu unver-änderten Beugungsbilds wurde in Abschnitt 6.1.3 auf Seite 219 diskutiert. Es bildet sich ein Nanoteilchen mit einer eigenen charakteristischen Signatur, die mit zunehmender Anzahl an Streuzentren zunehmend schärfere sM-Amplituden aufweist (vgl. Amplitu-denbreite bei $sM = 0\text{Å}^{-1}$). Dies lässt sich sehr schön an den ersten beiden Maxima ($s = 2{,}6\text{Å}^{-1}$ und $4{,}6\text{Å}^{-1}$) von Ta_{19}^{-} bis Ta_{78}^{-} verfolgen. Eine weitere Beobachtung stellt die mit der Clustergröße zunehmende Skalierung auf der s-Abzisse dar. Größere Cluster

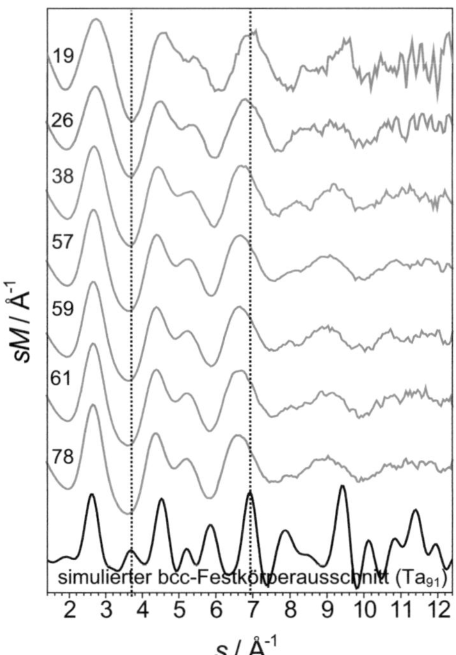

Abbildung 194: Experimentelle sM^{exp}-Funktionen (genäherter Hintergrund) der Tantalcluster-anionen Ta_n^- (n = 19 bis 78) sowie einer sM^{theo}-Modellfunktion eines bcc-Festkörperausschnitts (Ta_{91}). Mit steigendem n schärfen sich sie sM^{exp}-Amplituden (siehe $s = 2{,}6\text{Å}^{-1}$ und $4{,}6\text{Å}^{-1}$) und das Beugungsmuster verschiebt sich zu kleineren s-Werten (siehe gestrichelte Linien).

zeigen ein zu kleineren s-Werten geschobenes Beugungsmuster – entsprechend längeren mittleren Bindungslängen (siehe eingezeichnete gestrichelte Linien). Eine mögliche Erklärung könnten mit dem Clusterdurchmesser zunehmende lokale Verspannungen (ähnlich dem Schalenwachstum des Mackayikosaeders) in den ikosaedrischen Untereinheiten der Nanostruktur sein, weswegen diese zunehmend weiter auseinander driften. Bei einer kritischen Größe wird dann eine Instabilität der Struktur erreicht und die bcc-Phase kann sich ausbilden. Im TIED-Experiment konnte dies bis 78-atomige Clusterionen nicht beobachtet werden (siehe simulierte bcc-Beugungsmuster). Wie in Kapitel 5.5 für 55-atomige Cluster festgestellt, weisen Elemente, die eine bcc-Kristallstruktur ausbilden, dasselbe Bindungsmotiv auf. Es ist deshalb denkbar, dass für andere bcc-Übergangsmetalle ebenso ein polyikosaedrisches Clusterwachstum beobachtbar ist.

A.5 Thermisch induzierte Oberflächenrekonstruktion beinahe geschlossenschaliger Silbercluster ($Ag_{55\pm x}^-$, $x = 1$–2)

In Kapitel 6.2 wurde der Temperatureinfluss auf die Oberflächenkonstruktion der Atome eines Clusters mit nahezu geschlossenschaliger Struktur untersucht. Adatome oder leere Positionen auf der Außenseite zeigten einen signifikanten Einfluss auf die Gleichgewichtsstruktur bei höheren Schwingungstemperaturen ($T = 530$K). Ein dadurch vermitteltes frühes Schmelzen der Oberflächenlage ist denkbar. Aufgrund der geringen Partikelgröße ist jedoch die dauerhafte Ausbildung einer Grenzfläche (flüssig/fest) energetisch ungünstig und aus diesem Grund unwahrscheinlich. Stattdessen legen MD-Simulationen konzertierte Oberflächenrekonstruktionen nahe, bei denen ein Großteil der äußeren Atome beteiligt ist. Eine Reduzierung des Schmelzpunkts, bei dem ebenso der Clusterkern flüssig wird, konnte bis zu den experimentell realisierbaren Temperaturen nicht festgestellt werden.

Generell ist für kompakte (Cluster-)Strukturen eine kleinere Schmelztemperatur zu erwarten als im Festkörper. Weil bei Silber- gegenüber Kupferclustern eine geringere Bindungsenergie pro Atom (berechnet für Cu_{55}^- und Ag_{55}^-: -0,69 eV) vorliegt, wird der Schmelzbereich in einem untersuchbaren Temperaturintervall vermutet. Die Verflüssigung des Silberfestkörpers tritt bei 1234,0K[321] und damit ca. 120K früher als für Kupfer ein. Da bei gleicher Kristallstruktur (beide fcc) wie erwartet ein linearer Zusammenhang zwischen Schmelzpunkt und Bindungsenergie festgestellt werden kann, ist die obere getroffene Annahme schlüssig.

Die Überprüfung von thermisch induzierten Oberflächenrekonstruktionen ist im Falle von Ag_{55}^- anhand einer Reihe aus drei Messpunkten ($T = 95$K, 300K und 530K) durchgeführt worden (siehe Abbildung 195). Für homologe Clusterionen mit mehr oder weniger Atomen können mögliche Schmelzprozesse mit Hilfe der Hochtemperatur-sM^{exp}-

Funktion analysiert werden. Bis $T = 530\text{K}$ tritt keine Verflüssigung der Silbercluster-ionen eintritt.

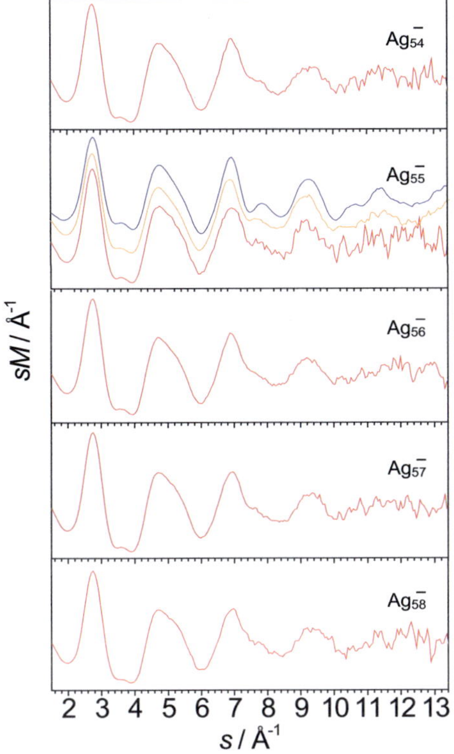

Abbildung 195: Experimentelle sM^{exp}-Funktion (genäherter Hintergrund) der Silberclusteran-ionen Ag$_n^-$ ($n = 54$–58) bei $T = 95\text{K}$ (blaue Kurve), $T = 300\text{K}$ (orange Kurve) und $T = 530\text{K}$ (rote Kurve).

Der Streuwinkelbereich um $s \approx 7{,}6\text{Å}^{-1}$ weist bei den dargestellten Clusterionen densel-ben charakteristischen Funktionsverlauf auf wie für homologe Kupfercluster beschrie-ben: Für Ag$_{55}^-$ bei $T = 95\text{K}$ kann an dieser Stelle das Muster eines Doppelmaximums beobachtet werden, das zu höheren Temperaturen – bei allen dargestellten Clustergrö-ßen – zunehmend zu einer Schulter des größeren Maximums übergeht. Wahrscheinlich spielen dieselben Prozesse wie im Falle der analogen Kupferverbindungen eine Rolle. Die sM^{exp}-Funktionen der $4d$-Elemente zeigen bei gleichem vorliegendem Strukturmo-tiv i.d.R. weichere Amplitudenverläufe. Eine für die Ausbildung einer Rosette typische Schulter des zweiten sM-Maximums um $s = 5\text{Å}^{-1}$ wird bei keiner Clustergröße aufge-löst. Ihr Fehlen kann jedoch auch nicht als eindeutiger Gegenbeweis gewertet werden.

MD-Simulationen wurden wie in Abschnitt 6.2.1 beschrieben durchgeführt. Angewandt wurde ein Guptapotenzial, das für den Silberfestkörper optimierte Parameter enthält.[189] Die Eigenschaften der bei verschiedenen Temperaturen simulierten kanonischen En-sembles der Cluster Ag$_{55\pm x}$ sind in Abbildung 196 dargestellt. Die Schmelzbereiche liegen für $x = 1$–2 wie für Kupferverbindungen beobachtet bei ca. $T = 600$K. Lediglich für $x = 0$ ist eine Reduktion des Schmelzpunkts um bestenfalls 20K feststellbar. Das verwendete Potenzial sagt demnach keine früher eintretende Verflüssigung voraus.

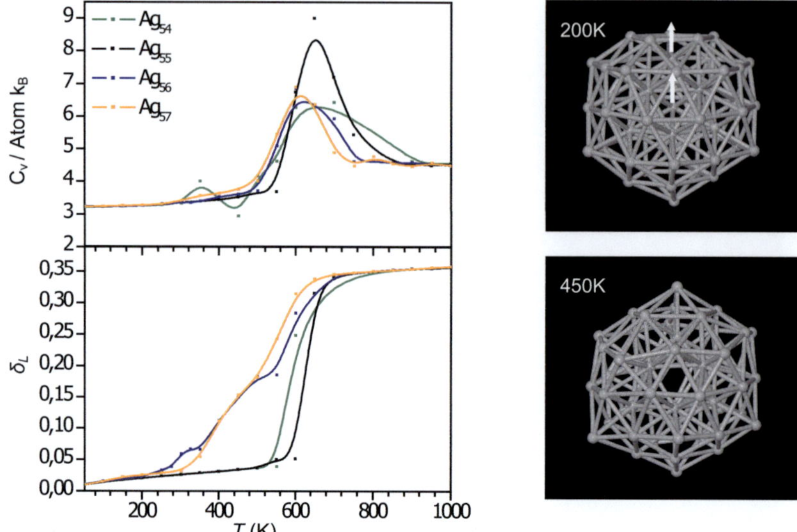

Abbildung 196: *links* – Aus MD-Simulationen unter Verwendung eines Guptapotenzials[189] gewonnene Größen der Cluster Ag$_{54}$ bis Ag$_{57}$ bei verschiedenen Temperaturen T (kanonisches Ensemble): Wärmekapazität C_v und Lindemannindex δ_L. Abweichungen zur geschlossenen 55er-Struktur (schwarze Kurve) führen zu reduzierten Schmelztemperaturen (C_v-Maximum) und vorgelagerten Strukturübergängen (δ_L zeigt z.T. eine Stufe). *rechts* – Momentaufnahmen verschiedener Strukturisomere von Ag$_{54}$ bei verschiedenen Temperaturen T. Um 450K findet ein Strukturübergang statt, bei dem das Zentralatom heraustritt (weiße Pfeile).

Die Mobilitäten der Atome, gemessen mit Hilfe des Lindemannindex δ_L, zeigen für Cluster mit Adatomen (Ag$_{56}$, Ag$_{57}$) einen frühen Anstieg. Die Analyse der simulierten Trajektorien zeichnet jedoch ein leicht verändertes Bild: Die in die Oberfläche eindringenden überschüssigen Atome verharren tendenziell länger innerhalb der äußeren Schicht als es bei Kupferclustern zu beobachten war (ca. 75% der Zeit gegenüber 10% beim 3d-Element). Ein konzertiertes Verschieben der Oberfläche mit dem Herausdrücken eines entfernt liegenden Atoms findet nicht statt. Erklärbar wird das Verhalten durch die größeren Bindungslängen des Silbers, aufgrund deren die einzelnen Schalen des Ikosaeders weiter Außen aufgebaut werden und die Spannung zwischen den Atomen der äußersten Schicht und zu der darunter liegenden wegen der nicht optimal raumfüllenden Körpergeometrie tendenziell erhöhen. Das Einfügen eines Extraatoms in eine solche Oberfläche findet nun leichter statt. Möglicherweise ist auch eine höhere Akzeptanz gegenüber einer Abweichung zur optimalen Ag–Ag-Bindungslänge gegeben. Die gemessene Mobilität resultiert aus dem größeren, jedem Atom zur Verfügung stehenden Ortsraum (größeres Clustervolumen).

Dies kann auch als Erklärung der Veränderung der sM^{exp}-Funktion von Ag$_{55}^-$ bei höheren Temperaturen (530K) verstanden werden. Momentaufnahmen der Simulationen vor dem Schmelzübergang zeigen ausschließlich verzerrte Mackayikosaeder, deren Atome ihre Positionen nicht tauschen. In Abbildung 197 ist ersichtlich, dass der s-Bereich von 7–9Å^{-1} der experimentellen Daten gut beschrieben wird ($R_w = 2{,}1\%$).

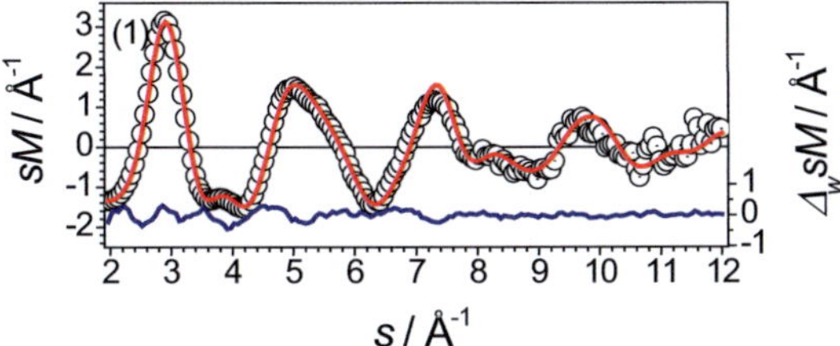

Abbildung 197: Experimentelle sM^{exp}-Funktion (schwarze offene Kreise) und theoretische sM^{theo}-Funktion (rote Linie) von Ag$_{55}^-$ bei $T = 530$K. Die Modellfunktion entstammt einem simulierten kanonischen Ensemble bei $T = 500$K. Die blaue Linie entspricht der gewichteten Abweichung $\Delta_w sM$.

Ag$_{54}^-$

Ein besonderer Fall stellt der Cluster mit 54 Atomen dar. In den MD-Simulationen zeigt sich ein struktureller Übergang, der sich in einem lokalen Maximum im $C_v(T)$-Verlauf äußert (siehe Abbildung 196). Im verwendeten Potenzial stellt der Mackayikosaeder mit einem fehlenden Eckatom die energetisch günstigste Struktur dar. Wird die Temperatur über den kritischen Bereich um $T = 380$K erhöht, so treten zwei untereinander liegende Atome (Zentralatom und eines der ersten Schale) konzertiert in eine jeweils weiter außen liegende Schale. Auf diese Weise wird die Eckposition der Oberfläche gefüllt und es entsteht ein hochsymmetrischer Ikosaeder mit einem fehlenden Zentralatom. Wie bereits diskutiert, lässt sich dieser Vorgang anhand der tendenziell höheren Spannung der Struktur gegenüber dem analogen Kupfercluster erklären. Das Entfernen des Zentralatoms erzeugt eine Kavität, in die die Atome der zweiten und dritten Schale drücken können. Die Spannungen werden durch das Zusammenrutschen abgebaut. Gleichzeitig ist durch die aufgeweiteten Abstände zwischen den Atomen der Schalen genügend Raum, sodass eine Inter-Schichtwanderung ohne größere Energiebarriere möglich ist. Die relaxierte Struktur ist im ersten Moment höher geordnet und der C_v-Wert sinkt unterhalb der Werte der Cluster mit 55 oder mehr Atomen.

Im Streubild äußert sich die Isomerisierung nur unmerklich. Da die Relaxierung v.a. kleine Änderungen einiger Bindungslängen zu nächsten Nachbaratomen hervorruft, würde man zunächst im Bereich kleiner Streuwinkel ($s = 2$Å^{-1}) die Ausbildung einer

Schulter erwarten. In der sM^{exp}-Funktion ist dies nicht zu erkennen. Die Modell-sM-Funktion des simulierten Ensembles bei 450K kann die experimentellen Daten im Bereich $s = 7{,}0\text{–}8{,}5\text{Å}^{-1}$ jedoch besser erklären (siehe Abbildung 198). Der R_w-Wert sinkt leicht von 3,1% auf 2,9% gegenüber einer Simulation bei 200K. Es ist deshalb nicht auszuschließen, dass die beschriebene Isomerisierung unter den experimentellen Bedingungen stattfindet. Eine DFT-Untersuchung legt allerdings nahe, dass eine im Zentrum leere Struktur aus energetischen Gesichtspunkten ungünstig ist (ca. +0,46 eV über dem globalen Minimum, siehe Tabelle 29).

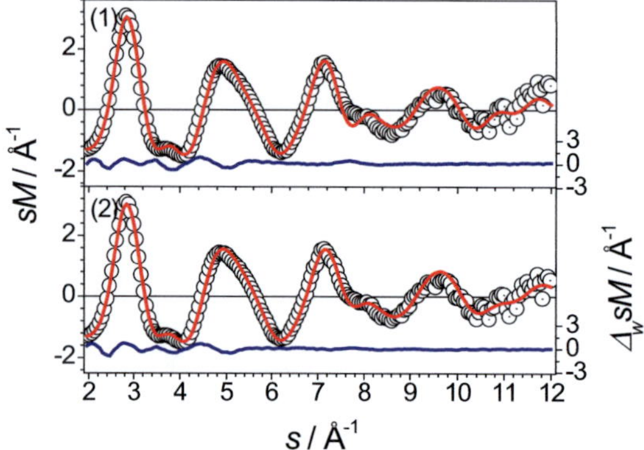

Abbildung 198: Anpassung der sM-Funktionen von Ag_{54}^{-} bei $T = 530$K: (1) simuliertes Ensemble bei 200K und (2) 450K.

Tabelle 29: Vergleich der DFT- (TPSS / def2-TZVPP) und semiempirisch (Guptapotenzial) berechneten relativen Energien der Isomere von Ag_{54}^{-}, Ag_{56}^{-} und Ag_{57}^{-} (siehe hierzu auch Abbildung 158, Seite 213). Isomer 3 bei Ag_{54}^{-} entspricht hier einem Mackayikosaeder ohne Zentralatom.

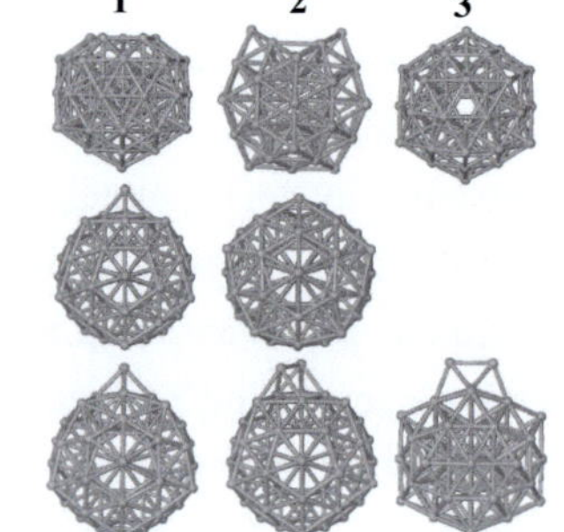

	Cluster	Isomer 1	Isomer 2	Isomer 3
Ag_{54}^{-}	DFT	+0,06 eV	0,00 eV	+0,46 eV
	Gupta	0,00 eV	+0,47 eV	+0,07 eV
Ag_{56}^{-}	DFT	0,00 eV	+0,11 eV	–
	Gupta	0,00 eV	+0,12 eV	–
Ag_{57}^{-}	DFT	+0,27 eV	+0,12 eV	0,00 eV
	Gupta	+0,05 eV	0,00 eV	+0,16 eV

Die für den Cluster Ag_{56}^{-} simulierten Daten stellen möglicherweise die verlässlichsten Werte dieser Reihe dar. Hier stimmen die relativen Energien aus dem verwendeten semiempirischen Potenzial für die relevanten Isomere (1) und (2) (iko+1 und Rosette) sehr gut mit den DFT-Rechnungen überein.

A.6 Möglicher Strukturübergang bei Silberclusterionen (Ag$_n^-$, n = 80–98)

Aufgrund von STM-Arbeiten an Silberclustern auf C$_{60}$-Filmen von Duffe *et. al*[399,400] gab es Hinweise auf einen scharfen strukturellen Übergang im Größenbereich von 84 bis 86 Atomen. Die gemessene Höhenverteilung der deponierten Cluster bei T = 77K, ändert sich dabei statistisch signifikant um ca. 0,2nm. Sollte ein größenspezifisches Phänomen vorliegen, das durch eine geänderte Atomordnung verursacht wird, wäre dies mit Hilfe von Beugungsdaten ggf. zu belegen.

In Abbildung 199 sind experimentelle modifizierte molekulare Beugungsintensitäten (unter Verwendung einer genäherten Hintergrundsfunktion) für die größenselektierten Clusteranionen von 80 bis 96 Atome dargestellt. Die qualitative Inspektion ergibt keinen Hinweis auf einen signifikanten Strukturwechsel für den betrachteten Ladungszustand und Größenbereich. In Kapitel 5.6 wurde für Silberclusteranionen ein erstmaliges Auftreten von dekaedrischen Clustern bei 71 Atomen gefunden (Anteil: ca. 15%). Bei einer Größe von 105 Atomen ist unter den (leicht wärmeren) experimentellen Bedingungen von 95K bereits eine bedeutende Fraktion in einer dekaederähnlichen Struktur (ca. 50%). Es ist wahrscheinlich, dass für die untersuchten Clusterionen in der Gasphase das Ikosaedermotiv kontinuierlich mit der Atomzahl verschwindet. Die sM^{exp}-Funktionen bilden diesen Verlauf in einer (geringen) graduellen Änderung bei $s \approx 3{,}5$Å^{-1} ab. Die auf C$_{60}$-Filmen untersuchten Diffusionsmechanismen[399] und Strukturveränderungen sind mit hoher Wahrscheinlichkeit alleinig durch die Substratwechselwirkung induziert.

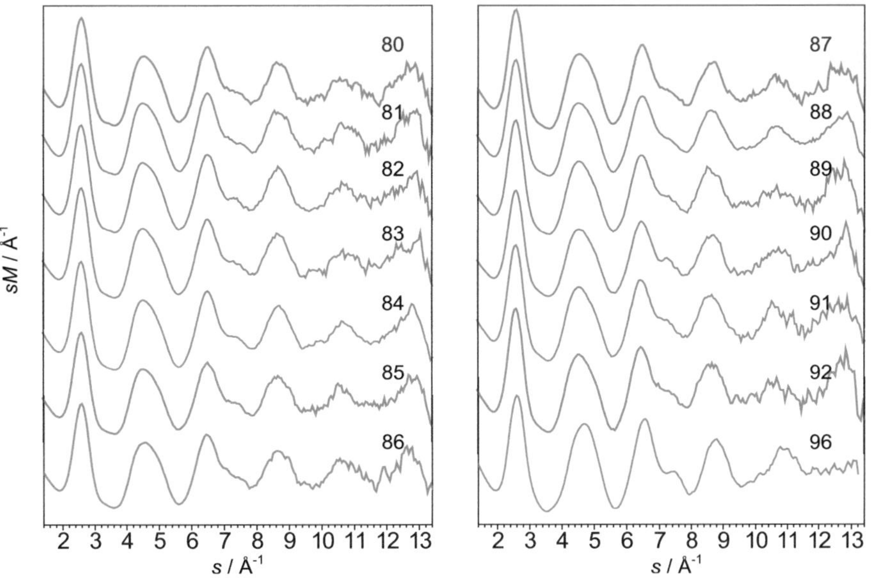

Abbildung 199: Experimentelle sM^{exp}-Funktionen (genäherter Hintergrund) der Silberclusteranionen Ag$_n^-$ (n = 80–92, 96).

A.7 Reine Goldcluster größer 20 Atome

Strukturen von Goldclusteranionen wurden bereits von A. Lechtken in Elektronenbeugungsexperimenten bis zu einer Größe von 92 Atomen untersucht.[13] Systematische Interpretationen der Daten gelangen jedoch v.a. aufgrund fehlender Modellstrukturen nicht über eine Größe von 20 Atomen hinaus. Die im Folgenden präsentierten Anpassungen verwenden mit einem genetischen Algorithmus und DFT von E. Barnes erzeugte Kandidaten. Das theoretische Niveau ist in Anbetracht der Clustergrößen relativ hoch gewählt: TPSS-Funktional und $7s5p3d1f$-Basissatz[85]. Da z.T. ein schlechter Kontrast zwischen den einzelnen Modellstrukturen festzustellen war, wurden im Rahmen dieser Arbeit die Experimente wiederholt und die Sicherheit der Beugungsdaten damit erhöht (siehe Anhang B.1, Sensitivitätssteigerung des TIED-Experiments).

Für weitere Größen (Au_{25}^-, Au_{21}^+ und Au_{34}^+) existieren keine Strukturvorschläge und deswegen werden im Anschluss lediglich die TIED-Daten zur Vollständigkeit angefügt.

Au_{21}^-

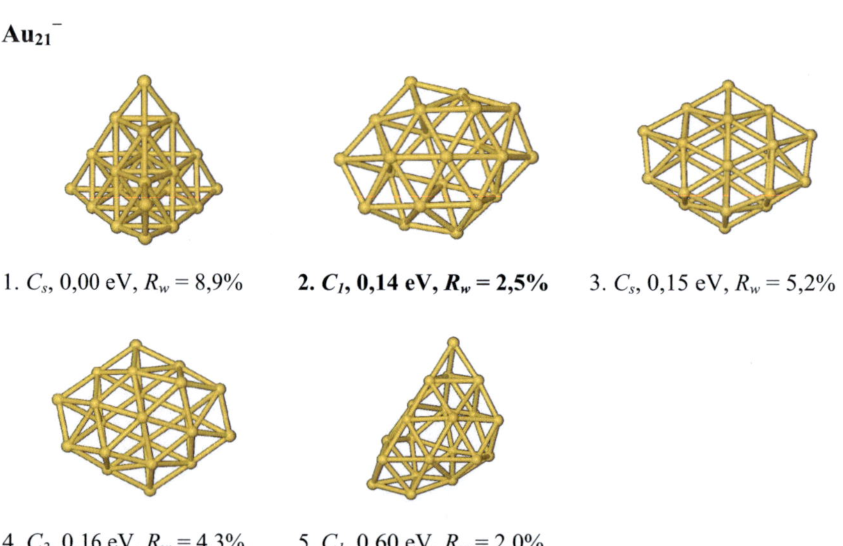

1. C_s, 0,00 eV, R_w = 8,9%   **2. C_1, 0,14 eV, R_w = 2,5%**   3. C_s, 0,15 eV, R_w = 5,2%

4. C_2, 0,16 eV, R_w = 4,3%   5. C_1, 0,60 eV, R_w = 2,0%

Abbildung 200: Die energetisch günstigsten Isomere von Au_{21}^- mit Symmetrien, relativen Energien und R_w-Werten. Das fett markierte Isomer kann zugeordnet werden.

In Abbildung 200 sind die energetisch günstigsten Isomere verschiedener Strukturmotive dargestellt. Als globale Minimumsgeometrie findet sich eine von dem pyramidalen Au_{20}^- abgeleite Struktur.[57,106,229] Daneben existieren in einem Abstand von ca. +0,15 eV flach-dreidimensionale Strukturen, die sich als zwei übereinander liegende Schichten von (111)-Flächen verstehen lassen. Diese (planare) Atomanordnung hat sich bei Goldclusteranionen mit weniger als zwölf Atomen als jeweils günstigste isomere Struktur erwiesen.[13] Die Präferenz zu zweidimensionalen Clustern wurde bereits in zahlreichen theoretischen Arbeiten mit relativistischen Effekten bei Gold erklärt, die den Energieabstand zwischen $5d$- und $6s$-Atomorbitalen verringern.[401,402] Dadurch kann verglichen mit anderen Münzmetallen eine effektivere s-d-Hybridisierung stattfinden, die auch für Au_{20} festgestellt wurde.[403]

Der experimentell untersuchte Cluster Au_{21}^- gehört mit hoher Wahrscheinlichkeit in die Strukturfamilie flach-dreidimensionaler Geometrien. Die beste Übereinstimmung in einem Energieintervall von +0,20eV wird mit Struktur (2) erreicht ($R_w = 2,5\%$). Die pyramidale Struktur kann wegen des signifikant höheren R_w-Werts (8,9%) eindeutig ausgeschlossen werden (siehe Abbildung 201). Ebenso ist es nicht als Beitrag einer Mischung zweier Isomere nachweisbar, d.h. es kann kein kleinerer R_w-Wert auf diese Weise erzielt werden. Eine noch bessere Anpassung gelingt mit einer hohlen Struktur (Isomer 5, Fit nicht dargestellt). Aufgrund des sehr großen Energieabstands zu den flachen Isomeren (2), (3) und (4) ist es jedoch unwahrscheinlich, dass sie im Experiment vorgelegen hat. Obgleich ist es bekannt, dass DFT-Rechnungen bestimmte Strukturmotive in Goldclustern energetisch zu bevorzugen scheinen.[108] Wegen diesem Verhalten ist es zumindest denkbar, dass eine (hier: hohle) Strukturfamilie durch eine befangene Fitness vom genetischen Algorithmus frühzeitig aussortiert wird.

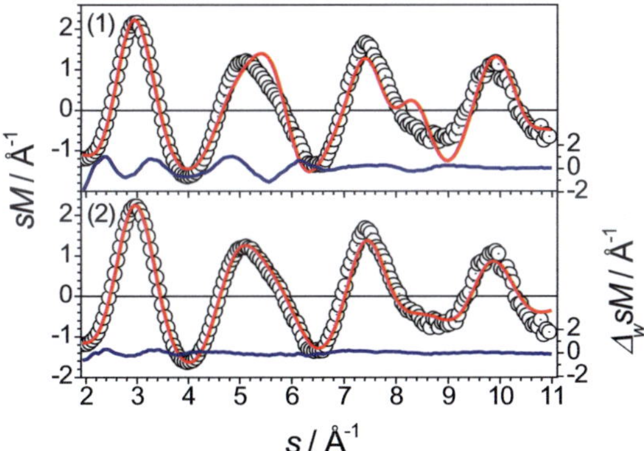

Abbildung 201: Experimentelle sM^{exp}-Funktion (schwarze offene Kreise) und theoretische sM^{theo}-Funktion (rote Linie) der Isomere 1 und 2 von Au_{21}^-. Die blaue Linie entspricht der gewichteten Abweichung $\Delta_w sM$.

Au$_{22}^{-}$

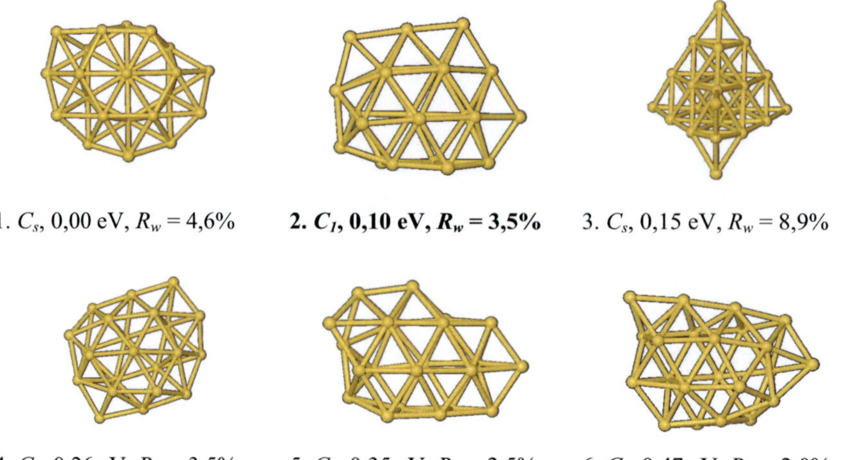

1. C_s, 0,00 eV, R_w = 4,6%　　　**2. C_1, 0,10 eV, R_w = 3,5%**　　　3. C_s, 0,15 eV, R_w = 8,9%

4. C_1, 0,26 eV, R_w = 3,5%　　　5. C_1, 0,35 eV, R_w = 2,5%　　　6. C_1, 0,47 eV, R_w = 2,0%

Abbildung 202: Die energetisch günstigsten Isomere von Au$_{22}^{-}$ mit Symmetrien, relativen Energien und R_w-Werten. Das fett markierte Isomer kann zugeordnet werden.

Die in Abbildung 202 gezeigten Isomere mit Ausnahme von Struktur (3) stammen aus der Gruppe von X. C. Zeng und wurden mit dem Programmpaket Gaussian03 (PBEP-BE, LANL2DZ) mit einem *basin-hopping*-Algorithmus erzeugt[88]. Anschließend sind die Geometrien in der für andere Goldcluster verwendeten Methode relaxiert worden (TPSS, 7s5p3d1f). Auch für diesen Cluster finden sich die drei Motive flach-dreidimensional (Isomere 1, 2, 4 und 5), pyramidal (Isomer 3) und hohl (Isomer 6). Die beste Übereinstimmung mit den Beugungsdaten wird mit flachen oder dem hohlen Isomer erreicht. Im Energieintervall bis +0,20 eV erhält man den kleinsten R_w-Wert (3,5%) für eine von Isomer Au$_{21}^{-}$–(3) abgeleitete Struktur (2). Aufgrund der schlechten Anpassung des Isomers (1) bei s = 5,2Å^{-1} und 8,6Å^{-1} kann die berechnete Grundstruktur mit hoher Sicherheit ausgeschlossen werden (siehe Abbildung 203). Eine Mischung der Isomere (1) und (2) führt zu keinem kleineren R_w-Wert. Wie auch im vorherigen Fall wird die beste experimentelle Übereinstimmung (nicht abgebildet) mit einem hohlen Isomer (6) erreicht. Der R_w-Wert liegt mit 2,0% signifikant unter der zugeordneten Struktur. Aufgrund der höheren relativen elektronischen Energie von ca. +0,47 eV, ist eine Beteiligung des Isomers im Experiment jedoch unwahrscheinlich.

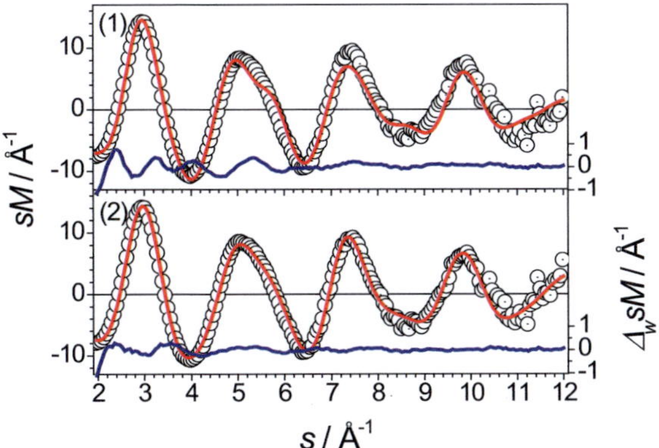

Abbildung 203: Experimentelle sM^{exp}-Funktion (schwarze offene Kreise) und theoretische sM^{theo}-Funktion (rote Linie) der Isomere 1 und 2 von Au_{22}^-. Die blaue Linie entspricht der gewichteten Abweichung $\Delta_w sM$.

Au_{23}^-

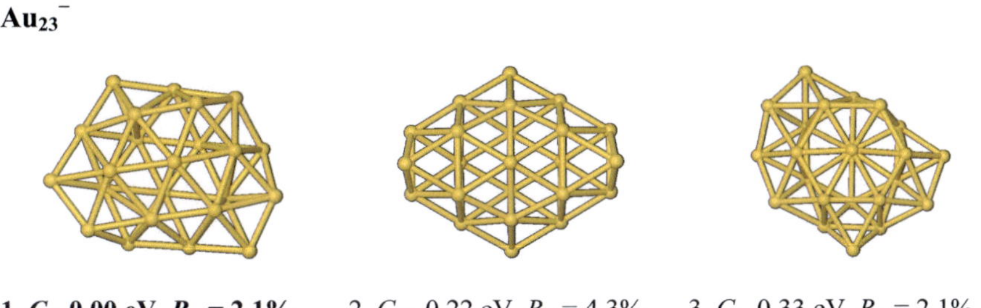

1. C_1, 0,00 eV, R_w = 2,1%   2. C_{2v}, 0,22 eV, R_w = 4,3%   3. C_1, 0,33 eV, R_w = 2,1%

Abbildung 204: Die energetisch günstigsten Isomere von Au_{23}^- mit Symmetrien, relativen Energien und R_w-Werten. Das fett markierte Isomer kann zugeordnet werden.

Für den Cluster Au_{23}^- werden im interessanten Energiebereich ausschließlich flach-dreidimensionale Strukturen gefunden (siehe Abbildung 204). Der berechnete Grundzustand (1) wie auch Isomer (3) sind Fortführungen von bei kleineren Clustergrößen gefundenen Geometrien. Struktur (2) zeigt eine leicht gewölbte Oberfläche, sodass sie auch als Vertreter einer hohlen Struktur gewertet werden kann. Aufgrund des signifikant höheren R_w-Werts kann es jedoch als hauptbeitragendes Isomer im Experiment ausgeschlossen werden. Die beste Übereinstimmung wird mit der zugeordneten Struktur (1) erzielt (R_w = 2,1%, siehe Abbildung 205).

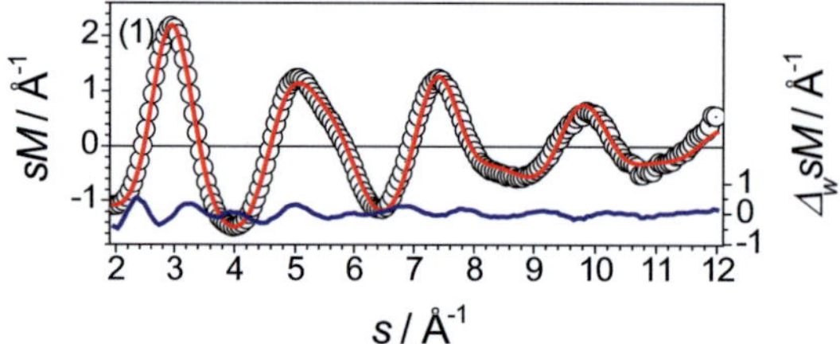

Abbildung 205: Experimentelle sM^{exp}-Funktion (schwarze offene Kreise) und theoretische sM^{theo}-Funktion (rote Linie) des Isomers 1 von Au_{23}^{-}. Die blaue Linie entspricht der gewichteten Abweichung $\Delta_w sM$.

Au_{24}^{-}

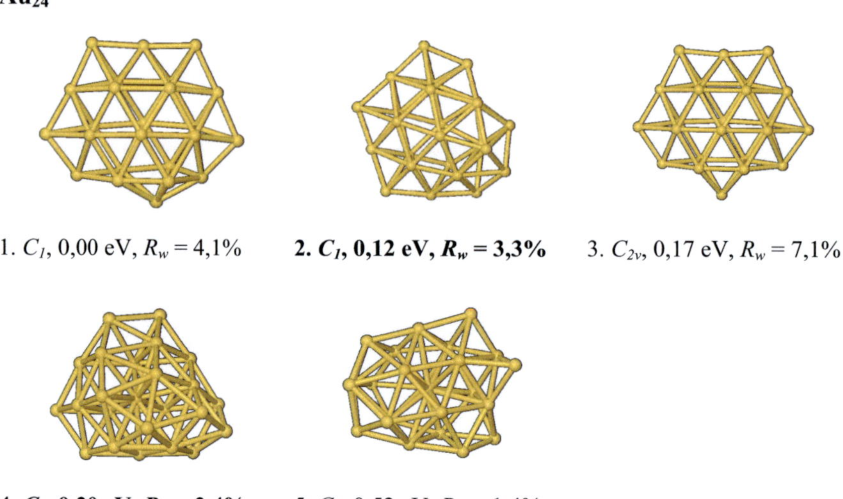

1. C_1, 0,00 eV, $R_w = 4,1\%$ **2. C_1, 0,12 eV, $R_w = 3,3\%$**   3. C_{2v}, 0,17 eV, $R_w = 7,1\%$

4. C_1, 0,20 eV, $R_w = 2,4\%$ 5. C_1, 0,52 eV, $R_w = 1,4\%$

Abbildung 206: Die energetisch günstigsten Isomere von Au_{24}^{-} mit Symmetrien, relativen Energien und R_w-Werten. Die fett markierten Isomere können die experimentellen Beugungsdaten am ehesten erklären.

In Abbildung 206 sind die energetisch günstigsten gefundenen Isomere des Clusters Au_{24}^{-} dargestellt. Bis auf das kompakte Isomer (5) entstammen sämtliche Strukturvorschläge der Gruppe von X. C. Zeng (siehe Au_{22}^{-}). Die ersten drei Strukturen (1)-(3) entsprechen unvollständigen zweischichtigen Bienenwabenstrukturen. Das Bindungsmotiv wird im Energieintervall +0,20 eV in zahlreichen Varianten vorgefunden und liefert z.T. signifikant unterschiedliche R_w-Werte (siehe Isomere 2 und 3). Die beste Anpassung an den experimentellen Datensatz gelingt mit Struktur (2) ($R_w = 3,3\%$, siehe Abbildung 207). Im Grenzbereich der Bestimmungsunsicherheit der DFT-Methode findet man erstmals eine kompakte Struktur (4), die eine bessere Anpassung zulässt

(R_w = 2,4%). Die schlechte Übereinstimmung im Bereich $s = 8,4\text{Å}^{-1}$ deutet jedoch darauf hin, dass wohl noch eine bessere Modellstruktur zu finden sein muss. Für diese Streuwinkel zeigen die flachen Strukturen (z.B. Isomer 2) die qualitativ ähnlicheren sM^{theo}-Verläufe.

Mischungen aus zwei sM^{theo}-Funktionen führen in einigen Fällen zu einem kleineren R_w-Wert: Isomer (1) und (4) ergeben einen R_w-Wert von 1,7% bei einer Zusammensetzung von 70% des kompakten Isomers gegenüber 30% der flachen Struktur. Isomer (1) und (5) führen zu R_w = 1,0% bei einer Mischung von 20:80.

Es ist wahrscheinlich, dass bei dieser Clustergröße der Übergangsbereich früherer flach-dreidimensionaler Strukturen zu kompakten Geometrien auftritt.

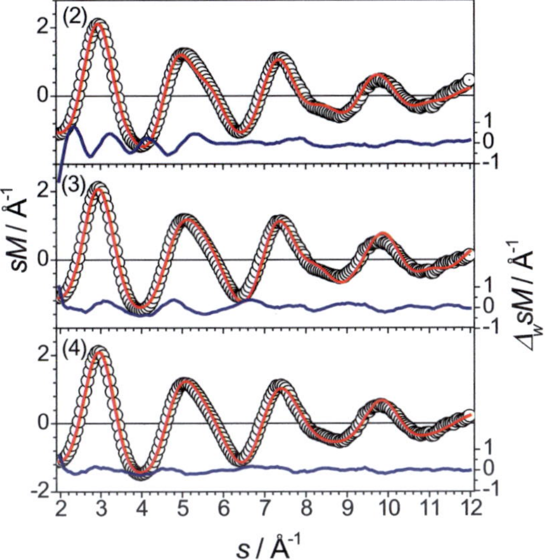

Abbildung 207: Experimentelle sM^{exp}-Funktion (schwarze offene Kreise) und theoretische sM^{theo}-Funktion (rote Linie) der Isomere 2, 3 und 4 von Au_{24}^{-}. Die blaue Linie entspricht der gewichteten Abweichung $\Delta_w sM$.

Vergleich der gefundene Topologien mit den Vorhersagen des *Ultimate* Jellium-Modells (UJM)[404]

Die gezeigten Strukturen der anionischen Goldcluster zeigen die Veränderung von der wohlbekannten pyramidalen Tetraedergeometrie (Au_{20}^{-}) zu nun oblat angeordneten Zusammensetzungen. Um die zahlreichen verschiedenen bis dahin bereits durchlaufenen Bindungsmotive von planaren über Käfig- hin zu 3D-Strukturen in einem einfacheren Bild zu verstehen, sind in der Vergangenheit mehrere Varianten des (sphärischen) Jellium-Modells überprüft worden. Dazu gehören schalenartige Modelle[405] oder auch das UJM[404], bei dem neben der Gestalt des Jelliums auch seine Dichte komplett frei deformierbar ist. Dieses findet z.B. um 18 Valenzelektronen eine globuläre Elektronendichteverteilung, die im Zentrum ein Loch (mit ~20% der Dichte im Festkörper) aufweist, und somit die Präferenz von käfigartigen Strukturen erklären kann. Dieses Jelliumisomer ist zwar nicht die stabilste Konfiguration für diese Elektronenzahl, jedoch ist es gegenüber dem globalen Minimum nahezu isoenergetisch.

Vergleicht man die Jelliumgestalt des UJM für 22 Valenzelektronen, was in erster Näherung dem Cluster Au_{21}^- entspräche, so wird hier eine spindelförmige oder eine (isoenergetische) flach-dreidimensionale Form vorhergesagt (siehe Abbildung 208). Letztere entspricht sehr gut den in der Clusterreihe Au_{21}^- bis Au_{24}^- eingenommenen flachen Raumbeanspruchungen.

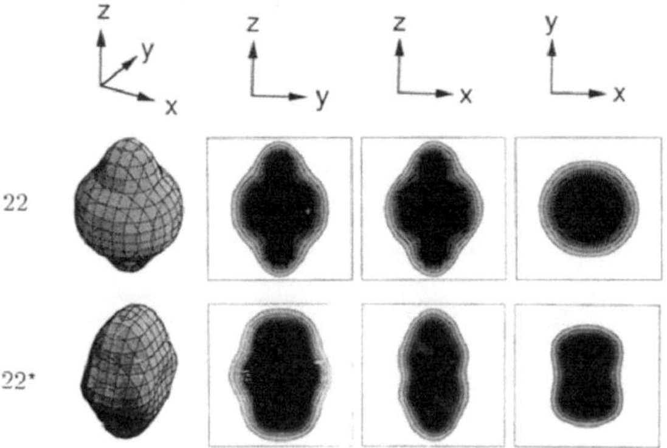

Abbildung 208: 3D-Isoelektronendichteoberfläche und 2D-Konturdarstellungen (Schnitte) für 22 Elektronen in einem *Ultimate* Jellium-Modell (UJM) nach Manninen *et al.*. Abbildung entnommen: [404].

Au_{25}^-, Au_{21}^+ und Au_{34}^+

Der sM^{exp}-Verlauf der Goldclusterionen Au_{25}^-, Au_{21}^+ und Au_{34}^+ lässt einige Vermutungen zu (siehe Abbildung 209): 1. Der weitere strukturelle Verlauf für Goldclusteranionen wird bei 25 Atomen fortgesetzt (vgl. Au_{24}^-). 2. Wie für den anionischen Cluster bereits gezeigt, wird nicht die bei den Clustern $Au_{20}^{+/-}$ aufgetretene pyramidale Struktur gefunden. 3. Der Cluster Au_{34}^+ besitzt eine kompakte Struktur. Möglicherweise wird dieselbe chirale C_3-Struktur in beiden Ladungszuständen realisiert.[304] Eine energetisch etwas günstigere C_1-Struktur ist möglicherweise ebenso im Experiment vorhanden (Mischung 50:50 ergibt $R_w = 2{,}0\%$).

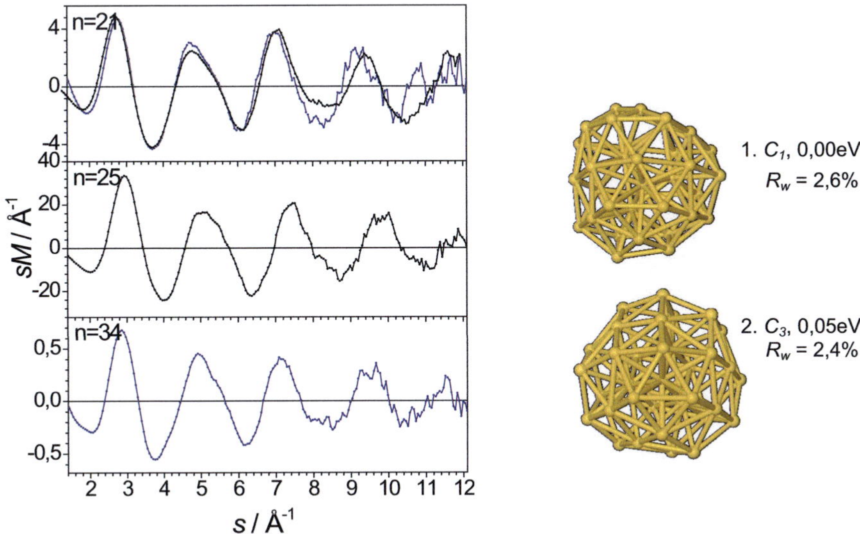

Abbildung 209: *links* – Experimentelle sM^{exp}-Funktionen (genäherter Hintergrund) von reinen Goldclusteranionen (schwarze Kurven) und –kationen (blaue Kurven) mit $n = 21$, 25 und 34 Atomen. Die Daten von Au_{21}^- sind für den direkten Vergleich mit Au_{21}^+ nochmals abgebildet. Die Diskrepanzen ab $s = 10$Å^{-1} rühren hier von der geringeren Datenqualität. *rechts* – Strukturvorschläge für Au_{34}^+ (Energien mit TPSS, $7s5p3d1f$-Basis berechnet). Die beste Übereinstimmung wird mit einer für Au_{34}^- gefundenen C_3-Struktur erhalten.[304]

Anhang B: Apparative Entwicklung

Verschiedene Komponenten des TIED-Experiments wurden systematisch untersucht und im Laufe der Zeit weiterentwickelt. Ebenso sind vor einer praktischen Umsetzung häufig Simulationen zur Abschätzung der Verbesserungsmöglichkeiten durchgeführt worden. Im Folgenden sind einige ausgewählte Ergebnisse der im Rahmen dieser Arbeit angestrengten Entwicklungen dargestellt.

B.1 Erhöhung der Sensitivität

Die Limitierungen des Beugungsexperiments resultierten aus der niedrigen Anzahl gestreuter Elektronen (Signal-Rausch-Verhältnis) und indirekt aus der für die Untersuchung massenselektierter Metallcluster geforderten Massenauflösung (exakt definierte Atomanzahl). Da die maximale Anzahl an massenselektierter Streuzentren im Experiment aufgrund von Raumladungseffekten in der Paulfalle begrenzt ist, und zudem in der Falle eine präzise Massenselektion mit zunehmender Anzahl an gespeicherter Clustern erschwert wird (siehe Kapitel 3.5, nichtlineare Resonanzen), wurden zunächst am TIED-Experiment vor allem Metallcluster aus schweren Elementen in der Größenordnung von 11 bis 79 Atomen untersucht. Hier ist sowohl der experimentelle Streuquerschnitt (proportional zum Quadrat der Kernladungszahl, $\sim Z^2$) als auch die Massendifferenz zu Clustern mit größerer oder kleinerer Nuklearität, die in einer kontinuierlich arbeitenden Gasaggregationsquelle erzeugt werden, günstig.

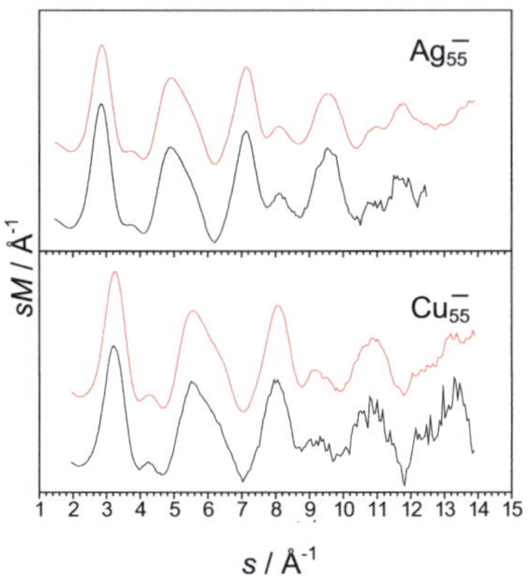

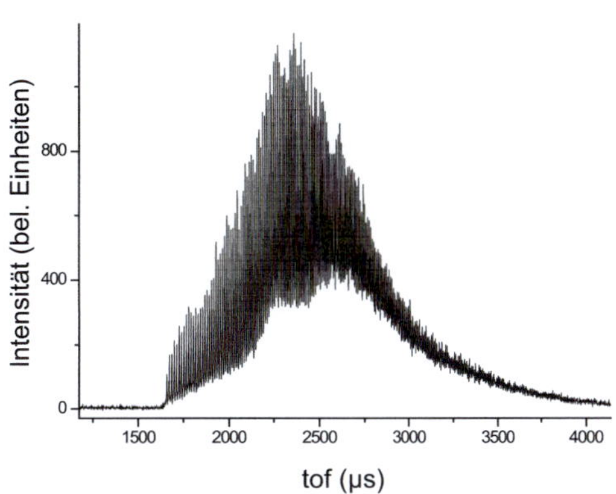

Abbildung 210: *links* – Vergleich der experimentellen molekularen Beugungsintensität sM^{exp} von Ag_{55}^- (oben) und Cu_{55}^- (unten) mit Fallenmassenselektion (schwarze Kurve) und Quadrupolmassenselektion (rote Kurve). *rechts* – time-of-flight Massenspektrum von Al_n^- (monoisotopisch, $\Delta m = 27$ amu)

Der Clusterionenstrahl besteht aus einer Verteilung verschiedenster Clustergrößen und Ladungszuständen. Zur Verbesserung der Empfindlichkeit wurde im Rahmen dieser Dissertation die Massenselektion von der Paulfalle durch den Einbau eines Quadrupol-ionenfilters entkoppelt (siehe Abbildung 4). Dieser Umbau ermöglicht eine Erhöhung der gespeicherten massenselektierten Ionen um ca. ein halbe Größenordnung auf 10^5-10^6 Cluster (abgeschätzt anhand Vergleiche der Streuintensitäten I), und gewähr-leistet auch bei leichteren Elementen eine ausreichende Massenauflösung (siehe Abbil-dung 210, rechts). Das Signal-Rausch-Verhältnis wird dadurch deutlich größer, was eine Erweiterung der untersuchbaren Streuwinkel für größere Cluster ermöglicht (siehe Abbildung 210, links). Vergleichbares gilt für kleinere Cluster: Die minimale experi-mentell zugängliche Atomzahl eines Cluster (in der 6. Periode) verringert sich von 11 (Au_{11}^-, in einer frühren Arbeit durchgeführt[13]) auf 8 (Bi_8^-).

B.2 Designstudie zur Auflösungserhöhung des TOF-Instruments

Die in der Magnetronclusterquelle erzeugten Metallcluster werden mit Hilfe eines Flug-zeitmassenspektrometers mit einem einfachen Wiley-McLaren-Aufbau analysiert.[43] Dies ist notwendig, um optimale Betriebsparameter für eine gewünschte Clustergröße einzustellen, und gleichzeitig die Massenverteilung hinsichtlich Unregelmäßigkeiten des Sputterprozesses (z.B. Fe-Verunreinigung aus Sputtern an der Edelstahlhalterung) oder Aggregationseffekte (z.B. magische Clustergrößen, Adsorbate durch Verunreini-gungen im Trägergas) zu untersuchen. Typischerweise erreicht der aktuelle Aufbau eine maximale Auflösung von R_{FWHM} = 200 (FWHM, *full width half maximum*) und im täg-lichen auf Transmissionseigenschaften optimierten Betrieb ca. R_{FWHM} = 130.

Eine Reihe von Gründen spricht für die Notwendigkeit verbesserter Auflösungseigen-schaften des eingesetzten Flugzeitmassenspektrometers. Auch wenn sich keine unmit-telbare Bedeutung für das Beugungsexperiment ergibt, wäre eine Auflösungsgenauig-keit von 1 amu bis zu einer Clustergröße von ca. 5000 amu wünschenswert, z.B. zur Bestimmung der exakten Wasserstoffmenge auf Palladiumclustern (in Kapitel 5.4 durch Vergleich von Massenspektren nur auf ca. 1−2 amu genau bestimmbar), oder zur Auflö-sung der einzelnen Aluminiumcluster im Bereich von 150−200 Atome zur Identifizie-rung von möglichen Multianionen oder Adsorbaten. Letzteres konnte allerdings in Mas-senspektren der Paulfalle untersucht und ausgeschlossen werden (siehe Kapitel 3.5, Aufzeichnen eines Massenspektrums).

Ein einfach zu integrierendes Konzept stellt das kollineare *Multi-Bounce*-TOF (MBTOF)[406] dar, eine spezielle Variante des Multi-Reflectron-TOFs[407]. Hier wird die Flugstrecke und -zeit der Ionen durch mehrmaliges Reflektieren zwischen zwei elektro-statischen Spiegeln erweitert und die Auflösung gesteigert. Um einen über mehrere

Zyklen zunehmenden Ionenverlust zu vermeiden, ist eine gitternetzfreie Öffnung der Reflexionsregion obligatorisch. Anderenfalls ist aufgrund der verminderten Transmissionseigenschaften mit einer Signalreduktion von ca. 20% pro Reflexion zu rechnen. Felddurchgriffe in die Driftregion führen zu ortsabhängigen Inhomogenitäten und stören die Ein- und Austrittstrajektorien der Ionen. Eine Abstimmung der Elektrodengeometrien unter Berücksichtigung des Clusterstrahls muss präzise durchgeführt werden (siehe Abbildung 211).

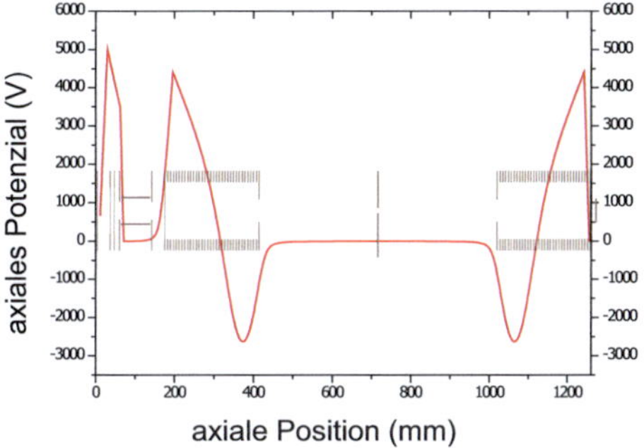

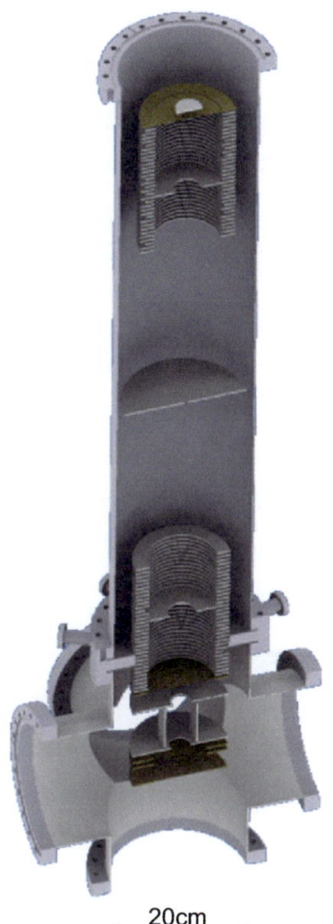

Abbildung 211: *links* – axialer elektrostatischer Potenzialverlauf.
rechts – Darstellung des MBTOF-Designs (technische Zeichnung),
Gesamtflugstrecke der Ionen: 1,2m.

Stabile Reflexionszyklen über lange Zeiträume lassen sich nur über einen optimierten axialen Potenzialverlauf gewährleisten. In Analogie zu einem optischen Resonator müssen die Fokuspunkte der Spiegelregionen im Zentrum der Driftstrecke überlappen. Dabei werden viele isochrone Orte im Raum ermöglicht, die letztendlich am Detektor zusammengeführt werden.

Ein Nachteil des Ansatzes liegt im Verlust der Randbereiche des Massenspektrums bei hohen Auflösungen (d.h. häufigen Reflexionen). Eine große Stärke des linearen Flugzeitmassenspektrometers stellt der theoretisch unendlich große detektierbare Massenbereich (bei Aufnahmezeit $t \to \infty$) dar. Durch die kollineare Ionenführung kommt es jedoch ab einer kritischen Flugzeit (typischerweise N = 3–4 Reflexionen) zu einem Überholen schwerer Ionen – das gemessene Spektrum ist über verschiedene N gefaltet. Eine nachträgliche Analyse und Separierung nach N ist schwierig und nicht eindeutig durchführbar. Die Lösung ist ein beim Eintritt in die Driftregion beschnittenes Ionenpaket, das nur noch aus einem sehr kleinen m/z-Bereich zusammengesetzt ist. Das aufgezeichnete Signal entspricht damit nur einem kleinen ausgewählten Ausschnitt (*zoom*). Theoretisch wäre auch ein zeitgesteuertes An- und Abschalten der Spiegelspannungen denkbar. Je nach Wahl der Repetitionsrate würden so verschiedene Teile des Spektrums (mit unterschiedlichen N und Auflösungen) paketweise den Detektor auf einer linearen Zeit-skala erreichen. Die m/z-Reihenfolge der Gruppen verhält sich dabei invers: Nach einer kurzen Totzeit, in der die leichtesten Ionen (vor dem gewünschten Massenbereich) nachgewiesen werden, erreichen die zu langsamen, schwereren Ionen die Zielregion. Aufgrund der hohen Wiederholrate der Reflexionen und der vergleichsweise kurzen Instrumentlänge ist dies in der Praxis jedoch nicht realisierbar.

Das ausgewählte Konzept wurde für die gewünschten Anwendungen mit dem Pro-gramm SIMION™ 3D v8.0 untersucht[408]. Charakteristische Designelemente sind hier-bei zwei gridfreie zweistufige elektrostatische Spiegel, ein Bradbury-Nielsen-Ionen-filter[409] (nicht in der Darstellung vorhanden), sowie eine variable Irisblende in der Flug-rohrmitte, die unter den apparativen Bedingungen (kinetische Energie der Metallcluster-ionen ca. 20 eV) eine optimale Massenauflösung ermöglicht (siehe Abbildung 211).

Die Simulationen zeigen, die Leistungsfähigkeit des Instruments nimmt mit zunehmen-der Anzahl an Reflexionen zu, ohne dass die Transmissionseigenschaften maßgeblich sinken (siehe Abbildung 212, rechts). Für Cluster im Bereich von 5000 amu erhöht sich die maximale Auflösung von ca. 350 (keine Reflexion) auf ca. 20 000 (6 Reflexionen). Das Instrument ist dabei relativ robust bezüglich der mittleren lateralen Ausdehnung des primären Ionenstrahls. Innerhalb eines Bereichs von ca. 4mm in Richtung des Ionenab-zugs x ist eine hohe Ortsauflösung gewährleistet (siehe Abbildung 212, links).

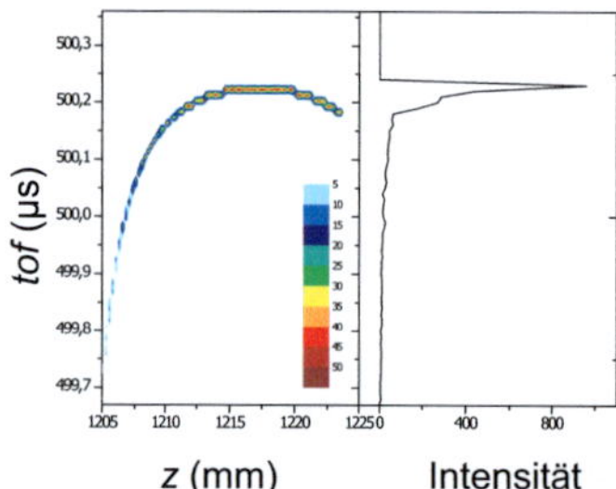
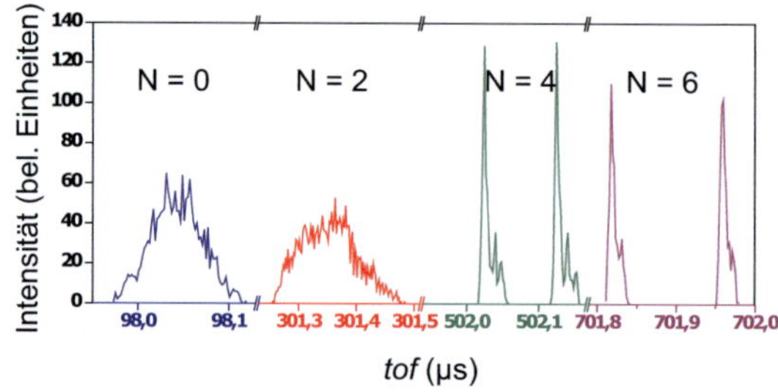

Abbildung 212: *links* – Ortsfokus für ruhende Ionen (5000 amu, 4 Reflexionen) in der Abzugs-region (Ionen werden in x-Richtung abgezogen). *rechts* – simulierte Massenspektren zweier Cluster (4995 amu, 4997 amu) für unterschiedliche Reflexionszahlen (N).

Die Aufgabe der Irisblende besteht im Wesentlichen in einer Beschneidung des Phasen-raums der Ionenstartpositionen (siehe Abbildung 213). Die Randbereiche der Abzugs-region (in TOF-Eintrittsrichtung z des Primärstrahls) führen zu einem stark verteilten Signal in Richtung größerer Flugzeiten. Eine Blendengröße von 10mm im Durchmesser erweist sich in der Simulation als Kompromiss zwischen Auflösung und Transmissions-eigenschaften. Nach Verlust von ca. 75% der simulierten Primärionen verbleiben die restlichen auf langzeitstabilen Trajektorien und können auch nach über 20 Reflexionen (18%) detektiert werden (siehe Tabelle 30).

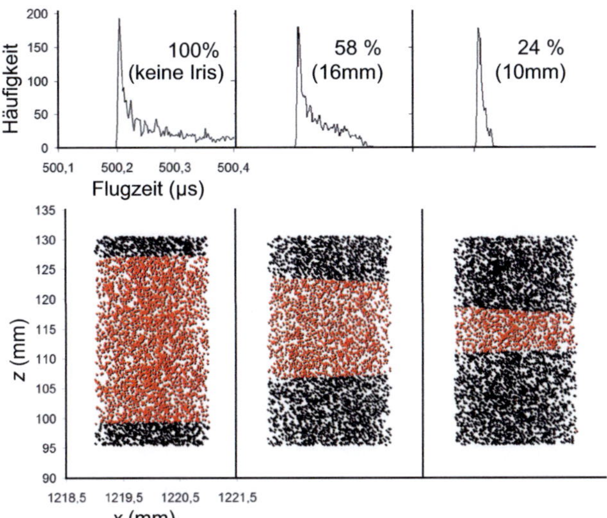

Abbildung 213: *oben* – Simulierte Ankunftszeitverteilung bei unterschiedlichen Irisdurchmessern im Zentrum der Driftregion. *unten* – Startpositionen der detektierten (rot) und verlorenen Ionen (schwarz).

Keine Berücksichtigung finden im Rahmen der gezeigten Simulationen Eigenschaften des Clusterionenstrahls in der Abzugsregion des Instruments, die v.a. aufgrund der Clustererzeugung oder Ionenführung zu einer Divergenz der Startbedingungen der unterschiedlichen Cluster führt. Die kritischste Eigenschaft stellt die kinetische Energieverteilung dar, die aufgrund des Sputterprozesses, Überschallexpansion und endlicher Temperatur vorliegt. Eine Abschätzung („*worst case scenario*") durch eine weitere Simulation des aktuellen linearen TOF-Aufbaus (L-TOF) und Vergleich mit gemessenen Massenspektren ergibt für die Ionenstrahleigenschaften eine (gaußförmige) kinetische Energieverteilung von (0 ± 0,15 eV; 0 ± 0,15 eV; 20 ± 1 eV;) für die Raumrichtungen *x*,

Tabelle 30: Erzielte Auflösungen und Transmissionseigenschaften mit 10mm Blende und einer kinetischen Energie von 20 eV senkrecht zur Abzugsrichtung *x* als Funktion der Reflexionszahl N. Die Berechnung von R_{FWHM} erfolgt mit einem Gaußfit an die Ankunftszeitverteilung (Abbildung 212, rechts) nach nebenstehender Gleichung:

$$R_{FWHM} = \frac{tof}{2 \cdot 2,35482\sigma}$$

Reflexionen N	Transmission	R_{FWHM}
0	19%	345
2	26%	1.180
4	13%	15.500
6	11%	19.200
8	18%	20.600

y und z (mit Flugrichtung in z). Unter diesen Annahmen sinkt die Auflösung des MBTOF-Aufbaus sehr stark. Zum Bespiel wurde $R_{FWHM} = 1500$ für 4 Reflexionen (5000 amu) erreicht. Zudem kann kein einfacher linearer Zusammenhang zwischen der Breite der Ankunftszeitverteilung und N gefunden werden. In der Praxis ist ein Parameterset von Elektrodenspannungen für eine gewünschte Anzahl Reflexionen stets neu optimal einzustellen. Eine experimentelle Verifikation dieses Befunds konnte bisher nicht erbracht werde. Es wird jedoch vermutet, dass eine weitere Verkleinerung des Phasenraums (Verteilung der kinetischen Energie) des Primärionenstrahls durch zusätzliche apparative Veränderungen notwendig ist, um die abgesteckten Auflösungsziele zu erreichen.

Anhang C: Einfluss der Fallengeometrie auf große Streuwinkel

Aufgrund der zur Ionenspeicherung benötigten und möglichst perfekten Quadrupolfelder sind Einschränkungen der Paulfallengeometrie (Elektrodengröße und –form) in Bezug auf die freie Elektronenstrahlführung hinzunehmen. In einem optimalen Beugungsexperiment befindet sich das Streuobjekt an einer wohldefinierten Stelle im Raum und es gibt keine Beschränkung bei der Erfassung (Detektionswahrscheinlichkeit) der gestreuten Elektronen. Im TIED-Experiment müssen die Hochenergieelektronen zwei Endkappenelektroden der Paulfalle passieren. Aus diesem Grund sind hier zwei kollineare Öffnungen mit dem Durchmesser $d = 1,5mm$ konstruiert (siehe Abbildung 9, Seite 23). Für kleine Streuwinkel sind dadurch keine Beeinträchtigungen gegeben, bei größeren s-Werten werden jedoch weniger oder gar keine gestreuten Elektronen detektiert. Der maximale geometrische Streuwinkel ist limitiert und der maximale verfügbare s-Wert wird durch die kinetische Energie der Elektronen festgelegt. Mit zunehmender Geschwindigkeit kann ein größerer Bereich des Streumusters im gleichen Sektor beobachtet werden. Aufgrund der endlichen Detektorauflösung ist jedoch keine beliebige Erhöhung der kinetischen Elektronenenergie möglich. Neben zunehmenden relativistischen Effekten sinkt der Streuquerschnitt (Wahrscheinlichkeit). Zu kleineren Energien erhält man zwar hier eine größere Wechselwirkung, jedoch ist der Streuquerschnitt für inelastische Effekte in etwa invers proportional. Im TIED-Experiment wird aus diesem Grund ausschließlich mit 40 keV-Elektronen gearbeitet.

Die Limitierung auf einen gewissen maximalen Streuwinkel stellt für die meisten Untersuchungen kein Problem dar, da das Signal-Rausch-Verhältnis in diesem Bereich bereits sehr gering ist und wenige verlässliche Informationen bezüglich der Clusterstrukturen hier extrahierbar sind. Zu berücksichtigen gilt jedoch das Phänomen der Abschattung, das aus der endlichen Ausdehnung von Clusterionenwolke und Elektronenstrahl resultiert (siehe Abbildung 3, Seite 13). Unter der Annahme einer gaußförmigen Dichteverteilung beider Objekte (Streuer und Elektronen) sind mit Monte-Carlo-Simulationen des Streuexperiments unter Verwendung der Software TDP[26] von M. Klammler verschiedene Fallengeometrien untersucht worden.

In Abbildung 214 (links) sind vier Fälle (keine Abschattung sowie $d = 0,5mm$ bis $3,0mm$) gegenübergestellt. Die detektierte Streuintensität I als Funktion des Abstands zum geometrischen Zentrum des Beugungsbildes r ist für den simulierten Streuer Cu_{55}^{-} bestimmt (250 Pixel entsprechen ungefähr $s = 13,8\text{Å}^{-1}$). Die Kurven stimmen für die Endkappenöffnung $d = 1,5mm$ und $3,0mm$ nahezu mit der Referenz (keine Fallenelektrode vorhanden) über den gesamten Bereich überein. Eine genauere Inspektion (mittlerer Graph) zeigt jedoch auch für $d = 1{,}5\,$mm, unter deren Anordnung die in dieser Arbeit erzeugten Beugungsdaten erhoben wurden, einen geringfügigen Teil geblockter Streuelektronen (ca. 3%, blaue Kurve). Eine Verkleinerung der Apertur auf $d = 0{,}5\,$mm führt sogar zu einem Verlust von 64% (rote Kurve). Gegenüber der Gesamtstreuintensität ergibt sich ein mit s zunehmender relativer Fehler des detektierten Signals (unterer Graph, blaue Kurve). Ein signifikanter Anteil wird ab ca. $s = 5\,\text{Å}^{-1}$ erreicht. In den durchgeführten Anpassungen kann dadurch bedingt eine mit s wachsende Hintergrundsfunktion beobachtet werden (siehe Abbildung 14, Seite 33). Da dieser mathematische Ausdruck zur Beschreibung anderer physikalischer Effekte eingeführt ist, wird nicht immer eine optimale Anpassungsfähigkeit gewährleistet. Aus diesem Grund – und mit Hilfe der simulierten Daten – ist eine Optimierung der Fitprozedur möglich. Die intrinsische Abschattung der Beugungsdaten kann so unter Verwendung einer vermessenen Transferfunktion (z.B. Fehlerfunktion) korrigiert werden.

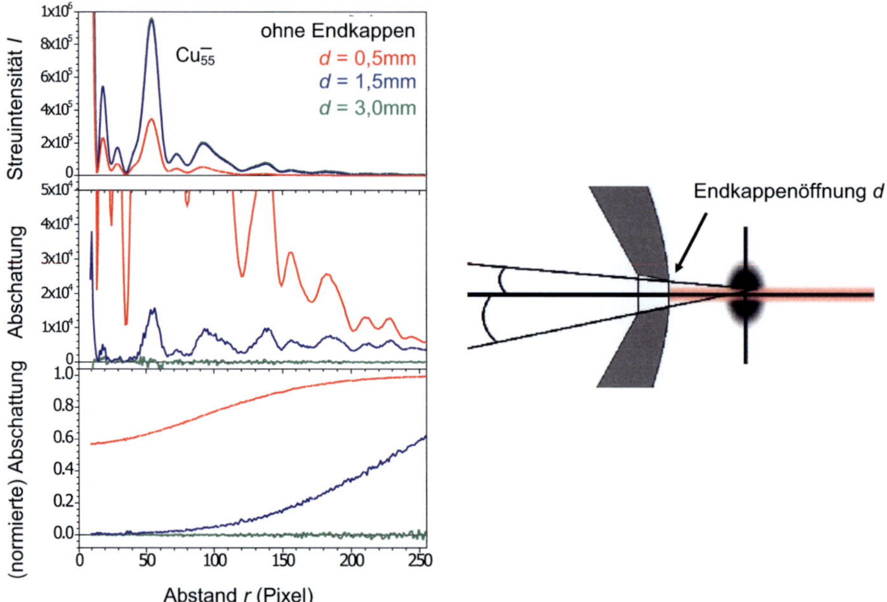

Abbildung 214: *links* – Mit TPD[26] simulierte Endkappengeometrien mit unterschiedlichen Öffnungsgrößen d. Von der Gesamtstreuintensität I des Clusters Cu_{55}^{-} trifft zu größeren Streuwinkeln ein zunehmender Anteil Elektronen die Elektroden und wird nicht detektiert (Abschattung). Der Verlauf der auf I normierten Fraktion ist eine Fehlerfunktion. *rechts* – Schema der Beeinflussung der detektierbaren Beugungswinkel aufgrund der Paulfallenelektroden (grau) bei Streuung in Randbereichen der Überlappung von Clusterionenwolke (schwarz) und Elektronenstrahl (rot).

Anhang D: CNA-Analyse des zehnatomigen Struktur-ensembles

Im Nachfolgenden werden die charakteristischen Signaturen der Atomkonnektivitäten der 223 isomeren Strukturen des in Kapitel 7 statistisch ausgewerteten „10er"-Ensembles von N. Arkus[366,367] aufgelistet (siehe Abbildung 215). Die Paarhäufigkeiten nächster Nachbarn ($1jkl$), übernächster Nachbarn ($2jkl$) und ihre Gesamtanzahl werden separat erfasst. Des Weiteren wird im Folgenden für jede Struktur das statistische Gewicht angegeben. Chirale Konfigurationen sind mit einer „2" – entsprechend zwei möglichen Enantiomeren, achirale Isomere mit einer „1" in der äußeren rechten Spalte markiert. Diese Größe hat auf die erhobenen Wiederfindwahrscheinlichkeiten keinen Einfluss. Der *Cutoff*-Radius zur Festlegung von i (1 oder 2) wurde als der 1,2-fache Atomdurchmesser gewählt. Es treten nahezu keine trivialen Signaturen (2000) auf, d.h. jedes Atom besitzt einen nächsten Nachbarn, der gleichzeitig in einem charakterisierbaren Bezug zu jedem weiteren Atom in der Struktur steht. In Tabelle 31 sind zunächst die gemittelten Häufigkeiten der einzelnen Signaturen einer Strukturfamilie erfasst. Anhand dieser Daten wird die Definition des Ähnlichkeitskriteriums erklärbar. Der Vergleich der Paarhäufigkeiten (v.a. der vordere Block $1jkl$, der primär die Nahordnung in der Struktur beschreibt) verdeutlicht z.B. die strukturelle Nähe der Gruppen OCT und TP gegenüber PBPY. Ebenso ist die Einzigartigkeit der Struktur TAP ersichtlich. Der graduell zu- oder abnehmende mittlere $R_{(w)}$-Erwartungswert bei mehrmaligem Auftreten eines Koordinationspolyeders innerhalb einer Struktur (Untergruppen x1 bis x3) kann anhand der Verschiebungen der Häufigkeiten hin zu bestimmten Signaturen verstanden werden.

Tabelle 31: Mittlere Signaturzusammensetzung (Paarhäufigkeiten) eines Vertreters der Teilensembles OCT, PBPY, TP, TAP, andere (Rest) sowie Untergruppen (x1 bis x3) aufgeteilt in Umgebung nächster Nachbarn $1jkl$ und übernächster Nachbarn $2jkl$. Als *Cutoff*-Radius wurde der 1,2-fache Atomdurchmesser gewählt (siehe auch Kapitel 7).

	$1jkl$	320	210	430	550	540	311	202	420	421	303	101	$2jkl$	330	210	101	000	440	430	202	320	311
OCTx1	48	7	15	3	2		8	14	3	3	2	4	42	4	17	11	4	6			4	
OCTx2	49	4	5				9	29	2	2	5		41	2	15	11	4	12				
PBPYx1	50	16	20	11	2		2	18		4			40	15	11	10	4	6				
PBPYx2	51	21	18	7	3	2	3	2		2		4	39	18	11	9	3				4	
PBPYx3	51	24	18	4	3	3							39	19	11	9						
OCT	48	7	14	3	2		8	15	3	3	3	4	42	4	17	11	4	7			4	
PBPY	51	20	18	8	3	2	3	7		3		4	39	17	11	9	3	6			4	
TP	48		6				6	36					42		24	5	2				12	
TAP	48							48					42		32		2				8	
Rest	48	10	17	6			7	18	3	3		5	42	7	15	11	5			2	2	6	3

Abbildung 215: 223 Isomere des in Kapitel 7 ausgewerteten „10er"-Ensembles mit in Reihe aufsteigendem Index (vgl. Tabelle 32).

Die folgende Auflistung (Tabelle 32) geschieht gruppiert nach den getroffenen Ähnlichkeitsklassifizierungen und enthält die von N. Arkus[367] verwendete Packungsnummerierung.

Tabelle 32: Signaturzusammensetzung (Paarhäufigkeiten) der 223 Isomere des Ensembles gruppiert nach den definierten Ähnlichkeiten und in nachstehender Reihenfolge: OCTx1, OCTx2, PBPYx1, PBPYx2, PBPYx3, TP, TAP, andere (Rest). Chirale Strukturen bekommen das statistische Gewicht $g = 2$.

Nr.	1jkl	320	210	430	550	540	311	202	420	421	303	101	2jkl	330	210	101	000	440	430	202	320	311	g
11	48		24				12	6	6				42		30	6		6					1
17	48	4	20				8	10	4	2			42	2	24	10		6					2
25	48	4	18	2			4	14	2	4			42	4	20	12		6					1
34	48	4	20				8	10	4	2			42	2	24	8	2	6					2
36	48		18	6				18		6			42	6	18	12		6					1
59	48	8	16				8	12		4			42	4	16	16		6					2
64	50	16	8		2		2	18		4			40	10	10	12	2	6					2
66	48	4	14	6			4	18		2			42	6	14	12	4	6					1
78	50	8	12				12	12		4		2	40	4	16	10		6				4	1
81	48		14				14	12	4			4	42		24	6	2	6				4	2
82	48	4	12				8	14	2	2	2	4	42	2	18	12		6				4	2
86	48	4	12				8	14	2	2	2	4	42	2	18	10	2	6				4	2
91	48	4	20				16	6		2			42	2	20	14		6					1
94	48	4	20				12	8	2	2			42	2	22	8	4	6					2
95	48	8	16				8	12		4			42	4	16	8	8	6					1
96	48		24				16	4	4				42		28	4	4	6					1
100	48	8	16				4	14	2	4			42	4	18	14		6					1
109	48	8	16				4	14	2	4			42	4	18	12	2	6					2
122	48	4	20				12	8	2	2			42	2	22	10	2	6					2
124	48	6	16	2			6	14	2	2			42	4	18	12	2	6					2
126	48	6	16	2			6	14	2	2			42	4	18	10	4	6					2
132	48	4	10				10	16	2	2		4	42	2	18	10	2	6			4		2
133	48	4	10	2			4	18		4	2	4	42	4	14	12	2	6			4		2
138	48	2	12				8	16	2	4		4	42	2	20	8	2	6			4		2
146	48	4	10	2			4	18		4	2	4	42	4	14	14		6			4		2
151	48	8	16				8	12		4			42	4	16	12	4	6					2
163	48	6	14	4			2	18		4			42	6	14	14	2	6					2
164	50	16	8		2		2	18		4			40	10	10	12	2	6					2
169	48		16				12	14	4			2	42		22	6	4	6			4		2
172	48	4	10	2			4	18		4	2	4	42	4	14	12	2	6			4		2
173	48	4	14				6	16	2	2	2	2	42	2	16	12	2	6			4		2
176	48	6	8	2			6	18		2	2	4	42	4	12	14	2	6			4		2
178	48	4	18	2			8	12		4			42	4	18	8	6	6					2
179	48	4	20				12	8	2	2			42	2	22	6	6	6					1
180	48	6	16	2			10	12		2			42	4	16	8	8	6					2
182	48	8	16				8	12		4			42	4	16	10	6	6					1
198	48	8	12	4			4	18		2			42	6	12	14	4	6					1
200	48	4	12				12	12		2	2	4	42	2	16	10	4	6			4		2
202	48	8	16				8	12		4			42	4	16	8	8	6					2
203	48	8	12	4			4	18		2			42	6	12	10	8	6					2
205	50	16	8		2		2	18		4			40	10	10	12	2	6					1

Fortsetzung Tabelle 32.

Nr.	1*jkl*	320	210	430	550	540	311	202	420	421	303	101	2*jkl*	330	210	101	000	440	430	202	320	311	*g*
209	48	6	16	2			10	12		2			42	4	16	10	6	6					2
217	50	16	8		2		2	18		4			40	10	10	12	2	6					1
37	50	4	4				8	28		2	4		40	2	14	12		12					1
97	50		4				16	28	2				40		20	4	4	12					1
208	48		6				6	30			6		42		12	16	2	12					1
211	48		6				6	30			6		42		12	12	6	12					1
8	50	10	24	14	2								40	16	14	8	2						2
22	50	10	24	14	2								40	16	14	8	2						2
24	50	10	24	14	2								40	16	14	8	2						2
27	50	18	20	10	2								40	16	10	12	2						2
30	50	14	22	12	2								40	16	12	12							2
35	50	10	24	14	2								40	16	14	8	2						2
38	50	10	24	14	2								40	16	14	8	2						2
39	50	10	24	14	2								40	16	14	8	2						2
54	50	14	22	12	2								40	16	12	10	2						2
58	50	14	22	12	2								40	16	12	12							2
64	50	16	8		2		2	18		4			40	10	10	12	2	6					2
67	50	22	18	8	2								40	16	8	10	6						2
77	50	14	22	12	2								40	16	12	12							2
89	50	14	22	12	2								40	16	12	12							1
104	50	14	22	12	2								40	16	12	10	2						2
105	50	14	22	12	2								40	16	12	10	2						2
108	50	18	20	10	2								40	16	10	12	2						2
115	50	14	22	12	2								40	16	12	10	2						2
117	50	14	22	12	2								40	16	12	10	2						2
119	50	14	22	12	2								40	16	12	10	2						2
123	50	18	20	10	2								40	16	10	10	4						2
125	50	18	20	10	2								40	16	10	10	4						2
134	50	18	20	10	2								40	16	10	12	2						2
142	50	18	20	10	2								40	16	10	10	4						2
144	50	18	20	10	2								40	16	10	8	6						2
145	50	18	20	10	2								40	16	10	12	2						2
150	50	18	20	10	2								40	16	10	12	2						2
152	50	18	20	10	2								40	16	10	10	4						2
156	50	18	20	10	2								40	16	10	12	2						2
159	50	22	18	8	2								40	16	8	10	6						2
161	50	18	20	10	2								40	16	10	10	4						2
162	50	18	20	10	2								40	16	8	10	6						2
164	50	16	8		2		2	18		4			40	10	10	12	2	6					2
165	50	18	20	10	2								40	16	10	8	6						2
166	50	18	20	10	2								40	16	10	8	6						2
167	50	18	20	10	2								40	16	10	8	6						2
168	50	18	20	10	2								40	16	10	8	6						2
174	50	18	20	10	2								40	16	10	10	4						2
177	50	18	20	10	2								40	16	10	8	6						2
201	50	22	18	8	2								40	16	8	10	6						2
205	50	16	8		2		2	18		4			40	10	10	12	2	6					1
206	50	22	18	8	2								40	16	8	10	6						2
207	50	22	18	8	2								40	16	8	10	6						2

Fortsetzung Tabelle 32.

Nr.	1*jkl*	320	210	430	550	540	311	202	420	421	303	101	2*jkl*	330	210	101	000	440	430	202	320	311	*g*
217	50	16	8		2		2	18		4			40	10	10	12	2	6					1
1	52	20	18	10	4								38	20	10	8							1
2	52	20	18	10	4								38	20	10	8							1
3	52	20	18	10	4								38	20	10	8							2
4	52	24	16	8	4								38	20	8	8	2						2
5	52	20	18	10	4								38	20	10	8							2
6	52	20	18	10	4								38	20	10	8							2
7	50	12	24	10	2	2							40	16	16	8							2
9	50	12	24	10	2	2							40	16	16	8							2
10	52	20	18	10	4								38	20	10	8							2
12	52	20	18	10	4								38	20	10	8							1
13	50	16	22	8	2	2							40	16	14	10							2
15	52	24	16	8	4								38	20	10	8							2
16	50	16	22	8	2	2							40	16	14	10							2
18	50	16	22	8	2	2							40	16	14	10							2
19	52	24	16	8	4								38	20	10	8							2
20	52	24	16	8	4								38	20	8	6	4						2
21	52	24	16	8	4								38	20	8	8	2						2
23	52	24	16	8	4								38	20	8	6	4						2
26	52	24	16	8	4								38	20	8	8	2						1
28	52	24	16	8	4								38	20	8	8	2						2
29	52	24	16	8	4								38	20	8	8	2						2
31	52	24	16	8	4								38	20	8	8	2						2
33	52	24	16	8	4								38	20	8	8	2						1
41	50	24	18	4	2	2							40	16	10	14							2
44	52	24	16	8	4								38	20	10	8							1
45	52	24	16	8	4								38	20	8	8	2						2
46	52	24	16	8	4								38	20	8	8	2						2
47	50	20	20	6	2	2							40	16	12	12							2
48	52	24	16	8	4								38	20	8	6	4						1
49	50	24	18	4	2	2							40	16	10	14							2
51	52	24	16	8	4								38	20	10	8							1
53	50	20	20	6	2	2							40	16	12	12							2
55	52	24	16	8	4								38	20	8	6	4						1
56	52	24	16	8	4								38	20	8	8	2						2
57	50	16	22	8	2	2							40	16	14	8	2						2
60	50	20	20	6	2	2							40	16	12	12							2
62	52	24	16	8	4								38	20	8	8	2						1
63	52	24	16	8	4								38	20	8	8	2						1
68	50	20	20	6	2	2							40	16	12	10	2						2
69	52	24	16	8	4								38	20	8	8	2						2
71	50	18	14	4	2	2	4	2				4	40	14	12	10					4		2
72	50	20	14	2	2	2	2	2		2		4	40	14	12	10					4		2
73	50	20	20	6	2	2							40	16	12	12							2
75	50	20	20	6	2	2							40	16	12	8	4						2
76	50	16	22	8	2	2							40	16	14	8	2						2
83	50	20	20	6	2	2							40	16	12	10	2						2
85	52	24	16	8	4								38	20	8	8	2						2
87	50	20	20	6	2	2							40	16	12	8	4						2

Fortsetzung Tabelle 32.

Nr.	1*jkl*	320	210	430	550	540	311	202	420	421	303	101	2*jkl*	330	210	101	000	440	430	202	320	311	*g*
88	50	16	22	8	2	2							40	16	14	8	2						2
90	50	20	20	6	2	2							40	16	12	12							2
93	50	20	20	6	2	2							40	16	12	10	2						2
102	52	24	16	8	4								38	20	10	8							2
103	52	24	16	8	4								38	20	8	6	4						2
107	52	24	16	8	4								38	20	8	8	2						2
110	50	20	20	6	2	2							40	16	12	12							2
112	50	16	22	8	2	2							40	16	14	10							2
113	50	20	20	6	2	2							40	16	12	8	4						2
114	50	20	20	6	2	2							40	16	12	10	2						2
116	50	16	22	8	2	2							40	16	14	6	4						2
118	50	16	22	8	2	2							40	16	14	10							1
120	50	16	22	8	2	2							40	16	14	6	4						1
128	50	20	14	2	2	2	2	2		2		4	40	14	12	10	4						2
135	50	20	20	6	2	2							40	16	12	8	4						2
137	50	24	18	4	2	2							40	16	10	10	4						2
140	50	24	18	4	2	2							40	16	14	10							2
141	50	24	18	4	2	2							40	16	10	10	4						2
143	50	20	20	6	2	2							40	16	12	10	2						2
147	50	20	20	6	2	2							40	16	12	10	2						2
149	50	20	20	6	2	2							40	16	12	12							2
153	50	20	20	6	2	2							40	16	12	10	2						2
155	52	24	16	8	4								38	20	8	8	2						2
157	50	20	20	6	2	2							40	16	12	12							2
158	50	20	20	6	2	2							40	16	12	8	4						2
160	50	20	20	6	2	2							40	16	12	12							2
184	50	20	14	2	2	2	2	2		2		4	40	14	12	10					4		2
185	50	22	12	2	2	2	4	2				4	40	14	10	10	2				4		2
186	50	22	12	2	2	2	4	2				4	40	14	10	10	2				4		2
187	50	22	12	2	2	2	4	2				4	40	14	10	10	2				4		2
188	50	18	14	4	2	2	4	2				4	40	14	12	6	4				4		1
189	50	18	14	4	2	2	4	2				4	40	14	12	10					4		1
193	52	24	16	8	4								38	20	8	10							1
194	52	24	16	8	4								38	20	8	6	4						1
216	52	24	16	8	4								38	20	8	8	2						1
14	52	26	16	4	4	2							38	20	10	8							2
32	54	30	12	6	6								36	24	6	6							2
40	50	18	22	4	2	4							40	16	16	8							1
42	52	26	16	4	4	2							38	20	10	8							2
43	52	26	16	4	4	2							38	20	10	8							2
50	50	22	20	2	2	4							40	16	10	14							1
52	52	26	16	4	4	2							38	20	10	8							2
74	50	18	22	4	2	4							40	16	16	8							2
92	50	22	20	2	2	4							40	16	14	10							2
106	54	30	12	6	6								36	24	6	6							2
111	50	22	20	2	2	4							40	16	14	10							2
139	50	22	20	2	2	4							40	16	14	10							2
154	52	26	16	4	4	2							38	20	10	8							2
61	48	8	6	2			8	16				8	42	4	16	10			2	2	4	4	2

Fortsetzung Tabelle 32.

Nr.	1jkl	320	210	430	550	540	311	202	420	421	303	101	2jkl	330	210	101	000	440	430	202	320	311	g
99	48		6				6	36					42		24	6					12		1
195	48		6				6	36					42		24	4	2				12		1
196	48		6				6	36					42		24	4	2				12		1
223	48							48					42		32	2					8		1
65	48	12	24	12									42	12	12	14	4						2
70	48	8	26	14									42	12	14	12	4						1
79	48	8	14	2			12	6				6	42	4	16	12			2	2	4	2	2
80	48	8	14	2			8	8	2			6	42	4	18	10			2	2	4	2	2
84	48	8	16	2			6	10	2			4	42	4	16	12			2	2	4	2	2
98	48		12				8	26	2				42		22	4	4		4		8		1
101	48	12	24	12									42	12	12	18							1
121	48	12	24	12									42	12	12	16	2						2
127	48	12	24	12									42	12	12	14	4						2
129	48	8	16	2			6	10	2			4	42	4	16	12			2	2	4	2	2
130	48	8	12	4			4	12		2		6	42	6	14	12			2	2	4	2	2
131	48	8	12	4			4	12		2		6	42	6	14	10	2		2	2	4	2	2
136	48	16	22	10									42	12	10	14	6						2
148	48	16	22	10									42	12	10	20							2
170	48	8	12	4			4	12		2		6	42	6	14	10	2		2	2	4	2	2
171	48	6	12	6			6	12				6	42	6	14	10	2		2	2	4	2	2
175	48	10	10	4			6	12				6	42	6	12	12	2		2	2	4	2	2
181	48	16	22	10									42	12	10	10	10						1
183	48	16	20	4			4		2			2	42	8	20	14							2
190	48	8	8	2			6	18				6	42	4	14	10	2		2	2	4	4	2
191	48	8	14	2			12	6				6	42	4	16	8	4		2	2	4	2	2
192	48	8	16	2			10	8				4	42	4	14	10	4		2	2	4	2	2
197	48	4	8				4	30	2				42	2	16	6	6		4		8		1
199	48	16	22	10									42	12	10	12	8						2
204	48	16	22	10									42	12	10	10	10						2
210	48	12	24	12									42	12	12	10	8						2
212	48	16	22	10									42	12	10	8	12						2
213	48	8	20	2			6				6	6	42	6	16	12					8		2
214	48	8	24				4		4	4		4	42	4	20	10					8		2
215	48	10	18	2			8			4		6	42	6	14	10	4				8		2
218	48	8	8	2			6	18				6	42	4	16	8	2			4	8		2
219	48	6	6				6	24				6	42	2	16	10			2	2	4	6	2
220	48		24				12		6			6	42		24	6					12		1
221	48							48					42		16	8	2	4			8	4	2
222	48							48					42		24	6					12		1

Abbildungsverzeichnis

Tabellenverzeichnis

Literaturverzeichnis

[1] M. Schmidt, R. Kusche, B. v. Issendorff, H. Haberland, „Irregular variations in the melting point of size-selected atomic clusters", *Nature* **393**, 238–240 (1998).

[2] A. K. Starace, C. M. Neal, B. Cao, M. F. Jarrold, A. Aguado, „Electronic effects on melting: Comparison of aluminum cluster anions and cations", *J. Chem. Phys.* **131**, 044307 (2009).

[3] G. J. Kubas, „Fundamentals of H_2 Binding and Reactivity on Transition Metals Underlying Hydrogenase Function and H_2 Production and Storage", *Chem. Rev.* **107**(10), 4152–4205 (2007).

[4] T. Shima, Y. Luo, T. Stewart, R. Bau, G. J. McIntyre, S. A. Mason, Z. Hou, „Molecular heterometallic hydride clusters composed of rare-earth and *d*-transition metals", *Nature Chemistry* **3**, 814–820 (2011).

[5] M. Haruta, „Size- and support-dependency in the catalysis of Gold", *Catalysis Today* **36**, 153–166 (1997).

[6] B. C. Gates, *Catalytic Chemistry*; John Wiley & Sons, New York, 1992;

T. E. Lefort, *Societé Francaise de Catalyse Generalisee*, FR 729925, 1931, und FR 739562, 1931;

J. Hagen, L. D. Socaciu, V. Bonačić-Kouteckỳ, „Cooperative Effects in the Activation of Molecular Oxygen by Anionic Silver", *J. Am. Chem. Soc.* **126**, 3442–3443 (2004).

[7] C. S. Creaser, J. R. Griffiths, C. J. Bramwell, S. Noreen, C. A. Hill, C. L. P. Thomas, „Ion mobility spectrometry: a review. Part 1. Structural analysis by mobility measurement", *Analyst* **129**, 984–994 (2004).

[8] M. Maier-Borst, C. B. Cameron, M. Rokni, J. H. Parks, „Electron Diffraction of trapped cluster ions", *Phys. Rev. A* **59**, R3162–R3165 (1999).

[9] D. Schooss, M. N. Blom, J. H. Parks, B. v. Issendorff, H. Haberland, M. M. Kappes, „The Structures of Ag_{55}^{+} and Ag_{55}^{-}: Trapped Ion Electron Diffraction and Density Functional Theory", *Nano Lett.* **5**(10), 1972–1977 (2005).

[10] D. P. Woodruff, *Atomic Clusters: From Gas Phase to Deposited*, Elsevier, München, 2007.

[11]   M. N. Blom, Dissertation, Universität Karlsruhe, 2005, „Strukturbestimmung von Silberclusterionen ($Ag_n^{+/-}$, $19 \leq n \leq 79$) mittels Elektronenbeugung in der Gasphase", *http://bibliothek.fzk.de/zb/berichte/FZKA7153.pdf.*

[12]   M. P. Johansson, A. Lechtken, D. Schooss, M. M. Kappes, F. Furche, „2D-3D transition of gold cluster anions resolved", *Phys. Rev. A* **77**(5), 053202 (2008);

        A. Lechtken, D. Schooss, J. R. Stairs, M. N. Blom, F. Furche, N. Morgner, O. Kostko, B. v. Issendorff, M. M. Kappes, „Au_{34}^-: A chiral gold cluster?", *Angew. Chem.* **46**(16), 2944–2948 (2007).

[13]   A. Lechtken, Dissertation, Universität Karlsruhe, 2009, „Elektronenbeugung in der Gasphase zur Strukturbestimmung von Metallclusterionen", *http://digbib.ubka.uni-karlsruhe.de/volltexte/documents/734688.*

[14]   A. Lechtken, C. Neiss, J. R. Stairs, D. Schooss, „Comparative study of the structures of copper, silver, and gold icosamers: Influence of metal type and charge state", *J. Chem. Phys.* **129**(15), 154304 (2008).

[15]   E. Oger, R. Kelting, P. Weis, A. Lechtken, D. Schooss, N. R. M. Crawford, R. Ahlrichs, M. M. Kappes, „Small tin cluster anions: Transition from quasispherical to prolate structures", *J. Chem. Phys.* **130**(12), 124305 (2009).

[16]   L. M. Wang, J. Bai, A. Lechtken, W. Huang, D. Schooss, M. M. Kappes, X. C. Zeng, L.-S. Wang, „Magnetic doping of golden cage clusters $M@Au_{16}^-$ (M = Fe, Co, Ni)", *Phys. Rev. B.* **79**(3), 033413 (2009).

[17]   R. Ahlrichs, M. Bär, M. Häser, H. Horn, C. Kölmel, „Electronic structure calculations on workstation computers: The program system Turbomole. ", *Chem. Phys. Lett.* **162**(3), 165–169 (1989).

[18]   TURBOMOLE V6.3 2011, a development of University of Karlsruhe and Forschungszentrum Karlsruhe GmbH, 1989–2007, TURBOMOLE GmbH, since 2007; available from http://www.turbomole.com.

[19]   F. Weigend, R. Ahlrichs, „Quantum chemical treatments of metal clusters", *Phil. Trans. A* **368**, 1245–1263 (2010).

[20]   M. Born, E. Wolf, *Principles of Optics* (6th ed.), Pergamon, Oxford, 1980.

[21]   T. Young, „The Bakerian Lecture: On the Theory of Light and Colours", *Philos. Trans. R. Soc. London A* **92**, 12 (1802).

[22]   L. d. Broglie, „A tentative theory of light quanta", *Philos. Mag.* **47**, 446 (1924).

[23]   C. J. Davisson, L. H. Germer, „Reflection of Electrons by a Crystal of Nickel.", *Proc. Natl. Acad. Sci. U. S. A.* **14**, 317 (1928).

[24] P. Debye, L. Bewilogua, F. Ehrhardt, „Zerstreuung von Röntgenstrahlen an einzelnen Molekülen", *Physik. Z.* **30**, 84 (1929).

[25] H. Mark, R. Wierl, „Über Elektronenbeugung am einzelnen Molekül", *Naturwissenschaften* **18**, 205 (1930).

[26] TIEDiffractionPattern software version 0.1 (2010) written by M. Klammler.

[27] B. D. Hall, D. Reinhard, J.-P. Borel, R. Monot, „An electron diffraction apparatus for studies on small particles in a molecular beam", *Rev. Sci. Instrum.* **62**, 1481 (1991).

[28] J. H. Parks, S. Pollack, W. Hill, „Cluster experiments in radio frequency Paul traps: Collisional relaxation and dissociation", *J. Chem. Phys.* **101**, 6666 (1994).

[29] I. Hargittai, *Stereochemical Applications of Gas-Phase Electron Diffraction. Part A: The Electron Diffraction Technique* (edited by I. Hargittai and M. Hargittai), VCH, New York, 1987.

[30] G. F. Drukarev, *Collisions of Electrons with Atoms and Molecules*, Plenum, New York, 1987.

[31] A. C. Wilson, E. Prince, *International Tables for Crystallography, Volume C* (2nd Edition), Kluwer Academic Publishers, 1999.

[32] P. Debye, „Interferenz von Röntgenstrahlen und Wärmebewegung", *Ann. d. Phys.* **348**(1), 49–92 (1913).

[33] I. Waller, „Zur Frage der Einwirkung der Wärmebewegung auf die Interferenz von Röntgenstrahlen", *Z. Phys. A-Hadron. Nucl.* **17**(1), 398–408 (1923).

[34] P. A. M. Dirac, „The Quantum Theory of the Electron", *Proc. Royal Soc. Lond. Series A* **117**☐(778), 610–624 (1928).

[35] M. Kordel, Dissertation, Universität Karlsruhe, 2007, „Fluoreszenzmessungen an gespeicherten Farbstoffmolekülionen in der Gasphase", *http://digbib.ubka.uni-karlsruhe.de/volltexte/documents/13474*.

[36] A. G. Marshall, T.-C. L. Wang, T. L. Ricca, „Tailored excitation for Fourier transform ion cyclotron mass spectrometry", *J. Am .Chem. Soc.* **107**, 7893 (1985).

[37] L. Chen, T.-C. L. Wang, T. L. Ricca, A. G. Marshall, „Phase-modulated stored waveform inverse Fourier transform excitation for trapped ion mass spectrometry", *Anal. Chem.* **59**, 449 (1987).

[38] S. H. Guan, A. G. Marshall, „Stored waveform inverse Fourier transform (SWIFT) ion excitation in trapped-ion mass spectometry: Theory and applications", *Int. J. Mass. Spectrom. Ion Processes* **158**, 5 (1996).

[39] H. Haberland, M. Karrais, M. Mall, Y. Thurner, „Thin films from energetic cluster impact: A feasibility study", *J. Vac. Sci. Technol. A* **12**(5), 2925 (1992).

[40] W. Knauer, „Formation of large metal clusters by surface nucleation", *J. Appl. Phys.* **62**, 841 (1987).

[41] F. M. Penning, „Über Ionisation durch metastabile Atome.", *Die Naturwissenschaften* **15**, 818 (1927).

[42] P. B. Fellgett, PhD thesis, „Theory of Infra-Red Sensitivities and its Application to Investigations of Stellar Radiation in the Near Infra-Red" (1951).

[43] W. C. Wiley, I. H. McLaren, „Time-of-Flight Mass Spectrometer with Improved Resolution", *Rev. Sc. Instrum.* **26**(12), 1150 (1955).

[44] J. H. Gross, *Mass Spectrometry – A Textbook* (2nd edition), Springer-Verlag, Heidelberg, 2011.

[45] E. Mathieu, „Mémoire sur Le Mouvement Vibratoire d'une Membrane de forme Elliptique", *Journal des Mathématiques Pures et Appliquées* 137–203 (1868).

[46] R. E. March, J. F. J. Todd (Editors), *Practical Aspects of Ion Trap Mass Spectrometry, Volume I: Fundamentals of Ion Trap Mass Spectrometry*, CRC Press, Boca Raton, 1995.

[47] I. Siemers, R. Blatt, T. Sauter, W. Neuhauser, „Dynamics of ion clouds in Paul traps", *Phys. Rev. B.* **38**, 5121 (1988).

[48] R. F. Wuerker, H. Shelton, R. V. Langmuir, „Electrodynamic containment of charged particles", *J. Appl. Phys.* **30**, 342–349 (1959).

[49] R. E. March, „An Introduction to Quadrupole Ion Trap Mass Spectrometry", *J. Mass Spectrom.* **32**, 351 (1997).

[50] S. Nelms, *Inductively Coupled Plasma Mass Spectrometry Handbook*, Blackwell Publishing, Oxford, 2005.

[51] V. F. Sears, S. A. Shelley, „Debye-Waller Factor for Elemental Crystals", *Acta Cryst.* **A47**, 441–446 (1991).

[52] G. A. Wolfe, B. Goodman, „Anharmonic Contributions to the Debye-Waller Factor", *Phys. Rev.* **178**, 1171–1188 (1969).

[53] J. T. Day, J. G. Mulle, „Anharmonic contribution to the Debye-Waller factor for silver", *Hyp. Int.* **93**, 1483–1490 (1994).

[54] J. A. Nelder, R. Mead, „A Simplex Method for Function Minimization", *Comp. J.* **7**, 308 (1965).

[55] M. Maier-Borst, D. B. Cameron, M. Rokni, J. H. Parks, „Electron diffraction of trapped cluster ions", *Phys. Rev. A* **59**, R3162 (1999).

[56] P. Weis, T. Bierweiler, S. Gilb, M. M. Kappes, „Structures of small silver cluster cations (Ag_n^+, $n < 12$): ion mobility measurements versus density functional and MP2 calculations", *Chem. Phys. Lett.* **355**, 355 (2002).

[57] J. Li, X. Li, H.-J. Zhai, L.-S. Wang, „Au_{20}: A Tetrahedral Cluster", *Science* **299**, 864 (2003).

[58] H. Häkkinen, M. Moseler, O. Kostko, N. Morgner, M. A. Hoffmann, B. v. Issendorff, „Symmetry and Electronic Structure of Noble-Metal Nanoparticles and the Role of Relativity", *Phys. Rev. Lett.* **93**, 093401 (2004).

[59] L. T. Wille, J. Vennik, „Computational complexity of the ground-state determination of atomic clusters", *J. Phys. A: Math. Gen.* **18**, L419 (1985).

[60] H. L. Anderson, „Metropolis, Monte Carlo and the MANIAC", *Los Alamos Science* **14**, 96 (1986).

[61] B. J. Alder, T. E. Wainwright, „Studies in Molecular Dynamics. I. General Method", *J. Chem. Phys.* **31**, 459 (1959).

[62] S. Kirkpatrick, C. D. Gelatt, M. P. Vecchi, „Optimization by Simulated Annealing", *Science* **220** (4598), 671 (1983).

[63] V. Černý, „Thermodynamical approach to the travelling salesman problem: an efficient simulation algorithm", *Journal of Optimization Theory and Applications* **45**, 41 (1985).

[64] D. M. Deaven, K. M. Ho, „Molecular Geometry Optimization with a Genetic Algorithm", *Phys. Rev. Lett.* **75**, 288 (1995).

[65] M. Sierka, J. Döbler, J. Sauer, G. Santambrogio, M. Brümmer, L. Wöste, E. Janssens, G. Meijer, K. R. Asmis, „Unexpected Structures of Aluminum Oxide Clusters in the Gas Phase", *Angew. Chem. Int. Ed.* **46**, 3372 (2007).

[66] M. Born, R. Oppenheimer, „Zur Quantentheorie der Molekeln", *Annalen der Physik.* **389**(20), 457–484 (1927).

[67] E. Schrödinger, „Quantisierung als Eigenwertproblem (Erste Mitteilung)", *Am. Phys.* **79**, 361 (1926).

[68] L. H. Thomas, „The calculation of atomic fields", *Proc. Camb. Phil. Soc.* **23**, 542 (1927).

[69] E. Fermi, „A statistical method for determining some properties of the atom. I", *Accad. Nazl. Lincei* **6**, 602 (1927).

[70] P. Hohenberg, W. Kohn, „Inhomogenous electron gas", *Phys. Rev.* **136**, B864 (1964).

[71] W. Kohn, L. J. Sham, „Self-consistent equations including exchange and correlation effects", *Phys. Rev.* **140**, A1133 (1965).

[72] C. C. J. Roothan, „New Developments in Molecular Orbital Theory", *Rev. Mod. Phys.* **23**, 69 (1951).

[73] G. G. Hall, „The Molecular Orbital Theory of Chemical Valency. VIII. A Method of Calculating Ionization Potentials", *Proc. Roy. Soc.* **A205**, 541 (1951).

[74] K. Eichkorn, O. Treutler, H. Öhm, M. Häser, R. Ahlrichs, „Auxiliary basis sets to approximate Coulomb potentials (Chem. Phys. Letters 240 (1995) 283–290)", *Chem. Phys. Lett.* **242**, 652 (1995).

[75] K. Eichkorn, F. Weigend, O. Treutler, R. Ahlrichs, „Auxiliary basis sets for main row atoms and transition metals and their use to approximate Coulomb potentials", *Theor. Chem. Acc.* **97**, 119 (1997).

[76] P. A. M. Dirac, „Note on exchange phenomena in the Thomas-Fermi atom", *Proc. Camb. Philos. Soc.* **26**, 376 (1930).

[77] S. Vosko, L. Wilk, M. Nusair, „Accurate spin-dependent electron liquid correlation energies for local spin density calculations: a critical analysis", *Can. J. Phys.* **58**, 1200 (1980).

[78] A. D. Becke, „Density-functional exchange-energy approximation with correct asymptotic behaviour", *Phys. Rev. A* **38**, 3098 (1988).

[79] J. P. Perdew, „Density-functional approximation for the correlation energy of the inhomogeneous electron gas", *Phys. Rev. B* **33**, 8822 (1986).

[80] A. D. Becke, „Density-functional thermochemistry. III. The role of exact exchange", *J. Chem. Phys.* **98**, 5648 (1993).

[81] J. Tao, J. P. Perdew, V. N. Staroverov, G. E. Scuseria, „Climbing the Density Functional Ladder: Nonempirical Meta–Generalized Gradient Approximation Designed for Molecules and Solids", *Phys. Rev. Lett.* **91**, 146401 (2003).

[82] V. N. Staroverov, G. E. Scuseria, J. Tao, J. P. Perdew, „Comparative assessment of a new nonempirical density functional: Molecules and hydrogen-bonded complexes", *J. Chem. Phys.* **119**, 12129 (2003).

[83] M. K. Armbruster, W. Klopper, F. Weigend, „Basis-set extensions for two-component spin-orbit treatments of heavy elements", *Phys. Chem. Chem. Phys.* **8**, 4862 (2006).

[84] R. van Leeuwen, „Causality and Symmetry in Time-Dependent Density-Functional Theory", *Phys. Rev. Lett.* **80**, 1280 (1998).

[85] S. Gilb, P. Weis, F. Furche, R. Ahlrichs, M. M. Kappes, „Structures of small gold cluster cations (Au_n^+, $n < 14$): ion mobility measurements versus density functional calculations", *J. Chem. Phys.* **116**, 4094 (2002).

[86] C. Neiss, D. Schooss, „Accelerated Structure Search by using Electron Diffraction data in a Genetic Algorithm", *Chem. Phys. Lett.* **532**, 119–123 (2012).

[87] sM-GAR v1.6.0, (2011) written by D. Schooß.

[88] S. Bulusu, L. S. Wang, X. C. Zeng, „Evidence of Hollow Golden Cages", *Proc. Natl. Acad. Sci.* **103**, 8326–8330 (2006).

[89] R. Mitrić, C. Bürgel, J. Burda, V. Bonačić-Koutecký, P. Fantucci, „Structural properties and reactivity of bimetallic silver-gold clusters", *Eur. Phys. J. D* **24**, 41 (2003).

[90] H. M. Lee, M. Ge, B. R. Sahu, P. Tarakeshwar, K. S. Kim, „Geometrical and Electronic Structures of Gold, Silver, and Gold–Silver Binary Clusters: Origins of Ductility of Gold and Gold–Silver Alloy Formation", *J. Phys. Chem. B* **107**, 9994 (2003).

[91] V. Bonačić-Koutecký, J. Burda, R. Mitric, M. Ge, G. Zampella, P. Fantucci, „Density functional study of structural and electronic properties of bimetallic silver–gold clusters: Comparison with pure gold and silver clusters", *J. Chem. Phys.* **117**, 3120 (2002).

[92] H. Schmidbaur, „The fascinating implications of new results in gold chemistry", *Gold. Bull.* **23**, 11–20 (1990).

[93] M. Bardají, A. Laguna, „Gold Chemistry: The Aurophilic Attraction", *J. Chem. Educ.* **76**(2), 201–203 (1999).

[94] M. B. Torres, E. M. Fernández, L. C. Balbás, „Theoretical study of structural, electronic, and magnetic properties of Au_nM^+ clusters (M = Sc, Ti, V, Cr, Mn, Fe, Au; $n \leq 9$)", *Phys. Rev. B* **71**, 155412 (2005).

[95] S. Neukersmann, E. Janssens, H. Tanaka, R. E. Silverans, P. Lievens, „Element- and Size-Dependent Electron Delocalization in Au_NX^+ Clusters (X = Sc, Ti, V, Cr, Mn, Fe, Co, Ni)", *Phys. Rev. Lett.* **90**, 033401 (2003).

[96] P. Weis, O. Welz, E. Vollmer, M. M. Kappes, „Structures of mixed gold-silver cluster cations ($Ag_mAu_n^+$, $m+n < 6$): Ion mobility measurements and density-functional calculations", *J. Chem. Phys.* **120**(2), 677 (2004).

[97] P. Pykkö, N. Runeberg, „Icosahedral WAu_{12}: A Predicted Closed-Shell Species, Stabilized by Aurophilic Attraction and Relativity and in Accord with the 18-Electron Rule", *Angew. Chem. Int. Ed.* **41**, 2174 (2002).

[98] X. Li, B. Kiran, J. Li, H. J. Zhai, L. S. Wang, „Experimental Observation and Confirmation of Icosahedral $W@Au_{12}$ and $Mo@Au_{12}$ Molecules", *Angew. Chem. Int. Ed.* **41**, 4786 (2002).

[99] H. J. Zhai, J. Li, L. S. Wang, „Icosahedral Gold Cage Clusters: $M@Au_{12}^-$ (M = V, Nb, and Ta)", *J. Chem. Phys.* **121**, 8369 (2004).

[100] Y. Gao, S. Bulusu, X. C. Zheng, „A Global Search of Highly Stable Gold-Covered Bimetallic Clusters $M@Au_n$ ($n = 8$–17): Endohedral Gold Clusters", *Chem. Phys. Phys. Chem.* **7**, 2275 (2006).

[101] W. Fa, J. Dong, „Structures of MAu_{16}^- (M = Ag, Li, Na, and K): How far is the endohedral doping?", *J. Chem. Phys.* **128**, 144307 (2008).

[102] L. M. Wang, S. Busulu, H. J. Zhai, X. C. Zheng, L. S. Wang, „Doping Golden Buckyballs: $Cu@Au_{16}^-$ and $Cu@Au_{17}^-$ Cluster Anions", *Angew. Chem. Int. Ed.* **46**, 2915 (2007).

[103] L. M. Wang, R. Pal, W. Huang, X. C. Zheng, L .S. Wang, „Tuning the Electronic Properties of the Golden Buckyball by Endohedral Doping: $M@Au_{16}^-$ (M = Ag, Zn, In)", *J. Chem. Phys.* **130**, 051101 (2009).

[104] L. M. Wang, S. Busulu, W. Huang, R. Pal, L. S. Wang, X. C. Zheng, „Doping the Golden Cage Au_{16}^- with Si, Ge, and Sn", *J. Am. Chem. Soc.* **129**, 15136 (2007).

[105] F. Furche, R. Ahlrichs, P. Weis, C. Jacob, S. Gilb, T. Bierweiler, M. M. Kappes, „The structures of small gold cluster anions as determined by a combination of ion mobility measurements and density functional calculations", *J. Chem. Phys.* **117**, 6982 (2002).

[106] H. Häkkinen, B. Yoon, U. Landman, J. H. Parks, „Structural Evolution of Au Nanoclusters: From Planar to cage to nanotube Motifs", *Phys. Rev. B* **74**, 165423 (2006).

[107] Y. Gao, S. Bulusu, X. C. Zeng, „A Global Search of Highly Stable Gold-Covered Bimetallic Clusters M@Au$_n$ (n = 9–17)", *Chem. Phys. Phys. Chem.* **7**, 2275 (2006).

[108] M. P. Johansson, A. Lechtken, D. Schooss, M. M. Kappes, F. Furche, „2D-3D transition of gold cluster anions resolved", *Phys. Rev. A* **77**, 053202 (2008)

[109] A. Lechtken, C. Neiss, M. M. Kappes, D. Schooss, „Structure determination of gold clusters by trapped ion electron diffraction: Au$_{14}^-$–Au$_{19}^-$", *Phys. Chem. Chem. Phys.* **11**(21), 4344–4350 (2009).

[110] L. M. Wang, S. Bulusu, H. J. Zhai, X. C. Zeng, L. S. Wang, „Doping Golden Buckyballs: Cu@Au$_{16}^-$ and Cu@Au$_{17}^-$ Cluster Anions", *Angew. Chem. Int. Ed.* **46**, 2915–2918 (2007).

[111] L. M. Wang, R. Pal, W. Huang, X. C. Zeng, L. S. Wang, „Tuning the Electronic Properties of the Golden Buckyball by Endohedral Doping: M@Au$_{16}^-$ (M = Ag, Zn, In)", *J. Chem. Phys.* **130**, 051101 (2009).

[112] D. R. Lide, *CRC Handbook of Chemistry and Physics: A ready-reference book of chemical and physical data* (90. Auflage), CRC Taylor & Francis, Boca Raton Fla., 2009, Kapitel 9, S. 9.

[113] R. D. Shannon, „Revised effective ionic radii and systematic studies of interatomic distances in halides and chalcogenides", *Acta Cryst.* **A32**, 751 (1976).

[114] N. N. Greenwood, A. Earnshaw, *Chemistry of the Elements* (2nd Ed.), Elsevier, 1997.

[115] M. S. Dresselhaus, Y. M. Lin, O. Rabin, A. Jorio, A. G. S. Filho, M. A. Pimenta, R. Saito, G. G. Samsonidze, G. Dresselhaus, „Nanowires and nanotubes", *Mater. Sci. Eng. C* **23**, 129 (2003).

[116] L. Li, J. G. Checkelsky, Y. S. Hor, C. Uher, A. F. Hebard, R. J. Cava, N. P. Ong, „Phase Transitions of Dirac Electrons in Bismuth", *Science* **321**, 547 (2008).

[117] M. E. Geusic, R. R. Freeman, M. A. Duncan, „Neutral and ionic clusters of antimony and bismuth: A comparison of magic numbers", *J. Chem. Phys.* **89**, 223 (1988).

[118] M. E. Geusic, R. R. Freeman, M. A. Duncan, „Photofragmentation of antimony and bismuth cluster cations at 248 nm", *J. Chem. Phys.* **88**, 163 (1988).

[119] M. L. Polak, J. Ho, G. Gerber, W. C. Lineberger, „Photoelectron spectroscopy of negatively charged Bismuth clusters: Bi_2^-, Bi_3^-, and Bi_4^-", *J. Chem. Phys.* **95**, 3053 (1991).

[120] M. Gausa, R. Kaschner, G. Seifert, J. H. Faehrmann, H. O. Lutz, K. H. Meiwes-Broer, „Photoelectron investigations and density functional calculations of anionic Sb_n^- and Bi_n^- clusters", *J. Chem. Phys.* **104**, 9719 (1996).

[121] S. Yin, X. Xu, R. Moro, W. A. de Heer, „Measurement of magnetic moments of free $Bi_N Mn_M$ clusters", *Phys. Rev. B* **72**, 174410 (2005).

[122] L. S. Wang, Y. T. Lee, D. A. Shirley, K. Balsdulbramanian, P. Feng, „Photoelectron spectroscopy and electronic structure of clusters of the group V elements. I. Dimers", *J. Chem. Phys.* **93**, 6310 (1990).

[123] K. Balasubramanian, J. Li, „Spectroscopic properties and potential energy curves of Sb_2", *J. Mol. Spectrosc.* **135**, 169 (1989).

[124] K. Balasubramanian, „Spectroscopic constants and potential-energy curves of heavy p-block dimers and trimers", *Chem. Rev.* **90**, 93 (1990).

[125] K. Balasubramanian, D. W. Liao, „Spectroscopic constants and potential energy curves of Bi_2 and Bi_2^-", *J. Chem. Phys.* **95**, 3064 (1991).

[126] K. Balasubramanian, K. Sumathi, D. Dai, „Group V trimers and their positive ions: The electronic structure and potential energy surfaces", *J. Chem. Phys.* **95**, 3494 (1991).

[127] H. Zhang, K. Balasubramanian, „Electronic structure of the group V tetramers (P_4–Bi_4)", *J. Chem. Phys.* **97**, 3437 (1992).

[128] R. O. Jones, D. Hohl, „Structure of phosphorus clusters using simulated annealing – P_2 to P_8", *J. Chem. Phys.* **92**, 6710 (1990).

[129] R. O. Jones, G. Seifert, „Structure of phosphorus clusters using simulated annealing. II. P_9, P_{10}, P_{11}, anions P_{2-4}, P_{2-10}, P_{3-11}, and cations P_n^+ to $n = 11$", *J. Chem. Phys.* **96**, 7564 (1992).

[130] M. Haeser, U. Schneider, R. Ahlrichs, „Clusters of phosphorus: a theoretical investigation", *J. Am. Chem. Soc.* **114**, 9551 (1992).

[131] M. Häser, O. Treutler, „Calculated properties of P_2, P_4, and of closed-shell clusters up to P_{18}", *J. Chem. Phys.* **102**, 3703 (1995).

[132] U. Meier, S. D. Peyerimhoff, F. Grein, „Ab initio MRD-CI study of GaAs-, $GaAs_2(\pm)$, $Ga_2As_2(\pm)$ and As_4 clusters", *Chem. Phys.* **150**, 331 (1991).

[133] J. J. BelBruno, „Bonding and energetics in small clusters of gallium and arsenic", *Het. Chem.* **14**, 189 (2003).

[134] Y. Zhao, W. Xu, Q. Li, Y. Xie, H. F. Schaefer, „The arsenic clusters As_n ($n = 1$–5) and their anions: Structures, thermochemistry, and electron affinities", *J. Compt. Chem.* **25**, 907 (2004).

[135] G. Igel-Manna, H. Stolla, H. Preussa, „Structure and ionization potentials of clusters containing heavy elements", *Mol. Phys.* **80**, 325 (1993).

[136] X. Zhou, J. Zhao, X. Chen, W. Lu, „Structural and electronic properties of Sb_n ($n = 2$–10) clusters using density-functional theory", *Phys. Rev. A* **72**, 053203 (2005).

[137] L. Gao, P. Li, H. Lu, S. F. Li, Z. X. Guo, „Size- and charge-dependent geometric and electronic structures of Bi_n (Bi_n^-) clusters ($n = 2$–13) by first-principles simulations", *J. Chem. Phys.* **128**, 194304 (2008).

[138] S. Zhang, H. K. Yuan, H. Chen, A. L. Kuang, B. Wu, „Electric dipole moments and polarizabilities of small Bi_n ($n = 2$–24, 40, 80) clusters", *Phys. Status Solidi B* **249**, 62 (2012).

[139] H. K. Yuan, H. Chen, A. L. Kuang, Y. Miao, Z. H. Xiong, „Density-functional study of small neutral and cationic bismuth clusters Bi_n and Bi_n^+ ($n = 2$–24)", *J. Chem. Phys.* **128**, 094305 (2008).

[140] R. Kelting, Dissertation, Karlsruher Institut für Technologie, 2012, „Strukturen und Fragmentationsverhalten massenselektierter Blei-, Bismut- und Lanthanclusterionen".

[141] F. Weigend, R. Ahlrichs, „Balanced basis sets of split valence, triple zeta valence and quadruple zeta valence quality for H to Rn: Design an assessment of accuracy", *Phys. Chem. Chem. Phys.* **7**, 3297 (2005).

[142] F. Weigend, „Accurate Coulomb-fitting basis sets for H to Rn", *Phys. Chem. Chem. Phys.* **8**, 1057 (2006).

[143] F. Weigend, Al. Baldes, „Segmented contracted basis sets for one- and two-component Dirac-Fock effective core potentials", *J. Chem. Phys.* **133**, 174102 (2010).

[144] R. Kelting, A. Baldes, U. Schwarz, T. Rapps, D. Schooss, P. Weis, C. Neiss, F. Weigend, M. M. Kappes, „Structures of small bismuth cluster cations", *J. Chem. Phys.* **136**, 154309 (2012).

[145] R. G. Wheeler, K. Laihing, W. L. Wilson, M. A. Duncan, „Semi-metal clusters: Laser vaporization and photoionization of antimony and bismuth", *Chem. Phys. Lett.* **131**, 8 (1986).

[146] K. Wade, „Structural and Bonding Patterns in Cluster Chemistry", *Adv. Inorg. Chem. Radiochem.* **18**, 1 (1976).

[147] J. M. Jia, G. B. Chen, D. N. Shi, B. L. Wang, „Structural and electronic properties of Bi_n ($n = 2$–14) clusters from density-functional calculations", *Eur. Phys. J. D* **47**, 359 (2008).

[148] M. Gausa, R. Kaschner, H. O. Lutz, G. Seifert, K.-H. Meiwes-Broer, „Photoelectron and theoretical investigations on bismuth and antimony pentamer anions: Evidence for aromatic structure", *Chem. Phys. Lett.* **230**, 99 (1994).

[149] M. Gausa, R. Kaschner, G. Seifert, J. H. Faehrmann, H. O. Lutz, K.-H. Meiwes-Broer, „Photoelectron investigations and density functional calculations of anionic Sb_n^- and Bi_n^- clusters", *J. Chem. Phys.* **104**, 9719 (1996).

[150] H. J. Zhai, L. S. Wang, A. E. Kuznetsov, A. I. Boldyrev, „Probing the Electronic Structure and Aromaticity of Pentapnictogen Cluster Anions Pn_5^- ($Pn = P$, As, Sb, and Bi) Using Photoelectron Spectroscopy and Ab Initio Calculations", *J. Phys. Chem A* **106**, 5600 (2002).

[151] Z. Li, C. Zhao, L. Chen, „Structure and aromaticity of Bi_5^-, Bi_5M ($M = Li$, Na, K) and Bi_5M^+ ($M = Be$, Mg, Ca) clusters", *J. Mol. Struct. (THEOCHEM)* **854**, 46 (2008).

[152] M. Gausa, R. Kaschner, G. Seifert, J. H. Faehrmann, H. O. Lutz, K. H. Meiwes-Broer, „Photoelectron investigations and density functional calculations of anionic Sb_n^- and Bi_n^- clusters", *J. Chem. Phys.* **104**, 9719 (1996).

[153] R. Kaschner, U. Saalmann, G. Seifert, M. Gausa, „Density functional calculations of structures and ionization energies for heavy group V cluster anions", *Int. J. Quant. Chem.* **56**, 771 (1995).

[154] I. Efremenko, „Implication of palladium geometric and electronic structures to hydrogen activation on bulk surfaces and clusters", *J. Mol. Cat. A: Chem.* **173**, 19–59 (2001).

[155] H. S. Taylor, „A theory of the catalytic surface", *Proc. R. Soc. A* **108**, 105–111 (1925).

[156] H. S. Taylor, „Fourth report of the committee on contact catalysis", *Phys. Chem.* **30**, 145–171 (1926).

[157] I. Stara, V. Nehasil, V. Matolin, „The influence of particle size on CO oxidation on Pd/alumina model catalyst", *Surf. Sci.* **331/333**, 173 (1995).

[158] S. Tanabe, H. Matsumoto, „Catalytic profiles of palladium clusters on zeolite in reduction of nitrogen monoxide with propane", *J. Mater. Sci. Lett.* **13**, 1540 (1994).

[159] M. Che, C. O. Bennett, „The Influence of Particle Size on the Catalytic Properties of Supported Metals", *Adv. Catal.* **36**, 55 (1989).

[160] M. D. Morse, „Clusters of transition-metal atoms", *Chem. Rev.* **86**, 1049 (1986).

[161] J. Colbert, A. Zangwill, M. Strongin, S. Krummacher, „Evolution of a metal: A photoemission study of the growth of Pd clusters", *Phys. Rev. B* **27**, 1378 (1983).

[162] G. Ganteför, M. Gausa, K.-H. Meiwes-Broer, H. O. Lutz, „Photoelectron Spectroscopy of Silver and Palladium Cluster Anions.", *J. Chem. Soc. Faraday Trans.* **86**(13), 2483–2488 (1990).

[163] P. A. Hintz, K. M. Ervin, „Nickel group cluster anion reactions with carbon monoxide: Rate coefficients and chemisorption efficiency", *J. Chem. Phys.* **100**, 5715 (1994).

[164] P. A. Hintz, K. M. Ervin, „Chemisorption and oxidation reactions of nickel group cluster anions with N_2, O_2, CO_2, and N_2O", *J. Chem. Phys,* **103**, 7897 (1995).

[165] F. von Gynz-Rekowski, G. Ganteför, Y. D. Kim, „Interaction of Pd cluster anions (Pd_n^-, $n < 11$) with oxygen", *Eur. Phys. J. D* **43**, 81 (2007).

[166] B. Huber, H. Häkkinen, U. Landman, M. Moseler, „Oxidation of Small Gas Phase Pd Clusters: A Density Functional Study", *Comput. Mater. Sci.* **35**, 371 (2006).

[167] M. Andersson, A. Rosén, „Adsorption and reactions of O_2 and D_2 on small free palladium clusters in a cluster-molecule scattering experiment", *J. Phys.: Condens. Matter* **22**, 334223 (2010).

[168] P. Fayet, A. Kaldor, D. M. Cox, „Palladium clusters: H_2, D_2, N_2, CH_4, CD_4, C_2H_4, and C_2H_6 reactivity and D_2 saturation studies", *J. Chem. Phys.* **92**, 254 (1990).

[169] J. M. Penisson, A. Renou, „Structure of an icosahedral palladium particle", *J. Cryst. Growth* **102**, 585 (1990).

[170] M. José-Yacamán, M. Marín-Almazo, J. A. Ascencio, „High resolution TEM studies on palladium nanoparticles", *J. Mol. Catal. A: Chem.* **173**, 61 (2001).

[171] E. G. Mednikov, L. F. Dahl, „Syntheses, structures and properties of primarily nanosized homo/heterometallic palladium CO/PR3-ligated clusters", *Phil. Trans. R. Soc. A* **368**, 1301–1332 (2010).

[172] M. Moseler, H. Häkkinen, R. N. Barnett, U. Landman, „Structure and Magnetism of Neutral and Anionic Palladium Clusters", *Phys. Rev. Lett.* **86**, 2545 (2001).

[173] C. Luo, C. G. Zhou, J. P. Wu, T. J. D. Kumar, N. Balakrishnan, R. C. Forrey, H. S. Cheng, „First principles study of small palladium cluster growth and isomerization", *Int. J. Quantum Chem.* **107**, 1632 (2007).

[174] J. Rogan, G. García, J. A. Valdivia, W. Orellana, A. H. Romero, R. Ramirez, M. Kiwi, „Small Pd clusters: A comparison of phenomenological and ab initio approaches", *Phys. Rev. B* **72**, 115421 (2005).

[175] C. Y. Xiao, S. Krüger, T. Belling, M. Mayer, N. Rösch, „Relativistic effects on geometry and electronic structure of small Pd_n species ($n = 1, 2, 4$)", *Int. J. Quantum Chem.* **74**, 405 (1999).

[176] J. Rogan, G. Garcia, C. Loyola, W. Orellana, R. Ramirez, M. Kiwi, „Alternative search strategy for minimal energy nanocluster structures: The case of rhodium, palladium, and silver", *J. Chem. Phys.* **125**, 214708 (2006).

[177] I. Efremenko, M. Sheintuch, „Quantum chemical study of neutral and single charged palladium clusters", *J. Mol. Catal. A: Chem.* **160**, 445 (2000).

[178] T. Futschek, M. Marsman, J. Hafner, „Structural and magnetic isomers of small Pd and Rh clusters: an ab initio density functional study", *J. Phys.: Condens. Matter* **17**, 5927 (2005).

[179] C. M. Chang, M. Y. Chou, „Alternative Low-Symmetry Structure for 13-Atom Metal Clusters", *Phys. Rev. Lett.* **93**, 133401 (2004).

[180] P. Nava, M. Sierka, R. Ahlrichs, „Density Functional Study of Palladium Clusters.", *Phys. Chem. Chem. Phys.* **5**, 3372 (2003).

[181] H. Zhang, D. Tian, J. Zha, „Structural evolution of medium-sized Pd_n ($n = 15$–25) clusters from density functional theory", *J. Chem. Phys.* **129**, 114302 (2008).

[182] A. J. Cox, J. G. Louderback, S. E. Apsel, L. A. Bloomfield, „Magnetism in $4d$-transition metal clusters", *Phys. Rev. B* **49**(17), 12295–12298 (1994).

[183] G. Ganteför, W. Eberhardt, „Localization of $3d$- and $4d$-eletrons in small clusters: the "roots" of magnetism", *Phys. Rev. Lett.* **76**, 4975 (1996).

[184] V. Kumar, Y. Kawazoe, „Icosahedral growth, magnetic behavior, and adsorbate-induced metal-nonmetal transition in palladium clusters", *Phys. Rev. B* **66**, 144413 (2002).

[185] R. Koitz, T. M. Soini, A. Genest, S. B. Trickey, N. Rösch, „Structure-Dependence of the Magnetic Moment in Small Palladium Clusters: Surprising Results from the M06-L Meta-GGA Functional", *Int. J. Quant. Chem.* **112**, 113–120 (2012).

[186] P. Nava, M. Sierka, R. Ahlrichs, „Density functional study of palladium clusters", *Phys. Chem. Chem. Phys.* **5**, 3372 (2003).

[187] F. Calvo, D. Costa, „Diffusion of Hydrides in Palladium Nanoclusters. A Ring-Polymer Molecular Dynamics Study of Quantum Finite Size Effects", *J. Chem. Theory. Comput.* **6**(2), 508–516 (2010).

[188] R. Ismail, R. L. Johnston, „Investigation of the structures and chemical ordering of small Pd–Au clusters as a function of composition and potential parameterisation", *Phys. Chem. Chem. Phys.* **12**, 8607–8619 (2010).

[189] F. Cleri, V. Rosato, „Tight-binding potentials for transition metals and alloys", *Phys. Rev. B* **48**(1), 22–33 (1993).

[190] R. C. Longo, L. J. Gallego, „Structures of 13-atom clusters of fcc transition metals by ab initio and semiempirical calculations", *Phys. Rev. B* **74**, 193409 (2006).

[191] J. P. Chou, H. Y. T. Chen, C. R. Hsing, C. M. Chang, C. Cheng, C. M. Wei, „13-atom metallic clusters studied by density functional theory: Dependence on exchange-correlation approximations and pseudopotentials", *Phys. Rev. B* **80**, 165412 (2009).

[192] J. P. K. Doye, D. J. Wales, „Global minima for transition metal clusters described by Sutton-Chen potentials", *New J. Chem.* **22**, 733–744 (1998).

[193] The Cambridge Cluster Database, D. J. Wales, J. P. K. Doye, A. Dullweber, M. P. Hodges, F. Y. Naumkin, F. Calvo, J. Hernández-Rojas, T. F. Middleton, URL *http://www-wales.ch.cam.ac.uk/CCD.html*

[194] A. L. Mackay, „A dense non-crystallographic packing of equal spheres", *Acta Cryst.* **15**, 916–918 (1962).

[195] J. P. K. Doye, F. Calvo, „Entropic Effects on the Size Dependence of Cluster Structure", *Phys. Rev. Lett.* **86**, 3570–3573 (2001).

[196] L. D. Marks, „Modified Wulff constructions for twinned particles", *J. Crystal Growth* **61**, 556 (1983).

[197] G. Werth, H. Häffner, W. Quint, „Continuous Stern–Gerlach effect on atomic ions", *Adv. At. Mol. Opt. Phys.* **48**, 191 (2002).

[198] M. Niemeyer, K. Hirsch, V. Zamudio-Bayer, A. Langenberg, M. Vogel, M. Kossick, C. Ebrecht, K. Egashira, A. Terasaki, T. Möller, B. v. Issendorff, J. T. Lau, „Spin Coupling and Orbital Angular Momentum Quenching in Free Iron Clusters", *Phys. Rev. Lett.* **108**, 057201 (2012).

[199] M. Itoh, V. Kumar, T. Adschiri, Y. Kawazoe, „Comprehensive study of sodium, copper, and silver clusters over a wide range of sizes $2 \leq N \leq 75$", *J. Chem. Phys.* **131**, 174510 (2009).

[200] V. K. de Souza, D. J. Wales, „Energy landscapes for diffusion: Analysis of cage-breaking processes", *J. Chem. Phys.* **129**, 164507 (2008).

[201] J. P. Perdew, M. Brajczewska, C. Fiolhais, „Self-compression of metallic clusters under surface tension", *Solid State Commun.* **88**(10), 795–801 (1993).

[202] S. Krüger, S. Vent, F. Nörtemann, M. Staufer, N. Rösch, „The average bond length in Pd clusters Pd_n, $n = 4$–309: A density-functional case study on the scaling of cluster properties", *J. Chem. Phys.* **115**(5), 2082–2087 (2001).

[203] D. C. Douglass, A. J. Cox, J. P. Bucher, L. A. Bloomfield, „Magnetic properties of free cobalt and gadolinium clusters", *Phys. Rev. B* **47**, 12874–12889 (1993).

[204] X. Cheng, Z. Shi, N. Glass, L. Zhang, J. Zhang, D. Song, Z. S. Liu, H. Wang, J. Shen, „A review of PEM hydrogen fuel cell contamination: Impacts, mechanisms, and mitigation", *J. Power Source* **165**, 739 (2007).

[205] A. Pundt, M. Dornheim, M. Guerdane, H. Teichler, H. Ehrenberg, M. T. Reetz, N. M. Jisrawi, „Evidence for a cubic-to-icosahedral transition of quasi-free Pd–H-clusters controlled by the hydrogen content", *Eur. Phys. J. D* **19**, 333–337 (2002).

[206] S.-Y. Huang, C.-D. Huang, B.-T. Chang, J.-T. Yeh, „Chemical Activity of Palladium Clusters: Sorption of Hydrogen", *J. Phys. Chem. B* **110**, 21783 (2006).

[207] S. Rather, R. Zacharia, S. W. Hwang, M. Naik, K. S. Nahm, „Hyperstoichiometric hydrogen storage in monodispersed palladium nanoparticles", *Chem. Phys. Lett.* **438**, 78 (2007).

[208] J. van Lith, A. Lassesson, S. A. Brown, M. Schulze, J. G. Partridge, A. Ayesh, „2D tunneling based hydrogen sensors", *Appl. Phys. Lett.* **91**, 181910 (2007).

[209] F. Calvo, D. Costa, „Diffusion of Hydrides in Palladium Nanoclusters. A Ring-Polymer Molecular Dynamics Study of Quantum Finite Size Effects", *J. Chem. Theory Comput.* **6**, 508–516 (2010).

[210] R. Caputo, A. Alavi, „Where do the H atoms reside in PdH$_x$ systems?", *Mol. Phys.* **101**, 181 (2003).

[211] M. P. Pitt, E. MacA. Gray, „Tetrahedral occupancy in the Pd–D system observed by *in situ* neutron powder diffraction", *Europhys. Lett.* **64**, 344 (2003).

[212] J. E. Schirber, B. Morosin, „Lattice constants of β-PdH$_x$ and β-PdD$_x$ with x near 1.0", *Phys. Rev. B* **12**, 117 (1975).

[213] T. Maeda, S. Naito, M. Yamamoto, M. Mabuchi, T. Hashino, „High-temperature Diffusion of Hydrogen and Deuterium in Palladium", *J. Chem. Soc. Faraday Trans.* **90**, 899 (1994).

[214] R. J. Behm, V. Penka, M. G. Cattania, K. Christmann, G. Ertl, „Evidence for „subsurface" hydrogen on Pd(110): An intermediate between chemisorbed and dissolved species", *J. Chem. Phys.* **78**, 7486 (1983).

[215] M. G. Cattania, V. Penka, R. J. Behm, K. Christmann, G. Ertl, „Interaction of Hydrogen with a Pd(110) Surface", *Surf. Sci.* **126**, 382 (1983).

[216] G. D. Kubiak, R. H. Stulen, „Summary Abstract: Electron-stimulated desorption as a probe of hydrogen adsorption on and diffusion into Pd(111)", *J. Vac. Sci. Technol. A* **4**, 1427 (1986).

[217] T. E. Felter, S. M. Foiles, M. S. Daw, R. H. Stulen, „Order-disorder transitions and subsurface occupation for hydrogen on Pd(111)", *Surf. Sci.* **171**, L379 (1986).

[218] T. E. Felter, R. H. Stulen, M. L. Koszykowsky, G. E. Gdowski, B. Barrett, „Experimental and theoretical investigation of hydrogen diffusion on a metal surface", *J. Vac. Sci. Technol. A* **7**, 104 (1989).

[219] T. E. Felter, E. C. Sowa, M. A. Van Hove, „Location of hydrogen adsorbed on palladium (111) studied by low-energy electron diffraction", *Phys. Rev. B* **40**, 891 (1989).

[220] C. Zhou, S. Yao, J. Wu, L. Chen, R. R. Forrey, H. Cheng, „Sequential H$_2$ Chemisorption and H Desorption on Icosahedral Pt$_{13}$ and Pd$_{13}$ Clusters: A Density Functional Theory Study", *J. Comp. Theo. Nanoscience* **6**(6), 1320–1327 (2009).

[221] A. Pundt, R. Kirchheim, „Hydrogen in metals: microstructural aspects", *Ann. Rev. Mater. Res.* **36**, 555–608 (2006).

[222] J. Vökl, H. Wipf, „Diffusion of hydrogen in metals", *Hyp. Int.* **8**, 631–637 (1981).

[223] H. Conrad, G. Ertl, E. E. Latta, „Adsorption of hydrogen on palladium single crystal surfaces", *Surf. Sci.* **41**, 435 (1974).

[224] R. J. Behm, K. Christmann, G. Ertl, „Adsorption of hydrogen on Pd(100)", *Surf. Sci.* **99**, 320 (1980).

[225] H. Okuyama, W. Siga, N. Takagi, M. Nishijima, T. Aruga, „Path and mechanism of hydrogen absorption at Pd(100)", *Surf. Sci.* **401**, 344–54 (1998).

[226] W. Dong, V. Ledentu, P. Sautet, A. Eichler, J. Hafner, „Hydrogen adsorption on palladium: a comparative theoretical study of different surfaces", *Surf. Sci.* **411**, 123 (1998).

[227] I. Efremenko, „Implication of palladium geometric and electronic structures to hydrogen activation on bulk surfaces and clusters", *J. Mol. Cat. A: Chem.* **173**, 19–59 (2001).

[228] A. Genest, S. Krüger, N. Rösch, „Impurity Effects on Small Pd Clusters: A Relativistic Density Functional Study of Pd_4X, X = H, C, O", *J. Phys. Chem. A*, **112** (33), 7739–7744 (2008).

[229] S. Bulusu, X. Li, L. S. Wang, X. C. Zeng, „Evidence of Hollow Golden Cages", *Proc. Natl. Acad. Sci. U.S.A.* **103**, 8326 (2006).

[230] A. Sieverts, „Palladium und Wasserstoff II", *Z. Physik. Chem.* **88**, 451 (1914).

[231] F. D. Manchester, A. San-Martin, J. M. Pitre, „The H–Pd (hydrogen-palladium) System", *J. Phase Equilibr.* **15**(1), 62–83 (1994).

[232] T. P. Martin, „Shells of atoms", *Phys. Rep.* **273**, 199–241 (1996).

[233] S.-R. Liu, H.-J. Zhai, M. Castro, L.-S. Wang, „Photoelectron spectroscopy of Ti_n^- clusters ($n = 1$–130)", *J. Chem. Phys.* **118**(5), 2108–2115 (2003).

[234] H. Wu, S. R. Desai, L.-S. Wang, „Evolution of the Electronic Structure of Small Vanadium Clusters from Molecular to Bulklike", *Phys. Rev. Lett.* **77**, 2436–2439 (1996).

[235] L.-S. Wang, H. Wu, H. Cheng, „Photoelectron Spectroscopy of Small Chromium Clusters: Observation of Even-Odd Alternation and Theoretical Interpretation", *Phys. Rev. B: Cond. Matt.* **55**, 12884 (1997).

[236] S.-R. Liu, H.-J. Zhai, L.-S. Wang, „Electronic and structural evolution of Co_n clusters ($n = 1$–108) by photoelectron spectroscopy", *Phys. Rev. B* **64**, 153402 (2001).

[237] S.-R. Liu, H.-J. Zhai, L.-S. Wang, „Evolution of the electronic properties of small Ni_n^- ($n = 1$–100) clusters by photoelectron spectroscopy", *J. Chem. Phys.* **117**, 9758 (2002).

[238] O. Kostko, Dissertation, Universität Freiburg, 2007, „Photoelectron spectroscopy of mass-selected sodium, coinage metal and divalent metal cluster anions", *http://www.freidok.uni-freiburg.de/volltexte/2964/*.

[239] J. P. K. Doye, D. J. Wales, „An order parameter approach to coexistence in atomic clusters", *J. Chem. Phys.* **102**, 9673–9688 (1995).

[240] J. P. K. Doye, D. J. Wales, M. A. Miller, „Thermodynamics and the global optimization of Lennard-Jones clusters", *J. Chem. Phys.* **109**, 8143–8153 (1998).

[241] D. R. Jennison, P. A. Schultz, M. P. Sears, „*Ab initio* calculations of Ru, Pd, and Ag cluster structure with 55, 135, and 140 atoms", *J. Chem. Phys.* **106**(5), 1856 (1997).

[242] V. G. Grigoryan, M. Springborg, „Structure and energetics of Ni clusters with up to 150 atoms", *Chem. Phys. Lett.* **375**, 219–226 (2003).

[243] O. D. Häberlen, S.-C. Chung, M. Stener, N. Rösch, „From clusters to bulk: A relativistic density functional investigation on a series of gold clusters Au_n, $n = 6,\dots,147$", *J. Chem. Phys.* **106**, 5189–5201 (1997).

[244] J. L. Rodríguez-López, F. Aguilera-Granja, K. Michaelian, A. Vega, „Magnetic structure of cobalt clusters", *J. Alloys and Compounds* **369**, 93–96 (2003).

[245] V. G. Grigoryan, D. Alamanova, M. Springborg, „Structure and energetics of Cu_N clusters with $(2 \leq N \leq 150)$: An embedded-atom-method study", *Phys. Rev. B* **73**, 115415 (2006).

[246] M. Zhang, R. Fournier, „Structure of 55-atom bimetallic clusters", *J. Mol. Struct. THEOCHEM* **762**(1–3), 49–56 (2006).

[247] W. Miehle, O. Kandler, T. Leisner, O. Echt, „Mass spectrometric evidence for icosahedral structure in large rare gas clusters", *J. Chem. Phys.* **91**, 5940–5952 (1989).

[248] A. Taneda, T. Shimizu, Y. Kawazoe, „Stable disordered structures of vanadium clusters", *J. Phys.: Condens. Matter* **13**, L305 (2001).

[249] Y. Xie, J. A. Blackman, „*Ab initio* and tight-binding calculations of noncollinear magnetism in manganese clusters", *Phys. Rev. B* **73**, 214436 (2006).

[250] C. Köhler, G. Seifert, T. Frauenheim, „Magnetism and the potential energy hypersurfaces of Fe_{53} to Fe_{57}", *Comp. Mat. Sci.* **35**, 297 (2006).

[251] S.-Y. Wang, J.-Z. Yu, H. Mizuseki, J.-A. Yan, Y. Kawazoe, C.-Y. Wang, „First-principles study of the electronic structures of icosahedral Ti_N (N = 13, 19, 43, 55) clusters", *J. Chem. Phys.* **120**, 8463–8468 (2004).

[252] H. L. Skriver, „Crystal structure from one-electron theory", *Phys. Rev. B* **31**, 1909–1921 (1985).

[253] R. A. Deegan, „On the structure of the transition metals", *J. Phys. C* **1**, 763 (1968).

[254] N. W. Dalton, R. A. Deegan, „On the structure of the transition metals II. Computed densities of states", *J. Phys. C* **2**, 2369 (1969).

[255] C. Schulz, *http://chemie-im-web.kilu.de/Periodensystem.html*

[256] P. Söderlind, R. Ahuja, O. Eriksson, J. M. Wills, B. Johansson, „Crystal structure and elastic-constant anomalies in the magnetic $3d$ transition metals", *Phys. Rev. B* **50**, 5918 (1994).

[257] E. C. Stoner, „Collective electron ferromagnetism", *Proc. Roy. Soc. Lond. Ser. A* **165**, 372–414 (1938).

[258] J. A. Oberteuffer, J. A. Ibers, „A refinement of the atomic and thermal parameters of α-manganese from a single crystal", *Acta Cryst.* **B26**, 1499–1504 (1970).

[259] J. P. K. Doye, D. J. Wales, „Polytetrahedral Clusters", *Phys. Rev. Lett.* **86**(25) 5719–5722 (2001).

[260] J. L. Jules, J. R. Lombardi, „Transition Metal Dimer Internuclear Distances from Measured Force Constants", *J. Phys. Chem. A* **107**, 1268–1273 (2003).

[261] D. R. Lide (Ed.), *CRC Handbook of Chemistry and Physics*, CRC Press, Boca Raton, 2008.

[262] M. W. Finnis, J. E. Sinclair, „A simple empirical N-body potential for transition-metals", *Phil. Mag. A* **50** 45–55 (1984).

[263] J. A. Elliott, Y. Shibuta, D. J. Wales, „Global minima of transition metal clusters described by Finnis-Sinclair potentials: a comparison with semi-empirical molecular orbital theory", *Phil. Mag.* **89**, 3311–3332 (2009).

[264] E. C. Bain, N. Y. Dunkiri, „The nature of martensite", *Trans. Am. Inst. Min. Metal. Eng.* **70**, 25 (1924).

[265] A. Jiang, T. A. Tyson, L. Axe, „The structure of small Ta clusters", *J. Phys.: Condens. Matter* **17**, 6111 (2005).

[266] X. Sun, J. Du, P. Zhang, G. Jiang, „A Systemic DFT Study on Several $5d$-Electron Element Dimers: Hf_2, Ta_2, Re_2, W_2, and Hg_2", *J. Clust. Sci.* **21**(4), 619–636 (2010).

[267] A. Bala, T. Nautiyal, S. Auluck, „Basic nanosystems of early $4d$ and $5d$ transition metals: Electronic properties and the effect of spin-orbit interaction", *J. Appl. Phys.* **104**, 014302 (2008).

[268] V. M. Goldschmidt, T. Barth, G. Lunde, „Geochemische Verteilungsgesetze der Elemente. V: Isomorphie und Polymorphie der Sesquioxide. Die Lanthaniden-Kontraktion und ihre Konsequenzen", *Skrifter utgit av Det Norske Videnskaps-Akademi i Oslo. I: Matem.-Naturvid. Klasse* **7**, 1–59 (1925).

[269] O. Eriksson, B. Johansson, R. C. Albers, A. M. Boring, „Orbital Magnetism in Fe, Co, and Ni", *Phys. Rev. B* **42**, 2707 (1990).

[270] J. Stöhr, „X-ray magnetic circular dichroism spectroscopy of transition metal thin films", *J. Electron Spectrosc. Relat. Phenom.* **75**, 253 (1995).

[271] T. Lau, Dissertation, Universität Hamburg, 2002, „Magnetische Eigenschaften kleiner massenseparierter Übergangsmetallcluster", *http://www.physnet.uni-hamburg.de/services/fachinfo/___Volltexte/Tobias___Lau/Tobias___Lau.pdf*.

[272] C. P. Bean, J. D. Livingston, „Superparamagnetism.", *J. Appl. Phys.* **30**, 120–129 (1959).

[273] M. Respaud, J. M. Broto, H. Rakoto, A. R. Fert, L. Thomas, B. Barbara, M. Verelst, E. Snoeck, P. Lecante, A. Mosset, J. Osuna, T. O. Ely, C. Amiens, B. Chaudret, „Surface effects on the magnetic properties of ultrafine cobalt particles", *Phys. Rev. B* **57**, 2925–2935 (1998).

[274] J. M. Montejano-Carrizales, R. A. Guirado-López, „Magnetic properties of Co nanoparticles: role of the coexistence of different geometrical phases", *J. Nanosci. Nanotechnol.* **8**(12), 6497–503 (2008).

[275] M. Hakamada, F. Hirashima, K. Kajikawa, M. Mabuchi, „Magnetism of *fcc/fcc*, *hcp/hcp* twin and *fcc/hcp* twin-like boundaries in cobalt", *Appl. Phys. A* **106**, 237–244 (2012).

[276] D. Reinhard, B. D. Hall, P. Berthoud, S. Valkealahti, R. Monot, „Unsupported nanometer-sized copper clusters studied by electron diffraction and molecular dynamics", *Phys. Rev. B* **58**, 4917–4926 (1998).

[277] D. Reinhard, B. D. Hall, P. Berthoud, S. Valkealahti, R. Monot, „Size-Dependent Icosahedral-to-fcc Structure Change Confirmed in Unsupported Nanometer-Sized Copper Clusters", *Phys. Rev. Lett.* **79**, 1459–1462 (1997).

[278] B. D. Hall, M. Flüeli, R. Monot, J.-P. Borel, „Multiply twinned structures in unsupported ultrafine silver particles observed by electron diffraction", *Phys. Rev. B* **43**, 3906–3917 (1991).

[279] D. Reinhard, B. D. Hall, D. Ugarte, R. Monot, „Size-independent fcc-to-icosahedral structural transition in unsupported silver clusters: An electron diffraction study of clusters produced by inert-gas aggregation", *Phys. Rev. B* **55**, 7868–7881 (1997).

[280] A. Yokozeki, G. D. Stein, „A metal cluster generator for gas-phase electron diffraction and its application to bismuth, lead, and indium: Variation in microcrystal structure with size", *J. Appl. Phys.* **49**, 2224 (1978).

[281] M. Hyslop, A. Wurl, S. A. Brown, B. D. Hall, R. Monot, „Unsupported lead clusters and electron diffraction", *Eur. Phys. J. D* **16**, 233–236 (2001).

[282] A. Wurl, M. Hyslop, S. A. Brown, B. D. Hall, R. Monot, „Structure of unsupported bismuth nanoparticles", *Eur. Phys. J. D* **16**, 205–208 (2001).

[283] M. Kaufmann, A. Wurl, J. G. Partridge, S. A. Brown, „Structure of unsupported antimony nanoclusters", *Eur. Phys. J. D* **34** (1–3), 29–34 (2005).

[284] F. Baletto, R. Ferrando, „Structural properties of nanoclusters: Energetic, thermodynamic, and kinetic effects", *Rev. Mod. Phys.* **77**, 371 (2005).

[285] F. Baletto, C. Mottet, R. Ferrando, „Freezing of silver nanodroplets", *Chem. Phys. Lett.* **354**, 82 (2002).

[286] Z. L. Wang, „Transmission Electron Microscopy of Shape-Controlled Nanocrystals and Their Assemblies", *J. Phys. Chem. B* **104**, 1153–1175 (2000).

[287] Y. Wu, Q. Chen, M. Takeguchi, K. Furuya, „High-resolution transmission electron microscopy study on the anomalous structure of lead nanoparticles with UHV-MBE-TEM system", *Surf. Sci.* **462**, 203–210 (2000).

[288] E. G. Noya, J. P. K. Doye, D. J. Wales, A. Aguado, „Geometric magic numbers of sodium clusters: Interpretation of the melting behaviour", *Eur. Phys. J. D* **43**, 57–60 (2007).

[289] E. Klugmann, H. J. Blythe, F. Walz, „Investigation of Thermomagnetic Effects in Monocrystalline Cobalt near the Martensitic Phase Transition", *Phys. Stat. Solidi A* **146**, 803 (1994).

[290] M. Erbudak, E. Wetli, M. Hochstrasser, D. Pescia, D. D. Vvedensky, „Surface Phase Transitions during Martensitic Transformations of Single-Crystal Co", *Phys. Rev. Lett.* **79**, 1893 (1997).

[291] S. Ram, „Allotropic phase transformations in HCP, FCC and BCC metastable structures in Co-nanoparticles", *Mat. Science* **304**, 923 (2001).

[292] M. Lederman, S. Schultz, M. Ozaki, „Measurement of the Dynamics of the Magnetization Reversal in Individual Single-Domain Ferromagnetic Particles", *Phys. Rev. Lett.* **73**, 1986 (1994).

[293] H. Sato, O. Kitakami, T. Sakurai, Y. Shimada, Y. Otani, K. Fukamichi, „Structure and magnetism of hcp-Co fine particles", *J. Appl. Phys.* **81**, 1858 (1997).

[294] S. Ram, „Surface structure and surface-spin induced magnetic properties and spin-glass transition in nanometer Co-granules of FCC crystal structure", *J. Mater. Sci.* **35**, 3561 (2000).

[295] J. Demaison, H. Hübner, G. Wlodarczak, *2 Diatomic Molecules, Data and References.* (W. Hüttner, ed.), SpringerMaterials – The Landolt-Börnstein Database (http://www.springermaterials.com).

[296] J. C. Pinegar, J. D. Langenberg, C. A. Arrington, E. M. Spain, M. D. Morse, „Ni$_2$ revisited: Reassignment of the ground electronic state", *J. Chem. Phys.* **102**, 666 (1995).

[297] C. J. Barden, J. C. Rienstra-Kiracofe, H. F. Schaefer, „Homonuclear 3d transition-metal diatomics: A systematic density functional theory study", *J. Chem. Phys.* **113**(2), 690–700 (2000).

[298] B. Delley, D. E. Ellis, A. J. Freeman, „Binding energy and electronic structure of small copper particles", *Phys. Rev. B* **26**(4), 2132–2144 (1983).

[299] C. G. Granqvist, R. A. Buhrman, „Ultrafine metal particles", *J. Appl. Phys.* **47**, 2200 (1976).

[300] K. Kimoto, I. Nishida, „An Electron Diffraction Study on the Crystal Structure of a New Modification of Chromium", *J. Phys. Soc. Jpn.* **22**, 744 (1967).

[301] O. Kitakami, T. Sakurai, Y. Miyashita, Y. Takeno, Y. Shimada, H. Takano, H. Awano, Y. Sugita, „Fine Metallic Particles for Magnetic Domain Observations", *Jpn. J. Appl. Phys.* **35**, 1724 (1996).

[302] A. Lechtken, C. Neiss, J. R. Stairs, D. Schooss, „Comparative study of the structures of copper, silver, and gold icosamers: Influence of metal type and charge state", *J. Chem. Phys.* **129**(15), 154304 (2008).

[303] D. Schooss, P. Weis, O. Hampe, M. M. Kappes, „Determining the size-dependent structure of ligand-free gold-cluster ions", *Philos. Trans. R. Soc. A* **368**, 1211–1243 (2010).

[304] A. Lechtken, D. Schooss, J. R. Stairs, M. N. Blom, F. Furche, N. Morgner, O. Kostko, B. v. Issendorff, M. M. Kappes, „Au_{34}^{-}: A chiral gold cluster?", *Angew. Chem.* **46**(16), 2944–2948 (2007).

[305] R. I. G. Hughes, „Theoretical Practice: the Bohm-Pines Quartets", *Perspectives on Science* **14**(4), 457–524 (2006).

[306] M. B. Knickelbein, „Electric dipole polarizabilities of copper clusters", *J. Chem. Phys.* **120**(22), 10450–10454 (2004).

[307] M. B. Knickelbein, „Electronic shell structure in the ionization potentials of copper clusters", *Chem. Phys. Lett.* **192**, 129–134 (1992).

[308] D. E. Powers, S. G. Hansen, M. E. Geusic, D. L. Michalopoulos, R. E. Smalley, „Supersonic copper clusters", *J. Chem. Phys.* **78**, 2866–2881 (1983).

[309] B. J. Winter, E. K. Parks, S. J. Riley, „Copper clusters: The interplay between electronic and geometrical structure", *J. Chem. Phys.* **94**, 8616–8621 (1991).

[310] C. L. Pettiette, S. H. Yang, M. J. Craycraft, J. Conceicao, R. T. Laaksonen, O. Cheshnovsky, R. E. Smalley, „Ultraviolet photoelectron spectroscopy of copper clusters", *J. Chem. Phys.* **88**, 5377–5382 (1988).

[311] C.-Y. Cha, G. Ganteför, W. Eberhardt, „Photoelectron spectroscopy of Cu_n^{-} clusters: Comparison with jellium model predictions", *J. Chem. Phys.* **99**, 6308–6312 (1993).

[312] B. Huber, M. Moseler, O. Kostko, B. v. Issendorff, „Structural evolution of the sodium cluster anions Na_{20}^{-}-Na_{57}^{-}", *Phys. Rev. B* **80**, 235429 (2009).

[313] J. Westergren, H. Grönbeck, S.-G. Kim, D. Tománek, „Noble gas temperature control of metal clusters: A molecular dynamics study", *J. Chem. Phys.* **107**(8), 3071–3079 (1997).

[314] U. Frenzel, U. Hammer, H. Westje, D. Kreisle, „Radiative cooling of free metal clusters", *Z. Phys. D* **40**, 108–110 (1997).

[315] G. N. Chuev, V. D. Lakhno, A. P. Nefedov, *Progress in the Physics of Clusters*, World Scientific, Singapur, 1999.

[316] W. A. de Heer, „Static dipole polarizability and binding energy of sodium clusters Na_n ($n = 1$–10): A critical assessment of all-electron based post Hartree-Fock and density functional methods", *Rev. Mod. Phys.* **65**, 611 (1993).

[317] W. Ekardt, *Metal Clusters*, Wiley & Sons Ltd., Chichester, 1999.

[318] C. Ellert, M. Schmidt, C. Schmitt, T. Reiners, H. Haberland, „Temperature Dependence of the Optical Response of Small, Open Shell Sodium Clusters", *Phys. Rev. Lett.* **75**, 1731 (1995).

[319] B. v. Issendorff, O. Cheshnovsky, „Metal to Insulator Transitions in Clusters", *Annu. Rev. Phys. Chem.* **56**(1), 549–580 (2005).

[320] H. Haberland, T. Hippler, J. Donges, O. Kostko, M. Schmidt, B. v. Issendorff, „Melting of Sodium Clusters: Where Do the Magic Numbers Come from?", *Phys. Rev. Lett.* **94**, 035701 (2005).

[321] Römpp Chemie-Lexikon, Thieme, Stuttgart, 2009.

[322] S. Valkealahti, M. Manninen, „Instability of cuboctahedral copper clusters", *Phys. Rev. B* **45**, 9459 (1992).

[323] S. Valkealahti, M. Manninen, „Structural transitions and melting of copper clusters", *Z. Phys. D* **26**, 255 (1993).

[324] R. Boyer, G. Welsch, E. W. Collings, *Materials Properties Handbook: Titanium Alloys*, ASM International, 1995.

[325] D. Bijl, H. Pullan, „A New Method for measuring the thermal expansion of solids at low temperatures; the thermal expansion of copper and aluminium and the Grüneisen Rule", *Physica* **21**, 285–298 (1955).

[326] A. Kiejnay, V. V. Pogosovzx, „On the temperature dependence of the ionization potential of self-compressed solid- and liquid-metallic clusters", *J. Phys.: Condens. Matter* **8**, 4245–4257 (1996).

[327] J. P. Perdew, H. Q. Tran, E. D. Smith, „Stabilized jellium: Structureless pseudopotential model for the cohesive and surface properties of metals", *Phys. Rev. B* **42**, 11627–11636 (1990).

[328] M. Payami, „Equilibrium Sizes of Jellium Metal Clusters in the Stabilized Spin-Polarized Jellium Model", *Phys. Stat. Sol. (b)* **225**(1), 77–87 (2001).

[329] M. Payami, „Volume change of bulk simple metals and simple metal clusters due to spin polarization", *J. Phys.: Condens. Matter* **13**, 4129–4141 (2001).

[330] MBAMD v4.2, Cluster Science Collaboration (CSC), Prof. Tománek, Michigan State University (Juni 2000).

[331] R. M. Goodman, G. A. Somorjai, „Low-Energy Electron Diffraction Studies of Surface Melting and Freezing of Lead, Bismuth, and Tin Single-Crystal Surfaces", *J. Chem. Phys.* **52**, 6325–6331 (1970).

[332] R. W. Cahn, „Melting and the surface", *Nature (London)* **323**, 668–669 (1986).

[333] A. Aguado, „Competing Thermal Activation Mechanisms in the Meltinglike Transition of Na_N (N = 135−147) Clusters", *J. Phys. Chem. B* **109**, 13043 (2005).

[334] S. Krishnamurty, G. S. Shafai, D. G. Kanhere, B. S. de Bas, M. J. Ford, „*Ab Initio* Molecular Dynamical Investigation of the Finite Temperature Behavior of the Tetrahedral Au_{19} and Au_{20} Clusters", *J. Phys. Chem. A* **111**, 10769 (2007).

[335] A. Bagrets, R. Werner, F. Evers, G. Schneider, D. Schooss, P. Wölfle, „Lowering of surface melting temperature in atomic clusters with nearly closed shell structure", *Phys. Rev. B*, **81**, 075435 (2010).

[336] V. Simonet, F. Hippert, M. Audier, R. Bellissent, „Local order in liquids forming quasicrystals and approximant phases", *Phys. Rev. B* **65**, 024203 (2001).

[337] S. Mossa, G. Tarjus, „Locally preferred structure in simple atomic liquids", *J. Chem. Phys.* **119**, 8069–8074 (2003).

[338] T. Schenk, D. Holland-Moritz, V. Simonet, R. Bellissent, D. M. Herlach, „Icosahedral Short-Range Order in Deeply Undercooled Metallic Melts", *Phys. Rev. Lett.* **89**, 075507 (2002).

[339] R. Werner, „Melting and evaporation transitions in small Al clusters: canonical Monte-Carlo simulations", *Eur. Phys. J. B* **43**, 47–52 (2005).

[340] S. Nosé, „A unified formulation of the constant temperature molecular dynamics methods", *J. Chem. Phys.* **81**, 511 (1984).

[341] W. G. Hoover, „Canonical dynamics: Equilibrium phase-space distributions", *Phys. Rev. A* **31**, 1695 (1985).

[342] F. Amar, R. S. Berry, „The onset of nonrigid dynamics and the melting transition in Ar", *J. Chem. Phys.* **85**, 5943 (1986).

[343] A. Proykova, R. S. Berry, „Analogues in clusters of second-order transitions?", *Z. Phys. D* **40**, 215 (1997).

[344] F. A. Lindemann, „The calculation of molecular vibration frequencies", *Physik. Z.* **11**, 609–612 (1910).

[345] C. M. Neal, A. K. Starace, M. F. Jarrold, K. Joshi, S. Krishnamurty, D. G. Kanhere, „Melting of aluminumcluster cations with 31–48 atoms: experiment and theory.", *J. Phys. Chem. C* **111**, 17788–17794 (2007).

[346] C. M. Neal, A. K. Starace, M. F. Jarrold, „Melting transitions in aluminum clusters: the role of partially melted intermediates.", *Phys. Rev. B* **76**, 05411 (2007).

[347] L. Ma, B. v. Issendorff, A. Aguado, „Photoelectron spectroscopy of cold aluminum cluster anions: Comparison with density functional theory results", *J. Chem. Phys.* **132**, 104303 (2010).

[348] L. E. Sutton, *Table of interatomic distances and configuration in molecules and ions*, Supplement 1956–1959, Special publication No. 18, Chemical Society, London, UK, 1965.

[349] A. w. Denier van der Gon, R. J. Smith, J. M. Gay, D. J. O'Connor, J. F. van der Veen, „Melting of Al surfaces", *Surf. Sci.* **227**, 143–149 (1990).

[350] B. F. Henson, J. M. Robinson, „Dependence of quasiliquid thickness on the liquid activity: a bulk thermodynamic theory of the interface.", *Phys. Rev. Lett.* **92**, 246107 (2004).

[351] V. I. Levitas, M. Pantoya, G. Chauhan, I. Rivero, „Effect of the alumina shell on the melting temperature depression for nano-aluminum particles", *J. Phys. Chem. C* **113**, 14088–14096 (2009).

[352] S. L. Lai, J. R. A. Carlsson, L. H. Allen, „Melting point depression of Al clusters generated during the early stages of film growth: nanocalorimetry measurements.", *Appl. Phys. Lett.* **72**, 1098–1100 (1998).

[353] P. Puri, V. Yang, „Effect of particle size on melting of aluminum at nano scales", *J. Phys. Chem. C* **111**, 11776–11783 (2007).

[354] V. I. Levitas, K. Samani, „Size and mechanics effects in surface-induced melting of nanoparticles", *Nat. Commun.* **2**, 284 (2011).

[355] R. S. Berry, J. Jellinek, G. Natanson, „Melting of clusters and melting", *Phys. Rev. A* **30**, 919 (1984).

[356] T. L. Beck, J. Jellinek, R. S. Berry, „Rare gas clusters: Solids, slush and magic numbers.", *J. Chem. Phys.* **87**, 545 (1987).

[357] J. P. Rose, R. S. Berry, „Freezing, melting, nonwetting and coexistence in (KCl)", *J. Chem. Phys.* **98**, 3246 (1993).

[358] B. Vekhter, R. S. Berry, „Phase coexistence in clusters: An "experimental" isobar and an elementary model.", *J. Chem. Phys.* **106**, 6456 (1997).

[359] A. K. Starace, C. M. Neal, B. Cao, M. F. Jarrold, A. Aguado, J. M. López, „Correlation between the latent heats and cohesive energies of metal clusters", *J. Chem. Phys.* **129**, 144702 (2008).

[360] B. Cao, A. K. Starace, O. H. Judd, I. Bhattacharyya, M. F. Jarrold, „Metal clusters with hidden ground states: Melting and structural transitions in Al_{115}^{+}, Al_{116}^{+}, and Al_{117}^{+}", *J. Chem. Phys.* **131**, 124305 (2009).

[361] A. M. Molenbroek, J. W. M. Frenken, „Anharmonicity but Absence of Surface Melting on Al(001)", *Phys. Rev. B* **50**, 11132 (1994).

[362] P. von Blanckenhagen, W. Schommers, V. Voegele, „Summary Abstract: Temperature dependence of the structure of the Al(110) surface", *J. Vac. Sci. Technol. A* **5**, 649 (1987).

[363] P. Stoltze, J. K. Nørskov, U. Landman, „The Onset of Disorder in Al(110) Surfaces Below the Melting Point", *Surf. Sci.* **220**, L693 (1989).

[364] J. M. Burgers, „Some considerations on the fields of stress connected with dislocations in a regular crystal lattice", *Proceedings Kon. Nederl. Akad. Wetensch.* **42**, 293–325 & 378–399 (1939).

[365] D. Schooss, P. Weis, O. Hampe, M. M. Kappes, „Determining the size-dependent structure of ligand-free gold-cluster ions", *Phil. Trans. R. Soc. A* **368**, 1211–1243 (2010).

[366] N. Arkus, V. N. Manoharan, M. P. Brenner, „Minimal Energy Clusters of Hard Spheres with Short Range Attractions", *Phys. Rev. Lett.* **103**, 118303 (2009).

[367] N. Arkus, Dissertation, Harvard University, 2009, „Theoretical Approaches to Self-Assembly and Biology",
http://people.seas.harvard.edu/~narkus/assets/Thesis.pdf.zip.

[368] G. Meng, N. Arkus, M. P. Brenner, V. N. Manoharan, „The Free-Energy Landscape of Clusters of Attractive Hard Spheres", *Science* **327**, 560–563 (2010).

[369] E. Blaisten-Barojas, „Structural Effects of Three-Body Interactions on Atomic Microclusters", *Kinam* **6A**, 71 (1984).

[370] J. D. Honeycutt, H. C. Andersen, „Molecular dynamics study of melting and freezing of small Lennard-Jones clusters", *J. Phys. Chem.* **91**, 4950–4963 (1987).

[371] R. Laskowski, „A new program for radical tessellation construction and analysis", *TASK Quart.* **4**(4), 531–553 (2000),
http://www.task.gda.pl/software.

[372] M. A. Miller, J. P. K. Doye, D. J. Wales, „Structural relaxation in Morse clusters: Energy landscapes", *J. Chem. Phys.* **110**, 328 (1999).

[373] E. Oger, R. Kelting, P. Weis, A. Lechtken, D. Schooss, N. R. M. Crawford, R. Ahlrichs, M. M. Kappes, „Small tin cluster anions: Transition from quasispherical to prolate structures", *J. Chem. Phys.* **130**(12), 124305 (2009).

[374] A. Wiesel, N. Drebov, T. Rapps, R. Ahlrichs, U. Schwarz, R. Kelting, P. Weis, M. M. Kappes, D. Schooss, „Structures of medium sized tin cluster anions", *Phys. Chem. Chem. Phys.* **14**, 234–245 (2012).

[375] W. Huang, R. Pal, L.-M. Wang, X. C. Zeng, L.-S. Wang, „Isomer identification and resolution in small gold clusters", *J. Chem. Phys.* **132**, 054305 (2010).

[376] R. R. Hudgins, M. Imai, M. F. Jarrold, P. Dugourd, „High-resolution ion mobility measurements for silicon cluster anions and cations", *J. Chem. Phys.* **111**, 7865 (1999).

[377] G. Meloni, M. J. Ferguson, S. M. Sheehan, D. M. Neumark, „Probing structural transitions of nanosize silicon clusters via anion photoelectron spectroscopy at 7.9 eV", *Chem. Phys. Lett.* **399**, 389–391 (2004).

[378] A. A. Shvartsburg, M. F. Jarrold, „Tin clusters adopt prolate geometries", *Phys. Rev. A* **60**, 1235 (1999).

[379] N. Drebov, E. Oger, T. Rapps, R. Kelting, D. Schooss, P. Weis, M. M. Kappes, R. Ahlrichs, „Structures of tin cluster cations Sn_3^+ to Sn_{15}^+", *J. Chem. Phys.* **133**(22), 224302 (2010).

[380] E. Oger, Dissertation, Universität Karlsruhe, 2009, „Strukturaufklärung durch Mobilitätsmessungen an massenselektierten Clusterionen in der Gasphase", *http://uvka.ubka.uni-karlsruhe.de/shop/download/*.

[381] A. Lechtken, N. Drebov, R. Ahlrichs, M. M. Kappes, D. Schooss, „Communications: Tin cluster anions (Sn_n^-, $n = 18, 20, 23$, and 25) comprise dimers of stable subunits", *J. Chem. Phys.* **132**, 211102 (2010).

[382] L. Cui, L. Wang, L.-S. Wang, „Evolution of the electronic properties of Sn_n^- clusters ($n = 4$–45) and the semiconductor-to-metal transition", *J. Chem. Phys.* **126**, 064505 (2007).

[383] R. Kelting, R. Otterstätter, P. Weis, N. Drebov, R. Ahlrichs, M. M. Kappes, „Structures and energetics of small lead cluster ions", *J. Chem. Phys.* **134**, 024311 (2011).

[384] A. A. Shvartsburg, M. F. Jarrold, „Transition from covalent to metallic behavior in group-14 clusters", *Chem. Phys. Lett.* **317**, 615 (2000).

[385] K. F. Peters, J. B. Cohen, Y. Chung, „Melting of Pb nanocrystals", *Phys. Rev. B* **57**, 13430–13438 (1998).

[386] H. S. Lim, C. K. Ong, F. Ercolessi, „Stability of face-centered cubic and icosahedral lead clusters", *Surf. Sci.* **269/270**, 1109 (1992).

[387] Z. H. Jin, H. W. Sheng, K. Lu, „Melting of Pb clusters without free surfaces", *Phys. Rev. B* **60**(1), 141–149 (1999).

[388] S. C. Hendy, B. D. Hall, „Molecular-dynamics simulations of lead clusters", *Phys. Rev. B* **64**, 085425 (2000).

[389] G. A. Breaux, Co. M. Neal, B. Cao, M. F. Jarrold, „Tin clusters that do not melt: Calorimetry measurements up to 650K", *Phys. Rev. B* **71**, 073410 (2005).

[390] M. Sakurai, K. Watanabe, K. Sumiyama, K. Suzuki, „Magic numbers in transition metal (Fe, Ti, Zr, Nb, and Ta) clusters observed by time-of-flight mass spectrometry", *J. Chem. Phys.* **111**(1), 235–238 (1999).

[391] W. Faa, C. Luo, J. Dong, „Coexistence of ferroelectricity and ferromagnetism in tantalum clusters", *J. Chem. Phys.* **125**, 114305 (2006).

[392] Z. J. Wu, Y. Kawazoe, J. Meng, „Geometries and electronic properties of Ta_n, Ta_nO and TaO_n ($n = 1$–3) clusters", *J. Mol. Struct.: THEOCHEM* **764**, 123 (2006).

[393] W. Fa, C. Luo, J. Dong, „Coexistence of ferroelectricity and ferromagnetism in tantalum clusters", *J. Chem. Phys.* **125**, 114305 (2006).

[394] F. C. Frank, J. S. Kasper, „Complex alloy structures regarded as sphere packings. II. Analysis and classification of representative structures.", *Acta Crystallogr.* **12**, 483 (1959).

[395] J. Roth, A. R. Denton, „Solid-phase structures of the dzugutov pair potential", *Phys. Rev. E Stat. Phys. Plasmas Fluids Relat. Interdiscip. Topics* **61**, 6845 (2000).

[396] F. S. Bates, G. H. Fredrickson, „Block copolymers: Designer soft materials.", *Phys. Today* **52**, 32 (1999).

[397] M. Dzugutov, „Glass formation in a simple monatomic liquid with icosahedral inherent local order", *Phys. Rev. A* **46**, R2984 (1992).

[398] X. Zenget, „Supramolecular dendritic liquid quasicrystals", *Nature* **428**, 157 (2004).

[399] S. Duffe, N. Grönhagen, L. Patryarcha, B. Sieben, C. Yin, B. v. Issendorff, M. Moseler, H. Hövel, „Penetration of thin C60 films by metal nanoparticles", *Nature Nanotechnology*, online veröffentlicht April 2010, DOI: 10.1038/NNANO.2010.45.

[400] Mündliche Mitteilung, S^3C Konferenz 2011, Davos (Schweiz).

[401] H. Häkkinen, M. Moseler, U. Landman, „Bonding in Cu, Ag, and Au Clusters: Relativistic Effects, Trends, and Surprises", *Phys. Rev. Lett.* **89**, 033401 (2002).

[402] H. Grönbeck, P. Broqvist, „Comparison of the bonding in Au_8 and Cu_8: A density functional theory study", *Phys. Rev. B* **71**, 073408 (2005).

[403] A. Lechtken, C. Neiss, J. R. Stairs, D. Schooss, „Comparative study of the structures of copper, silver, and gold icosamers: Influence of metal type and charge state", *J. Chem. Phys.* **129**, 154304 (2008).

[404] M. Koskinen, P. O. Lipas, M. Manninen, „Electron-gas clusters: the ultimate jellium model", *Z. Phys. D* **35**, 285–297 (1995).

[405] W.-J. Yin, X. Gu, X.-G. Gong, „Magic number 32 and 90 of metal clusters: A shell jellium model study", *Solid State Commun.* **147**, 323–326 (2008).

[406] H. Wollnik, A. Casares, „An energy-isochronous multi-pass time-of-flight mass spectrometer consisting of two coaxial electrostatic mirrors", *Int. J. Mass Spectr.* **227**(2), 217–222 (2003).

[407] A. N. Verentchikov, M. I. Yavor, Yu. I. Hasin, M. A. Gavrik, „Multireflection Planar Time-of-Flight Mass Analyzer. II: The High-Resolution Mode", *Tech. Phys.* **75**(1), 84–88 (2005).

[408] D. A. Dahl, „SIMION for the personal computer in reflection", *Int. J. Mass Spectrom.* **200**, 3 (2000). (Scientific Instrument Services, Inc., Ringoes, NJ, www.simion.com).

[409] N. E. Bradbury, R. A. Nielsen, „Absolute Values of the Electron Mobility in Hydrogen", *Phys. Rev.* **49**(5), 388–393 (1936).

Lebenslauf

Persönliche Daten:

Name:	Thomas Peter Fabian Rapps
Geburtsdaten:	22.11.1981 in Karlsruhe
Familienstand:	Ledig
Staatsangehörigkeit:	Deutsch

Schulausbildung:

08/1988 – 07/1992	Grund- und Hauptschule Karlsruhe-Durlach
08/1992 – 06/2001	Markgrafengymnasium Karlsruhe-Durlach

Zivildienst:

08/2001 – 06/2002	Zivildienst in der Großküche der Arbeiterwohlfahrt Karlsruhe

Studium:

10/2002 – 02/2008	Chemie-Studium an der Ruprecht-Karls-Universität Heidelberg
	Diplomarbeit in der Arbeitsgruppe von Prof. Dr. Dr. h.c. Lorenz S. Cederbaum unter Anleitung von PD Dr. Markus Pernpointner zum Thema „Relativistische Berechnung der Valenz-Ionisierungsspektren von Platintetrahalogenid-Dianionen unter Einbeziehung kerndynamischer Prozesse"
10/2002 – 09/2004	Jubliäums-Stipendium des Fonds der chemischen Industrie
11/2004	Götz/Durand-Preis
02/2008	Diplom (Dipl.-Chem.) der Ruprecht-Karls-Universität Heidelberg
seit 06/2008	Wissenschaftlicher Mitarbeiter am Karlsruher Institut für Technologie (KIT) und Anfertigung der Doktorarbeit am Institut für Nanotechnologie unter der Leitung von Prof. Dr. M. M. Kappes

Publikationsliste

1. M. Pernpointner, T. Rapps, L. S. Cederbaum, „Photodetachment spectra of the PtX_4^{2-} (X = F, Cl, Br) dianions and their Jahn-Teller distortions: A fully relativistic study.", *J. Chem. Phys.* **129**(17), 174302 (2008).

2. M. Pernpointner, T. Rapps, L. S. Cederbaum, „Jahn-Teller distortions in the photo-detachment spectrum of $PtCl_6^{2-}$: A four-component relativistic study.", *J. Chem. Phys.* **131**(4), 044322 (2009).

3. N. Drebov, E. Oger, T. Rapps, R. Kelting, D. Schooß, P. Weis, M. M. Kappes, R. Ahlrichs, „Structures of tin cluster cations Sn_3^+ to Sn_{15}^+.", *J. Chem. Phys.* **133**(22), 224302 (2010).

4. A. Wiesel, N. Drebov, T. Rapps, R. Ahlrichs, U. Schwarz, R. Kelting, P. Weis, M. M. Kappes, D. Schooss, „Structures of medium sized tin cluster anions", *Phys. Chem. Chem. Phys.* **14**(1), 234–245 (2012).

5. R. Kelting, A. Baldes, U. Schwarz, T. Rapps, D. Schooss, P. Weis, C. Neiss, F. Weigend, M. M. Kappes, „Structures of small bismuth cluster cations", *J. Chem. Phys.* **136**, 154309 (2012).

Danksagung

Ausgelöst und getragen ist diese Arbeit von meinem festen und tiefen Wunsch, die kleinsten und unsere Welt aufbauenden nanoskopischen Formen und Objekte wie auch ihre darin wirkenden Mechanismen zu verstehen und mir ihrer weitreichenden neuartigen Verwendungsmöglichkeiten bewusster zu werden. Meinem Doktorvater und Referenten *Prof. Dr. Manfred M. Kappes* möchte ich aus diesem Grund an erster Stelle ganz besonders für die interessante Themenstellung danken, die mir das ermöglichte. Seine stete Diskussionsbereitschaft und seine Analysen halfen mir einen klareren Blick auf wesentliche Dinge zu erhalten. Gleichzeitig danke ich ihm sehr für die mir dabei fortwährend zugestandenen Freiheiten.

Sehr herzlich bedanke ich mich bei *Dr. Detlef Schooß* für seine große Hilfsbereitschaft und freundschaftliche Zusammenarbeit. Selbst bei einem kleinen Problem stand er stets mit Rat und Tat zur Seite und ich konnte auf ihn rechnen. Er weckte durch gründliches Nachhaken meine Neugier auf speziellere Details der Clusterphysik und führte mich in die technische Umsetzung ihrer experimentellen Erkundung ein. Unsere richtungsweisenden Gesprächsrunden vermittelten mir ein tieferes Verständnis der Dinge und stellten eine überaus wertvolle Hilfe dar. Ohne die hervorragende Einarbeitung in das Gebiet durch ihn wäre diese Dissertation so nicht möglich geworden.

Bei *Prof. Dr. Willem M. Klopper* bedanke ich mich für die freundliche Übernahme des Korreferats.

Ebenso geht ein ganz besonderer Dank an *Dr. Anne Wiesel* für ihre anhaltend große Hilfsbereitschaft und die grundlegende Einführung in die praktischen Aspekte der Elektronenbeugung und die TIED-Apparatur zu Beginn der Arbeit. Zahlreiche Kniffe und Ratschläge von ihr erleichterten spätere Experimente und Analysen deutlich und nachhaltig.

Mein Dank gilt gleichermaßen *Prof. em. Dr. Reinhart Ahlrichs*, der mich noch als Emeritus mit seiner großen Aufgeschlossenheit bei der kniffligen Struktursuche 55-atomiger Übergangsmetallcluster und der Bewertung von unzähligen DFT-Ergebnissen zum Ende meiner Arbeit sehr unterstützte und zu jeder Zeit ein offenes Ohr hatte.

Ganz besonders bedanke ich mich bei *Dr. Christian Neiß, Dr. Nedko Drebov* und *Dr. Alexander Baldes* für die Zusammenarbeit und Unterstützung bei der Strukturbestimmung zahlreicher Cluster. Die Interpretation vieler experimenteller Daten wäre ohne diese Mitwirkung nicht in dem nun vorliegenden Maß möglich gewesen.

Zu Dank verpflichtet fühle ich mich allen Personen, die mich bei technischen Problemen und apparativen Konstruktionen an der TIED-Apparatur begleitet haben. Insbesondere *Lars Walter* half im alltäglichen Laborbetrieb mit Detailwissen und seinem praktischem Geschick die immer wieder neu auftauchenden technischen Tücken zu meistern. Weiter bedanke ich mich bei *Klaus Stree*, der auch für die kniffligsten Elektronikprobleme immer wieder eine Lösung fand, sowie *Michael Schlenker* für die Anfertigung zahlreicher feinmechanischer Werkstücke.

Weiterhin bedanke ich mich bei der ganzen Arbeitsgruppe des Campus Nord und Süd für die nette und freundschaftliche Arbeitsatmosphäre. In Gesellschaft und beim Diskutieren mit *Florian Schinle* und *Dr. Jean-Francois Greisch*, arbeitete es sich leicht auch bis in die späten Abendstunden.

Immer geholfen hat mir auch während der Zeit, in der ich mich auf die Doktorarbeit konzentrierte, dass ich bei *meinen Freunden* ein offenes Ohr fand und Spaß haben konnte. *Anja Bröhl* nahm mit ausdauerndem Interesse am Entstehen dieser Arbeit Anteil und meine *gesamte Familie* stellte finanziellen und emotionalen Rückhalt zur Verfügung.